数学分析例选

通过范例学技巧

SELECTED EXAMPLES OF MATHEMATICAL ANALYSIS: LEARNING SKILLS THROUGH EXAMPLES

● 朱尧辰　编著

内容简介

本书通过解答一些特别挑选的范例 (共 153 个题或题组) 来提供数学分析习题的某些解题技巧, 还给出了 19 世纪 90 年代以来的某些研究生入学试题及多种国外资料的杂题 (共 200 个题或题组). 全书包含问题总数超过 600 个, 其中大约 450 个给出解答或提示. 这些例题和杂题有一定的难度, 不少问题题材比较新颖, 解法颇为精彩, 并注意一题多解, 具有启发性和参考价值.

本书可作为大学数学系师生的教学参考书, 或研究生入学应试备考资料.

图书在版编目（CIP）数据

数学分析例选：通过范例学技巧/朱尧辰编著.– 哈尔滨：哈尔滨工业大学出版社，2013.3

ISBN 978-7-5603-3859-0

I. ①数… II. ①朱… III. ①数学分析 - 高等学校 - 教学参考资料 IV. ① O17

中国版本图书馆 CIP 数据核字 (2013) 第 283360 号

策划编辑　刘培杰　张永芹
责任编辑　张永芹　王慧
封面设计　孙茵艾
出版发行　哈尔滨工业大学出版社
社　　址　哈尔滨市南岗区复华四道街 10 号　邮编 150006
传　　真　0451-86414749
网　　址　http://hitpress.hit.edu.cn
印　　刷　哈尔滨市工大节能印刷厂
开　　本　787mm × 960mm　1/16　印张 32.5　字数 710 千字
版　　次　2013 年 3 月第 1 版　2013 年 3 月第 1 次印刷
书　　号　ISBN 978-7-5603-3859-0
定　　价　88.00 元

前　言

本书是一本"另类"的数学习题集，它通过解答一些经过特别挑选的例题来提供解数学分析 (即大学微积分) 习题的某些技巧. 这些问题有一定的难度，相当一部分与当前流行的习题集或解题、应试辅导类型的书籍中所收集的问题不重复，或者有些解法与流行的不同. 在选题时并不完全限于现行的理科数学分析教材的范围 (但大体上以 Γ · M · 菲赫金哥尔茨的《微积分学教程》为准)，也不追求面面俱到 (实际上这很难做到)，并且为了尽可能不与当前某些较流行的类似书籍中的问题重复，不得不舍去某些"佳题". 我们还假定读者具有一定的微积分解题基础. 作者只是一个数学研究人员，并非富有教学经验的大学数学教师，之所以不避"班门弄斧"之嫌编写这样的一本书，是基于下面两点考虑：一方面，因为兴趣驱使，作者多年来积累了若干自以为有欣赏价值或借鉴意义的数学分析问题 (有些是由原始论文中的引理、过渡性结果或某些"经典"习题等改编或引申而得)，其中一些似未在目前的有关习题集类型的书中发现，因此对它们加以整理补充并付诸出版，或许可以作为同类出版物的某种补充. 另一方面，作者觉得，学习数学分析 (不同层次的) 解题技巧的"初级阶段"，犹如我们幼年时代练习汉字书法要用毛笔描红，少不得要揣摩体会某些例题的解法 (甚至有些研究生的论文也不乏"依样画葫芦"的痕迹). 包含在这些解法中的技巧，有时是可意会而难言表的. 本书实际上也是试图提供这样一种用作初学者"描红"的本子.

本书由两部分组成. 第一部分 (正文) 是范例 (总共 153 个题或题组，包含大约 220 个问题). 因为不少问题具有综合性，所以按宜粗不宜细的原则作了大体的分类，划分为 8 章. 每章开头附有一个简单的内容提要. 所有的解答都是经过重新加工整理的，多数包含必要的计算或推理的细节，有的附加一些注释 (但不作过多的引申，通常省略文献资料). 其中有些问题或解法是作者自行设计的 (但未必一定是新的)，注意尽可能给出不同思路的解法，以供读者比较. 不少问题是以"套题" (题组) 形式出现的，希望有利于读者掌握一个 (或一类) 较完整的技巧. 第二部分由 3 个附录组成，给出一些杂题 (总共 200 个题或题组，包含大约 380 个问题)，分为 3 组. 所有杂题都不分类，其中有些难免与其他同类出版物中的问题重复. 杂题 I 主要选自 20 世纪 60~80 年代以来的某些硕士生入学考试试题，我们重新做了编排. 杂题 II 和杂题 III 来源较杂，主要选自多种国外资料，选题标准放宽了一些，注意与正文的例题相呼应. 我们给出杂题 I 的部分题目以及杂题 II 的全部题目的解答或提示 (这些解答也都是经过重新加工整理的). 杂题 III 则未给任何解答或提示，它们中有些具有一定的挑战性，期待读者自己给出这些问题的解答.

限于作者的水平和经验，本书在取材和解题等方面难免存在不妥、疏漏甚至谬误，欢迎读者批评指正.

朱尧辰
2011 年 12 月
北京

符号说明

1° $\mathbb{N},\mathbb{Z},\mathbb{Q},\mathbb{R},\mathbb{C}$ (依次) 正整数集, 整数集, 有理数集, 实数集, 复数集.

$\mathbb{N}_0=\mathbb{N}\cup\{0\}$.

$\mathbb{R}_+$ 正实数集.

2° $[a]$ 实数 a 的整数部分, 即不超过 a 的最大整数.

$\{a\}=a-[a]$ 实数 a 的分数部分 (也称小数部分).

$\|a\|=\min\{a-[a],[a]+1-a\}$ 实数 a 与最靠近它的整数间的距离.

$\lceil a\rceil$ 大于或等于 a 的最小整数.

$\lfloor a\rfloor$ 小于或等于 a 的最大整数 (亦即 a 的整数部分 $[a]$).

$\mathrm{Re}(z)$ 复数 z 的实数部分.

$(2n+1)!!=(2n+1)\cdot(2n-1)\cdot(2n-3)\cdot\ \cdots\ \cdot5\cdot3\cdot1$.

$(2n)!!=(2n)\cdot(2n-2)\cdot\ \cdots\ \cdot4\cdot2$.

$\delta_{i,j}$ Kronecker 符号 (即当 $i=j$ 时其值为 1, 否则为 0).

3° $\log_b a$ 实数 $a>0$ 的以 b 为底的对数.

$\log a$(与 $\ln a$ 同义) 实数 $a>0$ 的自然对数.

$\lg a$ 实数 $a>0$ 的常用对数 (即以 10 为底的对数).

$\exp(x)$ 指数函数 e^x.

$\sinh x\,(\cosh x,\ \tanh x,\ \coth x)$ 双曲正弦 (余弦, 正切, 余切).

$\mathrm{sgn}(x)$ 符号函数 (即当 $x>0$ 时, 其值为 1; 当 $x<0$ 时, 其值为 -1; 当 $x=0$ 时其值为 0).

$\mathrm{B}(p,q)\,(p,q>0)$ 贝塔函数, 即

$$\begin{aligned}\mathrm{B}(p,q) &= \int_0^1 t^{p-1}(1-t)^{q-1}\mathrm{d}t=\int_0^\infty\frac{s^{p-1}}{(1+s)^{p+q}}\mathrm{d}s\\ &= 2\int_0^{\pi/2}(\cos\theta)^{2p-1}(\sin\theta)^{2q-1}\mathrm{d}\theta\end{aligned}$$

$\Gamma(a)\,(a>0)$ 伽玛函数, 即

$$\Gamma(a)=\int_0^\infty t^{a-1}\mathrm{e}^{-t}\mathrm{d}t$$

γ Euler-Mascheroni 常数 (Euler 常数), 即

$$\begin{aligned}\gamma &= \lim_{n\to\infty}\left(1+\frac{1}{2}+\cdots+\frac{1}{n}-\log n\right)\\ &= 0.677\,215\,664\,901\,532\,860\,606\,512\,0\cdots\end{aligned}$$

4° $C[a,b], C(A)$　所有定义在区间 $[a,b]$ 或集合 A 上的连续函数形成的集合.

$C^r[a,b], C^r(A)$　所有定义在区间 $[a,b]$ 或集合 A 上的 $r(r \geqslant 0)$ 阶导数连续的函数形成的集合.

$\mathbb{R}[x]$　所有实系数多项式形成的集合 ($\mathbb{R}$ 可换成其他集合).

$|S|$　有限集 S 所含元素的个数.

5° $f(n) \sim g(n)$　$f(n)/g(n) \to 1\ (n \to \infty)$ (其中 $f, g > 0$).

$f(n) = o(g(n))$　$f(n)/g(n) \to 0\ (n \to \infty)$ (其中 $g > 0$).

$f(n) = O(g(n))$　存在常数 $C > 0$ 使 $|f(n)| < Cg(n)$(当 n 充分大).

$o(1)$ 和 $O(1)$　无穷小量和有界量.

$(a_n)_{n \geqslant 1}, (a_n)$　数列 (不引起混淆时也可简记为 a_n).

$a_n \downarrow a\,(n \to \infty)$　数列 (a_n) 单调下降趋于 a(函数情形类似).

$a_n \uparrow a\,(n \to \infty)$　数列 (a_n) 单调上升趋于 a(函数情形类似).

$\lim\limits_{x \to a-}, \lim\limits_{x \to a+}$　在点 a 的左极限, 右极限.

$f'_-(a), f'_+(a)$　在点 a 的左导数, 右导数.

6° $\boldsymbol{xy}$　向量 $\boldsymbol{x} = (x_1, \cdots, x_n), \boldsymbol{y} = (y_1, \cdots, y_n) \in \mathbb{R}^n$ 的内积 (数量积), 即 $x_1y_1 + \cdots + x_ny_n$.

$(a_{i,j})_{1 \leqslant i,j \leqslant n}$ 及 $(a_{i,j})_{n \times n}$　n 阶方阵.

$\det(\boldsymbol{A}), |\boldsymbol{A}|$　方阵 $\boldsymbol{A}$ 的行列式.

7° □　表示问题解答完毕.

目　录

第 1 章　数列极限 1

第 2 章　微分学 46

第 3 章　积分学 81

第 4 章　无穷级数 134

第 5 章　极　值 161

第 6 章　不等式 192

第 7 章　递推数列与函数方程 221

第 8 章　杂例与补充 247

附录 1　杂题 I 318

附录 2　杂题 II 390

附录 3　杂题 III 488

索　引 498

编辑手记 500

第 1 章　数列极限

提要　本章着重讨论以下四个方面：(i) Toeplitz 定理及其应用举例 (问题 **1.1**~**1.3**,**1.15** 等).(ii) 经典 $\varepsilon-\delta$ 方法，特别是其中所用到的和数分割技巧 (问题 **1.1**,**1.3**,**1.4**,**1.7** 等). (iii) 某些“经典”习题的简单推广以及等价性 (问题 **1.5**,**1.6**).(iv) 简单的渐近展开问题 (问题 **1.9**,**1.10**,**1.14**,**1.15**).(v) 某些特殊数列的极限问题 (例如，这些数列的项之间满足某种不等式或其他关系式)(问题 **1.11**~**1.15**). 另外，问题 **1.8** 包含了某些基本技巧，特别在它的一个解法中出现简单的函数方程思路. 还要注意，本书其余部分的一些问题中也或明或暗包含某种数列极限问题.

1.1　(Toeplitz 定理)　(a)　设 T 是下列形式的无穷“三角阵列”

$$\begin{array}{llll} c_{11} & & & \\ c_{21} & c_{22} & & \\ c_{31} & c_{32} & c_{33} & \\ \vdots & & & \\ c_{n1} & c_{n2} & c_{n3} & \cdots\ c_{nn} \\ \vdots & & & \end{array}$$

满足条件:

(i)　对于每个正整数 k, $c_{nk}\to 0(n\to\infty)$;

(ii)　$\sum\limits_{k=1}^{n} c_{nk}\to 1(n\to\infty)$;

(iii)　存在常数 $C>0$, 使得对于每个正整数 n, $\sum\limits_{k=1}^{n}|c_{nk}|\leqslant C$.

对于任意无穷数列 $(a_n)_{n\geqslant 1}$, 令

$$b_n=\sum_{k=1}^{n} c_{nk}a_k \quad (n\geqslant 1)$$

称 $(b_n)_{n\geqslant 1}$ 是数列 $(a_n)_{n\geqslant 1}$ 的通过 T 确定的 Toeplitz 变换；换言之，若将数列 (a_n) 和 (b_n) 分别理解为无穷维列向量，T 为无穷阶下三角方阵，则 $(b_n)=T(a_n)$. 证明：若 $a_n\to a\,(n\to\infty)$，则 $(b_n)_{n\geqslant 1}$ 也收敛，并且 $b_n\to a\,(n\to\infty)$.

(b) 在题 (a) 中用条件

(iii)′ $c_{nk}>0\,(1\leqslant k\leqslant n, n\geqslant 1)$

代替条件 (iii). 证明：若 $a_n\to+\infty\,(n\to\infty)$，则 $b_n\to+\infty\,(n\to\infty)$.

解 (a) (i) 设 (a_n) 是常数列，即 $a_n=a\,(n\geqslant 1)$. 由条件 (ii) 可知

$$b_n=a\sum_{k=1}^{n}c_{nk}\to a\quad(n\to\infty)$$

因而所说的结论成立.

(ii) 设 (a_n) 是零数列，即当 $n\to\infty$ 时它的极限 $a=0$. 令 $D>0$ 是数列 $(|a_n|)$ 的一个上界，而 $\varepsilon>0$, 是任意给定的一个实数. 我们定义 $M_0=M_0(\varepsilon)>1$ 是具有下列性质的最小整数：当 $k\geqslant M_0$ 时

$$|a_k|<\frac{\varepsilon}{2C}$$

由此及条件 (iii) 可知

$$\sum_{k=M_0}^{n}|c_{nk}||a_k|\leqslant\sum_{k=1}^{n}|c_{nk}|\cdot\frac{\varepsilon}{2C}\leqslant C\cdot\frac{\varepsilon}{2C}=\frac{\varepsilon}{2}$$

注意 M_0 固定，由条件 (i) 可知，当 $n\geqslant N_0=N_0(\varepsilon)$ 时

$$|c_{nk}|<\frac{\varepsilon}{2(M_0-1)D}\quad(k=1,\cdots,M_0-1)$$

从而

$$\sum_{k=1}^{M_0-1}|c_{nk}||a_k|<D\sum_{k=1}^{M_0-1}\frac{\varepsilon}{2(M_0-1)D}=\frac{\varepsilon}{2}$$

于是当 $n>\max(M_0,N_0)$ 时

$$|b_n-0|=\left|\sum_{k=1}^{n}c_{nk}a_k\right|\leqslant\sum_{k=1}^{M_0-1}|c_{nk}||a_k|+\sum_{k=M_0}^{n}|c_{nk}||a_k|<\varepsilon$$

因此在此情形问题中的结论也成立.

(iii) 在一般情形，令 $a'_n = a_n - a\,(n \geqslant 1)$, 那么

$$b_n = \sum_{k=1}^{n} c_{nk}(a'_n + a) = \sum_{k=1}^{n} c_{nk}a'_n + \sum_{k=1}^{n} c_{nk}a \to 0 + a = a \quad (n \to \infty)$$

于是结论成立.

(b) (i) 首先设所有 $a_n > 0$. 设 $M > 0$ 是任意给定的实数，我们要证明当 n 足够大时 $b_n > M$.

因为 $a_n \to +\infty\,(n \to \infty)$, 所以存在实数 $M_0 > 0$, 使得

$$a_k > M_0 \quad (k = 1, 2, \cdots)$$

必要时缩小 M_0, 可以认为 $M_0 < M$. 而由数列 (a_n) 的发散性知存在最小的整数 $n_0 = n_0(M) > 1$, 使当 $k \geqslant n_0$ 时

$$a_k > 4M$$

另外，由题设条件 (ii) 可知，存在整数 $n_1 \geqslant 1$, 使当 $n \geqslant n_1$ 时

$$\sum_{k=1}^{n} c_{nk} > \frac{1}{2}$$

我们固定 n_0, 并取定 ε 满足不等式

$$0 < \varepsilon < \frac{1}{4(n_0 - 1)}$$

由题设条件 (i) 和 (iii)$'$ 可知，存在整数 $n_2 \geqslant 1$, 使当 $n \geqslant n_2$ 时

$$0 < c_{nk} < \varepsilon \quad (k = 1, 2, \cdots, n_0 - 1)$$

现在取 $n \geqslant \max(n_0, n_1, n_2)$, 我们有

$$\begin{aligned}
b_n &= \sum_{k=1}^{n} c_{nk}a_k = \sum_{k=1}^{n_0-1} c_{nk}a_k + \sum_{k=n_0}^{n} c_{nk}a_k \\
&> \sum_{k=1}^{n_0-1} c_{nk}a_k + 4M \sum_{k=n_0}^{n} c_{nk} \\
&= \sum_{k=1}^{n_0-1} c_{nk}a_k + 4M \left(\sum_{k=1}^{n} c_{nk} - \sum_{k=1}^{n_0-1} c_{nk} \right) \\
&= \sum_{k=1}^{n_0-1} c_{nk}(a_k - 4M) + 4M \sum_{k=1}^{n} c_{nk} \\
&> (M_0 - 4M) \sum_{k=1}^{n_0-1} c_{nk} + 4M \cdot \frac{1}{2}
\end{aligned}$$

注意 $M_0-4M<0$, 所以上式右边的式子

$$
\begin{aligned}
&>(M_0-4M)(n_0-1)\varepsilon+2M\\
&=(n_0-1)\varepsilon M_0+2M\big(1-2(n_0-1)\varepsilon\big)\\
&>(n_0-1)\varepsilon M_0+2M\left(1-2(n_0-1)\cdot\frac{1}{4(n_0-1)}\right)\\
&=(n_0-1)\varepsilon M_0+M>M
\end{aligned}
$$

这表明 $b_n\to\infty\,(n\to\infty)$.

(ii) 设并非所有 $a_n>0$. 由 (a_n) 的发散性知其中负项个数有限，所以存在实数 $\alpha>0$ 使 $a'_n=a_n+\alpha>0\,(n\geqslant 1)$. 将 (i) 中所证结果应用于数列 (a'_n), 我们得到

$$
b'_n=\sum_{k=1}^{n}c_{nk}a'_n\to+\infty\quad(n\to\infty)
$$

注意

$$
b'_n=\sum_{k=1}^{n}c_{nk}(a_n+\alpha)=\sum_{k=1}^{n}c_{nk}a_n+\alpha\sum_{k=1}^{n}c_{nk}=b_n+\alpha\sum_{k=1}^{n}c_{nk}
$$

由题设条件 (ii) 可知，当 $n\to\infty$ 时上式右边第二项趋于 $\alpha<+\infty$, 所以也有 $b_n\to\infty\,(n\to\infty)$. □

注 我们熟知 Stolz 定理：若数列 $(b_n)_{n\geqslant 1}$ 严格单调递增趋于无穷，数列 $(a_n)_{n\geqslant 1}$ 满足条件 $\lim\limits_{n\to\infty}(a_{n+1}-a_n)/(b_{n+1}-b_n)=\alpha\leqslant\infty$, 则 $\lim\limits_{n\to\infty}a_n/b_n=\alpha$.

实际上， Toeplitz 定理蕴含这个定理. 为证明这点，可在 Toeplitz 定理中取 (补充定义 $a_0=b_0=0$)

$$
c_{nk}=\frac{b_k-b_{k-1}}{b_n},a_n=\frac{a_n-a_{n-1}}{b_n-b_{n-1}}\quad(n\geqslant 1;k=1,\cdots,n)
$$

由此算出

$$
\sum_{k=1}^{n}c_{nk}a_k=\frac{a_n}{b_n}\quad(n\geqslant 1)
$$

从而得到所要的结论.

1.2 (a) 设 $\lim\limits_{n\to\infty}a_n=a$, 其中 $a\leqslant+\infty$, 则

$$
\lim_{n\to\infty}\frac{a_1+a_2+\cdots+a_n}{n}=a
$$

并且

$$\lim_{n\to\infty}\frac{a_1+2a_2+\cdots+na_n}{n^2}=\frac{a}{2}$$

(b) 设数列 (a_n) 同题 (a), 证明

$$\lim_{n\to\infty}\frac{\lambda_1a_1+\lambda_2a_2+\cdots+\lambda_na_n}{\lambda_1+\lambda_2+\cdots+\lambda_n}=a$$

其中实数 $\lambda_k>0\,(k=1,2,\cdots),\lambda_1+\lambda_2+\cdots+\lambda_n\to\infty\,(n\to\infty)$.

解 (a) 在 Toeplitz 定理 (见问题 **1.1**) 中, 对每个 $n\geqslant 1$ 取所有 $c_{nk}=1/n\,(k=1,2,\cdots,n)$. 容易验证定理中的各个条件均成立, 于是得到

$$\lim_{n\to\infty}\frac{a_1+a_2+\cdots+a_n}{n}=a$$

如果用 $b_n\,(n\geqslant 1)$ 表示下列无穷数列

$$a_1,\underbrace{a_2,a_2}_{2\text{ 次}},\underbrace{a_3,a_3,a_3}_{3\text{ 次}},\cdots,\underbrace{a_k,\cdots,a_k}_{k\text{ 次}},\cdots$$

那么 $b_n\to a\,(n\to\infty)$, 于是依刚才所证结果可知

$$\lim_{n\to\infty}\frac{b_1+b_2+\cdots+b_n}{n}=a$$

我们取无穷数列

$$\frac{b_1+b_2+\cdots+b_n}{n}\quad(n\geqslant 1)$$

的下列无穷子列

$$\frac{\sigma_1}{l_1},\frac{\sigma_2}{l_2},\cdots,\frac{\sigma_k}{l_k},\cdots$$

其中

$$\sigma_k=a_1+\underbrace{a_2+a_2}_{2\text{ 次}}+\cdots+\underbrace{a_k+a_k+\cdots+a_k}_{k\text{ 次}}$$

$$l_k=1+2+\cdots+k=\frac{k(k+1)}{2}\quad(k=1,2,\cdots)$$

那么 $\lim\limits_{k\to\infty}\sigma_k/l_k=a$. 于是由上式推出

$$\lim_{k\to\infty}\frac{a_1+2a_2+\cdots+ka_k}{k^2}=\lim_{k\to\infty}\frac{\sigma_k}{l_k}\cdot\frac{l_k}{k^2}=\frac{a}{2}$$

(b) 在 Toeplitz 定理中取

$$c_{nk}=\frac{\lambda_k}{\lambda_1+\lambda_2+\cdots+\lambda_n}\quad(n\geqslant 1;k=1,2,\cdots,n)$$

即可得到所要的结果. □

注 1° 本题 (a) 中的结果有时称为“算术平均值数列收敛定理”, 是一个有用的结果. 当然, 不难给出它的直接证明 (不应用 Toeplitz 定理或 Stolz 定理). 而题 (b) 中的结果考虑了加权平均. 当然, 题 (a) 中的两个结果也是题 (b) 中结果的显然推论 (分别取所有 $\lambda_n = 1$ 及 $\lambda_n = n\,(n \geqslant 1)$).

2° 由本题可体会到 Toeplitz 定理可以看做是算术平均值数列收敛定理的一种推广形式.

3° 题 (b) 中的命题 (下面称“命题 (b)”) 等价于下列的

命题 (c) 如果实数 $\lambda_k > 0\,(k=1,2,\cdots), \lambda_1+\lambda_2+\cdots+\lambda_n \to \infty\,(n\to\infty)$, 并且数列 $(a_n)_{n\geqslant 1}$ 满足 $\lim\limits_{n\to\infty} a_n/\lambda_n = a$, 那么

$$\lim_{n\to\infty}\frac{a_1+a_2\cdots+a_n}{\lambda_1+\lambda_2+\cdots+\lambda_n}=a$$

事实上, 设命题 (b) 成立, 且命题 (c) 中的条件被满足. 我们用数列 (a_n/λ_n) 代替命题 (b) 中的数列 (a_n), 即得命题 (c) 中的结论. 反之, 设命题 (c) 成立, 且命题 (b) 中的条件被满足. 我们用数列 $(a_n\lambda_n)$ 代替命题 (c) 中的数列 (a_n), 即得命题 (b) 中的结论.

1.3 若当 $n\to\infty$ 时数列 $(a_n)_{n\geqslant 1}$ 和 $(b_n)_{n\geqslant 1}$ 分别有极限 α 和 β, 则

$$\lim_{n\to\infty}\frac{a_1b_n+a_2b_{n-1}+\cdots+a_nb_1}{n}=\alpha\beta$$

解 我们给出四个解法.

解法 1 (i) 设 α,β 中有一个不为 0, 例如设 $\beta\neq 0$. 取 T 如下

$$\begin{matrix}
\dfrac{b_1}{1\cdot\beta} & & & \\
\dfrac{b_2}{2\cdot\beta} & \dfrac{b_1}{2\cdot\beta} & & \\
\dfrac{b_3}{3\cdot\beta} & \dfrac{b_2}{3\cdot\beta} & \dfrac{b_1}{3\cdot\beta} & \\
 & \vdots & & \\
\dfrac{b_n}{n\cdot\beta} & \dfrac{b_{n-1}}{n\cdot\beta} & \cdots & \dfrac{b_1}{n\cdot\beta} \\
 & \vdots & &
\end{matrix}$$

因为 $|b_n|$ 有界，所以问题 **1.1** 中的条件 (i) 和 (iii) 成立，而由问题 **1.2**(a) 可知条件 (ii) 也成立，于是依 Toeplitz 定理得到

$$\lim_{n\to\infty}\sum_{k=1}^{n}a_k\frac{b_{n-k+1}}{n\beta}=\alpha$$

由此推出在此情形所要的结果成立.

(ii) 如果 α,β 都等于 0, 那么令 $b'_n=b_n+1\,(n\geqslant 1)$. 于是 $b'_n\to\beta+1\neq 0\,(n\to\infty)$. 用 (b'_n) 代替 (b_n), 由 (i) 中所证的结果推出

$$\frac{1}{n}\sum_{k=1}^{n}a_kb'_{n-k+1}\to\alpha(\beta+1)\quad(n\to\infty)$$

因为

$$\frac{1}{n}\sum_{k=1}^{n}a_kb'_{n-k+1}=\frac{1}{n}\sum_{k=1}^{n}a_kb_{n-k+1}+\frac{1}{n}\sum_{k=1}^{n}a_n$$

由问题 **1.2**(a) 可知 $(\sum\limits_{k=1}^{n}a_k)/n\to\alpha\,(n\to\infty)$, 所以由上式推出

$$\lim_{n\to\infty}\frac{1}{n}\sum_{k=1}^{n}a_kb_{n-k+1}=\alpha(\beta+1)-\alpha=\alpha\beta$$

解法 2 (i) 设 $(a_n),(b_n)$ 中有一个，例如设 (a_n), 是零数列. 由 Cauchy 不等式得

$$0\leqslant\left(\frac{1}{n}\sum_{k=1}^{n}a_kb_{n-k+1}\right)^2\leqslant\frac{\sum\limits_{k=1}^{n}a_k^2}{n}\cdot\frac{\sum\limits_{k=1}^{n}b_k^2}{n}$$

注意 (a_n^2) 也是零数列，依问题 **1.2**(a) 可知当 $n\to\infty$ 时，上式右边第一个因子趋于 0; 因为数列 (b_n^2) 收敛，所以第二个因子也收敛. 由此可知，在此情形问题中的结论成立.

(ii) 设 $(a_n),(b_n)$ 都不是零数列. 令 $a'_n=a_n-\alpha$, 那么 (a'_n) 是零数列. 由 (i) 中所证的结果可知

$$\lim_{n\to\infty}\frac{1}{n}\sum_{k=1}^{n}a'_kb_{n-k+1}=0\cdot\beta=0$$

但因为

$$\frac{1}{n}\sum_{k=1}^{n}a'_kb_{n-k+1}=\frac{1}{n}\sum_{k=1}^{n}a_kb_{n-k+1}-\alpha\cdot\frac{1}{n}\sum_{k=1}^{n}b_k$$

依问题 **1.2**(a) 可知当 $n \to \infty$ 时上式右边第二项趋于 $\alpha\beta$, 由此立即推出问题中的结论也成立.

解法 3　我们有 (符号 $[a]$ 表示 a 的整数部分即 $\leqslant a$ 的最大整数)

$$\begin{aligned}\left|\frac{1}{n}\sum_{k=1}^{n} a_k b_{n-k+1} - \alpha\beta\right| &= \left|\frac{1}{n}\left(\sum_{k=1}^{n} a_k b_{n-k+1} - n\alpha\beta\right)\right| \\ &\leqslant \frac{1}{n}\left(\sum_{k=1}^{[\sqrt{n}\,]-1} |a_k b_{n-k+1} - \alpha\beta| + \right. \\ &\quad \sum_{k=[\sqrt{n}\,]}^{n-[\sqrt{n}\,]} |a_k b_{n-k+1} - \alpha\beta| + \\ &\quad \left. \sum_{k=n-[\sqrt{n}\,]+1}^{n} |a_k b_{n-k+1} - \alpha\beta|\right)\end{aligned}$$

由题设可知数列 $(|a_n|)$ 和 $(|b_n|)$ 也收敛. 设 M 是它们的一个上界. 对于任意给定的 $\varepsilon > 0$, 存在正整数 $n_0 = n_0(\varepsilon)$, 使得对所有 $n \geqslant n_0$ 有

$$|a_n - \alpha|, |b_n - \beta| < \frac{\varepsilon}{2(M + |\alpha|)}$$

特别地, 当 $n > \max(4, n_0^2)$ 时

$$\sqrt{n} > n_0, n - \sqrt{n} > \sqrt{n} > n_0$$

因而当

$$[\sqrt{n}\,] \leqslant k \leqslant n - [\sqrt{n}\,]$$

时, $k > n_0, n - k + 1 > n_0$. 从而

$$|a_k b_{n-k+1} - \alpha\beta| = |(a_k - \alpha)b_{n-k+1} + \alpha(b_{n-k+1} - \beta)| \leqslant \frac{\varepsilon}{2}$$

而当 $1 \leqslant k \leqslant [\sqrt{n}\,] - 1$ 及 $n - [\sqrt{n}\,] + 1 \leqslant k \leqslant n$ 时

$$|a_k b_{n-k+1} - \alpha\beta| \leqslant M^2 + |\alpha\beta|$$

于是我们得到

$$\begin{aligned}&\left|\frac{1}{n}\sum_{k=1}^{n} a_k b_{n-k+1} - \alpha\beta\right| \\ \leqslant\ & (M^2 + |\alpha\beta|)\frac{[\sqrt{n}\,] - 1}{n} + \frac{1}{n}\sum_{k=[\sqrt{n}\,]}^{n-[\sqrt{n}\,]} \frac{\varepsilon}{2} + \\ & (M^2 + |\alpha\beta|)\frac{[\sqrt{n}\,]}{n} \\ <\ & \frac{\varepsilon}{2} + (M^2 + |\alpha\beta|)\frac{2[\sqrt{n}\,] - 1}{n}\end{aligned}$$

我们可取 $n \geqslant n_1$ 使上式右边的第二项 $\leqslant \varepsilon/2$, 从而当 $n \geqslant \max(4, n_0^2, n_1)$ 时上式右边 $< \varepsilon$, 于是得到所要的结论.

解法 4 由题设，存在常数 $C > 0$ 使得对于所有 $n \geqslant 1$ 有

$$|a_n|, |b_n|, |a_n - \alpha|, |b_n - \beta| < C$$

设任意给定 $\varepsilon > 0$. 我们定义 $M_0 > 1$ 是具有下列性质的最小正整数：当 $n \geqslant M_0$ 时

$$|a_n - \alpha| \leqslant \frac{\varepsilon}{4C}, |b_n - \beta| \leqslant \frac{\varepsilon}{4|\alpha|}$$

于是我们有

$$\begin{aligned}
&\left|\frac{1}{n}\sum_{k=1}^{n} a_k b_{n-k+1} - \alpha\beta\right| \\
= &\left|\frac{1}{n}\sum_{k=1}^{n}(a_k b_{n-k+1} - \alpha\beta)\right| \\
= &\left|\frac{1}{n}\sum_{k=1}^{n}\Big(b_{n-k+1}(a_k - \alpha) + \alpha(b_{n-k+1} - \beta)\Big)\right| \\
\leqslant &\left|\frac{1}{n}\sum_{k=1}^{n} b_{n-k+1}(a_k - \alpha)\right| + \left|\alpha \cdot \frac{1}{n}\sum_{k=1}^{n}(b_k - \beta)\right| \\
\leqslant &\ \frac{1}{n}\sum_{k=1}^{M_0-1} |b_{n-k+1}||a_k - \alpha| + |\alpha| \cdot \frac{1}{n}\sum_{k=1}^{M_0-1} |b_k - \beta| + \\
&\ \frac{1}{n}\sum_{k=M_0}^{n} |b_{n-k+1}||a_k - \alpha| + |\alpha| \cdot \frac{1}{n}\sum_{k=M_0}^{n} |b_k - \beta|
\end{aligned}$$

由 M_0 的取法和 C 的定义可知

$$\frac{1}{n}\sum_{k=M_0}^{n} |b_{n-k+1}||a_k - \alpha| < \frac{n - M_0 + 1}{n} C \cdot \frac{\varepsilon}{4C} \leqslant \frac{\varepsilon}{4}$$

$$|\alpha| \cdot \frac{1}{n}\sum_{k=M_0}^{n} |b_k - \beta| < |\alpha| \cdot \frac{n - M_0 + 1}{n} \cdot \frac{\varepsilon}{4|\alpha|} \leqslant \frac{\varepsilon}{4}$$

注意 M_0 固定，我们取

$$n > M_1 = \frac{4C(M_0 - 1)}{\varepsilon} \cdot \max(C, |\alpha|)$$

那么容易推出

$$\frac{1}{n}\sum_{k=1}^{M_0-1}|b_{n-k+1}||a_k-\alpha|<\frac{(M_0-1)C^2}{n}<\frac{\varepsilon}{4}$$

$$|\alpha|\cdot\frac{1}{n}\sum_{k=1}^{M_0-1}|b_k-\beta|<|\alpha|\cdot\frac{(M_0-1)C}{n}<\frac{\varepsilon}{4}$$

合起来可知，当 $n>\max(M_0,M_1)$ 时

$$\left|\frac{1}{n}\sum_{k=1}^{n}a_kb_{n-k+1}-\alpha\beta\right|<\varepsilon$$

于是问题得解. □

1.4 计算

$$\lim_{n\to\infty}\left(\left(\frac{1}{n}\right)^n+\left(\frac{2}{n}\right)^n+\cdots+\left(\frac{n}{n}\right)^n\right)$$

解 (i) 将所给的和记作 S_n, 任取一个单调递增的无穷正整数列 $(\tau_n)_{n\geqslant 1}$, 并且满足条件 $\tau_n^2/n\to 0\,(n\to\infty)$. 令

$$\begin{aligned}a_n &= \left(\frac{1}{n}\right)^n+\left(\frac{2}{n}\right)^n+\cdots+\left(\frac{n-\tau_n-1}{n}\right)^n\\ b_n &= S_n-a_n=\left(\frac{n-\tau_n}{n}\right)^n+\cdots+\left(\frac{n}{n}\right)^n\end{aligned}$$

(ii) 估计 a_n. 由定积分的几何意义可得

$$a_n<\frac{1}{n^n}\int_0^{n-\tau_n}x^n\mathrm{d}x=\frac{(n-\tau_n)^{n+1}}{n^n(n+1)}<\left(1-\frac{\tau_n}{n}\right)^n$$

注意当 $0<x<1$ 时 $\log(1-x)+x<0$(读者可用微分学方法证明这个不等式), 我们得到

$$0<a_n<\mathrm{e}^{n\log(1-\tau_n/n)}<\mathrm{e}^{-\tau_n}$$

因而 $a_n\to 0\,(n\to\infty)$.

(iii) 估计 b_n. 应用 Taylor 公式可以证明 (读者自证)

$$|\log(1-x)+x|\leqslant c_1x^2\quad\left(|x|\leqslant\frac{1}{2}\right)$$

$$|\mathrm{e}^x-1|\leqslant c_2|x|\quad(|x|\leqslant 1)$$

其中 $c_1, c_2 > 0$ 是常数 (可取 $c_1 = 1, c_2 = \mathrm{e} - 1$). 现在设 $0 \leqslant k \leqslant \tau_n$. 由 τ_n 的取法可知，当 n 充分大时 $\tau_n/n < 1/2$, 因此

$$\left| n \log\left(1 - \frac{k}{n}\right) + k \right| = n \left| \log\left(1 - \frac{k}{n}\right) + \frac{k}{n} \right| \leqslant n \cdot \frac{c_1 k^2}{n^2} \leqslant \frac{c_1 \tau_n^2}{n}$$

类似地，由 τ_n 的取法可知，当 n 充分大时 $c_1\tau_n^2/n \leqslant 1$, 因而

$$\left| \mathrm{e}^k \left(1 - \frac{k}{n}\right)^n - 1 \right| = \left| \mathrm{e}^{n \log(1-k/n)+k} - 1 \right| \leqslant \frac{c_1 c_2 \tau_n^2}{n}$$

由此我们得到

$$\left| \left(1 - \frac{k}{n}\right)^n - \mathrm{e}^{-k} \right| \leqslant \frac{c_1 c_2 \tau_n^2}{n} \mathrm{e}^{-k} \quad (\text{当 } 0 \leqslant k \leqslant \tau_n)$$

注意 b_n 的每个加项有形式 $(1 - k/n)^n$ $(0 \leqslant k \leqslant \tau_n)$, 由上面的不等式可推出

$$\left| b_n - \sum_{k=0}^{\tau_n} \mathrm{e}^{-k} \right| \leqslant \sum_{k=0}^{\tau_n} \left| \left(1 - \frac{k}{n}\right)^n - \mathrm{e}^{-k} \right| \leqslant \frac{c_1 c_2 \tau_n^2}{n} \sum_{k=0}^{\tau_n} \mathrm{e}^{-k} < \frac{c_1 c_2 \mathrm{e} \tau_n^2}{(\mathrm{e} - 1)n}$$

因为 $\sum\limits_{k=0}^{\infty} \mathrm{e}^{-k} = \mathrm{e}/(\mathrm{e} - 1)$, 所以

$$\begin{aligned} \left| b_n - \frac{\mathrm{e}}{\mathrm{e} - 1} \right| &\leqslant \left| b_n - \sum_{k=0}^{\tau_n} \mathrm{e}^{-k} \right| + \left| \sum_{k=\tau_n+1}^{\infty} \mathrm{e}^{-k} \right| \\ &< \frac{\mathrm{e}}{\mathrm{e} - 1} \left(\frac{c_1 c_2 \tau_n^2}{n} + \mathrm{e}^{-\tau_n} \right) \end{aligned}$$

由此可知 $b_n \to \mathrm{e}/(\mathrm{e} - 1)$.

(iv) 由 (ii) 和 (iii) 即得所求极限 $= \mathrm{e}/(\mathrm{e} - 1)$. □

注 1° 用适当的方式将 S_n 分为两部分 (有时要将考察的和分为更多部分，见上面问题 **1.3** 的 *解法* 3 和 *解法* 4 等), 是常用的技巧. 其中 τ_n 的取法是关键，它使第一部分很小 (趋于 0), 而第二部分有确定的极限. 估计 a_n 时，使用的也是常用的技巧；第二部分的估计则是问题的难点. 由于 b_n 的每个加项有形式 $(1 - k/n)^n$, 我们想起当 k 固定时

$$\left(1 - \frac{k}{n}\right)^n \to \mathrm{e}^{-k} \quad (n \to \infty)$$

因此对于适当选取的 τ_n, "误差"

$$\left| \left(1 - \frac{k}{n}\right)^n - \mathrm{e}^{-k} \right| = \mathrm{e}^{-k} \left| \mathrm{e}^k \left(1 - \frac{k}{n}\right)^n - 1 \right| = \mathrm{e}^{-k} \left| \mathrm{e}^{n \log(1-k/n)+k} - 1 \right|$$

应当是小的. 这将我们引向上面所用的两个不等式.

2° 在步骤 (iii) 中实际上证明了不等式：当 $n \geqslant 4, 0 < k \leqslant n/2$ 时

$$\left|\left(1-\frac{k}{n}\right)^n - \mathrm{e}^{-k}\right| \leqslant \frac{(\mathrm{e}-1)k^2}{n}\mathrm{e}^{-k}$$

1.5 (a) 若 $(a_n)_{n\geqslant 1}$ 是一个非负数列，满足

$$a_{m+n} \leqslant a_m + a_n + C \quad (\text{当所有 } m, n \geqslant 1)$$

其中 $C \geqslant 0$ 是一个常数，则数列 $(a_n/n)_{n\geqslant 1}$ 收敛.

(b) 若 $(a_n)_{n\geqslant 1}$ 是一个非负数列，满足

$$a_{m+n} \leqslant C a_m a_n \quad (\text{当所有 } m, n \geqslant 1)$$

其中 $C \geqslant 0$ 是一个常数，则数列 $(\sqrt[n]{a_n})_{n\geqslant 1}$ 收敛.

(c) 证明题 (a) 和题 (b) 中的两个命题等价.

解 (a) 由题设条件可知对任何正整数 $n > 1$ 有

$$a_n = a_{(n-1)+1} \leqslant a_{n-1} + a_1 + C \leqslant \cdots < n(a_1 + C)$$

所以数列 (a_n/n) 有界，从而 $\overline{\lim\limits_{n\to\infty}}\, a_n/n$ 有限.

对于任何给定的正整数 k, 可将 n 表示为 $n = qk + r$, 其中 q, k 是整数，而且 $q \geqslant 0, 0 \leqslant r < k$. 由题设条件可得

$$\begin{aligned} a_n &= a_{qk+r} \leqslant a_{qk} + a_r + C \leqslant (a_{(q-1)k} + a_k + C) + a_r + C \\ &\leqslant \big((a_{(q-2)k} + a_k + C) + a_k + C\big) + a_r + C \leqslant \cdots \leqslant q(a_k + C) + a_r \end{aligned}$$

(上式中当 $r = 0$ 时 a_r 理解为 0). 于是

$$\frac{a_n}{n} \leqslant \frac{q(a_k + C)}{qk + r} + \frac{a_r}{n} \leqslant \frac{a_k + C}{k} + \frac{a_r}{n}$$

令 $n \to \infty$, 注意 $a_r \in \{0, a_1, \cdots, a_{k-1}\}$ 有界，我们得到

$$\overline{\lim_{n\to\infty}}\, \frac{a_n}{n} \leqslant \frac{a_k + C}{k}$$

此式对任何正整数 k 都成立，所以

$$\overline{\lim_{n\to\infty}}\frac{a_n}{n}\leqslant\lim_{k\to\infty}\frac{a_k}{k}$$

此外，依上、下极限的性质，反向不等式也成立，所以数列 (a_n/n) 收敛.

(b) 不妨设常数 $C\geqslant 1$. 由题设条件可知：对任何 $n\geqslant 1$, 有

$$a_{n+1}\leqslant Ca_na_1\leqslant C\cdot(Ca_{n-1}a_1)a_1\leqslant\cdots\leqslant C^{-1}(Ca_1)^{n+1}\leqslant(Ca_1)^{n+1}$$

因此 $0\leqslant\sqrt[n]{a_n}\leqslant Ca_1\,(n\geqslant 1)$, 即数列 $(\sqrt[n]{a_n})$ 有界，因而 $\overline{\lim\limits_{n\to\infty}}\sqrt[n]{a_n}$ 有限 (实际上它 $\in[0,Ca_1]$.)

与前面类似, 对于任何给定的正整数 k, 可将 n 表示为 $n=qk+r$, 其中 q,k 是整数，而且 $q\geqslant 0,0\leqslant r<k$. 由题设条件可得

$$\begin{aligned}a_n&=a_{qk+r}\leqslant Ca_{qk}\cdot a_r\leqslant C(Ca_{(q-1)k}\cdot a_k)\cdot a_r\\&\leqslant C\big(C(Ca_{(q-2)k}\cdot a_k)\big)\cdot a_r\leqslant\cdots\leqslant(Ca_k)^q\cdot a_r\end{aligned}$$

(上式中当 $r=0$ 时 a_r 理解为 1). 于是 (注意 $q/n\leqslant 1/k$)

$$\sqrt[n]{a_n}\leqslant\sqrt[n]{(Ca_k)^q}\cdot\sqrt[n]{a_r}\leqslant\sqrt[k]{(Ca_k)}\cdot\sqrt[n]{a_r}$$

令 $n\to\infty$, 并且注意

$$1\leqslant\sqrt[n]{a_r}\leqslant\sqrt[n]{\max(1,a_1,\cdots,a_{k-1})}\to 1$$

我们得到

$$\overline{\lim_{n\to\infty}}\sqrt[n]{a_n}\leqslant\sqrt[k]{(Ca_k)}$$

此式对任何 $k\geqslant 1$ 成立，并且注意 $\sqrt[k]{C}\to 1\,(k\to\infty)$, 所以

$$\overline{\lim_{n\to\infty}}\sqrt[n]{a_n}\leqslant\underline{\lim_{k\to\infty}}\sqrt[k]{a_k}$$

因为反向不等式也成立，所以数列 $(\sqrt[n]{a_n})$ 收敛.

(c) (i) 题 (a)⇒ 题 (b). 设 (a_n) 是题 (b) 中的数列. 如果数列 (a_n) 中某项 $a_N=0$, 那么

$$0\leqslant a_{N+1}\leqslant Ca_Na_1=0$$

于是 $a_{N+1}=0$. 由归纳法可知所有 $a_n\,(n\geqslant N)$ 都等于 0, 因此题中的结论成立.

现在设 (a_n) 是一个正数列. 显然可以认为题设条件

$$a_{m+n}\leqslant Ca_ma_n\quad(\text{当所有 } m,n\geqslant 1)$$

中常数 $C > 1$(不然可用 $C+1$ 代替 C, 而上述不等式仍然成立). 令 $b_n = \log a_n, C_1 = \log C$, 则有

$$0 \leqslant b_{m+n} \leqslant b_m + b_n + C_1 \quad (\text{当所有 } m, n \geqslant 1)$$

于是由题 (a) 可知 (b_n/n) 收敛，从而 $(\mathrm{e}^{b_n/n})$ 亦即 $(\sqrt[n]{a_n})$ 也收敛.

(ii) 题 (b)⇒ 题 (a). 对于题 (a) 中的数列 (a_n), 令 $b_n = \mathrm{e}^{a_n}\ (n \geqslant 1), C_1 = \mathrm{e}^C$, 即得

$$b_{m+n} \leqslant C_1 b_m b_n \quad (\text{当所有 } m, n \geqslant 1)$$

于是由题 (b) 推出数列 $(\sqrt[n]{b_n})$ 收敛，从而数列 $(\log \sqrt[n]{b_n})$ 亦即 (a_n/n) 也收敛.

□

1.6 (a) 若 $(a_n)_{n\geqslant 1}$ 是任意正数列， p 是任意给定的正整数，则

$$\varlimsup_{n\to\infty} \left(\frac{a_1 + a_{n+p}}{a_n} \right)^n > \mathrm{e}^p$$

并且右边的常数 e^p (e 是自然对数的底) 不可用更大的数代替.

(b) 若 $(a_n)_{n\geqslant 1}$ 是任意正数列， p 是任意给定的正整数，则

$$\varlimsup_{n\to\infty} n \left(\frac{1 + a_{n+p}}{a_n} - 1 \right) > p$$

并且右边的常数 p 不可用更大的数代替.

(c) 证明题 (a) 和题 (b) 中的两个命题等价.

解 (a) 我们给出两个解法.

解法 1 我们知道

$$\lim_{x\to+\infty} \left(1 + \frac{1}{x}\right)^x = \mathrm{e}$$

所以

$$\lim_{n\to\infty} \left(1 + \frac{p}{n}\right)^n = \left(\lim_{n\to\infty} \left(1 + \frac{1}{n/p}\right)^{n/p} \right)^p = \mathrm{e}^p$$

因此，题中的结论等价于

$$\varlimsup_{n\to\infty} \left(\frac{a_1 + a_{n+p}}{a_n} \right)^n > \lim_{n\to\infty} \left(1 + \frac{p}{n}\right)^n$$

或者

$$\overline{\lim_{n\to\infty}}\left(\left(\frac{a_1+a_{n+p}}{a_n}\right)^n\cdot\left(1+\frac{p}{n}\right)^{-n}\right)>1$$

也就是

$$\overline{\lim_{n\to\infty}}\left(\frac{n(a_1+a_{n+p})}{(n+p)a_n}\right)^n>1$$

设这个结论不成立，那么存在正整数 n_0 使对所有 $n\geqslant n_0$ 有

$$\frac{n(a_1+a_{n+p})}{(n+p)a_n}\leqslant 1$$

任意固定一个这样的 n, 于是

$$\frac{a_n}{n}-\frac{a_{n+p}}{n+p}\geqslant\frac{a_1}{n+p}\quad(n\geqslant n_0)$$

设 $k\geqslant 1$. 在上述不等式中，首先逐次易 n 为 $n+1,n+2,\cdots,n+p-1$; 然后逐次易 n 为 $n+p,n+p+1,\cdots,n+2p-1$; 等等；最后，逐次易 n 为 $n+kp,n+kp+1,\cdots,n+(k+1)p-1$. 于是连同原不等式，我们得到下列 $(k+1)p$ 个不等式

$$\frac{a_{n+j}}{n+j}-\frac{a_{n+p+j}}{n+p+j}\geqslant\frac{a_1}{n+p+j}\quad(j=0,1,\cdots,p-1)$$

$$\frac{a_{n+p+j}}{n+p+j}-\frac{a_{n+2p+j}}{n+2p+j}\geqslant\frac{a_1}{n+2p+j}\quad(j=0,1,\cdots,p-1)$$

$$\vdots$$

$$\frac{a_{n+kp+j}}{n+kp+j}-\frac{a_{n+(k+1)p+j}}{n+(k+1)p+j}\geqslant\frac{a_1}{n+(k+1)p+j}\quad(j=0,1,\cdots,p-1)$$

将上述 $(k+1)p$ 个不等式相加，得到

$$\begin{aligned}&\left(\frac{a_n}{n}+\frac{a_{n+1}}{n+1}+\cdots+\frac{a_{n+p-1}}{n+p-1}\right)-\\&\left(\frac{a_{n+kp}}{n+kp}+\frac{a_{n+kp+1}}{n+kp+1}+\cdots+\frac{a_{n+(k+1)p-1}}{n+(k+1)p-1}\right)\\\geqslant\ & a_1\left(\left(\frac{1}{n+p}+\cdots+\frac{1}{n+2p-1}\right)+\right.\\&\left(\frac{1}{n+2p}+\cdots+\frac{1}{n+3p-1}\right)+\cdots+\\&\left.\left(\frac{1}{n+kp}+\cdots+\frac{1}{n+(k+1)p-1}\right)\right)\end{aligned}$$

因此

$$\begin{aligned}&\left(\frac{a_n}{n}+\frac{a_{n+1}}{n+1}+\cdots+\frac{a_{n+p-1}}{n+p-1}\right)\\ \geqslant\ & a_1\Bigg(\left(\frac{1}{n+p}+\cdots+\frac{1}{n+2p-1}\right)+\\ &\left(\frac{1}{n+2p}+\cdots+\frac{1}{n+3p-1}\right)+\cdots+\\ &\left(\frac{1}{n+kp}+\cdots+\frac{1}{n+(k+1)p-1}\right)\Bigg)\end{aligned}$$

因为 k 可以取得任意大，并且上式右边当 $k\to\infty$ 时趋于 $+\infty$，所以我们得到矛盾，于是问题中的第一个结论得证.

我们取 $a_1=\varepsilon, a_n=n\,(n\geqslant 2)$，其中 ε 是任意取定的正数，那么

$$\varlimsup_{n\to\infty}\left(\frac{a_1+a_{n+p}}{a_n}\right)^n=\varlimsup_{n\to\infty}\left(1+\frac{p+\varepsilon}{n}\right)^n=\mathrm{e}^{p+\varepsilon}>\mathrm{e}^p$$

因为 $\varepsilon>0$ 可以取得任意接近于 0，而且当 $\varepsilon\to 0$ 时 $\mathrm{e}^{p+\varepsilon}$ 单调下降趋于 e^p，所以右边的常数 e^p 不能换成更大的数.

解法 2 只证题中的第一个结论. 设它不成立，那么存在正整数 n_0，使当 $n\geqslant n_0$ 时

$$\left(\frac{a_1+a_{n+p}}{a_n}\right)^n\leqslant \mathrm{e}^p$$

任意固定一个这样的 n，并且可设 $n>p$. 于是

$$0<a_{n+p}\leqslant \mathrm{e}^{p/n}a_n-a_1$$

易 n 为 $n+p$ 可得

$$\begin{aligned}0\ &<\ a_{n+2p}\leqslant \mathrm{e}^{p/(n+p)}a_{n+p}-a_1\leqslant \mathrm{e}^{p/(n+p)}(\mathrm{e}^{p/n}a_n-a_1)-a_1\\ &=\ \mathrm{e}^{p/n+p/(n+p)}a_n-\mathrm{e}^{p/(n+p)}a_1-a_1\end{aligned}$$

我们定义

$$\lambda_{i,j}=\frac{p}{n+ip}+\frac{p}{n+(i+1)p}+\cdots+\frac{p}{n+jp}\quad(\text{当 } 0\leqslant i\leqslant j)$$

继续上述过程，一般地，当 $k\geqslant 1$ 时有

$$0<a_{n+(k+1)p}\leqslant \mathrm{e}^{\lambda_{0,k}}a_n-\mathrm{e}^{\lambda_{1,k}}a_1-\mathrm{e}^{\lambda_{2,k}}a_1-\cdots-\mathrm{e}^{\lambda_{k,k}}a_1-a_1$$

注意当 $s \geqslant r \geqslant k$ 时，$\lambda_{s,k} - \lambda_{r,k} = -\lambda_{r,s}$, 由上式得到

$$a_n > a_1\left(\mathrm{e}^{-\lambda_{0,1}} + \cdots + \mathrm{e}^{-\lambda_{0,k}}\right)$$

因为由定积分的几何意义，并注意 $n/p > 1$, 我们有

$$\lambda_{i,j} = \frac{1}{n/p+i} + \cdots + \frac{1}{n/p+j} < \int_{n/p+i-1}^{n/p+j} \frac{\mathrm{d}x}{x} = \log \frac{n+jp}{n+(i-1)p}$$

所以

$$a_n > a_1 \sum_{j=1}^{k} \frac{n-p}{n+jp}$$

此式对任何 $k \geqslant 1$ 都成立，而右边的式子当 $k \to \infty$ 时趋于 $+\infty$, 我们得到矛盾，于是题中结论成立.

(b) 设题中结论不成立，那么存在 n_0, 使对所有 $n \geqslant n_0$ 有

$$\frac{1+a_{n+p}}{a_n} - 1 \leqslant \frac{p}{n}$$

取定一个 $n \geqslant n_0$, 于是

$$\frac{1}{n+p} \leqslant \frac{a_n}{n} - \frac{a_{n+p}}{n+p}$$

类似于题 (a) 的解法 1, 在上式中逐次易 n 为 $n+1, \cdots, n+p-1$, 我们得到

$$\sum_{i=1}^{p} \frac{1}{n+p+i-1} \leqslant \sum_{i=1}^{p} \frac{a_{n+i-1}}{n+i-1} - \sum_{i=1}^{p} \frac{a_{n+p+i-1}}{n+p+i-1}$$

设 $k \geqslant 1$. 在上述不等式中逐次易 p 为 $2p, \cdots, (k+1)p$, 然后将得到的 k 个不等式与前式相加，即得

$$\sum_{j=0}^{k} \sum_{i=jp+1}^{(j+1)p} \frac{1}{n+p+i-1} \leqslant \sum_{i=1}^{p} \frac{a_{n+i-1}}{n+i-1} - \sum_{i=1}^{p} \frac{a_{n+(k+1)p+i-1}}{n+(k+1)p+i-1}$$

因此，对于任何 $k \geqslant 1$

$$\sum_{i=1}^{p} \frac{a_{n+i-1}}{n+i-1} \geqslant \sum_{j=0}^{k} \sum_{i=jp+1}^{(j+1)p} \frac{1}{n+p+i-1}$$

在其中令 $k \to \infty$ 即得矛盾，于是题中结论成立.

我们取 $a_1 = \varepsilon, a_n = n\,(n \geqslant 2)$, 其中 ε 是任意取定的正数，那么

$$\varlimsup_{n\to\infty} n\left(\frac{a_1+a_{n+p}}{a_n} - 1\right) = \lim_{n\to\infty} (\varepsilon + p) = p + \varepsilon$$

因而题中不等式右边的常数 p 不能换成更大的数.

(c) 只考虑两个命题中的第一个结论 (不考虑不等式中常数的最优性). 我们给出两个解法.

解法 1 (i) 题 (a)⇒ 题 (b). 设题 (a) 中命题成立，而正数列 (a_n) 和正整数 p 给定. 那么

$$\varlimsup_{n\to\infty}\left(\frac{a_1+a_{n+p}}{a_n}\right)^n > \mathrm{e}^p$$

因此

$$\varlimsup_{n\to\infty} n\log\left(\frac{a_1+a_{n+p}}{a_n}\right) > p$$

这表明存在一个无穷正整数列 $\mathscr{N}$ 使得

$$\lim_{\substack{n\to\infty\\ n\in\mathscr{N}}} n\log\left(\frac{a_1+a_{n+p}}{a_n}\right) > p$$

特别地，存在正整数 n_0, 使当 $n\in\mathscr{N}, n\geqslant n_0$ 时

$$\frac{a_1+a_{n+p}}{a_n} > 1$$

因为 $\log x < x-1$(当 $x>1$), 所以当 $n\in\mathscr{N}, n\geqslant n_0$ 时

$$n\left(\frac{a_1+a_{n+p}}{a_n}-1\right) > n\log\left(\frac{a_1+a_{n+p}}{a_n}\right) > p$$

由此即得

$$\varlimsup_{n\to\infty} n\left(\frac{a_1+a_{n+p}}{a_n}-1\right) > p$$

于是题 (b) 中的命题成立.

解法 2 设题 (a) 中的命题成立，但对于某个给定的正数列 (a_n) 和正整数 p, 题 (b) 中的命题不成立，那么存在正整数 n_0, 使当 $n\geqslant n_0$ 时

$$n\left(\frac{a_1+a_{n+p}}{a_n}-1\right) \leqslant p$$

于是

$$\left(\frac{a_1+a_{n+p}}{a_n}\right)^n \leqslant \left(1+\frac{p}{n}\right)^n \quad (n\geqslant n_0)$$

由此可得

$$\varlimsup_{n\to\infty}\left(\frac{a_1+a_{n+p}}{a_n}\right)^n \leqslant \lim_{n\to\infty}\left(1+\frac{p}{n}\right)^n = \mathrm{e}^p$$

这与题 (a) 中的命题矛盾.

(ii) 题 (b)⇒ 题 (a). 设题 (b) 中的命题成立，但对于某个给定的正数列 (a_n) 和正整数 p, 题 (a) 中的命题不成立，那么存在正整数 n_0, 使当 $n \geqslant n_0$ 时

$$\left(\frac{a_1 + a_{n+p}}{a_n}\right)^n \leqslant \mathrm{e}^p$$

于是

$$n\left(\frac{a_1 + a_{n+p}}{a_n} - 1\right) \leqslant n(\mathrm{e}^{p/n} - 1) \quad (n \geqslant n_0)$$

注意 $\lim\limits_{x\to\infty} x(\mathrm{e}^{p/x} - 1) = p$, 所以由上式推出

$$\varlimsup_{n\to\infty} n\left(\frac{a_1 + a_{n+p}}{a_n} - 1\right) \leqslant p$$

这与题 (b) 中的命题矛盾. □

1.7 若 $(a_n)_{n\geqslant 0}$ 是一个正数列，满足 $\sqrt{a_1} \geqslant \sqrt{a_0} + 1$ 以及

$$\left|a_{n+1} - \frac{a_n^2}{a_{n+1}}\right| \leqslant 1 \quad (\text{当所有 } n \geqslant 1)$$

则数列 $(a_n/a_{n+1})_{n\geqslant 1}$ 收敛 (记其极限为 θ), 并且数列 $(a_n\theta^{-n})_{n\geqslant 1}$ 也收敛.

解 (i) 首先对 n 用数学归纳法证明

$$\frac{a_{n+1}}{a_n} > 1 + \frac{1}{\sqrt{a_0}}$$

当 $n = 0$ 时它显然成立. 设它当 $n \leqslant m$ 时成立. 记 $\alpha = 1 + 1/\sqrt{a_0}$, 那么由上式可知，当 $1 \leqslant k \leqslant m + 1$ 时

$$a_k > a_{k-1}\alpha > \cdots > \alpha^m a_0$$

由此及题设不等式推出

$$\begin{aligned}\left|\frac{a_{m+2}}{a_{m+1}} - \frac{a_1}{a_0}\right| &\leqslant \sum_{k=1}^{m+1}\left|\frac{a_{k+1}}{a_k} - \frac{a_k}{a_{k-1}}\right| \leqslant \sum_{k=1}^{m+1}\frac{1}{a_k} \\ &\leqslant \frac{1}{a_0}\sum_{k=1}^{m+1}\frac{1}{\alpha^k} < \frac{1}{a_0(\alpha - 1)} = \frac{1}{\sqrt{a_0}}\end{aligned}$$

于是

$$\frac{a_{m+2}}{a_{m+1}} > \frac{a_1}{a_0} - \frac{1}{\sqrt{a_0}} > \frac{(\sqrt{a_0} + 1)^2}{a_0} - \frac{1}{\sqrt{a_0}} > 1 + \frac{1}{\sqrt{a_0}}$$

这就完成归纳证明.

(ii) 现在设 $p>q$ 是任意正整数. 与上面类似，我们有

$$\begin{aligned}\left|\frac{a_{p+1}}{a_p}-\frac{a_{q+1}}{a_q}\right| &\leqslant \sum_{k=q+1}^{p}\left|\frac{a_{k+1}}{a_k}-\frac{a_k}{a_{k-1}}\right|\leqslant \sum_{k=q+1}^{p}\frac{1}{a_k}\\ &\leqslant \frac{1}{a_q}\sum_{k=1}^{p-q}\frac{1}{\alpha^k}<\frac{\sqrt{a_0}}{a_q}\end{aligned}$$

因为 $a_q\to\infty\,(q\to\infty)$, 所以由上面的不等式及 Cauchy 收敛准则可知当 $n\to\infty$ 时数列 (a_{n+1}/a_n) 收敛于某个实数 θ.

(iii) 在 (ii) 中所得到的不等式

$$\left|\frac{a_{p+1}}{a_p}-\frac{a_{q+1}}{a_q}\right|<\frac{\sqrt{a_0}}{a_q}$$

中令 $p\to\infty$ 可得

$$\left|\frac{a_{q+1}}{a_q}-\theta\right|<\frac{\sqrt{a_0}}{a_q}$$

用 a_q/θ^{q+1} 乘上式两边，我们得到

$$\left|\frac{a_{q+1}}{\theta^{q+1}}-\frac{a_q}{\theta^q}\right|<\frac{\sqrt{a_0}}{\theta^{q+1}}$$

于是对于任何 $p>q$ 有

$$\left|\frac{a_q}{\theta^q}-\frac{a_p}{\theta^p}\right|\leqslant\sum_{k=1}^{p-q}\left|\frac{a_{q+k}}{\theta^{q+k}}-\frac{a_{q+k-1}}{\theta^{q+k-1}}\right|\leqslant\sum_{k=1}^{p-q}\frac{\sqrt{a_0}}{\theta^{q+k}}=\frac{\sqrt{a_0}}{\theta^q}\sum_{k=1}^{p-q}\theta^{-k}$$

因为由 (i) 可知 $\theta\geqslant 1+1/\sqrt{a_0}$, 所以由上式可知，当 q 充分大时 $|a_q/\theta^q-a_p/\theta^p|$ 可以任意小，于是仍然由 Cauchy 收敛准则可知当 $n\to\infty$ 时数列 (a_n/θ^n) 收敛. □

1.8 (a) 定义数列 (x_n) 如下

$$x_n=\sqrt{a_1+b_1\sqrt{a_2+b_2\sqrt{a_3+\cdots+b_{n-1}\sqrt{a_n}}}}\quad (n\geqslant 1)$$

其中 $a_n,b_n>0\,(n\geqslant 1)$. 证明：当且仅当

$$2^{-n}\log a_n+\sum_{k=1}^{n-1}2^{-k}\log b_k<C\quad (n\geqslant 1)$$

其中 C 是一个常数，数列 (x_n) 收敛.

(b) 若存在正数列 (θ_n) 满足

$$\theta_n^2 = a_n + b_n\theta_{n+1} \quad (n \geqslant 1)$$

并且

$$\lim_{n\to\infty} 2^{-n}\log(\sqrt{a_n}/\theta_n) = 0$$

则 $\lim\limits_{n\to\infty} x_n = \theta_1$.

(c) 设 $a \geqslant 1$, 计算

$$\sqrt{1 + a\sqrt{1 + (a+1)\sqrt{1 + (a+2)\sqrt{1 + \cdots}}}}$$

解 (a) (i) 我们有

$$\begin{aligned} x_n &= \sqrt{a_1 + b_1\sqrt{a_2 + b_2\sqrt{a_3 + \cdots + b_{n-2}\sqrt{a_{n-1} + b_{n-1}\sqrt{a_n}}}}} \\ &= \sqrt{a_1 + \sqrt{a_2b_1^2 + b_1^2b_2\sqrt{a_3 + \cdots + b_{n-2}\sqrt{a_{n-1} + b_{n-1}\sqrt{a_n}}}}} \end{aligned}$$

上式右边进而化成

$$\sqrt{a_1 + \sqrt{a_2b_1^2 + \sqrt{a_3b_1^{2^2}b_2^2 + b_1^{2^2}b_2^2b_3\sqrt{a_4 + \cdots + b_{n-2}\sqrt{a_{n-1} + b_{n-1}\sqrt{a_n}}}}}}$$

继续这个过程 (进行 $n-1$ 次), 并令

$$c_1 = a_1,\ c_2 = a_2b_1^2,\ c_3 = a_3b_1^{2^2}b_2^2, \cdots, c_n = a_nb_1^{2^{n-1}}b_2^{2^{n-2}}\cdots b_{n-1}^2 \quad (n \geqslant 2)$$

则得

$$x_n = \sqrt{c_1 + \sqrt{c_2 + \sqrt{c_3 + \cdots + \sqrt{c_{n-1} + \sqrt{c_n}}}}}$$

(ii) 若当 $n\to\infty$ 时数列 (x_n) 收敛于 c, 则由 x_n 的单调递增性知

$$x_n = \sqrt{c_1 + \sqrt{c_2 + \sqrt{c_3 + \cdots + \sqrt{c_{n-1} + \sqrt{c_n}}}}} \leqslant c$$

从而

$$\sqrt{\sqrt{\sqrt{\cdots\sqrt{c_n}}}} \leqslant c$$

亦即 $\sqrt[2^n]{c_n} \leqslant c$. 由此及 c_n 的表达式可推出

$$2^{-n}\log a_n + \sum_{k=1}^{n-1} 2^{-k}\log b_k \leqslant C \quad (n \geqslant 1)$$

其中数 $C = \log c$.

(iii) 反之，若上式成立，则有 $c_n \leqslant c^{2^n}\ (n \geqslant 1)$, 从而

$$x_n \leqslant \sqrt{c^2 + \sqrt{c^{2^2} + \cdots + \sqrt{c^{2^{n-1}} + \sqrt{c^{2^n}}}}}$$

注意

$$\sqrt{c^{2^{n-1}} + \sqrt{c^{2^n}}} = \sqrt{c^{2^{n-1}} + c^{2^{n-1}}\sqrt{1}} = c^{2^{n-2}}\sqrt{1+\sqrt{1}}$$

继续这个过程 (进行 $n-1$ 次), 可得

$$x_n \leqslant c\sqrt{1 + \sqrt{1 + \cdots + \sqrt{1 + \sqrt{1}}}}$$

令 $y_n = \sqrt{1 + \sqrt{1 + \sqrt{1 + \cdots + \sqrt{1}}}}$ (n 重根号). 将 y_{n+1} 的表达式中最里层的 $1+\sqrt{1}$ 换为 1, 可知 $y_{n+1} > y_n$, 因此 $1 \leqslant y_n < y_{n+1}\ (n \geqslant 1)$. 又由

$$y_n = \sqrt{1 + y_{n-1}} \leqslant \sqrt{2y_{n-1}} < \sqrt{2y_n}$$

推出 $y_n < 2$. 因此数列 (x_n) 单调递增且有上界，所以当 $n \to \infty$ 时收敛.

(b) (i) 在题 (a) 中 x_n 的表达式中用 θ_n^2 代替 a_n, 注意 $\theta_n^2 \geqslant a_n$ 以及 $a_{n-1} + b_{n-1}\theta_n = \theta_{n-1}$, 可得

$$\begin{aligned}
x_n &= \sqrt{a_1 + b_1\sqrt{a_2 + b_2\sqrt{a_3 + \cdots + b_{n-2}\sqrt{a_{n-1} + b_{n-1}\sqrt{a_n}}}}} \\
&\leqslant \sqrt{a_1 + b_1\sqrt{a_2 + b_2\sqrt{a_3 + \cdots + b_{n-2}\sqrt{a_{n-1} + b_{n-1}\theta_n}}}} \\
&= \sqrt{a_1 + b_1\sqrt{a_2 + b_2\sqrt{a_3 + \cdots + b_{n-2}\sqrt{a_{n-1} + b_{n-1}\theta_{n-1}}}}} \\
&= \cdots = \sqrt{a_1 + b_1\theta_2} = \theta_1
\end{aligned}$$

(ii) 因为当 $\alpha,\beta\geqslant 0,\gamma\geqslant 1$ 时 $\sqrt{\alpha+\gamma\beta}\leqslant\sqrt{\gamma}\sqrt{\alpha+\beta}$, 并且由 $\theta_n^2>a_n$ 可知 $\theta_n/\sqrt{a_n}>1$, 所以

$$\begin{aligned}\sqrt{a_{n-1}+b_{n-1}\theta_n} &= \sqrt{a_{n-1}+b_{n-1}\sqrt{a_n}\cdot\frac{\theta_n}{\sqrt{a_n}}}\\ &\leqslant \sqrt{\frac{\theta_n}{\sqrt{a_n}}}\cdot\sqrt{a_{n-1}+b_{n-1}\sqrt{a_n}}\end{aligned}$$

于是

$$\begin{aligned}&\sqrt{a_{n-2}+b_{n-2}\sqrt{a_{n-1}+b_{n-1}\theta_n}}\\ \leqslant\ &\sqrt{a_{n-2}+b_{n-2}\sqrt{\frac{\theta_n}{\sqrt{a_n}}}\cdot\sqrt{a_{n-1}+b_{n-1}\sqrt{a_n}}}\end{aligned}$$

再次应用刚才所用的不等式，我们得知上式右边不超过

$$\sqrt[2^2]{\frac{\theta_n}{\sqrt{a_n}}}\cdot\sqrt{a_{n-2}+b_{n-2}\sqrt{a_{n-1}+b_{n-1}\theta_n}}$$

继续这个过程 (进行 $n-1$ 次), 可得

$$\begin{aligned}\theta_1 &= \sqrt{a_1+b_1\sqrt{a_2+b_2\sqrt{a_3+\cdots+b_{n-2}\sqrt{a_{n-1}+b_{n-1}\theta_n}}}}\\ &\leqslant \sqrt[2^{n-1}]{\frac{\theta_n}{\sqrt{a_n}}}\sqrt{a_1+b_1\sqrt{a_2+b_2\sqrt{a_3+\cdots+b_{n-2}\sqrt{a_{n-1}+b_{n-1}\sqrt{a_n}}}}}\\ &= \sqrt[2^{n-1}]{\frac{\theta_n}{\sqrt{a_n}}}x_n\end{aligned}$$

(iii) 将 (i) 和 (ii) 中的结果合并，我们有

$$\theta_1\sqrt[2^{n-1}]{\frac{\sqrt{a_n}}{\theta_n}}\leqslant x_n\leqslant\theta_1\quad(n\geqslant 1)$$

因此，若 $\lim\limits_{n\to\infty}2^{-n}\log(\sqrt{a_n}/\theta_n)=0$, 则由上式推出 $\lim\limits_{n\to\infty}x_n=\theta_1$.

(c) 我们给出两个解法.

解法 1 在题 (a) 中取所有 $a_n=1$, 以及 $b_n=a+n-1,\theta_n=a+n\,(n\geqslant 1)$, 那么 (a) 中所有条件在此成立，因而得到所求的值 $=\theta_1=a+1$.

解法 2 (i) 令

$$f(x)=\sqrt{1+x\sqrt{1+(x+1)\sqrt{1+(x+2)\sqrt{1+\cdots}}}}\quad (x\geqslant 1)$$

那么 $f(x)$ 满足函数方程

$$f^2(x)=1+xf(x+1)$$

因为 $(x+1)^2=1+x(x+2)$, 所以函数 $x+1$ 是它的一个解. 我们来证明这是"唯一"解.

(ii) 显然当 $x\geqslant 2$ 时, 有

$$f(x)\geqslant\sqrt{x\sqrt{x\sqrt{x\sqrt{x\cdots}}}}=\lim_{n\to\infty}x^{1/2+1/2^2+\cdots+1/2^n}=x>\frac{1}{2}(x+1)$$

并且

$$\begin{aligned}f(x)&\leqslant\sqrt{(x+1)\sqrt{(x+2)\sqrt{(x+3)\sqrt{(x+4)\cdots}}}}\\&<\sqrt{(x+1)\sqrt{2(x+1)\sqrt{4(x+1)\sqrt{8(x+1)\cdots}}}}\\&=\sqrt{(x+1)\sqrt{(x+1)\sqrt{(x+1)\sqrt{(x+1)\cdots}}}}\cdot\sqrt{1\sqrt{2\sqrt{4\sqrt{8\cdots}}}}\end{aligned}$$

上式右边第一个因子等于

$$\lim_{n\to\infty}(x+1)^{1/2+1/4+1/8+\cdots+1/2^n}=x+1$$

第二个因子等于 (注意 $\sum\limits_{k=2}^{\infty}(k-1)2^{-k}=1$)

$$\lim_{n\to\infty}1^{1/2}\cdot 2^{1/4}\cdot 4^{1/8}\cdot\ \cdots\ \cdot(2^{n-1})^{1/2^n}=2$$

所以

$$f(x)<2(x+1)$$

合起来就是

$$\frac{1}{2}(x+1)<f(x)<2(x+1)$$

(iii) 在上面的不等式中易 x 为 $x+1$ 得

$$\frac{1}{2}(x+2)<f(x+1)<2(x+2)$$

而由函数方程 $f^2(x) = 1 + xf(x+1)$ 可知

$$\frac{1}{2} + xf(x+1) < f^2(x) < 2 + xf(x+1)$$

由上述两式推出

$$\frac{1}{2}\big(1 + x(x+2)\big) < f^2(x) < 2\big(1 + x(x+2)\big)$$

亦即

$$\frac{1}{2}(x+1)^2 < f^2(x) < 2(x+1)^2$$

因此得到

$$\sqrt{\frac{1}{2}}(x+1) < f(x) < \sqrt{2}(x+1)$$

重复上述过程，也就是说，首先在上式中易 x 为 $x+1$ 得

$$\sqrt{\frac{1}{2}}(x+2) < f(x+1) < \sqrt{2}(x+2)$$

并且由函数方程可知

$$\sqrt{\frac{1}{2}} + xf(x+1) < f^2(x) < \sqrt{2} + xf(x+1)$$

于是从这两式推出

$$\sqrt{\frac{1}{2}}\big(1 + x(x+2)\big) < f^2(x) < \sqrt{2}\big(1 + x(x+2)\big)$$

因而得到

$$\sqrt[4]{\frac{1}{2}}(x+1) < f(x) < \sqrt[4]{2}(x+1)$$

一般地，应用数学归纳法可证

$$\sqrt[2^k]{\frac{1}{2}}(x+1) < f(x) < \sqrt[2^k]{2}(x+1)$$

在其中令 $k \to \infty$ 即得 $x+1 \leqslant f(x) \leqslant x+1$. 这样，我们最终得到 $f(x) = x+1$, 而所求的值 $= a+1$. □

注 1° 用 (a) 中的证法容易证明：

(i) 若 $m > 1, x_n = \sqrt[m]{1 + \sqrt[m]{1 + \cdots + \sqrt[m]{1}}}$ (n 重根) $(n \geqslant 1)$, 则当 $n \to \infty$ 时 x_n 趋于方程 $x^m - x - 1 = 0$ 的正根.

(ii) 若 $m>1, x_n=\sqrt[m]{c_1+\sqrt[m]{c_2+\cdots+\sqrt[m]{c_n}}}$ (n 重根) ($n\geqslant 1$), 其中 $(c_n)_{n\geqslant 1}$ 是一个正数列, 则当且仅当数列 $(m^{-n}\log c_n)_{n\geqslant 1}$ 有上界时 $\lim\limits_{n\to\infty} x_n$ 存在.

2° 由 (c) 可知

$$\sqrt{1+2\sqrt{1+3\sqrt{1+4\sqrt{1+\cdots}}}}=3$$

类似地, 由 (b) 可知 (取 $a_n=n+4, b_n=n, \theta_n=n+2$)

$$\sqrt{5+\sqrt{6+2\sqrt{7+3\sqrt{8+4\sqrt{9+\cdots}}}}}=3$$

1.9 (a) 证明

$$\lim_{n\to\infty} n\sin(2n!\mathrm{e}\pi)=2\pi$$

(b) 证明

$$n\sin(2n!\mathrm{e}\pi)=2\pi-\frac{2\pi(2\pi^2+3)}{3n^2}+O\left(\frac{1}{n^3}\right)\quad(n\to\infty)$$

解 (a) 令

$$\begin{aligned}
\varepsilon_n &= n!\mathrm{e}-n!\left(1+\frac{1}{1!}+\frac{1}{2!}+\cdots+\frac{1}{n!}\right)\\
&= n!\left(1+\frac{1}{1!}+\frac{1}{2!}+\cdots\right)-n!\left(1+\frac{1}{1!}+\frac{1}{2!}+\cdots+\frac{1}{n!}\right)\\
&= n!\left(\frac{1}{(n+1)!}+\frac{1}{(n+2)!}+\cdots+\frac{1}{(n+3)!}+\cdots\right)\\
&= \frac{1}{n+1}+\frac{1}{(n+1)(n+2)}+\frac{1}{(n+1)(n+2)(n+3)}+\cdots
\end{aligned}$$

注意 $n!(1+1/1!+1/2!+\cdots+1/n!)$ 是一个整数, 所以

$$n\sin(2n!\mathrm{e}\pi)=n\sin(2\pi\varepsilon_n)$$

并且由

$$\frac{1}{n+1}<\varepsilon_n<\frac{1}{n+1}+\frac{1}{(n+1)^2}+\frac{1}{(n+1)^3}+\cdots=\frac{1}{n}$$

得到

$$\lim_{n\to\infty}\varepsilon_n=0,\ \lim_{n\to\infty}n\varepsilon_n=1$$

最后，注意

$$\lim_{x\to 0}\frac{\sin(2\pi x)}{x}=2\pi\lim_{x\to 0}\frac{\sin(2\pi x)}{2\pi x}=2\pi$$

即得

$$\begin{aligned}\lim_{n\to\infty}n\sin(2n!\mathrm{e}\pi) &= \lim_{n\to\infty}n\sin(2\pi\varepsilon_n)\\ &= \lim_{n\to\infty}\frac{\sin(2\pi\varepsilon_n)}{\varepsilon_n}\cdot\lim_{n\to\infty}n\varepsilon_n=2\pi\end{aligned}$$

(b) 我们有

$$\varepsilon_n=\frac{1}{n+1}\left(1+\frac{1}{n+2}+\frac{1}{(n+2)(n+3)}+\cdots\right)$$

并且当 n 充分大时

$$\begin{aligned}\frac{1}{n+1} &= \frac{1}{n}\left(\frac{1}{1+\frac{1}{n}}\right)=\frac{1}{n}\left(1-\frac{1}{n}+\frac{1}{n^2}+O\left(\frac{1}{n^3}\right)\right)\\ &= \frac{1}{n}-\frac{1}{n^2}+\frac{1}{n^3}+O\left(\frac{1}{n^4}\right)\end{aligned}$$

同样地，我们有

$$\begin{aligned}&\frac{1}{n+2}+\frac{1}{(n+2)(n+3)}+\cdots\\ =\ &\frac{1}{n+2}\left(1+\frac{1}{(n+3)}+\frac{1}{(n+3)(n+4)}+\cdots\right)\end{aligned}$$

并且当 n 充分大时

$$\frac{1}{n+2}=\frac{1}{n}\left(\frac{1}{1+\dfrac{2}{n}}\right)=\frac{1}{n}\left(1-\frac{2}{n}+O\left(\frac{1}{n^2}\right)\right)=\frac{1}{n}-\frac{2}{n^2}+O\left(\frac{1}{n^3}\right)$$

继续上面的计算，我们有

$$\begin{aligned}&\frac{1}{n+3}+\frac{1}{(n+3)(n+4)}+\cdots\\ =\ &\frac{1}{n+3}\left(1+\frac{1}{(n+4)}+\frac{1}{(n+4)(n+5)}+\cdots\right)\end{aligned}$$

$$\frac{1}{n+3}=\frac{1}{n}+O\left(\frac{1}{n^2}\right)$$

$$\frac{1}{(n+4)}+\frac{1}{(n+4)(n+5)}+\cdots=O\Big(\frac{1}{n}\Big)$$

所以

$$\begin{aligned}
&\frac{1}{n+3}+\frac{1}{(n+3)(n+4)}+\cdots\\
=\ &\Big(\frac{1}{n}+O\Big(\frac{1}{n^2}\Big)\Big)\Big(1+O\Big(\frac{1}{n}\Big)\Big)\\
=\ &\frac{1}{n}+O\Big(\frac{1}{n^2}\Big)\\
&\frac{1}{n+2}+\frac{1}{(n+2)(n+3)}+\cdots\\
=\ &\Big(\frac{1}{n}-\frac{2}{n^2}+O\Big(\frac{1}{n^3}\Big)\Big)\Big(1+\frac{1}{n}+O\Big(\frac{1}{n^2}\Big)\Big)\\
=\ &\frac{1}{n}-\frac{1}{n^2}+O\Big(\frac{1}{n^3}\Big)
\end{aligned}$$

于是得到

$$\begin{aligned}
\varepsilon_n &= \Big(\frac{1}{n}-\frac{1}{n^2}+\frac{1}{n^3}+O\Big(\frac{1}{n^4}\Big)\Big)\cdot\Big(1+\frac{1}{n}-\frac{1}{n^2}+O\Big(\frac{1}{n^3}\Big)\Big)\\
&= \frac{1}{n}-\frac{1}{n^3}+O\Big(\frac{1}{n^4}\Big)
\end{aligned}$$

最后，由此及

$$\sin x=x-\frac{x^3}{3!}+O(x^5)$$

求出

$$\begin{aligned}
n\sin(2n!e\pi) &= n\sin(2\pi\varepsilon_n)=n2\pi\varepsilon_n-\frac{4\pi^3}{3}n\varepsilon_n^3+O\big(n\varepsilon_n^5\big)\\
&= 2\pi-\frac{2\pi(2\pi^2+3)}{3n^2}+O\Big(\frac{1}{n^3}\Big)
\end{aligned}$$

□

注 **1°** 由本题 (a) 中的结果可知 e 是无理数. 这是因为若 $e=p/q$(其中 p,q 是互素整数且 $q>0$), 则当 $n\geqslant q$ 时 $n!e$ 将是整数，从而所求极限为 0.

2° 在题 (b) 中，也可用下列方式求出 ε_n 的展开式

$$\begin{aligned}
\varepsilon_n =\ &\Big(\frac{1}{n}-\frac{1}{n^2}+\frac{1}{n^3}+O\Big(\frac{1}{n^4}\Big)\Big)+\\
&\Big(\frac{1}{n}-\frac{1}{n^2}+O\Big(\frac{1}{n^3}\Big)\Big)\Big(\frac{1}{n}-\frac{2}{n^2}+O\Big(\frac{1}{n^3}\Big)\Big)+\\
&\Big(\frac{1}{n}-\frac{1}{n^2}+O\Big(\frac{1}{n^3}\Big)\Big)\Big(\frac{1}{n}-\frac{2}{n^2}+O\Big(\frac{1}{n^3}\Big)\Big)\cdot\\
&\Big(\frac{1}{n}+O\Big(\frac{1}{n^2}\Big)\Big)+O\Big(\frac{1}{n^4}\Big)\\
=\ &\cdots
\end{aligned}$$

1.10 设

$$S_n=\sum_{k=0}^{n-1}(-1)^k\binom{n-1}{k}\frac{1}{2^k(n+k+1)}\quad(n\geqslant 1)$$

证明

$$S_n=\frac{\mathrm{e}^\gamma}{\sqrt{2}}\cdot\frac{1}{2^n\sqrt{n}}\left(1+o(1)\right)\quad(n\to\infty)$$

其中 γ 是 Euler-Mascheroni 常数，并计算 $\lim\limits_{n\to\infty} S_{n+1}/S_n$.

解 (i) 由二项式定理可知

$$S_n=\int_0^1\left(1-\frac{t}{2}\right)^{n-1}t^n\mathrm{d}t$$

作变量代换 $t=2x$ 得到

$$S_n=2^{n+1}\int_0^{1/2}(1-x)^{n-1}x^n\mathrm{d}x$$

又因为 (作变量代换 $u=x-1$, 然后将积分变量 u 改记为 x)

$$\int_0^{1/2}(1-x)^{n-1}x^n\mathrm{d}x=\int_{1/2}^1 x^{n-1}(1-x)^n\mathrm{d}x$$

以及 (分部积分)

$$\int_0^{1/2}(1-x)^{n-1}x^n\mathrm{d}x=-\frac{1}{n2^{2n}}+\int_0^{1/2}x^{n-1}(1-x)^n\mathrm{d}x$$

将上面二式相加，即得

$$\int_0^{1/2}(1-x)^{n-1}x^n\mathrm{d}x=\frac{1}{2}\int_0^1 x^{n-1}(1-x)^n\mathrm{d}x-\frac{1}{n2^{2n+1}}$$

由此可知

$$S_n=2^n\int_0^1 x^{n-1}(1-x)^n\mathrm{d}x-\frac{1}{n2^n}$$

由二项式定理展开 $(1-x)^n$ 即可算出

$$S_n=2^n\frac{(n-1)!n!}{(2n)!}-\frac{1}{n2^n}\quad(n\geqslant 1)$$

(ii) 为计算 S_{n+1}/S_n, 记

$$u_n=2^n\frac{(n-1)!n!}{(2n)!}\quad(n\geqslant 1)$$

由 Stirling 公式，当 $n \to \infty$ 时

$$\log(n!) = \gamma + \left(n + \frac{1}{2}\right)\log n - n + o(1)$$

其中 γ 是 Euler-Mascheroni 常数．于是

$$\log\big((n-1)!\big) = \log(n!) - \log n = \gamma + \left(n - \frac{1}{2}\right)\log n - n + o(1)$$

还有

$$\begin{aligned}\log\big((2n)!\big) &= \gamma + \left(2n + \frac{1}{2}\right)\log(2n) - 2n + o(1) \\ &= \gamma + \left(2n + \frac{1}{2}\right)\log n + (2\log 2 - 2)n + \frac{1}{2}\log 2 + o(1)\end{aligned}$$

因此

$$\log u_n = \gamma - \frac{1}{2}\log n - (\log 2)n - \frac{1}{2}\log 2 + o(1) \quad (n \to \infty)$$

因为 $\mathrm{e}^{o(1)} = 1 + o(1)\ (n \to \infty)$, 所以

$$u_n = \frac{\mathrm{e}^{\gamma}}{\sqrt{2}} \cdot \frac{1}{2^n\sqrt{n}}\big(1 + o(1)\big) \quad (n \to \infty)$$

由 $S_n = u_n - 1/(n2^n)$, 我们最终得到

$$S_n = \frac{\mathrm{e}^{\gamma}}{\sqrt{2}} \cdot \frac{1}{2^n\sqrt{n}}\big(1 + o(1)\big) \quad (n \to \infty)$$

因此立得 $\lim\limits_{n\to\infty}(S_{n+1}/S_n) = 1/2$. □

1.11 (a) 设 λ 是一个实数，$|\lambda| < 1, (a_n)_{n\geqslant 0}$ 是一个无穷实数列，则

$$\lim_{n\to\infty} a_n = a \iff \lim_{n\to\infty}(a_{n+1} - \lambda a_n) = (1-\lambda)a$$

(b) 设 $(a_n)_{n\geqslant 0}$ 是一个无穷实数列，则

$$\lim_{n\to\infty} a_n = a \iff \lim_{n\to\infty}(4a_{n+2} - 4a_{n+1} + a_n) = a$$

(c) 若 (a_n) 是一个无穷正数列，存在 $\alpha, \beta \in (0,1)$ 且 $\alpha + \beta \leqslant 1$, 使得

$$a_{n+2} \leqslant \alpha a_{n+1} + \beta a_n \quad (n \geqslant 0)$$

则数列 (a_n) 收敛．

解 (a) 若 $\lim_{n\to\infty} a_n = a$, 那么显然

$$\lim_{n\to\infty}(a_{n+1} - \lambda a_n) = a - \lambda a = (1-\lambda)a$$

下面证明：若 $\lim_{n\to\infty}(a_{n+1} - \lambda a_n) = (1-\lambda)a$, 则 $\lim_{n\to\infty} a_n = a$.

(i) 我们令

$$x_n = a_{n+1} - \lambda a_n \quad (n \geqslant 0)$$

那么 $a_{n+1} = \lambda a_n + x_n$, 于是

$$\lambda^{-(n+1)} a_{n+1} = \lambda^{-n} a_n + \lambda^{-(n+1)} x_n$$

在此式中易 n 为 $0,1,2,\cdots,n-1$, 然后将这样得到的 n 个等式相加，可推出

$$a_n = \lambda^n \left(a_0 + \sum_{k=1}^{n} \frac{x_{k-1}}{\lambda^k}\right) \quad (n \geqslant 1)$$

(ii) 若 $0 < \lambda < 1$, 则 $\lambda^{-n} \to \infty\,(n\to\infty)$, 于是由 Stolz 定理得到

$$\begin{aligned}\lim_{n\to\infty} a_n &= \lim_{n\to\infty} \frac{a_0 + \sum\limits_{k=1}^{n} \lambda^{-k} x_{k-1}}{\lambda^{-n}} = \lim_{n\to\infty} \frac{\lambda^{-n-1} x_n}{\lambda^{-n-1} - \lambda^{-n}} \\ &= \frac{1}{\lambda - 1} \lim_{n\to\infty} x_n = \frac{1}{1-\lambda} \cdot (1-\lambda)a = a\end{aligned}$$

(iii) 若 $-1 < \lambda < 0$, 则由 (i) 中得到的公式推出

$$a_{2n} = \lambda^{2n} \left(a_0 + \sum_{k=1}^{2n} \frac{x_{k-1}}{\lambda^k}\right) \quad (n \geqslant 1)$$

因为 $\lambda^{-2n} \to +\infty (n\to\infty)$, 并且由假设， $\lim_{n\to\infty} x_{2n} = \lim_{n\to\infty} x_{2n+1} = (1-\lambda)a$, 所以由 Stolz 定理得到

$$\begin{aligned}\lim_{n\to\infty} a_{2n} &= \frac{1}{1-\lambda^2} \lim_{n\to\infty}(x_{2n+1} + \lambda x_{2n}) \\ &= \frac{1}{1-\lambda^2}\big((1-\lambda)a + \lambda(1-\lambda)a\big) = a\end{aligned}$$

类似地，还有

$$-a_{2n+1} = (-\lambda)^{2n+1} \left(a_0 + \sum_{k=1}^{2n+1} \frac{x_{k-1}}{\lambda^k}\right) \quad (n \geqslant 1)$$

因为 $(-\lambda)^{-(2n+1)} \to +\infty (n\to\infty)$, 所以与上面同样地得到

$$\begin{aligned}\lim_{n\to\infty} a_{2n+1} &= -\frac{1}{\lambda^2 - 1} \lim_{n\to\infty}(x_{2n+2} + \lambda x_{2n+1}) \\ &= \frac{1}{1-\lambda^2} \lim_{n\to\infty}(x_{2n+2} + \lambda x_{2n+1}) = a\end{aligned}$$

因此 $\lim_{n\to\infty} a_n = a$.

(b) 我们给出两个解法.

解法 1 显然条件

$$\lim_{n\to\infty}(4a_{n+2}-4a_{n+1}+a_n)=a$$

等价于

$$\lim_{n\to\infty}\left(a_{n+2}-a_{n+1}+\frac{1}{4}a_n\right)=\frac{1}{4}a$$

因为

$$a_{n+2}-a_{n+1}+\frac{1}{4}a_n=a_{n+2}-\frac{1}{2}a_{n+1}-\frac{1}{2}\left(a_{n+1}-\frac{1}{2}a_n\right)$$

若记 $y_n=a_{n+1}-a_n/2$, 则上述条件等价于

$$\lim_{n\to\infty}\left(y_{n+1}-\frac{1}{2}y_n\right)=\frac{1}{4}a$$

也就是

$$\lim_{n\to\infty}\left(y_{n+1}-\frac{1}{2}y_n\right)=\left(1-\frac{1}{2}\right)\cdot\frac{a}{2}$$

依本题 (a), 这个条件等价于 (取 $\lambda=1/2$)

$$\lim_{n\to\infty} y_n=\frac{a}{2}$$

亦即

$$\lim_{n\to\infty}\left(a_{n+1}-\frac{1}{2}a_n\right)=\left(1-\frac{1}{2}\right)a$$

再次应用本题 (a), 这个条件等价于 (取 $\lambda=1/2$)

$$\lim_{n\to\infty} a_n=a$$

解法 2 只用证明

$$\lim_{n\to\infty}(4a_{n+2}-4a_{n+1}+a_n)=a$$

蕴含 $\lim_{n\to\infty} a_n=a$(逆命题显然成立). 考虑用下式定义的数列 y_n

$$y_0=a_0, y_n=a_n-\frac{n+1}{2n}a_{n-1}\quad(n\geqslant 1)$$

于是

$$a_n=\frac{n+1}{2n}\cdot a_{n-1}+y_n\quad(n\geqslant 1)$$

将此式两边乘以 $2^n/(n+1)$, 得到

$$\frac{2^n}{n+1}\cdot a_n=\frac{2^{n-1}}{n}\cdot a_{n-1}+\frac{2^n}{n+1}\cdot y_n\quad(n\geqslant 1)$$

在此式中分别易 n 为 $n-1,\cdots,2,1$, 这样共得到的 n 个等式，将它们相加得到

$$a_n=\frac{n+1}{2^n}\left(\sum_{k=1}^{n}\frac{2^k y_k}{k+1}+a_0\right)\quad(n\geqslant 1)$$

注意 $a_0=y_0$, 并记

$$S_n=\sum_{k=0}^{n}\frac{2^k y_k}{k+1}\quad(n\geqslant 0)$$

则得

$$a_n=\frac{n+1}{2^n}\sum_{k=0}^{n}\frac{2^k y_k}{k+1}=\frac{(n+1)S_n}{2^n}\quad(n\geqslant 0)$$

由 Stolz 定理得到

$$\lim_{n\to\infty}a_n=\lim_{n\to\infty}\frac{(n+1)S_n}{2^n}=\lim_{n\to\infty}\frac{(n+2)S_{n+1}-(n+1)S_n}{2^{n+1}-2^n}$$

因为

$$S_{n+1}=S_n+\frac{2^{n+1}y_{n+1}}{n+2}$$

所以

$$\lim_{n\to\infty}a_n=\lim_{n\to\infty}\frac{S_n+2^{n+1}y_{n+1}}{2^n}$$

再次应用 Stolz 定理得到

$$\lim_{n\to\infty}a_n=\lim_{n\to\infty}\frac{S_{n+1}+2^{n+2}y_{n+2}-S_n-2^{n+1}y_{n+1}}{2^{n+1}-2^n}$$

因为

$$\begin{aligned}&S_{n+1}+2^{n+2}y_{n+2}-S_n-2^{n+1}y_{n+1}\\=\;&S_n+\frac{2^{n+1}y_{n+1}}{n+2}+2^{n+2}y_{n+2}-S_n-2^{n+1}y_{n+1}\\=\;&2^{n+2}y_{n+2}-\frac{n+1}{n+2}\cdot 2^{n+1}y_{n+1}\end{aligned}$$

所以

$$\frac{S_{n+1}+2^{n+2}y_{n+2}-S_n-2^{n+1}y_{n+1}}{2^{n+1}-2^n}=2\left(2y_{n+2}-\frac{n+1}{n+2}y_{n+1}\right)$$

注意 $y_n = a_n - (n+1)a_{n-1}/(2n)$, 即得

$$\lim_{n\to\infty} a_n = \lim_{n\to\infty}(4a_{n+2} - 4a_{n+1} + a_n)$$

于是依假设得到, $\lim\limits_{n\to\infty} a_n = a$.

(c) 由题设条件可知 $\beta \leqslant 1-\alpha$, 所以

$$a_{n+2} \leqslant \alpha a_{n+1} + \beta a_n \leqslant \alpha a_{n+1} + (1-\alpha)a_n$$

由此推出

$$a_{n+2} + (1-\alpha)a_{n+1} \leqslant a_{n+1} + (1-\alpha)a_n \quad (n \geqslant 0)$$

因此正数列

$$a_{n+1} + (1-\alpha)a_n \quad (n \geqslant 0)$$

单调递减, 从而收敛. 于是依本题 (a) 可知 (其中 $\lambda = -(1-\alpha)$) 数列 a_n 收敛.

□

1.12 (a) 证明: 任何一个无穷正数列 $(x_n)_{n\geqslant 1}$, 若从第三项起每一项都不超过它的前两项的平均值, 亦即

$$x_{n+1} \leqslant \frac{1}{2}(x_n + x_{n-1}) \quad (n \geqslant 2)$$

则必收敛.

(b) 设无穷数列 $(x_n)_{n\geqslant 1}$ 由下式定义

$$x_{n+1} = \frac{1}{2}(x_n + x_{n-1}) \quad (n \geqslant 2)$$

并且初值 x_1, x_2 给定, 求 $\lim\limits_{n\to\infty} x_n$.

解 (a) 我们给出两个解法.

解法 1 设 $x_n (n \geqslant 1)$ 是一个无穷正数列, 满足条件

$$x_{n+1} \leqslant \frac{x_n + x_{n-1}}{2} \quad (n \geqslant 2)$$

令 $y_n = \max(x_n, x_{n-1})\,(n \geqslant 2)$. 那么当 $n \geqslant 2$ 时 $x_n, x_{n-1} \leqslant y_n$, $x_{n+1} \leqslant (x_n + x_{n-1})/2 \leqslant y_n$, 所以

$$y_{n+1} = \max(x_{n+1}, x_n) \leqslant y_n$$

亦即 (y_n) 是一个单调递减的无穷正数列，因而收敛．设 $\lim_{n\to\infty} y_n = L$. 我们来证明 (x_n) 也收敛于 L.

显然，数列 (y_n) 是数列 (x_n) 的无穷子列．若数列 (x_n) 中只有有限多项不属于数列 (y_n), 则上述结论已得证．如果数列 (x_n) 中有无限多项不属于数列 (y_n), 令 x_n 是任意一个这样的项，那么依 y_n 的定义可知 $x_n = \min(x_{n-1}, x_n, x_{n+1})$, 也就是 $x_{n-1} = y_n$, 同时 $x_{n+1} = y_{n+1}$. 于是由 $x_n \leqslant y_n$(上面已证) 以及 $x_{n+1} \leqslant (x_n + x_{n-1})/2$(题设条件) 推出

$$y_n \geqslant x_n \geqslant 2x_{n+1} - x_{n-1} = 2y_{n+1} - y_n$$

令 $n \to \infty$(注意这些 n 是 $\mathbb{N}$ 的一个子列), 上述不等式左右两边都以 L 为极限，所以 (x_n) 的由不属于数列 (y_n) 的项组成的子列也以 L 为极限．数列 (x_n) 的上述两个子列的并集以及 x_1 恰好组成整个数列 (x_n), 因此我们证明了数列 (x_n) 也收敛于 L.

解法 2　由题设条件

$$x_{n+1} \leqslant \frac{x_n + x_{n-1}}{2} \quad (n \geqslant 2)$$

推出 $x_{n+1} + x_n/2 \leqslant x_n + x_{n-1}/2$. 令

$$z_n = x_{n+1} + \frac{1}{2}x_n \quad (n \geqslant 2)$$

可知 $z_{n+1} \leqslant z_n$, 因此数列 $z_n (n \geqslant 2)$ 收敛．记 $\lim_{n\to\infty} z_n = U$. 那么对于任意给定的 $\varepsilon > 0$, 存在最小的整数 $N > 0$, 使当 $n \geqslant N$ 时 $|z_n - U| < \varepsilon/2$. 并且存在常数 $C > 0$, 使对所有 $n \geqslant 2$ 有 $|z_n - U| < C$ 以及 $|x_1 - U| < C$. 我们取定正整数 $N_0 \geqslant N$, 使得当 $n \geqslant N_0$ 时 $2^n > 2^{N+1}C/\varepsilon$.

我们有

$$\begin{aligned} x_n &= z_n - \frac{1}{2}x_{n-1} = z_n - \frac{1}{2}\left(z_{n-1} - \frac{1}{2}x_{n-2}\right) \\ &= \cdots = z_n - \frac{1}{2}z_{n-1} + \frac{1}{4}z_{n-2} + \cdots + \left(-\frac{1}{2}\right)^{n-2} z_2 + \left(-\frac{1}{2}\right)^{n-1} x_1 \end{aligned}$$

记

$$\eta_n = 1 - \frac{1}{2} + \frac{1}{4} - \cdots + \left(-\frac{1}{2}\right)^{n-2} + \left(-\frac{1}{2}\right)^{n-1}$$

则当 $n > N_0$ 时

$$
\begin{aligned}
& |x_n - \eta_n U| \\
\leqslant\ & |z_n - U| + \frac{1}{2}|z_{n-1} - U| + \cdots + \frac{1}{2^{n-N}}|z_N - U| + \\
& \frac{1}{2^{n-N+1}}|z_{N-1} - U| + \cdots + \frac{1}{2^{n-1}}|x_1 - U| \\
\leqslant\ & \frac{\varepsilon}{2}\left(1 + \frac{1}{2} + \cdots + \frac{1}{2^{n-N}}\right) + \frac{C}{2^{n-N+1}}\left(1 + \frac{1}{2} + \cdots + \frac{1}{2^{N-2}}\right) \\
<\ & \frac{\varepsilon}{2} + \frac{\varepsilon}{2} = \varepsilon
\end{aligned}
$$

因此 $\lim\limits_{n\to\infty}(x_n - \eta_n U) = 0$, 从而 $\lim\limits_{n\to\infty} x_n = \lim\limits_{n\to\infty} \eta_n U = 2U/3$. 于是数列 x_n 的收敛性得证.

(b) 我们给出三个解法，其中 *解法* 1 是传统方法，*解法* 2 应用了简单的函数方程概念，*解法* 3 是相当特殊的方法.

解法 1 不计初值，易见常数列 $x_n = 1(n \geqslant 1)$ 和 $x_n = (-1/2)^n(n \geqslant 1)$ 都满足题中的递推关系式，所以对于任何常数 A, B, 数列

$$A \cdot 1 + B \cdot \left(-\frac{1}{2}\right)^n \quad (n \geqslant 1)$$

也满足同一个递推关系式. 因为给定初值 x_1, x_2 后，由递推关系式即可归纳地得到整个数列，所以如果存在常数 A, B, 使得

$$A \cdot 1 + B \cdot \left(\frac{-1}{2}\right)^1 = x_1, A \cdot 1 + B \cdot \left(\frac{-1}{2}\right)^2 = x_2$$

即得符合要求的数列. 在此我们解出

$$A = \frac{x_1 + 2x_2}{3}, B = \frac{4(x_2 - x_1)}{3}$$

于是

$$x_n = \frac{x_1 + 2x_2}{3} + \frac{x_2 - x_1}{3} \cdot \left(-\frac{1}{2}\right)^{n-2} \qquad (n \geqslant 1)$$

从而

$$\lim_{n\to\infty} x_n = \frac{x_1 + 2x_2}{3}$$

解法 2 依本题 (a), 所求极限存在. 因为数列依赖于初值，所以将极限值记为 $L(x_1, x_2)$. 又因为去掉 x_1, 将 x_2, x_3 视为初值不改变极限值，所以

$$L(x_1, x_2) = L(x_2, x_3)$$

将 $x_3=(x_1+x_2)/2$ 代入，我们得到函数方程

$$L(x_1,x_2)=L\left(x_2,\frac{x_1+x_2}{2}\right)$$

又因为，当用 $\lambda x_1,\lambda x_2$(λ 是任意常数) 代替 x_1,x_2 作为初值时，将得到原数列的 λ 倍，即所得数列的每项是原数列相应项的 λ 倍，因而所得数列的极限是原数列极限的 λ 倍，于是

$$L(\lambda x_1,\lambda x_2)=\lambda L(x_1,x_2)$$

亦即 $L(x_1,x_2)$ 是 x_1,x_2 的线性函数．因此我们可设

$$L(x_1,x_2)=\alpha x_1+\beta x_2$$

其中系数 α,β 待定．由此及上述函数方程得到

$$\alpha x_1+\beta x_2=\alpha x_2+\beta\cdot\frac{x_1+x_2}{2}$$

也就是 $(\alpha-\beta/2)(x_1-x_2)=0$, 这对任何 $x_1,x_2\in\mathbb{R}$ 成立，所以

$$\alpha-\frac{\beta}{2}=0$$

还要注意，当 $x_1=x_2=1$ 时所有 $x_n=1$, 因此 $L(1,1)=1$, 也就是

$$\alpha+\beta=1$$

由上述两个方程解出 $\alpha=1/3,\beta=2/3$, 于是最终得到

$$\lim_{n\to\infty}x_n=\alpha x_1+\beta x_2=\frac{x_1+2x_2}{3}$$

解法 3 依本题 (a), 所求极限存在．由题设递推关系式推出

$$x_{n+1}+\frac{1}{2}x_n=x_n+\frac{1}{2}x_{n-1}\quad(n\geqslant 2)$$

令 $z_n=x_{n+1}+x_n/2\,(n\geqslant 1)$, 可知对于任何 $n\geqslant 1$

$$z_n=z_{n-1}=\cdots=z_2=x_2+\frac{1}{2}x_1$$

因此数列 $z_n(n\geqslant 1)$ 是常数列，并且

$$\lim_{n\to\infty}z_n=x_2+\frac{1}{2}x_1$$

因为 $\lim\limits_{n\to\infty}x_n$ 存在，所以我们由

$$\lim_{n\to\infty}z_n=\lim_{n\to\infty}\left(x_{n+1}+\frac{1}{2}x_n\right)$$

推出 $\lim\limits_{n\to\infty} x_n = (2/3)\lim\limits_{n\to\infty} z_n = (2x_2 + x_1)/3$. □

注 对于题 (b) 的 *解法 1*, 其中的两个特殊的数列通常是按下列方法得到的：依线性递推数列的一般理论，对于线性递推关系式

$$x_{n+1} = px_n + qx_{n-1} \quad (n \geqslant 1)$$

也就是 $x_{n+1} - px_n - qx_{n-1} = 0\,(n \geqslant 1)$, 我们将

$$x^2 - px - q = 0$$

称做它的特征方程. 如果它有两个不同的实根 α, β, 那么

$$x_n = A\alpha^n + B\beta^n \quad (n \geqslant 1)$$

其中常数 A, B 由初值 x_1, x_2 确定. 对于本题的递推关系式 $2x_{n+1} - x_n - x_{n-1} = 0$, 特征方程 $2x^2 - x - 1 = 0$ 的根是 $\alpha = 1$ 和 $\beta = -1/2$, 从而得到所说的特殊的数列 (但本题较特殊，它们容易直接看出).

1.13 若 (a_n) 是一个无穷正数列，满足不等式

$$a_n < a_{n+1} + a_{n^2} \quad (n \geqslant 1)$$

则级数 $\sum\limits_{n=1}^{\infty} a_n$ 发散.

解 (i) 重复应用题中的不等式 $a_n < a_{n+1} + a_{n^2}$ 可得

$$a_2 < a_3 + a_4 < a_4 + a_5 + a_9 + a_{16} < \cdots$$

我们将这样得到的数列的下标的集合记作 S_k, 也就是

$$S_1 = \{2\}, S_2 = \{3, 4\}, S_3 = \{4, 5, 9, 16\}, \cdots$$

我们证明每个集合 $S_j (j \geqslant 1)$ 都不含重复元素.

(ii) 设结论不成立, 并设 S_k 是第一个出现重复元素的集合. 因为由不等式 $a_n < a_{n+1} + a_{n^2}$ 可知，每个集合 S_j 中的元素都是将它的前一个集合 S_{j-1} 中所有元素加 1 以及将它的所有元素平方产生，因此可以归纳地证明所有通过“元素加 1 ”的方式得到的元素不会重复. 因此 S_k 中重复的元素必然具有 n^2 的形式. 不妨认为它重复出现两次；其中一个由前一个集合 S_{k-1} 中的元素 $n^2 - 1$ 通过“元素加 1 ”的方式得到，另一个由 S_{k-1} 中的元素 n 平方而产生.

一方面，由 $n^2 \in S_k$ 得知 $n^2-1 \in S_{k-1}$. 因为 n^2-1 并非 S_{k-2} 中元素平方生成，所以是由 S_{k-2} 中“元素加 1”的方式得到，所以 $n^2-2 \in S_{k-2}$. 继续这种推理，直至 $n^2-2n+2 \in S_{k-2n+2}$. 因为 $k-2n+2>0$, 所以 $k>2n-2$.

另一方面，容易归纳地证明：若数 $m \in S_j$, 则必 $m>j$. 因为由 $n^2 \in S_k$ 得知 $n \in S_{k-1}$, 从而 $n>k-1$.

因为当 $n \geqslant 2$ 时所得两个不等式 $k>2n-2$ 和 $n>k-1$ 互相矛盾，所以我们证明了所有集合 S_j 不含重复元素.

(iii) 用 $|S_j|$ 表示集合 S_j 中元素个数，则有

$$\sum_{n=1}^{\infty} a_n > \sum_{j \in S_j} a_j > 2|S_j|$$

当 $j \to \infty$ 时 $|S_j| \to \infty$, 所以上述级数发散. □

1.14 若 (a_n) 是一个无穷数列，由关系式

$$a_{n+1} = \sin a_n \quad (n \geqslant 0, 0 < a_0 < \pi)$$

定义，则 $a_n \downarrow 0\,(n \to \infty)$, 并且

$$a_n \sim \sqrt{3} n^{-1/2} \quad (n \to \infty)$$

解 我们给出三个解法.

解法 1 (i) 由题设条件可知 $a_1 = \sin a_0 > 0$, 以及

$$a_1 = \sin a_0 < a_0 < \pi,$$

所以 $0 < a_1 < \pi$. 据此又可推出

$$0 < a_2 = \sin a_1 < a_1 < \pi$$

一般地，用数学归纳法可证 $0 < a_{n+1} < a_n < \pi\,(n \geqslant 1)$. 因此 (a_n) 是单调递减的有界数列，从而有极限 (记为 α). 由 $x_{n+1} = \sin x_n$ 可得 $\alpha = \sin \alpha$. 由于函数 $y = x - \sin x$ 在 $(0, \pi]$ 上导数 $y' > 0$, 所以方程 $\alpha = \sin \alpha$ 只有唯一一个实根 $\alpha = 0$. 因此 $a_n \downarrow 0\,(n \to 0)$.

(ii) 我们有

$$
\begin{aligned}
&\lim_{x\to 0}\left(\frac{1}{\sin^2 x}-\frac{1}{x^2}\right)\\
= &\lim_{x\to 0}\frac{x^2-\sin^2 x}{x^2\sin^2 x}\\
= &\lim_{x\to 0}\frac{x^2-\left(x-x^3/6+o(x^4)\right)^2}{x^2\left(x-x^3/6+o(x^4)\right)^2}\\
= &\lim_{x\to 0}\frac{x^2-\left(x^2-x^4/3+o(x^4)\right)}{x^2\left(x^2-x^4/3+o(x^4)\right)}\\
= &\lim_{x\to 0}\frac{x^4/3+o(x^4)}{x^4+o(x^4)}=\frac{1}{3}
\end{aligned}
$$

所以

$$
\lim_{n\to\infty}\left(\frac{1}{a_{n+1}^2}-\frac{1}{a_n^2}\right)=\frac{1}{3}
$$

再应用 Stoltz 定理得到

$$
\lim_{n\to\infty}\frac{1}{na_n^2}=\lim_{n\to\infty}\frac{a_n^{-2}}{n}=\lim_{n\to\infty}\frac{a_{n+1}^{-2}-a_n^{-2}}{(n+1)-n}=\lim_{n\to\infty}\left(\frac{1}{a_{n+1}^2}-\frac{1}{a_n^2}\right)=\frac{1}{3}
$$

因此 $\lim\limits_{n\to\infty} na_n^2=3$. 由此可知

$$
a_n\sim\sqrt{3}n^{-1/2}\quad(n\to\infty)
$$

解法 2 如上所证, $x_n\downarrow 0(n\to\infty)$. 我们有

$$
\begin{aligned}
\frac{1}{x_n^2} &= \frac{1}{\sin^2 x_{n-1}}=\frac{1}{x_{n-1}^2\left(1-\dfrac{x_{n-1}^2}{3}+o(x_{n-1}^2)\right)}\\
&= \frac{1}{x_{n-1}^2}+\frac{1}{3}+o(1)\quad(n\to\infty)
\end{aligned}
$$

将 $o(1)$ 记作 y_n, 则有

$$
\frac{1}{x_n^2}=\frac{1}{x_{n-1}^2}+\frac{1}{3}+y_n
$$

因此

$$
\begin{aligned}
\frac{1}{x_n^2} &= \left(\frac{1}{x_{n-2}^2}+\frac{1}{3}+y_{n-1}\right)+\frac{1}{3}+y_n\\
&= \frac{1}{x_{n-2}^2}+2\cdot\frac{1}{3}+y_{n-1}+y_n\\
&= \cdots=\frac{1}{x_1^2}+\frac{n-1}{3}+\sum_{k=2}^{n}y_k
\end{aligned}
$$

由此得到

$$\frac{1}{nx_n^2}=\frac{1}{nx_1^2}+\frac{n-1}{3n}+\frac{n-1}{n}\cdot\frac{1}{n-1}\sum_{k=2}^{n}y_k$$

因为 $y_n\to 0\,(n\to\infty)$, 由问题 **1.2**(a) 可知当 $n\to\infty$ 时上式右边最后一项趋于 0, 从而由上式推出

$$\lim_{n\to\infty}\frac{1}{nx_n^2}=\frac{1}{3}$$

解法 3　如上所证，$x_n\downarrow 0(n\to\infty)$. 下面只证渐进估计.

(i)　对于 $n\geqslant 1$ 令

$$y_n=\frac{1}{x_n^2}-\frac{n}{3}$$

于是

$$x_n^{-2}=y_n+\frac{n}{3}$$

由 $x_{n+1}=\sin x_n$ 推出

$$y_{n+1}=\frac{1}{x_{n+1}^2}-\frac{n+1}{3}=\frac{1}{\sin^2 x_n}-\frac{n+1}{3}=\csc^2 x_n-\frac{n+1}{3}$$

(ii)　为了估计上式右边第一项，我们应用函数 $\csc^2 x$ 的 Taylor 展开. 因为当 $0<|x|<\pi$ 时

$$\cot x=\frac{1}{x}-\frac{1}{3}x-\frac{1}{45}x^3-\frac{2}{945}x^5-\frac{1}{4\,725}x^7-\cdots-\frac{2^{2n}|B_{2n}|}{(2n)!}x^{2n-1}-\cdots$$

其中 B_n 是 Bernoulli 数，并且 $(\cot x)'=-\csc^2$, 所以我们有

$$\csc^2 x=\frac{1}{x^2}+\frac{1}{3}+O(x^2)\quad(|x|\to 0)$$

因为当 $n\to\infty$ 时 $x_n^2\to 0$, 所以依上式及 (i) 得知当 $n\to\infty$ 时

$$\begin{aligned}y_{n+1}&=x_n^{-2}+\frac{1}{3}+O(x_n^2)-\frac{n+1}{3}\\&=y_n+\frac{n}{3}+\frac{1}{3}+O(x_n^2)-\frac{n+1}{3}=y_n+O(x_n^2)\end{aligned}$$

(iii)　反复应用上式得到

$$y_{n+1}=y_1+O\left(\sum_{k=1}^{n}x_k^2\right)\quad(n\to\infty)$$

于是当 $n\to\infty$ 时

$$\begin{aligned}x_n^{-2}&=y_n+\frac{n}{3}=\frac{n}{3}+y_1+O\left(\sum_{k=1}^{n-1}x_k^2\right)\\&=\frac{n}{3}\left(1+O\Big(\frac{1}{n}\Big)+O\Big(\frac{1}{n}\sum_{k=1}^{n-1}x_k^2\Big)\right)\end{aligned}$$

因为当 $n\to\infty$ 时，$x_n^2\to 0\,(n\to\infty)$, 所以由问题 **1.2**(a) 可知 $\sum\limits_{k=1}^{n-1} x_k^2/n$ 也 $\to 0$, 因此我们得到

$$x_n^{-2}=\frac{n}{3}\big(1+o(1)\big)\quad(n\to\infty)$$

由此立得 $x_n\sim\sqrt{3}n^{-1/2}\,(n\to\infty)$. □

注 在上面的解法 3 中，y_n 是按下列思路得到的：由题中的关系式 $x_{n+1}=\sin x_n$, 我们有

$$\frac{x_{n+1}-x_n}{(n+1)-n}=\sin x_n-x_n$$

将等式左边类比为 $\mathrm{d}x/\mathrm{d}n$(视 n 为连续变量), 这启发我们考虑微分方程

$$\frac{\mathrm{d}x}{\mathrm{d}n}=\sin x-x$$

由 $\sin x$ 的 Taylor 展开，用 $-x^3/6$ 近似地代替 $\sin x-x$, 得到微分方程

$$\frac{\mathrm{d}x}{\mathrm{d}n}=-\frac{x^3}{6}$$

它有解 $x=\sqrt{3/(n+c)}$(其中 c 是常数). 这就是说, 我们可以指望 x_n 接近 $\sqrt{3/n}$, 于是令 $y_n=x_n^{-2}-n/3$. 与 n 相比，y_n 是小的.

1.15 设实数 $\alpha>0$, 数列 (u_n) 满足条件

$$u_1>0,u_{n+1}=u_n+\frac{1}{n^\alpha u_n}\quad(n\geqslant 1)$$

(a) 证明：当且仅当 $\alpha>1$ 时数列 (u_n) 收敛.

(b) 若 $\alpha>1$, 记 $\lambda=\lim\limits_{n\to\infty}u_n$, 则

$$\lambda-u_n\sim\frac{1}{\lambda(\alpha-1)n^{\alpha-1}}\quad(n\to\infty)$$

(c) 若 $\alpha=1$, 则

$$u_n\sim\sqrt{2\log n}\quad(n\to\infty)$$

若 $0<\alpha<1$, 则

$$u_n\sim\sqrt{\frac{2}{1-\alpha}n^{(1-\alpha)/2}}\quad(n\to\infty)$$

解 (a) 由题设条件可推出 (u_n) 是严格单调递增的正数列. 设 $\alpha>1$. 那么由不等式

$$0<u_{n+1}-u_n=\frac{1}{n^\alpha u_n}\leqslant\frac{1}{n^\alpha u_1}\quad(n\geqslant 1)$$

以及级数 $\sum\limits_{n=1}^{\infty} 1/n^{\alpha}$ 的收敛性可知 $\sum\limits_{n=1}^{\infty}(u_{n+1}-u_n)$ 也收敛，这表明

$$\lim_{l\to\infty}\sum_{n=1}^{l-1}(u_{n+1}-u_n)=\lim_{l\to\infty}u_l-u_1$$

存在，从而数列 (u_n) 收敛.

反过来，设数列 (u_n) 收敛，并记其极限为 λ. 那么由题设条件得到

$$\frac{u_{n+1}-u_n}{(n^{\alpha}\lambda)^{-1}}=\frac{(n^{\alpha}u_n)^{-1}}{(n^{\alpha}\lambda)^{-1}}=\frac{\lambda}{u_n}\quad(n\geqslant 1)$$

于是

$$u_{n+1}-u_n\sim\frac{1}{n^{\alpha}\lambda}\quad(n\to\infty)$$

从而级数 $\sum\limits_{n=1}^{\infty}(u_{n+1}-u_n)$ 和 $\sum\limits_{n=1}^{\infty} 1/n^{\alpha}$ 有相同的收敛性. 因为

$$\sum_{n=1}^{\infty}(u_{n+1}-u_n)=\lim_{l\to\infty}\sum_{n=1}^{l}(u_{n+1}-u_n)=\lim_{l\to\infty}u_{l+1}-u_1=\lambda-u_1$$

所以级数 $\sum\limits_{n=1}^{\infty} 1/n^{\alpha}$ 收敛，从而 $\alpha>1$. 于是数列 (u_n) 的收敛性蕴含 $\alpha>1$.

(b) 如果数列 (u_n) 收敛，那么依题 (a) 所证，我们有

$$u_{n+1}-u_n\sim\frac{1}{n^{\alpha}\lambda}\quad(n\to\infty)$$

又因为 (从积分的几何意义考虑或直接计算)

$$\frac{1}{n^{\alpha}}\sim\int_n^{n+1}t^{-\alpha}\mathrm{d}t\quad(n\to\infty)$$

所以

$$u_{n+1}-u_n\sim\frac{1}{\lambda}\int_n^{n+1}t^{-\alpha}\mathrm{d}t\quad(n\to\infty)$$

注意，若 $n\to\infty$ 时， $\alpha_n\sim\beta_n,\gamma_n\sim\delta_n$, 则

$$\begin{aligned}\frac{\alpha_n+\gamma_n}{\beta_n+\delta_n}&=\frac{\beta_n\big(1+o(1)\big)+\delta_n\big(1+o(1)\big)}{\beta_n+\delta_n}\\&=\frac{(\beta_n+\delta_n)\big(1+o(1)\big)}{\beta_n+\delta_n}\to 1\quad(n\to\infty)\end{aligned}$$

即 $\alpha_n+\gamma_n\sim\beta_n+\delta_n\,(n\to\infty)$. 据此可知当 $n\to\infty$ 时

$$\sum_{j=1}^{l}(u_{n+j}-u_{n+j-1})\sim\sum_{j=1}^{l}\frac{1}{\lambda}\int_{n+j-1}^{n+j}t^{-\alpha}\mathrm{d}t\quad(l\geqslant 1)$$

亦即当 $n \to \infty$ 时

$$u_{n+l} - u_n \sim \frac{1}{\lambda}\int_n^{n+l} t^{-\alpha}\mathrm{d}t \quad (l \geqslant 1)$$

于是对于任给的 $\varepsilon > 0$, 存在整数 $n_0 = n_0(\varepsilon)$, 使当 $n \geqslant n_0$ 时

$$\frac{1-\varepsilon}{\lambda}\int_n^{n+l} t^{-\alpha}\mathrm{d}t < u_{n+l} - u_n < \frac{1+\varepsilon}{\lambda}\int_n^{n+l} t^{-\alpha}\mathrm{d}t \quad (l \geqslant 1)$$

此式对任何 $l \geqslant 1$ 成立，令 $l \to \infty$ 可得

$$\frac{1-\varepsilon}{\lambda}\int_n^{\infty} t^{-\alpha}\mathrm{d}t < \lambda - u_n < \frac{1+\varepsilon}{\lambda}\int_n^{\infty} t^{-\alpha}\mathrm{d}t$$

因此

$$\lambda - u_n \sim \frac{1}{\lambda}\int_n^{\infty} t^{-\alpha}\mathrm{d}t \quad (n \to \infty)$$

算出右边的积分，我们得到

$$\lambda - u_n \sim \frac{1}{\lambda(\alpha-1)n^{\alpha-1}} \quad (n \to \infty)$$

(c) 设 $0 < \alpha \leqslant 1$. 依题 (a) 所证，单调递增的正数列 (u_n) 发散，所以 $u_n \to +\infty\,(n \to \infty)$. 注意由题设条件可知

$$u_{n+1}^2 = \left(u_n + \frac{1}{k^\alpha u_n}\right)^2 = u_n^2 + \frac{2}{k^\alpha}\left(1 + \frac{1}{2n^\alpha u_n^2}\right)$$

因此

$$u_{n+1}^2 - u_n^2 \sim \frac{2}{k^\alpha} \sim 2\int_n^{n+1} t^{-\alpha}\mathrm{d}t \quad (n \to \infty)$$

我们在 Toeplitz 定理 (题 **1.1**) 中取

$$\begin{aligned} c_{nk} &= \frac{\int_k^{k+1} t^{-\alpha}\mathrm{d}t}{\int_1^2 t^{-\alpha}\mathrm{d}t + \int_2^3 t^{-\alpha}\mathrm{d}t + \cdots + \int_n^{n+1} t^{-\alpha}\mathrm{d}t} \\ &= \frac{\int_k^{k+1} t^{-\alpha}\mathrm{d}t}{\int_1^{n+1} t^{-\alpha}\mathrm{d}t} \quad (k = 1, 2, \cdots, n; n \geqslant 1) \end{aligned}$$

以及

$$a_k = \frac{u_{k+1}^2 - u_k^2}{\int_k^{k+1} t^{-\alpha}\mathrm{d}t} \quad (k = 1, 2, \cdots)$$

那么 $a_k \to 2\,(k \to \infty)$, 并且容易验证定理中的所有条件在此都成立，所以

$$\lim_{n\to\infty} \frac{\sum\limits_{k=1}^{n}(u_{k+1}^2 - u_k^2)}{\int_1^{n+1} t^{-\alpha}\mathrm{d}t} = 2$$

由此得到 (易 $n+1$ 为 n)

$$u_n^2 - u_1^2 \sim 2\int_1^n t^{-\alpha}\mathrm{d}t \quad (n\to\infty)$$

(此式也可由题 **1.2**(b) 推出, 在其中取 a_k 同上, $\lambda_k = \int_k^{k+1} t^{-\alpha}\mathrm{d}t$). 注意 $u_n^2 - u_1^2 \sim u_n^2\,(n\to\infty)$, 所以

$$u_n^2 \sim 2\int_1^n t^{-\alpha}\mathrm{d}t \quad (n\to\infty)$$

上式右边的积分当 $\alpha=1$ 时等于 $\log n$, 当 $0<\alpha<1$ 时等于 $n^{1-\alpha}/(1-\alpha)$, 所以得到所要的结果. □

第 2 章　微分学

提要　本章的问题涉及下列四个方面：(i) 单变量函数的基本性质 (连续性、可微性、单调性等)(问题 **2.1**~**2.15**), 它们的解中包含了微分学的各种基本定理的应用. (ii) 一致收敛性 (问题 **2.16**,**2.17**).(iii) 凸函数 (问题 **2.18**,**2.19**,**2.22**), 这里只涉及凸函数的基本概念，有关应用可见第三、六、七章等. (iv) 多变量函数的连续性、可微性和凸性 (问题 **2.20**~**2.22**). 另外，问题 **2.4**,**2.16** 的解法采用了集合论语言的推理方法.

2.1　设 $f(x),g(x)$ 是定义在 $\mathbb{R}$ 上的函数，并且 $f(x)$ 在 $\mathbb{R}$ 上连续. 证明：不存在 $\mathbb{R}$ 上的连续函数 $H(x)$, 使得对于任何 $(x,y)\in\mathbb{R}^2$ 有

$$H\big(f(x)+g(y)\big)=xy$$

解　用反证法. 设存在具有题中所说性质的函数 $H(x)$, 我们来导出矛盾. 因为 xy 取遍所有实数值，所以 H 是满射. 又若 $f(x)=f(x')$, 则依题中所给关系式 (取 $y=1$) 有

$$x=H\big(f(x)+g(1)\big)=H\big(f(x')+g(1)\big)=x'$$

因而 $f(x)$ 是一对一的；于是若 $x\neq x'$, 则也 $f(x)\neq f(x')$, 从而 $f(x)$ 是严格单调的. 不妨设 $f(x)$ 单调上升. 如果它上有界，那么 $\lim\limits_{x\to+\infty}f(x)$ 存在 (记为 α), 从而由 $x=H\big(f(x)+g(1)\big)$ 以及 $H(x)$ 的连续性推出

$$H\big(\alpha+g(1)\big)=\lim_{x\to+\infty}H\big(f(x)+g(1)\big)=\lim_{x\to+\infty}x=+\infty$$

这是不可能的. 如果还有有限的 $\varliminf\limits_{x\to-\infty}f(x)$(记为 β), 则存在无穷子列 (x_n)

$$x_n\to-\infty\quad(n\to\infty)$$

使得 $f(x_n)\to\beta\,(n\to\infty)$. 于是

$$H\big(\beta+g(1)\big)=\lim_{n\to\infty}H\big(f(x_n)+g(1)\big)=\lim_{n\to\infty}x_n=-\infty$$

这也不可能. 总之，f 在整个 $\mathbb{R}$ 上是一对一的；特别，若 x 遍历所有实数值，则 $f(x)+g(0)$ 也取得所有实数值. 依题中所给关系式 (取 $y=0$), 对所有 $x\in\mathbb{R}$ 有

$$H\big(f(x)+g(0)\big)=0$$

上面已证 H 是满射，所以得到矛盾. $\square$

2.2 如果函数 f 在 $x=0$ 连续， $f(0)=0$, 并且

$$3f(x)-4f(4x)+f(16x)=3x \quad (x\in\mathbb{R})$$

那么 f 在 $\mathbb{R}$ 上连续.

解 (i) 用 $x\neq 0$ 除题中方程两边，得到

$$3\cdot\frac{f(x)}{x}-16\cdot\frac{f(4x)}{4x}+16\cdot\frac{f(16x)}{16x}=3$$

因此 $(3-16+16)f(t)/t=3, f(t)/t=1(t\neq 0)$, 由此可知当 $t\to 0$ 时 $f(t)/t$ 趋于有限极限 1, 于是

$$\lim_{x\to 0}\frac{f(x)}{x}=1$$

(ii) 在题给方程中用 $x/4^k$ 代 x, 得到

$$3f\left(\frac{x}{4^k}\right)-4f\left(\frac{x}{4^{k-1}}\right)+f\left(\frac{x}{4^{k-2}}\right)=3\cdot\frac{x}{4^k} \quad (k\in\mathbb{N})$$

令 $k=2,3,\cdots,n+2$, 然后将所得 $n+1$ 个方程相加，得到

$$\begin{aligned}&3f\left(\frac{x}{4^{n+2}}\right)-f\left(\frac{x}{4^{n+1}}\right)-3f\left(\frac{x}{4}\right)+f(x)\\ =\;&\frac{3x}{4^2}\left(1+\frac{1}{4}+\cdots+\frac{1}{4^n}\right)\end{aligned}$$

令 $n\to\infty$, 注意 f 在 $x=0$ 连续， $f(0)=0$, 以及 (i) 中的结果，我们有

$$f(x)-3f\left(\frac{x}{4}\right)=\frac{x}{4} \quad (x\in\mathbb{R})$$

(iii) 与 (ii) 类似，在上式中用 $x/4^k$ 代 x, 然后用 3^k 乘所得方程两边，得到

$$3^kf\left(\frac{x}{4^k}\right)-3^{k+1}f\left(\frac{x}{4^{k+1}}\right)=\frac{3^kx}{4^{k+1}} \quad (k\in\mathbb{N}_0)$$

令 $k=0,1,2,\cdots,n$, 然后将所得 $n+1$ 个方程相加，可得

$$f(x)-3^{n+1}f\left(\frac{x}{4^{n+1}}\right)=\frac{x}{4}\left(1+\frac{3}{4}+\cdots+\left(\frac{3}{4}\right)^n\right)$$

于是

$$f(x)-\left(\frac{3}{4}\right)^{n+1}\cdot\frac{f(4^{-(n+1)}x)}{4^{-(n+1)}x}\cdot x=\frac{x}{4}\cdot\frac{1-(3/4)^{n+1}}{1-3/4} \quad (x\neq 0)$$

令 $n \to \infty$, 与 (ii) 类似地推出 $f(x) = x(x \neq 0)$. 因为 $\lim\limits_{x\to 0} f(x) = 0$, 所以 $f(x) = x(x \in \mathbb{R})$. 因此 $f(x)$ 连续. □

2.3 设 f 是一个非常数的连续函数，并且存在函数 $F(x,y)$ 使得对于任何实数 x,y 有 $f(x+y) = F\big(f(x), f(y)\big)$, 则 f 是严格单调的.

解 用反证法. 设 f 不是严格单调的，那么存在实数 $s_1 < s_2$ 使得 $f(s_1) = f(s_2)$. 由此及 f 的连续性可知在闭区间 $[s_1, s_2]$ 上， f 不是严格单调的，所以存在实数 $s_1' < s_2'$ 使得 $[s_1', s_2'] \subset [s_1, s_2]$, 并且 $f(s_1') = f(s_2')$. 这个推理可以继续下去. 因此，如果 $\varepsilon > 0$ 任意给定，那么在区间 $[s_1, s_2]$ 中存在实数 $t_1 < t_2$ 满足 $t_2 - t_1 < \varepsilon$, 并且 $f(t_1) = f(t_2)$. 但同时对于所有实数 t, 我们有

$$\begin{aligned} f\big(t + (t_2 - t_1)\big) &= f\big((t - t_1) + t_2\big) = F\big(f(t - t_1), f(t_2)\big) \\ &= F\big(f(t - t_1), f(t_1)\big) \\ &= f\big((t - t_1) + t_1\big) = f(t) \end{aligned}$$

因此 f 具有周期 $\tau = t_2 - t_1$. 由于 $\tau < \varepsilon$, 而 $\varepsilon > 0$ 可以任意小，从而连续函数 f 具有任意小的周期，所以只能是常数，与题设矛盾. □

2.4 (a) 设 $f \in C[0, \infty)$, 并且对于任何 $x \geqslant 0, f(nx) \to 0\,(n \to \infty)$, 则 $f(x) \to 0\,(x \to \infty)$.

(b) 设 $f \in C[0, \infty)$, 但只假设存在某个有限区间 $[a, b]$ 使对于任何 $x \in [a, b], f(nx) \to 0\,(n \to \infty)$, 则 (a) 中的结论仍然成立.

(c) 举例说明：若不假设 f 的连续性，则 (a) 中的结论不成立.

解 (a) 我们给出两个解法.

解法 1 设当 $x \to \infty$ 时 $f(x)$ 不收敛于 0, 那么存在实数 $\varepsilon > 0$, 使集合 $G = \{x \mid x > 0, |f(x)| > \varepsilon\}$ 是无界集 (即其元素无上界). 我们来导出矛盾.

(i) 首先注意，对于任何给定的实数 p, q, 如果 $0 < p < q$, 那么当 n 充分大时 $(n+1)p < nq$, 所以 $[np, nq] \cap [(n+1)p, (n+1)q] \neq \varnothing$, 因而存在常数 $C > 0$, 使得 $G \cap [C, \infty) \subseteq \cup_{n=1}^{\infty} [np, nq]$.

(ii) 由 $f(x)$ 的连续性可知 G 是开集 (即其补集 $\mathbb{R} \setminus G$ 是闭集), 不含孤立点，所以对于充分大的 n, 集合 G 与 $[np, nq]$ 的交中含有非空区间，记作 $[np_1, nq_1]$,

于是 $[p_1,q_1]\subset[p,q],[np_1,nq_1]\subset G$. 由此可知对于任何 $x\in[p_1,q_1],nx\in G$. 取正整数 m 充分大，那么存在 $[p_1,q_1]\subset[p,q]$ 以及正整数 $n_1>m$ 使得对于任何 $x\in[p_1,q_1],n_1x\in G$. 分别用 n_1 和 $[p_1,q_1]$ 代替 m 和 $[p,q]$, 重复上面的推理, 可得到区间 $[p_2,q_2]\subset[p_1,q_1]$ 以及正整数 $n_2>n_1$, 使得对于任何 $x\in[p_2,q_2],n_2x\in G$. 这个过程可以无限地进行下去，从而存在点 $x_0\in\cap_{j=1}^{\infty}[p_j,q_j]$ 以及无穷递增正整数列 $n_1<n_2<\cdots$, 满足 $n_jx_0\in G\,(j=1,2,\cdots)$.

(iii) 由集合 G 的定义可知当 $j\to\infty$ 时 $f(n_jx_0)$ 不趋于 0, 这与题设矛盾.

解法 2 设当 $x\to\infty$ 时 $f(x)$ 不收敛于 0, 那么存在一个严格单调递增且发散到 ∞ 的无穷数列 $(x_n)_{n\geqslant1}$(可认为 $x_1>1$) 以及常数 $\delta>0$, 使得对于任何正整数 k 有

$$|f(x_k)|>2\delta$$

由 $f(x)$ 的连续性可知，对于每个 k 存在足够小的实数 $\varepsilon_k>0$, 使得

$$|f(x)|\geqslant\delta\quad(\text{当 } x\in[x_k-\varepsilon_k,x_k+\varepsilon_k])$$

定义集合

$$E_n=\bigcup_{k=n}^{\infty}\bigcup_{m=-\infty}^{\infty}\left(\frac{m-\varepsilon_k}{x_k},\frac{m+\varepsilon_k}{x_k}\right)\quad(n=1,2,\cdots)$$

因为当 $k\to\infty$ 时 $x_k\to\infty$, 所以 E_n 是一个稠密开集；又因为在 $\mathbb{R}$ 中可数多个稠密开集的交仍是稠密集 (Baire 性质), 所以 E_n 的交集

$$\bigcap_{n=1}^{\infty}E_n$$

是稠密的. 于是存在一点 $x^*>1$ 属于所有 E_n, 亦即对于每个 n, 存在一对整数 $k_n>n$ 及 m_n 满足不等式

$$\left|x^*-\frac{m_n}{x_{k_n}}\right|<\frac{\varepsilon_{k_n}}{x_{k_n}}$$

用 x_{k_n}/x^* 乘上式两边可得

$$\left|x_{k_n}-\frac{m_n}{x^*}\right|<\frac{\varepsilon_{k_n}}{x^*}<\varepsilon_{k_n}$$

因此点 $m_n/x^*\in[x_{k_n}-\varepsilon_{k_n},x_{k_n}+\varepsilon_{k_n}]$, 从而

$$\left|f\left(\frac{m_n}{x^*}\right)\right|\geqslant\delta$$

注意当 $n\to\infty$ 时 $m_n\to\infty$, 上式表明当 $n\to\infty$ 时 $f\big(n\cdot(1/x^*)\big)$ 不收敛于 0, 这与假设矛盾，于是本题得解.

(b) 只须在 (a) 中的 *解法 1* 中用 $[a,b]$ 代替 $[p,q]$, 那么 $x_0 \in [a,b]$, 从而得到矛盾.

(c) 考虑函数

$$f(x) = \begin{cases} 1, & \text{当 } x = m\sqrt[m]{2},\ m \in \mathbb{N} \\ 0, & \text{其他情形} \end{cases}$$

我们来证明: 对于任何 $x > 0$, 至多可能存在一个正整数 n 使得 $nx = m\sqrt[m]{2}$ (对于某个 $m \in \mathbb{N}$). 这是因为如果还存在正整数 $n' \neq n$ 满足 $n'x = m'\sqrt[m']{2}$ (对于某个 $m' \in \mathbb{N}$), 那么

$$\frac{n}{n'} = \frac{m}{m'} 2^{(m'-m)/mm'}$$

若 $m = m'$, 则上式导致 $n = n'$; 若 $m \neq m'$, 则上式右边是无理数. 因此都得到矛盾. 于是 $f(nx)$ 除可能取一个非 0 值外, 其余的值全为 0, 从而 $\lim\limits_{n\to\infty} f(nx) = 0$. 但显然 $\lim\limits_{x\to\infty} f(x)$ 不存在. □

2.5 设函数 $f \in C^1(\mathbb{R})$, $f'(x) - f^4(x) \to 0\,(x \to +\infty)$. 证明

$$f(x) \to 0 \quad (x \to +\infty)$$

解 (i) 设 $\varepsilon > 0$ 任意给定. 由题设, 存在 $X = X(\varepsilon) > 0$, 使当 $x \geqslant X$ 时 $|f'(x) - f^4(x)| \leqslant \varepsilon^4/2$, 因此 $f'(x) \geqslant f^4(x) - \varepsilon^4/2$.

(ii) 我们先来证明: 对于所有 $x \geqslant X$, $f(x) < \varepsilon$.

用反证法. 证明分为下列四步:

(ii-a) 设存在 $x_0 \geqslant X$, 使得 $f(x_0) \geqslant \varepsilon$, 则由 (i) 可知 $f'(x_0) \geqslant \varepsilon^4 - \varepsilon^4/2 > 0$, 因而存在 $\eta > 0$, 使得对于任何 $x \in (x_0, x_0+\eta)$ 有 $f(x) > f(x_0) \geqslant \varepsilon$. 并且由 f 的连续性可知 $f(x_0+\eta) \geqslant \varepsilon$.

(ii-b) 若函数 $f(x)$ 在 $(x_0, +\infty)$ 中的某个点 x 取得值 ε, 则此 $x \geqslant x_0 + \eta$. 我们定义集合 $A = \{x \mid x \geqslant x_0+\eta, f(x) = \varepsilon\}$, 以及 $x_1 = \inf A$. 于是 $x_1 \geqslant x_0 + \eta > x_0$. 由 f 的连续性可知 A 由孤立点和闭区间组成, 所以 $f(x_1) = \varepsilon$. 我们断言: 对于所有 $x \in [x_0, x_1]$, $f(x) \geqslant \varepsilon$. 事实上, 若 $x_1 = x_0 + \eta$, 则断言显然成立. 若 $x_1 > x_0 + \eta$, 则由 $f(x_0+\eta) \geqslant \varepsilon$ 和 x_1 的定义推出 $f(x_0+\eta) > \varepsilon$. 如果存在某点 $x' \in (x_0+\eta, x_1)$ 使得 $f(x') < \varepsilon$, 那么应用介值定理可知存在一点

$x'' \in (x_0+\eta, x')$ 使得 $f(x'')=\varepsilon$. 因为 $x''<x_1$, 所以与 x_1 的定义矛盾. 因此在区间 $(x_0+\eta, x_1)$ 上 f 的值 $\geqslant \varepsilon$. 于是上述断言也成立. 由此断言及 (i) 可知: 对于所有 $x \in [x_0, x_1], f'(x) \geqslant \varepsilon^4 - \varepsilon^4/2 > 0$, 因而 $f(x)$ 在 $[x_0, x_1]$ 上严格单调递增, 但同时 $f(x_0) \geqslant \varepsilon = f(x_1)$. 我们得到矛盾, 因而函数 $f(x)$ 在 $(x_0, +\infty)$ 上不可能取值 ε.

(ii-c) 依 (ii-b) 得到的结论, 并且注意在区间 $(x_0, x_0+\eta)$ 上 $f(x)>\varepsilon$, 由 f 的连续性 (应用介值定理) 可知在 $(x_0, +\infty)$ 上 $f(x)$ 也不可能取小于 ε 的值. 因此, 对于所有 $x>x_0, f(x)>\varepsilon$. 于是, 当 $x>x_0$ 时, $f'(x) \geqslant \varepsilon^4 - \varepsilon^4/2 > 0$, 从而 $f(x)$ 单调递增, 因此当 $x \to +\infty$ 时 $f(x)$ 收敛于某个极限 L(可能 $L=+\infty$).

(ii-d) 设 $x>x_0$, 那么依 (i), 对于 $t \in [x_0, x]$

$$\frac{f'(t)}{f^4(t)-\varepsilon^4/2} \geqslant 1$$

于是

$$\int_{x_0}^{x} \frac{f'(t)}{f^4(t)-\varepsilon^4/2}\mathrm{d}t \geqslant \int_{x_0}^{x} \mathrm{d}t = x - x_0$$

作代换 $u=f(x)$ 得到

$$\int_{f(x_0)}^{f(x)} \frac{\mathrm{d}u}{u^4-\varepsilon^4/2} \geqslant x - x_0$$

但这又将导致矛盾: 因为当 $x \to \infty$ 时上式左边趋于

$$\int_{f(x_0)}^{L} \frac{\mathrm{d}u}{u^4-\varepsilon^4/2}$$

(当 $L=+\infty$ 时这个积分收敛), 而上式右边趋于 $+\infty$.

综上所述可知: 对于所有 $x \geqslant X, f(x)<\varepsilon$.

(iii) 现在进而证明: 存在 $X_1 = X_1(\varepsilon)$, 使当 $x \geqslant X_1$ 时 $f(x) > -\varepsilon$.

(iii-a) 首先证明: 存在一个点 $x_2 \geqslant X$, 使得 $f(x_2) > -\varepsilon$.

用反证法. 设对于所有 $x \geqslant X, f(x) \leqslant -\varepsilon$, 那么依 (i), 对于所有 $x \geqslant X, f'(x) \geqslant \varepsilon^4/2$. 由中值定理

$$\frac{f(x)-f(X)}{x-X} = f'(\xi), \xi \in (X, x)$$

于是 $f(x)-f(X) \geqslant \varepsilon^4(x-X)/2$. 这蕴含 $f(x) \to +\infty \ (x \to +\infty)$, 与刚才所作的假设矛盾. 于是上述结论成立.

(iii-b) 其次，我们断言：对于任何 $x \in (x_2, +\infty)$, $f(x) \neq -\varepsilon$.

也用反证法. 设存在 $x > x_2$ 使得 $f(x) = -\varepsilon$, 那么令 $x_3 = \inf\{x \mid x > x_2, f(x) = -\varepsilon\}$. 依 $f(x)$ 的连续性, 应用类似于 (ii-a) 中的推理, 可知: $f(x_3) = -\varepsilon$, 并且对于所有 $x \in [x_2, x_3)$, $f(x) > -\varepsilon = f(x_3)$. 由此推出

$$f'(x_3) = \lim_{x \to x_3-} \frac{f(x) - f(x_3)}{x - x_3} \leqslant 0$$

但同时由 $f(x_3) = -\varepsilon$ 以及 (i) 可知 $f'(x_3) \geqslant f^4(x_3) - \varepsilon^4/2 > 0$, 因而我们得到矛盾. 于是上述断言得证.

(iii-c) 类似与 (ii-c), 由 $f(x_2) > -\varepsilon$ 以及 (iii-b) 中的结论，应用介值定理，我们可知：对于任何 $x \in (x_2, +\infty)$, $f(x) \not< -\varepsilon$.

综上所述可知：若取 $X_1(\varepsilon) = x_2$, 则当 $x \geqslant X_1$ 时， $f(x) > -\varepsilon$.

(iv) 注意 $X_1 \geqslant X$. 由 (ii) 和 (iii) 所证的结论可知：对于任给 $\varepsilon > 0$, 存在 $X_1 = X_1(\varepsilon)$ 使当 $x > X_1$ 时 $-\varepsilon < f(x) < \varepsilon$. 因此 $f(x) \to 0 \quad (x \to +\infty)$. □

2.6 设 $f \in C(\mathbb{R})$, 并且

$$\lim_{x \to \infty} \big(f(x+1) - f(x)\big) = 0$$

则

$$\lim_{x \to \infty} \frac{f(x)}{x} = 0$$

解 由题设，对于任何给定的 $\varepsilon > 0$, 存在正整数 $N = N(\varepsilon)$(加以固定), 使当 $x > N$ 时

$$-\frac{\varepsilon}{2} < f(x+1) - f(x) < \frac{\varepsilon}{2}$$

取 $x \geqslant N + 1$. 在上面的不等式中逐次易 x 为 $x - 1, x - 2, \cdots, x - ([x] - N)$, 可得下列 $l = [x] - N$ 个不等式 (注意 $l = [x] - N \geqslant 1$)

$$-\frac{\varepsilon}{2} < f(x - j + 1) - f(x - j) < \frac{\varepsilon}{2} \quad (j = 1, \cdots, [x] - N)$$

将它们相加，得到

$$-([x] - N)\frac{\varepsilon}{2} < f(x) - f(x - l) < ([x] - N)\frac{\varepsilon}{2}$$

注意此处 $N \leqslant x-l < N+1$, 所以若记 $M = \sup\limits_{N \leqslant x \leqslant N+1} |f(x)|$, 则由上式推出

$$-M-(x-N+1)\frac{\varepsilon}{2} < f(x) < M+(x-N)\frac{\varepsilon}{2}$$

由此我们得到

$$\left|\frac{f(x)}{x}\right| < \frac{2M+(x-N+1)\varepsilon}{2x} < \frac{\varepsilon}{2}+\frac{M}{x}$$

从而当 $x > \max(N+1, 2M/\varepsilon)$ 时，即有 $|f(x)/x| < \varepsilon$. 于是题中的结论成立. □

2.7 设函数 f 定义在 $[0,+\infty)$ 上，在此区间上 f', f'' 存在，并且对于所有足够大的 $x, |f''(x)| < c|f'(x)|$(其中 c 是常数). 证明：若

$$\lim_{x \to +\infty} \frac{f(x)}{\mathrm{e}^x} = 1$$

则

$$\lim_{x \to +\infty} \frac{f'(x)}{\mathrm{e}^x} = 1$$

解 我们给出两个解法，它们的差别只在最后一步.

解法 1 (i) 设当 $x \geqslant X$ 时 $|f''(x)| < c|f'(x)|$. 我们证明：$x \geqslant X, 0 < t < 1/c$ 蕴含

$$|f'(x+t)| \leqslant \frac{1}{1-ct}|f'(x)|$$

事实上，若 $|f'(x+t)| \leqslant |f'(x)|$, 则上式已经成立. 现在设 $|f'(x+t)| > |f'(x)|$. 那么集合

$$S = \{t' \mid t' > 0, |f'(x+t')| = |f'(x+t)|\}$$

非空 (因为 $t \in S$), 所以 $t_0 = \min S$ 存在, 并且 $0 < t_0 \leqslant t$. 于是当 $0 < u < t_0$ 时, $|f'(x+u)| \neq |f'(x+t)|$. 如果 $|f'(x+u)| > |f'(x+t)|$, 那么 $|f'(x)| < |f'(x+t)| < |f'(x+u)|$, 由介值定理可知存在 $u' \in (0,u)$, 使得 $|f'(x+u')| = |f'(x+t)|$. 但 $u' < t_0$, 与 t_0 的定义矛盾. 因此，当 $0 < u < t_0$ 时， $|f'(x+u)| < |f'(x+t)|$; 也就是说，当 $\xi \in [x, x+t_0]$ 时 $|f'(\xi)| \leqslant |f'(x+t)|$. 由 Lagrange 中值定理，我们得到 (其中 $\eta \in (x, x+t_0)$)

$$\begin{aligned} |f'(x+t)| - |f'(x)| &= |f'(x+t_0)| - |f'(x)| = t_0|f''(\eta)| \\ &\leqslant t_0 c|f'(\eta)| \leqslant t_0 c|f'(x+t)| \leqslant tc|f'(x+t)| \end{aligned}$$

由此即得要证的不等式.

(ii) 现在证明: 当 $x \geqslant X$ 时, $f(x) \neq 0$. 用反证法. 设对某个 $x_0 \geqslant X, f'(x_0) = 0$, 而 x 是区间 $(x_0, x_0 + 1/c)$ 中任意一点，那么 $0 < x - x_0 < 1/c$. 于是由 (i) 中所证的结论得到

$$|f'(x)| = |f'\big(x_0 + (x - x_0)\big)| \leqslant \frac{1}{1 - c(x - x_0)}|f'(x_0)| = 0$$

所以当 $x \in (x_0, x_0+1/c)$ 时 $f'(x) = 0$; 并且由 $f'(x)$ 的连续性知 $f'(x+1/c) = 0$. 总之, 由 $f'(x_0) = 0$ 可推出在区间 $[x_0, x_0+1/c]$ 上 $f'(x) = 0$. 又因为 $f'(x_0+1/c) = 0$, 所以应用刚才得到的结论 (用 $x_0 + 1/c$ 代替 x_0) 推出在区间 $[x_0 + 1/c, x_0 + 2/c]$ 上 $f'(x) = 0$. 这个推理过程可以继续进行下去，因此依归纳法可知：若对某个 $x_0 \geqslant X, f'(x_0) = 0$, 则对所有 $x \geqslant x_0, f'(x) = 0$. 但这是不可能的，因为 $f'(x) = 0\,(x \geqslant x_0)$ 蕴含 $f(x)\,(x \geqslant x_0)$ 等于某个常数，从而 $\mathrm{e}^{-x} f(x) \to 0 (x \to +\infty)$, 与假设矛盾. 因此，对于所有 $x \geqslant X, f'(x) \neq 0$.

(iii) 由此结论和 f' 的连续性，应用介值定理得知，或者对于所有 $x \geqslant X, f'(x) > 0$; 或者对于所有 $x \geqslant X, f'(x) < 0$. 但因为题设 $f(x) \sim \mathrm{e}^x\,(x \to +\infty)$, 所以 $f(x)$ 不可能单调递减，从而后一情形不可能发生. 因此，我们证明了: $f'(x) > 0 (x \geqslant X)$.

(iv) 由 (i) 和 (iii) 可知：当 $x \geqslant X, 0 < u < 1/c$ 时

$$f'(x+u) = |f'(x+u)| \leqslant \frac{1}{1-cu}|f'(x)| = \frac{1}{1-cu} f'(x)$$

因此

$$(1 - cu) f'(x+u) \leqslant f'(x)$$

而当 $x \geqslant X + 1/c, 0 < u < 1/c$ 时， $x - u \geqslant X$, 所以

$$f'(x) = f'\big((x-u) + u\big) \leqslant \frac{1}{1-cu} f'(x-u)$$

合并上述两个不等式，得到：当 $x \geqslant X + 1/c, 0 < u < 1/c$ 时

$$(1 - cu) f'(x+u) \leqslant f'(x) \leqslant \frac{1}{1-cu} f'(x-u)$$

于是当 $x \geqslant X + 1/c, 0 < u < 1/c, 0 \leqslant u \leqslant t$ 时 (注意 $1 - ct < 1 - cu$)

$$(1 - ct) f'(x+u) \leqslant f'(x) \leqslant \frac{1}{1-ct} f'(x-u)$$

将此式对 u 从 0 到 t 积分，得到

$$(1 - ct)\big(f(x+t) - f(x)\big) \leqslant t f'(x) \leqslant \frac{1}{1-ct}\big(f(x) - f(x-t)\big)$$

(v) 将上式两边除以 $t\mathrm{e}^x$, 可得

$$\begin{aligned}&\frac{1-ct}{t}\left(\frac{f(x+t)}{\mathrm{e}^{x+t}}\mathrm{e}^t-\frac{f(x)}{\mathrm{e}^x}\right)\\ \leqslant\ &\frac{f'(x)}{\mathrm{e}^x}\leqslant\frac{1}{t(1-ct)}\left(\frac{f(x)}{\mathrm{e}^x}-\frac{f(x-t)}{\mathrm{e}^{x-t}}\mathrm{e}^{-t}\right)\end{aligned}$$

对于固定的 t

$$\lim_{x\to+\infty}\left(\frac{f(x+t)}{\mathrm{e}^{x+t}}\mathrm{e}^t-\frac{f(x)}{\mathrm{e}^x}\right)=\mathrm{e}^t-1$$

所以由前面不等式的左半得到

$$\varliminf_{x\to+\infty}\frac{f'(x)}{\mathrm{e}^x}\geqslant(1-ct)\frac{\mathrm{e}^t-1}{t}$$

从而

$$\varliminf_{x\to+\infty}\frac{f'(x)}{\mathrm{e}^x}\geqslant\lim_{t\to0+}\left((1-ct)\frac{\mathrm{e}^t-1}{t}\right)=1$$

类似地，由前述不等式的右半得到

$$\varlimsup_{x\to+\infty}\frac{f'(x)}{\mathrm{e}^x}\leqslant\lim_{t\to0+}\left(\frac{1}{1-ct}\cdot\frac{1-\mathrm{e}^{-t}}{t}\right)=1$$

于是得到所要的结果.

解法 2 (i) 如同 *解法* 1 所证, 并注意题设 $f(x)\sim\mathrm{e}^x\ (x\to+\infty)$, 可知：当 $x\geqslant X$ 时

$$f(x)>0,f'(x)>0$$

现在应用下列简单的命题来计算 $\lim\limits_{n\to+\infty}f(x)/\mathrm{e}^x$:

设 $g(x)$ 是 $[0,+\infty)$ 上二次可微函数, $\lim\limits_{n\to+\infty}g(x)$ 存在且有限, 并且当 $x\geqslant x_0$ 时 $|g''(x)|\leqslant C$(其中 C 是常数), 则 $\lim\limits_{n\to+\infty}g'(x)=0$(它的证明见本题后的 **注**).

(ii) 取 $g(x)=f(x)/\mathrm{e}^x$. 那么

$$g'(x)=\frac{f'(x)-f(x)}{\mathrm{e}^x},g''(x)=\frac{f''(x)-2f'(x)+f(x)}{\mathrm{e}^x}$$

由题设立知 $\lim\limits_{x\to+\infty}g(x)$ 存在且等于 1. 由 (i) 及题设可知当 $x\geqslant X$ 时 $|f''(x)|\leqslant c|f'(x)|=cf'(x)$, 因此

$$\begin{aligned}|f'(x)-f'(X)|&=\left|\int_X^x f''(t)\mathrm{d}t\right|\\&\leqslant\int_X^x|f''(t)|\mathrm{d}t\leqslant c\int_X^x f'(t)\mathrm{d}t\\&=c\big(f(x)-f(X)\big)\end{aligned}$$

注意 $\lim\limits_{x\to+\infty} f(x)=+\infty$, 由上式可知存在常数 c' 和 $X_1 \geqslant X$ (它们与 X 有关) 使得当 $x \geqslant X_1$ 时

$$f'(x) < c\big(f(x)-f(X)\big)+f'(X) \leqslant c'f(x)$$

因此

$$|f''(x)| \leqslant cf'(x) \leqslant cc'f(x)$$

由此可知，当 $x \geqslant X_1$ 时

$$\begin{aligned} |g''(x)| &= \left|\frac{f''(x)-2f'(x)+f(x)}{\mathrm{e}^x}\right| \leqslant \frac{|f''(x)|+2f'(x)+f(x)}{\mathrm{e}^x} \\ &\leqslant \frac{(cc'+2c'+1)f(x)}{\mathrm{e}^x} = (cc'+2c'+1)g(x) \end{aligned}$$

因为 $\lim\limits_{x\to+\infty} g(x)=1$, 所以 $g(x)$ 有界，于是由上式推出存在常数 C, 使当 x 充分大时 $|g''(x)| \leqslant C$. 总之，此处函数 g 满足 (i) 中所说的简单命题的各项条件.

(iii) 依 (i) 中的简单命题，我们有

$$\lim_{x\to+\infty} g'(x) = \lim_{x\to+\infty}\frac{f'(x)-f(x)}{\mathrm{e}^x}=0$$

于是立得 $\lim\limits_{x\to+\infty}\big(f'(x)/\mathrm{e}^x\big) = \lim\limits_{x\to+\infty}\big(f(x)/\mathrm{e}^x\big)=1$. □

注 我们现在来证明上面 *解法* 2 中的简单命题：设 $g(x)$ 是 $[0,+\infty)$ 上二次可微函数，$\lim\limits_{n\to+\infty} f(x)$ 存在且有限，并且当 $x \geqslant x_0$ 时 $|f''(x)| \leqslant C$(其中 C 是常数), 则 $\lim\limits_{n\to+\infty} g'(x)=0$.

取 $h>0$ 足够小 (但固定), 当 $x \geqslant x_0$ 时，由中值定理得到

$$g(x+h)-g(x)=g'(x+\theta h)h$$

其中 $0<\theta<1$. 令 $x\to+\infty$, 依假设，上式左边趋于 0, 且 $h\neq 0$, 所以

$$\lim_{x\to+\infty} g'(x+\theta h)=0$$

对于任意给定的 $\varepsilon>0$, 首先取 $0<h<\varepsilon/(2C)$(并固定), 然后取 $x>X_0=X_0(\varepsilon)$, 使得 $|g'(x+\theta h)|<\varepsilon/2$, 即得

$$\begin{aligned} & |g'(x)| \leqslant |g'(x+\theta h)-g'(x)|+|g'(x+\theta h)| \\ =\ & \left|\int_x^{x+\theta h} g''(t)\mathrm{d}t\right| + |g'(x+\theta h)| \\ \leqslant\ & \int_x^{x+\theta h} |g''(t)|\mathrm{d}t + |g'(x+\theta h)| \\ \leqslant\ & C\theta h+\frac{\varepsilon}{2} \leqslant C\theta\frac{\varepsilon}{2C}+\frac{\varepsilon}{2}<\varepsilon \end{aligned}$$

因此 $\lim\limits_{n\to+\infty} g'(x)=0$.

2.8 设函数 $f\in C^2(0,\infty)$, $f(x)\to 0\,(x\to\infty)$, 并且对于某个常数 λ, $f''(x)+\lambda f'(x)$ 上有界. 证明: $f'(x)\to 0\,(x\to\infty)$.

解 我们将带定积分形式余项的 Taylor 公式

$$\begin{aligned} f(x) &= f(x_0)+\frac{f'(x_0)}{1!}(x-x_0)+\frac{f''(x_0)}{2!}(x-x_0)^2+\cdots+\\ &\quad \frac{f^{(n)}(x_0)}{n!}(x-x_0)^n+\frac{1}{n!}\int_{x_0}^{x} f^{(n+1)}(t)(x-t)^n\mathrm{d}t \end{aligned}$$

应用于函数 $f\in C^2(0,\infty)$, 在其中取 $n=1$, 并且分别用 $x+y$ 和 x 代 x 和 x_0, 可知当 $x>1, |y|<1$ 时有

$$f(x+y)=f(x)+yf'(x)+\int_x^{x+y} f''(t)(x+y-t)\mathrm{d}t$$

在右边的积分中作变量代换 $t=x+yu$, 得到

$$f(x+y)=f(x)+yf'(x)+y^2\int_0^1(1-u)f''(x+yu)\mathrm{d}u$$

同时, 我们还有

$$\begin{aligned} & y^2\int_0^1(1-u)f'(x+yu)\mathrm{d}u \\ =\ & y\Big((1-u)f(x+yu)\Big|_0^1+\int_0^1 f(x+yu)\mathrm{d}u\Big) \\ =\ & -yf(x)+\int_x^{x+y} f(t)\mathrm{d}t \end{aligned}$$

将积分中值定理应用于上式右边的积分可知, 存在 $\xi_{x,y}\in(0,y)$, 使得

$$y^2\int_0^1(1-u)f'(x+yu)\mathrm{d}u=yf(x+\xi_{x,y})-yf(x)$$

于是

$$\begin{aligned} & \big(f(x+y)-f(x)-yf'(x)\big)+\lambda\big(yf(x+\xi_{x,y})-yf(x)\big) \\ =\ & y^2\int_0^1(1-u)f''(x+yu)\mathrm{d}u+\lambda y^2\int_0^1(1-u)f'(x+yu)\mathrm{d}u \\ =\ & y^2\int_0^1(1-u)\Big(f''(x+yu)+\lambda f'(x+yu)\Big)\mathrm{d}u \end{aligned}$$

依题设, 存在正常数 K, 使得

$$f''(x)+\lambda f'(x)\leqslant K\quad\big(x\in(0,\infty)\big)$$

所以

$$\begin{aligned}&\big(f(x+y)-f(x)-yf'(x)\big)+\lambda\big(yf(x+\xi_{x,y})-yf(x)\big)\\ \leqslant\ & Ky^2\int_0^1(1-u)\mathrm{d}u=\frac{K}{2}y^2\end{aligned}$$

如果 $0<y<1$, 那么由上式推出

$$f'(x)\geqslant\frac{f(x+y)-f(x)}{y}+\lambda f(x+\xi_{x,y})-\lambda f(x)-\frac{K}{2}y$$

注意题设 $f(x)\to 0\,(x\to\infty)$, 由上式可得

$$\varliminf_{x\to\infty}f'(x)\geqslant-\frac{K}{2}y$$

因为 $y\in(0,1)$ 是任意的，所以

$$\varliminf_{x\to\infty}f'(x)\geqslant 0$$

如果 $-1<y<0$, 那么 $|y|=-y$, 我们类似地推出

$$f'(x)\leqslant\frac{f(x)-f(x-|y|)}{|y|}+\lambda f(x+\xi_{x,y})-\lambda f(x)+\frac{K}{2}|y|$$

类似地，由此可得

$$\varlimsup_{x\to\infty}f'(x)\leqslant 0$$

最后，因为

$$\varlimsup_{x\to\infty}f'(x)\geqslant\varliminf_{x\to\infty}f'(x)$$

所以 $\lim\limits_{x\to\infty}f'(x)=0$. □

2.9 设函数 $f\in C^\infty(\mathbb{R})$, 满足 $f(0)f'(0)\geqslant 0$, 并且

$$f(x)\to 0\quad(x\to\infty)$$

证明：存在一个严格递增的无穷数列 $0\leqslant x_1<x_2<\cdots$, 使得

$$f^{(n)}(x_n)=0\quad(n\geqslant 1)$$

解 首先设对所有 $x\geqslant 0$ 有 $f'(x)>0$, 那么当 $x\geqslant 0$ 时 $f(x)$ 严格单调递增，并且由

$$f(0)f'(0)\geqslant 0,f'(0)>0$$

推知 $f(0) \geqslant 0$, 从而当 $x \geqslant 0$ 时 $f(x) > f(0) \geqslant 0$. 但题设

$$f(x) \to 0 \quad (x \to \infty)$$

所以得到矛盾. 类似地，若设对所有 $x \geqslant 0$ 有 $f'(x) < 0$, 那么也得到矛盾. 因此至少存在一点 $x_1 > 0$ 使得 $f'(x_1) = 0$.

现在设 $n \geqslant 1$, 并且存在 n 个点 $x_1 < x_2 < \cdots < x_n$ 使得 $f^{(k)}(x_k) = 0\,(k = 1, 2, \cdots, n)$. 如果对任何 $x > x_n$ 有 $f^{(n+1)}(x) > 0$, 那么当 $x > x_n$ 时 $f^{(n)}$ 严格单调递增，所以对任何 $x > x_n + 1$ 有

$$f^{(n)}(x) > f^{(n)}(x_n + 1) > f^{(n)}(x_n) = 0$$

由 Taylor 公式，对任何 $x > x_n + 1$ 有

$$\begin{aligned} f(x) \quad = \quad & \sum_{k=0}^{n-1} \frac{f^{(k)}(x_n+1)}{k!}(x - x_n + 1)^k + \\ & \frac{1}{n!} f^{(n)}(x_n + 1)(x - x_n - 1)^n + \\ & \frac{1}{(n+1)!} f^{(n+1)}(\xi)(x - x_n - 1)^{(n+1)} \end{aligned}$$

其中 $\xi \in (x_n + 1, x)$. 因为 $f^{(n+1)}(\xi)(x - x_n - 1)^{(n+1)} > 0$, 所以

$$\begin{aligned} f(x) \quad > \quad & \sum_{k=0}^{n-1} \frac{f^{(k)}(x_n+1)}{k!}(x - x_n + 1)^k + \frac{1}{n!} f^{(n)}(x_n + 1)(x - x_n - 1)^n \\ = \quad & \left(\sum_{k=0}^{n-1} \frac{f^{(k)}(x_n+1)}{k!}(x - x_n + 1)^{-(n-k)} + \right. \\ & \left. \frac{1}{n!} f^{(n)}(x_n + 1) \right) (x - x_n - 1)^n \end{aligned}$$

由于 $f^{(n)}(x_n + 1) > 0$, 所以当 $x \to \infty$ 时， $f(x)$ 不可能趋于 0, 这与题设矛盾. 因此不可能对任何 $x > x_n$ 有 $f^{(n+1)}(x) > 0$. 类似地，也不可能对任何 $x > x_n$ 有 $f^{(n+1)}(x) < 0$. 因此至少存在一点 $x_{n+1} > x_n$ 使得 $f^{(n+1)}(x_{n+1}) = 0$. 于是我们归纳地得到满足要求的无穷递增点列. □

2.10 设函数 $f(x)$ 在 $(0, \infty)$ 上有三阶导数，并且 $\lim\limits_{x\to\infty} f(x)$ 和 $\lim\limits_{x\to\infty} f'''(x)$ 存在，则 $\lim\limits_{x\to\infty} f'(x)$ 和 $\lim\limits_{x\to\infty} f''(x)$ 也存在，并且

$$\lim_{x\to\infty} f'(x) = \lim_{x\to\infty} f''(x) = \lim_{x\to\infty} f'''(x) = 0$$

解 (i) 由题设极限存在条件，记

$$\lim_{x\to\infty} f(x)=a, \lim_{x\to\infty} f'''(x)=b$$

由 Taylor 展开得到

$$f(x+1)=f(x)+f'(x)+\frac{1}{2}f''(x)+\frac{1}{6}f'''(\theta_1)$$
$$f(x-1)=f(x)-f'(x)+\frac{1}{2}f''(x)-\frac{1}{6}f'''(\theta_2)$$

其中 $\theta_1\in(x,x+1),\theta_2\in(x-1,x)$. 将此二式相加，可解出

$$f''(x)=\big(f(x+1)+f(x-1)-2f(x)\big)-\frac{1}{6}\Big(f'''(\theta_1)-f'''(\theta_2)\Big)$$

在式中令 $x\to\infty$, 可推出 $\lim\limits_{x\to\infty} f''(x)$ 存在，并且

$$\lim_{x\to\infty} f''(x)=(a+a-2a)-\frac{1}{6}(b-b)=0$$

(ii) 由 (i) 中第一个 Taylor 展开式得

$$f'(x)=f(x+1)-f(x)-\frac{1}{2}f''(x)-\frac{1}{6}f'''(\theta_1)$$

令 $x\to\infty$, 可推出 $\lim\limits_{x\to\infty} f'(x)$ 存在，并且 $\lim\limits_{x\to\infty} f'(x)=a-a-0-b/6=-b/6$. 而由 Lagrange 中值定理

$$f(x+1)-f(x)=f'(\theta_3),\theta_3\in(x,x+1)$$

在其中令 $x\to\infty$, 那么 $\theta_3\to\infty$, 于是 $a-a=-b/6$, 因此 $b=0$, 从而

$$\lim_{x\to\infty} f'''(x)=b=0, \lim_{x\to\infty} f'(x)=-b/6=0$$

□

2.11 设 $f\in C^2[0,\infty)$ 是一个正函数，上有界，并且存在 $\alpha>0$, 使得 $f''(x)\geqslant\alpha f(x)\,(x\geqslant 0)$. 证明：

(a) f' 单调递增，并且 $\lim\limits_{x\to\infty} f'(x)=0$.

(b) $\lim\limits_{x\to\infty} f(x)=0$.

(c) 对于所有 $x\geqslant 0, f(x)\leqslant f(0)\mathrm{e}^{-x\sqrt{\alpha}}$.

解 (a) 由题设条件可知道，当 $x \geqslant 0$ 时 $f'(x)$ 单调递增. 因而当 $x \to +\infty$ 时，或者 $f'(x)$ 趋于无穷，或者趋于有限极限. 由此可知，当 x 充分大时 $f'(x)$ 不变号，从而 $f(x)$ 单调. 因为 $f(x)$ 有界，所以当 $x \to +\infty$ 时 $f(x)$ 趋于有限极限，亦即 $f(+\infty)$ 存在. 据此推出积分 $\int_0^\infty f'(t)\mathrm{d}t$ 收敛，因而必定 $\lim\limits_{x\to+\infty} f'(x) = 0$.

(b) 如上所证，$f'(x)$ 单调递增，而且 $\lim\limits_{x\to+\infty} f'(x) = 0$, 所以 $f'(x) \leqslant 0$, 从而当 $x \geqslant 0$ 时 $f(x)$ 单调递减. 注意 $f(x) > 0$, 因此 $f(x) \downarrow l(x \to +\infty)$, 其中 $l \geqslant 0$. 另外，由 $f''(x) \geqslant \alpha f(x)$ 可知 $f''(x) \geqslant \alpha l$, 从而当 $x \geqslant 0$ 时

$$f'(x) - f'(0) = \int_0^x f''(t)\mathrm{d}t \geqslant \alpha l \int_0^x \mathrm{d}t = \alpha l x$$

但 $\lim\limits_{x\to+\infty} f'(x) = 0$, 所以只能 $l = 0$, 即 $\lim\limits_{x\to\infty} f(x) = 0$.

(c) 令

$$g(x) = \big(f'(x) + \sqrt{\alpha} f(x)\big)\mathrm{e}^{-x\sqrt{\alpha}}, h(x) = f(x)\mathrm{e}^{x\sqrt{\alpha}} \quad (x \geqslant 0)$$

那么

$$g'(x) = \big(f''(x) - \alpha f(x)\big)\mathrm{e}^{-x\sqrt{\alpha}} \geqslant 0$$

所以 $g(x)$ 单调递增. 由 (a),(b) 可知 $\lim\limits_{x\to+\infty} g(x) = 0$, 因此当 $x \geqslant 0$ 时 $g(x) \leqslant 0$. 据此推出 $h'(x) = g(x)\mathrm{e}^{2x\sqrt{\alpha}} \leqslant 0$, 因此当 $x \geqslant 0$ 时 $h(x)$ 单调递减，从而 $h(x) \leqslant h(0)$. 于是最终我们得到 $f(x) \leqslant f(0)\mathrm{e}^{-x\sqrt{\alpha}}(x \geqslant 0)$. □

2.12 设函数 $f \in C[a,b]$, 在 (a,b) 上二次可微.

(a) 证明：对于任何 $c \in (a,b)$ 存在 $\xi = \xi(c) \in (a,b)$ 使得

$$\frac{1}{2}f''(\xi) = \frac{f(a)}{(a-b)(a-c)} + \frac{f(b)}{(b-c)(b-a)} + \frac{f(c)}{(c-a)(c-b)}$$

(b) 如果还设 $f(a) = f(b) = 0$, 并且存在 $c \in (a,b)$ 满足 $f(c) \neq 0$, 那么至少存在一个实数 $\xi \in (a,b)$, 使得 $f(c)f''(\xi) < 0$.

解 (a) 我们给出两个解法.

解法 1 (i) 定义 $[a,b]$ 上的函数

$$\phi(x) = f(x) - \frac{b-x}{b-a}f(a) - \frac{x-a}{b-a}f(b) - A(x-a)(x-b)$$

其中 A 是一个待定常数. 显然 $\phi(a)=\phi(b)=0$. 对于任何一个给定的 $c\in(a,b)$, 我们确定 A 使得 $\phi(c)=0$. 于是 A 满足关系式

$$(b-a)f(c)-(b-c)f(a)-(c-a)f(b)-(b-a)(c-a)(c-b)A=0$$

(我们暂时不解出 A). 显然 $\phi(x)$ 在 $[a,b]$ 上可微. 因此 $\phi(x)$ 在 $[a,c]$ 和 $[b,c]$ 上满足 Rolle 定理的各项条件. 于是存在两个实数 $\xi_1=\xi_1(c)\in(a,c),\xi_2=\xi_2(c)\in(c,b)$, 使得 $\phi'(\xi_1)=0,\phi'(\xi_2)=0$.

(ii) 因为依题设

$$\phi'(x)=f'(x)+\frac{f(a)}{b-a}-\frac{f(b)}{b-a}-A\big(2x-(a+b)\big)$$

在 $[a,b]$ 上连续, 并且依 (i) 所证, $\phi'(\xi_1)=\phi'(\xi_2)=0$, 所以在 $[\xi_1,\xi_2]$ 上应用 Rolle 定理, 可知存在 $\xi=\xi(c)\in(\xi_1,\xi_2)\subset(a,b)$ 使得 $\phi''(\xi)=0$. 特别地, 由 $\phi''(x)=f''(x)-2A$, 我们推出 $A=f''(\xi)/2$. 将它代入 (i) 中的关系式, 即得所要结果.

解法 2 (i) 对于给定的 $c\in(a,b)$, 定义函数

$$\phi(x)=\begin{vmatrix} f(x) & x^2 & x & 1\\ f(a) & a^2 & a & 1\\ f(b) & b^2 & b & 1\\ f(c) & c^2 & c & 1\end{vmatrix}$$

显然 $\phi(a)=\phi(b)=\phi(c)=0$. 因为在 $[a,c]$ 和 $[c,b]$ 上函数 $\phi(x)$ 满足 Rolle 定理的所有条件, 所以存在两个实数 $\xi_1=\xi_1(c)\in(a,c),\xi_2=\xi_2(c)\in(c,b)$, 使得 $\phi'(\xi_1)=0,\phi'(\xi_2)=0$.

(ii) 由题设, 函数 $\phi'(x)$ 在 $[\xi_1,\xi_2]$ 上满足 Rolle 定理的所有条件, 因此存在 $\xi=\xi(c)\in(\xi_1,\xi_2)\subset(a,b)$ 使得 $\phi''(\xi)=0$. 依 n 阶行列式求导法则 (即每次对一行 (或列) 求导, 然后将所得 n 个行列式相加), 我们有

$$\phi''(x)=\begin{vmatrix} f''(x) & 2 & 0 & 0\\ f(a) & a^2 & a & 1\\ f(b) & b^2 & b & 1\\ f(c) & c^2 & c & 1\end{vmatrix}$$

将右边的行列式展开 (注意 $f''(x)$ 的余子式是 3 阶 Vandermonde 行列式), 即得到所要结果.

(b) 我们也给出两个解法.

解法 1 定义函数

$$\phi(x) = f(x) - A(x-a)(x-b)f(c)$$

并由条件 $\phi(c) = 0$ 确定常数 A, 亦即

$$f(c) - A(c-a)(c-b)f(c) = 0, A = \frac{1}{(c-a)(c-b)}$$

于是辅助函数

$$\phi(x) = f(x) - \frac{(x-a)(x-b)}{(c-a)(c-b)}f(c)$$

满足 $\phi(a) = \phi(b) = \phi(c)$, 从而由 Rolle 定理得到点 $\xi_1 \in (a,c), \xi_2 \in (c,b)$, 使得 $\phi'(\xi_1) = 0, \phi'(\xi_2) = 0$. 进而由 Rolle 定理得到点 $\xi \in (\xi_1, \xi_2) \subset (a,b)$ 使得 $\phi''(\xi) = 0$. 因为

$$\phi''(x) = f''(x) - \frac{2f(c)}{(c-a)(c-b)}$$

所以

$$f''(\xi) = \frac{2f(c)}{(c-a)(c-b)}, f(c)f''(\xi) = \frac{2f^2(c)}{(c-a)(c-b)} < 0$$

解法 2 由题设, 在 $[a,c]$ 和 $[c,b]$ 上都可应用 Lagrange 中值定理, 于是存在两个实数 $\xi_1 \in (a,c), \xi_2 \in (c,b)$, 使得

$$\frac{f(c)-f(a)}{c-a} = f'(\xi_1), \frac{f(b)-f(c)}{b-c} = f'(\xi_2)$$

因为 $f(a) = f(b) = 0$, 所以

$$f'(\xi_1) = \frac{f(c)}{c-a}, f'(\xi_2) = -\frac{f(c)}{b-c}$$

在 $[\xi_1, \xi_2]$ 上仍然可以应用 Lagrange 中值定理, 于是存在实数 $\xi \in (\xi_1, \xi_2) \subset (a,b)$ 使得

$$\frac{f'(\xi_1) - f'(\xi_2)}{\xi_1 - \xi_2} = f''(\xi)$$

将上面得到的 $f'(\xi_1), f'(\xi_2)$ 的表达式代入此式, 即得

$$f''(\xi) = \frac{f(c)}{\xi_1 - \xi_2}\left(\frac{1}{b-c} + \frac{1}{c-a}\right) = \frac{(b-a)f(c)}{(\xi_1-\xi_2)(b-c)(c-a)}$$

由此即可推出所要的结论. □

注 1° 在上面题 (a) 的 *解法 1* 中, 关键的一步是借助 $f(x)$ 构造辅助函数 $\phi(x)$ 满足条件 $\phi(a) = \phi(b) = \phi(c) = 0$. 构造的过程是: 在点 $x = a$ 取值 $f(a)$ 以及在点 $x = b$ 取值 $f(b)$ 的最简单的 (非常数) 函数分别是线性函数

$$y_1(x) = \frac{b-x}{b-a}f(a) \quad 和 \quad y_2(x) = \frac{x-a}{b-a}f(b)$$

因此函数

$$y_1(x)+y_2(x)=\frac{b-x}{b-a}f(a)+\frac{x-a}{b-a}f(b)$$

在点 $x=a$ 取值 $f(a)$, 同时在点 $x=b$ 取值 $f(b)$. 于是函数

$$\phi_1(x)=f(x)-\big(y_1(x)+y_2(x)\big)=f(x)-\frac{b-x}{b-a}f(a)-\frac{x-a}{b-a}f(b)$$

满足 $\phi(a)=\phi(b)=0$. 而函数 $\phi_2(x)=A(x-a)(x-b)$ 显然也满足这个要求, 因而 $\phi(x)=\phi_1(x)-\phi_2(x)$ 满足前两个条件, 并且我们可以选取常数 A 使得它还满足剩下的第三个条件 $\phi(c)=0$.

2° 题 (b) 的 *解法* 1 实际是题 (a) 的 *解法* 1 的特殊情形, 我们单独给出这个解法是为了使它独立于题 (a). 事实上, 在题 (a) 所说的结论中令 $f(a)=f(b)=0$, 我们可以立即得到

$$\frac{1}{2}f''(\xi)=\frac{f(c)}{(c-a)(c-b)}$$

2.13 设实数 p,q,r 满足不等式 $p<q<r$, 函数 f 在区间 $[p,r]$ 上连续, 在 (p,r) 中可微. 证明: 对于任何使得

$$f(q)-f(p)=f'(\tau)(q-p)$$

的 $\tau\in(p,q)$, 必存在 $\tau'\in(p,r),\tau'>\tau$, 使得

$$f(r)-f(p)=f'(\tau')(r-p)$$

解 (i) 我们首先假设 $f(p)=f(r)=0$. 如果 $f(q)=0$, 那么由 $f(q)=f(r)=0$ 及 $f(x)$ 的可微性可知存在 $\tau'\in(q,r)$, 使得 $f'(\tau')=0$, 从而结论成立. 现在我们设 $f(q)\neq 0$, 并且不妨认为 $f(q)>0$ (不然, 则用 $-f$ 代 f). 设点 $\tau\in(p,q)$ 满足

$$f(q)-f(p)=f'(\tau)(q-p)$$

如果 $f(\tau)\leqslant 0$, 则当 $f(\tau)<0$ 时 $f(\tau)$ 与 $f(q)$ 异号, 所以存在 $p'\in(\tau,q)$ 使得 $f(p')=0$; 而当 $f(\tau)=0$ 时我们取 $p'=\tau$. 因此总存在 $p'\in[\tau,q)$ 使得 $f(p')=0$. 因此由 $f(p')=f(r)=0$ 推知存在一点 $\tau'\in(p',r)$ 使得 $f'(\tau')=0$, 于是

$$f(r)-f(p)=0=f'(\tau')(r-p)$$

并且 $\tau'>p'\geqslant\tau$.

如果 $f(\tau)>0$, 那么由 (注意 $f(p)=0$)

$$f'(\tau)=\frac{f(q)-f(p)}{q-p}=\frac{f(q)}{q-p}>0$$

可知当 x 取右方充分接近于 τ 的数值时 $f(x)>f(\tau)$, 因此存在 $p'\in(\tau,r)$ 使得

$$\frac{f(p')-f(\tau)}{p'-\tau}>0$$

从而 $f(p')>f(\tau)>f(r)\big(=0\big)$. 于是依 f 在 $[p',r]$ 上的连续性，由介值定理可知存在 $x_0\in(p',r)$ 使得 $f(x_0)=f(\tau)$. 由此推出存在 $\tau'\in(\tau,x_0)$ 使得 $f'(\tau')=0$, 从而也有

$$f(r)-f(p)=0=f'(\tau')(r-p)$$

并且 $\tau'>\tau$.

(ii) 现在设 $f(p)=f(r)=0$ 不成立，那么可取函数

$$f_1(x)=f(x)-f(p)-(x-p)\frac{f(r)-f(p)}{r-p}$$

代替函数 $f(x)$, 即有 $f_1(p)=f_1(r)=0$. 此时

$$f_1(q)-f_1(p)=f(q)-f(p)-(q-p)\frac{f(r)-f(p)}{r-p}$$

$$f_1'(x)=f'(x)-\frac{f(r)-f(p)}{r-p}$$

因此 $f(q)-f(p)=f'(\tau)(q-p)$ 等价于

$$f_1(q)-f_1(p)=f_1'(\tau)(q-p)$$

而且 $f(r)-f(p)=f'(\tau')(r-p)$ 等价于

$$f_1(r)-f_1(p)=f_1'(\tau')(r-p)$$

因此由 (i) 中所证可知在一般情形结论也成立. □

2.14 证明：对于任何函数 $f\in C^2(\mathbb{R})$ 有

$$\left(\sup_{x\in\mathbb{R}}|f'(x)|\right)^2\leqslant 2\sup_{x\in\mathbb{R}}|f(x)|\cdot\sup_{x\in\mathbb{R}}|f''(x)|$$

并且右边的常数 2 不能用更小的数代替.

解 (i) 令

$$\alpha=\sup_{x\in\mathbb{R}}|f(x)|,\beta=\sup_{x\in\mathbb{R}}|f''(x)|$$

我们可以认为 α,β 都是有限的 (不然题中不等式已成立). 并且若 $\beta=0$, 则 $f'(x)=c$, $f(x)=cx+d\,(c,d$ 是常数). 但因为 α 有限, 所以 $c=0$, 从而 $f'(x)=0$. 因此, 此时题中不等式也已成立. 于是我们下面设 $\beta>0$. 由 Taylor 公式, 对于任何 $x\in\mathbb{R}$ 及 $y>0$, 存在 $\xi_{x,y}\in(0,y)$ 使得

$$f(x+y)=f(x)+f'(x)y+f''(\xi_{x,y})\frac{y^2}{2}$$

类似地, 对于上述 x,y, 存在 $\eta_{x,y}\in(-y,0)$ 使得

$$f(x-y)=f(x)-f'(x)y+f''(\eta_{x,y})\frac{y^2}{2}$$

由上面二式推出

$$f(x+y)-f(x-y)=2f'(x)y+\Big(f''(\xi_{x,y})-f''(\eta_{x,y})\Big)\frac{y^2}{2}$$

因此

$$\begin{aligned}2y|f'(x)| &= \left|f(x+y)-f(x-y)-\Big(f''(\xi_{x,y})-f''(\eta_{x,y}\Big)\frac{y^2}{2}\right| \\ &\leqslant 2\alpha+\beta y^2\end{aligned}$$

由此可得

$$\sup_{x\in\mathbb{R}}|f'(x)|\leqslant\frac{\alpha}{y}+\frac{\beta y}{2}$$

最后, 注意上式右边当 $y=\sqrt{2\alpha/\beta}$ 时达到最小值 $\sqrt{2\alpha\beta}$, 从而得到要证的不等式.

(ii) 为证明不等式右边常数的最优性, 我们首先定义下列阶梯偶函数

$$\phi''(x)=\begin{cases}0, & |x|>2\\ 1, & 1\leqslant|x|\leqslant 2\\ -1, & |x|<1\end{cases}$$

于是

$$\phi'(x)=\int_{-2}^{x}\phi''(t)\mathrm{d}t$$

是分片线性的奇连续函数, 而且

$$\phi(x)=\int_{-2}^{x}\phi'(t)\mathrm{d}t-\frac{1}{2}$$

是 $C^1(\mathbb{R})$ 中的一个偶函数. 函数 $|\phi(x)|,|\phi'(x)|,|\phi''(x)|$ 在 $\mathbb{R}$ 上的最大值分别是 $1/2,1,1$. 因此对于本例，题中的不等式成为等式. 不过，我们例中的函数 $\phi(x)$ 不属于 $C^2(\mathbb{R})$. 为弥补这个缺陷，只须对 ϕ'' 作微小的修改，可使它在 ϕ'' 的两个不连续点的长度为 $\varepsilon>0$ 的领域内连续，而对于 ϕ 和 ϕ' 的影响可任意小. 将这样得到的属于 $C^2(\mathbb{R})$ 的函数记作 $f(x)$, 那么

$$\sup_{x\in\mathbb{R}}|f(x)|=\sup_{x\in\mathbb{R}}|\phi(x)|+O(\varepsilon)=\frac{1}{2}+O(\varepsilon)$$
$$\sup_{x\in\mathbb{R}}|f'(x)|=\sup_{x\in\mathbb{R}}|\phi'(x)|+O(\varepsilon)=1+O(\varepsilon)$$
$$\sup_{x\in\mathbb{R}}|f''(x)|=\sup_{x\in\mathbb{R}}|\phi''(x)|+O(\varepsilon)=1+O(\varepsilon)$$

将 (i) 中证明的结果应用于上面构造的函数 $f(x)$, 我们有

$$\Big(1+O(\varepsilon)\Big)^2\leqslant 2\Big(\frac{1}{2}+O(\varepsilon)\Big)\Big(1+O(\varepsilon)\Big)$$

由此可见常数 2 不可换为任何更小的数. □

2.15 设 $f(x)\in C[0,1]$, 对于某个 $c\in(0,1)$, 极限

$$\lim_{\substack{h\to 0\\ h\in\mathbb{Q},h\neq 0}}\frac{f(c+h)-f(c)}{h}$$

存在，则 $f(x)$ 在 $x=c$ 可微.

解 这里给出两个解法，它们思路一样，但细节处理不同.

解法 1 (i) 记题中的极限为 L. 那么对于任何给定的 $\varepsilon>0$, 存在 $\delta_0=\delta_0(\varepsilon)>0$, 使当任何 $h\in\mathbb{Q},0<|h|<\delta_0$ 时

$$\left|\frac{f(c+h)-f(c)}{h}-L\right|<\frac{\varepsilon}{2}$$

现在证明上述不等式对于 h 不是有理数的情形也成立.

(ii) 记 $\tau=\min(c,1-c)$, 定义集合

$$A=\{x\mid x\in(-\tau,\tau),x\neq 0\}$$

那么由题设可知函数

$$\frac{f(c+x)-f(c)}{x}\quad(x\in A)$$

连续. 于是对于任何 $r \notin \mathbb{Q}, r \in A$, 以及任意给定的 $\varepsilon > 0$, 存在 $\delta_1 > 0$, 使对任何满足 $|r - r'| < \delta_1$ 的实数 $r' \in A$ 有

$$\left|\frac{f(c+r)-f(c)}{r}-\frac{f(c+r')-f(c)}{r'}\right|<\frac{\varepsilon}{2}$$

(iii) 现在任取 $r \notin \mathbb{Q}$, 并且满足 $0 < |r| < \min(\tau, \delta_0/2)$. 于是 $r \in A$. 依有理数集合在 $\mathbb{R}$ 中的稠密性，我们可取 $r_0' \in \mathbb{Q} \cap A$ 满足 $|r - r_0'| < \min(\delta_0/2, \delta_1)$. 于是由 (ii) 可知

$$\left|\frac{f(c+r)-f(c)}{r}-\frac{f(c+r_0')-f(c)}{r_0'}\right|<\frac{\varepsilon}{2}$$

并且由 $0 < |r_0'| \leqslant |r| + |r - r_0'| < \delta_0/2 + \delta_0/2 = \delta_0, r_0' \in \mathbb{Q}$ 以及 (i) 得知

$$\left|\frac{f(c+r_0')-f(c)}{r_0'}-L\right|<\frac{\varepsilon}{2}$$

因此我们有

$$\begin{aligned}
&\left|\frac{f(c+r)-f(c)}{r}-L\right| \\
\leqslant &\left|\frac{f(c+r_0')-f(c)}{r_0'}-L\right|+\left|\frac{f(c+r)-f(c)}{r}-\frac{f(c+r_0')-f(c)}{r_0'}\right| \\
< &\ \frac{\varepsilon}{2}+\frac{\varepsilon}{2}=\varepsilon
\end{aligned}$$

于是 (i) 中的不等式对于 h 不是有理数的情形也成立，也就是说

$$\lim_{\substack{h\to 0\\ h\notin\mathbb{Q}, h\neq 0}}\frac{f(c+h)-f(c)}{h}=L$$

与题设条件合起来，我们得到

$$\lim_{h\to 0}\frac{f(c+h)-f(c)}{h}=L$$

于是 $f(x)$ 在 $x = c$ 可微.

解法 2 (i) 记题中的极限为 L. 由极限的存在性可知，对于任意给定的 $\varepsilon > 0$, 存在 $\delta_0 = \delta_0(\varepsilon) > 0$, 使当所有 $h \in \mathbb{Q}, 0 < |h| < \delta_0$ 有

$$\left|\frac{f(c+h)-f(c)}{h}-L\right|<\frac{\varepsilon}{3}$$

我们只须证明上述不等式对于 h 不是有理数的情形也成立.

(ii) 任取 $r \notin \mathbb{Q}, 0 < |r| < \delta_0/2$, 并固定. 由 $f(x)$ 的连续性, 存在 $\delta_1 = \delta_1(\varepsilon, r)$, 使对任何满足 $|r - r'| < \delta_1$ 的实数 r' 有

$$|f(c+r)-f(c+r')|<\frac{|r|\varepsilon}{3}$$

特别，由于有理数集合在 $\mathbb{R}$ 中的稠密性，我们可取 $r_0' \in \mathbb{Q}, r_0' \neq 0$ 满足

$$|r - r_0'| < \min\left(\delta_1, |r|, \frac{|r|\varepsilon}{3L+\varepsilon}\right)$$

于是由 $|r - r_0'| < \delta_1$ 可知

$$|f(c+r) - f(c+r_0')| < \frac{|r|\varepsilon}{3}$$

并且由 $|r_0'| \leqslant |r| + |r - r_0'| < 2|r| < \delta_0$, 以及 (i) 得知

$$\left|\frac{f(c+r_0') - f(c)}{r_0'} - L\right| < \frac{\varepsilon}{3}$$

(iii) 对于上述 $r \notin \mathbb{Q}, 0 < |r| < \delta_0/2$, 我们有

$$\begin{aligned}\frac{f(c+r) - f(c)}{r} - L &= \frac{f(c+r) - f(c+r_0')}{r} + \\ &\quad \left(\frac{f(c+r_0') - f(c)}{r_0'} - L\right) + \\ &\quad \left(\frac{f(c+r_0') - f(c)}{r_0'}\right)\left(\frac{r_0' - r}{r}\right)\end{aligned}$$

因此

$$\begin{aligned}&\left|\frac{f(c+r) - f(c)}{r} - L\right| \\ \leqslant\ & \left|\frac{f(c+r) - f(c+r_0')}{r}\right| + \left|\frac{f(c+r_0') - f(c)}{r_0'} - L\right| + \\ & \left|\frac{f(c+r_0') - f(c)}{r_0'}\right|\left|\frac{r_0' - r}{r}\right| \\ \leqslant\ & \frac{|r|\varepsilon}{3} \cdot \frac{1}{|r|} + \frac{\varepsilon}{3} + \left(\frac{\varepsilon}{3} + L\right) \cdot \frac{|r|\varepsilon}{3L+\varepsilon} \cdot \frac{1}{|r|} = \varepsilon\end{aligned}$$

于是 (i) 中的不等式对于 $h \notin \mathbb{Q}$ 也成立，从而本题得证. □

2.16 设函数列 $f_n \in C[a,b](n \geqslant 1)$ 单调递增

$$f_1(x) \leqslant f_2(x) \leqslant \cdots$$

并且当 $n \to \infty$ 时在 $[a,b]$ 上逐点收敛于 $f(x) \in C([a,b])$, 则它在 $[a,b]$ 上一致收敛于 $f(x)$.

解 对于任给 $\varepsilon > 0$, 定义集合

$$E_n = \{x \mid x \in [a,b], |f(x) - f_n(x)| \geqslant \varepsilon\}$$

依据 f_n 和 f 的连续性，$(E_n)_{n\geqslant 1}$ 是一个单调下降 (即 $E_1\supseteq E_2\supseteq\cdots$) 的紧集 (即有界闭集) 链. 若对于任何正整数 n 集合 E_n 非空，则

$$\bigcap_{n=1}^{\infty} E_n\neq\varnothing$$

于是存在某个点 x_0 属于所有集合 E_n. 但这意味着数列 $\big(f_n(x_0)\big)_{n\geqslant 1}$ 不收敛于 $f(x_0)$, 与题设矛盾. 因此当 n 充分大时 E_n 都是空集；换言之，当 n 充分大时，对任何

$$x\in[a,b],|f_n(x)-f(x)|<\varepsilon$$

因此 $\big(f_n(x)\big)$ 在 $[a,b]$ 上一致收敛于 $f(x)$. □

2.17 设函数 $f\in C[0,\infty)$ 不恒等于 0, 并且 $f(0)=0,f(x)\to 0\,(x\to\infty)$. 令

$$f_n(x)=f(nx),g_n(x)=f\left(\frac{x}{n}\right)\quad(n\geqslant 1)$$

证明：

(a) 在 $[0,\infty)$ 上，当 $n\to\infty$ 时函数列 $f_n,g_n\,(n\geqslant 1)$ 都收敛于 0, 但不一致收敛于 0.

(b) 对于任何实数 $a>0$, 当 $n\to\infty$ 时，函数列 $f_n\,(n\geqslant 1)$ 和 $g_n\,(n\geqslant 1)$ 分别在 $[a,\infty)$ 和 $[0,a]$ 上一致收敛于 0.

(c) 当 $n\to\infty$ 时，函数列 $f_ng_n\,(n\geqslant 1)$ 在 $[0,\infty)$ 上一致收敛于 0.

解 (a) (i) 因为 $f(x)\to 0\,(x\to+\infty)$, 所以对于任何给定的 $\varepsilon>0$, 存在 $X_0=X_0(\varepsilon)>0$, 使当 $x>X_0$ 时，$|f(x)|<\varepsilon$. 于是对于任意 $x\in[0,\infty)$, 当 $n>X_0/x$ 时，$nx>X_0$, 因而有

$$|f_n(x)|=|f(nx)|<\varepsilon$$

所以 $f_n(x)\to 0\,(n\to\infty)$.

类似地，因为 $f\in C[0,\infty),f(0)=0$, 所以对于任何给定的 $\varepsilon>0$, 存在 $\delta=\delta(\varepsilon)>0$, 使当 $0\leqslant x<\delta$ 时，$|f(x)|<\varepsilon$. 于是对于任意 $x\in[0,\infty)$, 当 $n>x/\delta$ 时，$0\leqslant x/n<\delta$, 因而有

$$|g_n(x)|=\left|f\left(\frac{x}{n}\right)\right|<\varepsilon$$

所以 $g_n(x) \to 0\,(n \to \infty)$.

(ii) 设函数列 $f_n\,(n \geqslant 1)$ 在 $[0, \infty)$ 上一致收敛于 0, 那么对于任何给定的 $\varepsilon > 0$, 存在正整数 $N_0 = N_0(\varepsilon)$, 使对于任何 $x \in [0, +\infty)$, 每当 $n > N_0$ 就有

$$|f_n(x)| = |f(nx)| < \varepsilon$$

由于 $f(x)$ 不恒等于 0, 所以存在一点 $x_0 \in [0, +\infty)$ 使得 $f(x_0) = \eta \neq 0$. 我们特别取 $\varepsilon = |\eta|/2$, 相应地确定正整数 $N_0 = N_0(|\eta|/2)$, 使上述性质对任何 $x \in [0, +\infty)$ 成立. 但若我们取

$$n = N_0 + 1, x = \frac{x_0}{N_0 + 1}$$

则 $nx = x_0$, 并且

$$|f_n(x)| = |f(nx)| = |f(x_0)| = |\eta| > \frac{|\eta|}{2} = \varepsilon$$

于是得到矛盾. 所以函数列 $f_n\,(n \geqslant 1)$ 在 $[0, \infty)$ 上不一致收敛于 0.

类似地, 函数列 $g_n\,(n \geqslant 1)$ 在 $[0, \infty)$ 上一致收敛于 0. 等价于: 对于任何给定的 $\varepsilon > 0$, 存在正整数 $N_0 = N_0(\varepsilon)$, 使当 $n > N_0$ 时, 对于任何 $x \in [0, +\infty)$ 都有

$$|g_n(x)| = \left|f\left(\frac{x}{n}\right)\right| < \varepsilon$$

我们特别取 $\varepsilon = |\eta|/2$, 相应地确定 $N_0 = N_0(|\eta|/2)$, 并令

$$n = N_0 + 1, x = (N_0 + 1)x_0$$

则得矛盾. 所以函数列 $f_n\,(n \geqslant 1)$ 在 $[0, \infty)$ 上也不一致收敛于 0.

(b) 如 (i) 中所证, 对于任何给定的 $\varepsilon > 0$, 存在实数 $X_0 > 0$, 使得

$$\sup_{x > X_0} |f(x)| < \varepsilon$$

于是对于所有整数 $n > X_0/a$ 及一切实数 $x \geqslant a$, 都有 $nx > X_0$, 从而

$$|f_n(x)| = |f(nx)| \leqslant \sup_{x > X_0} |f(x)| < \varepsilon$$

因此函数列 $f_n\,(n \geqslant 1)$ 在 $[a, \infty)$ 上一致收敛于 0.

类似地, 也如 (i) 中所证, 对于任何给定的 $\varepsilon > 0$, 存在实数 $\delta > 0$, 使得

$$\sup_{0 \leqslant x < \delta} |f(x)| < \varepsilon$$

于是对于所有整数 $n > a/\delta$ 及一切实数 $x \in [0,a]$, 都有 $x/n < \delta$, 从而

$$|f_n(x)| = \left|f\left(\frac{x}{n}\right)\right| \leqslant \sup_{0\leqslant x<\delta} |f(x)| < \varepsilon$$

因此函数列 $g_n\,(n \geqslant 1)$ 在 $[0,a]$ 上一致收敛于 0.

(c) 任取实数 $a > 0$ 并固定. 并记 $\sup\limits_{x\in[0,+\infty)} |f(x)| = M$ (依题设, M 存在). 对于任给实数 $\varepsilon > 0$, 如 (b) 中所证, 存在实数 X_1, X_2 使得

$$\sup_{x>X_1} |f(x)| < \frac{\varepsilon}{M}, \sup_{0\leqslant x<X_2} |f(x)| < \frac{\varepsilon}{M}$$

对于所有整数 $n > \max(X_1/a, a/X_2)$, 及任何 $x \in [0,\infty) = [0,a] \cup [a,+\infty)$, 若 $x \in [a,+\infty)$, 则 $nx \geqslant na > X_1$, 所以

$$|f_n(x)| = |f(nx)| \leqslant \sup_{x>X_1} |f(x)| < \frac{\varepsilon}{M}$$
$$|g_n(x)| \leqslant \sup_{x\in[0,+\infty)} |f(x)| = M$$

从而

$$|f_n(x)g_n(x)| < \frac{\varepsilon}{M} \cdot M = \varepsilon$$

类似地, 若 $x \in [0,a]$, 则 $0 \leqslant x/n \leqslant a/n < X_2$, 从而

$$|f_n(x)g_n(x)| < \sup_{x\in[0,+\infty)} |f(x)| \cdot \sup_{0\leqslant x<X_2} |f(x)| < M \cdot \frac{\varepsilon}{M} = \varepsilon$$

因此 $f_n g_n\,(n \geqslant 1)$ 在 $[0,+\infty)$ 上一致收敛于 0. □

2.18 证明: $f(x)$ 是区间 I 上的凸函数, 当且仅当对任何 $\lambda > 0$, $\mathrm{e}^{\lambda f(x)}$ 是区间 I 上的凸函数.

解 设 $f(x)$ 是区间 I 上的凸函数. 因为 $\mathrm{e}^{\lambda x}$ 是 $\mathbb{R}$ 上的单调递增的凸函数, 所以对于任何 $x_1, x_2 \in I$, 有

$$f\left(\frac{x_1+x_2}{2}\right) \leqslant \frac{f(x_1)+f(x_2)}{2}$$

从而

$$\exp\left(\lambda f\left(\frac{x_1+x_2}{2}\right)\right) \leqslant \exp\left(\lambda\frac{f(x_1)+f(x_2)}{2}\right) \leqslant \frac{\mathrm{e}^{\lambda f(x_1)}+\mathrm{e}^{\lambda f(x_2)}}{2}$$

这表明 (按 Jensen 意义) 函数 $\mathrm{e}^{\lambda f(x)}\,(\lambda > 0)$ 是 I 上的凸函数.

反之，设对于任何 $\lambda > 0, \mathrm{e}^{\lambda f(x)}$ 是 I 上的凸函数，那么对于任何 $x_1, x_2 \in I$，有

$$\exp\left(\lambda f\left(\frac{x_1+x_2}{2}\right)\right) \leqslant \frac{\mathrm{e}^{\lambda f(x_1)} + \mathrm{e}^{\lambda f(x_2)}}{2}$$

于是当 $\lambda \to 0+$ 时

$$1 + \lambda f\left(\frac{x_1+x_2}{2}\right) + O(\lambda^2) \leqslant 1 + \lambda \frac{f(x_1)+f(x_2)}{2} + O(\lambda^2)$$

也就是

$$f\left(\frac{x_1+x_2}{2}\right) \leqslant \frac{f(x_1)+f(x_2)}{2} + O(\lambda)$$

从而

$$f\left(\frac{x_1+x_2}{2}\right) \leqslant \frac{f(x_1)+f(x_2)}{2}$$

即 $f(x)$ 是 I 上的凸函数. □

2.19 证明：$f \in C[a,b]$ 是凸函数，当且仅当对 $[a,b]$ 中的任何两个数 $s \neq t$ 有

$$\frac{1}{t-s}\int_s^t f(x)\mathrm{d}x \leqslant \frac{f(s)+f(t)}{2}$$

解 因为对于任何常数 c

$$\frac{1}{t-s}\int_s^t (f(x)+c)\mathrm{d}x = \frac{1}{t-s}\int_s^t f(x)\mathrm{d}x + c$$

$$\frac{(f(s)+c)+(f(t)+c)}{2} = \frac{f(s)+f(t)}{2} + c$$

并且适当选取 c 可使 $f(x)$ 在 $[a,b]$ 上是正的，所以不妨认为在 $[a,b]$ 上 $f(x) > 0$.

(i) 如果 $f(x) \in C[a,b]$ 是凸函数，$s < t$ 是 $[a,b]$ 中任意两点，那么曲线 $y = f(x)\,(s \leqslant x \leqslant t)$ 在联结点 $S\big(s, f(s)\big)$ 和点 $T\big(t, f(t)\big)$ 的线段 ST 的下方，于是 X 轴上的线段 $[s,t]$ 与线段 ST 形成的梯形面积不小于它与曲线 $y = f(x)\,(s \leqslant x \leqslant t)$ 形成的图形的面积，因此我们得到

$$(t-s)\frac{f(s)+f(t)}{2} \geqslant \int_s^t f(x)\mathrm{d}x$$

也就是

$$\frac{1}{t-s}\int_s^t f(x)\mathrm{d}x \leqslant \frac{f(s)+f(t)}{2}$$

(ii) 现在设对于 $[a,b]$ 中任意两点 $s<t$, 上述不等式成立，但 $f(x)$ 不是 $[a,b]$ 上的凸函数. 于是在 $[a,b]$ 中存在两点 $s<t$, 使得

$$f\left(\frac{s+t}{2}\right)>\frac{f(s)+f(t)}{2}$$

注意通过点 S 和 T 的直线方程是

$$y=f(s)+\frac{f(t)-f(s)}{t-s}(x-s)$$

我们令

$$\phi(x)=f(x)-f(s)-\frac{f(t)-f(s)}{t-s}(x-s)$$

那么 $\phi(x)$ 表示曲线 $y=f(x)$ 上与通过点 S 和 T 的直线上具有相同横坐标 x 的点的纵坐标之差. 定义集合

$$E=\{x \mid x\in[s,t],\phi(x)>0\}$$

因为

$$\phi(\frac{s+t}{2})=f(\frac{s+t}{2})-\frac{f(s)+f(t)}{2}>0$$

所以 $(s+t)/2\in E$, 因而集合 E 非空，并且曲线 $y=f(x)\,(x\in E)$ 位于线段 ST 的上方. 对于 E 中任意一点 $x,\phi(x)>0$, 依 $f(x)$ 的连续性可知，在 x 的某个邻域中也有 $\phi(x)>0$. 于是 E 的每个点都是内点，因此 E 是开集. 特别地，我们可以推出：存在开区间 $(u,v)\subseteq E$, 但 $u,v\notin E$, 即 $\phi(u)$ 和 $\phi(v)\leqslant 0$. 我们断言：点 $U\big(u,f(u)\big)$ 和 $V\big(v,f(v)\big)$ 必在线段 ST 上，即

$$\phi(u)=\phi(v)=0$$

这是因为，不然我们将有 $\phi(u)<0$, 而区间 (u,v) 中任何一点 $p>u$ 且 $\phi(p)>0$, 于是依 $\phi(x)$ 的连续性 (应用介值定理) 可知存在点 $q\in(u,p)\subset E$, 使 $\phi(q)=0$, 这与集合 E 的定义矛盾，因而 $\phi(u)=0$. 同理可证 $\phi(v)=0$. 注意 $(u,v)\subseteq E$, 由此可知：曲线 $y=f(x)\,(u<x<v)$ 位于线段 ST 的上方，从而 X 轴上的线段 $[u,v]$ 与线段 UV 形成的梯形面积小于它与曲线 $y=f(x)\,(u<x<v)$ 形成的图形的面积，因此我们得到

$$(v-u)\frac{f(u)+f(v)}{2}<\int_u^v f(x)\mathrm{d}x$$

也就是

$$\frac{1}{v-u}\int_u^v f(x)\mathrm{d}x>\frac{f(u)+f(v)}{2}$$

这与假设矛盾. □

注 上面的证明是基于几何的考虑，我们也可以采用非几何的方式证明.

1° 对于本题解法中的步骤 (i), 也可如下证明： n 等分区间 $[s,t]$, 令

$$x_k=\frac{n-k}{n}s+\frac{k}{n}t \quad (0\leqslant k\leqslant n)$$

应用不等式

$$f\big((1-\lambda)x+\lambda y\big)\leqslant(1-\lambda)f(x)+\lambda f(y)$$

(其中 f 是区间 I 上的凸函数，并且 $x,y\in I,\lambda\in[0,1]$) (或直接应用问题 **II.26**), 得到

$$f(x_k)\leqslant\frac{n-k}{n}f(s)+\frac{k}{n}f(t) \quad (0\leqslant k\leqslant n)$$

于是

$$\begin{aligned}&\frac{1}{t-s}\int_s^t f(x)\mathrm{d}x\\=&\lim_{n\to\infty}\frac{1}{n}\sum_{k=0}^{n}f(x_k)\leqslant\overline{\lim_{n\to\infty}}\frac{1}{n}\sum_{k=0}^{n}\left(\frac{n-k}{n}f(s)+\frac{k}{n}f(t)\right)\\=&\overline{\lim_{n\to\infty}}\frac{n(n+1)}{2n^2}\big(f(s)+f(t)\big)=\frac{f(s)+f(t)}{2}\end{aligned}$$

2° 对于本题解法中的步骤 (ii), 也可如下证明: 因为点 $U\big(u,f(u)\big)$ 和 $V\big(v,f(v)\big)$ 在线段 ST 上，所以

$$f(u)=f(s)+\frac{f(t)-f(s)}{t-s}(u-s)$$

$$f(v)=f(s)+\frac{f(t)-f(s)}{t-s}(v-s)$$

于是

$$\frac{f(u)+f(v)}{2}=f(s)+\frac{f(t)-f(s)}{t-s}\left(\frac{u+v}{2}-s\right)$$

由 $\phi(x)>0$ 得知 $\int_u^v\phi(x)\mathrm{d}x>0$, 所以

$$\begin{aligned}\frac{1}{v-u}\int_u^v f(x)\mathrm{d}x &> \frac{1}{v-u}\int_u^v\left(f(s)+\frac{f(t)-f(s)}{t-s}(x-s)\right)\mathrm{d}x\\&= f(s)+\frac{f(t)-f(s)}{t-s}\left(\frac{u+v}{2}-s\right)\\&=\frac{f(u)+f(v)}{2}\end{aligned}$$

从而与假设矛盾.

2.20 设 a 是一个实数. 定义 $\mathbb{R}^2$ 上的函数

$$f(x,y)=\begin{cases}0, & \text{当 } (x,y)=(0,0)\\ \dfrac{|x|^a|y|^a}{x^2+y^2}, & \text{当 } (x,y)\neq(0,0)\end{cases}$$

证明：当且仅当 $a>1$ 时 $f(x,y)$ 在 $(0,0)$ 连续，当且仅当 $a>3/2$ 时 $f(x,y)$ 在 $(0,0)$ 可微.

解 (i) 因为 $|xy|\leqslant(x^2+y^2)/2$, 所以当 $(x,y)\neq(0,0)$ 时

$$0\leqslant f(x,y)\leqslant\frac{1}{2^a}(x^2+y^2)^{a-1}$$

因而若 $a>1$, 则当 $(x,y)\to(0,0),(x,y)\neq(0,0)$ 时 $f(x,y)\to0$. 若 $a\leqslant1$, 我们采用极坐标 (θ,ρ), 当 $(x,y)\neq(0,0)$ 时

$$f(x,y)=\rho^{2(a-1)}\frac{|\sin2\theta|^a}{2^a}.$$

由此推出上述极限不存在. 总之，当且仅当 $a>1$ 时 $f(x,y)$ 在 $(0,0)$ 连续.

(ii) 函数 $f(x,y)$ 在 $(0,0)$ 可微，当且仅当

$$\Delta f(0,0)=\frac{\partial f}{\partial x}(0,0)\cdot\Delta x+\frac{\partial f}{\partial y}(0,0)\cdot\Delta y+o(\sqrt{\Delta x^2+\Delta y^2})$$

由定义可以算出

$$\frac{\partial f}{\partial x}(0,0)=\frac{\partial f}{\partial y}(0,0)=0$$

$$\Delta f(0,0)=f(\Delta x,\Delta y)-f(0,0)=\frac{|\Delta x|^a|\Delta y|^a}{\Delta x^2+\Delta y^2}$$

因此函数 $f(x,y)$ 在 $(0,0)$ 可微，当且仅当

$$\frac{|\Delta x|^a|\Delta y|^a}{\Delta x^2+\Delta y^2}=o(\sqrt{\Delta x^2+\Delta y^2})$$

因为

$$0\leqslant\frac{|\Delta x|^a|\Delta y|^a}{(\Delta x^2+\Delta y^2)\sqrt{\Delta x^2+\Delta y^2}}\leqslant\frac{1}{2^a}(\Delta x^2+\Delta y^2)^{a-3/2}$$

并且应用极坐标

$$\frac{|\Delta x|^a|\Delta y|^a}{(\Delta x^2+\Delta y^2)\sqrt{\Delta x^2+\Delta y^2}}=\rho^{2(a-3/2)}\frac{|\sin2\theta|^a}{2^a}$$

(此处 $\rho=\sqrt{\Delta x^2+\Delta y^2}$), 于是推出当且仅当 $a>3/2$ 时 $f(x,y)$ 在 $(0,0)$ 可微. □

2.21 设 $f(x,y)$ 定义在 $\mathbb{R}^2$ 的一个开集 U 上, 偏导数 $\partial f/\partial x, \partial f/\partial y$ 在 U 上存在, 并且它们在点 $(a,b)\in U$ 可微, 那么

$$\frac{\partial^2 f}{\partial x\partial y}(a,b)=\frac{\partial^2 f}{\partial y\partial x}(a,b)$$

解 我们简记

$$\Delta_x(x_1,y_1;x_2,y_2)=\frac{\partial f}{\partial x}(x_2,y_2)-\frac{\partial f}{\partial x}(x_1,y_1)$$

类似地定义 $\Delta_y(x_1,y_1;x_2,y_2)$.

(i) 因为 $\partial f/\partial x$ 在 (a,b) 可微, 所以

$$\Delta_x(a,b;a+\varepsilon,b+\eta)=\varepsilon\frac{\partial^2 f}{\partial x^2}(a,b)+\eta\frac{\partial^2 f}{\partial x\partial y}(a,b)+o(\rho)$$

其中 $\rho=\sqrt{\varepsilon^2+\eta^2}$; 并且强调一下, 这里符号

$$\frac{\partial^2 f}{\partial x\partial y}=\frac{\partial}{\partial y}\left(\frac{\partial f}{\partial x}\right)$$

另一方面, 由 $\Delta_x(\cdots)$ 的定义可知

$$\Delta_x(a,b;a+\varepsilon,b+\eta)=\Delta_x(a+\varepsilon,b;a+\varepsilon,b+\eta)+\Delta_x(a,b;a+\varepsilon,b)$$

并且由 $\partial f/\partial x$ 在 (a,b) 的可微性得到

$$\Delta_x(a,b;a+\varepsilon,b)=\varepsilon\frac{\partial^2 f}{\partial x^2}(a,b)+o(\varepsilon)$$

因此

$$\begin{aligned}
&\Delta_x(a+\varepsilon,b;a+\varepsilon,b+\eta)\\
=\ &\Delta_x(a,b;a+\varepsilon,b+\eta)-\Delta_x(a,b;a+\varepsilon,b)\\
=\ &\left(\varepsilon\frac{\partial^2 f}{\partial x^2}(a,b)+\eta\frac{\partial^2 f}{\partial x\partial y}(a,b)+o(\rho)\right)-\\
&\left(\varepsilon\frac{\partial^2 f}{\partial x^2}(a,b)+o(\varepsilon)\right)
\end{aligned}$$

从而得到

$$\Delta_x(a+\varepsilon,b;a+\varepsilon,b+\eta)=\eta\frac{\partial^2 f}{\partial x\partial y}(a,b)+o(\rho)$$

类似地，考虑 $\partial f/\partial y$(交换 x,y 的位置), 我们有

$$\Delta_y(a,b+\eta;a+\varepsilon,b+\eta)=\varepsilon\frac{\partial^2 f}{\partial y\partial x}(a,b)+o(\rho)$$

(ii) 记双重增量

$$\Delta=f(a+\varepsilon,b+\eta)-f(a,b+\eta)-f(a+\varepsilon,b)+f(a,b)$$

若令 $\phi(y)=f(a+\varepsilon,y)-f(a,y)$, 则有

$$\Delta=\phi(b+\eta)-\phi(b)$$

因为函数 $\phi(y)$ 在区间 $(b,b+\eta)$(其中 η 足够小) 中可微，所以由中值定理得到

$$\Delta=\eta\phi'(b+\theta_1\eta)$$

其中 $\theta_1\in(0,1)$. 又因为

$$\phi'(y)=\frac{\partial f}{\partial y}(a+\varepsilon,y)-\frac{\partial f}{\partial y}(a,y)$$

所以

$$\phi'(b+\theta_1\eta)=\Delta_y(a,b+\theta_1\eta;a+\varepsilon,b+\theta_1\eta)$$

依 (i) 中所得的结果，我们有

$$\Delta=\eta\phi'(b+\theta_1\eta)=\eta\varepsilon\frac{\partial^2 f}{\partial y\partial x}(a,b)+\eta\cdot o(\rho_1)$$

其中 $\rho_1=\sqrt{\varepsilon^2+(\theta_1\eta)^2}$.

类似地，令 $\psi(x)=f(x,b+\eta)-f(x,b)$, 则有

$$\Delta=\psi(a+\varepsilon)-\psi(a)$$

从而推出

$$\Delta=\eta\phi'(b+\theta_2\eta)=\varepsilon\eta\frac{\partial^2 f}{\partial x\partial y}(a,b)+\varepsilon\cdot o(\rho_2)$$

其中 $\rho_2=\sqrt{(\theta_2\varepsilon)^2+\eta^2}$, $\theta_2\in(0,1)$.

(iii) 最后，等置 (ii) 中 Δ 的两个表达式，并且在等式两边同除以 $\varepsilon\eta$, 我们推出

$$\frac{\partial^2 f}{\partial y\partial x}(a,b)+\varepsilon^{-1}o(\rho_1)=\frac{\partial^2 f}{\partial x\partial y}(a,b)+\eta^{-1}o(\rho_2)$$

在其中令 $\varepsilon=\eta$, 然后令 $\varepsilon\to 0$, 即得所要的结果. □

2.22 (a) 设 $n\geqslant 1$. 记 $\boldsymbol{x}=(x_1,x_2,\cdots,x_n)\in\mathbb{R}^n$. 设 $U\subset\mathbb{R}^n$ 是一个凸集, 即对于任何 $\boldsymbol{x},\boldsymbol{y}\in U$ 及任何 $\lambda\in[0,1]$, 点 $(1-\lambda)\boldsymbol{x}+\lambda\boldsymbol{y}\in U$. 我们称 $f(\boldsymbol{x})$ 是 U 上的凸函数, 如果对于任何 $\boldsymbol{x},\boldsymbol{y}\in U$ 以及任何 $\lambda\in[0,1]$ 有

$$f\big((1-\lambda)\boldsymbol{x}+\lambda\boldsymbol{y}\big)\leqslant(1-\lambda)f(\boldsymbol{x})+\lambda f(\boldsymbol{y})$$

对于任何 $\boldsymbol{x},\boldsymbol{y}\in U$, 我们定义函数

$$\phi(t)=\phi(t;\boldsymbol{x},\boldsymbol{y})=f\big((1-t)\boldsymbol{x}+t\boldsymbol{y}\big)$$

证明: $f(\boldsymbol{x})$ 是 U 上的凸函数, 当且仅当对于任何 $\boldsymbol{x},\boldsymbol{y}\in U,\phi(t;\boldsymbol{x},\boldsymbol{y})$ 是 $[0,1]$ 上的凸函数.

(b) 设 $f(\boldsymbol{x})$ 是凸集 $U\subset\mathbb{R}^n$ 上的凸函数. 证明: 若 f 在 U 的某个内点上达到最大值 (整体极大值), 则 $f(\boldsymbol{x})$ 等于某个常数.

解 (a) 首先注意: 对于任何 $t_1,t_2\in[0,1]$, 以及任何 $\lambda\in[0,1]$, 我们有 $(1-\lambda)t_1+\lambda t_2\in[0,1]$, 并且对于任何 $\boldsymbol{x},\boldsymbol{y}\in U$ 有

$$\begin{aligned}&\big(1-(1-\lambda)t_1-\lambda t_2\big)\boldsymbol{x}+\big((1-\lambda)t_1+\lambda t_2\big)\boldsymbol{y}\\=\;&(1-\lambda)\big((1-t_1)\boldsymbol{x}+t_1\boldsymbol{y}\big)+\lambda\big((1-t_2)\boldsymbol{x}+t_2\boldsymbol{y}\big)\end{aligned}$$

因为 U 是凸集, 所以 $(1-t_1)\boldsymbol{x}+t_1\boldsymbol{y},(1-t_2)\boldsymbol{x}+t_2\boldsymbol{y}\in U$.

如果 $f(\boldsymbol{x})$ 是 U 上的凸函数, 那么

$$\begin{aligned}&\phi\big((1-\lambda)t_1+\lambda t_2;\boldsymbol{x},\boldsymbol{y}\big)\\=\;&f\big((1-(1-\lambda)t_1-\lambda t_2)\boldsymbol{x}+((1-\lambda)t_1+\lambda t_2)\boldsymbol{y}\big)\\=\;&f\big((1-\lambda)((1-t_1)\boldsymbol{x}+t_1\boldsymbol{y})+\lambda((1-t_2)\boldsymbol{x}+t_2\boldsymbol{y})\big)\\\leqslant\;&(1-\lambda)f\big((1-t_1)\boldsymbol{x}+t_1\boldsymbol{y}\big)+\lambda f\big((1-t_2)\boldsymbol{x}+t_2\boldsymbol{y}\big)\\=\;&(1-\lambda)\phi(t_1;\boldsymbol{x},\boldsymbol{y})+\lambda\phi(t_2;\boldsymbol{x},\boldsymbol{y})\end{aligned}$$

因此 $\phi(t;\boldsymbol{x},\boldsymbol{y})$ 是 $[0,1]$ 上的凸函数.

反之, 如果 $\phi(t;\boldsymbol{x},\boldsymbol{y})$ 是 $[0,1]$ 上的凸函数, 那么对于任何 $\boldsymbol{x},\boldsymbol{y}\in U$ 以及 $\lambda\in[0,1]$ 有

$$\begin{aligned}&f\big((1-\lambda)\boldsymbol{x}+\lambda\boldsymbol{y}\big)=\phi(\lambda;\boldsymbol{x},\boldsymbol{y})=\phi\big((1-\lambda)\cdot 0+\lambda\cdot 1;\boldsymbol{x},\boldsymbol{y}\big)\\\leqslant\;&(1-\lambda)\phi(0;\boldsymbol{x},\boldsymbol{y})+\lambda\phi(1;\boldsymbol{x},\boldsymbol{y})=(1-\lambda)f(\boldsymbol{x})+\lambda f(\boldsymbol{y})\end{aligned}$$

因此 f 是 U 上的凸函数.

(b) 设 f 不等于常数, 并且在 U 的内点 $\boldsymbol{a}$ 上达到最大值. 于是可取 $\boldsymbol{x}\in U$ 使得 $f(\boldsymbol{x})<f(\boldsymbol{a})$. 还取 $\varepsilon\in(0,1)$ 足够小, 使得点 $\boldsymbol{y}=\boldsymbol{a}+\varepsilon(\boldsymbol{a}-\boldsymbol{x})\in U$. 于是

$$\boldsymbol{a}=\frac{1}{1+\varepsilon}\boldsymbol{y}+\frac{\varepsilon}{1+\varepsilon}\boldsymbol{x}$$

因为 $1/(1+\varepsilon)+\varepsilon/(1+\varepsilon)=1,\varepsilon>0$, 所以依 f 的凸性, 并注意 $f(\boldsymbol{x})<f(\boldsymbol{a}),f(\boldsymbol{y})\leqslant f(\boldsymbol{a})$, 我们有

$$f(\boldsymbol{a})\leqslant\frac{1}{1+\varepsilon}f(\boldsymbol{y})+\frac{\varepsilon}{1+\varepsilon}f(\boldsymbol{x})<\frac{1}{1+\varepsilon}f(\boldsymbol{a})+\frac{\varepsilon}{1+\varepsilon}f(\boldsymbol{a})=f(\boldsymbol{a})$$

于是得到矛盾. □

第 3 章　积分学

提要　本章包括下列三个方面：(i) 常义积分的计算和性质 (问题 **3.1~3.7**). (ii) 广义积分的计算和性质 (问题 **3.8~3.18**).(iii) 重积分、线积分和面积分的计算和性质 (问题 **3.19~3.27**). 与带参数积分有关的解题技巧渗透在一些问题的解的相应环节之中.

3.1　求出函数

$$f(x)=\begin{cases}\cos\dfrac{1}{x}, & \text{当 } x\neq 0\\ 0, & \text{当 } x=0\end{cases}$$

的一个原函数.

解　(i)　定义函数

$$g(x)=\begin{cases}x\sin\dfrac{1}{x}, & \text{当 } x\neq 0\\ 0, & \text{当 } x=0\end{cases}$$

那么由不等式

$$-|x|\leqslant x\sin\frac{1}{x}\leqslant |x|\quad (x\neq 0)$$

可推知函数 $g(x)$ 在 $x=0$ 处连续，因而 $g(x)$ 是 $\mathbb{R}$ 上的连续函数，从而它有原函数. 设 $G(x)$ 是其一个原函数. 于是

$$G'(x)=x\sin\frac{1}{x}\quad (x\neq 0)$$

并且如果区间 $I\subset\mathbb{R}$ 不含 0, 那么在 I 上

$$\int\cos\frac{1}{x}\mathrm{d}x=-\int x^2\left(\sin\frac{1}{x}\right)'\mathrm{d}x=-x^2\sin\frac{1}{x}+2\int x\sin\frac{1}{x}\mathrm{d}x$$

(此式启发我们定义函数 $g(x)$). 因此，$f(x)$ 若有原函数，则必有下列形式

$$F(x)=\begin{cases}-x^2\sin\dfrac{1}{x}+2G(x)+c_1, & \text{当 } x\neq 0\\ c_2, & \text{当 } x=0\end{cases}$$

其中 c_1,c_2 是常数.

(ii) 为了 $F(x)$ 确实是 $f(x)$ 的一个原函数，它必须可微，因而连续．特别地，它必须在 $x=0$ 处连续，也就是

$$\lim_{x\to 0} F(x)=F(0)$$

或等价地

$$-\lim_{x\to 0} x^2\sin\frac{1}{x}+2\lim_{x\to 0} G(x)+c_1=c_2$$

但因为 $G(x)$ 是 $g(x)$ 的一个原函数，所以是连续的，因而

$$\lim_{x\to 0} G(x)=G(0)$$

又由

$$-|x^2|\leqslant x^2\sin\frac{1}{x}\leqslant |x^2| \quad (x\neq 0)$$

可知

$$\lim_{x\to 0} x^2\sin\frac{1}{x}=0$$

因此

$$c_1+2G(0)=c_2$$

改记 $c_1=C$, 于是 $f(x)$ 若有原函数，则可表示为下列形式

$$F(x)=\begin{cases}-x^2\sin\dfrac{1}{x}+2G(x)+C, & \text{当 } x\neq 0\\ 2G(0)+C, & \text{当 } x=0\end{cases}$$

(iii) 现在证明上述形式的函数 $F(x)$ 确实是 $f(x)$ 的一个原函数．事实上，当 $x\neq 0$ 时， $F(x)$ 可微且 $F'(x)=f(x)$. 还有 (按定义)

$$\begin{aligned}F'(0) &= \lim_{x\to 0}\frac{F(x)-F(0)}{x-0}\\ &= \lim_{x\to 0}\frac{-x^2\sin\dfrac{1}{x}+2G(x)+C-2G(0)-C}{x}\\ &= -\lim_{x\to 0} x\sin\frac{1}{x}+2\lim_{x\to 0}\frac{G(x)-G(0)}{x-0}\\ &= 2\lim_{x\to 0}\frac{G(x)-G(0)}{x-0}\end{aligned}$$

因为 $G(x)$ 是 $g(x)$ 在 $\mathbb{R}$ 上的原函数，因此 $G(x)$ 在 $x=0$ 处可微，并且

$$G'(0)=g(0)=0$$

因此 $F'(0)=2G'(0)=0$. 于是 $F'(0)=f(0)$. 合起来，即知

$$F'(x)=f(x) \quad (x\in\mathbb{R})$$

这就是说，不连续函数 $f(x)$ 在 $\mathbb{R}$ 上有原函数 $F(x)$. □

3.2 计算下列积分

$$\int_a^b \frac{(1-x^2)\mathrm{d}x}{(1+x^2)\sqrt{1+x^4}}$$

解 (i) 将题中的积分记为 $I(a,b)$, 并作变量代换 $u=-x$, 则有

$$I(a,b)=\int_{-a}^{-b}\frac{1-u^2}{(1+u^2)\sqrt{1+u^4}}(-\mathrm{d}u)=-I(-a,-b)$$

若 a,b 同号，则令 $x=1/v$, 我们有

$$I(a,b)=\int_{1/a}^{1/b}\frac{(1-v^{-2})(-v^{-2}\mathrm{d}v)}{(1+v^{-2})\sqrt{1+v^{-4}}}=\int_{1/a}^{1/b}\frac{(1-v^2)\mathrm{d}v}{(1+v^2)\sqrt{1+v^4}}=I\left(\frac{1}{a},\frac{1}{b}\right)$$

特别地，若 $b=1/a$, 则得

$$I\left(a,\frac{1}{a}\right)=I\left(\frac{1}{a},\frac{1}{a^{-1}}\right)=I\left(\frac{1}{a},a\right)$$

又因为交换积分上下限则积分变号，所以 $I(1/a,a)=-I(a,1/a)$, 于是

$$I(a,\frac{1}{a})=-I(a,\frac{1}{a})$$

从而

$$I(a,\frac{1}{a})=0$$

(ii) 作变量代换

$$t=x+\frac{1}{x}$$

(当 $x\neq 0$ 时 $t(x)$ 连续可导，当 $x\geqslant 1$ 时严格递增), 则

$$\mathrm{d}t=\frac{x^2-1}{x^2}\mathrm{d}x$$

若 $a,b\geqslant 1$, 记 $\alpha=a+1/a,\beta=b+1/b$, 我们有

$$\begin{aligned}I(a,b) &= -\int_\alpha^\beta\frac{x^2\mathrm{d}t}{(1+x^2)\sqrt{1+x^4}}=-\int_\alpha^\beta\frac{\mathrm{d}t}{t\sqrt{t^2-2}}\\ &= \frac{\sqrt{2}}{2}\arcsin\frac{\sqrt{2}}{t}\bigg|_\alpha^\beta=\frac{\sqrt{2}}{2}\left(\arcsin\frac{b\sqrt{2}}{b^2+1}-\arcsin\frac{a\sqrt{2}}{a^2+1}\right)\end{aligned}$$

我们将上式最后表达式记为 $f(a,b)$, 那么 (i) 中关于 $I(a,b)$ 的关系式对它也成立.

若 $a,b\in(0,1)$, 则 $1/a,1/b\geqslant 1$, 于是依刚才所得结果，我们有

$$I(a,b)=I\left(\frac{1}{a},\frac{1}{b}\right)=f\left(\frac{1}{a},\frac{1}{b}\right)=f(a,b)$$

若 $0<a\leqslant 1\leqslant b$, 则类似地，我们有

$$I(a,b)=I\left(a,\frac{1}{a}\right)+I\left(\frac{1}{a},b\right)=I\left(\frac{1}{a},b\right)=f\left(\frac{1}{a},b\right)=f(a,b)$$

因此当 $a,b>0$ 时 $I(a,b)$ 的值已被求出. 若 $a,b<0$, 则依 (i) 中得到的结果，我们有

$$I(a,b)=-I(-a,-b)=-f(-a,-b)=f(a,b)$$

最后，注意 $I(a,b)$ 是 a,b 的连续函数，所以若 a,b 同号，则

$$I(0,b)=\lim_{a\to 0}I(a,b)=\lim_{a\to 0}f(a,b)=f(0,b)$$

综合上述结果，我们得到一般公式

$$\begin{aligned}I(a,b)&=I(0,b)-I(0,a)\\&=f(0,b)-f(0,a)=f(a,b)\\&=\frac{\sqrt{2}}{2}\left(\arcsin\frac{b\sqrt{2}}{b^2+1}-\arcsin\frac{a\sqrt{2}}{a^2+1}\right)\end{aligned}$$

□

3.3 令

$$I(\alpha)=\int_0^{\pi/2}\sin^{\alpha}x\mathrm{d}x$$

(a) 计算

$$f(\alpha)=(\alpha+1)I(\alpha)I(\alpha+1)$$

(b) 证明

$$I(\alpha)\sim\sqrt{\frac{\pi}{2\alpha}}\quad(\alpha\to+\infty)$$

解 (a) (i) 分部积分，我们有

$$\begin{aligned}I(\alpha+2)&=\int_0^{\pi/2}\sin^{\alpha}x(\sin x\mathrm{d}x)\\&=-\sin^{\alpha+2}x\cos x\Big|_0^{\pi/2}+(\alpha+1)\int_0^{\pi/2}\sin^{\alpha}x\cos^2 x\mathrm{d}x\end{aligned}$$

因此

$$I(\alpha+2)=(\alpha+1)\big(I(\alpha)-I(\alpha+2)\big)$$
$$(\alpha+2)I(\alpha+2)=(\alpha+1)I(\alpha)$$

这蕴含

$$f(\alpha+1)=(\alpha+2)I(\alpha+1)I(\alpha+2)=(\alpha+1)I(\alpha)I(\alpha+1)=f(\alpha)$$

因此 f 是周期函数 (周期为 1), 从而若 p 为一个整数, 则

$$f(p)=f(0)=I(0)I(1)=\frac{\pi}{2}$$

(ii) 因为当 $0<x<\pi/2$ 时 $0<\sin x<1$, 所以当 $\alpha<\alpha'$ 时 $\sin^{\alpha}x>\sin^{\alpha'}x$, 从而

$$\int_0^{\pi/2}\sin^{\alpha}x\mathrm{d}x>\int_0^{\pi/2}\sin^{\alpha'}x\mathrm{d}x$$

于是不等式 $p\leqslant\alpha<p+1$, 蕴含

$$I(p)\geqslant I(\alpha)>I(p+1),I(p+1)\geqslant I(\alpha+1)>I(p+2)$$

由此推出

$$\begin{aligned}\frac{p+2}{p+1}f(p) &= (p+2)I(p)I(p+1)>(\alpha+1)I(\alpha)I(\alpha+1)\\ &> (p+1)I(p+1)I(p+2)=\frac{p+1}{p+2}f(p+1)\end{aligned}$$

因为

$$f(p+1)=f(p)=f(0)=\frac{\pi}{2}$$

所以我们由上式得到

$$\frac{p+2}{p+1}\cdot\frac{\pi}{2}>(\alpha+1)I(\alpha)I(\alpha+1)>\frac{p+1}{p+2}\cdot\frac{\pi}{2}$$

在此式中用 $\alpha+n$ 代 α(因而 $p+n\leqslant\alpha+n<p+n+1$, 亦即相应地用 $p+n$ 代 p), 即得

$$\begin{aligned}\frac{p+n+2}{p+n+1}\cdot\frac{\pi}{2} &> (\alpha+n+1)I(\alpha+n)I(\alpha+n+1)\\ &= f(\alpha+n)>\frac{p+n+1}{p+n+2}\cdot\frac{\pi}{2}\end{aligned}$$

由此可知当 $n\to\infty$ 时, 数列 $f(\alpha+n)\,(n=1,2,\cdots)$ 有极限 $\pi/2$. 但上面已证 $f(x)$ 以 1 为周期, 所以

$$f(\alpha)=\lim_{n\to\infty}f(\alpha+n)=\frac{\pi}{2}$$

(b) 因为 (ii) 中已证 $I(\alpha)$ 是 α 的减函数，所以

$$I(\alpha) > I(\alpha+1) > I(\alpha+2)$$

由此可知

$$1 > \frac{I(\alpha+1)}{I(\alpha)} > \frac{I(\alpha+2)}{I(\alpha)} = \frac{\alpha+2}{\alpha+1}$$

(最后一步用到 (i) 中的结果), 即 $I(\alpha+1)/I(\alpha)$ 介于 1 和 $(\alpha+2)/(\alpha+1)$ 之间, 从而

$$\lim_{\alpha\to+\infty} \frac{I(\alpha+1)}{I(\alpha)} = 1$$

由此可知

$$\alpha I^2(\alpha) = f(\alpha)\cdot\frac{I(\alpha)}{I(\alpha+1)} = \frac{\pi}{2}\cdot\frac{I(\alpha)}{I(\alpha+1)} \to \frac{\pi}{2} \quad (\alpha\to+\infty)$$

于是 $I(\alpha) \sim \sqrt{\pi/(2\alpha)}\,(\alpha\to+\infty)$. □

3.4 (a) 证明：对于任何 $f\in C^1[0,1]$ 有

$$\sum_{k=1}^{n} f\left(\frac{k}{n}\right) - n\int_0^1 f(x)\mathrm{d}x \to \frac{f(1)-f(0)}{2} \quad (n\to\infty)$$

(b) 证明

$$\mathrm{e}^{n/4} n^{-(n+1)/2} (1^1\cdot 2^2\cdot \ \cdots\ \cdot n^n)^{1/n} \to 1 \quad (n\to\infty)$$

解 (a) (i) 我们有

$$S_n = \sum_{k=1}^{n} f\left(\frac{k}{n}\right) - n\int_0^1 f(x)\mathrm{d}x = n\sum_{k=1}^{n}\int_{(k-1)/n}^{k/n}\left(f\left(\frac{k}{n}\right) - f(x)\right)\mathrm{d}x$$

由中值定理, 对于每个 k 及所有 $x\in\big((k-1)/n, k/n\big)$, 存在 $\xi_{k,x}\in\big((k-1)/n, k/n\big)$, 使得

$$f\left(\frac{k}{n}\right) - f(x) = f'(\xi_{k,x})\left(\frac{k}{n} - x\right)$$

于是

$$S_n = n\sum_{k=1}^{n}\int_{(k-1)/n}^{k/n} f'(\xi_{k,x})\left(\frac{k}{n} - x\right)\mathrm{d}x$$

(ii) 依题设，$f'(x)$ 在 $[0,1]$ 上一致连续，所以对于任何给定的 $\varepsilon>0$, 当 n 充分大时，对于每个 k 及所有 $x\in\big((k-1)/n,k/n\big)$ 有

$$\left|f'(\xi_{k,x})-f'\Big(\frac{k}{n}\Big)\right|<\varepsilon$$

我们还令

$$T_n=n\sum_{k=1}^{n}\int_{(k-1)/n}^{k/n}f'\Big(\frac{k}{n}\Big)\Big(\frac{k}{n}-x\Big)\mathrm{d}x$$

那么对于任何给定的 $\varepsilon>0$, 当 n 充分大时 (注意当 $x\in\big((k-1)/n,k/n\big)$ 时，$k/n-x\geqslant 0$)

$$\begin{aligned}|S_n-T_n| &< n\sum_{k=1}^{n}\int_{(k-1)/n}^{k/n}\left|f'(\xi_{k,x})-f'\Big(\frac{k}{n}\Big)\right|\Big(\frac{k}{n}-x\Big)\mathrm{d}x\\ &\leqslant n\varepsilon\sum_{k=1}^{n}\int_{(k-1)/n}^{k/n}\Big(\frac{k}{n}-x\Big)\mathrm{d}x\\ &= n\varepsilon\sum_{k=1}^{n}\int_{0}^{1/n}t\mathrm{d}t=\frac{\varepsilon}{2}\end{aligned}$$

其中最后一步计算中作了代换 $t=k/n-x$.

(iii) 另外，我们算出

$$\begin{aligned}T_n &= n\sum_{k=1}^{n}f'\Big(\frac{k}{n}\Big)\int_{(k-1)/n}^{k/n}\Big(\frac{k}{n}-x\Big)\mathrm{d}x\\ &= n\sum_{k=1}^{n}f'\Big(\frac{k}{n}\Big)\int_{0}^{1/n}t\mathrm{d}t=\frac{1}{2n}\sum_{k=1}^{n}f'\Big(\frac{k}{n}\Big)\end{aligned}$$

于是由定积分的定义，对于任何给定的 $\varepsilon>0$, 当 n 充分大时

$$\left|T_n-\frac{1}{2}\int_0^1 f'(x)\mathrm{d}x\right|=\frac{1}{2}\left|\frac{1}{n}\sum_{k=1}^{n}f'\Big(\frac{k}{n}\Big)-\int_0^1 f'(x)\mathrm{d}x\right|<\frac{\varepsilon}{2}$$

(iv) 由 (ii) 和 (iii) 的结果，我们推出：对于任何给定的 $\varepsilon>0$, 当 n 充分大时

$$\left|S_n-\frac{1}{2}\int_0^1 f'(x)\mathrm{d}x\right|\leqslant|S_n-T_n|+\left|T_n-\frac{1}{2}\int_0^1 f'(x)\mathrm{d}x\right|<\varepsilon$$

注意

$$\frac{1}{2}\int_0^1 f'(x)\mathrm{d}x=\frac{f(1)-f(0)}{2}$$

即得所要证明的结果.

(b) 在题 (a) 中取函数 $f(x)=x\log x$(此处定义 $f(x)$ 在 $x=0$ 处的值为 $f(0+)$), 那么 $f\in C^1[0,1]$, 并且

$$
\begin{aligned}
&\sum_{k=1}^{n} f\left(\frac{k}{n}\right)-n\int_0^1 f(x)\mathrm{d}x\\
=&\sum_{k=1}^{n}\frac{k}{n}\log\frac{k}{n}-n\int_0^1 x\log x\mathrm{d}x\\
=&\frac{1}{n}\sum_{k=1}^{n}k\log k-\frac{\log n}{n}\sum_{k=1}^{n}k-\frac{n}{2}\left(x^2\log x\Big|_0^1-\int_0^1 x\mathrm{d}x\right)\\
=&\frac{1}{n}\sum_{k=1}^{n}k\log k-\frac{n+1}{2}\log n+\frac{n}{4}
\end{aligned}
$$

以及

$$\frac{f(1)-f(0+)}{2}=0$$

于是由

$$\exp\left(\sum_{k=1}^{n} f\left(\frac{k}{n}\right)-n\int_0^1 f(x)\mathrm{d}x\right)\to\exp\left(\frac{f(1)-f(0+)}{2}\right)\quad(n\to\infty)$$

即得所要的结果. □

3.5 设 $f(x)$ 和 $g(x)$ 都是 $[0,1]$ 上的单调递增连续函数. 证明

$$\int_0^1 f(x)\mathrm{d}x\int_0^1 g(x)\mathrm{d}x\leqslant\int_0^1 f(x)g(x)\mathrm{d}x$$

解 此处给出一简一繁的两个解法.

解法 1 由题设, 当 $(x,y)\in[0,1]\times[0,1]$ 时

$$\big(f(x)-f(y)\big)\big(g(x)-g(y)\big)\geqslant 0$$

所以二重积分

$$\int_0^1\int_0^1\big(f(x)-f(y)\big)\big(g(x)-g(y)\big)\mathrm{d}x\mathrm{d}y\geqslant 0$$

也就是

$$
\begin{aligned}
&\int_0^1\int_0^1 f(x)g(x)\mathrm{d}x\mathrm{d}y-\int_0^1\int_0^1 f(x)g(y)\mathrm{d}x\mathrm{d}y-\\
&\int_0^1\int_0^1 f(y)g(x)\mathrm{d}x\mathrm{d}y+\int_0^1\int_0^1 f(y)g(y)\mathrm{d}x\mathrm{d}y\geqslant 0
\end{aligned}
$$

注意

$$\int_0^1\int_0^1 f(x)g(x)\mathrm{d}x\mathrm{d}y=\int_0^1 f(x)g(x)\mathrm{d}x\int_0^1\mathrm{d}y=\int_0^1 f(x)g(x)\mathrm{d}x$$

等等，并改变表示积分变量 (它们是“哑符号”) 的字母，即得题中的不等式

$$2\int_0^1 f(x)g(x)\mathrm{d}x\geqslant 2\int_0^1 f(x)\mathrm{d}x\int_0^1 g(x)\mathrm{d}x$$

解法 2 记

$$\phi(x)=g(x)-\int_0^1 g(t)\mathrm{d}t$$

那么我们只须证明

$$\int_0^1 f(x)\phi(x)\mathrm{d}x\geqslant 0$$

由题设，函数 $F(x)=\int_0^x g(t)\mathrm{d}t\in C[0,1]$, 并且在 $(0,1)$ 内可导，所以由中值定理，存在 $\xi\in(0,1)$ 使得 $F(1)-F(0)=F'(\xi)(1-0)$, 也就是

$$g(\xi)=\int_0^1 g(t)\mathrm{d}t$$

因为 $g(x)$ 在 $[0,1]$ 上单调递增, 所以若 $x\in[0,\xi]$, 则 $g(x)\leqslant g(\xi)=\int_0^1 g(t)\mathrm{d}t$, 从而 $\phi(x)\leqslant 0$; 类似地，若 $x\in[\xi,1]$, 则 $\phi(x)\geqslant 0$. 由此并注意函数 $f(x)$ 在 $[0,1]$ 上的单调递增性，我们推出：若 $x\in[0,\xi]$, 则 $f(x)\leqslant f(\xi)$, 从而 $f(x)\phi(x)\geqslant f(\xi)\phi(x)$; 若 $x\in[\xi,1]$, 则 $f(x)\geqslant f(\xi)$, 因而也有 $f(x)\phi(x)\geqslant f(\xi)\phi(x)$. 于是我们得到

$$\begin{aligned}\int_0^1 f(x)\phi(x)\mathrm{d}x &= \int_0^\xi f(x)\phi(x)\mathrm{d}x+\int_\xi^1 f(x)\phi(x)\mathrm{d}x\\ &\geqslant f(\xi)\int_0^\xi \phi(x)\mathrm{d}x+f(\xi)\int_\xi^1\phi(x)\mathrm{d}x\\ &= f(\xi)\int_0^1\phi(x)\mathrm{d}x\\ &= f(\xi)\int_0^1\left(g(x)-\int_0^1 g(t)\mathrm{d}t\right)\mathrm{d}x=0\end{aligned}$$

因此题中的不等式得证. □

注 解法 2 中， $g(\xi)=\int_0^1 g(t)\mathrm{d}t$ 称为单位区间 $[0,1]$ 上的连续函数 $g(x)$ 在该区间上的平均值 (若在区间 $[a,b]$ 上，则相应的积分除以 $(b-a)$). 若 $g(x)$ 在 $[0,1]$ 上单调递增，则当 $0<x<\xi$ 时，以 $[0,1]$ 为底、 $g(x)$ 为高的矩形含在以 $[0,1]$ 为底、 $g(\xi)$ 为高的矩形中，所以 $\phi(x)<0$. 可类似地给出 $\phi(x)>0$ 的几何解释.

3.6 设函数 $f\in C^1[0,1]$, $f(0)=f(1)=0$. 证明

$$\max_{0\leqslant x\leqslant 1}|f'(x)|\geqslant 4\int_0^1|f(x)|\mathrm{d}x$$

并且右边的常数 4 不能用任何更大的数代替.

解 (i) 设 $g(x)$ 是四个函数

$$f(x), -f(x), f(1-x), -f(1-x)$$

中的任何一个. 函数 $g(x)$ 确定后，令

$$A = \max_{x\in[0,1]} |g'(x)|$$

显然 A 也是 $|f'(x)|$ 在 $[0,1]$ 上的最大值. 不妨设 $A>0$; 因为不然， $f(x)$ 恒等于 0, 题中的不等式已成立. 现在若存在某个 $x_0 \in (0,1)$, 使得 $g(x_0) > Ax_0$, 则由中值定理，存在实数 $\xi \in (0, x_0)$ 满足

$$\frac{g(x_0)-g(0)}{x_0-0} = g'(\xi)$$

因为由 $g(x)$ 的定义和题设知 $g(0)=0$, 所以由此得到

$$g'(\xi)x_0 = g(x_0) > Ax_0$$

从而 $g'(\xi) > A$, 这与 A 的定义矛盾. 于是我们有

$$g(x) \leqslant Ax \quad \big(\text{当 } x \in (0,1)\big)$$

由此及 $g(x)$ 的定义可知：若取 $g(x) = \pm f(x)$, 则知当 $x \in (0,1), |f(x)| \leqslant Ax$; 若取 $g(x) = \pm f(1-x)$, 则知当 $x \in (0,1), |f(1-x)| \leqslant Ax$, 或 $|f(x)| \leqslant A(1-x)$. 合起来就是

$$|f(x)| \leqslant A\max(x, 1-x) \quad \big(\text{当 } x \in (0,1)\big)$$

由此我们推出

$$\begin{aligned}
\int_0^1 |f(x)|\mathrm{d}x &\leqslant A\int_0^1 \max(x,1-x)\mathrm{d}x \\
&= A\left(\int_0^{1/2}(1-x)\mathrm{d}x + \int_{1/2}^1 x\mathrm{d}x\right) = \frac{A}{4}
\end{aligned}$$

于是题中的不等式得证.

(ii) 函数 $f_1 = \max(x, 1-x) \notin C^1[0,1]$. 我们在点 $x = 1/2$ 的邻域 $(1/2 - \varepsilon, 1/2+\varepsilon)$ 内将此函数作适当修改可使所得到的函数 $f(x) \in C^1[0,1]$, 但保持

$$A = \max_{x\in[0,1]} |f'(x)| = 1$$

并且

$$\int_0^1 |f(x)|\mathrm{d}x = \int_0^1 |f_1(x)|\mathrm{d}x + O(\varepsilon) = \frac{1}{4} + O(\varepsilon)$$

于是依 (i) 中所证明的结果，对于我们构造的函数 $f(x)$ 有

$$1 \geqslant 4\left(\frac{1}{4} + O(\varepsilon)\right)$$

由此可见常数 4 不可换为任何更大的数. □

3.7 设函数 $f \in C^1[0,1], f(0)=0$. 证明：对于任何 $n \in \mathbb{N}$ 有

$$\int_0^1 |f(x)|^n |f'(x)|\mathrm{d}x \leqslant \frac{1}{n+1}\int_0^1 |f'(x)|^{n+1}\mathrm{d}x$$

并且等号当且仅当 $f(x)$ 为齐次线性函数 (即 $f(x)=ax$) 时成立.

解 (i) 下文中恒设 $x \in [0,1]$. 引进辅助函数

$$\phi(x) = \frac{x^n}{n+1}\int_0^x |f'(t)|^{n+1}\mathrm{d}t - \int_0^x |f(t)|^n |f'(t)|\mathrm{d}t$$

那么 $\phi(0)=0$, 而题中要证的不等式等价于 $\phi(1) \geqslant 0 = \phi(0)$.

(ii) 我们算出

$$\phi'(x) = \frac{nx^{n-1}}{n+1}\int_0^x |f'(t)|^{n+1}\mathrm{d}t + \frac{x^n}{n+1}|f'(x)|^{n+1} - |f(x)|^n|f'(x)|$$

又由 Hölder 不等式 (应用于函数 1 和 $|f'(x)|$), 我们有

$$\begin{aligned} |f(x)| &= \left|\int_0^x f'(t)\mathrm{d}t\right| \leqslant \int_0^x 1\cdot|f'(t)|\mathrm{d}t \\ &\leqslant x^{n/(n+1)}\left(\int_0^x |f'(t)|^{n+1}\mathrm{d}t\right)^{1/(n+1)} \end{aligned}$$

由此推出

$$\int_0^x |f'(t)|^{n+1}\mathrm{d}t \geqslant \frac{|f(x)|^{n+1}}{x^n}$$

于是我们得到

$$\phi'(x) \geqslant \frac{n}{n+1}\cdot\frac{|f(x)|^{n+1}}{x} + \frac{x^n}{n+1}|f'(x)|^{n+1} - |f(x)|^n|f'(x)|$$

记

$$\psi(u,v) = nu^{n+1} + v^{n+1} - (n+1)u^n v$$

那么上式可表示为

$$\phi'(x) \geqslant \frac{1}{(n+1)x} \cdot \psi\big(|f(x)|, x|f'(x)|\big)$$

(iii) 设 $u \geqslant 0$. 若 $v > 0$, 则 $t = u/v \geqslant 0$, 并且 $\psi(u,v) = v^{n+1}F(t)$, 其中

$$F(t) = nt^{n+1} - (n+1)t^n + 1 \quad (t \geqslant 0)$$

因为

$$F'(t) = n(n+1)t^{n-1}(t-1)$$

所以 $F'(t) > 0$(当 $t > 1$),$F'(t) < 0$(当 $0 < t < 1$), 因而 $F(t)$ 在 $[0,\infty)$ 上有最小值 $F(1) = 0$, 亦即 $F(t) \geqslant 0$(当 $t \geqslant 0$). 于是 $u \geqslant 0, v > 0$ 时 $\psi(u,v) \geqslant 0$. 又显然 $u \geqslant 0$ 时 $\psi(u,0) \geqslant 0$. 合起来即可得知：当 $u, v \geqslant 0$ 时 $\psi(u,v) \geqslant 0$.

(iv) 由 (ii) 和 (iii) 可知当 $x \in (0,1]$ 时, $\phi'(x) \geqslant 0$. 另外，由题设条件 $f(0) = 0$ 和 (ii) 中 $\phi'(x)$ 的表达式可知 $\phi'(0) = 0$. 因此，当 $x \in [0,1]$ 时, $\phi'(x) \geqslant 0$, 从而 $\phi(x)$ 单调递增，于是 $\phi(1) \geqslant \phi(0)$, 即题中的不等式得证.

(v) 题中不等式成为等式，当且仅当 $\phi(1) = \phi(0)$. 因为 $\phi(x)$ 在 $[0,1]$ 上单调递增，所以这等价于 $\phi'(x)$ 在 $[0,1]$ 上恒等于 0. 于是在步骤 (ii) 中应用 Hölder 不等式时必须出现等式，从而

$$|f'(x)|^{n+1} = \lambda \cdot 1^{(n+1)/n}$$

(其中 $\lambda \neq 0$ 是常数), 注意 $f'(x)$ 连续，这表明 $f(x)$ 是线性函数；而由条件 $f(0) = 0$ 可推出 $f(x) = ax$ (其中 a 为常数). 反之， $f(x) = ax$ 形式的函数确实使题中不等式成为等式. □

3.8 证明

$$\int_0^\infty \frac{\{x\}^2(1-\{x\})^2}{(1+x)^5}\mathrm{d}x = \frac{7}{12} - \gamma$$

其中 $\{x\}$ 表示实数 x 的小数部分， γ 是 Euler-Mascheroni 常数.

解 用 I 表示题中要计算的积分. 注意

$$\{x+1\} = \{x\}$$

我们有

$$I = \sum_{k=1}^\infty \int_{k-1}^k \frac{\{x\}^2(1-\{x\})^2}{(1+x)^5}\mathrm{d}x = \sum_{k=1}^\infty \int_0^1 \frac{\{x\}^2(1-\{x\})^2}{(k+x)^5}\mathrm{d}x$$

因为当 $0 \leqslant x \leqslant 1/2$ 时 $\{x\}=x$, 当 $1/2 \leqslant x \leqslant 1$ 时 $\{x\}=1-x$, 所以

$$\begin{aligned}
&\int_0^1 \frac{\{x\}^2(1-\{x\})^2}{(k+x)^5}\mathrm{d}x \\
=&\int_0^{1/2} \frac{\{x\}^2(1-\{x\})^2}{(k+x)^5}\mathrm{d}x+\int_{1/2}^1 \frac{\{x\}^2(1-\{x\})^2}{(k+x)^5}\mathrm{d}x \\
=&\int_0^{1/2} \frac{x^2(1-x)^2}{(k+x)^5}\mathrm{d}x+\int_{1/2}^1 \frac{(1-x)^2x^2}{(k+x)^5}\mathrm{d}x \\
=&\int_0^1 \frac{x^2(1-x)^2}{(k+x)^5}\mathrm{d}x
\end{aligned}$$

于是

$$I=\sum_{k=1}^{\infty}\int_0^1 x^2(1-x)^2\frac{\mathrm{d}x}{(x+k)^5}$$

分部积分可得

$$\begin{aligned}
&\int_0^1 x^2(1-x)^2\frac{\mathrm{d}x}{(x+k)^5} \\
=&\int_0^1 x(1-x)\left(\frac{1}{2}-x\right)\frac{\mathrm{d}x}{(x+k)^4} \\
=&\int_0^1 \left(\frac{1}{6}-x(1-x)\right)\frac{\mathrm{d}x}{(x+k)^3}
\end{aligned}$$

因为

$$\int_0^1 \frac{\mathrm{d}x}{(x+k)^3}=-\frac{1}{2}\left(\frac{1}{(k+1)^2}-\frac{1}{k^2}\right)$$

由分部积分，还有

$$\begin{aligned}
\int_0^1 x(1-x)\frac{\mathrm{d}x}{(x+k)^3} &= -\int_0^1\left(x-\frac{1}{2}\right)\frac{\mathrm{d}x}{(x+k)^2} \\
&= \frac{1}{2(k+1)}+\frac{1}{2k}-\log\frac{k+1}{k}
\end{aligned}$$

所以

$$\begin{aligned}
I =& -\frac{1}{12}\sum_{k=1}^{\infty}\left(\frac{1}{(k+1)^2}-\frac{1}{k^2}\right)- \\
&\lim_{n\to\infty}\sum_{k=1}^{n}\left(\frac{1}{2(k+1)}+\frac{1}{2k}-\log\frac{k+1}{k}\right) \\
=& \frac{1}{12}-\lim_{n\to\infty}\left(\sum_{k=1}^{n+1}\frac{1}{k}-\log(n+1)-\frac{1}{2(n+1)}-\frac{1}{2}\right)
\end{aligned}$$

依 Euler-Mascheroni 常数的定义 (见问题 **8.24**)

$$\gamma = \lim_{n\to\infty}\left(1+\frac{1}{2}+\cdots+\frac{1}{n}-\log n\right)$$

我们最终得到 $I = 7/12-\gamma$. □

3.9 设实数 α,β,λ 满足条件

$$0<\alpha<1, 1-\alpha<\beta\leqslant 1, \lambda>0$$

(a) 证明下列积分收敛

$$I(\lambda)=I(\lambda;\alpha)=\int_1^{+\infty}\frac{\mathrm{d}x}{x^\alpha(1+\lambda x)}$$

$$J(\lambda)=J(\lambda;\alpha)=\int_1^{+\infty}\frac{\mathrm{d}x}{(1+x^\alpha)(1+\lambda x)}$$

$$L(\lambda)=L(\lambda;\alpha)=\int_0^{+\infty}\frac{\mathrm{d}x}{x^\alpha(1+\lambda x)}$$

(b) 证明

$$I(\lambda;\alpha)-\lambda^{\alpha-1}\int_0^{+\infty}\frac{\mathrm{d}x}{x^\alpha(1+x)}\to\frac{1}{\alpha-1}\quad(\lambda\to 0)$$

(c) 证明：积分

$$K(\lambda)=K(\lambda;\alpha,\beta)=\int_1^{+\infty}\frac{\mathrm{d}x}{x^\beta(1+x^\alpha)(1+\lambda x)}$$

收敛，并且

$$K(\lambda;\alpha,\beta)\to\int_1^{+\infty}\frac{\mathrm{d}x}{x^\beta(1+x^\alpha)}\quad(\lambda\to 0)$$

(d) 若 $1/(n+1)<\alpha<1/n$(其中 n 是一个正整数), 则存在常数 $C_1,C_2,\cdots,C_n$, 使得当 $\lambda\to 0$ 时

$$J(\lambda;\alpha)=\sum_{k=1}^{n}C_k\lambda^{k\alpha-1}+\sum_{k=1}^{n}\frac{(-1)^k}{1-k\alpha}+(-1)^n\int_1^{+\infty}\frac{\mathrm{d}x}{x^{n\alpha}(1+x^\alpha)}+o(1)$$

(e) 若 $\alpha=1/n$, 则存在常数 $C_1',C_2',\cdots,C_{n-1}'$, 使得当 $\lambda\to 0$ 时

$$\begin{aligned}J(\lambda;\alpha)=\quad&\sum_{k=1}^{n-1}C_k'\lambda^{k/n-1}+(-1)^n\log\lambda+\sum_{k=1}^{n-1}\frac{(-1)^k n}{n-k}+\\&(-1)^n\int_1^{+\infty}\frac{\mathrm{d}x}{x(1+x^{1/n})}+o(1)\end{aligned}$$

解 (a) 在区间 $[1,+\infty)$ 上

$$0<\frac{1}{(1+x^\alpha)(1+\lambda x)}<\frac{1}{x^\alpha(1+\lambda x)}<\frac{1}{\lambda x^{\alpha+1}}$$

因为 $\alpha+1>1$, 函数 $1/(\lambda x^{\alpha+1})$ 在 $[1,+\infty)$ 上可积，因而函数

$$\frac{1}{(1+x^\alpha)(1+\lambda x)} \quad 和 \quad \frac{1}{x^\alpha(1+\lambda x)}$$

在 $[1,+\infty)$ 上也可积，所以 $I(\lambda;\alpha)$ 和 $J(\lambda;\alpha)$ 收敛.

我们还有

$$L(\lambda;\alpha)=\int_0^1\frac{\mathrm{d}x}{x^\alpha(1+\lambda x)}+I(\lambda;\alpha)$$

因为 $0<\alpha<1$, 所以由

$$0<\frac{1}{x^\alpha(1+\lambda x)}<\frac{1}{x^\alpha}$$

推知 $1/\big(x^\alpha(1+\lambda x)\big)$ 在 $[0,1]$ 上可积，因而积分 $L(\lambda;\alpha)$ 收敛.

(b) 令 $t=\lambda x$, 则有

$$\int_0^{+\infty}\frac{\mathrm{d}x}{x^\alpha(1+\lambda x)}=\lambda^{\alpha-1}\int_0^{+\infty}\frac{\mathrm{d}t}{t^\alpha(1+t)}$$

所以

$$I(\lambda;\alpha)-\lambda^{\alpha-1}\int_0^{+\infty}\frac{\mathrm{d}x}{x^\alpha(1+x)}=-\int_0^1\frac{\mathrm{d}x}{x^\alpha(1+\lambda x)}$$

当 $x\in(0,1]$ 时，由

$$\frac{1}{1+\lambda}\leqslant\frac{1}{1+\lambda x}\leqslant 1$$

可推出

$$\frac{1}{1+\lambda}\int_0^1\frac{\mathrm{d}x}{x^\alpha}\leqslant\int_0^1\frac{\mathrm{d}x}{x^\alpha(1+\lambda x)}\leqslant\int_0^1\frac{\mathrm{d}x}{x^\alpha}$$

当 $\lambda\to 0$ 时，上面不等式左右两端均有极限 $1/(1-\alpha)$, 所以

$$I(\lambda;\alpha)-\lambda^{\alpha-1}\int_0^{+\infty}\frac{\mathrm{d}x}{x^\alpha(1+x)}\to\frac{1}{\alpha-1}\quad(\lambda\to 0)$$

(c) 由 $\beta>0, x>1$ 可知

$$0<\frac{1}{x^\beta(1+x^\alpha)(1+\lambda x)}<\frac{1}{(1+x^\alpha)(1+\lambda x)}$$

因此由 $J(\lambda)$ 的收敛性推出 $K(\lambda)$ 收敛. 此外，因为

$$0<\frac{1}{x^\beta(1+x^\alpha)}<\frac{1}{x^{\alpha+\beta}}$$

而且 $\alpha+\beta>1$, 所以函数 $1/x^{\alpha+\beta}$ 在 $[1,\infty)$ 上可积，从而 $1/\big(x^{\beta}(1+x^{\alpha})\big)$ 在同一区间上也可积．于是我们有

$$\begin{aligned}
0 &< \int_1^{+\infty}\frac{\mathrm{d}x}{x^{\beta}(1+x^{\alpha})}-K(\lambda;\alpha,\beta)\\
&= \int_1^{+\infty}\frac{\lambda x\mathrm{d}x}{x^{\beta}(1+x^{\alpha})(1+\lambda x)}\\
&< \lambda\int_1^{+\infty}\frac{\mathrm{d}x}{x^{\alpha+\beta-1}(1+\lambda x)}\\
&= \lambda I(\lambda;\alpha+\beta-1)
\end{aligned}$$

注意 $\alpha+\beta-1<1$, 依 (b) 可知

$$\begin{aligned}
&\lambda I(\lambda;\alpha+\beta-1)\\
=\ & \lambda\left(\lambda^{\alpha+\beta-2}\int_0^{+\infty}\frac{d\mathrm{d}x}{x^{\alpha+\beta-1}(1+x)}+\frac{1}{\alpha+\beta-2}+o(1)\right)\\
=\ & \lambda^{\alpha+\beta-1}\int_0^{+\infty}\frac{\mathrm{d}x}{x^{\alpha+\beta-1}(1+x)}+O(\lambda)\\
=\ & \lambda^{\alpha+\beta-1}L(1;\alpha+\beta-1)+O(\lambda)
\end{aligned}$$

并且因为 $\alpha+\beta-1>0$, 所以 $\lambda I(\lambda;\alpha+\beta-1)\to 0\,(\lambda\to 0)$, 于是

$$\lim_{\lambda\to 0}K(\lambda;\alpha,\beta)=\int_1^{+\infty}\frac{\mathrm{d}x}{x^{\beta}(1+x^{\alpha})}$$

(d) (i) 由几何级数，我们有

$$\frac{1}{1+x^{\alpha}}=\frac{1}{x^{\alpha}(1+x^{-\alpha})}=\sum_{k=1}^{n}(-1)^{k-1}x^{-k\alpha}+(-1)^{n}\frac{x^{-n\alpha}}{1+x^{\alpha}}$$

于是

$$\begin{aligned}
J(\lambda;\alpha) &= \sum_{k=1}^{n}(-1)^{k-1}\int_1^{+\infty}\frac{x^{-k\alpha}\mathrm{d}x}{1+\lambda x}+\\
&\quad (-1)^{n}\int_1^{\infty}\frac{x^{-n\alpha}\mathrm{d}x}{(1+x^{\alpha})(1+\lambda x)}
\end{aligned}$$

亦即

$$J(\lambda;\alpha)=\sum_{k=1}^{n}(-1)^{k-1}I(\lambda;k\alpha)+(-1)^{n}K(\lambda;\alpha,n\alpha)$$

(ii) 因为 $0<k\alpha<1$, 所以依 (b)(其中用 $k\alpha$ 代 α) 有

$$(-1)^{k-1}I(\lambda;k\alpha)=C_k\lambda^{k\alpha-1}+\frac{(-1)^{k}}{1-k\alpha}+o(1)\quad(\lambda\to 0)$$

其中

$$C_k = (-1)^{k-1}\int_0^{+\infty}\frac{\mathrm{d}x}{x^{k\alpha}(1+x)} \quad (1\leqslant k\leqslant n)$$

又因为 $0<n\alpha\leqslant 1$, 所以依 (c)(其中取 $\beta=n\alpha$) 有

$$K(\lambda;\alpha,n\alpha)=\int_1^{+\infty}\frac{\mathrm{d}x}{x^{n\alpha}(1+x^\alpha)}+o(1) \quad (\lambda\to 0)$$

合起来，我们由 (i) 得

$$\begin{aligned}&J(\lambda;\alpha)-\sum_{k=1}^{n}C_k\lambda^{k\alpha-1}\\ \to\ &\sum_{k=1}^{n}\frac{(-1)^k}{1-k\alpha}+(-1)^n\int_1^{+\infty}\frac{\mathrm{d}x}{x^{n\alpha}(1+x^\alpha)} \quad (\lambda\to 0)\end{aligned}$$

(e) 若 $\alpha=1/n$, 则 $n\alpha=1$, 从而由 (d) 的步骤 (i) 中的几何级数得到

$$\begin{aligned}J(\lambda;\alpha) &= \sum_{k=1}^{n-1}(-1)^{k-1}I(\lambda;k\alpha)+\\ &\quad (-1)^{n-1}\int_1^{+\infty}\frac{\mathrm{d}x}{x(1+\lambda x)}+(-1)^nK(\lambda;\alpha,n\alpha)\end{aligned}$$

注意

$$\int_1^{+\infty}\frac{\mathrm{d}x}{x(1+\lambda x)}=-\log\lambda+\log(1+\lambda)$$

我们将 $J(\lambda;\alpha)$ 改写为

$$\begin{aligned}J(\lambda;\alpha) &= \sum_{k=1}^{n-1}(-1)^{k-1}I(\lambda;k\alpha)+(-1)^{n-1}\left(\int_1^{+\infty}\frac{\mathrm{d}x}{x(1+\lambda x)}+\log\lambda\right)+\\ &\quad (-1)^n\log\lambda+(-1)^nK(\lambda;\alpha,n\alpha)\end{aligned}$$

我们有

$$\int_1^{+\infty}\frac{\mathrm{d}x}{x(1+\lambda x)}+\log\lambda=\log(1+\lambda)\to 0 \quad (\lambda\to 0)$$

并且依 (b)(其中取 $\alpha=k/n$, 当 $1\leqslant k\leqslant n-1$ 时，$0<k/n<1$) 可知

$$\sum_{k=1}^{n-1}(-1)^{k-1}I(\lambda;k\alpha)=\sum_{k=1}^{n-1}C'_k\lambda^{k/n-1}+\sum_{k=1}^{n-1}\frac{(-1)^kn}{n-k}+o(1) \quad (\lambda\to 0)$$

其中

$$C'_k=(-1)^{k-1}\int_0^{+\infty}\frac{\mathrm{d}x}{x^{k/n}(1+x)} \quad (1\leqslant k\leqslant n-1)$$

此外，由 (c)(其中取 $\alpha=1/n,\beta=n\alpha=1$), 我们有

$$K(\lambda;\alpha,n\alpha)=\int_1^{+\infty}\frac{\mathrm{d}x}{x(1+x^{1/n})}+o(1)\quad(\lambda\to 0)$$

所以最终得到当 $\alpha=1/n$ 时

$$\begin{aligned}J(\lambda;\alpha)\quad &=\quad \sum_{k=1}^{n-1}C_k'\lambda^{k/n-1}+(-1)^n\log\lambda+\\ &\quad\ \sum_{k=1}^{n-1}\frac{(-1)^k n}{n-k}+(-1)^n\int_1^{+\infty}\frac{\mathrm{d}x}{x(1+x^{1/n})}+o(1)\quad(\lambda\to 0)\end{aligned}$$

□

注 在上面 (e) 中，我们不能用

$$\frac{1}{1+x^\alpha}=\frac{1}{x^\alpha(1+x^{-\alpha})}=\sum_{k=1}^{n-1}(-1)^{k-1}x^{-k\alpha}+(-1)^{n-1}\frac{x^{-(n-1)\alpha}}{1+x^\alpha}$$

因为这样我们将“形式地”得到 $K\big(\lambda;\alpha,(n-1)\alpha\big)$, 而参数 α 和 $\beta=(n-1)\alpha$ 不满足条件 $1-\alpha<\beta$, 从而不能应用 (c) 中的结果.

3.10 设函数 $f(x)\in C^1[0,\infty)$, $\lim\limits_{x\to\infty}f(x)=0$, 并且满足存在实数 $a>-1$ 使得积分 $\int_0^\infty t^{a+1}f'(t)\mathrm{d}t$ 收敛. 证明:

(a) 积分 $\int_0^\infty t^{a+1}f(t)\mathrm{d}t$ 收敛，并且等于

$$-\frac{1}{a+1}\int_0^\infty t^{a+1}f'(t)\mathrm{d}t$$

(b) $\lim\limits_{x\to\infty}x^{a+1}f(x)=0$.

解 (a) (i) 令

$$\begin{aligned}J&=\int_0^\infty t^{a+1}f'(t)\mathrm{d}t\\ F(x)&=\int_0^x t^a f(t)\mathrm{d}t\\ G(x)&=\int_0^x t^{a+1}f'(t)\mathrm{d}t\end{aligned}$$

我们有

$$\frac{\mathrm{d}}{\mathrm{d}x}\big(t^{a+1}f(t)\big)=(a+1)t^a f(t)+t^{a+1}f'(t)$$

以及 $(t^{a+1}f(t))|_{t=0}=0$(注意 $a+1>0$), 在 $[0,x]$ 上对 t 积分上式两边可得

$$x^{a+1}f(x)=(a+1)F(x)+G(x)$$

又因为 $x^{a+1}f(x)=xF'(x)$, 所以我们得到等式

$$xF'(x)=(a+1)F(x)+G(x)=x^{a+1}f(x)$$

(ii) 我们有

$$\begin{aligned}\frac{\mathrm{d}}{\mathrm{d}x}\big(x^{-a-1}F(x)\big) &= -(a+1)x^{-a-2}F(x)+x^{-a-1}F'(x)\\ &= x^{-a-2}\big(-(a+1)F(x)+xF'(x)\big)\end{aligned}$$

注意 (i) 中所得等式 (左半), 由此推出

$$\frac{\mathrm{d}}{\mathrm{d}x}\big(x^{-a-1}F(x)\big)=x^{-a-2}G(x)$$

又由 $G(x)\to J\ (x\to\infty)$ 知

$$G(x)-J=-\int_x^{\infty}t^{a+1}f'(t)\mathrm{d}t=o(1)$$

所以

$$G(x)=J-\int_x^{\infty}t^{a+1}f'(t)\mathrm{d}t=J+o(1)\quad(x\to\infty)$$

于是由上述二式得 (将变量 x 改记为 t)

$$\frac{\mathrm{d}}{\mathrm{d}t}\big(t^{-a-1}F(t)\big)=Jt^{-a-2}+o(t^{-a-2})\quad(t\to\infty)$$

在 $[x,\infty)$ 上对 t 积分，有

$$\big(t^{-a-1}F(t)\big)\Big|_x^{\infty}=\frac{J}{a+1}x^{-a-1}+\int_x^{\infty}o(t^{-a-2})\mathrm{d}t\quad(x\to\infty)$$

(iii) 记 $A(t)=o(t^{-a-2})$, 则 $A(t)=O(t^{-a-2})$, 由积分 $\int_x^{\infty}t^{-a-2}\mathrm{d}t$ 的收敛性得知积分 $\int_x^{\infty}A(t)\mathrm{d}t$ 也收敛. 由 L'Hospital 法则得

$$\lim_{x\to\infty}\frac{\int_x^{\infty}A(t)\mathrm{d}t}{x^{-a-1}}=\lim_{x\to\infty}\frac{-A(x)}{(-a-1)x^{-a-2}}=0$$

因此

$$\int_x^{\infty}o(t^{-a-2})\mathrm{d}t=o(x^{-a-1})\quad(x\to\infty)$$

另外，由 (i) 中得到的等式 (右半) 可知

$$(a+1)x^{-a-1}F(x)+x^{-a-1}G(x)=f(x)$$

令 $x\to\infty$, 依假设, $f(x)\to 0, G(x)\to J$, 所以

$$\lim_{x\to\infty}\left(x^{-a-1}F(x)\right)=0$$

将以上结果代入 (ii) 中所得到的等式，我们有

$$-x^{-a-1}F(x)=\frac{J}{a+1}x^{-a-1}+o(x^{-a-1})\quad(x\to\infty)$$

或者

$$-F(x)=\frac{J}{a+1}+o(1)\quad(x\to\infty)$$

因此积分 $\int_0^\infty t^a f(t)\mathrm{d}t$ 收敛，并且等于

$$\lim_{x\to\infty}F(x)=-\frac{1}{a+1}J$$

(b) 由 (a) 的 (i) 和 (iii) 立得

$$\lim_{x\to\infty}\left(x^{a+1}f(x)\right)=(a+1)\lim_{x\to\infty}F(x)+\lim_{x\to\infty}G(x)=-J+J=0$$

□

3.11 (a) 证明积分

$$I(x)=\int_0^\pi\log(1-2x\cos\theta+x^2)\mathrm{d}\theta$$

对变量 x 的一切值 (包含 ±1) 都存在，并且是 $\mathbb{R}$ 上的连续函数.

(b) 证明

$$I(x)=\begin{cases}0, & \text{当 } |x|\leqslant 1\\ 2\pi\log|x|, & \text{当 } |x|\geqslant 1\end{cases}$$

解 (a) (i) 当 $0\leqslant\theta\leqslant\pi$ 时，x 的二次三项式

$$1-2x\cos\theta+x^2$$

的判别式

$$4\cos^2\theta-4=4(\cos^2\theta-1)\leqslant 0$$

并且当判别式为零时它有零点 ±1. 因此，当 $|x|\neq 1, 0\leqslant\theta\leqslant\pi$ 时

$$1-2x\cos\theta+x^2>0$$

从而当 $|x| \neq 1$ 时，积分 $I(x)$ 存在.

设 $x=1$, 此时函数

$$1-2x\cos\theta+x^2=2(1-\cos\theta)=4\sin^2\frac{\theta}{2}$$

因为 $4\sin^2(\theta/2)\sim\theta^2\ (\theta\to 0)$, 所以 $I(x)$ 与积分

$$\int_0^{\pi}\log\theta^2\mathrm{d}\theta \quad 或 \quad \int_0^{\pi}\log\theta\mathrm{d}\theta$$

有相同的收敛性；而上述积分存在，所以 $I(1)$ 存在. 同理， $I(-1)$ 也存在.

(ii) 下面我们证明当 $x\in\mathbb{R}$ 时， $I(x)$ 是 x 的连续函数. 除去 $|x|=1$, 被积函数 $\log(1-2x\cos\theta+x^2)$ 是 x 和 θ 的连续函数，因此 $I(x)$ 在任何 $x\neq\pm 1$ 处连续.

现在考虑 $x=1$ 的情形. 此时 $\theta=0$ 是被积函数的奇点. 我们限定 $x\in[1-\delta,1+\delta]$ (其中 $0<\delta<1$ 固定). 首先将 $I(x)$ 作如下变形

$$\begin{aligned}I(x) &= \int_0^{\pi}\log\left(2x\Big(\frac{1+x^2}{2x}-\cos\theta\Big)\right)\mathrm{d}\theta\\ &= \pi\log(2x)+\int_0^{\pi}\log\left(\frac{1+x^2}{2x}-\cos\theta\right)\mathrm{d}\theta\end{aligned}$$

对上式右边第二项进行分部积分，得到

$$\begin{aligned}I(x) &= \pi\log(2x)+\pi\log(z+1)-\int_0^{\pi}\frac{\theta\sin\theta}{z-\cos\theta}\mathrm{d}\theta\\ &= 2\pi\log(x+1)-\int_0^{\pi}\frac{\theta\sin\theta}{z-\cos\theta}\mathrm{d}\theta\\ &= 2\pi\log(x+1)-\int_0^{\pi}F(\theta,x)\mathrm{d}\theta\end{aligned}$$

其中已令

$$z=z(x)=\frac{1+x^2}{2x}, F(\theta,x)=\frac{\theta\sin\theta}{z-\cos\theta}$$

因为当 $x\in[1-\delta,1+\delta]$ 时 $z(x)$ 有最小值 1, 所以 $x\to 1$ 时， $z(x)$ 单调递减地趋于 1, 从而当 $\theta\in(0,\alpha]$(其中 $0<\alpha\leqslant\pi$),$x\in[1-\delta,1+\delta]$ 时 $F(\theta,x)$ 非负，并且

$$|F(\theta,x)|=\frac{\theta\sin\theta}{z-\cos\theta}\leqslant\frac{\theta\sin\theta}{1-\cos\theta}=\phi(\theta)$$

因为 $\phi(\theta)$ 与 x 无关，而且由

$$I(1)=2\pi\log 2-\int_0^{\pi}\frac{\theta\sin\theta}{1-\cos\theta}\mathrm{d}\theta=2\pi\log 2-\int_0^{\pi}\phi(\theta)\mathrm{d}\theta$$

得知 $\int_0^{\pi}\phi(\theta)\mathrm{d}\theta$ 存在，从而 $\phi(\theta)$ 在 $[0,\alpha]$ 上可积，所以积分

$$\int_0^{\pi}\frac{\theta\sin\theta}{z-\cos\theta}\mathrm{d}\theta$$

对于 $x\in[1-\delta,1+\delta]$ 一致收敛．又因为当 $\theta\in(0,\pi],x\in[1-\delta,1+\delta]$ 时 $F(\theta,x)$ 连续，因此函数 $I(x)$ 在 $[1-\delta,1+\delta]$ 上连续，从而在 $x=1$ 处连续．

还要注意，在积分 $I(-x)$ 中令 $t=\pi-\theta$ 可知 $I(-x)=I(x)$, 由此及 $I(x)$ 在 $x=1$ 处的连续性可推出它在 $x=-1$ 处的连续性．

(b) (i) 上面已经证明 $I(x)=I(-x)$. 类似地，我们由

$$\begin{aligned}I\left(\frac{1}{x}\right) &= \int_0^{\pi}\log\left(1-\frac{2}{x}\cos\theta+\frac{1}{x^2}\right)\mathrm{d}\theta\\ &= \int_0^{\pi}\log(x^2-2x\cos\theta+1)\mathrm{d}\theta+\int_0^{\pi}\log\frac{1}{x^2}\mathrm{d}\theta\end{aligned}$$

可以推出

$$I\left(\frac{1}{x}\right)=I(x)-2\pi\log|x|\quad(x\neq 0)$$

然后由

$$\begin{aligned}2I(x) &= I(x)+I(-x)=\int_0^{\pi}\log(1-2x^2\cos 2\theta+x^4)\mathrm{d}\theta\\ &= \frac{1}{2}\int_0^{2\pi}\log(1-2x^2\cos\phi+x^4)\mathrm{d}\phi\\ &= \frac{1}{2}\int_0^{\pi}\log(1-2x^2\cos\phi+x^4)\mathrm{d}\phi+\\ &\quad\ \frac{1}{2}\int_{\pi}^{2\pi}\log(1-2x^2\cos\phi+x^4)\mathrm{d}\phi\\ &= \frac{1}{2}I(x^2)+\frac{1}{2}I(-x^2)=I(x^2)\end{aligned}$$

得到

$$I(x)=\frac{1}{2}I(x^2)$$

(ii) 据此，由数学归纳法得到

$$I(x)=\frac{1}{2^n}I(x^{2^n})\quad(n\in\mathbb{N})$$

若 $|x|\leqslant 1$, 则 $|x|^{2^n}\leqslant 1$. 因为 $I(x)$ 在 $[-1,+1]$ 上连续，所以在 $[-1,+1]$ 上有上界 M, 于是

$$|I(x)|\leqslant\frac{1}{2^{2^n}}M\quad(当\ |x|\leqslant 1)$$

令 $n\to\infty$, 即得 $I(x)=0$ (当 $|x|\leqslant 1$).

(iii) 若 $|x| \geqslant 1$, 则 $|1/x| \leqslant 1$, 所以由

$$0 = I\left(\frac{1}{x}\right) = I(x) - 2\pi \log |x|$$

推出 $I(x) = 2\pi \log |x|$. □

注 在Γ · M · 菲赫金哥尔茨的《微积分学教程》(第二卷, 第 8 版, 高等教育出版社, 北京, 2006) 中, 多次用不同的方法给出 $I(x)$ 当 $|x| \neq 1$ 时的值, 但没有考虑在 $|x| = 1$ 的值 (实际上, 他没有涉及 $I(x)$ 在 $\mathbb{R}$ 上的连续性).

3.12 求出所有正整数 n 和正实数 α 使得积分

$$I(\alpha, n) = \int_0^{\infty} \log\left(1 + \frac{\sin^n x}{x^{\alpha}}\right) \mathrm{d}x$$

收敛.

解 (i) 我们首先证明: 对于任何实数 $A > 0$(例如 $A = 1$) 积分

$$I_1(\alpha, n) = \int_0^1 \log\left(1 + \frac{\sin^n x}{x^{\alpha}}\right) \mathrm{d}x$$

总是 (绝对) 收敛的. 事实上

$$\lim_{x \to 0} \log\left(1 + \frac{\sin^n x}{x^{\alpha}}\right) = \begin{cases} 0, & 当\ \alpha < n \\ \log 2, & 当\ \alpha = n \end{cases}$$

因此积分下限不是被积函数的奇点. 当 $\alpha > n$ 时

$$I_1(\alpha, n) = \int_0^1 \log\left(x^{\alpha - n} + \frac{\sin^n x}{x^n}\right) \mathrm{d}x + \int_0^1 \log x^{n-\alpha} \mathrm{d}x$$

右边第一个积分显然收敛, 第二个积分等于 $\alpha - n$(由分部积分可知). 因此我们只须考虑 $I(\alpha, n)$ 在 ∞ 处的收敛性.

(ii) 现在证明: 当 $\alpha > 1$ 时, 对所有正整数 n, 积分 $I(\alpha, n)$(绝对) 收敛. 为此, 依 (i) 的结论, 我们只须证明下列积分 (绝对) 收敛

$$J(\alpha, n) = \int_{\pi}^{\infty} \log\left(1 + \frac{\sin^n x}{x^{\alpha}}\right) \mathrm{d}x$$

令 $L(t) = \log(1 + t)$, 以及

$$J_k(\alpha, n) = \int_{k\pi}^{(k+1)\pi} L\left(\frac{\sin^n x}{x^{\alpha}}\right) \mathrm{d}x \quad (k \geqslant 1)$$

那么

$$J(\alpha,n)=\sum_{k=1}^{\infty}J_k(\alpha,n)$$

因为

$$L(t)=t+O(t^2)\quad(t\to 0)$$

所以存在某个 $\delta>0$, 使得当 $|t|<\delta$ 时, $|t|/2\leqslant|L(t)|\leqslant 2|t|$, 于是当 k 充分大 (亦即 $|\sin^n x|/x^\alpha$ 足够小) 时

$$\begin{aligned}\int_{k\pi}^{(k+1)\pi}\left|L\left(\frac{\sin^n x}{x^\alpha}\right)\right|\mathrm{d}x &\leqslant 2\int_{k\pi}^{(k+1)\pi}\frac{|\sin^n x|}{x^\alpha}\mathrm{d}x\\ &\leqslant 2\int_{k\pi}^{(k+1)\pi}\frac{\mathrm{d}x}{x^\alpha}\leqslant\frac{2\pi^{\alpha-1}}{k^\alpha}\end{aligned}$$

因为 $\alpha>1$, 所以 $\sum\limits_{k=1}^{\infty}1/k^\alpha$ 收敛, 因而由

$$\begin{aligned}\int_{\pi}^{\infty}\left|L\left(\frac{\sin^n x}{x^\alpha}\right)\right|\mathrm{d}x &= \sum_{k=1}^{\infty}\int_{k\pi}^{(k+1)\pi}\left|L\left(\frac{\sin^n x}{x^\alpha}\right)\right|\mathrm{d}x\\ &\leqslant 2\pi^{\alpha-1}\sum_{k=1}^{\infty}\frac{1}{k^\alpha}\end{aligned}$$

得知积分 $J(\alpha,n)$ 绝对收敛, 从而积分 $I(\alpha,n)$ 也绝对收敛.

(iii) 下面证明: 当 $\alpha\leqslant 1$ 而 n 为偶数时, 积分 $I(\alpha,n)$ 发散. 事实上, 因为 n 为偶数, 所以 $\sin^n x$ 和 $J_k(\alpha,n)$ 非负. 并且依上述, 当 $|t|$ 足够小时 $|L(t)|\geqslant|t|/2$, 因此当 k 充分大时

$$\begin{aligned}J_k(\alpha,n) &\geqslant \frac{1}{2}\int_{k\pi}^{(k+1)\pi}\frac{\sin^n x}{x^\alpha}\mathrm{d}x\\ &\geqslant \frac{1}{2(k+1)^\alpha\pi^\alpha}\int_{k\pi}^{(k+1)\pi}\sin^n x\mathrm{d}x\\ &= \frac{C}{(k+1)^\alpha}\end{aligned}$$

其中 $C>0$ 是一个常数. 于是由

$$J(\alpha,n)=\sum_{k=1}^{\infty}J_k(\alpha,n)\geqslant C\sum_{k=1}^{\infty}\frac{1}{(k+1)^\alpha}$$

及 $\alpha\leqslant 1$ 推出积分 $J(\alpha,n)$ 发散, 从而 $I(\alpha,n)$ 也发散.

(iv) 最后考虑当 $\alpha\leqslant 1$ 而 n 为奇数的情形. 首先, 我们断言: 积分

$$\int_{\pi}^{\infty}\left(\frac{\sin^n x}{x^\alpha}\right)\mathrm{d}x$$

收敛. 事实上，我们记 $u(x)=\int_\pi^x \sin^n t\mathrm{d}t$, 并设 $N>\pi$, 那么由分部积分，我们有

$$\int_\pi^N \frac{\sin^n x}{x^\alpha}\mathrm{d}x=\int_\pi^N \frac{\mathrm{d}u(x)}{x^\alpha}=\frac{u(N)}{N^\alpha}+\alpha\int_\pi^N \frac{u(x)}{x^{\alpha+1}}\mathrm{d}x$$

由于 (注意 n 为奇数)

$$\begin{aligned} u(x+2\pi)-u(x) &= \int_x^{x+2\pi}\sin^n t\mathrm{d}t=\int_x^{x+\pi}\sin^n t\mathrm{d}t+\int_{x+\pi}^{x+2\pi}\sin^n t\mathrm{d}t \\ &= \int_x^{x+\pi}\sin^n t\mathrm{d}t+(-1)^n\int_x^{x+\pi}\sin^n t\mathrm{d}t=0 \end{aligned}$$

所以 $u(x)$ 是周期函数 (周期为 2π), 从而在 $[\pi,\infty)$ 上有界，于是积分

$$\int_\pi^\infty (u(x)/x^{\alpha+1})\mathrm{d}x$$

收敛，因此由前式推出积分 $\int_\pi^\infty(\sin^n x/x^\alpha)\mathrm{d}x$ 收敛.

现在我们令

$$M(t)=t-L(t)=t-\log(1+t)$$

则有

$$J(\alpha,n)=\int_\pi^\infty \frac{\sin^n x}{x^\alpha}\mathrm{d}x-\int_\pi^\infty M\left(\frac{\sin^n x}{x^\alpha}\right)\mathrm{d}x$$

于是当且仅当积分

$$Q(\alpha,n)=\int_\pi^\infty M\left(\frac{\sin^n x}{x^\alpha}\right)\mathrm{d}x$$

收敛时，积分 $J(\alpha,n)$(因而 $I(\alpha,n)$) 收敛

因为 $M(t)=t^2/2+O(t^3)\,(t\to 0)$, 所以存在 $\delta_1>0$, 使得当 $|t|<\delta_1$ 时, $t^2/3\leqslant M(t)\leqslant t^2$. 由此可知当 U 足够大时

$$\int_U^\infty M\left(\frac{\sin^n x}{x^\alpha}\right)\mathrm{d}x\leqslant\int_U^\infty \frac{\sin^{2n} x}{x^{2\alpha}}\mathrm{d}x\leqslant\int_U^\infty \frac{\mathrm{d}x}{x^{2\alpha}}$$

因而当 $\alpha>1/2$ 时积分 $Q(\alpha,n)$ 收敛，从而 $J(\alpha,n)$ 收敛，于是 $I(\alpha,n)$ 也收敛.

但若 $\alpha\leqslant 1/2$, 则类似于 (iii), 我们有

$$Q(\alpha,n)=\sum_{k=1}^\infty Q_k(\alpha,n)$$

其中

$$Q_k(\alpha,n)=\int_{k\pi}^{(k+1)\pi} M\left(\frac{\sin^n x}{x^\alpha}\right)\mathrm{d}x$$

依上述不等式 $M(t) \geqslant t^2/3\,(|t|<\delta_1)$ 可知：当 k 充分大时

$$Q_k(\alpha,n) \geqslant \frac{1}{3}\int_{k\pi}^{(k+1)\pi}\frac{\sin^{2n}x}{x^{2\alpha}}\mathrm{d}x \geqslant \frac{1}{3(k+1)^{2\alpha}\pi^{2\alpha}}\int_0^{\pi}\frac{\sin^{2n}x}{x^{2\alpha}}\mathrm{d}x$$

于是 $Q(\alpha,n)=\sum\limits_{k=1}^{\infty}Q_k(\alpha,n)$ 发散，从而 $I(\alpha,n)$ 也发散.

(v) 总之，由 (ii) 和 (iii), 以及 (ii) 和 (iv) 得知：当且仅当 $\alpha>1$(若 n 为偶数), 以及 $\alpha>1/2$(若 n 为奇数) 时，积分 $I(\alpha,n)$ 收敛. □

3.13 证明：对于任何非负整数 n

$$\int_0^{\infty}x^n\mathrm{e}^{-x^{1/4}}(\sin x^{1/4})\mathrm{d}x=0$$
$$\int_0^{\infty}x^{n-1/2}\mathrm{d}^{-x^{1/4}}(\cos x^{1/4})\mathrm{d}x=0$$

解 设 n 是非负整数，将题中的两个积分分别记作 A_n 和 B_n, 并令

$$I_n=\int_0^{\infty}x^n\mathrm{d}^{-x}\sin x\mathrm{d}xJ_n=\int_0^{\infty}x^n\mathrm{d}^{-x}\cos x\mathrm{d}x$$

(i) 由分部积分可以推出：对于任何正整数 n

$$\begin{aligned}I_n &= -x^n\sin x\cdot\mathrm{d}^{-x}\Big|_0^{\infty}+\int_0^{\infty}\mathrm{d}^{-x}\left(nx^{n-1}\sin x+x^n\cos x\right)\mathrm{d}x\\ &= n\int_0^{\infty}x^{n-1}\mathrm{d}^{-x}\sin x\mathrm{d}x+\int_0^{\infty}x^n\mathrm{d}^{-x}\cos x\mathrm{d}x\\ &= nI_{n-1}+J_n\end{aligned}$$

类似地

$$J_n=nJ_{n-1}-I_n$$

于是

$$I_n=nI_{n-1}+nJ_{n-1}-I_n,\ J_n=nJ_{n-1}-nI_{n-1}-J_n$$

从而得到递推关系

$$I_n=\frac{n}{2}(I_{n-1}+J_{n-1})$$
$$J_n=\frac{n}{2}(J_{n-1}-I_{n-1})$$

(ii) 我们还要考虑初始条件，即计算 I_0 和 J_0. 我们有

$$\Big(\mathrm{e}^{-x}(\sin x+\cos x)\Big)'=-2\mathrm{e}^{-x}\sin x$$
$$\Big(\mathrm{e}^{-x}(\sin x-\cos x)\Big)'=2\mathrm{e}^{-x}\cos x$$

于是

$$I_0=\int_0^{\infty}\mathrm{e}^{-x}\sin x\mathrm{d}x=-\frac{1}{2}\mathrm{e}^{-x}(\sin x+\cos x)\Big|_0^{\infty}=\frac{1}{2}$$

类似地

$$J_0=\frac{1}{2}\mathrm{e}^{-x}(\sin x-\cos x)\Big|_0^{\infty}=\frac{1}{2}$$

(iii) 现在来解上述递推关系式 (差分方程), 为此令

$$\omega_n=I_n+\mathrm{i}J_n,\phi_n=I_n-\mathrm{i}J_n\quad(n\geqslant 0)$$

其中 $\mathrm{i}=\sqrt{-1}$. 那么我们有 (注意 $\mathrm{i}^2=-1$)

$$\begin{aligned}\omega_n&=\frac{n}{2}\Big((I_{n-1}+J_{n-1})+\mathrm{i}(J_{n-1}-I_{n-1})\Big)\\&=\frac{n}{2}\Big((I_{n-1}+\mathrm{i}J_{n-1})-\mathrm{i}(\mathrm{I_{n-1}}+\mathrm{iJ_{n-1}})\Big)\\&=\frac{n}{2}(\omega_{n-1}-\mathrm{i}\omega_{n-1})\\&=\frac{n}{2}(1-\mathrm{i})\omega_{n-1}\end{aligned}$$

类似地

$$\phi_n=\frac{n}{2}(1+\mathrm{i})\phi_{n-1}$$

由此及初始条件

$$\omega_0=\frac{1+\mathrm{i}}{2},\phi_0=\frac{1-\mathrm{i}}{2}$$

推出

$$I_n+\mathrm{i}J_n=\omega_n=\frac{n!}{2^n}(1-\mathrm{i})^{n-1}$$

$$I_n-\mathrm{i}J_n=\phi_n=\frac{n!}{2^n}(1+\mathrm{i})^{n-1}$$

因此我们求出：对于 $n\geqslant 0$

$$I_n=\frac{1}{2}(\omega_n+\phi_n)=\frac{1}{2}\cdot\frac{n!}{2^n}\Big((1-\mathrm{i})^{n-1}+(1+\mathrm{i})^{n-1}\Big)$$

$$J_n=\frac{1}{2\mathrm{i}}(\omega_n-\phi_n)=\frac{1}{2\mathrm{i}}\cdot\frac{n!}{2^n}\Big((1-\mathrm{i})^{n-1}-(1+\mathrm{i})^{n-1}\Big)$$

为了便于计算，我们应用复数的三角表达式 (指数式)

$$1+\mathrm{i}=\sqrt{2}\mathrm{e}^{\mathrm{i}\pi/4},1-\mathrm{i}=\sqrt{2}\mathrm{e}^{-\mathrm{i}\pi/4}$$

可得 (注意 $\mathrm{e}^{\mathrm{i}\theta}=\cos\theta+\mathrm{i}\sin\theta$)

$$\begin{aligned}(1-\mathrm{i})^{n-1}+(1+\mathrm{i})^{n-1}&=\left(\sqrt{2}\right)^{n-1}\left(\mathrm{e}^{\mathrm{i}(n-1)\pi/4}+\mathrm{e}^{-\mathrm{i}(n-1)\pi/4}\right)\\&=\left(\sqrt{2}\right)^{n-1}\cdot 2\cos\frac{(n-1)\pi}{4}\\&=\left(\sqrt{2}\right)^{n+1}\sin\frac{(n+1)\pi}{4}\end{aligned}$$

类似地

$$(1-\mathrm{i})^{n-1}-(1+\mathrm{i})^{n-1}=\mathrm{i}(\sqrt{2})^{n+1}\cos\frac{(n+1)\pi}{4}$$

于是我们最终得到：对于所有 $n\geqslant 0$

$$I_n=\frac{n!}{(\sqrt{2})^{n+1}}\sin\frac{(n+1)\pi}{4}$$

$$J_n=\frac{n!}{(\sqrt{2})^{n+1}}\cos\frac{(n+1)\pi}{4}$$

特别地，$I_{4n+3}=J_{4n+1}=0\,(n\geqslant 0)$.

(iv) 在积分 A_n 和 B_n 中作变量代换 $t=x^{1/4}$ 可知 $A_n=4I_{4n+3}$ 和 $B_n=4J_{4n+1}$, 于是由 (iii) 中的结果推出：对任何非负整数 $n, A_n=B_n=0$. □

注 **1°** 上面计算 I_n 和 J_n 的方法，关键的一步是引进 ω_n 和 ϕ_n, 从而易于解出递推关系式. 同样的方法可以用来求积分

$$U_n=\int_0^\infty x^n\mathrm{e}^{-ax}\sin bx\mathrm{d}x$$

$$V_n=\int_0^\infty x^n\mathrm{e}^{-ax}\cos bx\mathrm{d}x$$

其中 $n\geqslant 0, a>0$. 答案是

$$U_n=\frac{n!}{(\sqrt{a^2+b^2})^{n+1}}\sin(n+1)\theta$$

$$V_n=\frac{n!}{(\sqrt{a^2+b^2})^{n+1}}\cos(n+1)\theta$$

其中 $\theta=\arctan(b/a)$.

2° 本题的另一种解法是应用积分号下求导数的 Leibnitz 法则，然后解所得到的微分方程，对此可见 Γ · M · 菲赫金哥尔茨，《微积分学教程》，第二卷 (第 8 版，高等教育出版社，北京， 2006),p.653-654. 关于这种化归微分方程的方法，还可参见本书的问题 **8.7,II.40** 等.

3.14 证明

$$\int_0^\infty\frac{\mathrm{e}^{-x/t-1/x}}{x}\mathrm{d}x\sim\log t\quad(t\to\infty)$$

解 将题中的积分表示为

$$I(t)=\int_0^{\sqrt{t}}\frac{\mathrm{e}^{-x/t-1/x}}{x}\mathrm{d}x+\int_{\sqrt{t}}^\infty\frac{\mathrm{e}^{-x/t-1/x}}{x}\mathrm{d}x$$

因为在代换 $u=t/x$ 之下右边第一个积分化为第二个积分，所以

$$I(t)=2\int_{\sqrt{t}}^{\infty}\frac{\mathrm{e}^{-x/t-1/x}}{x}\mathrm{d}x$$

注意当 $x\geqslant\sqrt{t}\geqslant 1$ 时

$$\begin{aligned}|\mathrm{e}^{-1/x}-1| &= \left|-\frac{1}{x}+\frac{1}{2!}\frac{1}{x^2}-\frac{1}{3!}\frac{1}{x^3}+\cdots\right| \\ &\leqslant \left|-\frac{1}{x}\right|\left(1+\frac{1}{2!}+\frac{1}{3!}+\cdots\right)<\mathrm{e}\left|\frac{1}{x}\right|\end{aligned}$$

因此对于任何 $x\geqslant\sqrt{t}$ 一致地有

$$\mathrm{e}^{-1/x}=1+O(t^{-1/2})\quad (t\to\infty)$$

于是我们推出

$$\begin{aligned}I(t) &= 2\int_{\sqrt{t}}^{\infty}\mathrm{e}^{-1/x}\frac{\mathrm{e}^{-x/t}}{x}\mathrm{d}x=2\left(1+O(t^{-1/2})\right)\int_{\sqrt{t}}^{\infty}\frac{\mathrm{e}^{-x/t}}{x}\mathrm{d}x \\ &= 2\left(1+O(t^{-1/2})\right)\int_{t^{-1/2}}^{\infty}\frac{\mathrm{e}^{-u}}{u}\mathrm{d}u\end{aligned}$$

应用分部积分，上式右边的积分

$$\int_{t^{-1/2}}^{\infty}\frac{\mathrm{e}^{-u}}{u}\mathrm{d}u=\mathrm{e}^{-u}\log u\Big|_{t^{-1/2}}^{\infty}+\int_{t^{-1/2}}^{\infty}\mathrm{e}^{-u}\log u\mathrm{d}u=\frac{1}{2}\log t+O(1)$$

于是我们得到

$$I(t)=2\left(1+O(t^{-1/2})\right)\left(\frac{1}{2}\log t+O(1)\right)=\log t+O(1)\quad (t\to\infty)$$

从而 $I(t)\sim\log t\,(t\to\infty)$ □

3.15 (a) 设函数 $g\in C[0,\infty)$ 单调递减，并且积分 $\int_0^{\infty}g(x)\mathrm{d}x$ 收敛 (于是在 $[0,\infty)$ 上 $g(x)\geqslant 0$). 证明：对于任何满足条件 $|f(x)|\leqslant g(x)$(当 $x\geqslant 0$) 的函数 $f\in C[0,\infty)$

$$\lim_{h\to 0+}h\sum_{n=1}^{\infty}f(nh)=\int_0^{\infty}f(x)\mathrm{d}x$$

(b) 证明

$$\lim_{x\to 1-}\sqrt{1-x}\sum_{n=1}^{\infty}x^{n^2}=\frac{\sqrt{\pi}}{2}$$

(c) 证明

$$\lim_{x\to 1-}(1-x)^2\sum_{n=1}^{\infty}\frac{nx^n}{1-x^n}=\frac{\pi^2}{6}$$

解 (a) 我们要考察

$$M_n = h\sum_{n=1}^{\infty} f(nh) - \int_0^{\infty} f(x)\mathrm{d}x$$

设 N, L 是某些正整数，我们将 M_n 表示为

$$\begin{aligned}
M_n &= h\sum_{n=1}^{N} f(nh) + h\sum_{n=N+1}^{\infty} f(nh) - \int_0^L f(x)\mathrm{d}x - \int_L^{\infty} f(x)\mathrm{d}x \\
&= \left(h - \frac{L}{N}\right)\sum_{n=1}^{N} f(nh) + h\sum_{n=N+1}^{\infty} f(nh) + \\
&\quad \left(\frac{L}{N}\sum_{n=1}^{N} f(nh) - \int_0^L f(x)\mathrm{d}x\right) - \int_L^{\infty} f(x)\mathrm{d}x
\end{aligned}$$

(i) 因为 $g(x)$ 在 $[0,\infty)$ 上 Rimann 可积，所以对于任何给定的 $\varepsilon > 0$, 存在最小的正整数 $L = L(\varepsilon)$, 使得

$$\int_{L-1}^{\infty} g(x)\mathrm{d}x < \frac{\varepsilon}{4}$$

下文中固定此 L.

(ii) 对于任何给定的 $h \in (0,1)$, 可取正整数 N 满足

$$Nh \leqslant L < (N+1)h$$

于是

$$nh \in \left(\frac{Ln}{N+1}, \frac{Ln}{N}\right] \subset \left(\frac{n-1}{N}L, \frac{n}{N}L\right] \quad (1 \leqslant n \leqslant N)$$

由题设可知，积分 $\int_0^L f(x)\mathrm{d}x$ 存在，所以 Riemann 和

$$\frac{L}{N}\sum_{n=1}^{N} f(nh) \to \int_0^L f(x)\mathrm{d}x \quad (N \to \infty)$$

注意由 N 的取法可知， $L/N \in [h, (N+1)h/N)$, 所以当 $h \to 0+$ 时 $N \to \infty$, 于是当 $0 < h < h_0$(其中 $h_0 = h_0(\varepsilon, L) = h_0(\varepsilon)$ 足够小) 时

$$\left|\frac{L}{N}\sum_{n=1}^{N} f(nh) - \int_0^L f(x)\mathrm{d}x\right| < \frac{\varepsilon}{4}$$

(iii) 因为 $L/N \in [h, (N+1)h/N)$, 所以 $|h - L/N| \leqslant (N+1)h/N - h = h/N$, 并且注意 $|f(x)| \leqslant g(x)$, 于是我们还有

$$\left|\left(h - \frac{L}{N}\right)\sum_{n=1}^{N} f(nh)\right| \leqslant \left|h - \frac{L}{N}\right|\sum_{n=1}^{N} g(nh) \leqslant \frac{h}{N}\sum_{n=1}^{N} g(nh)$$

因为 $g(x)$ 在 $[0,\infty)$ 上单调递减，所以

$$h\sum_{n=1}^{N} g(nh) < \int_0^{Nh} g(x)\mathrm{d}x < \int_0^{\infty} g(x)\mathrm{d}x$$

并且因为 $\int_0^{\infty} g(x)\mathrm{d}x$ 收敛，所以当 $0<h<h_0$(其中 h_0 足够小) 时也有

$$\frac{1}{N}\int_0^{\infty} g(x)\mathrm{d}x < \frac{\varepsilon}{4}$$

于是由前式得知：当 $0<h<h_0$ 时

$$\left|\left(h-\frac{L}{N}\right)\sum_{n=1}^{N} f(nh)\right| < \frac{\varepsilon}{4}$$

(iv) 另外，依 (i), 我们有

$$\left|h\sum_{n=N+1}^{\infty} f(nh)\right| \leqslant h\sum_{n=N+1}^{\infty} g(nh) \leqslant \int_{L-1}^{\infty} g(x)\mathrm{d}x < \frac{\varepsilon}{4}$$

(v) 最后, 综合上述诸估计, 我们得知: 对于任何给定的 $\varepsilon>0$, 当 $0<h<h_0$ 时，$|M_n|<\varepsilon$. 因此本题得证.

(b) 因为 $1-x\sim-\log x\,(x\to 1-)$, 所以

$$\lim_{x\to 1-}\sqrt{1-x}\sum_{n=1}^{\infty} x^{n^2} = \lim_{x\to 1-}\sqrt{-\log x}\sum_{n=1}^{\infty} x^{n^2}$$

作变量代换 $h=\sqrt{-\log x}$, 那么当且仅当 $x\to 1-$ 时 $h\to 0+$, 并且 $x^{n^2}=\mathrm{e}^{-n^2h^2}$, 于是上式等于

$$\lim_{h\to 0+} h\sum_{n=0}^{\infty}\exp(-n^2h^2)$$

在本题 (a) 中取 $f(x)=g(x)=\mathrm{e}^{-x^2}$, 那么立得上式等于

$$\int_0^{\infty}\mathrm{e}^{-x^2}\mathrm{d}x = \frac{\sqrt{\pi}}{2}$$

(c) 类似于题 (b), 由 $1-x\sim-\log x\,(x\to 1-)$, 得到

$$\lim_{x\to 1-}(1-x)^2\sum_{n=1}^{\infty}\frac{nx^n}{1-x^n} = \lim_{x\to 1-}(\log x)^2\sum_{n=1}^{\infty}\frac{nx^n}{1-x^n}$$

作变量代换 $h=-\log x$, 那么当且仅当 $x\to 1-$ 时 $h\to 0+$, 并且

$$(\log x)^2\frac{nx^n}{1-x^n} = h^2\frac{n\mathrm{e}^{-nh}}{1-\mathrm{e}^{-nh}} = h\frac{nh}{\mathrm{e}^{nh}-1}$$

于是

$$\lim_{x\to 1-}(1-x)^2\sum_{n=1}^{\infty}\frac{nx^n}{1-x^n}=\lim_{h\to 0+}h\sum_{n=1}^{\infty}\frac{nh}{\mathrm{e}^{nh}-1}$$

在本题 (a) 中取 $f(x)=g(x)=x/(\mathrm{e}^x-1)$, 并定义 $f(0)=\lim\limits_{x\to 0}x/(\mathrm{e}^x-1)=1$, 那么 $f\in C[0,\infty)$, 并且立得当 $h\to 0+$ 时上式等于

$$\begin{aligned}\int_0^{\infty}\frac{x}{\mathrm{e}^x-1}\mathrm{d}x &= \int_0^{\infty}\frac{x\mathrm{e}^{-x}}{1-\mathrm{e}^{-x}}\mathrm{d}x=\int_0^{\infty}\left(\sum_{n=1}^{\infty}x\cdot\mathrm{e}^{-nx}\right)\mathrm{d}x\\ &= \sum_{n=1}^{\infty}\int_0^{\infty}x\cdot\mathrm{e}^{-nx}\mathrm{d}x=\sum_{n=1}^{\infty}\frac{1}{n^2}=\frac{\pi^2}{6}\end{aligned}$$

这里被积函数中的无穷级数在任何区间 $[\alpha,\beta]$(其中 $0<\alpha<\beta<\infty$) 上一致收敛, 而且和函数 $f(x)$ 在 $[0,\infty)$ 可积, 所以可以逐项积分. □

注 本题 (b) 的另外两个证明见问题 **II.64** 和问题 **8.25**(c), 其中问题 **II.64** 的解法是直接证明.

3.16 (a) 设函数 $f(x)$ 在 $[0,1]$ 上 Riemann 可积, 而 $g\in C(\mathbb{R})$ 是周期为 1 的函数. 证明

$$\lim_{n\to\infty}\int_0^1 f(x)g(nx)\mathrm{d}x=\int_0^1 f(x)\mathrm{d}x\int_0^1 g(x)\mathrm{d}x$$

(b) 设函数 $f(x)$ 在 $[0,2\pi]$ 上 Riemann 可积, 则

$$\lim_{n\to\infty}\int_0^{2\pi}f(x)|\sin nx|\mathrm{d}x=\frac{2}{\pi}\int_0^{2\pi}f(x)\mathrm{d}x$$

(c) 设函数 $f\in C(\mathbb{R})$, 并且积分 $\int_{-\infty}^{\infty}|f(x)|\mathrm{d}x$ 收敛. 证明

$$\int_{-\infty}^{\infty}f(x)|\sin nx|\mathrm{d}x\to\frac{2}{\pi}\int_{-\infty}^{\infty}f(x)\mathrm{d}x\quad(n\to\infty)$$

解 (a) 如果 c 是某个常数, 那么当用 $g_1(x)=g(x)+c$ 代替 $g(x)$ 时, 有

$$\begin{aligned}&\int_0^1 f(x)g_1(nx)\mathrm{d}x-\int_0^1 f(x)\mathrm{d}x\int_0^1 g_1(x)\mathrm{d}x\\ =&\int_0^1 f(x)g(nx)\mathrm{d}x-\int_0^1 f(x)\mathrm{d}x\int_0^1 g(x)\mathrm{d}x\end{aligned}$$

此外, 若 $m=\min_{x\in[0,1]}g(x)<0$, 则取 $c>m$ 即有 $g(x)+c>0$(当 $x\in[0,1]$). 因此, 不失一般性, 可以认为 $g(x)$ 是一个正函数. 由函数 $g(x)$ 的周期性 (即当

$t \in [0,1]$, 对任何整数 $k, g(t+k) = g(t)$), 我们有

$$\begin{aligned}\int_0^1 f(x)g(nx)\mathrm{d}x &= \frac{1}{n}\int_0^n f\left(\frac{y}{n}\right)g(y)\mathrm{d}y \\ &= \frac{1}{n}\sum_{k=0}^{n-1}\int_k^{k+1} f\left(\frac{y}{n}\right)g(y)\mathrm{d}y = \frac{1}{n}\sum_{k=0}^{n-1}\int_0^1 f\left(\frac{k+t}{n}\right)g(t)\mathrm{d}t\end{aligned}$$

对于右边的每个积分应用第一积分中值定理 (注意 $g(x)$ 是一个正函数), 可得

$$\int_0^1 f(x)g(nx)\mathrm{d}x = \frac{1}{n}\sum_{k=0}^{n-1} f_k \int_0^1 g(t)\mathrm{d}t$$

其中 $f_k \in [m_k, M_k]$, 而

$$m_k = \inf_{0\leqslant t\leqslant 1} f\left(\frac{k+t}{n}\right) = \inf_{k/n\leqslant t\leqslant (k+1)/n} f(t)$$

$$m_k = \sup_{0\leqslant t\leqslant 1} f\left(\frac{k+t}{n}\right) = \sup_{k/n\leqslant t\leqslant (k+1)/n} f(t)$$

注意

$$\lim_{n\to\infty}\frac{1}{n}\sum_{k=0}^{n-1} f_k = \int_0^1 f(x)\mathrm{d}x$$

即可推出所要证的结果.

(b) 因为 $\int_0^{2\pi} f(x)|\sin nx|\mathrm{d}x = 2\pi\int_0^1 f(2\pi t)|\sin 2\pi nt|\mathrm{d}t$, 在本题 (a) 中分别用 $f(2\pi x)$ 和 $|\sin 2\pi x|$ 代 $f(x)$ 和 $g(x)$, 则得

$$\lim_{n\to\infty}\int_0^{2\pi} f(x)|\sin nx|\mathrm{d}x = 2\pi\int_0^1 f(2\pi x)\mathrm{d}x\int_0^1 |\sin 2\pi x|\mathrm{d}x$$

因为

$$\begin{aligned}\int_0^1 f(2\pi x)\mathrm{d}x &= \frac{1}{2\pi}\int_0^{2\pi} f(t)\mathrm{d}t \\ \int_0^1 |\sin 2\pi x|\mathrm{d}x &= \frac{1}{2\pi}\int_0^{2\pi}|\sin t|\mathrm{d}t \\ &= \frac{1}{2\pi}\cdot 2\int_0^{\pi}\sin t\mathrm{d}t = \frac{1}{2\pi}\cdot 4 = \frac{2}{\pi}\end{aligned}$$

所以得到

$$\lim_{n\to\infty}\int_0^{2\pi} f(x)|\sin nx|\mathrm{d}x = \frac{2}{\pi}\int_0^{2\pi} f(x)\mathrm{d}x$$

(c) 我们来估计

$$I_n = \int_{-\infty}^{\infty} f(x)|\sin nx|\mathrm{d}x - \frac{2}{\pi}\int_{-\infty}^{\infty} f(x)\mathrm{d}x$$

为此将它分为三项

$$
\begin{aligned}
I_n \quad = \quad & \left(\int_{-\infty}^{-l\pi} f(x)|\sin nx|\mathrm{d}x + \int_{l\pi}^{\infty} f(x)|\sin nx|\mathrm{d}x\right) - \\
& \frac{2}{\pi}\left(\int_{-\infty}^{-l\pi} |f(x)|\mathrm{d}x + \int_{l\pi}^{\infty} |f(x)|\mathrm{d}x\right) + \\
& \left(\int_{-l\pi}^{l\pi} f(x)|\sin nx|\mathrm{d}x - \frac{2}{\pi}\int_{-l\pi}^{l\pi} f(t)\mathrm{d}t\right)
\end{aligned}
$$

其中 l 是一个足够大的正整数.

(i) 因为 $f(x)$ 在 $(-\infty,+\infty)$ 上绝对可积，所以对于任何给定的 $\varepsilon>0$, 存在最小的正整数 $L=L(\varepsilon)$, 使当 $l\geqslant L$ 时

$$
\int_{-\infty}^{-l\pi}|f(x)|\mathrm{d}x + \int_{l\pi}^{\infty}|f(x)|\mathrm{d}x < \frac{\pi\varepsilon}{6}
$$

因此

$$
\frac{2}{\pi}\left(\int_{-\infty}^{-L\pi}|f(x)|\mathrm{d}x + \int_{L\pi}^{\infty}|f(x)|\mathrm{d}x\right) < \frac{\varepsilon}{3}
$$

以及 (注意 $|\sin nx|\leqslant 1$)

$$
\left|\int_{-\infty}^{-L\pi} f(x)|\sin nx|\mathrm{d}x + \int_{L\pi}^{\infty} f(x)|\sin nx|\mathrm{d}x\right| < \frac{\varepsilon}{3}
$$

下文中我们固定此 $L=L(\varepsilon)$.

(ii) 我们还有

$$
\begin{aligned}
\int_{-L\pi}^{L\pi} f(x)|\sin nx|\mathrm{d}x \quad & = \quad \pi\int_{-L}^{L} f(\pi t)|\sin n\pi t|\mathrm{d}t \\
& = \quad \pi\sum_{k=-L}^{L-1}\int_{k}^{k+1} f(\pi t)|\sin n\pi t|\mathrm{d}t \\
& = \quad \pi\sum_{k=-L}^{L-1}\int_{0}^{1} f(k\pi+\pi u)|\sin n\pi u|\mathrm{d}u
\end{aligned}
$$

由本题 (a) 可知对于 $k=-L,\cdots,L-1$

$$
\lim_{n\to\infty}\int_0^1 f(k\pi+\pi u)|\sin n\pi u|\mathrm{d}u = \int_0^1 f(k\pi+\pi u)\mathrm{d}u\int_0^1 \sin n\pi u\mathrm{d}u
$$

因此我们有

$$
\begin{aligned}
& \lim_{n\to\infty}\int_{-L\pi}^{L\pi} f(x)|\sin nx|\mathrm{d}x \\
= \quad & \pi\sum_{k=-L}^{L-1}\int_0^1 f(k\pi+\pi u)\mathrm{d}u\int_0^1 \sin n\pi u\mathrm{d}u \\
= \quad & \pi\int_{-L\pi}^{L\pi} f(t)\mathrm{d}t\cdot\int_0^1 \sin n\pi u\mathrm{d}u = \frac{2}{\pi}\int_{-L\pi}^{L\pi} f(t)\mathrm{d}t
\end{aligned}
$$

这意味着当 $n \geqslant N$(其中 $N = N(\varepsilon, L) = N(\varepsilon)$) 时

$$\left|\int_{-L\pi}^{L\pi} f(x)|\sin nx|\mathrm{d}x - \frac{2}{\pi}\int_{-L\pi}^{L\pi} f(t)\mathrm{d}t\right| < \frac{\varepsilon}{3}$$

(iii) 由 (i) 和 (ii) 即知：对于任何给定的 $\varepsilon > 0$, 当 n 充分大时， $|I_n| < \varepsilon$, 从而推出所要的结论. □

3.17 设

$$f(x) = \frac{1}{x^m}\int_0^x \sin\frac{1}{t}\mathrm{d}t$$

则当 $m < 2$ 时 $\lim\limits_{x\to 0} f(x) = 0$, 而当 $m \geqslant 2$ 时 $\lim\limits_{x\to 0} f(x)$ 不存在.

解 分部积分可得

$$f(x) = \frac{1}{x^m}\left(x^2\cos\frac{1}{x} - 2\int_{1/x}^{\infty}\cos u\frac{\mathrm{d}u}{u^3}\right)$$

因此

$$\frac{1}{x^m}\int_{1/x}^{\infty}\cos u\frac{\mathrm{d}u}{u^3} = \frac{1}{2}\left(x^{2-m}\cos\frac{1}{x} - f(x)\right)$$

我们来考察上式左边的积分.

设 $m < 2$. 对于任何给定的 $\varepsilon > 0$, 取 x 满足

$$0 < x < \delta = \min\left((\varepsilon/4)^{1/(3-m)}, \varepsilon^{1/(2-m)}\right)$$

对于每个满足这个不等式的 x, 取 $A > 1/x$. 由第二积分中值定理得到

$$\begin{aligned}\frac{1}{x^m}\int_{1/x}^{\infty}\cos u\frac{\mathrm{d}u}{u^3} &= \frac{1}{x^m}\left(\int_{1/x}^{A}\cos u\frac{\mathrm{d}u}{u^3} + \int_A^{\infty}\cos u\frac{du}{u^3}\right) \\ &= \frac{1}{x^m}\cdot\frac{1}{(x^{-1})^3}\int_{1/x}^{\xi}\cos u\mathrm{d}u + \frac{1}{x^m}\int_A^{\infty}\cos u\frac{\mathrm{d}u}{u^3}\end{aligned}$$

其中 $\xi \in (1/x, A)$. 因为

$$\left|\int_{1/x}^{\xi}\cos udu\right| = \left|\sin\xi - \sin\frac{1}{x}\right| \leqslant 2$$

$$\left|\int_A^{\infty}\cos u\frac{\mathrm{d}u}{u^3}\right| \leqslant \left|\int_{1/x}^{\infty}\cos u\frac{\mathrm{d}u}{u^3}\right| \leqslant \int_{1/x}^{\infty}\frac{\mathrm{d}u}{u^3} = \frac{x^2}{2}$$

并且注意这两个估值的右边都与 A 无关，所以当 $0 < x < \delta$ 时有

$$\left|\frac{1}{x^m}\int_{1/x}^{\infty}\cos u\frac{\mathrm{d}u}{u^3}\right| < 2x^{3-m} + \frac{1}{2}x^{2-m} < \frac{\varepsilon}{2} + \frac{\varepsilon}{2} = \varepsilon$$

由此推出：当 $m<2$ 时

$$\lim_{x\to 0}\frac{1}{x^m}\int_{1/x}^{\infty}\cos u\frac{\mathrm{d}u}{u^3}=0$$

另外，当 $x\to 0$ 时，若 $m<2$，则 $x^{2-m}\cos(1/x)\to 0$；若 $m\geqslant 2$，则 $x^{2-m}\cos(1/x)$ 无极限 (而是振荡的)，因此题中的结论得证. □

3.18 证明

$$f(x)=\mathrm{e}^{x^2/2}\int_x^{\infty}\mathrm{e}^{-t^2/2}\mathrm{d}t$$

是 $[0,\infty)$ 上的单调减函数，并求 $\lim\limits_{x\to 0}f(x)$.

解 (i) 作代换 $u=t-x$ 得到

$$f(x)=\int_x^{\infty}\mathrm{e}^{-(t-x)(t+x)/2}\mathrm{d}t=\int_0^{\infty}\mathrm{e}^{-u(u+2x)/2}\mathrm{d}u$$

对于任何 $x_1,x_2\in[0,\infty),x_1<x_2$，当 $u\in(0,\infty)$ 时

$$\mathrm{e}^{-u(u+2x_1)/2}>\mathrm{e}^{-u(u+2x_2)/2}>0$$

因此

$$\int_0^{\infty}\mathrm{e}^{-u(u+2x_1)/2}\mathrm{d}u>\int_0^{\infty}\mathrm{e}^{-u(u+2x_2)/2}\mathrm{d}u$$

即 $f(x_1)>f(x_2)$. 所以 $f(x)$ 在 $[0,\infty)$ 上单调递减.

(ii) 我们写出

$$\begin{aligned}0<\ & f(x)=\int_0^{\infty}\mathrm{e}^{-u(u+2x)/2}\mathrm{d}u\\ \leqslant\ & \int_0^1\mathrm{e}^{-u(u+2x)/2}\mathrm{d}u+\int_1^{\infty}\mathrm{e}^{-(u+2x)/2}\mathrm{d}u=I_1(x)+I_2(x)\end{aligned}$$

其中

$$0<I_1(x)=\int_0^1\mathrm{e}^{-u^2/2}\mathrm{e}^{-ux}\mathrm{d}u\leqslant\int_0^1\mathrm{e}^{-ux}\mathrm{d}u=\frac{1}{x}(1-\mathrm{e}^{-x})$$

所以 $I_1(x)\to 0\,(x\to\infty)$；以及 (注意 $u\geqslant 1$)

$$0<I_2(x)<\int_1^{\infty}\mathrm{e}^{-(u+2x)/2}\mathrm{d}u=\mathrm{e}^{-x}\int_1^{\infty}\mathrm{e}^{-u/2}\mathrm{d}u=2\mathrm{e}^{-(x+1/2)}$$

所以 $I_2(x)\to 0\,(x\to\infty)$. 因此由 $0<f(x)\leqslant I_1(x)+I_2(x)$ 推出 $f(x)\to 0\,(x\to\infty)$. □

3.19 计算

$$\int_0^1\int_0^1\frac{\mathrm{d}x\mathrm{d}y}{1-xy}$$

解 我们给出两种不同的解法.

解法 1 作变量代换

$$u=\frac{x+y}{\sqrt{2}},u=\frac{y-x}{\sqrt{2}}$$

那么积分区域 $(0,1)\times(0,1)$ 旋转 $-45°$, 变为顶点为

$$(0,0),(1/\sqrt{2},-1/\sqrt{2}),(\sqrt{2},0),(1/\sqrt{2},1/\sqrt{2})$$

的正方形， Jacobi 式 $=1$, 被积函数

$$\frac{1}{1-xy}=\frac{2}{2-u^2+v^2}$$

是 v 的偶函数，于是 (I 表示题中的积分)

$$\frac{I}{4}=\int_0^{1/\sqrt{2}}\int_0^u\frac{\mathrm{d}u\mathrm{d}v}{2-u^2+v^2}+\int_{1/\sqrt{2}}^{\sqrt{2}}\int_0^{\sqrt{2}-u}\frac{\mathrm{d}u\mathrm{d}v}{2-u^2+v^2}$$

因为

$$\int_0^x\frac{\mathrm{d}v}{2-u^2+v^2}=\frac{1}{\sqrt{2-u^2}}\arctan\frac{x}{\sqrt{2-u^2}}$$

所以

$$\begin{aligned}\frac{I}{4}=&\int_0^{1/\sqrt{2}}\frac{1}{\sqrt{2-u^2}}\arctan\frac{u}{\sqrt{2-u^2}}\mathrm{d}u+\\&\int_{1/\sqrt{2}}^{\sqrt{2}}\frac{1}{\sqrt{2-u^2}}\arctan\frac{\sqrt{2}-u}{\sqrt{2-u^2}}\mathrm{d}u\end{aligned}$$

在右边两个积分中分别令 $u=\sqrt{2}\sin\theta$ 及 $u=\sqrt{2}\cos 2\theta$, 即知

$$\frac{I}{4}=\int_0^{\pi/6}\theta\mathrm{d}\theta+2\int_0^{\pi/6}\theta\mathrm{d}\theta=\frac{\pi^2}{24}$$

最终得 $I=\pi^2/6$.

解法 2 设 $0<\varepsilon<1$. 令

$$\phi(y)=\int_0^1\frac{\mathrm{d}x}{1-xy}$$

$$I_\varepsilon=\int_0^{1-\varepsilon}dy\int_0^1\frac{\mathrm{d}x}{1-xy}=\int_0^{1-\varepsilon}\phi(y)dy$$

当 $x\in[0,1],y\in(0,1-\varepsilon]$, 将 $(1-xy)^{-1}$ 展开为几何级数，得到

$$\frac{1}{1-xy}=\sum_{n=0}^{\infty}y^n\cdot x^n$$

作为变量 x 的幂级数，其收敛半径 $1/y>1$，于是可对 x 逐项积分

$$\phi(y)=\int_0^1\frac{\mathrm{d}x}{1-xy}=\int_0^1\sum_{n=0}^{\infty}y^n\cdot x^n\mathrm{d}x=\sum_{n=0}^{\infty}y^n\int_0^1 x^n\mathrm{d}x=\sum_{n=0}^{\infty}\frac{y^n}{n+1}$$

上式右边的级数在区间 $[0,1-\varepsilon]$ 上一致收敛，于是

$$\begin{aligned}I_\varepsilon &= \int_0^{1-\varepsilon}\phi(y)\mathrm{d}y=\int_0^{1-\varepsilon}\sum_{n=0}^{\infty}\frac{y^n}{n+1}\mathrm{d}y\\ &= \sum_{n=0}^{\infty}\int_0^{1-\varepsilon}\frac{y^n}{n+1}\mathrm{d}y=\sum_{n=0}^{\infty}\frac{(1-\varepsilon)^{n+1}}{(n+1)^2}\end{aligned}$$

因为当 $\varepsilon\in[0,1]$ 时 $(1-\varepsilon)^{n+1}/(n+1)^2<1/(n+1)^2$，所以上式右边的级数 (以 ε 为变量) 在其上一致收敛，于是 $I=\lim\limits_{\varepsilon\to 0}I_\varepsilon=\sum\limits_{n=1}^{\infty}1/n^2=\pi^2/6$. □

注 有很多经典方法证明 $\sum\limits_{n=1}^{\infty}n^{-2}=\pi^2/6$. 所以上面的 *解法 2* 中直接采用了这个结果 (一般的解题中都是如此). 另一方面，上面的两个不同解法实际也给出 $\sum\limits_{n=1}^{\infty}n^{-2}=\pi^2/6$ 的一种证明 (对此还可参见题 **II.53,II.54** 等).

3.20 计算

$$\int_0^1\int_0^1\frac{\mathrm{d}x\mathrm{d}y}{1-x^2y^2}$$

解 这里给出三种解法.

解法 1 作变量代换

$$x=\frac{\sin\theta}{\cos\phi},y=\frac{\sin\phi}{\cos\theta}$$

它有逆变换

$$\sin^2\theta=\frac{x^2(1-y^2)}{1-x^2y^2},\sin^2\phi=\frac{y^2(1-x^2)}{1-x^2y^2}$$

因此，当 $(x,y)\in(0,1)\times(0,1)$ 时， $\theta,\phi\in(0,\pi/2)$. 另外还有

$$\begin{aligned}\cos(\theta+\phi) &= \cos\theta\sqrt{1-\sin^2\theta}-\sin\phi\sqrt{1-\sin^2\phi}\\ &= \frac{\sqrt{(1-x^2)(1-y^2)}}{1+xy}>0\end{aligned}$$

所以 $\theta+\phi\in(0,\pi/2)$. 于是上述变换将 $(0,1)\times(0,1)$ 映为 $\varDelta=\{(\theta,\phi)\mid\theta,\phi>0,\theta+\phi<\pi/2\}$. Jacobi 式

$$\begin{vmatrix}\partial x/\partial\theta & \partial x/\partial\phi\\ \partial y/\partial\theta & \partial y/\partial\phi\end{vmatrix}=\begin{vmatrix}\cos\theta/\cos\phi & \sin\theta/\cos\phi\tan\phi\\ \sin\phi/\cos\theta\tan\theta & \cos\phi/\cos\theta\end{vmatrix}=1-x^2y^2$$

于是我们得到

$$\int_0^1\int_0^1 \frac{\mathrm{d}x\mathrm{d}y}{1-x^2y^2} = \iint\limits_{\Delta} \mathrm{d}\theta\mathrm{d}\phi = \frac{1}{2}\cdot\frac{\pi}{2}\cdot\frac{\pi}{2} = \frac{\pi^2}{8}$$

解法 2　将 $(1-x^2y^2)^{-1}$ 展开为几何级数，然后逐项积分 (类似于问题 **3.19** 的 *解法* 2)，得到

$$\begin{aligned}\int_0^1\int_0^1 \frac{\mathrm{d}x\mathrm{d}y}{1-x^2y^2} &= \sum_{n=0}^{\infty}\frac{1}{(2n+1)^2} = \sum_{n=1}^{\infty}\frac{1}{n^2} - \sum_{n=1}^{\infty}\frac{1}{(2n)^2} \\ &= \left(1-\frac{1}{4}\right)\sum_{n=1}^{\infty}\frac{1}{n^2} = \frac{3}{4}\cdot\frac{\pi^2}{6} = \frac{\pi^2}{8}\end{aligned}$$

解法 3　由于

$$\frac{1}{1-x^2y^2} = \frac{1}{2}\left(\frac{1}{1-xy}+\frac{1}{1+xy}\right)$$

由问题 **3.19** 得到

$$\int_0^1\int_0^1 \frac{\mathrm{d}x\mathrm{d}y}{1-xy} = \frac{\pi^2}{6}$$

类似地求出

$$\begin{aligned}\int_0^1\int_0^1 \frac{\mathrm{d}x\mathrm{d}y}{1+xy} &= \sum_{n=0}^{\infty}\frac{(-1)^n}{(n+1)^2} = \sum_{n=1}^{\infty}\frac{1}{n^2} - 2\sum_{n=1}^{\infty}\frac{1}{(2n)^2} \\ &= \left(1-\frac{1}{2}\right)\sum_{n=1}^{\infty}\frac{1}{n^2} = \frac{\pi^2}{12}\end{aligned}$$

即可求出题中的积分.　□

3.21　计算

$$\int_0^1\int_{-1}^1 \frac{\mathrm{d}x\mathrm{d}y}{1+xy}$$

解　我们给出三种不同的解法.

解法 1　令

$$\phi(x) = \int_{-1}^1 \frac{\mathrm{d}y}{1+xy}$$

关系式

$$\cos\theta = y + \frac{x}{2}(y^2-1)$$

给出 $y\in[-1,1]$ 与 $\theta\in[0,\pi]$ 之间的光滑 $1-1$ 对应，并且

$$-\sin\theta\mathrm{d}\theta=\mathrm{d}y+\frac{x}{2}(2y\mathrm{d}y),\ \frac{\mathrm{d}y}{\mathrm{d}\theta}=-\frac{\sin\theta}{1+xy}$$

以及

$$2x\cos\theta=2xy+x^2y^2-x^2,1+2x\cos\theta+x^2=(1+xy)^2$$

于是

$$\begin{aligned}\phi(x) &= \int_{\pi}^{0}\frac{1}{1+xy}\cdot\frac{\mathrm{d}y}{\mathrm{d}\theta}\mathrm{d}\theta=\int_0^{\pi}\frac{\sin\theta}{(1+xy)^2}\mathrm{d}\theta\\ &= \int_0^{\pi}\frac{\sin\theta}{1+2x\cos\theta+x^2}\mathrm{d}\theta\end{aligned}$$

因为

$$\frac{\sin\theta}{1+2x\cos\theta+x^2}=\frac{\mathrm{d}}{\mathrm{d}x}\left(\arctan\frac{x+\cos\theta}{\sin\theta}\right)$$

所以所求的积分

$$I=\int_0^1\phi(x)\mathrm{d}x=\int_0^{\pi}\left(\arctan\frac{1+\cos\theta}{\sin\theta}-\arctan\frac{\cos\theta}{\sin\theta}\right)\mathrm{d}\theta$$

应用反三角函数公式

$$\arctan a-\arctan b=\arctan\frac{a-b}{1+ab}$$

我们得到

$$I=\int_0^{\pi}\arctan\frac{\sin\theta}{1+\cos\theta}\mathrm{d}\theta$$

由三角学公式

$$\frac{\sin\theta}{1+\cos\theta}=\tan\frac{\theta}{2}$$

立得

$$I=\int_0^{\pi}\frac{\theta}{2}\mathrm{d}\theta=\frac{\pi^2}{4}$$

解法 2 设 $0<\varepsilon<1$, 令

$$\psi(y)=\int_0^1\frac{\mathrm{d}x}{1+xy}$$

$$I_{\varepsilon}=\int_{-(1-\varepsilon)}^{1-\varepsilon}\mathrm{d}y\int_0^1\frac{\mathrm{d}x}{1+xy}$$

当 $x\in[0,1],y\in\big(-(1-\varepsilon),(1-\varepsilon)\big)$ 时，将 $(1+xy)^{-1}$ 展开为几何级数，得到

$$\frac{1}{1+xy}=\sum_{n=0}^{\infty}(-1)^ny^n\cdot x^n$$

类似于问题 **3.19** 的 *解法* 2, 幂级数 (变量为 x) $\sum\limits_{n=0}^{\infty}(-1)^n y^n \cdot x^n$ 的收敛半径 $1/y>1$, 于是可对 x 逐项积分

$$\psi(y)=\int_0^1 \frac{\mathrm{d}x}{1+xy}=\sum_{n=0}^{\infty}(-1)^n y^n\int_0^1 x^n\mathrm{d}x=\sum_{n=0}^{\infty}(-1)^n\frac{y^n}{n+1}$$

并且类似地

$$\begin{aligned}I_\varepsilon &= \int_{-(1-\varepsilon)}^{1-\varepsilon}\psi(y)\mathrm{d}y=\int_0^{1-\varepsilon}\left(\psi(y)+\psi(-y)\right)\mathrm{d}y\\ &= 2\sum_{n=0}^{\infty}\frac{1}{2n+1}\int_0^{1-\varepsilon}y^{2n}\mathrm{d}y=2\sum_{n=0}^{\infty}\frac{(1-\varepsilon)^{2n+1}}{(2n+1)^2}\end{aligned}$$

令 $\varepsilon\to 0$ 即得结果.

解法 3 我们有

$$\phi(x)=\int_{-1}^1\frac{\mathrm{d}y}{1+xy}=\frac{1}{x}\log\frac{1+x}{1-x}$$

并且当 $|x|<1$ 时

$$\frac{1}{x}\log\frac{1+x}{1-x}=2\sum_{n=0}^{\infty}\frac{x^{2n}}{2n+1}$$

因为当 $0\leqslant x<1$ 时上面级数的和函数连续，它的每一项是正的且连续，并且逐项积分得到的级数收敛，所以我们有

$$I=2\sum_{n=0}^{\infty}\int_0^1\frac{x^{2n}}{2n+1}\mathrm{d}x=2\sum_{n=0}^{\infty}\frac{1}{(2n+1)^2}=2\cdot\frac{3}{4}\sum_{n=0}^{\infty}\frac{1}{n^2}=\frac{\pi^2}{4}$$

□

注 上面解法 3 的最后一步可参见 Γ · M · 菲赫金哥尔茨，《微积分学教程》，第二卷 (第 8 版，高等教育出版社，北京， 2006),p.580.

3.22 求

$$\lim_{t\to\infty}\mathrm{e}^{-t}\int_0^t\int_0^t\frac{\mathrm{e}^x-\mathrm{e}^y}{x-y}\mathrm{d}x\mathrm{d}y$$

解 对于 $u\in\mathbb{R}$, 令

$$h(u)=\begin{cases}\dfrac{\mathrm{e}^u-1}{u}, & \text{当 } u\neq 0\\ 1, & \text{当 } u=0\end{cases}$$

则 $h(u)$ 在 $\mathbb{R}$ 上连续. 定义 $H(x,y)=\mathrm{e}^y h(x-y)$, 亦即

$$H(x,y)=\begin{cases}\dfrac{\mathrm{e}^x-\mathrm{e}^y}{x-y}, & \text{当 } x\neq y\\ \mathrm{e}^y, & \text{当 } x=y\end{cases}$$

于是 $H(x,y)$ 在 $\mathbb{R}^2$ 上连续. 最后，令

$$F(u,v)=\int_0^u\int_0^v H(x,y)\mathrm{d}x\mathrm{d}y$$

于是 $F(u,v)\in C^1(\mathbb{R}^2)$, 并且

$$\frac{\partial F}{\partial u}(u,v)=\frac{\partial}{\partial u}\int_0^u\left(\int_0^v H(x,y)dy\right)\mathrm{d}x=\int_0^v H(u,y)\mathrm{d}y$$

以及

$$\frac{\partial F}{\partial v}(u,v)=\frac{\partial}{\partial v}\int_0^v\left(\int_0^u H(x,y)\mathrm{d}x\right)\mathrm{d}y=\int_0^u H(x,v)\mathrm{d}x$$

现在我们令

$$f(t)=F(t,t)=\int_0^t\int_0^t H(x,y)\mathrm{d}x\mathrm{d}y$$

那么

$$\begin{aligned}f'(t)&=\frac{\partial F}{\partial u}\frac{\mathrm{d}u}{\mathrm{d}t}+\frac{\partial F}{\partial v}\frac{\mathrm{d}v}{\mathrm{d}t}=\int_0^t H(t,y)\mathrm{d}y+\int_0^t H(x,t)\mathrm{d}x\\&=\int_0^t\frac{\mathrm{e}^t-\mathrm{e}^y}{t-y}\mathrm{d}y+\int_0^t\frac{\mathrm{e}^x-\mathrm{e}^t}{x-t}\mathrm{d}x=2\int_0^t\frac{\mathrm{e}^t-\mathrm{e}^y}{t-y}\mathrm{d}y\end{aligned}$$

作变量代换 $u=t-y$, 可得

$$f'(t)=2\mathrm{e}^t\int_0^t\frac{1-\mathrm{e}^{-u}}{u}\mathrm{d}u$$

由 L'Hospital 法则，并注意积分 $\int_0^\infty\left((1-\mathrm{e}^{-u})/u\right)\mathrm{d}u$ 发散，我们有

$$\lim_{t\to\infty}\frac{\mathrm{e}^t}{f(t)}=\lim_{t\to\infty}\frac{\mathrm{e}^t}{f'(t)}=\frac{1}{2}\left(\int_0^\infty\frac{1-\mathrm{e}^{-u}}{u}\mathrm{d}u\right)^{-1}=0$$

因此所求的极限 $=+\infty$. □

3.23 (a) 设 $f(x)$ 在 $[0,1]$ 上可积，则

$$\int_0^{\pi/2}\int_0^{\pi/2}f(\cos\psi\cos\phi)\cos\psi d\psi d\phi=\frac{\pi}{2}\int_0^1 f(t)\mathrm{d}t$$

(b) 设 $|a|<\pi/2$, 求积分

$$\int_0^{\pi/2}\int_0^{\pi/2}\frac{\cos\theta\mathrm{d}\theta\mathrm{d}\phi}{\cos(a\cos\theta\cos\phi)}$$

(c) 求积分

$$\int_0^{\pi/2}\int_0^{\pi/2}\frac{\sin\theta\log(2-\sin\theta\cos\phi)}{2-2\sin\theta\cos\phi+\sin^2\theta\cos^2\phi}\mathrm{d}\theta\mathrm{d}\phi$$

3.23 解 (a) 令 $\psi=\pi/2-\omega$, 则题中的积分

$$I=\int_0^{\pi/2}\int_0^{\pi/2}f(\sin\omega\cos\phi)\sin\omega\mathrm{d}\omega\mathrm{d}\phi$$

我们考虑单位球体位于第一卦限的部分. 将 ω 理解为形成单位球面的向量与 Z 轴的正向间的夹角, ϕ 是这个向量在 XOY 平面上的投影与 X 轴的正向间的夹角. 于是 $\sin\omega\cos\phi$ 表示形成单位球面的向量在 X 轴上的投影, 我们将它记作 x. 当 $\omega\in[0,\pi/2]$ 和 $\varphi\in[0,\pi/2]$ 变动时, x 在 $[0,1]$ 中变动, 因此

$$I=\int_0^{\pi/2}\mathrm{d}\phi\int_0^{\pi/2}f(x)\sin\omega\mathrm{d}\omega$$

我们可以将 $\int_0^{\pi/2}f(x)\sin\omega\mathrm{d}\omega$ 理解为在 XOY 平面的第一象限中的单位圆上的积分. 如果将 X 轴作为极轴, ω(按习惯) 改记为 θ 作为辐角, 那么在此极坐标系中 $x=\cos\theta$, 于是

$$I=\int_0^{\pi/2}\mathrm{d}\phi\int_0^{\pi/2}f(\cos\theta)\sin\theta\mathrm{d}\theta=\frac{\pi}{2}\int_0^{\pi/2}f(\cos\theta)\sin\theta\mathrm{d}\theta$$

最后, 令 $t=\cos\theta$, 即得

$$I=\frac{\pi}{2}\int_0^{\pi/2}f(t)\mathrm{d}t$$

(b) 应用 (a) 中的公式, 求得积分

$$\begin{aligned}\int_0^{\pi/2}\int_0^{\pi/2}\frac{\cos\theta\mathrm{d}\theta\mathrm{d}\phi}{\cos(a\cos\theta\cos\phi)} &= \frac{\pi}{2}\int_0^1\frac{\mathrm{d}t}{\cos(at)}\\ &= \frac{\pi}{2a}\log\left(\tan\left(\frac{a}{2}+\frac{\pi}{4}\right)\right)\end{aligned}$$

应用正切函数的加法公式, 上式右边也可表示为

$$\frac{\pi}{2a}\log\left(\frac{1+\tan(a/2)}{1-\tan(a/2)}\right)$$

(由读者补出积分计算过程).

(c) 令 $\psi=\pi/2-\theta$, 则题中的积分

$$I=\int_0^{\pi/2}\int_0^{\pi/2}\frac{\cos\psi\log(2-\cos\psi\cos\phi)}{2-2\cos\psi\cos\phi+\cos^2\psi\cos^2\phi}\mathrm{d}\psi\mathrm{d}\phi$$

在本题的问题 (a) 中取

$$f(x)=\frac{\log(2-x)}{2-2x+x^2}$$

即得

$$I=\frac{\pi}{2}\int_0^1\frac{\log(2-t)}{2-2t+t^2}\mathrm{d}t$$

令 $y=1-t$, 则化为

$$I=\frac{\pi}{2}\int_0^1\frac{\log(1+y)}{1+y^2}\mathrm{d}t$$

再令 $x=\arctan y$, 可得

$$I=\int_0^{\pi/4}\log(1+\tan x)\mathrm{d}x$$

最后，令 $u=\pi/4-x$, 我们得到

$$\begin{aligned}I&=\int_{\pi/4}^0\log\left(1+\tan\left(\frac{\pi}{4}-u\right)\right)(-\mathrm{d}u)\\&=\int_0^{\pi/4}\log\left(1+\frac{1-\tan u}{1+\tan u}\right)\mathrm{d}u=\int_0^{\pi/4}\log\left(\frac{2}{1+\tan u}\right)\mathrm{d}u\\&=\int_9^{\pi/4}\log 2\mathrm{d}u-\int_0^{\pi/4}\log(1+\tan u)\mathrm{d}u\\&=\int_0^{\pi/4}\log 2\mathrm{d}u-I\end{aligned}$$

于是最终求得

$$I=\frac{1}{2}\int_0^{\pi/4}\log 2\mathrm{d}u=\frac{\pi}{8}\log 2$$

或者: 因为

$$\begin{aligned}1+\tan x&=\frac{\cos x+\sin x}{\cos x}\\&=\frac{\sqrt{2}\cos(\pi/4)\cos x+\sqrt{2}\sin(\pi/4)\sin x}{\cos x}\\&=\frac{\sqrt{2}\sin(\pi/4+x)}{\cos x}\end{aligned}$$

所以

$$\begin{aligned}I&=\int_0^{\pi/4}\log(1+\tan x)\mathrm{d}x\\&=\int_0^{\pi/4}\log\sqrt{2}\mathrm{d}x+\int_0^{\pi/4}\log\sin\left(\frac{\pi}{4}+x\right)\mathrm{d}x-\int_0^{\pi/4}\log\cos x\mathrm{d}x\end{aligned}$$

注意上式右边最后两项相等 (为此在第二个积分中令 $x=\pi/4-w$), 所以得到 $I=(\pi\log 2)/8$ (显然，这两种计算过程大同小异). □

3.24 计算

$$\iiint_D xy^9z^8w^4\mathrm{d}x\mathrm{d}y\mathrm{d}z$$

其中 $D=\{(x,y,z)|x,y,z>0,x+y+z\leqslant 1\},w=1-x-y-z.$

解 设 $(p,q,r,s)\in\mathbb{N}_0^4, t\geqslant 0$. 并令

$$D(t)=\{(x,y,z)|x,y,z\geqslant 0,x+y+z\leqslant t\}$$

我们一般地考虑积分

$$I_{p,q,r,s}=\iiint_D x^py^qz^r(1-x-y-z)^s\mathrm{d}x\mathrm{d}y\mathrm{d}z$$

以及

$$I_{p,q,r,s}(t)=\iiint_{D(t)} x^py^qz^r(t-x-y-z)^s\mathrm{d}x\mathrm{d}y\mathrm{d}z$$

在 $I_{p,q,r,s}(t)$ 中作变量代换 $x=tX,\ y=tY,\ z=tZ$, 我们得到

$$\begin{aligned}I_{p,q,r,s}(t) &= \iiint_D t^pX^pt^qY^qt^rZ^rt^s(1-X-Y-Z)^st^3\mathrm{d}X\mathrm{d}Y\mathrm{d}Z\\ &= t^{p+q+r+s+3}I_{p,q,r,s}\end{aligned}$$

在此式两边对 t 在 $[0,1]$ 上积分，可推出

$$\int_0^1 I_{p,q,r,s}(t)\mathrm{d}t=\frac{I_{p,q,r,s}}{p+q+r+s+4}$$

同时我们还有

$$\int_0^1 I_{p,q,r,s}(t)\mathrm{d}t=\int\cdots\int_{\Delta} x^py^qz^r(t-x-y-z)^s\mathrm{d}x\mathrm{d}y\mathrm{d}z\mathrm{d}t$$

其中 $\Delta=\{(x,y,z,t)|x,y,z,t\geqslant 0,x+y+z\leqslant t\leqslant 1\}$.. 由此算出

$$\begin{aligned}\int_0^1 I_{p,q,r,s}(t)\mathrm{d}t &= \iiint_D x^py^qz^r\left(\int_{x+y+z}^1(t-x-y-z)^s\mathrm{d}t\right)\mathrm{d}z\mathrm{d}y\mathrm{d}z\\ &= \frac{1}{s+1}\iiint_D x^py^qz^r(1-x-y-z)^{s+1}\mathrm{d}x\mathrm{d}y\mathrm{d}z\\ &= \frac{1}{s+1}I_{p,q,r,s+1}\end{aligned}$$

于是

$$\frac{I_{p,q,r,s}}{p+q+r+s+4}=\frac{1}{s+1}I_{p,q,r,s+1}$$

由此得到递推关系式

$$I_{p,q,r,s+1} = \frac{s+1}{p+q+r+s+4} I_{p,q,r,s}$$

反复应用此递推关系式可知

$$\begin{aligned} I_{p,q,r,s} &= \frac{s}{p+q+r+s+3} I_{p,q,r,s-1} \\ &= \cdots = \frac{s!(p+q+r+3)!}{(p+q+r+s+3)!} I_{p,q,r,0} \end{aligned}$$

其中

$$\begin{aligned} I_{p,q,r,0} &= \iiint\limits_D x^p y^q z^r \mathrm{d}x\mathrm{d}y\mathrm{d}z = \iint\limits_T x^p y^q \left(\int_0^{1-x-y} z^r \mathrm{d}z\right) \mathrm{d}x\mathrm{d}y \\ &= \frac{1}{r+1} \iint\limits_T x^p y^q (1-x-y)^{r+1} \mathrm{d}x\mathrm{d}y \end{aligned}$$

而 $T = \{(x,y)|x,y \geqslant 0, x+y \leqslant 1\}$. 上式右边的积分与 $I_{p,q,r,s}$ 具有同样的特征 (变量个数为 2, 参数为 $p,q,r+1$), 我们可以用类似的方法算出

$$\iint\limits_T x^p y^q (1-x-y)^{r+1} \mathrm{d}x\mathrm{d}y = \frac{(r+1)!(p+q+2)!}{(p+q+r+3)!} \iint\limits_T x^p y^q \mathrm{d}x\mathrm{d}y$$

$$\iint\limits_T x^p y^q \mathrm{d}x\mathrm{d}y = \frac{1}{q+1} \int_0^1 x^p (1-x)^{q+1} \mathrm{d}x\mathrm{d}y$$

最后，还可类似地算出 (变量个数为 1, 参数为 $p, q+1$; 也可直接应用贝塔函数 $\mathrm{B}(p+1, q+2)$)

$$\int_0^1 x^p (1-x)^{q+1} \mathrm{d}x\mathrm{d}y = \frac{p!(q+1)!}{(p+q+2)!}$$

合起来即得

$$I_{p,q,r,s} = \frac{p!q!r!s!}{(p+q+r+s+3)!}$$

而所求的积分 $= (9!8!4!)/25!$. □

3.25 设 $\alpha, \beta, \gamma > 0, \alpha^{-1} + \beta^{-1} + \gamma^{-1} < 1$, 计算

$$\int_0^\infty \int_0^\infty \int_0^\infty \frac{\mathrm{d}x\mathrm{d}y\mathrm{d}z}{1 + x^\alpha + y^\beta + z^\gamma}$$

解 我们给出两个解法.

解法 1　作变量代换

$$x^\alpha = u^2, y^\beta = v^2, z^\gamma = w^2$$

那么 Jacobi 式

$$\left|\frac{D(x,y,z)}{D(u,v,w)}\right| = \frac{8u^{2/\alpha-1}v^{2/\beta-1}w^{2/\gamma-1}}{\alpha\beta\gamma}$$

所求积分

$$I = \frac{8}{\alpha\beta\gamma}\int_0^\infty\int_0^\infty\int_0^\infty \frac{u^{2/\alpha-1}v^{2/\beta-1}w^{2/\gamma-1}}{1+u^2+v^2+w^2}\mathrm{d}u\mathrm{d}v\mathrm{d}w$$

再将 u, v, w 化为球坐标

$$\begin{cases} u = r\cos\phi\sin\theta \\ v = r\sin\phi\sin\theta \\ w = r\cos\theta \end{cases}$$

我们得到

$$\begin{aligned} I \quad = \quad & \frac{8}{\alpha\beta\gamma}\iiint\limits_D \frac{r^{2/\alpha+2/\beta+2/\gamma-3}}{1+r^2}\cdot \\ & (\sin\theta)^{2/\alpha-1}(\cos\phi)^{2/\alpha-1}(\sin\theta)^{2/\beta-1}(\sin\phi)^{2/\beta-1}\cdot \\ & (\cos\theta)^{2/\gamma-1}r^2\sin\theta\mathrm{d}r\mathrm{d}\theta\mathrm{d}\phi \end{aligned}$$

其中 D 表示区域

$$0 \leqslant r < \infty, 0 \leqslant \theta \leqslant \frac{\pi}{2}, 0 \leqslant \phi \leqslant \frac{\pi}{2}$$

因此

$$\begin{aligned} I \quad = \quad & \frac{8}{\alpha\beta\gamma}\int_0^\infty \frac{r^{2(1/\alpha+1/\beta+1/\gamma)-1}}{1+r^2}\mathrm{d}r\cdot \\ & \int_0^{\pi/2}(\sin\theta)^{2/\alpha+2/\beta-1}(\cos\theta)^{2/\gamma-1}\mathrm{d}\theta\cdot \\ & \int_0^{\pi/2}(\cos\phi)^{2/\alpha-1}(\sin\phi)^{2/\beta-1}\mathrm{d}\phi \end{aligned}$$

我们下面应用贝塔函数和伽玛函数，它们分别有下列表达式 (其中参数 $p, q, a > 0$)

$$\begin{aligned} \mathrm{B}(p,q) \quad &= \quad \int_0^1 t^{p-1}(1-t)^{q-1}\mathrm{d}t = \int_0^\infty \frac{s^{p-1}}{(1+s)^{p+q}}\mathrm{d}s \\ &= \quad 2\int_0^{\pi/2}(\cos\theta)^{2p-1}(\sin\theta)^{2q-1}\mathrm{d}\theta \end{aligned}$$

以及

$$\Gamma(a) = \int_0^\infty t^{a-1}\mathrm{e}^{-t}\mathrm{d}t$$

并且它们之间有关系式

$$B(p,q)=\frac{\Gamma(p)\Gamma(q)}{\Gamma(p+q)}$$

在 I 的表达式中令 $r^2=s$, 并注意 $0<\alpha^{-1}+\beta^{-1}+\gamma^{-1}<1$, 可知对于 r 的积分

$$\begin{aligned}\int_0^\infty \frac{r^{2(1/\alpha+1/\beta+1/\gamma)-1}}{1+r^2}\mathrm{d}r &= \frac{1}{2}B\left(\frac{1}{\alpha}+\frac{1}{\beta}+\frac{1}{\gamma},1-\left(\frac{1}{\alpha}+\frac{1}{\beta}+\frac{1}{\gamma}\right)\right)\\ &= \frac{1}{2}\Gamma\left(\frac{1}{\alpha}+\frac{1}{\beta}+\frac{1}{\gamma}\right)\cdot\Gamma\left(1-\left(\frac{1}{\alpha}+\frac{1}{\beta}+\frac{1}{\gamma}\right)\right)\end{aligned}$$

对于 θ 的积分 (注意 $\alpha^{-1}+\beta^{-1}>0,\gamma^{-1}>0$)

$$\begin{aligned}&\int_0^{\pi/2}(\sin\theta)^{2/\alpha+2/\beta-1}(\cos\theta)^{2/\gamma-1}\mathrm{d}\theta\\ =&\ \frac{1}{2}B\left(\frac{1}{\alpha}+\frac{1}{\beta},\frac{1}{\gamma}\right)\\ =&\ \frac{1}{2}\Gamma\left(\frac{1}{\alpha}+\frac{1}{\beta}\right)\cdot\Gamma\left(\frac{1}{\gamma}\right)\cdot\left(\Gamma\Big(\frac{1}{\alpha}+\frac{1}{\beta}+\frac{1}{\gamma}\Big)\right)^{-1}\end{aligned}$$

以及对于 ϕ 的积分 (注意 $\alpha,\beta>0$)

$$\int_0^{\pi/2}(\cos\phi)^{2/\alpha-1}(\sin\theta)^{2/\beta-1}\mathrm{d}\phi=\frac{1}{2}B\left(\frac{1}{\alpha},\frac{1}{\beta}\right)$$

最后, 合起来我们得到

$$I=\frac{1}{\alpha\beta\gamma}\Gamma\Big(\frac{1}{\alpha}\Big)\Gamma\Big(\frac{1}{\beta}\Big)\Gamma\Big(\frac{1}{\gamma}\Big)\Gamma\left(1-\Big(\frac{1}{\alpha}+\frac{1}{\beta}+\frac{1}{\gamma}\Big)\right)$$

解法 2 在对于 z 的积分中作变量代换

$$z^\gamma=(1+x^\alpha+y^\beta)t$$

则有 $\gamma z^{\gamma-1}dz=(1+x^\alpha+y^\beta)\mathrm{d}t$, 因而

$$\mathrm{d}z=\frac{1+x^\alpha+y^\beta}{\gamma t^{(\gamma-1)/\gamma}(1+x^\alpha+y^\beta)^{(\gamma-1)/\gamma}}\mathrm{d}t=\frac{(1+x^\alpha+y^\beta)^{1/\gamma}}{\gamma t^{(\gamma-1)/\gamma}}\mathrm{d}t$$

于是得到

$$\begin{aligned}\int_0^\infty\frac{\mathrm{d}z}{1+x^\alpha+y^\beta+z^\gamma} &= \frac{(1+x^\alpha+y^\beta)^{1/\gamma-1}}{\gamma}\int_0^\infty\frac{t^{1/\gamma-1}}{1+t}\mathrm{d}t\\ &= \frac{(1+x^\alpha+y^\beta)^{1/\gamma-1}}{\gamma}B\left(\frac{1}{\gamma},1-\frac{1}{\gamma}\right)\end{aligned}$$

在对于 y 的积分中作变量代换

$$y^\beta=(1+x^\alpha)u$$

则可类似地求得

$$\int_0^\infty \frac{\mathrm{d}y}{(1+x^\alpha+y^\beta)^{1-1/\gamma}} = \frac{(1+x^\alpha)^{1/\beta+1/\gamma-1}}{\beta}\mathrm{B}\left(\frac{1}{\beta}, 1-\frac{1}{\beta}-\frac{1}{\gamma}\right)$$

最后，在对于 x 的积分中作变量代换

$$x^\alpha = v$$

可求得

$$\int_0^\infty \frac{\mathrm{d}x}{(1+x^\alpha)^{1-1/\beta-1/\gamma}} = \frac{1}{\alpha}\mathrm{B}\left(\frac{1}{\alpha}, 1-\frac{1}{\alpha}-\frac{1}{\beta}-\frac{1}{\gamma}\right)$$

合起来，并应用*解法* 1 中所说的贝塔函数和伽玛函数的关系式，即可得到最终结果. □

3.26 证明：对于任何函数 $f \in C[0,1]$

$$\lim_{n\to\infty}\int_0^1\int_0^1\cdots\int_0^1 f\left(\frac{x_1+x_2+\cdots+x_n}{n}\right)\mathrm{d}x_1\mathrm{d}x_2\cdots\mathrm{d}x_n = f\left(\frac{1}{2}\right)$$

解 (i) 令 $F(x)=f(x)-f(1/2)$, 那么 $F\in C[0,1], F(1/2)=0$. 于是对于任何给定的 $\varepsilon>0$, 存在一个最大的正数 $\delta=\delta(\varepsilon)$, 使当 $|x-1/2|<\delta$ 时 $|F(x)|<\varepsilon/2$. 下文中固定这个 δ.

(ii) 记 $G_n=[0,1]^n$, 简记 $X=(x_1+\cdots+x_n)/n$. 定义 G_n 的子集

$$J_n = \left\{(x_1,\cdots,x_n)\in G_n \;\middle|\; \left|X-\frac{1}{2}\right|<\delta\right\}$$

于是由 (i) 推出

$$\int\cdots\int_{J_n} |F(X)|\mathrm{d}x_1\cdots\mathrm{d}x_n < \frac{\varepsilon}{2}$$

(iii) 记 $T_n=G_n\setminus J_n$ 以及

$$V_n = \int\cdots\int_{G_n}\left(X-\frac{1}{2}\right)^2\mathrm{d}x_1\cdots\mathrm{d}x_n$$

那么我们有

$$V_n > \int\cdots\int_{T_n}\left|X-\frac{1}{2}\right|^2\mathrm{d}x_1\cdots\mathrm{d}x_n \geqslant \delta^2\int\cdots\int_{T_n}\mathrm{d}x_1\cdots\mathrm{d}x_n$$

因此

$$\int_{T_n}\cdots\int \mathrm{d}x_1\cdots\mathrm{d}x_n < \frac{1}{\delta^2}V_n$$

(iv) 现在来计算 V_n. 我们有

$$\begin{aligned} V_n &= \int_{G_n}\cdots\int \left(X^2 - X + \frac{1}{4}\right)\mathrm{d}x_1\cdots\mathrm{d}x_n \\ &= \int_{G_n}\cdots\int X^2\mathrm{d}x_1\cdots\mathrm{d}x_n - \int_{G_n}\cdots\int X\mathrm{d}x_1\cdots\mathrm{d}x_n + \\ &\quad \frac{1}{4}\int_{G_n}\cdots\int \mathrm{d}x_1\cdots\mathrm{d}x_n = I_1 - I_2 + I_3 \end{aligned}$$

容易算出 $I_3 = 1/4$, 以及

$$I_2 = \frac{1}{n}\sum_{i=1}^{n}\int_0^1\cdots\int_0^1 x_i\mathrm{d}x_1\cdots\mathrm{d}x_n = \frac{1}{2}$$

此外，还有

$$\begin{aligned} I_1 &= \frac{1}{n^2}\int_0^1\cdots\int_0^1\left(\sum_{i=1}^{n}x_i^2 + 2\sum_{1\leqslant i<j\leqslant n}x_ix_j\right)\mathrm{d}x_1\cdots\mathrm{d}x_n \\ &= \frac{1}{n^2}\cdot\frac{n}{3} + \frac{2}{n^2}\cdot\frac{n(n-1)}{2}\cdot\frac{1}{4} = \frac{1}{3n} + \frac{n-1}{4n} \end{aligned}$$

于是 $V_n = 1/(12n)$. 由此及 (iii) 中的结果，我们得到

$$\int_{T_n}\cdots\int \mathrm{d}x_1\cdots\mathrm{d}x_n < \frac{1}{\delta^2}V_n = \frac{1}{12n\delta^2}$$

(v) 令 $M = \max_{x\in[0,1]}|F(x)|$, 我们由 (ii)(iv) 推出

$$\begin{aligned} &\left|\int_{G_n}\cdots\int F(X)\mathrm{d}x_1\cdots\mathrm{d}x_n\right| \\ \leqslant\ &\int_{J_n}\cdots\int |F(X)|\mathrm{d}x_1\cdots\mathrm{d}x_n + \int_{T_n}\cdots\int |F(X)|\mathrm{d}x_1\cdots\mathrm{d}x_n \\ <\ &\frac{\varepsilon}{2} + M\cdot\frac{1}{12n\delta^2} = \frac{\varepsilon}{2} + \cdot\frac{M}{12n\delta^2} \end{aligned}$$

取 $n > M/(6\epsilon\delta^2)$, 即可使

$$\left|\int_{G_n}\cdots\int F(X)\mathrm{d}x_1\cdots\mathrm{d}x_n\right| < \varepsilon$$

于是

$$\lim_{n\to\infty}\int_0^1\int_0^1\cdots\int_0^1 F\left(\frac{x_1+x_2+\cdots+x_n}{n}\right)\mathrm{d}x_1\mathrm{d}x_2\cdots\mathrm{d}x_n=0$$

将式中的 $F(x)$ 换为 $f(x)-f(1/2)$, 即得要证的结果. □

3.27 (a) 设 $\rho=\rho(x,y)$ 是原点 O 到椭圆

$$C:\quad \frac{x^2}{a^2}+\frac{y^2}{b^2}=1$$

上的任一点 (x,y) 处的切线的距离，证明

$$\int\limits_C \frac{x^2+y^2}{\rho(x,y)}\mathrm{d}s=\frac{\pi ab}{4}\left((a^2+b^2)(a^{-2}+b^{-2})+4\right)$$

(b) 设 $\rho=\rho(x,y,z)$ 是原点 O 到椭球

$$S:\quad \frac{x^2}{a^2}+\frac{y^2}{b^2}+\frac{z^2}{c^2}=1$$

上的任一点 (x,y,z) 处的切面的距离，证明

$$\int\limits_S \frac{\mathrm{d}S}{\rho(x,y,z)}=\frac{4\pi abc}{3}\left(\frac{1}{a^2}+\frac{1}{b^2}+\frac{1}{c^2}\right)$$

解 (a) 椭圆在点 (x,y) 处的切线方程 (用 (X,Y) 表示切线上点的坐标) 是 $Y-y=y'_x(X-x)$, 也就是

$$y'_xX-Y+(y-y'_xx)=0$$

因此原点 O 到此切线的距离

$$\rho(x,y)=\frac{|y'_x\cdot 0-0+(y-y'_xx)|}{\sqrt{1+(y'_x)^2}}=\frac{|y'_xx-y|}{\sqrt{1+(y'_x)^2}}$$

应用椭圆的参数方程

$$x=a\cos\phi, y=b\sin\phi\quad(0\leqslant\phi\leqslant 2\pi)$$

我们有

$$\frac{\mathrm{d}x}{\mathrm{d}\phi}=-a\sin\phi, \frac{\mathrm{d}y}{\mathrm{d}\phi}=b\cos\phi, y'_x=-\frac{b}{a}\cot\phi$$

于是

$$\rho(x,y)=\frac{|b\cos^2\phi(\sin\phi)^{-1}+b\sin\phi|}{\sqrt{1+b^2a^{-2}\cot^2\phi}}=\frac{ab}{\sqrt{a^2\sin^2\phi+b^2\cos^2\phi}}$$

还有

$$\frac{\mathrm{d}s}{\mathrm{d}\phi}=\sqrt{\left(\frac{\mathrm{d}x}{\mathrm{d}\phi}\right)^2+\left(\frac{\mathrm{d}y}{\mathrm{d}\phi}\right)^2}=\sqrt{a^2\sin^2\phi+b^2\cos^2\phi}$$

因此所求积分

$$\begin{aligned}\int_C\frac{x^2+y^2}{\rho(x,y)}\mathrm{d}s &= \int_\Gamma\frac{x^2+y^2}{\rho(x,y)}\frac{ds}{d\phi}\mathrm{d}\phi\\ &= \frac{1}{ab}\int_0^{2\pi}(a^2\cos^2\phi+b^2\sin^2\phi)(a^2\sin^2\phi+b^2\cos^2\phi)\mathrm{d}\phi\\ &= \frac{4}{ab}\int_0^{\pi/2}\Big((a^4+b^4)\cos^2\phi\sin^2\phi+\\ &\quad a^2b^2(\cos^4\phi+\sin^4\phi)\Big)\mathrm{d}\phi\end{aligned}$$

因为

$$\begin{aligned}\int_0^{\pi/2}\cos^2\phi\sin^2\phi\mathrm{d}\phi &= \frac{1}{4}\int_0^{2\pi}\sin^2 2\phi\mathrm{d}\phi\\ &= \frac{1}{8}\int_0^{\pi/2}(1-\cos 4\phi)\mathrm{d}\phi=\frac{\pi}{16}\end{aligned}$$

以及

$$\begin{aligned}&\int_0^{\pi/2}(\cos^4\phi+\sin^4\phi)\mathrm{d}\phi\\ =&\int_0^{\pi/2}\left((\cos^2\phi+\sin^2\phi)^2-2\sin^2\phi\cos^2\phi\right)\mathrm{d}\phi\\ =&\int_0^{\pi/2}(1-2\sin^2\phi\cos^2\phi)\mathrm{d}\phi=\frac{3\pi}{8}\end{aligned}$$

所以我们得到

$$\begin{aligned}\int_C\frac{x^2+y^2}{\rho(x,y)}\mathrm{d}s &= \frac{\pi}{4ab}(a^4+b^4+6a^2b^2)\\ &= \frac{\pi ab}{4}\left(\frac{a^4+b^4}{a^2b^2}+6\right)\\ &= \frac{\pi ab}{4}\left((a^2+b^2)(a^{-2}+b^{-2})+4\right)\end{aligned}$$

(b) 所给椭球在点 (x,y,z) 处的切面方程 (我们用 (X,Y,Z) 表示切面上的点) 是

$$\frac{x}{a^2}(X-x)+\frac{y}{b^2}(Y-y)+\frac{z}{c^2}(Z-z)=0$$

因为由椭球方程可知 $x^2/a^2+y^2/b^2+z^2/c^2=1$, 所以它可表示为

$$\frac{x}{a^2}X+\frac{y}{b^2}Y+\frac{z}{c^2}Z-1=0$$

原点 O 到此切面的距离

$$\begin{aligned}\rho &= \rho(x,y,z)=\frac{|(x/a^2)\cdot 0+(y/b^2)\cdot 0+(z/c^2)\cdot 0-1|}{\sqrt{(x/a^2)^2+(y/b^2)^2+(z/c^2)^2}}\\ &= \frac{1}{\sqrt{x^2/a^4+y^2/b^4+z^2/c^4}}\end{aligned}$$

椭球在点 (x,y,z) 处的单位法向量是

$$\begin{aligned}\boldsymbol{n} &= \frac{1}{\sqrt{x^2/a^4+y^2/b^4+z^2/c^4}}\left(\frac{x}{a^2}\boldsymbol{i}+\frac{y}{b^2}\boldsymbol{j}+\frac{z}{c^2}\boldsymbol{k}\right)\\ &= \rho\left(\frac{x}{a^2}\boldsymbol{i}+\frac{y}{b^2}\boldsymbol{j}+\frac{z}{c^2}\boldsymbol{k}\right)\end{aligned}$$

其中 $\boldsymbol{i},\boldsymbol{j},\boldsymbol{k}$ 是单位基向量. 在 Gauss 公式

$$\int_S \boldsymbol{F}\cdot\boldsymbol{n}\mathrm{d}S=\int_V \mathrm{div}\boldsymbol{F}\mathrm{d}V$$

中选取

$$\boldsymbol{F}=\frac{x}{a^2}\boldsymbol{i}+\frac{y}{b^2}\boldsymbol{j}+\frac{z}{c^2}\boldsymbol{k}$$

则有 $\boldsymbol{F}\cdot\boldsymbol{n}=\rho(x^2/a^4+y^2/b^4+z^2/c^4)=\rho/\rho^2=1/\rho$, 因此

$$\begin{aligned}\int_S\frac{\mathrm{d}S}{\rho(x,y,z)} &= \int_S \boldsymbol{F}\cdot\boldsymbol{n}\mathrm{d}S=\int_V \mathrm{div}\boldsymbol{F}\mathrm{d}V=\int_V\left(\frac{1}{a^2}+\frac{1}{b^2}+\frac{1}{c^2}\right)\mathrm{d}V\\ &= \left(\frac{1}{a^2}+\frac{1}{b^2}+\frac{1}{c^2}\right)\cdot\text{椭球体积}\\ &= \frac{4\pi abc}{3}\left(\frac{1}{a^2}+\frac{1}{b^2}+\frac{1}{c^2}\right)\end{aligned}$$

□

第4章　无穷级数

提要　本章涉及下列四类问题：(i) 数值项级数的收敛性 (问题 **4.1**~**4.8**). (ii) 函数项级数的收敛性和一致收敛性 (问题 **4.9**).(iii) 幂级数的收敛半径的确定及系数的估计 (问题 **4.10**~**4.12**).(iv) 级数和的计算及估计 (问题 **4.13**~**4.15**). (v) Fourier 级数 (问题 **4.16**). 另外，第 6 章等包含了某些与无穷级数有关的不等式.

4.1　设 $(\lambda_n)_{n\geqslant 1}$ 是严格单调递增趋于无穷的正数列. 证明: 若级数 $\sum\limits_{n=1}^{\infty}\lambda_n a_n$ 收敛，则级数 $\sum\limits_{n=1}^{\infty}a_n$ 也收敛.

解　我们给出两个本质相同但表述有别的解法.

解法 1　记所给级数的前 n 项的部分和

$$A_0=0, A_n=\lambda_1 a_1+\lambda_2 a_2+\cdots+\lambda_n a_n \quad (n\geqslant 1)$$

那么

$$a_k=\frac{A_k-A_{k-1}}{\lambda_k} \quad (k\geqslant 1)$$

于是对于任何 $N\geqslant 1$

$$\sum_{k=1}^{N}a_k=\sum_{k=1}^{N}\frac{A_k-A_{k-1}}{\lambda_k}=\sum_{k=1}^{N-1}\left(\frac{1}{\lambda_k}-\frac{1}{\lambda_{k+1}}\right)A_k+\frac{A_N}{\lambda_N}$$

由所给级数的收敛性可知部分和 (A_n) 有界，而且由题设条件可知

$$\frac{1}{\lambda_k}-\frac{1}{\lambda_{k+1}}\geqslant 0$$

级数

$$\sum_{k=1}^{\infty}(\frac{1}{\lambda_k}-\frac{1}{\lambda_{k+1}})$$

收敛 (其和为 $1/\lambda_1$), 因此级数

$$\sum_{k=1}^{\infty}(\frac{1}{\lambda_k}-\frac{1}{\lambda_{k+1}})A_k$$

绝对收敛. 于是由上面得到的等式推出：当 $N\to\infty$ 时，数列 $\sum\limits_{k=1}^{N} a_k$ 有极限

$$\lim_{N\to\infty}\left(\sum_{k=1}^{N-1}\left(\frac{1}{\lambda_k}-\frac{1}{\lambda_{k+1}}\right)A_k+\frac{A_N}{\lambda_N}\right)=\sum_{k=1}^{\infty}\left(\frac{1}{\lambda_k}-\frac{1}{\lambda_{k+1}}\right)A_k$$

解法 2 因为级数 $\sum\limits_{n=1}^{\infty} na_n$ 收敛, 所以其前 n 项的部分和 A_n 有界, 设 $|A_n|\leqslant M\,(n\geqslant 1)$(并固定). 因为 $\lambda_q\to\infty\,(q\to\infty)$, 所以对于任何给定的 $\varepsilon>0$ 存在 $q_0=q_0(\varepsilon)$, 使对任何整数 $p>q>q_0$, 有 $\lambda_q>2M/\varepsilon$. 对于这样的 p,q 我们有

$$\begin{aligned}
&\left|\sum_{n=q}^{p}a_n\right|\\
=\ &\left|\frac{A_q-A_{q-1}}{\lambda_q}+\frac{A_{q+1}-A_q}{\lambda_{q+1}}+\cdots+\frac{A_p-A_{p-1}}{\lambda_p}\right|\\
=\ &\left|-\frac{A_{q-1}}{\lambda_q}+\left(\frac{1}{\lambda_q}-\frac{1}{\lambda_{q+1}}\right)A_q+\cdots+\left(\frac{1}{\lambda_{p-1}}-\frac{1}{\lambda_p}\right)A_{p-1}+\frac{A_p}{\lambda_p}\right|\\
\leqslant\ &M\left|\frac{1}{\lambda_q}+\left(\frac{1}{\lambda_q}-\frac{1}{\lambda_{q+1}}\right)+\cdots+\left(\frac{1}{\lambda_{p-1}}-\frac{1}{\lambda_p}\right)+\frac{1}{\lambda_p}\right|\\
=\ &\frac{2M}{\lambda_q}<\varepsilon
\end{aligned}$$

(此处用到 $1/\lambda_n-1/\lambda_{n+1}>0$). 于是由 Cauchy 收敛准则得知级数 $\sum\limits_{n=1}^{\infty} a_n$ 收敛.

□

4.2 设 $(\lambda_n)_{n\geqslant 1}$ 是严格单调递增且趋于无穷的正数列，$\lambda_{n+1}/\lambda_n\to 1\,(n\to\infty)$.

(a) 证明：如果 $\sum\limits_{n=1}^{\infty} a_n/\lambda_n$ 收敛，那么

$$\frac{1}{\lambda_n}\sum_{k=1}^{n}a_k\to 0\quad(n\to\infty)$$

(b) 证明：如果级数 $\sum\limits_{n=1}^{\infty} a_n$ 收敛，那么

$$\frac{\sum\limits_{k=1}^{n}\lambda_k a_k}{\lambda_n}\to 0\quad(n\to\infty)$$

解 (a) (i) 因为级数 $\sum\limits_{n=1}^{\infty} a_n/\lambda_n$ 收敛，记其和为 S, 以及前 n 项的部分和

$$A_0=0, A_n=\frac{a_1}{\lambda_1}+\frac{a_2}{\lambda_2}+\cdots+\frac{a_n}{\lambda_n}\quad(n\geqslant 1)$$

那么

$$A_n = S + \varepsilon_n \quad (n \geqslant 1)$$

其中 $\varepsilon_n \to 0\,(n \to \infty)$, 并约定 $\varepsilon_0 = 0$. 还令

$$B_n = \frac{a_1 + a_2 + \cdots + a_n}{\lambda_n} \quad (n \geqslant 1)$$

(ii) 对于任何 $n \geqslant 1$ 我们有

$$\begin{aligned} B_n &= \frac{1}{\lambda_n}\sum_{k=1}^{n}\lambda_k(A_k - A_{k-1}) \\ &= \frac{\lambda_1}{\lambda_n}(S+\varepsilon_1) + \frac{1}{\lambda_n}\sum_{k=2}^{n}\lambda_k\Big((S+\varepsilon_k) - (S+\varepsilon_{k-1})\Big) \\ &= \frac{\lambda_1}{\lambda_n}S + \frac{\lambda_1}{\lambda_n}\varepsilon_1 + \frac{1}{\lambda_n}\sum_{k=2}^{n}\lambda_k(\varepsilon_k - \varepsilon_{k-1}) \\ &= \frac{\lambda_1}{\lambda_n}S - \sum_{k=1}^{n-1}\frac{\lambda_{k+1} - \lambda_k}{\lambda_n}\varepsilon_k + \varepsilon_n \end{aligned}$$

(iii) 在 Toeplitz 定理 (见问题 **1.1**) 中取

$$c_{n,k} = \frac{\lambda_{k+1} - \lambda_k}{\lambda_n} \quad (k = 1, \cdots, n; n \geqslant 1)$$

由题设条件即知该定理的所有条件在此成立，所以由 ε_n 的定义推出

$$\sum_{k=1}^{n-1}\frac{\lambda_{k+1} - \lambda_k}{\lambda_n}\varepsilon_k \to 0 \quad (n \to \infty)$$

由此及 (ii) 中的结果即得 $B_n \to 0\,(n \to \infty)$.

(b) 依题设，级数 $\sum\limits_{n=1}^{\infty} a_n$ 收敛. 注意

$$a_n = \frac{\lambda_n a_n}{\lambda_n} \quad (n \geqslant 1)$$

所以级数 $\sum\limits_{n=1}^{\infty} b_n/\lambda_n\big($其中 $b_n = \lambda_n a_n\,(n \geqslant 1)\big)$ 也收敛. 由本题 (a)(用 b_n 代 a_n) 即得所要的结果. □

注 由问题 **4.2**(b) 可知，若级数 $\sum\limits_{n=1}^{\infty} a_n$ 收敛，则

$$\frac{a_1 + 2a_2 + \cdots + na_n}{n} \to 0 \quad (n \to \infty)$$

若将级数 $\sum\limits_{n=1}^{\infty} a_n$ 的收敛性假定减弱为 $a_n \to 0\,(n \to \infty)$, 那么由问题 **1.2**(b) 可得较弱的结果

$$\frac{a_1 + 2a_2 + \cdots + na_n}{n^2} \to 0 \quad (n \to \infty)$$

4.3 (a) 如果 $(a_n)_{n\geqslant 1}$ 是一个非负数列, 且级数 $\sum\limits_{n=1}^{\infty} a_n$ 发散, 那么级数

$$\sum_{n=1}^{\infty} \frac{a_n}{(a_1 + a_2 + \cdots + a_n)^{\sigma}}$$

当 $\sigma > 1$ 时收敛, 当 $0 < \sigma \leqslant 1$ 时发散.

(b) 证明: 如果对于任何给定的收敛无穷实数列 $(\lambda_n)_{n\geqslant 1}$, 级数 $\sum\limits_{n=1}^{\infty} \lambda_n a_n$ 都收敛, 那么级数 $\sum\limits_{n=1}^{\infty} a_n$ 绝对收敛.

(c) 证明: 若对于任何使级数 $\sum\limits_{n=1}^{\infty} \lambda_n^2$ 收敛的无穷实数列 $(\lambda_n)_{n\geqslant 1}$, 级数 $\sum\limits_{n=1}^{\infty} \lambda_n a_n$ 都收敛, 则级数 $\sum\limits_{n=1}^{\infty} a_n^2$ 也收敛.

解 (a) 令 $S_n = a_1 + a_2 + \cdots + a_n\,(n \geqslant 1)$.

(i) 若 $\sigma > 1$, 则由定积分的几何意义, 即以 $[S_{n-1}, S_n]$ 为底边 (其长度为 $S_n - S_{n-1} = a_n$) 且以 $1/S_n^{\sigma}$ 为高的矩形的面积

$$\frac{a_n}{S_n^{\sigma}} < \int_{S_{n-1}}^{S_n} \frac{\mathrm{d}x}{x^{\sigma}}$$

我们得到

$$\sum_{n=2}^{N} \frac{a_n}{S_n^{\sigma}} \leqslant \sum_{n=2}^{N} \int_{S_{n-1}}^{S_n} \frac{\mathrm{d}x}{x^{\sigma}} = \int_{S_1}^{S_N} \frac{\mathrm{d}x}{x^{\sigma}}$$

因为积分 $\int_{S_1}^{\infty} (1/x^{\sigma})\mathrm{d}x$ 收敛, 所以 $\sum\limits_{n=2}^{N} a_n/S_n^{\sigma}$ 是单调递增有上界的无穷数列, 因而级数 $\sum\limits_{n=1}^{\infty} a_n/S_n^{\sigma}$ 收敛.

(ii) 若 $0 < \sigma \leqslant 1$, 则由题设, 级数 $\sum\limits_{n=1}^{\infty} a_n$ 发散, 所以当 n 充分大时 $S_n > 1$, 从而 $a_n/S_n^{\sigma} \geqslant a_n/S_n$, 因此只须证明 $\sum\limits_{n=1}^{\infty} a_n/S_n$ 发散.

如果有无穷多个 n 满足 $S_{n-1} < a_n$, 那么对于这些 (无穷多个)n

$$\frac{a_n}{S_n} = \frac{a_n}{S_{n-1} + a_n} > \frac{1}{2}$$

因而级数 $\sum\limits_{n=1}^{\infty} a_n/S_n$ 发散.

现在设当 $n \geqslant n_0$ 时 $S_{n-1} \geqslant a_n$, 那么 $S_n = S_{n-1} + a_n \leqslant 2S_{n-1}\,(n \geqslant n_0)$, 从而 (与上面类似) 对任何 $N \geqslant n_0$ 有

$$\sum_{n=n_0}^{N} \frac{a_n}{S_n} \geqslant \frac{1}{2}\sum_{n=n_0}^{N} \frac{a_n}{S_{n-1}} \geqslant \frac{1}{2}\sum_{n=n_0}^{N} \int_{S_{n-1}}^{S_n} \frac{\mathrm{d}x}{x} = \frac{1}{2}\int_{S_{n_0-1}}^{S_N} \frac{\mathrm{d}x}{x}$$

因为积分 $\int_1^{\infty}(1/x)\mathrm{d}x$ 发散, 所以级数 $\sum\limits_{1}^{\infty} a_n/S_n$ 也发散. 于是题 (a) 得证.

(b) 设级数 $\sum\limits_{n=1}^{\infty} |a_n|$ 发散, 那么依本题 (a) 可知级数

$$\sum_{n=1}^{\infty} \frac{|a_n|}{|a_1| + |a_2| + \cdots + |a_n|}$$

发散, 也就是级数

$$\sum_{n=1}^{\infty} \frac{a_n}{(-1)^{\tau_n}(|a_1| + |a_2| + \cdots + |a_n|)}$$

发散, 其中若 $|a_n| = a_n$, 则 $\tau_n = 0$; 若 $|a_n| = -a_n$, 则 $\tau_n = 1$. 但因为级数 $\sum\limits_{n=1}^{\infty} |a_n|$ 发散蕴含数列

$$\lambda_n = \frac{1}{(-1)^{\tau_n}(|a_1| + |a_2| + \cdots + |a_n|)} \quad (n \geqslant 1)$$

收敛 (于 0), 因而与假设矛盾.

(c) 设级数 $\sum\limits_{n=1}^{\infty} a_n^2$ 发散, 那么依本题 (a) 可知级数

$$\Sigma_1 = \sum_{n=1}^{\infty} \frac{a_n^2}{(a_1^2 + a_2^2 + \cdots + a_n^2)^2}$$

收敛; 同时级数

$$\Sigma_2 = \sum_{n=1}^{\infty} \frac{a_n^2}{a_1^2 + a_2^2 + \cdots + a_n^2}$$

发散. 另一方面，我们取

$$\lambda_n = \frac{a_n}{a_1^2 + a_2^2 + \cdots + a_n^2} \quad (n \geqslant 1)$$

那么刚才得到的级数 Σ_1 的收敛性表明级数 $\sum\limits_{n=1}^{\infty} \lambda_n^2$ 收敛，于是依本题题设，级数

$$\sum_{n=1}^{\infty} \lambda_n a_n \quad 亦即 \quad \sum_{n=1}^{\infty} \frac{a_n^2}{a_1^2 + a_2^2 + \cdots + a_n^2}$$

收敛. 这与刚才得到的级数 Σ_2 的发散性相矛盾. □

4.4 判断 (并证明) 级数 $\sum\limits_{n=1}^{\infty} a_n$ 的收敛性，其中

(a) $a_n = \sin(\sqrt{n^2+a^2}\pi)\,(a>0)$.

(b) $a_n = \pi/2 - \arcsin\big(n/(n+1)\big)$.

解 (a) 我们有

$$\sqrt{n^2+a^2} = n + \frac{a^2}{\sqrt{n^2+a^2}+n}$$

所以

$$a_n = (-1)^n \sin\left(\frac{a^2}{\sqrt{n^2+a^2}+n}\pi\right) = (-1)^n \sin u_n$$

其中

$$u_n = \frac{a^2}{\sqrt{n^2+a^2}+n}\pi \quad (n \geqslant 1)$$

是一个单调递减趋于 0 的正数列，因而当 $n \geqslant n_0$ 时 $\sin u_n$ 也是单调递减趋于 0 的正数列，而 $\sum\limits_{n=1}^{\infty} a_n$ 是一个交错级数，所以收敛.

(b) 我们有 $a_n > 0\,(n \geqslant 1), a_n \to 0\,(n \to \infty)$. 由

$$\cos a_n = \sin\left(\frac{\pi}{2} - a_n\right) = \sin\left(\arcsin\frac{n}{n+1}\right) = \frac{n}{n+1}$$

可得

$$1 - \cos a_n = \frac{1}{n+1}$$

因为 $1 - \cos a_n \sim a_n^2/2\,(n \to \infty)$, 所以

$$a_n \sim \sqrt{\frac{2}{n+1}} \quad (n \to \infty)$$

由于级数 $\sum\limits_{n=1}^{\infty}\sqrt{2/(n+1)}$ 发散，所以 $\sum\limits_{n=1}^{\infty}a_n$ 也发散. □

4.5 判断 (并证明) 级数 $\sum\limits_{n=1}^{\infty}a_n$ 的收敛性，其中

(a) $a_n=|\cos 2^n|/n$.

(b) $a_n=|\sin n^2|/n$.

解 (a) 考虑级数 (从第一项开始) 所有相邻两项的分子之和组成的无穷数列 $|\cos 2^n|+|\cos 2^{n+1}|\,(n=1,3,5,\cdots)$. 我们断言：这个无穷数列有正的下界 C. 设不然，则有无穷子列 $n_k\,(k\geqslant 1)$(记作 $\mathscr{N}$) 使得

$$|\cos 2^n|+|\cos 2^{n+1}|\to 0\quad (n\to\infty,n\in\mathscr{N})$$

也就是

$$|\cos 2^n|,|\cos 2^{n+1}|\to 0\quad (n\to\infty,n\in\mathscr{N})$$

由 $\cos(k\pi/2)=0$(其中 k 为奇数) 可知，当 $n\in\mathscr{N}$ 充分大时

$$2^n=k\cdot\frac{\pi}{2}+\varepsilon,2^{n+1}=k'\cdot\frac{\pi}{2}+\varepsilon'$$

其中 k,k' 是某些奇数， $|\varepsilon|,|\varepsilon'|<1/4$. 于是

$$(k'-2k)\cdot\frac{\pi}{2}=2\varepsilon-\varepsilon'$$

因为 k,k' 是奇数，所以 $|(k'-2k)\pi/2|\geqslant\pi/2>1$, 而 $|2\varepsilon-\varepsilon'|<1$, 从而得到矛盾，于是上述断言成立. 据此我们有

$$a_{2n-1}+a_{2n}>\frac{C}{2n-1}\quad (n\geqslant 1)$$

因为级数 $\sum\limits_{n=1}^{\infty}1/(2n-1)$ 发散，所以级数 $\sum\limits_{n=1}^{\infty}a_n=\sum\limits_{n=1}^{\infty}(a_{2n-1}+a_{2n})$ 也发散.

(b) 类似于题 (a), 我们考虑级数 (从第一项开始) 所有连续三项的分子之和形成的无穷数列

$$|\sin n^2|+|\sin(n+1)^2|+|\sin(n+2)^2|\quad (n=1,4,7,\cdots)$$

我们来证明这个无穷数列有正的下界. 如若不然，则存在无穷子列 $\mathscr{N}\subseteq\mathbb{N}$, 使当 $n\in\mathscr{N}$ 充分大时

$$n^2=k\pi+\varepsilon_1,(n+1)^2=k'\pi+\varepsilon_2,(n+2)^2=k''\pi+\varepsilon_3$$

其中 k,k',k'' 是某些整数， $|\varepsilon_1|,|\varepsilon_2|,|\varepsilon_3|<1/4$. 由此推出

$$2=n^2-2(n+1)^2+(n+2)^2=(k+k''-2k')\pi+\varepsilon_1+\varepsilon_3-2\varepsilon_2$$

如果 $k+k''-2k'=0$, 那么 $2=|\varepsilon_1+\varepsilon_3-2\varepsilon_2|<1$, 这不可能; 如果 $k+k''-2k'\neq 0$, 那么 $|(k+k''-2k')\pi|>3$, 同时 $|2-\varepsilon_1-\varepsilon_3+2\varepsilon_2|<3$, 也得矛盾. 类似于题 (a), 可知级数 $\sum\limits_{n=1}^{\infty}a_n$ 发散. □

4.6 设 a_1 和 α,β 是给定的正数，数列 (a_n) 由下列递推关系给出

$$a_{n+1}=a_n\exp(-a_n^{\alpha})\quad (n\geqslant 1)$$

讨论级数 $\sum\limits_{n=1}^{\infty}a_n^{\alpha}$ 和 $\sum\limits_{n=1}^{\infty}a_n^{\beta}$ 的收敛性.

解 由题设，我们有

$$a_n=a_1\exp\left(-\sum_{k=1}^{n-1}a_k^{\alpha}\right)\quad (n\geqslant 1)$$

(i) 首先证明 $\sum\limits_{n=1}^{\infty}a_n^{\alpha}$ 发散. 若它收敛，记其和为 S. 则有

$$\lim_{n\to\infty}a_n=a_1\mathrm{e}^{-S}>0$$

于是

$$\lim_{n\to\infty}a_n^{\alpha}=a_1^{\alpha}\mathrm{e}^{-\alpha S}>0$$

这与 $\sum\limits_{n=1}^{\infty}a_n^{\alpha}$ 的收敛性假设矛盾. 因此，此级数发散.

(ii) 现在设 $\beta>\alpha$. 那么

$$a_n^{-\alpha}>\alpha(n-1)\quad (n\geqslant 1)$$

事实上，当 $n=1$, 它显然成立. 如果它对任意固定的 n 成立，那么在下标为 $n+1$ 的情形，我们有

$$\begin{aligned}a_{n+1}^{-\alpha}&=a_n^{-\alpha}\exp\left(\alpha a_n^{\alpha}\right)>a_n^{-\alpha}\left(1+\alpha a_n^{\alpha}\right)\\&=a_n^{-\alpha}+\alpha>\alpha(n-1)+\alpha=n\alpha\end{aligned}$$

因此上述不等式被归纳地证明. 依此不等式，我们立得

$$a_n^{\beta}<\left(\alpha(n-1)\right)^{-\beta/\alpha}$$

因为 $\beta/\alpha > 1$, 所以级数 $\sum_{n=1}^{\infty} a_n^{\beta}$ 收敛.

(iii) 最后设 $\beta \leqslant \alpha$. 由 (i) 中所证级数 $\sum_{n=1}^{\infty} a_n^{\alpha}$ 的发散性可推出

$$\lim_{n\to\infty} a_n = \lim_{n\to\infty} a_1 \exp\left(-\sum_{k=1}^{n-1} a_k^{\alpha}\right) = 0$$

所以当 n 充分大时, $0 < a_n < 1$, 从而 $a_n^{\alpha} \leqslant a_n^{\beta}$. 于是由 $\sum_{n=1}^{\infty} a_n^{\alpha}$ 的发散性推出级数 $\sum_{n=1}^{\infty} a_n^{\beta}$ 也发散. □

4.7 设 p 是给定的非负数, 数列 (a_n) 由下列递推关系给出

$$a_1 = 1, a_{n+1} = n^{-p} \sin a_n \quad (n \geqslant 1)$$

判断 (并证明) 级数 $\sum_{n=1}^{\infty} a_n$ 的收敛性.

解 (i) 首先设 $p = 0$. 由 L'Hospital 法则

$$\lim_{x\to 0}\left(\frac{1}{\sin x} - \frac{1}{x}\right) = \lim_{x\to 0} \frac{x - \sin x}{x \sin x} = 0$$

因为由问题 **1.14** 可知

$$a_n \to 0 \quad (n \to \infty)$$

所以由上式得到

$$\lim_{n\to\infty}\left(\frac{1}{a_{n+1}} - \frac{1}{a_n}\right) = 0$$

从而由算术平均值收敛定理 (见问题 **1.2**) 推出

$$\lim_{n\to\infty} \frac{1}{na_n} = \lim_{n\to\infty} \frac{1}{(n-1)a_n} = \lim_{n\to\infty} \frac{1}{n-1} \sum_{k=1}^{n-1}\left(\frac{1}{a_{k+1}} - \frac{1}{a_k}\right) = 0$$

注意 $a_n > 0$, 由此得知 $na_n \to +\infty\,(n \to \infty)$, 于是 $a_n \geqslant Cn^{-1}\,(n \geqslant 1)$(其中 $C > 0$ 是一个常数), 所以级数 $\sum_{n=1}^{\infty} a_n$ 发散.

(ii) 现在设 $p > 0$. 那么由题设条件知 $a_n \to 0\,(n \to \infty)$, 并且

$$\lim_{n\to\infty} \frac{a_{n+1}}{a_n} = \lim_{n\to\infty} \frac{\sin a_n}{a_n} \cdot \frac{1}{n^p} = \lim_{a_n\to 0} \frac{\sin a_n}{a_n} \cdot \lim_{n\to\infty} \frac{1}{n^p} = 0$$

于是由比值判别法则知级数 $\sum\limits_{n=1}^{\infty} a_n$ 收敛. □

注 对于上述解法中的 (i), 也可应用问题 **1.14** 中的结果

$$a_n \sim \sqrt{3}n^{-1/2} \quad (n \to \infty)$$

直接得到级数 $\sum\limits_{n=1}^{\infty} a_n$ 的发散性.

4.8 设 a 是一个实数，证明：级数

$$\sum_{n=1}^{\infty}(-1)^n n! \sin a \sin \frac{a}{2} \sin \frac{a}{3} \cdots \sin \frac{a}{n}$$

当 $|a| < 1$ 时绝对收敛，当 $|a| \geqslant 1$ 时发散

解 (i) 当 $|a| < 1$ 时，由 $|\sin x| \leqslant |x|$ 可知

$$\left| n! \sin a \sin \frac{a}{2} \sin \frac{a}{3} \cdots \sin \frac{a}{n} \right| \leqslant |a|^n$$

因此级数绝对收敛.

(ii) 现在证明：当 $|a| \geqslant 1$ 时，所给级数发散. 因为当 $n \to \infty$ 时，收敛级数的一般项 a_n 趋于 0. 因此，我们只须对于任意一个这样的 a, 证明

$$n! \sin a \sin \frac{a}{2} \sin \frac{a}{3} \cdots \sin \frac{a}{n} \to \tau > 0 \quad (n \to \infty)$$

固定给定的 a, 则存在正整数 n_0 使得当 $n \geqslant n_0$ 时 $|a|/n \leqslant 1$, 从而 $\sin(|a|/n) \geqslant \sin(1/n)$ $(n \geqslant n_0)$. 我们令

$$C = (n_0 - 1)! \left| \sin a \sin \frac{a}{2} \sin \frac{a}{3} \cdots \sin \frac{a}{n_0 - 1} \right|$$

因为由 $\sin x$ 的 Taylor 展开，我们有

$$\frac{\sin x}{x} = 1 - \frac{x^2}{6} + \left(\frac{x^4}{5!} - \frac{x^6}{7!} \right) + \left(\frac{x^8}{9!} - \frac{x^{10}}{11!} \right) + \cdots$$

所以

$$\frac{\sin x}{x} \geqslant 1 - \frac{x^2}{6} \quad (0 \leqslant x \leqslant 1)$$

据此，我们得到

$$
\begin{aligned}
&\left|n!\sin a\sin\frac{a}{2}\sin\frac{a}{3}\cdots\sin\frac{a}{n}\right|\\
=\ & Cn_0\cdot(n_0+1)\cdot\ \cdots\ \cdot n\cdot\sin\frac{|a|}{n_0}\cdot\ \cdots\ \cdot\sin\frac{|a|}{n}\\
\geqslant\ & Cn_0\cdot\ \cdots\ \cdot n\cdot\sin\frac{1}{n_0}\cdot\ \cdots\ \cdot\sin\frac{1}{n}\geqslant C\prod_{k=n_0}^{n}\left(1-\frac{1}{6k^2}\right)\\
\geqslant\ & C\prod_{k=n_0}^{n}\left(1-\frac{1}{k^2}\right)=C\prod_{k=n_0}^{n}\frac{(k+1)(k-1)}{k^2}\\
=\ & C\frac{(n_0-1)(n+1)}{n_0 n}\to\frac{n_0-1}{n_0}C>0
\end{aligned}
$$

于是上述结论得证. □

4.9 (a) 证明级数

$$\sum_{n=0}^{\infty}\frac{\mathrm{e}^{-nx}}{n^2+1}$$

当 $x\geqslant 0$ 时收敛，当 $x<0$ 时发散.

(b) 用 $f(x)$ 表示上述级数的和函数. 证明：$f(x)\in C[0,+\infty)$, 并且 $f(x)\in C^{\infty}(0,+\infty)$, 但 $f'(0)$ 不存在.

解 (a) 当 $x\geqslant 0$ 时，题中级数以数值级数 $\sum\limits_{n=0}^{\infty}(n^2+1)^{-1}$ 为优级数，所以收敛. 当 $x<0$ 时

$$\lim_{n\to\infty}\frac{\mathrm{e}^{nx}}{n^2+1}=+\infty$$

即当 $n\to\infty$ 时，其一般项不趋于 0, 所以发散.

(b) (i) 当 $x\geqslant 0$ 时，题中级数有优级数 $\sum\limits_{n=0}^{\infty}(n^2+1)^{-1}$ (数值级数), 所以它在 $[0,+\infty)$ 上一致收敛，并且其一般项在 $[0,+\infty)$ 上连续，因而和函数 $f(x)\in C[0,+\infty)$.

(ii) 将所给级数的一般项记作 $u_n(x)$, 那么

$$u_n'(x)=-\frac{n\mathrm{e}^{-nx}}{n^2+1}$$

对于任何实数 $a>0$, 当 $x\geqslant a$ 时

$$|u_n'(x)|<\frac{n\mathrm{e}^{-na}}{n^2+1}$$

由于 $ne^{-na} \to 0\,(n \to \infty)$, 所以当 n 充分大时

$$\frac{n\mathrm{e}^{-na}}{n^2+1} < \frac{1}{n^2+1}$$

从而级数 $\sum\limits_{n=0}^{\infty} n\mathrm{e}^{-na}/(n^2+1)$ 收敛. 它是

$$\sum_{n=0}^{\infty} u_n'(x) \quad (x \geqslant a)$$

的优级数, 因此上面的级数在 $[a,+\infty)$ 上一致收敛, 因而 $f(x)$ 在 $[a,+\infty)$ 上可微, 并且

$$f'(x) = -\sum_{n=0}^{\infty} \frac{n\mathrm{e}^{-nx}}{n^2+1}$$

类似地, 对任何正整数 k

$$\sum_{n=0}^{\infty} u_n^{(k)}(x) = (-1)^k \sum_{n=0}^{\infty} \frac{n^k \mathrm{e}^{-nx}}{n^2+1}$$

并且对于任何给定的实数 $a > 0, n\mathrm{e}^{-na} \to 0\,(n \to \infty)$. 于是可以证明 $f(x)$ 在 $[a,+\infty)$ 上 k 次可微, 并且

$$f^{(k)}(x) = (-1)^k \sum_{n=0}^{\infty} \frac{n^k \mathrm{e}^{-nx}}{n^2+1}$$

因为 k 是任意的, 所以 $f(x) \in C^{\infty}(0,+\infty)$.

(iii) 如果 $f'(0)$ 存在, 那么当 $x > 0, N \geqslant 1$ 时

$$\frac{f(x)-f(0)}{x} = \sum_{n=0}^{\infty} \frac{\mathrm{e}^{-nx}-1}{x(n^2+1)} \leqslant \sum_{n=0}^{N} \frac{\mathrm{e}^{-nx}-1}{x(n^2+1)}$$

(注意 $\mathrm{e}^{-nx} < 1$). 因此我们有

$$\lim_{x\to 0+} \frac{f(x)-f(0)}{x} \leqslant \sum_{n=0}^{N} \lim_{x\to 0+} \frac{\mathrm{e}^{-nx}-1}{x(n^2+1)} = -\frac{1}{x}\sum_{n=0}^{N} \frac{n}{n^2+1}$$

令 $N \to \infty$, 则有 $f'(0) \leqslant -\infty$, 于是得到矛盾. 因此 $f'(0)$ 不存在. □

4.10 设

$$a_n = \int_0^n \exp(Ct^{\alpha} n^{-\beta})\mathrm{d}t \quad (n \geqslant 0)$$

其中 $C>0$ 是常数，$\alpha>\beta\geqslant 0$. 对于 α,β 的不同情况，求幂级数 $\sum\limits_{n=0}^{\infty}a_nz^n$ 的收敛半径.

解 这里给出四个解法.

解法 1 我们有

$$a_n\leqslant \exp(Cn^{\alpha-\beta})\int_0^n \mathrm{d}t=n\exp(Cn^{\alpha-\beta})$$

当 $n>1$ 时有

$$\begin{aligned}a_n &\geqslant \int_{n-1}^n \exp(Ct^{\alpha}n^{-\beta})\mathrm{d}t\geqslant \exp(C(n-1)^{\alpha}n^{-\beta})\int_{n-1}^n \mathrm{d}t\\ &= \exp(C(n-1)^{\alpha}n^{-\beta})\end{aligned}$$

于是得到

$$\exp\left(C\left(\frac{n-1}{n}\right)^{\alpha}n^{\alpha-\beta-1}\right)\leqslant \sqrt[n]{a_n}\leqslant \sqrt[n]{n}\exp(Cn^{\alpha-\beta-1})\quad (n>1)$$

由此可知

$$\lim_{n\to\infty}\sqrt[n]{a_n}=\begin{cases}1, & 当\ \alpha<\beta+1\\ \mathrm{e}^{C}, & 当\ \alpha=\beta+1\\ +\infty, & 当\ \alpha>\beta+1\end{cases}$$

从而幂级数收敛半径

$$R=\begin{cases}1, & 当\ \alpha<\beta+1\\ \mathrm{e}^{-C}, & 当\ \alpha=\beta+1\\ 0, & 当\ \alpha>\beta+1\end{cases}$$

解法 2 我们有

$$a_n=\int_0^n\sum_{k=0}^{\infty}\frac{C^kt^{\alpha k}n^{-\beta k}}{k!}\mathrm{d}t=\sum_{k=0}^{\infty}\frac{C^kn^{(\alpha-\beta)k+1}}{(\alpha k+1)\cdot k!}$$

因为

$$c_1n^{\beta-\alpha+1}\frac{(Cn^{\alpha-\beta})^{k+1}}{(k+1)!}\leqslant\frac{C^kn^{(\alpha-\beta)k+1}}{(\alpha k+1)\cdot k!}\leqslant c_2n^{\beta-\alpha+1}\frac{(Cn^{\alpha-\beta})^{k+1}}{(k+1)!}$$

所以

$$\begin{aligned}&c_1n^{\beta-\alpha+1}\mathrm{e}^{Cn^{\alpha-\beta}}\left(1-\mathrm{e}^{-Cn^{\alpha-\beta}}\right)\\ \leqslant\ & a_n\leqslant c_2n^{\beta-\alpha+1}\mathrm{e}^{Cn^{\alpha-\beta}}\left(1-\mathrm{e}^{-Cn^{\alpha-\beta}}\right)\end{aligned}$$

注意 $\alpha-\beta>0$, 可得

$$\lim_{n\to\infty}\sqrt[n]{a_n}=\begin{cases}1, & 当\ \alpha<\beta+1\\ \mathrm{e}^C, & 当\ \alpha=\beta+1\\ +\infty, & 当\ \alpha>\beta+1\end{cases}$$

由此即可推出幂级数的收敛半径 (同上解).

解法 3 我们有 (令 $t=nx$)

$$a_n=n\int_0^1\exp\left(Cn^{\alpha-\beta}x^\alpha\right)\mathrm{d}x$$

当 $\alpha-\beta<1$ 时, 由积分中值定理得

$$a_n=n\exp\left(Cn^{\alpha-\beta}\theta_n^\alpha\right)\quad(0<\theta_n<1)$$

于是

$$n\leqslant a_n\leqslant n\exp\left(Cn^{\alpha-\beta}\right)$$

从而

$$\lim_{n\to\infty}\sqrt[n]{a_n}=1$$

当 $\alpha-\beta>1$ 时, 任取固定的 $\varepsilon\in(0,1)$, 由积分中值定理得 (其中 $\varepsilon<\xi_n<1$)

$$\begin{aligned}a_n&\geqslant n\int_\varepsilon^1\exp\left(Cn^{\alpha-\beta}x^\alpha\right)\mathrm{d}x\\&=n\exp\left(Cn^{\alpha-\beta}{\xi_n}^\alpha\right)>n\exp\left(Cn^{\alpha-\beta}\varepsilon^\alpha\right)\end{aligned}$$

于是

$$\lim_{n\to\infty}\sqrt[n]{a_n}=+\infty$$

最后, 当 $\alpha-\beta=1$ 时, 应用

$$\lim_{n\to\infty}\left(\int_0^1|f(x)|^n\mathrm{d}x\right)^{1/n}=\max_{x\in[0,1]}|f(x)|$$

(其中 $f(x)$ 在 $[0,1]$ 上连续)(见问题 **5.12**), 即得

$$\lim_{n\to\infty}\sqrt[n]{a_n}=\lim_{n\to\infty}n^{1/n}\lim_{n\to\infty}(\int_0^1(\mathrm{e}^{Cx^\alpha})^n\mathrm{d}x)^{1/n}=\max_{x\in[0,1]}\mathrm{e}^{Cx^\alpha}=\mathrm{e}^C$$

由上述三种情形的结果即可推出幂级数收敛半径 (同上).

解法 4 我们有 (令 $t=xn^{\beta/\alpha}$)

$$a_n=n^{\beta/\alpha}\int_0^{n^{(\alpha-\beta)/\alpha}}\mathrm{e}^{Cx^\alpha}\mathrm{d}x$$

记

$$a(y)=y^{\beta/\alpha}\int_0^{y^{(\alpha-\beta)/\alpha}}\mathrm{e}^{Cx^\alpha}\mathrm{d}x\quad(y>0)$$

则有

$$\lim_{y\to\infty}\int_0^{y^{(\alpha-\beta)/\alpha}}\mathrm{e}^{Cx^\alpha}\mathrm{d}x=\infty$$

由 L'Hospital 法则得到

$$\lim_{y\to\infty}\frac{a(y+1)}{a(y)}=\lim_{y\to\infty}\exp\Big(C\big((y+1)^{\alpha-\beta}-y^{\alpha-\beta}\big)\Big)$$

若 $\alpha=\beta+1$, 则此极限为 e^C. 若 $\alpha\neq\beta+1$, 则由微分中值定理得

$$\lim_{y\to\infty}\frac{a(y+1)}{a(y)}=\lim_{y\to\infty}\exp(C(\alpha-\beta)(y+\mu)^{\alpha-\beta-1})$$

其中 $0<\mu<1$, 于是

$$\lim_{y\to\infty}\frac{a(y+1)}{a(y)}=\begin{cases}1, & 当\ \alpha<\beta+1\\ +\infty, & 当\ \alpha>\beta+1\end{cases}$$

因此

$$\lim_{n\to\infty}\frac{a_{n+1}}{a_n}=\begin{cases}1, & 当\ \alpha<\beta+1\\ \mathrm{e}^C, & 当\ \alpha=\beta+1\\ +\infty, & 当\ \alpha>\beta+1\end{cases}$$

依 $1/R=\lim\limits_{n\to\infty}a_{n+1}/a_n$, 由此即得幂级数的收敛半径 R(同上). □

4.11 求下列两个幂级数的收敛域

$$\sum_{n=1}^{\infty}\left(1+\frac{1}{2}+\cdots+\frac{1}{n}\right)x^n$$

$$\sum_{n=1}^{\infty}\left(1+\frac{1}{2}+\cdots+\frac{1}{n}\right)^{-1}x^n$$

解 对于第一个幂级数，我们给出四个解法.

解法 1 记

$$c_n=1+\frac{1}{2}+\cdots+\frac{1}{n}$$

因为

$$\lim_{n\to\infty}\left(1+\frac{1}{2}+\cdots+\frac{1}{n}-\log n\right)=\gamma$$

其中 γ 是 Euler-Mascheroni 常数 (见问题 **8.24**), 所以幂级数 $\sum c_nx^n$ 的收敛半径

$$R=\lim_{n\to\infty}\left|\frac{c_n}{c_{n+1}}\right|=\lim_{n\to\infty}\frac{\gamma+\log n+o(1)}{\gamma+\log(n+1)+o(1)}=1$$

又因为 $c_n\to\infty\,(n\to\infty)$, 因而级数 $\sum\limits_{n=1}^{\infty}(\pm1)^nc_n$ 的一般项当 $n\to\infty$ 时不趋于 0, 所以幂级数 $\sum c_nx^n$ 在端点 $x=\pm1$ 发散, 于是所给幂级数的收敛域是 $(-1,+1)$.

解法 2 记号同上. 当 n 充分大时

$$\gamma<1+\frac{1}{2}+\cdots+\frac{1}{n}<1+\int_1^n x^{-1}\mathrm{d}x<2\log n$$

$$\gamma^{1/n}<\left(1+\frac{1}{2}+\cdots+\frac{1}{n}\right)^{1/n}<(2\log n)^{1/n}$$

由此可推知所给幂级数的收敛半径 $R=1$(余从略).

解法 3 记号同上. 我们有

$$\lim_{n\to\infty}\left|\frac{c_{n+1}}{c_n}\right|=\lim_{n\to\infty}\left(1+\frac{1}{(n+1)c_n}\right)$$

由 $c_n\to\infty\,(n\to\infty)$ 可知上述极限等于 1, 于是所给幂级数的收敛半径 $R=1$(余从略).

解法 4 记号同上. 我们还令

$$u_n=\frac{c_n}{n}=\frac{1}{n}\left(1+\frac{1}{2}+\cdots+\frac{1}{n}\right)$$

那么

$$\sum_{n=1}^{\infty}c_nx^n=\sum_{n=1}^{\infty}u_n\cdot nx^n$$

因为当 $n\to\infty$ 时 $1/n\to0$, 所以也有 $u_n\to0$(见问题 **1.2**), 从而存在常数 $C>0$, 使得 $u_n<C\,(n\geqslant1)$. 如果对于 x 的某个值 x_0 级数 $\sum\limits_{n=1}^{\infty}n|x_0|^n$ 收敛, 那么由

$$\sum_{n=1}^{\infty}c_n|x_0|^n<C\sum_{n=1}^{\infty}n|x_0|^n$$

可知上式左边的级数也收敛，从而所给级数的收敛半径 R 不小于级数 $\sum nx^n$ 的收敛半径. 由 $\lim\limits_{n\to\infty} n/(n+1)=1$ 得知后者的收敛半径为 1, 因此 $R\geqslant 1$. 又因为级数 $\sum\limits_{n=1}^{\infty} c_n$ 发散，所以 $R\leqslant 1$. 合起来得到 $R=1$(余从略).

可以用同样的方法研究另一个幂级数，得知它的收敛半径为 1. 记 $a_n=(1+1/2+\cdots+1/n)^{-1}$, 则 $1+1/2+\cdots+1/n<2\log n\,(n\geqslant 3)$ (见上述 **解法 2**). 于是在端点 $x=1$, $\sum\limits_{n=1}^{\infty} a_n>(1/2)\sum\limits_{n=3}^{\infty} 1/\log n$, 因而级数 $\sum\limits_{n=1}^{\infty} a_n\cdot 1^n$ 发散. 在端点 $x=-1$, 因为 $a_n\downarrow 0$, 所以级数 $\sum\limits_{n=1}^{\infty} a_n\cdot(-1)^n$ 收敛. 于是幂级数的收敛域是 $[-1,1)$. □

4.12 设 $\mathrm{e}^{\mathrm{e}^x}=\sum\limits_{n=0}^{\infty} a_nx^n$.

(a) 求 a_0,a_1,a_2,a_3.

(b) 证明

$$\mathrm{e}C^{-n}(\log n)^{-n}\leqslant a_n\leqslant \mathrm{e}^n(\log n)^{-n}\quad(n\geqslant 2)$$

其中 C 是 $\geqslant \mathrm{e}$ 的常数.

解 (a) 令 $x=0$ 可知 $a_0=\mathrm{e}$. 于是

$$a_1=\lim_{x\to 0}\frac{\mathrm{e}^{\mathrm{e}^x}-a_0}{x}=\lim_{x\to 0}\frac{\mathrm{e}^{\mathrm{e}^x}-\mathrm{e}}{x}=\lim_{x\to 0}(\mathrm{e}^{\mathrm{e}^x}\mathrm{e}^x)=\mathrm{e}$$

类似地

$$\begin{aligned} a_2 &= \lim_{x\to 0}\frac{\mathrm{e}^{\mathrm{e}^x}-a_0-a_1x}{x^2}=\lim_{x\to 0}\frac{\mathrm{e}^{\mathrm{e}^x}-\mathrm{e}-\mathrm{e}x}{x^2}\\ &= \lim_{x\to 0}\frac{\mathrm{e}^x\mathrm{e}^{\mathrm{e}^x}-\mathrm{e}}{2x}=\lim_{x\to 0}\frac{\mathrm{e}^x\mathrm{e}^{\mathrm{e}^x}+\mathrm{e}^{2x}\mathrm{e}^{\mathrm{e}^x}}{2}=\mathrm{e}\end{aligned}$$

以及 (计算过程省略)

$$a_3=\lim_{x\to 0}\frac{\mathrm{e}^{\mathrm{e}^x}-a_0-a_1x-a_2x}{x^3}=\frac{5\mathrm{e}}{6}$$

或者用下列方法：由等式

$$\begin{aligned} & a_0+a_1x+a_2x^2+a_3x^3+\cdots\\ = &\ \mathrm{e}^{\mathrm{e}^x}=\exp\left(1+x+\frac{x^2}{2!}+\cdots\right)=\mathrm{e}\cdot\mathrm{e}^x\cdot\mathrm{e}^{x^2/2!}\cdot\ \cdots\\ = &\ \mathrm{e}\left(1+x+\frac{x^2}{2!}+\cdots\right)\left(1+\frac{x^2}{2!}+\frac{1}{2!}\left(\frac{x^2}{2!}\right)^2+\cdots\right)\cdots\end{aligned}$$

比较两边 x^0, x^1, x^2, x^3 的系数而得结果.

(b) (i) 估计 a_n 的上界. 对于任何 $n \geqslant 0, a_n \geqslant 0$, 并且当 $x > 0$ 时 $a_n x^n \leqslant \mathrm{e}^{\mathrm{e}^x}$, 于是

$$a_n \leqslant \mathrm{e}^{\mathrm{e}^x} x^{-n}$$

我们来选取 $x \in (0, \infty)$ 使上式右边极小化. 为此我们令 $y(x) = \mathrm{e}^{\mathrm{e}^x} x^{-n}$. 由 $y'(x) = 0$ 得到 $x\mathrm{e}^x = n$. 这是一个超越方程. 两边取对数化为

$$x + \log x = \log n$$

注意 $\log x = o(x)(x \to \infty)$, 我们取 $x = \log n$, 从而最后得到

$$a_n \leqslant \mathrm{e}^{\mathrm{e}^x} x^{-n} = \mathrm{e}^n (\log n)^{-n} = \mathrm{e}^n (\log n)^{-n} \quad (n \geqslant 0)$$

(ii) 估计 a_n 的下界. 由 (a), 可设 $n \geqslant 4$. 选取 $k \in \mathbb{N}$ 适合 $k^2 \leqslant n$. 那么 $n = kq + r$, 其中 $q = [n/k]$, 而 r 是某个满足不等式 $0 \leqslant r < k$ 的整数. 如 (i) 中所指出, 我们有等式

$$\begin{aligned} & a_0 + a_1 x + a_2 x^2 + a_3^3 + \cdots \\ = \ & \mathrm{e}\left(1 + x + \frac{x^2}{2!} + \cdots\right)\left(1 + \frac{x^2}{2!} + \frac{1}{2!}\left(\frac{x^2}{2!}\right)^2 + \cdots\right)\cdots \end{aligned}$$

我们将右边第一个因子 e 记作 $c_0 x^{t_0} = \mathrm{e}x^0$. 那么 a_n 是由在右边所有因式中各取一项 $c_i x^{t_i}$ $(i = 0, 1, \cdots)$ 相乘 (取出的这些项必须满足 $t_0 + t_1 + t_2 + \cdots = n$, 因而有无穷多个 $t_i = 0$, 从而相应的 $c_i = 1$), 然后将相应的乘积 $c_0 c_1 c_2 \cdots$ 相加 (这实际上是有限个加项之和) 而得到的. 这些乘积 $c_0 c_1 c_2 \cdots$ 都是正的, 因此我们得到

$$\begin{aligned} a_n x^n &> \mathrm{e} \cdot 1 \cdot \ \cdots \ \cdot 1 \cdot \left(\frac{x^r}{r!}\right) \cdot 1 \cdot \ \cdots \ \cdot 1 \cdot \left(\frac{1}{q!}\left(\frac{x^k}{k!}\right)^q\right) \cdot 1 \cdot 1 \cdot \cdots \\ &= \mathrm{e}(k!)^{-q}(q!)^{-1}(r!)^{-1} x^n \end{aligned}$$

此处约定 $0! = 1$. 因为 $k^2 \leqslant n$, 所以 $k - n/k \leqslant 0$, 于是由上式推出

$$\begin{aligned} a_n &> \mathrm{e}(k!)^{-[n/k]} \cdot \left(([n/k])!\right)^{-1} \cdot (r!)^{-1} \geqslant \mathrm{e}\left((k^k)^{n/k}(n/k)^{n/k} k^k\right)^{-1} \\ &= \mathrm{e}\left(k^n n^{n/k} k^{k-n/k}\right)^{-1} \geqslant \mathrm{e}\left(k n^{1/k}\right)^{-n} \end{aligned}$$

我们来选取 k 使得上式右边极大化. 为此令 $f(t) = t n^{1/t}$ $(t > 0)$, 并考虑函数 $\log f(t)$. 由

$$\frac{\mathrm{d}}{\mathrm{d}t} \log f(t) = \frac{1}{t} - \frac{1}{t^2} \log t$$

求得驻点 $t=\log n$. 还算出

$$\frac{\mathrm{d}^2}{\mathrm{d}t^2}\log f(t)=-\frac{1}{x^2}+\frac{2}{x^3}\log t$$

当 $t=\log n$ 时上式 <0, 因此 $f(t)$ 极小. 但问题中的 k 为正整数，所以我们近似地取 $k=[\log n]+1$ 或 $[\log n]$. 例如，取 $k=[\log n]+1$, 则

$$\begin{aligned}\left(kn^{1/k}\right)^{-n} &= \left(([\log n]+1)n^{1/([\log n]+1)}\right)^{-n}\\ &\geqslant \left(\log n\cdot\frac{[\log n]+1}{\log n}\cdot n^{1/\log n}\right)^{-n}\\ &= \left(\log n\cdot\frac{[\log n]+1}{\log n}\cdot \mathrm{e}\right)^{-n}\end{aligned}$$

取常数

$$C=\mathrm{e}\cdot\sup_{n\geqslant 2}\frac{[\log n]+1}{\log n}\geqslant \mathrm{e}$$

即得 $a_n>\mathrm{e}C^{-n}(\log n)^{-n}$. 若取 $k=[\log n]$, 则需令

$$C=\exp\left(\sup_{n\geqslant 2}\frac{\log n}{[\log n]}\right)\geqslant \mathrm{e}$$

也得到相同的结果. □

4.13 已知 $\sum\limits_{n=1}^{\infty}a_n^{-1}$ 是正项发散级数，实数 $\lambda>0$. 求下列级数的和

$$\sum_{n=1}^{\infty}\frac{a_1a_2\cdots a_n}{(a_2+\lambda)(a_3+\lambda)\cdots(a_{n+1}+\lambda)}$$

解 (i) 用 S_n 表示所给级数的前 n 之和，并令

$$A_n=\frac{a_1a_2\cdots a_n}{(a_2+\lambda)(a_3+\lambda)\cdots(a_{n+1}+\lambda)}\quad (n\geqslant 1)$$

那么

$$\frac{A_k}{A_{k+1}}=\frac{a_k}{a_{k+1}+\lambda}$$

也就是

$$A_ka_{k+1}+A_k\lambda=A_{k-1}a_k\quad (k>1)$$

将此式两边从 $k=2$ 到 $k=n$ 求和，即得关系式

$$A_na_{n+1}+S_n\lambda-A_1\lambda=A_1a_2$$

(ii) 注意

$$\begin{aligned}0 &< A_n a_{n+1} = a_1\frac{a_2a_3\cdots a_{n+1}}{(a_2+\lambda)(a_3+\lambda)\cdots(a_{n+1}+\lambda)}\\ &= a_1\left(1+\frac{\lambda}{a_2}\right)^{-1}\left(1+\frac{\lambda}{a_3}\right)^{-1}\cdots\left(1+\frac{\lambda}{a_{n+1}}\right)^{-1}\end{aligned}$$

并且应用不等式：当 $\alpha_k > -1\,(k=1,\cdots,n)$ 时

$$\prod_{k=1}^{n}(1+\alpha_k)\geqslant 1+\sum_{k=1}^{n}\alpha_k$$

(它可以用数学归纳法证明), 即可得到

$$0 < A_n a_{n+1} < a_1\lambda^{-1}\left(\sum_{k=2}^{n+1}\frac{1}{a_k}\right)^{-1}$$

注意级数 $\sum\limits_{n=1}^{\infty}a_n^{-1}$ 发散，由上式推出

$$\lim_{n\to\infty}A_n a_{n+1}=0$$

由此及 (i) 中的关系式即得级数之和

$$S=\lim_{n\to\infty}S_n=\frac{A_1(a_2+\lambda)}{\lambda}=\frac{a_1}{\lambda}$$

□

4.14 设 $u_0=1$ 及

$$u_n=\int_0^1 t(t-1)\cdots(t-n+1)\mathrm{d}t\quad(n\geqslant 1)$$

证明级数 $\sum\limits_{n=1}^{\infty}u_n x^n/n!$ 在 $[-1,1]$ 上收敛，并求其和.

解 (i) 令

$$a_n=(-1)^{n-1}\frac{u_n}{n!}=\frac{(-1)^{n-1}}{n!}\int_0^1 t(1-t)\cdots(n-1-t)\mathrm{d}t\quad(n\geqslant 1)$$

当 $t\in[0,1]$ 时

$$0<\frac{n-t}{n+1}<1$$

由此推出数列 $|a_n|(n\geqslant 1)$ 单调递减，并且

$$(n-2)!t(1-t)\leqslant t(1-t)\cdots(n-1-t)\leqslant(n-1)!t(1-t)$$

于是

$$\frac{1}{6n^2} \leqslant |a_n| \leqslant \frac{1}{6n}, |a_n|^{1/n} \to 0 \quad (n \to \infty)$$

因而级数 $\sum\limits_{n=1}^{\infty} a_n x^n$ 的收敛半径为 1, 并且由 Leibniz 交错级数收敛判别法则可知它在 $x = 1$ 也收敛.

(ii) 令

$$f(t) = (2-t)(3-t)\cdots(n-1-t) \quad (0 \leqslant t \leqslant 1)$$

应用不等式 $\log(1+x) \leqslant x\,(0 \leqslant x \leqslant 1)$, 则有

$$\begin{aligned}
\log f(t) &= \sum_{k=1}^{n-2} \log(k+1-t) \\
&= \sum_{k=1}^{n-2} \log k + \sum_{k=1}^{n-2} \log\left(1 + \frac{1-t}{k}\right) \\
&\leqslant \log\big((n-2)!\big) + (1-t)\sum_{k=1}^{n-2} \frac{1}{k} \\
&\leqslant \log\big((n-2)!\big) + (1-t)\left(1 + \int_1^{n-2} \frac{\mathrm{d}t}{t}\right) \\
&\leqslant \log\big((n-2)!\big) + (1-t)\big(1 + \log(n-2)\big)
\end{aligned}$$

从而

$$\begin{aligned}
|a_n| &\leqslant \frac{1}{n(n-1)} \int_0^1 \mathrm{e}^{1-t}(n-2)^{1-t}\mathrm{d}t \\
&= \frac{1}{n(n-1)} \int_0^1 u(1-u)\mathrm{e}^u(n-2)^u \mathrm{d}u \\
&= \frac{1}{n(n-1)} \left(\frac{u(1-u)\mathrm{e}^u(n-2)^u}{\log\big(\mathrm{e}(n-2)\big)} + \frac{(2u-1)\mathrm{e}^u(n-2)^u}{\log^2\big(\mathrm{e}(n-2)\big)} - \right. \\
&\quad \left. \frac{2\mathrm{e}^u(n-2)^u}{\log^3\big(\mathrm{e}(n-2)\big)} \right)\Bigg|_0^1 \\
&\leqslant \frac{\big(\mathrm{e}(n-2)+1\big)\log\big(\mathrm{e}(n-2)\big) - 2\mathrm{e}(n-2) + 2}{n(n-1)\log^3\big(\mathrm{e}(n-2)\big)}
\end{aligned}$$

于是 $a_n = O(n^{-1}\log^{-2} n)$, 所以 $\sum\limits_{n=1}^{\infty} a_n$ 绝对收敛. 由此以及 (i), 我们可知级数 $\sum\limits_{n=0}^{\infty} u_n x^n/n!$ 在 $[-1,1]$ 上收敛.

(iii) 当 $|x|<1$ 时，由二项展开可知

$$\begin{aligned}\frac{x}{\log(1+x)} &= \int_0^1 (1+x)^t \mathrm{d}t \\ &= \sum_{n=0}^{\infty}\int_0^1 \frac{t(t-1)\cdots(t-n+1)}{n!}x^n \mathrm{d}t = \sum_{n=0}^{\infty}\frac{u_n x^n}{n!}\end{aligned}$$

依 (ii), 当 $|x|\leqslant 1$ 时右边级数的和函数在 $[-1,1]$ 上连续，所以

$$\sum_{n=0}^{\infty}\frac{u_n x^n}{n!} = \frac{x}{\log(1+x)} \quad (-1\leqslant x\leqslant 1)$$

注意，当 $x=-1$ 时，上式右边的函数是由收敛级数 $\sum\limits_{n=0}^{\infty} u_n/n!$ 的和定义的. □

4.15 设 $n\geqslant 2$, 估计级数 $\sum\limits_{k=1}^{\infty}\big(1-(1-2^{-k})^n\big)$ 的和 $S=S(n)$. 作为这类结果之一，证明：存在常数 c_1, c_2 使得

$$c_1 \log n \leqslant S(n) \leqslant c_2 \log n$$

解 这里给出三个解法，其中 *解法 1* 给出题文中的估值的证明.

解法 1 因为

$$\sum_{j=0}^{n-1}(1-2^{-k})^j = \frac{1-(1-2^{-k})^n}{2^{-k}}$$

所以 $1-(1-2^{-k})^n = 2^{-k}\sum\limits_{j=0}^{n-1}\big(1-2^{-k})^j$, 因而

$$S(n) = \sum_{k=1}^{\infty} 2^{-k}\sum_{j=0}^{n-1}\big(1-2^{-k}\big)^j$$

于是，若令

$$f_n(x) = \sum_{j=0}^{n-1}(1-x)^j \quad (n\geqslant 1)$$

则有

$$S(n) = \sum_{k=1}^{\infty} 2^{-k} f_n(2^{-k})$$

从几何的考虑，我们得到

$$\frac{1}{2}\sum_{k=2}^{\infty} 2^{-k} f_n(2^{-k}) \leqslant \int_0^1 f_n(x)\mathrm{d}x \leqslant \sum_{k=1}^{\infty} 2^{-k} f_n(2^{-k}) = S(n)$$

又由直接计算知 $\int_0^1 f_n(x)\mathrm{d}x = \sum\limits_{j=1}^{n} 1/j$, 以及由几何的考虑, $\log n \leqslant \sum\limits_{j=1}^{n} 1/j \leqslant 1+\log n$, 所以

$$\log n \leqslant \int_0^1 f_n(x)\mathrm{d}x \leqslant 1+\log n$$

因此我们最终得到

$$\begin{aligned}\log n &\leqslant \int_0^1 f_n(x)\mathrm{d}x \leqslant S(n) = \frac{1}{2}f_n\left(\frac{1}{2}\right)+\sum_{k=2}^{\infty}2^{-k}f_n(2^{-k})\\ &< 1+2\int_0^1 f_n(x)\mathrm{d}x \leqslant 1+2(1+\log n) \leqslant \left(\frac{3}{\log 2}+2\right)\log n\end{aligned}$$

解法 2 因为数列 $1-(1-2^{-k})^n$ $(k \geqslant 1)$ 及函数 $g(x)=1-(1-2^{-x})^n$ $(x \geqslant 0)$ 单调递减, 所以由几何的考虑得到

$$\begin{aligned}\int_1^{\infty}\left(1-(1-2^{-x})^n\right)\mathrm{d}x &< \sum_{k=1}^{\infty}\left(1-(1-2^{-k})^n\right)\\ &< \int_0^{\infty}\left(1-(1-2^{-x})^n\right)\mathrm{d}x\end{aligned}$$

在不等式右端的积分中作变量代换 $t=1-2^{-x}$, 可得

$$\begin{aligned}\int_0^{\infty}\left(1-(1-2^{-x})^n\right)\mathrm{d}x &= \frac{1}{\log 2}\int_1^{\infty}\frac{1-t^n}{1-t}\mathrm{d}t\\ &= \frac{1}{\log 2}\int_0^1(1+t+\cdots+t^{n-1})\mathrm{d}x\\ &= \frac{1}{\log 2}\left(1+\frac{1}{2}+\cdots+\frac{1}{n}\right)\end{aligned}$$

于是不等式左端的积分

$$\begin{aligned}&\int_1^{\infty}\left(1-(1-2^{-x})^n\right)\mathrm{d}x\\ =\ &\int_0^{\infty}\left(1-(1-2^{-x})^n\right)\mathrm{d}x-\int_0^1\left(1-(1-2^{-x})^n\right)\mathrm{d}x\\ >\ &\int_0^{\infty}\left(1-(1-2^{-x})^n\right)\mathrm{d}x-1\\ =\ &\frac{1}{\log 2}\left(1+\frac{1}{2}+\cdots+\frac{1}{n}\right)-1\end{aligned}$$

因此

$$S(n)=\frac{\log n}{\log 2}+O(1)$$

解法 3 当 $0<x<1$ 时

$$(1-x)^n<\mathrm{e}^{-nx}, (1-x)^n>1-nx$$

其中第一个不等式可由

$$e^{-x}=1-x+\left(\frac{x^2}{2!}-\frac{x^3}{3!}\right)+\left(\frac{x^4}{4!}-\frac{x^5}{5!}\right)+\cdots>1-x$$

推出；第二个不等式可通过定义辅助函数 $f(x)=(1-x)^n-(1-nx)\,(0\leqslant x\leqslant 1)$，由 $f'(x)\geqslant 0$ 推出．记 $a_k=1-(1-2^{-k})^n\,(k\geqslant 1)$，并令

$$k_0=\left[\frac{\log n}{\log 2}\right]$$

我们将 $S(n)$ 分拆为

$$S(n)=\sum_{1\leqslant k\leqslant k_0}a_k+\sum_{k>k_0}a_k$$

应用刚才所说的第二个不等式， $a_k<1-(1-n2^{-k})=n2^{-k}$，所以

$$S(n)\leqslant\sum_{1\leqslant k\leqslant k_0}1+\sum_{k>k_0}n2^{-k}<\frac{\log n}{\log 2}+n\sum_{j=1}^{\infty}2^{-(k_0+j)}$$

注意 $k_0+j>\log n/\log 2+j-1$ 以及 $2^{-(k_0+j)}<1/(2^{j-1}n)$，可得

$$S(n)<\frac{\log n}{\log 2}+n\cdot\frac{1}{n}\sum_{j=1}^{\infty}\frac{1}{2^{j-1}}=\frac{\log n}{\log 2}+2$$

应用刚才所说的第一个不等式， $a_k>1-e^{-n/2^k}$，所以

$$\begin{aligned}S(n)&>\sum_{1\leqslant k\leqslant k_0}(1-e^{-n/2^k})=\sum_{1\leqslant k\leqslant k_0}1-\sum_{1\leqslant k\leqslant k_0}e^{-n/2^k}\\&>\frac{\log n}{\log 2}-1-\sum_{1\leqslant k\leqslant k_0}e^{-n/2^k}\end{aligned}$$

注意 $n/2^{k_0}\geqslant n\cdot 2^{-\log n/\log 2}=1$，因此当 $1\leqslant k\leqslant k_0$ 时

$$\frac{n}{2^k}=2^{k_0-k}\frac{n}{2^{k_0}}\geqslant 2^{k_0-k}$$

于是

$$\begin{aligned}&\sum_{1\leqslant k\leqslant k_0}e^{-n/2^k}\leqslant\sum_{1\leqslant k\leqslant k_0}e^{-2^{k_0-k}}\\=&\ e^{-1}+e^{-2}+e^{-4}+\cdots+e^{-2^{k_0-1}}\\<&\ e^{-1}+\sum_{j=1}^{\infty}(e^{-2})^j=\frac{1}{e}+\frac{1}{e^2-1}<\frac{1}{2}+\frac{1}{4-1}<1\end{aligned}$$

因此

$$S(n)>\frac{\log n}{\log 2}-2$$

合起来就是

$$\frac{\log n}{\log 2}-2<S(n)<\frac{\log n}{\log 2}+2$$

这与 解法 2 中得到的结果一致，它们比 解法 1 中的结果好些. □

4.16 设 $f(x)$ 是 $(0,2\pi)$ 上的非负可积函数，有 Fourier 级数

$$f(x)=a_0+\sum_{k=1}^{\infty}a_{n_k}\cos n_kx$$

其中 n_k 是正整数，当 $k\neq l$ 时 n_k 不整除 n_l. 证明：$|a_{n_k}|\leqslant a_0(k\geqslant 0)$.

解 设 $K_n(x)$ 是 Fejér 核，它是如下的三角多项式

$$K_n(x)=\frac{1}{2}+\sum_{k=1}^{n}\left(1-\frac{k}{n+1}\right)\cos kx$$

对于任何 $x\in\mathbb{R},K_n(x)\geqslant 0$(见本题后的 **注**). 因为 f 非负，我们有

$$0\leqslant\int_0^{2\pi}f(x)K_n(n_kx)\mathrm{d}x=\pi\left(a_0+\left(1-\frac{1}{n+1}\right)a_{n_k}\right)$$

(由于题设 n_k 的性质，上述积分只能产生一个含 a_{n_k} 的项). 令 $n\to\infty$, 即得 $a_{n_k}\leqslant a_0$.

又因为 $K_n(x-\pi)=1/2-\big(1-1/(n+1)\big)\cos x+\cdots$, 所以

$$0\leqslant\int_0^{2\pi}f(x)K_n(n_kx-\pi)\mathrm{d}x=\pi\left(a_0-\left(1-\frac{1}{n+1}\right)a_{n_k}\right)$$

令 $n\to\infty$, 即得 $a_{n_k}\leqslant -a_0$.

合起来，即得 $|a_{n_k}|\leqslant a_0(k\geqslant 0)$. □

注 下面对上述解法中用到的 Fejér 核的性质作简单介绍. 令

$$A_0(x)=\frac{1}{2},A_m(x)=\frac{1}{2}+\sum_{k=1}^{m}\cos kx\quad(m\geqslant 1)$$

将 $A_m(x)(m=0,1,\cdots,n)$ 的平均值记为

$$K_n(x)=\frac{1}{n+1}\sum_{m=0}^{n}A_m(x)$$

交换二重求和的次序，它可改写为

$$\begin{aligned}
K_n(x) &= \frac{1}{n+1}\sum_{m=0}^{n}\frac{1}{2}+\frac{1}{n+1}\sum_{m=1}^{n}\sum_{k=1}^{m}\cos kx \\
&= \frac{1}{2}+\frac{1}{n+1}\sum_{m=1}^{n}\sum_{k=1}^{m}\cos kx \\
&= \frac{1}{2}+\frac{1}{n+1}\sum_{k=1}^{n}\sum_{m=k}^{n}\cos kx \\
&= \frac{1}{2}+\frac{1}{n+1}\sum_{k=1}^{n}(n+1-k)\cos kx \\
&= \frac{1}{2}+\sum_{k=1}^{n}\left(1-\frac{k}{n+1}\right)\cos kx
\end{aligned}$$

我们来证明：对于任何 $x\in\mathbb{R}, K_n(x)\geqslant 0$. 为此，在恒等式

$$\sin\left(k+\frac{1}{2}\right)x-\sin\left(k-\frac{1}{2}\right)x=2\sin\frac{x}{2}\cos kx \quad (k\in\mathbb{N})$$

中令

$$k=1,2,\cdots,m$$

然后将所得等式相加，可得

$$\sin\left(m+\frac{1}{2}\right)x=2\sin\frac{x}{2}\left(\frac{1}{2}+\sum_{k=1}^{m}\cos kx\right)$$

因此

$$A_m(x)=\frac{\sin\left(m+\frac{1}{2}\right)x}{2\sin\frac{x}{2}} \quad (m\geqslant 1)$$

(我们也可以直接应用 Euler 公式 $\cos x=(\mathrm{e}^{\mathrm{i}x}+\mathrm{e}^{-\mathrm{i}x})/2$ 推出此式，请参见 Γ · M · 菲赫金哥尔茨，《微积分学教程》，第二卷 (第 8 版，高等教育出版社，北京， 2006),p.447.) 于是

$$K_n(x)=\frac{1}{2(n+1)\sin\frac{x}{2}}\sum_{m=0}^{n}\sin\left(m+\frac{1}{2}\right)x$$

因为

$$\cos mx-\cos(m+1)x=2\sin x\sin\left(m+\frac{1}{2}\right)x\,(m\geqslant 0)$$

所以

$$
\begin{aligned}
K_n(x) &= \frac{1}{4(n+1)\sin^2\dfrac{x}{2}}\sum_{m=0}^{n}\left(\cos mx-\cos(m+1)x\right) \\
&= \frac{1-\cos(n+1)x}{4(n+1)\sin^2\dfrac{x}{2}}=\frac{1}{2(n+1)}\left(\frac{\sin(n+1)\dfrac{x}{2}}{\sin\dfrac{x}{2}}\right)^2\geqslant 0
\end{aligned}
$$

我们通常将上式右边的第二个表达式称为 Fejér 核.

第5章 极值

提要 本章涉及三个方面：(i) 单变量函数的极值 (问题 **5.1~5.4**). (ii) 多变量函数的极值 (问题 **5.5~ 5.10**).(iii) 极值方法的一些应用 (问题 **5.11~5.14**). 另外，本书其余部分的一些问题中也有涉及极值计算的内容，特别是在不等式的证明及函数性质的研究中，极值方法是常用工具.

5.1 设 n 是正整数，求函数

$$f(x)=\left(1+x+\frac{x^2}{2!}+\cdots+\frac{x^n}{n!}\right)\mathrm{e}^{-x}$$

在 $\mathbb{R}$ 上的所有局部极值.

解 我们有

$$\begin{aligned}f'(x) &= \left(1+x+\cdots+\frac{x^{n-1}}{(n-1)!}\right)\mathrm{e}^{-x}- \\ &\quad \left(1+x+\cdots+\frac{x^n}{n!}\right)\mathrm{e}^{-x} \\ &= -\frac{x^n}{n!}\mathrm{e}^{-x}\end{aligned}$$

仅在 $x=0$ 处 $f'(x)=0$. 若 n 是偶数，则当 $x\neq 0$ 时 $f'(x)<0$. 在此情形 f 没有任何局部极值. 若 n 是奇数，则 $f'(x)>0$(当 $x<0$), 以及 $f'(x)<0$ (当 $x>0$). 在此情形 $f(0)=1$ 是 f 的局部极大值，也是在 $\mathbb{R}$ 上的最大值 (整体极大值). □

5.2 确定下列函数在 $\mathbb{R}$ 上的所有局部极值

$$f(x)=\begin{cases}\mathrm{e}^{-1/|x|}\left(\sqrt{2}+\sin\dfrac{1}{x}\right), & \text{当 } x\neq 0\\ 0, & \text{当 } x=0\end{cases}$$

解 我们算出：当 $x>0$ 时 ($|x|=x$)

$$f'(x)=\frac{\mathrm{e}^{-1/x}}{x^2}\left(\sqrt{2}+\sin\frac{1}{x}-\cos\frac{1}{x}\right)$$

当 $x<0$ 时 ($|x|=-x$)

$$f'(x)=\frac{\mathrm{e}^{1/x}}{x^2}\left(-\sqrt{2}-\sin\frac{1}{x}-\cos\frac{1}{x}\right)$$

并且由

$$\lim_{x\to 0+}\frac{1}{x}\left(0-\mathrm{e}^{-1/x}\left(\sqrt{2}+\sin\frac{1}{x}\right)\right)=0$$

以及

$$\lim_{x\to 0-}\frac{1}{x}\left(0-\mathrm{e}^{1/x}\left(\sqrt{2}-\sin\frac{1}{x}\right)\right)=0$$

推出

$$f'(0)=0$$

因为

$$\begin{aligned}\left|\sin\frac{1}{x}\pm\cos\frac{1}{x}\right| &= \sqrt{2}\left|\frac{\sqrt{2}}{2}\sin\frac{1}{x}\pm\frac{\sqrt{2}}{2}\cos\frac{1}{x}\right| \\ &= \sqrt{2}\left|\sin\frac{1}{x}\sin\frac{\pi}{4}\pm\cos\frac{1}{x}\cos\frac{\pi}{4}\right| \\ &= \left|\cos\left(\frac{1}{x}\mp\frac{\pi}{4}\right)\right|\leqslant\sqrt{2}\end{aligned}$$

所以 $f'(x)\geqslant 0$(当 $x>0$), 以及 $f'(x)\leqslant 0$(当 $x<0$), 从而 f 在任何 $x\neq 0$ 处不出现局部极值. 又因为当 $x\neq 0$ 时 $f(x)>0=f(0)$, 所以在 $x=0$ 处 f 有最小值(整体极小值)0. □

5.3 求函数

$$f(x)=\frac{1}{1+|x|}+\frac{1}{1+|x-1|}$$

在 $\mathbb{R}$ 上的最大值和最小值.

解 当 $x>1$ 时

$$f(x)=\frac{1}{1+x}+\frac{1}{1+x-1}=\frac{1}{1+x}+\frac{1}{x}$$

$$f'(x)=-\frac{1}{(1+x)^2}-\frac{1}{x^2}<0$$

因此 $f(x)<f(1)=3/2$.

当 $0<x<1$ 时

$$f(x)=\frac{1}{1+x}+\frac{1}{1-x+1}=\frac{1}{1+x}+\frac{1}{2-x}$$

$$f'(x) = -\frac{1}{(1+x)^2} + \frac{1}{(2-x)^2}$$

于是 $f'(1/2) = 0$; $f'(x) < 0$(当 $0 < x < 1/2$); $f'(x) > 0$(当 $1/2 < x < 1$). 因此 $f(1/2) = 4/3$ 是函数 f 的局部极小值.

当 $x < 0$ 时

$$f(x) = \frac{1}{1-x} + \frac{1}{1-x+1} = \frac{1}{1-x} + \frac{1}{2-x}$$

$$f'(x) = \frac{1}{(1-x)^2} + \frac{1}{(2-x)^2} > 0$$

因此 $f(x) < f(0) = 3/2$.

合起来可知 $f(0) = f(1) = 3/2$ 是函数 f 在 $\mathbb{R}$ 上的最大值 (整体极大值). 又因为

$$\lim_{x \to +\infty} f(x) = \lim_{x \to -\infty} f(x) = 0$$

并且对于所有 $x \in \mathbb{R}$, $f(x) > 0$, 所以 $f(x)$ 在 $\mathbb{R}$ 上的下确界为 0, 但没有最小值 (整体极小值). □

5.4 求函数 $f(x) = 2^x + 2^{-1/x}$ $(x > 0)$ 的最大值.

解 这里给出一简一繁两个解法.

解法 1 (i) 因为 $f(1) = 1, f(x) = f(1/x)$, 所以我们只须证明当 $x > 1$ 时 $f(x) < 1$, 即可得知 $f(x)$ 当 $x > 0$ 时有最大值 1. 为此, 我们来证明: 当 $x > 1$ 时

$$\frac{1}{2^{1/x}} < 1 - \frac{1}{2^x}$$

(ii) 我们首先考虑 $x \geqslant 2$ 的情形. 先来证明

$$1 - \frac{x}{2^x} \geqslant \frac{1}{2} \quad (x \geqslant 2)$$

为此, 令 $g(x) = 2^{x-1} - x$, 则在 $[2, \infty)$ 上 $g'(x) > 0$, 而且 $g(2) = 0$, 因而推出这个不等式. 又由于当 $0 < x < 1$ 且 $\alpha > 1$ 时, $(1-x)^\alpha > 1 - \alpha x$ (在问题 **6.5** 中用 $1-x$ 代 x 即得此不等式; 也可令 $h(t) = (1-x)^\alpha - (1-\alpha x)$, 用微分学方法直接证明), 因而

$$\left(1 - \frac{1}{2^x}\right)^x > 1 - \frac{x}{2^x}$$

由此及刚才所证的不等式，即得

$$\left(1-\frac{1}{2^x}\right)^x > \frac{1}{2}$$

这表明 $x \geqslant 2$ 时 (i) 中所要证的不等式成立.

(iii) 下面设 $1 < x < 2$. 定义函数

$$u(x) = \log f(x) = \log(2^x + 2^{1/x}) - \left(x + \frac{1}{x}\right)\log 2$$

那么 $u(1) = 0$. 我们要证明：当 $x \in (1,2)$ 时 $u(x) < 0$. 由于

$$u'(x) = \log 2 + \log \frac{-2^{1/x} + x^{-2}2^x}{2^x + 2^{1/x}}$$

所以 $u'(x) < 0$, 当且仅当

$$(x^2-1)\log 2 < 2x\log x \quad (x \in (1,2))$$

为证明这个不等式成立，我们令

$$v(x) = (x^2-1)\log 2 - 2x\log x \quad (x \in (1,2))$$

于是

$$v'(x) = 2(x\log 2 - \log x - 1), v''(x) = 2\left(\log 2 - \frac{1}{x}\right)$$

因此当 $x \in (1, 1/\log 2)$ 时 $v''(x) < 0$; 当 $x \in (1/\log 2, 2)$ 时 $v''(x) > 0$. 因为 $v'(1) = v'(2) < 0$, 所以当 $x \in (1,2)$ 时 $v'(x) < 0$. 这就是说，在此区间上 $v(x)$ 单调递减，从而 $v(x) < v(1) = 0$. 于是当 $x \in (1,2)$ 时 $u'(x) < 0$. 由此推出当 $x \in (1,2)$ 时 $u(x) < u(1) = 0$, 也就是 $f(x) < 1$. 于是在 $1 < x < 2$ 的情形 (i) 中所要证的不等式也成立. 于是本题得解.

解法 2 (i) 由 $f'(x) = 0$ 可得极值方程 $2^{-x} = 2^{-1/x} \cdot (1/x^2)$. 这是一个超越方程，它显然有一个解 $x = 1$, 但不知它有无其他解. 我们猜测 $f(x)$ 在 $(0,\infty)$ 上有最大值 $f(1) = 1$. 为此证明：当 $x \in (0,\infty)$ 时 $2^{-x} + 2^{-1/x} \leqslant 1$. 但因为 $f(x) = f(1/x)$, 并且若 x 是最大值点，则 $1/x$ 也是最大值点，所以我们只须证明

$$2^{-x} + 2^{-1/x} \leqslant 1 \quad (x \in (0,1])$$

特别地，最大值点 x 满足方程

$$2^{-x} + 2^{-1/x} = 1$$

(ii) 因为最大值点 x 还满足极值方程 $2^{-x}=2^{-1/x}\cdot(1/x^2)$, 或者 $2^{-1/x}=x^2\cdot 2^{-x}$. 我们在方程 $2^{-x}+2^{-1/x}=1$ 中用 $x^2\cdot 2^{-x}$ 代替 $2^{-1/x}$, 可知最大值点 x 满足方程 $2^{-x}+x^2\cdot 2^{-x}=1$, 也就是 $1+x^2=2^x$. 因此，我们只须证明

$$1+x^2\leqslant 2^x\quad \big(x\in(0,1]\big)$$

并且等式只当 $x=1$ 时成立.

(iii) 令 $g(x)=1+x^2-2^x$. 由于在 $[0,1]$ 上 $g''(x)$ 存在，并且

$$g''(x)=2-(\log 2)^2 2^x>0$$

所以 $g(x)$ 是 $[0,1]$ 上的凸函数. 因为凸函数只在区间端点取得最大值，所以有 (ii) 中的不等式成立，于是 $f(x)$ 在 $(0,\infty)$ 上的最大值等于 1. □

5.5 求函数

$$f(x,y,z)=(x-1)^2+\left(\frac{y}{x}-1\right)^2+\left(\frac{z}{y}-1\right)^2+\left(\frac{4}{z}-1\right)^2$$

在区域 $1\leqslant x\leqslant y\leqslant z\leqslant 4$ 中的最大值和最小值.

解 这里给出四个解法.

解法 1 (i) 先考虑函数

$$\phi(x)=\phi(x;a,b)=\left(\frac{x}{a}-1\right)^2+\left(\frac{b}{x}-1\right)^2\quad (a\leqslant x\leqslant b)$$

其中 $0<a<b$ 为常数. 在其中令 $x=az, b=ac$, 将所得函数记为

$$g(z)=\phi(az;a,ac)=(z-1)^2+\left(\frac{c}{z}-1\right)^2\quad (1\leqslant z\leqslant c)$$

那么 $g'(z)=2(z^4-z^3+cz-c^2)/z^3$. 由 $g'(z)=0$ 得到

$$z^4-z^3+cz-c^c=(z^2-c)(z^2-z+c)=0$$

因为 $1\leqslant z\leqslant c$, 所以 $z^2-z+c>0$, 因而上式有唯一解 $z=\sqrt{c}$(驻点). 因为当 $1\leqslant z\leqslant\sqrt{c}$ 时 $g'(z)\leqslant 0$, 当 $\sqrt{c}\leqslant z\leqslant c$ 时 $g'(z)\geqslant 0$, 所以 $z=\sqrt{c}$ 是 $g(z)$ 的唯一的局部极小值点. 比较端点值

$$g(1)=g(c)=(c-1)^2=(\sqrt{c}+1)^2(\sqrt{c}-1)^2>2(\sqrt{c}-1)^2=g(\sqrt{c})$$

因此

$$\min_{1\leqslant z\leqslant c} g(z)=g(\sqrt{c})$$

与函数 g 的最小值点 $z=\sqrt{c}$ 相对应, 函数 ϕ 的最小值点 $x=a\cdot\sqrt{c}=a\cdot\sqrt{b/a}=\sqrt{ab}$, 于是我们有

$$\min_{a\leqslant x\leqslant b}\phi(x)=\phi(\sqrt{ab})$$

(ii) 因为题中的函数 $f(x,y,z)$ 定义在闭域上且下有界，所以最小值 m 存在. 若最小值点是 (x_0,y_0,z_0), 则

$$(x_0-1)^2+\left(\frac{y_0}{x_0}-1\right)^2=m-\left(\frac{z_0}{y_0}-1\right)^2-\left(\frac{4}{z_0}-1\right)^2$$

将上式右边的式子记作 m_0, 并令

$$f_0(x)=(x-1)^2+\left(\frac{y_0}{x}-1\right)^2$$

那么必定

$$\min_{1\leqslant x\leqslant y_0} f_0(x)=m_0$$

因若不然，则存在点 $x_0^*\in[1,y_0]$, 使得

$$f_0(x_0^*)=m_0^*<m_0$$

于是

$$\begin{aligned}
f(x_0^*,y_0,z_0) &= m_0^*+\left(\frac{z_0}{y_0}-1\right)^2+\left(\frac{4}{z_0}-1\right)^2\\
&< m_0+\left(\frac{z_0}{y_0}-1\right)^2+\left(\frac{4}{z_0}-1\right)^2\\
&= m
\end{aligned}$$

这与 m 的定义矛盾. 因此上述结论成立.

(iii) 因为 $f_0(x)=\phi(x;1,y_0)$, 所以由 (i) 中的结果推出

$$x_0=\sqrt{1\cdot y_0}$$

用类似的推理，由函数 $\phi(y;x,z)$ 和 $\phi(z;y,4)$ 可以得到

$$y_0=\sqrt{x_0\cdot z_0}, z_0=\sqrt{4y_0}$$

由上列三式解出

$$x_0=\sqrt{2}, y_0=2, z_0=2\sqrt{2}$$

于是函数 f 在所给区域中的最小值

$$=f(\sqrt{2},2,2\sqrt{2})=4(\sqrt{2}-1)^2=12-8\sqrt{2}$$

解法 2 所给区域是一个四面体 $ABCD$ 的内部 (含表面). 它的四个顶点的坐标是

$$A(1,1,1),B(1,1,4),C(1,4,4),D(4,4,4)$$

它的表面 ABC 和 BCD 分别在平面 $x=1$ 和 $z=4$ 上，表面 ABD 和 ACD 分别在平面 $x=y$ 和 $y=z$ 上. 这是一个闭域，因此函数有最小值.

(i) 求驻点. 我们算出

$$\begin{aligned}\frac{\partial f}{\partial x}&=2(x-1)+2\left(\frac{y}{x}-1\right)\left(-\frac{y}{x^2}\right)\\&=\frac{2}{x^2}(x^2-y)(x^2+y-x)\\\frac{\partial f}{\partial y}&=2\left(\frac{y}{x}-1\right)\cdot\frac{1}{x}+2\left(\frac{z}{y}-1\right)\left(-\frac{z}{y^2}\right)\\&=\frac{2}{x^2y^2}(y^2-xz)(y^2+xz-xy)\\\frac{\partial f}{\partial z}&=2\left(\frac{z}{y}-1\right)\cdot\frac{1}{y}+2\left(\frac{4}{z}-1\right)\left(-\frac{4}{z^2}\right)\\&=\frac{2}{y^2z^2}(z^2-4y)(z^2+4y-yz)\end{aligned}$$

由题设条件 $1\leqslant x\leqslant y\leqslant z\leqslant 4$ 可知

$$x^2+y-x>0,y^2+xz-xy>0,z^2+4y-yz>0$$

所以方程组

$$\frac{\partial f}{\partial x}=0,\frac{\partial f}{\partial y}=0,\frac{\partial f}{\partial z}=0$$

有唯一的一组正解，它们由

$$x=\sqrt{y},y=\sqrt{xz},z=\sqrt{2y}$$

确定，于是得到函数 f 在四面体 $ABCD$ 内唯一的驻点

$$(x,y,z)=(\sqrt{2},2,2\sqrt{2})$$

而相应的函数值

$$f(\sqrt{2},2,2\sqrt{2})=4(\sqrt{2}-1)^2=12-8\sqrt{2}$$

(ii) 计算在边界上函数 f 的可能的局部极值.

在面 ABC 上 (位于平面 $x=1$ 上), 函数 f 取下列形式

$$g(y,z)=f(1,y,z)=(y-1)^2+\left(\frac{z}{y}-1\right)^2+\left(\frac{4}{z}-1\right)^2$$

并且满足条件 $1\leqslant y\leqslant z\leqslant 4$. 由

$$\frac{\partial g}{\partial y}=0,\frac{\partial g}{\partial z}=0$$

得到方程组

$$(y^2-z)(y^2-y+z)=0$$
$$(z^2-4y)(z^2+4y-yz)=0$$

由条件 $1\leqslant y\leqslant z\leqslant 4$ 可知 $y^2-y+z>0,z^2+4y-yz>0$, 所以 $y^2=z,z^2=4y$, 我们得到函数 g 的唯一的驻点 $(y,z)=(\sqrt[3]{4},2\sqrt[3]{2})$. 而相应的函数值

$$f(1,\sqrt[3]{4},2\sqrt[3]{2})=g(\sqrt[3]{4},2\sqrt[3]{2})=3+2\sqrt[3]{2}$$

在面 BCD 上 (位于平面 $z=4$ 上), 函数 f 取下列形式

$$h(y,z)=f(x,y,4)=(x-1)^2+\left(\frac{y}{x}-1\right)^2+\left(\frac{4}{y}-1\right)^2$$

并且满足条件 $1\leqslant x\leqslant y\leqslant 4$. 与刚才类似地求出 (实际上, 只须将刚才计算中分别用 x,y 代 y,z)

$$f(\sqrt[3]{4},2\sqrt[3]{2},4)=h(\sqrt[3]{4},2\sqrt[3]{2})=3+2\sqrt[3]{2}$$

在面 ABD 上 (位于平面 $x=y$ 上), 函数 f 取下列形式

$$u(y,z)=f(y,y,z)=(y-1)^2+\left(\frac{z}{y}-1\right)^2+\left(\frac{4}{z}-1\right)^2$$

并且满足条件 $1\leqslant y\leqslant z\leqslant 4$. 这与上述在面 ABC 上 (平面 $x=1$ 上) 的情形是一样的.

在面 ACD 上 (位于平面 $y=z$ 上), 函数 f 取下列形式

$$v(x,y)=f(x,y,y)=(x-1)^2+\left(\frac{y}{x}-1\right)^2+\left(\frac{4}{y}-1\right)^2$$

并且满足条件 $1\leqslant x\leqslant y\leqslant 4$. 这与上述在面 BCD 上 (平面 $z=4$ 上) 的情形是一样的.

在棱 AB 上，$x=1,y=1$, 函数 f 取下列形式

$$e(z)=f(1,1,z)=(z-1)^2+\left(\frac{4}{z}-1\right)^2 \quad (1\leqslant z\leqslant 4)$$

函数 e 在区间 $(1,4)$ 中有唯一的驻点 $z=2$, 相应的函数值

$$f(1,1,2)=e(2)=2$$

类似地求出：在棱 BC 上，$f(1,y,4)\,(1\leqslant y\leqslant 4)$ 有唯一的驻点 $y=2$, 相应的函数值

$$f(1,2,4)=2$$

在棱 CD 上，$f(x,4,4)\,(1\leqslant x\leqslant 4)$ 有唯一的驻点 $x=2$, 相应的函数值

$$f(2,4,4)=2$$

在棱 AD 上，$f(x,x,x)\,(1\leqslant x\leqslant 4)$ 有唯一的驻点 $x=2$, 相应的函数值

$$f(2,2,2)=2$$

最后，计算 f 在四面体 $ABCD$ 的顶点上的值. 我们有

$$f(1,1,1)=f(1,1,4)=f(1,4,4)=f(4,4,4)=9$$

(iii) 由于 (ii) 中所有函数值 (无论它们是否为局部极值) 都 $>12-8\sqrt{2}=f(\sqrt{2},2,2\sqrt{2})$, 因此所求的函数 f 的最小值是 $f(\sqrt{2},2,2\sqrt{2})=2-8\sqrt{2}$.

解法 3 作代换

$$a=x,b=\frac{y}{x},c=\frac{z}{y},d=\frac{4}{z}$$

则函数 f 可表示为

$$g(a,b,c,d)=(a-1)^2+(b-1)^2+(c-1)^2+(d-1)^2$$

其中 $1\leqslant a,b,c,d\leqslant 4$, 并且满足约束条件 $abcd=4$. 引入 Lagrange 乘子 λ, 考虑函数

$$G(a,b,c,d,\lambda)=(a-1)^2+(b-1)^2+(c-1)^2+(d-1)^2+\lambda(abcd-4)$$

我们由 $\partial G/\partial a=0,\cdots,\partial G/\partial\lambda=0$ 得到

$$2(a-1)+\lambda bcd=0,2(b-1)+\lambda acd=0$$
$$2(c-1)+\lambda abd=0,2(d-1)+\lambda abc=0,abcd-4=0$$

因此推出

$$2a(a-1)+\lambda abcd=2a(a-1)+4\lambda=0, a(a-1)=-2\lambda$$

类似地，$b(b-1)=c(c-1)=d(d-1)=-2\lambda$. 于是

$$a(a-1)=b(b-1), (a-b)(a+b-1)=0$$

因为 $a+b-1>0$, 所以 $a=b$. 类似地，$a=b=c=d$. 由此及 $abcd=4$ 可得

$$a=b=c=d=\sqrt[4]{4}=\sqrt{2}$$

从而

$$x=\sqrt{2}, y=2, z=2\sqrt{2}$$

并且 $f(\sqrt{2},2,2\sqrt{2})=4(\sqrt{2}-1)$. 由于在边界上 a,b,c,d 中只有一个等于 4, 其余都等于 1, 所以 f 的边界值 $=9>4(\sqrt{2}-1)$, 因而 f 有最小值 $4(\sqrt{2}-1)$.

解法 4　令

$$a=x-1, b=\frac{y}{x}-1, c=\frac{z}{y}-1, d=\frac{4}{z}-1$$

由算术 - 几何平均不等式得

$$a^2+b^2+c^2+d^2\geqslant 4\sqrt[4]{a^2b^2c^2d^2}$$

并且等式当且仅当 $a^2=b^2=c^2=d^2$ 时成立. 由此不难得到结果 (细节由读者完成). □

5.6　用下式定义 $D=[0,1]\times[0,1]$ 上的函数

$$f(x,y)=\begin{cases}x(1-y), & \text{当 } x\leqslant y\\ y(1-x), & \text{当 } x>y\end{cases}$$

求 $f(x,y)$ 在 D 上的最大值和最小值.

解　令

$$g(x,y)=x(1-y), h(x,y)=y(1-x), (x,y)\in D$$

那么 $f(x,y)=\min\left(g(x,y),h(x,y)\right)$. 因为在 D 上函数 g,h 连续，所以函数 f 也连续. 又因为 D 是闭集，所以 f 在 D 上取得最大值和最小值. 由于 f 在 D 的

边界上为 0, 在 D 的内部严格大于 0, 所以 $f(x)$ 在 D 上的最小值 $=0$, 而最大值在 D 的内部达到.

设 $(x,y)\in D$. 若 $x\leqslant y$, 则 $x(1-y)\leqslant y(1-y)$; 若 $x\geqslant y$, 则 $y(1-x)\leqslant x(1-x)$. 故 f 的最大值在正方形 D 的连接点 $(0,0)$ 和 $(1,1)$ 的对角线上达到. 依算术 - 几何平均不等式, 函数 $d(t)=t(1-t)$ 在 $t=1-t$ 也就是 $t=1/2$ 时值最大, 因此 $f(x)$ 在 D 上的最大值为 $d(1/2,1/2)=1/4$. □

5.7 求函数 $f(x,y,z)=x^2+y^2+(z-1)^2$ 在约束条件

$$3x^2-2xy+2y^2-2x-6y+7=0$$

下的最值.

解 我们给出三个解法, 其中第二个是纯几何解法, 比较直观, 第三个不应用微积分, 即所谓初等方法.

解法 1 我们在约束条件

$$3x^2-2xy+2y^2-2x-6y+7=0$$

(这是一个柱面方程) 下确定函数

$$f(x,y,z)=x^2+y^2+(z-1)^2$$

的最值. 设 λ 为 Lagrange 乘子, 令

$$F(x,y,z,\lambda)=x^2+y^2+(z-1)^2-\lambda(3x^2-2xy+2y^2-2x-6y+7)$$

由 $\partial F/\partial x=0,\partial F/\partial y=0,\partial F/\partial z=0$, 得到

$$2x+\lambda(6x-2y-2)=0, 2y+\lambda(-2x+4y-6)=0, 2(z-1)=0$$

若 $6x-2y-2=0$, 则由上面第一个方程解出 $x=0,y=-1$, 但这组值不满足约束条件, 且由上面第三个方程知 $z=1$, 因此点 $(0,-1,1)$ 不在所给的柱面上. 同样, 若 $-2x+4y-6=0$, 则由上面第二个方程也导出类似情形. 我们定义集合

$$\begin{aligned}S &= \{(x,y,z)\in\mathbb{R}^3 \mid 6x-2y-2=0,-2x+4y-6=0\}\\ &= \{(1,2,z)\mid z\in\mathbb{R}\}\end{aligned}$$

那么容易验证 S 含在约束集中.

现在设

$$6x-2y-2\neq 0, -2x+4y-6\neq 0$$

那么由上面三个方程中的第一个和第二个推出

$$\frac{2x}{6x-2y-2}=\frac{2y}{-2x+4y-6}\ (=\lambda)$$

因此

$$x^2+xy-y^2+3x-y=0$$

将它乘以 2, 然后与约束方程相加，得到

$$5x^2+4x-8y+7=0$$

于是 $y=(5x^2+4x+7)/8$. 将此式代入约束方程，我们得到

$$5(x-1)^2\big(5(x+1)^2+16\big)=0$$

由此求得 $x=1$, 从而 $y=2$. 但 $(1,2,z)\in S$, 这与假设

$$6x-2y-2\neq 0, -2x+4y-6\neq 0$$

矛盾. 这表明极值点不可能含在集合 S 外.

为了在 S 中寻找极值点，我们可以考虑在约束条件

$$6x-2y-2=0, -2x+4y-6=0$$

下求函数 $f(x,y,z)$ 的极值问题. 但下列方法更简单：在集合 S 中点的坐标 $x=1,y=2$, 所以目标函数

$$f(x,y,z)=f(1,2,z)=5+(z-1)^2$$

显然它有极小值 5(当 $z=1$). 因为约束方程表示三维空间中的柱面，所以可以判断 5 是函数 f 的最小值，在点 $(1,2,1)$ 处达到，并且没有最大值.

解法 2 (i) 我们将空间坐标系的原点 $(0,0,0)$ 平移到点 $(0,0,1)$, 并且考察平移后得到的坐标面 Oxy(我们在此仍然用 (x,y) 表示这个二维空间的点的坐标而不会引起混淆). 因为原约束方程不含 z, 所以此时其形式不变 (但将它的几何意义理解为平面曲线), 原目标函数 f 则成为 $g(x,y)=x^2+y^2$. 于是原问题等价于求二维平面 Oxy 上，原点 $(0,0)$ 与平面曲线

$$3x^2-2xy+2y^2-2x-6y+7=0$$

上的点间的距离的最值.

(ii) 我们知道，一般二次平面曲线

$$ax^2+2bxy+cy^2+2dx+2ey+f=0$$

的中心 (x_0,y_0) 由方程组

$$ax_0+by_0+d=0, bx_0+cy_0+e=0$$

确定，因此 (i) 中所说的二次曲线的中心是 $(1,2)$. 在 Oxy 平面上作平移变换

$$x=X+1, y=Y+2$$

那么上述二次曲线在新坐标系下有方程

$$3X^2-2XY+2Y^2=0$$

而函数 g 成为

$$G(X,Y)=(X+1)^2+(Y+2)^2$$

我们将方程 $3X^2-2XY+2Y^2=0$ 配方为

$$(3X-Y)^2+5Y^2=0$$

可见二元二次方程

$$3x^2-2xy+2y^2-2x-6y+7=0$$

表示退化二次曲线，亦即 (坐标系 OXY 中的) 单个点 $(0,0)$. 于是函数 $G(X,Y)$ 有极小值也是最小值 $G(0,0)=5$. 回到原来的三维空间，可知题中所给约束方程

$$3x^2-2xy+2y^2-2x-6y+7=0$$

表示退化柱面 $\{(1,2,z) \mid z\in\mathbb{R}\}$, 即通过点 $(1,2,0)$ 与 z 轴平行的直线. 于是非常明显地看出: 要求的最值等于原点 $(0,0,0)$ 与点 $(1,2,0)$ 间距离的平方即 5, 并且是最小值，而没有最大值.

解法 3 约束方程可写成

$$2y^2-(2x+6)y+(3x^2-2x+7)=0$$

作为 x 的二次方程，它有实根，因而它的判别式

$$\big(-(2x+6)\big)^2-4\cdot2\cdot(3x^2-2x+7)\geqslant0$$

也就是

$$-5(x-1)^2 \geqslant 0$$

因此 $x=1$, 由此算出 $y=2$(二重根). 于是得知原问题的约束集是

$$S=\{(1,2,z) \mid z \in \mathbb{R}\}$$

从而得到

$$f(x,y,z)=x^2+y^2+(z-1)^2=5+(z-1)^2$$

有极小值 5(当 $z=1$). 由几何的考虑， 5 是要求的最小距离. □

5.8 设 $a>b>c>0$, 求函数

$$f(x,y,z)=(ax^2+by^2+cz^2)\exp(-x^2-y^2-z^2)$$

的全部极值.

解 我们有

$$\begin{aligned}
\frac{\partial f}{\partial x}&=2x\exp(-x^2-y^2-z^2)\big(a-(ax^2+by^2+cz^2)\big)\\
\frac{\partial f}{\partial y}&=2y\exp(-x^2-y^2-z^2)\big(b-(ax^2+by^2+cz^2)\big)\\
\frac{\partial f}{\partial z}&=2z\exp(-x^2-y^2-z^2)\big(c-(ax^2+by^2+cz^2)\big)
\end{aligned}$$

由 $\partial f/\partial x=0$, 等等，得到

$$\begin{aligned}
x=0 \quad &\text{或} \quad a=ax^2+by^2+cz^2\\
y=0 \quad &\text{或} \quad b=ax^2+by^2+cz^2\\
z=0 \quad &\text{或} \quad c=ax^2+by^2+cz^2
\end{aligned}$$

由此我们得到 2^3 个不同的三元方程组.

由 $x=0,y=0,z=0$ 得到驻点 $(0,0,0)$. 因为 $a,b,c>0$, 所以 f 在 $\mathbb{R}^3$ 上非负，从而 $(0,0,0)$ 是极小值点，极小值 $=0$.

若上述三元方程组的解 (x,y,z) 只有两个坐标为零，例如 $y=z=0$, 那么它由三元方程组

$$a=ax^2+by^2+cz^2, y=0, z=0$$

产生，于是得到驻点 $(\pm1,0,0)$. 类似地还有 $(0,\pm1,0)$ 和 $(0,0,\pm1)$.

若上述三元方程组的解 (x,y,z) 只有一个坐标为零，例如 $x=0$, 那么它由三元方程组

$$x=0, b=ax^2+by^2+cz^2, c=ax^2+by^2+cz^2$$

产生，于是 $b=c$, 这与题设条件矛盾，因此这种驻点不可能出现. 同理，坐标全不为零的驻点也不可能出现.

总之, 一共有 7 个驻点. 除 $(0,0,0)$ 外, 我们逐个考察驻点 $(\pm1,0,0)$, $(0,\pm1,0)$ 和 $(0,0,\pm1)$. 为此计算二阶偏导数，例如

$$\begin{aligned} a_{11} &= \frac{\partial^2 f}{\partial x^2} = 2\exp(-x^2-y^2-z^2)\big(a-(5ax^2+by^2+cz^2)+ \\ &\quad 2x^2(ax^2+by^2+cz^2)\big) \end{aligned}$$

$$a_{12}=\frac{\partial^2 f}{\partial x\partial x}=-4xy\exp(-x^2-y^2-z^2)\big((a+b)-(ax^2+by^2+cz^2)\big)$$

等等 (其余的偏导数 $a_{22},a_{33},a_{13},\cdots$ 形式与以上二式类似，只是某些字母轮换).

对于点 $(\pm1,0,0)$, 对应的 Hesse 矩阵是

$$\begin{pmatrix} -4a\mathrm{e}^{-1} & 0 & 0 \\ 0 & 2(b-a)\mathrm{e}^{-1} & 0 \\ 0 & 0 & 2(c-a)\mathrm{e}^{-1} \end{pmatrix}$$

因为 $a>b>c>0$, 所以矩阵的对角元素全为负数，因而二次形

$$Q(x_1,x_2,x_3)=\sum_{i,j=1}^{3} a_{ij}x_ix_j$$

负定，于是 f 在点 $(\pm1,0,0)$ 有局部极大值 $f(\pm1,0,0)=a\mathrm{e}^{-1}$.

对于点 $(0,\pm1,0)$ 和 $(0,0,\pm1)$, 对应的 Hesse 矩阵分别是

$$\begin{pmatrix} 2(a-b)\mathrm{e}^{-1} & 0 & 0 \\ 0 & -4b\mathrm{e}^{-1} & 0 \\ 0 & 0 & 2(c-b)\mathrm{e}^{-1} \end{pmatrix}$$

和

$$\begin{pmatrix} 2(a-c)\mathrm{e}^{-1} & 0 & 0 \\ 0 & -2(b-c)\mathrm{e}^{-1} & 0 \\ 0 & 0 & -4c\mathrm{e}^{-1} \end{pmatrix}$$

它们的对角元素的符号分别是正、负、负，以及正、正、负. 因而上述二次形不定，于是 f 在此四点没有局部极值.

合起来，我们得到：f 在 $(0,0,0)$ 取极小值 (也是最小值)0, 在点 $(\pm1,0,0)$ 有极大值 (也是最大值)$a\mathrm{e}^{-1}$. □

5.9 求函数 $f(x,y,z)=xyz(x+y+z-1)$ 在 $\mathbb{R}^3$ 上的所有极值.

解 我们由

$$\frac{\partial f}{\partial x}=yz(2x+y+z-1)=0$$
$$\frac{\partial f}{\partial y}=xz(2x+2y+z-1)=0$$
$$\frac{\partial f}{\partial z}=xy(2x+y+2z-1)=0$$

得到三种类型的解：

(A) 一个坐标任意，另两个坐标为 0, 即

$$(x,0,0)(x\in\mathbb{R});\ (0,y,0)(y\in\mathbb{R});\ (0,0,z)(z\in\mathbb{R})$$

(B) 两个坐标非 0, 另一个坐标为 0, 即

$$(0,y,z)(y,z\neq 0);\ (x,0,z)(x,z\neq 0);\ (x,y,0)(x,y\neq 0)$$

(C) 三个坐标全不为 0, 那么我们求出解是 $(1/4,1/4,1/4)$.

我们还算出

$$a_{11}=\frac{\partial^2 f}{\partial^2 x}=2yz, a_{22}=2xz, a_{33}=2xy$$

以及

$$a_{12}=a_{21}=\frac{\partial^2 f}{\partial x\partial y}=2xz+2yz+z^2-z$$
$$a_{13}=a_{31}=2xy+2yz+y^2-y$$
$$a_{23}=a_{32}=2xy+2xz+x^2-x$$

对于 (A) 型解，例如点 $(x,0,0)(x\in\mathbb{R})$,Hasse 矩阵是

$$(x^2-x)\begin{pmatrix}0&0&0\\0&0&1\\0&1&0\end{pmatrix}$$

当 $x \neq 0,1$ 时，行列式

$$\det(a_{11}) = \det(a_{i,j})_{1\leqslant i,j\leqslant 2} = \det(a_{i,j})_{1\leqslant i,j\leqslant 3} = 0$$

对应的二次型不定；实际上，此时

$$Q(x_1,x_2,x_3) = 2(x^2-x)x_2x_3$$

可取正值也可取负值. 因而它们不是极值点. 当 $x=0$ 时，对于充分小的 $\delta>0$，我们取 t 满足 $0<t<1/3$ 及 $3t^2<\delta^2$，那么点 (t,t,t) 和 $(t,-t,t)$ 含在以原点为中心、δ 为半径的球中，并且

$$f(t,t,t)<0, f(t,-t,t)>0$$

而 $f(0,0,0)=0$, 因此 $(0,0,0)$ 不是极值点. 当 $x=1$ 时, 我们取 t 满足 $0<2t^2<\delta^2$ 那么点 $(1,t,t)$ 和 $(1,-t,-t)$ 含在以 $(1,0,0)$ 为中心 δ 为半径的球中，并且

$$f(1,t,t)>0, f(1,-t,-t)<0$$

而 $f(1,0,0)=0$, 因此 $(1,0,0)$ 也不是极值点.

如果我们不应用二次型，当 $x\neq 0,1$ 时，取 t 满足 $0<2|t|<|x-1|$ 以及 $2t^2<\delta^2$, 那么点 (x,t,t) 和 $(x,t,-t)$ 都在以 $(x,0,0)$ 为中心、δ 为半径的球中, 并且 $f(x,t,t)=xt^2(x+2t-1)$ 与 $f(x,t,-t)=-xt^2(x-1)$ 反号，而 $f(x,0,0)=0$. 因此也推出 $(x,0,0)\,(x\neq 0,1)$ 不是极值点.

类似地可知，(A) 型解都不是极值点.

对于 (B) 型解，例如点 $(0,y,z)(y,z\neq 0)$, 由 $yz(2x+y+z-1)=0$ 可知 $y+z=1$, 从而 $y,z\neq 1$.Hasse 矩阵是

$$-(y^2-y)\begin{pmatrix}2 & 1 & 1\\ 1 & 0 & 1\\ 1 & 1 & 0\end{pmatrix}$$

注意 $y^2-y\neq 0$, 我们可推出行列式 $\det(a_{11})$ 与 y^2-y 反号， $\det(a_{i,j})_{1\leqslant i,j\leqslant 2}$ 与 y^2-y 同号, $\det(a_{i,j})_{1\leqslant i,j\leqslant 3}=0$, 因此上述二次型不定, 从而得知 $(0,y,z)(y,z\neq 0)$ 不是极值点.

如果我们不应用二次型，当 $y,z\neq 0, y+z=1$ 时，取 t 满足 $0<|t|<\min(|y|,|z|)$ 以及 $3t^2<\delta^2$, 那么 $(\pm t, y+t, z+t)$ 都含在以 $(0,y,z)$ 为中心、δ 为半径的球中，并且因为

$$\left|y+\frac{1}{2}t\right| \geqslant |y|-\frac{1}{2}|t| = |y|-|t|+\frac{1}{2}|t| > \frac{1}{2}|t|$$

因此

$$\left(y+\frac{1}{2}\right)^2 > \frac{1}{4}t^2, y^2+yt>0, y(y+t)>0$$

亦即 $y+t$ 与 y 同号. 类似地, $z+t$ 与 z 同号. 因此 $(y+t)(z+t)$ 与 yz 同号. 由此推出 $f(t,y+t,z+t)=3t^2(y+t)(z+t)$ 与 yz 同号, 同时 $f(-t,y+t,z+t)=-t^2(y+t)(z+t)$ 与 yz 反号. 注意 $f(0,y,z)=0$, 因此 $(0,y,z)(y,z\neq 0)$ 不是极值点.

类似地可知, (B) 型解都不是极值点.

最后, 对于 (C) 型解 $(1/4,1/4,1/4)$,Hasse 矩阵是

$$\frac{1}{16}\begin{pmatrix}2 & 1 & 1\\ 1 & 2 & 1\\ 1 & 1 & 2\end{pmatrix}$$

我们可推出行列式 $\det(a_{11}), \det(a_{i,j})_{1\leqslant i,j\leqslant 2}$ 以及 $\det(a_{i,j})_{1\leqslant i,j\leqslant 3}$ 全为正, 因此上述二次型正定; 实际上, 此时

$$Q(x_1,x_2,x_3)=\frac{1}{16}\left((x_1+y_1)^2+(x_2+x_3)^2+(x_3+x_1)^2\right)$$

因此 $(0,y,z)(y,z\neq 0)$ 是极小值点.

综而言之, f 在 $\mathbb{R}^3$ 上有唯一的极小值点 $(1/4,1/4,1/4)$, 也是最小值点, 最小值等于 $-1/256$. □

5.10 定义函数

$$f(x,y)=\begin{cases}x^2+y^2-2x^2y-\dfrac{4x^6y^2}{(x^4+y^2)^2}, & \text{当 } (x,y)\neq(0,0)\\ 0, & \text{当 } (x,y)=(0,0)\end{cases}$$

证明:

(a) f 在原点 $(0,0)$ 连续.

(b) f 限制在过原点的直线上时, 在 $(0,0)$ 处取严格局部极小值.

(c) $(0,0)$ 不是 f 的局部极小值点.

解 (a) 因为 $4x^4y^2\leqslant(x^4+y^2)^2$, 所以

$$0\leqslant 4x^6y^2/(x^4+y^2)^2\leqslant x^2$$

因此当 $(x,y)\neq(0,0),(x,y)\to(0,0)$ 时，$f(x,y)\to 0=f(0,0)$. 即 f 在 $(0,0)$ 处连续.

(b) 在此给出两个解法.

解法 1 首先，当在直线 $y=kx\,(k\neq 0)$ 上时，令

$$g(x)=f(x,kx)=x^2+k^2x^2-2kx^3-\frac{4k^2x^4}{(x^2+k^2)^2}$$

并且因为 $f(0,0)=0$, 所以上式对于 $x=0$ 也有效. 由此可知

$$g'(0)=0,g''(0)=2(1+k^2)>0$$

于是函数 g 在 $x=0$ 有严格局部极小值.

当在直线 $y=0$ 以及直线 $x=0$ 上时，分别有 $h(x)=f(x,0)=x^2$ 以及 $u(y)=f(0,y)=y^2$. 所以这两种情形中结论显然成立.

解法 2 当 $-\pi/2<\theta\leqslant\pi/2$, 令 $g(t)=g(t;\theta)=f(t\cos\theta,t\sin\theta)$.

显然 $g(0;\theta)=f(0,0)=0$. 于是当 $\theta\neq 0$ 时

$$\begin{aligned}&\frac{g(t;\theta)-g(0;\theta)}{t}\\ =\ &\frac{1}{t}\left(t^2-2t^3\cos^2\theta\sin\theta-\frac{4t^4\cos^6\theta\sin^2\theta}{(t^2\cos^4\theta+\sin^2\theta)^2}\right)\end{aligned}$$

当 $\theta=0$ 时，$\big(g(t;\theta)-g(0;\theta)\big)/t=\big(f(0,0)-g(0;0)\big)/t=0$. 因此无论 $\theta=0$ 或 $\theta\neq 0$, 都有 $g'(0;\theta)=0$.

又当 $t\neq 0$ 时

$$\begin{aligned}g'(t;\theta)\ =\ &2t-6t^3\cos^2\theta\sin\theta-\frac{16t^3\cos^6\theta\sin^2\theta}{(t^2\cos^4\theta+\sin^2\theta)^2}+\\ &\frac{16t^5\cos^{10}\theta\sin^2\theta}{(t^2\cos^4\theta+\sin^2\theta)^3}\end{aligned}$$

所以

$$\begin{aligned}\frac{g'(t;\theta)-g'(0;\theta)}{t}\ =\ &2-6t^2\cos^2\theta\sin\theta-\frac{16t^2\cos^6\theta\sin^2\theta}{(t^2\cos^4\theta+\sin^2\theta)^2}+\\ &\frac{16t^4\cos^{10}\theta\sin^2\theta}{(t^2\cos^4\theta+\sin^2\theta)^3}\end{aligned}$$

因此，类似地可以推出无论 $\theta=0$ 或 $\theta\neq 0$, 都有 $g''(0;\theta)=2$.

由此可知：f 限制在通过 $(0,0)$ 的直线上时，在 $(0,0)$ 处取严格局部极小值.

(c) 令 $h(x)=f(x,x^2)=-x^4$，那么当 x 任意接近 0，亦即 (x,x^2) 任意接近 $(0,0)$ 时 h 取负值，而 $f(0,0)=0$，故得结论. □

5.11 求椭球面

$$\frac{x^2}{96}+y^2+z^2=1$$

上的点与平面 $3x+4y+12z=228$ 的最近和最远距离，并求出达到最值的点.

解 我们给出三个解法，其中 *解法 3* 是纯几何解法.

解法 1 (i) 用 (x,y,z) 和 (ξ,η,ζ) 分别表示所给椭球面和平面上的点，那么目标函数是

$$f(x,y,z,\xi,\eta,\zeta)=(x-\xi)^2+(y-\eta)^2+(z-\zeta)^2$$

约束条件是

$$\begin{gathered}\frac{x^2}{96}+y^2+z^2=1\\ 3\xi+4\eta+12\zeta=228\end{gathered}$$

用 λ,μ 表示 Lagrange 乘子，定义函数

$$\begin{aligned}F(x,y,z,\xi,\eta,\zeta,\lambda,\mu) &= (x-\xi)^2+(y-\eta)^2+(z-\zeta)^2-\\ &\quad \lambda\left(\frac{x^2}{96}+y^2+z^2-1\right)-\mu\left(3\xi+4\eta+12\zeta-228\right)\end{aligned}$$

由 $\partial F/\partial x=0$ 等等得到

$$\begin{gathered}2(x-\xi)-\frac{2\lambda}{96}x=0, 2(x-\eta)-2\lambda y=0\\ 2(x-\zeta)-2\lambda z=0, -2(x-\xi)-3\mu=0\\ -2(y-\eta)-4\mu=0, -2(z-\zeta)-12\mu=0\end{gathered}$$

由上面后三式得到 $d^2=(x-\xi)^2+(y-\eta)^2+(z-\zeta)^2=(169/4)\mu^2$，因此

$$d=\frac{13}{2}\mu$$

(ii) 下面我们来求 μ. 将 (i) 中得到的第一式与第四式相加，可得

$$x=-3\cdot 48\frac{\mu}{\lambda}$$

类似地将其中的第二式与第五式相加，可得

$$y=-2\frac{\mu}{\lambda}$$

将其中的第三式与第六式相加，可得

$$z=-6\frac{\mu}{\lambda}$$

将 x,y,z 的这些表达式代入椭球面方程，我们有

$$\left(\frac{9\cdot 48^2}{96}+4+36\right)\left(\frac{\mu}{\lambda}\right)^2=1$$

于是

$$\frac{\mu}{\lambda}=\pm\frac{1}{16}$$

由此得到

$$(x,y,z)=\left(-3\cdot 48\frac{\mu}{\lambda},-2\frac{\mu}{\lambda}-6\frac{\mu}{\lambda}\right)=\pm\left(9,\frac{1}{8},\frac{3}{8}\right)$$

若 $\mu/\lambda=1/16$, 则将 $(x,y,z)=(9,1/8,3/8)$ 的坐标值分别代入 (i) 中得到的第四式，第五式和第六式，可得

$$\xi=\frac{3\mu+18}{2},\eta=\frac{16\mu+1}{8},\zeta=\frac{48\mu+3}{8}$$

然后将这些表达式代入 $3\xi+4\eta+12\zeta=228$, 可求出

$$\mu=\frac{392}{169}$$

类似地，若 $\mu/\lambda=-1/16$, 则由 $(x,y,z)=(-9,-1/8,-3/8)$ 的坐标值用上法得到

$$\xi=\frac{3\mu-18}{2},\eta=\frac{16\mu-1}{8},\zeta=\frac{48\mu-3}{8}$$

并求出

$$\mu=\frac{520}{169}$$

(iii) 由 (i) 中得到的公式 $d=(13/2)\mu$ 算出

$$d=\frac{196}{13}\quad (\text{当 } \mu=392/169)$$

$$d=20\quad (\text{当 } \mu=520/169)$$

由几何的考虑可知它们分别给出所求的最近距离和最远距离.

(iv) 最后，我们求出达到最值的点的坐标．由 (ii) 已知，当 $\mu/\lambda=\pm 1/16$ 时，椭球面上使 d 达到最值的点是

$$(x,y,z)=\left(-3\cdot 48\frac{\mu}{\lambda},-2\frac{\mu}{\lambda}-6\frac{\mu}{\lambda}\right)=\pm\left(9,\frac{1}{8},\frac{3}{8}\right)$$

它们关于原点对称 (分别记作 Q_1 和 Q_2).

由 $\mu=392/169$ 可得从点 $Q_1(9,1/8,3/8)$ 所作的给定平面的垂线的垂足

$$(\xi,\eta,\zeta)=\left(\frac{3\mu+18}{2},\frac{16\mu+1}{8},\frac{48\mu+3}{8}\right)=\left(\frac{2\,109}{169},\frac{6\,441}{8\cdot 169},\frac{19\,323}{8\cdot 169}\right)$$

它与 Q_1 的距离是 196/13.

由 $\mu=520/169$, 则得从点 $Q_2(-9,-1/8,-3/8)$ 所作的给定平面的垂线的垂足

$$(\xi,\eta,\zeta)=\left(\frac{3\mu-18}{2},\frac{16\mu-1}{8},\frac{48\mu-3}{8}\right)=\left(-\frac{57}{13},\frac{627}{8\cdot 13},\frac{1\,881}{8\cdot 3}\right)$$

它与 Q_2 的距离是 20.

或者：在 (i) 中得到的第四个方程

$$-2(x-\xi)-3\mu=0$$

中令 $x=9,\mu=392/169$, 可算出

$$\xi=x+\frac{3}{2}\mu=9+\frac{3}{2}\cdot\frac{392}{169}=\frac{2\,109}{169}$$

等等 (这也可用来检验我们的数值计算结果).

解法 2 (i) 设 (x_0,y_0,z_0) 是平面 $3x+4y+12z=228$ 上的任意一点，那么平面在该点的法线方程是

$$\frac{X-x_0}{3}=\frac{Y-y_0}{4}=\frac{Z-z_0}{12}$$

其中 (X,Y,Z) 是法线上的点的流动坐标．设法线与题中所给椭球面

$$\frac{x^2}{96}+y^2+z^2=1$$

相交于点 $Q(x,y,z)$, 那么所求距离 d 的平方

$$d^2=(x-x_0)^2+(y-y_0)^2+(z-z_0)^2$$

并且因为点 (x_0, y_0, z_0) 和 $Q(x, y, z)$ 分别在所给平面和椭球面上，所以

$$3x_0 + 4y_0 + 12z_0 = 288$$
$$\frac{x^2}{96} + y^2 + z^2 = 1$$

引进参数 t, 法线方程可写成

$$X = x_0 + 3t, Y = y_0 + 4t, Z = z_0 + 12t$$

注意点 $Q(x, y, z)$ 的坐标满足上述方程，所以

$$\begin{aligned} d^2 &= (x - x_0)^2 + (y - y_0)^2 + (z - z_0)^2 \\ &= (3t)^2 + (4t)^2 + (12t)^2 = 169t^2 \end{aligned}$$

但因为

$$\begin{aligned} 3x_0 + 4y_0 + 12z_0 &= 3(x - 2t) + 4(y - 4t) + 12(z - 12t) \\ &= 3x + 4y + 12z - 169t \end{aligned}$$

以及 $3x_0 + 4y_0 + 12z_0 = 288$, 从而

$$3x + 4y + 12z - 169t = 288$$

于是 $t = (3x + 4y + 12z - 288)/169$, 因此

$$\begin{aligned} d^2 &= 169 \cdot \left((3x + 4y + 12z - 288)/169\right)^2 \\ &= \frac{1}{169}(3x + 4y + 12z - 288)^2 \end{aligned}$$

这就是说，我们的目标函数可取作

$$f(x, y, z) = \frac{1}{169}(3x + 4y + 12z - 288)^2$$

而约束条件是

$$\frac{x^2}{96} + y^2 + z^2 = 1$$

(ii) 用 λ 表示 Lagrange 乘子，定义函数

$$F(x, y, z, \lambda) = \frac{1}{169}(3x + 4y + 12z - 288)^2 - \lambda\left(\frac{x^2}{96} + y^2 + z^2 - 1\right)$$

由 $\partial F/\partial x = 0, \partial F/\partial y = 0, \partial F/\partial z = 0$, 得到

$$\frac{2 \cdot 3}{169}(3x + 4y + 12z - 288) - \lambda \cdot \frac{2x}{96} = 0$$
$$\frac{2 \cdot 4}{169}(3x + 4y + 12z - 288) - \lambda \cdot 2y = 0$$
$$\frac{2 \cdot 12}{169}(3x + 4y + 12z - 288) - \lambda \cdot 2z = 0$$

因为在 (i) 中已知 $3x+4y+12z-228=169t$, 所以由上面三式得到

$$2\cdot 3t-\lambda\cdot\frac{2x}{96}=0, x=3\cdot 96\cdot\frac{t}{\lambda}$$
$$2\cdot 4t-\lambda\cdot 2y=0, y=4\cdot\frac{t}{\lambda}$$
$$12\cdot 2t-\lambda\cdot 2z=0, z=12\cdot\frac{t}{\lambda}$$

将这些 x, y, z 的表达式代入椭球面方程，我们得到

$$\left(\frac{(3t\cdot 96)^2}{96}+4^2+12^2\right)\frac{t^2}{\lambda^2}=1$$

于是 $t/\lambda=\pm 1/32$. 当 $t/\lambda=1/32$ 时

$$x=3\cdot 96\cdot\frac{t}{\lambda}=9, y=\frac{1}{8}, z=\frac{3}{8}$$

相应地算出 $d=196/13$. 类似地，当 $t/\lambda=-1/32$ 时

$$x=-9, y=-\frac{1}{8}, z=-\frac{3}{8}$$

此时 $d=20$. 依问题的实际几何意义可以断定 $d=20$ 及 $d=196/13$ 分别是所求的最远距离和最近距离.

(iii) 现在来计算相应的极值点的坐标. (ii) 中已算出椭球面上满足要求的点 $Q(x,y,z)$ 是 $Q_1(9,1/8,3/8)$ 和 $Q_2(-9,-1/8,-3/8)$. 在 (i) 中已证它们的坐标满足关系式

$$3x+4y+12z-169t=228$$

于是对于点 $Q_1(9,1/8,3/8)$, 可由

$$3\cdot 9+4\cdot\frac{1}{8}+12\frac{3}{8}-169t=228$$

算出 $t=-196/169$, 然后由平面法线的参数方程得到

$$x_0=x-3t=9-3\cdot\left(-\frac{196}{169}\right)=\frac{2\,109}{169}$$
$$y_0=y-4t=\frac{6\,441}{8\cdot 169}, z_0=z-12t=\frac{19\,323}{8\cdot 169}$$

类似地，对于点 $Q_1(9,1/8,3/8)$, 可算出 $t=-20/13$, 以及

$$(x_0,y_0,z_0)=\left(-\frac{57}{13},\frac{627}{8\cdot 13},\frac{1881}{8\cdot 13}\right)$$

解法 3 (i) 设 (α,β,γ) 是椭球面上与所给平面 P_0 距离最近的点 (若平面与椭球面不相交，则它存在且唯一). 将此距离记为 d. 设 P_1 是过 (α,β,γ) 与 P_0 平行的平面. 由于椭球面是凸的，椭球面上除了 (α,β,γ) 外，所有其他的点与平面 P_0 距离都大于 d, 从而它们不可能落在平面 P_0 和 P_1 之间 (不然它们与 P_0 的距离小于 d), 因此 (α,β,γ) 是平面 P_1 与椭球面的唯一的公共点，换言之，P_1 是椭球面在点 (α,β,γ) 处的切面. 对于椭球面上与平面 P_0 距离最远的点，也有同样的结论.

(ii) 所给平面 P_0 的方程是

$$3x+4y+12z=228$$

在椭球面上与平面 P_0 距离最近 (或最远) 的点 (α,β,γ) 处椭球面的切面 P_1 的方程是

$$\frac{\alpha}{96}x+\beta y+\gamma z=1$$

为了 P_0 与 P_1 平行，必须且只须存在参数 $\lambda\neq 0$ 使得

$$\frac{\alpha/96}{3}=\frac{\beta}{4}=\frac{\gamma}{12}=\lambda$$

于是 $\alpha=3\cdot 96\lambda,\beta=4\lambda,\gamma=12\lambda$. 因为 (α,β,γ) 在椭球面上，所以

$$\frac{(3\cdot 96\lambda)^2}{96}+(4\lambda)^2+(12\lambda)^2=1$$

由此解得 $\lambda=\pm 1/32$.

若 $\lambda=1/32$, 则得椭球面上极值点 Q_1 的坐标

$$\alpha=3\cdot 96\lambda=9,\beta=4\lambda=\frac{1}{8},\gamma=12\lambda=\frac{3}{8}$$

若 $\lambda=-1/32$, 则椭球面上极值点 Q_2 的坐标

$$\alpha=-9,\beta=-\frac{1}{8},\gamma=-\frac{3}{8}$$

依平面外一点与平面距离的公式，我们得到：对于点 Q_1 有

$$d=\frac{|3\alpha+4\beta+12\gamma-228|}{\sqrt{3^2+4^2+12^2}}=\frac{196}{13}$$

对于点 Q_1, 有 $d=20$. 这就是所要求的距离的最小和最大值.

(iii) 最后，注意 Q_1 和 Q_2 分别在平面 P_0 的两条法线上，这些法线方程是

$$\frac{x-\alpha}{3}=\frac{y-\beta}{4}=\frac{z-\gamma}{12}$$

令上面的分数等于参数 t, 然后即可与 *解法* 2 同样地求出平面 P_0 上的相应的垂足的坐标. 例如, 对于 Q_1, 首先由

$$\frac{x-9}{3}=\frac{y-1/8}{4}=\frac{z-3\cdot(1/8)}{12}=t$$

求出

$$x=9+3t, y=\frac{1}{8}+4t, z=\frac{3}{8}+12t$$

然后将它们代入 P_0 的方程, 得到

$$27+9t+\frac{1}{2}+16t+\frac{9}{2}+144t=228$$

从而解出 $t=196/169$, 等等 (细节从略). □

5.12 (a) 设 $d\geqslant 1$, 在 $D=[0,1]^d$ 上, 函数 $f(x_1,\cdots,x_d)$ 非负连续, 函数 $g(x_1,\cdots,x_d)$ 非负可积, 则

$$\begin{aligned}&\max_{(x_1,\cdots,x_d)\in D} f(x_1,\cdots,x_d)\\ =\ &\lim_{n\to\infty}\left(\int_0^1\cdots\int_0^1 f^n(x_1,\cdots,x_d)g(x_1,\cdots,x_d)\mathrm{d}x_1\cdots\mathrm{d}x_d\right)^{1/n}\end{aligned}$$

(b) 设

$$I_n=\int_0^1\int_0^1\int_0^1\frac{x^n(1-x)^ny^n(1-y)^nz^n(1-z)^n}{\big(1-(1-xy)z\big)^{n+1}}\mathrm{d}x\mathrm{d}y\mathrm{d}z$$

证明

$$\lim_{n\to\infty}\sqrt[n]{I_n}=(\sqrt{2}-1)^4$$

解 (a) (i) 设 $\mu=\max\limits_{(x_1,\cdots,x_d)\in D} f(x_1,\cdots,x_d)$ 在点 $(x_1^*,\cdots,x_d^*)\in D$ 上达到. 我们有

$$\begin{aligned}J_n&=\left(\int_0^1\cdots\int_0^1 f^n(x_1,\cdots,x_d)g(x_1,\cdots,x_d)\mathrm{d}x_1\cdots\mathrm{d}x_d\right)^{1/n}\\&\leqslant\left(\mu^n\int_0^1\cdots\int_0^1 g(x_1,\cdots,x_d)\mathrm{d}x_1\cdots\mathrm{d}x_d\right)^{1/n}\\&=\mu\left(\int_0^1\cdots\int_0^1 g(x_1,\cdots,x_d)\mathrm{d}x_1\cdots\mathrm{d}x_d\right)^{1/n}\end{aligned}$$

因为对于常数 $\delta>0$, $\lim\limits_{n\to\infty}\delta^{1/n}=1$, 所以我们得到

$$\varlimsup_{n\to\infty} J_n\leqslant\mu$$

(ii) 由于 $f(x_1,\cdots,x_d)$ 是 D 上的非负连续函数, 所以对于给定的 $\varepsilon\in(0,\mu)$, 存在最大值点 $(x_1^*,\cdots,x_d^*)$ 的某个邻域 $\Delta=\prod\limits_{i=1}^{d}[u_i,v_i]\subseteq D$ 使得当 $(x_1,\cdots,x_d)\in\Delta$ 时, $f(x_1,\cdots,x_d)\geqslant\mu-\varepsilon$, 因而

$$
\begin{aligned}
J_n &\geqslant \left(\int_{u_1}^{v_1}\cdots\int_{u_d}^{v_d} f^n(x_1,\cdots,x_d)g(x_1,\cdots,x_d)\mathrm{d}x_1\cdots\mathrm{d}x_d\right)^{1/n}\\
&\geqslant (\mu-\varepsilon)\left(\int_{u_1}^{v_1}\cdots\int_{u_d}^{v_d} g(x_1,\cdots,x_d)\mathrm{d}x_1\cdots\mathrm{d}x_d\right)^{1/n}
\end{aligned}
$$

令 $n\to\infty$, 我们得到

$$
\lim_{n\to\infty} J_n\geqslant\mu-\varepsilon
$$

(iii) 因为 $\varepsilon>0$ 可以任意接于 0, 所以由 (i) 和 (ii) 得到所要的结论.

(b) (i) 令函数

$$
F(x,y,z)=\frac{x(1-x)y(1-y)z(1-z)}{1-(1-xy)z}
$$

那么题中所给积分 I_n 的被积函数等于

$$
\frac{\big(F(x,y,z)\big)^n}{(1-(1-xy)z}
$$

我们首先求函数 $F(x,y,z)$ 在 $[0,1]^3$ 上的最大值. 因为函数 $F(x,y,z)$ 在边界上为零, 所以最大值不可能在边界上达到. 而由

$$
\begin{aligned}
\frac{\partial F}{\partial x}&=\frac{yz(1-y)(1-z)(1-2x-z+2xz-x^2yz)}{(1-z+xyz)^2}=0\\
\frac{\partial F}{\partial y}&=\frac{xz(1-x)(1-z)(1-2y-z+2yz-xy^2z)}{(1-z+xyz)^2}=0\\
\frac{\partial F}{\partial z}&=\frac{xy(1-x)(1-y)(1-2z+z^2-xyz^2)}{(1-z+xyz)^2}=0
\end{aligned}
$$

并注意在 $[0,1]^3$ 上 $x,y,z>0, 1-x,1-y,1-z>0$, 我们得到下列方程组 (我们将此方程组记作 (M))

$$
\begin{aligned}
1-2x-z+2xz-x^2yz=0\\
1-2y-z+2yz-xy^2z=0\\
1-2z+z^2-xyz^2=0
\end{aligned}
$$

从 (M) 中的第二个方程减去第一个方程, 得到

$$
\big(2(1-z)+xyz\big)(x-y)=0
$$

因为此式左边的第一个因子在 $[0,1]^3$ 上不为 0, 所以

$$x = y$$

将此代入 (M) 中的第三个方程，我们得到

$$(1-z)^2 = x^2 z^2$$

由此可推出 $z = 1/(1 \pm x)$, 但因为在 $(0,1)^3$ 上 $0 < x, z < 1, 1/(1-x) > 1$, 所以

$$z = \frac{1}{1+x}$$

现在由 $y = x, z = 1/(1+x)$ 用代入法从 (M) 中的第一个方程中消去变量 y, z, 即得

$$1 - 2x - \frac{1}{1+x} + \frac{2x}{1+x} - \frac{x^3}{1+x} = 0$$

注意在 $[0,1]^3$ 上 $1 + x \neq 0$, 由上述方程得到

$$x(x^2 + 2x - 1) = 0$$

由此我们最终求出函数唯一的极值点 (也是最大值点) 是 $(\sqrt{2}-1, \sqrt{2}-1, \sqrt{2}/2)$. 若简记 $\sigma = \sqrt{2} - 1$, 则

$$\sigma^2 + 2\sigma - 1 = 0, 1 - \sigma = \sigma + \sigma^2 = \sigma(1+\sigma)$$

而最大值点可表示为 $\left(\sigma, \sigma, (1+\sigma)^{-1}\right)$. 于是容易算出函数的最大值是

$$\begin{aligned}
& \frac{\sigma^2(1+\sigma)^{-1}(1-\sigma)^2\left(1-(1+\sigma)^{-1}\right)}{1-(1-\sigma^2)(1+\sigma)^{-1}} \\
= \ & \frac{\sigma^2\left(\sigma(1+\sigma)\right)^2\left((1+\sigma)-1\right)}{(1+\sigma)\left(1-(1-\sigma)\right)(1+\sigma)} \\
= \ & \frac{\sigma^5(1+\sigma)^2}{\sigma(1+\sigma)^2} \\
= \ & \sigma^4 = (\sqrt{2}-1)^4
\end{aligned}$$

(ii) 在本题 (a) 中取

$$f(x,y,z) = F(x,y,z), g(x,y,z) = \frac{1}{1-(1-xy)z}$$

由 (i) 直接得到所要的结果. 或者：因为当 $0 \leqslant x, y, z \leqslant 1$ 时

$$1 - (1-xy)z = 1 - z + xyz \leqslant 2$$

所以

$$
\begin{aligned}
&\frac{1}{2}\int_0^1\int_0^1\int_0^1 \frac{x^n(1-x)^n y^n(1-y)^n z^n(1-z)^n}{(1-(1-xy)z)^n}\mathrm{d}x\mathrm{d}y\mathrm{d}z\\
\leqslant\ & I_n=\int_0^1\int_0^1\int_0^1 \frac{x^n(1-x)^n y^n(1-y)^n z^n(1-z)^n}{(1-(1-xy)z)^{n+1}}\mathrm{d}x\mathrm{d}y\mathrm{d}z\\
\leqslant\ & \max_{0\leqslant x,y,z\leqslant 1}\frac{x^n(1-x)^n y^n(1-y)^n z^n(1-z)^n}{(1-(1-xy)z)^n}\cdot\\
&\int_0^1\int_0^1\int_0^1 \frac{1}{1-(1-xy)z)}\mathrm{d}x\mathrm{d}y\mathrm{d}z
\end{aligned}
$$

注意对于实数 $a>0$, $\lim\limits_{n\to\infty}\sqrt[n]{a}=1$, 由此及本题 (a)(其中取函数 $g=1$) 即得所要结果. □

5.13 证明

$$
\frac{4}{9}(\mathrm{e}-1)<\int_0^1\frac{\mathrm{e}^x\mathrm{d}x}{(x+1)(2-x)}<\frac{1}{2}(\mathrm{e}-1)
$$

解 令

$$
f(x)=\frac{1}{(x+1)(2-x)}\quad(x\in[0,1])
$$

因为在 $[0,1]$ 上 $f'(x)$ 只有一个零点 $x=1/2$, 所以推知 $f(x)$ 在该区间上有最小值 $f(1/2)=4/9$. 最大值在端点取得，等于 $f(0)=f(1)=1/2$. 于是在区间 $(0,1/2)$ 和 $(1/2,1)$ 上，我们有严格不等式

$$
\frac{4}{9}\mathrm{e}^x<\frac{\mathrm{e}^x}{(x+1)(2-x)}<\frac{1}{2}\mathrm{e}^x
$$

分别在区间 $(0,1/2)$ 和 $(1/2,1)$ 上对 x 积分，然后将所得不等式相加，得到

$$
\frac{4}{9}\int_0^1\mathrm{e}^x\mathrm{d}x<\int_0^1\frac{\mathrm{e}^x}{(x+1)(2-x)}\mathrm{d}x<\frac{1}{2}\int_0^1\mathrm{e}^x\mathrm{d}x
$$

由此即得所要的不等式. □

5.14 证明

$$
\frac{\pi}{4\sqrt{4\sqrt{10}+15}}\leqslant\iint_D\frac{\mathrm{d}x\mathrm{d}y}{\sqrt{(x+3y+2)^2+1}}\leqslant\frac{\sqrt{5}\pi}{20}
$$

其中 $D=\{(x,y)\in\mathbb{R}^2\mid x\geqslant 0,y\geqslant 0,x^2+y^2\leqslant 1\}$.

解 (i) 首先求函数 $f(x,y)=x+3y+2$ 在 D 中的最值.

先考虑 D 的内部. 因为

$$\frac{\partial f}{\partial x}=1,\frac{\partial f}{\partial y}=3$$

它们都不为 0, 所以在 D 的内部函数 f 没有驻点.

现在考虑 D 的边界. 在联结点 $O(0,0)$ 和点 $A(1,0)$ 的线段 OA 上, 目标函数是 $g(x)=f(x,0)=x+2\,(x\in[0,1])$, 显然 $x=0$ 是局部极小值点, 局部极小值 $=f(0,0)=2$. 在联结点 $O(0,0)$ 和点 $B(0,1)$ 的线段 OB 上, 目标函数是 $h(y)=f(0,y)=3y+2\,(y\in[0,1])$, 因此 $y=0$ 是局部极小值点, 并且局部极小值 $=f(0,0)=2; y=1$ 是局部极大值点, 并且局部极大值 $=f(0,1)=5$. 最后, 在单位圆弧 AB 上, 我们应用参数 t 将弧上的点表示为 $(\cos t,\sin t)\,(t\in[0,\pi/2])$. 目标函数是

$$\phi(t)=\cos t+3\sin t+2$$

用下式定义 t_0

$$\cos t_0=\frac{1}{\sqrt{1^2+3^2}}=\frac{1}{\sqrt{10}},\sin t_0=\frac{3}{\sqrt{1^2+3^2}}=\frac{1}{\sqrt{10}}$$

那么 $t_0=\arctan 3$, 并且

$$\begin{aligned}\phi(t)&=\sqrt{10}(\cos t_0\cos t+\sin t_0\sin t)+2\\&=\sqrt{10}\cos(t-t_0)+2\quad(t\in[0,\pi/2])\end{aligned}$$

因此当 $t=t_0$ 时, $\phi(t)$ 在区间 $[0,\pi/2]$ 上有最大值 $\phi(t_0)=\sqrt{10}+2$ (对于 f 而言, 仍然是局部极大值).

对于单位圆弧 AB, 也可如下地计算: 由 $\phi'(t)=-\sin t+3\cos t=0$ 推出当 $t=t_0=\arctan 3$ 时 $\phi'(t_0)=0$; 当 $t\in[0,t_0)$ 时 $\phi'(t_0)>0$; 当 $t\in(t_0,\pi/2]$ 时 $\phi'(t_0)<0$. 因此 $f(x,y)$ 在 $(x_0,y_0)=(\cos t_0,\sin t_0)$ 有局部极大值. 因为依 t_0 的定义有 $\sin t_0=3\cos t_0$, 即 $y_0=3x_0$. 于是由恒等式 $\sin^2 t_0+\cos^2 t_0=1$ 得到

$$1=(3\cos t_0)^2+\cos^2 t_0=10\cos^2 t_0=10x_0^2$$

从而 $x_0=1/\sqrt{10}$(注意 $x_0\geqslant 0$), 以及 $y_0=3x_0=3/\sqrt{10}$. 由此得到局部极大值

$$f(x_0,y_0)=x_0+3y_0+2=\sqrt{10}+2$$

综合上述结果我们得知: 函数 $f(x,y)$ 有最小值 $f(0,0)=2$, 以及最大值 $f(x_0,y_0)=\sqrt{10}+2$.

(ii) 依 (i) 中的结果可知：在积分区域 D 上

$$\frac{1}{\sqrt{(\sqrt{10}+2)^2+1}} \leqslant \frac{1}{\sqrt{(x+3y+2)^2+1}} \leqslant \frac{1}{\sqrt{2^2+1}}$$

也就是

$$\frac{1}{\sqrt{4\sqrt{10}+15}} \leqslant \frac{1}{\sqrt{(x+3y+2)^2+1}} \leqslant \frac{1}{\sqrt{5}}$$

因为

$$\iint\limits_D \mathrm{d}x\mathrm{d}y = \frac{\pi}{4}$$

所以得到题中的不等式. □

第 6 章　不等式

提要　本章主要涉及解析不等式，包含三个方面：(i) 常用经典方法的应用，如初等方法 (几何考虑)、微分学方法、凸 (或凹) 函数等 (问题 **6.1～6.7**). (ii) 一些经典不等式的证明,特别地,讨论了简单的最优常数问题(问题 **6.8～6.10**, **6.13**).(iii) 积分不等式 (问题 **6.11～6.15**).

6.1　设 $a_k\,(k=1,2,\cdots,n)$ 是平面上 n 个两两互异的点，$d(a,b)$ 表示平面上两点 a,b 间的距离，记

$$\delta=\min_{1\leqslant i<j\leqslant n} d(a_i,a_j)$$

(a)　证明

$$\prod_{j=2}^{n} d(a_1,a_j)\geqslant\left(\frac{\delta}{3}\right)^{n-1}\sqrt{n!}$$

(b)　若还设点 $a_k\,(k=1,2,\cdots,n)$ 在一条直线上，则

$$\prod_{j=2}^{n} d(a_1,a_j)\geqslant\left(\frac{\delta}{2}\right)^{n-1}(n-1)!$$

(c)　设 $n\geqslant 6$, 证明

$$\sin\frac{\pi}{n}\leqslant\frac{3}{2}\big((n+1)!\big)^{-1/(2n)}$$

解　(a)　(i)　不妨设 (必要时可将点 $a_2,\cdots,a_n$ 重新编号)

$$d(a_1,a_2)\leqslant d(a_1,a_3)\leqslant\cdots\leqslant d(a_1,a_{n-1})\leqslant d(a_1,a_n)$$

以每个点 $a_j\,(j=1,2,\cdots,n)$ 为中心、$\delta/2$ 为半径作圆 C_j. 由 δ 的定义可知，这些圆两两互不相交，并且以点 a_1 为中心、$d(a_1,a_j)+\delta/2$ 为半径的圆 $\mathscr{C}_j$ 包含了 j 个等圆 $C_1,C_2,\cdots,C_j$. 由面积的比较得到

$$\pi\left(d(a_1,a_j)+\frac{\delta}{2}\right)^2\geqslant j\cdot\pi\left(\frac{\delta}{2}\right)^2$$

因此

$$d(a_1,a_j)\geqslant\frac{\sqrt{j}-1}{2}\delta\quad(j=1,2,\cdots,n)$$

(ii) 若 $n \leqslant 8$, 则 $\sqrt{j}/3 < 1\,(1 \leqslant j \leqslant n)$, 因此 $d(a_1, a_j) \geqslant \delta > (\sqrt{j}/3)\delta$, 于是

$$\prod_{j=2}^{n} d(a_1, a_j) > \prod_{j=2}^{n} \frac{\sqrt{j}}{3} \cdot \delta^{n-1} = \left(\frac{\delta}{3}\right)^{n-1} \sqrt{n!} \quad (n \leqslant 8)$$

题中的不等式已成立.

(iii) 若 $n > 8$, 则由 (i) 中的结果可知

$$\prod_{j=9}^{n} d(a_1, a_j) \geqslant \prod_{j=9}^{n} \frac{\sqrt{j} - 1}{2} \cdot \delta^{n-8}$$

因为当 $j \geqslant 9$ 时 $(\sqrt{j} - 1)/2 \geqslant \sqrt{j}/3$, 所以

$$\prod_{j=9}^{n} d(a_1, a_j) \geqslant \sqrt{\prod_{j=9}^{n} j} \cdot \left(\frac{\delta}{3}\right)^{n-8}$$

另外, 依 (ii) 中所证

$$\prod_{j=2}^{8} d(a_1, a_j) \geqslant \left(\frac{\delta}{3}\right)^{7} \sqrt{8!}$$

合起来, 即得

$$\begin{aligned} \prod_{j=2}^{n} d(a_1, a_j) &= \prod_{j=2}^{8} d(a_1, a_j) \cdot \prod_{j=9}^{n} d(a_1, a_j) \\ &\geqslant \left(\frac{\delta}{3}\right)^{7} \sqrt{8!} \cdot \sqrt{\prod_{j=9}^{n} j} \cdot \left(\frac{\delta}{3}\right)^{n-8} \\ &= \left(\frac{\delta}{3}\right)^{n-1} \sqrt{n!} \end{aligned}$$

(b) 如果诸点 a_j 在一条直线上, 那么我们用区间代替圆, 亦即对每个 j 作一个以 a_j 为中点、长度为 δ 的区间 l_j. 类似于 (a) 中的推理可知, 它们两两互不相交, 并且以点 a_1 为中点、长度为 $2d(a_1, a_j) + \delta$ 的区间 $\mathscr{L}_j$ 包含了 j 个等长区间 $l_1, l_2, \cdots, l_j$. 由长度的比较推出

$$d(a_1, a_j) \geqslant \frac{j-1}{2}\delta \quad (j = 1, 2, \cdots, n)$$

将这 n 个不等式相乘即得结果.

(c) 令 $a_1 = (0,0)$, 并取以 a_1 为中心的单位圆的 n 等分点 (共 n 个) 作为 $a_j\,(j = 2, \cdots, n+1)$, 那么

$$\delta = 2\sin\frac{\pi}{n}, d(a_1, a_j) = 1 \quad (j \geqslant 2)$$

由题 (a) 即得结果. □

6.2 设

$$f(\theta)=\sin\theta\sin 2\theta\sin 4\theta\cdots\sin 2^n\theta$$

证明

$$|f(\theta)|\leqslant\frac{2\sqrt{3}}{3}\left|f\left(\frac{\pi}{3}\right)\right|$$

解 令 $A(\theta)=\sin\theta\sin^{\alpha}2\theta$, 我们选取 α 使得函数 $A(\theta)$ 在 $\theta=\pi/3$ 时取得极大值. 因为

$$\frac{\mathrm{d}}{\mathrm{d}\theta}\log A(\theta)=\frac{\mathrm{d}}{\mathrm{d}\theta}(\log\sin\theta+\alpha\log\sin 2\theta)=\cot\theta+2\alpha\cot 2\theta$$

取 $\theta=\pi/3$, 并令

$$\cot\frac{\pi}{3}+2\alpha\cot\frac{\pi}{3}=0$$

即可求得 $\alpha=1/2$. 因为

$$\left|A\left(\frac{\pi}{3}\right)\right|=\left|A\left(\frac{2\pi}{3}\right)\right|$$

所以 $|A(\theta)|$ 在 $\theta=\pi/3,2\pi/3,4\pi/3,8\pi/3,\cdots$ 时取得 (相同的) 最大值. 于是, 若记 $A_k(\theta)=A(2^k\theta)\,(k\geqslant 0)$, 则有

$$|A_k(\theta)|\leqslant\left|A_k\left(\frac{\pi}{3}\right)\right|\quad(k\geqslant 0)$$

还令

$$e_k=\frac{2}{3}\left(1-\left(-\frac{1}{2}\right)^{k+1}\right)\quad(k\geqslant 0)$$

那么 $e_{k-1}/2+e_k=1$, 从而

$$\begin{aligned}|f(\theta)| &= |A_0(\theta)||A_1(\theta)|^{1/2}|A_2(\theta)|^{3/4}\cdot\cdots\cdot\\ &\quad |A_{n-1}(\theta)|^{e_{n-1}}\cdot|\sin 2^n\theta|^{1-e_{n-1}/2}\end{aligned}$$

以及

$$\begin{aligned}\left|f\left(\frac{\pi}{3}\right)\right| &= \left|A_0\left(\frac{\pi}{3}\right)\right|\left|A_1\left(\frac{\pi}{3}\right)\right|^{1/2}\left|A_2\left(\frac{\pi}{3}\right)\right|^{3/4}\cdot\cdots\cdot\\ &\quad \left|A_{n-1}\left(\frac{\pi}{3}\right)\right|^{e_{n-1}}\cdot\left|\sin\left(2^n\frac{\pi}{3}\right)\right|^{1-e_{n-1}/2}\end{aligned}$$

由此得到

$$\begin{aligned}\left|\frac{f(\theta)}{f(\pi/3)}\right| &= \left|\frac{A_0(\theta)}{A_0(\pi/3)}\right|\left|\frac{A_1(\theta)}{A_1(\pi/3)}\right|^{1/2}\left|\frac{A_2(\theta)}{A_2(\pi/3)}\right|^{3/4}\cdot\cdots\cdot \\ &\quad \left|\frac{A_{n-1}(\theta)}{A_{n-1}(\pi/3)}\right|^{e_{n-1}}\cdot\left|\frac{\sin 2^n\theta}{\sin(2^n\pi/3)}\right|^{1-e_{n-1}/2} \\ &\leqslant \left|\frac{\sin 2^n\theta}{\sin(2^n\pi/3)}\right|^{1-e_{n-1}/2} \leqslant \left|\frac{1}{\sin(2^n\pi/3)}\right|^{1-e_{n-1}/2}\end{aligned}$$

若将 2^n 写成 $3u+v$ 的形式 (其中 u 是非负整数，$v=1$ 或 2), 则知 $\sin(2^n\pi/3)=\sin(\pi/3)$ 或 $\sin(2\pi/3)$, 因此由上式推出

$$\left|\frac{f(\theta)}{f(\pi/3)}\right| = \left(\frac{2}{\sqrt{3}}\right)^{1-e_{n-1}/2} \leqslant \frac{2}{\sqrt{3}}$$

于是得到所要的不等式. □

6.3 设 $a_1,a_2,\cdots,a_n$ 是 n 个互不相等的正数，p_k 表示所有的它们中 k 个数的乘积的算术平均，那么

$$p_1 > p_2^{1/2} > p_3^{1/3} > \cdots > p_n^{1/n}$$

解 我们补充定义 $p_0=1$. 令

$$f(x)=(x+a_1)(x+a_2)\cdots(x+a_n)$$

由 p_k 的定义 (它是 $\binom{n}{k}$ 个数的算术平均), 我们有

$$f(x)=x^n+\binom{n}{1}p_1x^{n-1}+\binom{n}{2}p_2x^{n-2}+\cdots+p_n$$

因为 $f(-a_1)=f(-a_2)=0$, 由 Rolle 定理，存在 $\xi_1\in(-a_1,-a_2)$, 使 $f'(\xi_1)=0$. 注意

$$f'(x)=n\left(x^{n-1}+\binom{n-1}{1}p_1x^{n-2}+\binom{n-1}{2}p_2x^{n-3}+\cdots+p_{n-1}\right)$$

所以在题设条件下，方程

$$x^{n-1}+\binom{n-1}{1}p_1x^{n-2}+\binom{n-1}{2}p_2x^{n-3}+\cdots+p_{n-1}=0$$

恰有 $n-1$ 个不相等的实根. 如果我们对 $f(x)$ 求导 $s\,(s<n)$ 次, 那么

$$x^{n-s}+\binom{n-s}{1}p_1x^{n-s-1}+\cdots+p_{n-s}=0$$

恰有 $n-s$ 个不相等的实根. 若以 $n-k-1$ 代 s, 并令 $x=y^{-1}$, 则方程

$$p_{k+1}y^{k+1}+\binom{k+1}{1}p_ky^2+\cdots+\binom{k+1}{2}p_{k-1}y^{k-1}+\cdots+1=0$$

也恰有 $k+1$ 个相等的实根. 对这个方程求导 $k-1$ 次, 并约去常数因子, 可知二次方程

$$p_{k+1}y^2+2p_ky+p_{k-1}=0$$

有两个互异实根, 所以

$$p_k^2>p_{k-1}p_{k+1}\quad(k=1,2,\cdots,n-1)$$

由此推出

$$(p_0p_2)(p_1p_3)^2(p_2p_4)^3\cdots(p_{k-1}p_{k+1})^k<p_1^2p_2^4p_3^6\cdots p_k^{2k}$$

两边约去相同的因子, 即得

$$p_k^{1/k}>p_{k+1}^{1/(k+1)}\quad(k=1,2,\cdots,n-1)$$

或者: 在 $p_k^2>p_{k-1}p_{k+1}$ 中令 $k=1$ 得 $p_1^2>p_2$, 于是得到 $p_2^{1/2}<p_1$. 类似地, 令 $k=2$ 可推出 $p_2^2>p_1p_3>p_2^{1/2}p_3$, 于是得到 $p_3^{1/3}<p_2^{1/2}$. 令 $k=3$ 可推出 $p_3^2>p_2p_4>p_3^{2/3}p_4$, 于是得到 $p_4^{1/4}<p_3^{1/3}$. 等等. □

注 由本题结果得到 $p_1>p_n^{1/n}$, 这正是算术 – 几何平均不等式.

6.4 (a) 证明: 对于任何 $a\in(0,\pi/2], x\in[0,a]$

$$\frac{x}{a}\leqslant\frac{\sin x}{\sin a}\leqslant\left(\frac{x}{a}\right)^{a\cot a}$$

并且等式当且仅当 $x=0$ 或 $x=a$ 时成立.

(b) 设给定 $a\in(0,\pi/2]$, 求最小的 $\alpha\geqslant0$ 和最大的 $\beta\geqslant0$, 使得不等式

$$\left(\frac{x}{a}\right)^{\alpha}\leqslant\frac{\sin x}{\sin a}\leqslant\left(\frac{x}{a}\right)^{\beta}\quad(0<x\leqslant a)$$

成立.

解 (a) 我们给出两个解法.

解法 1 (i) 当 $x=0$ 时，题中的不等式成为等式. 下面限定 $x>0$.

(ii) 注意：$f(x)\in C^2[a,b]$ 是凸函数，当且仅当在 $[a,b]$ 上 $f''(x)\geqslant 0$. 因为当 $x\in(0,\pi/2]$ 时 $(\sin x)''<0$, 所以函数 $\sin x$ 是 $(0,\pi/2]$ 上的严格凹函数 (那么有 $-\sin x$ 是严格凸函数). 因此，若 $0<x\leqslant a\leqslant\pi/2$, 并且记 $A=(a,\sin a), B=(x,\sin x)$, 那么在曲线 $y=\sin x$ 上 (坐标系为 XOY), 点 B 介于点 O 和点 A 之间，并且 $0<\angle AOX$ (记为 θ_2) $\leqslant\angle BOX$(记为 θ_1) $\leqslant\pi/2$. 因为

$$\tan\theta_1=\frac{\sin x}{x},\tan\theta_2=\frac{\sin a}{a},\tan\theta_1\geqslant\tan\theta_2$$

所以得到当 $0<x\leqslant a\leqslant\pi/2$ 时

$$\frac{\sin x}{x}\geqslant\frac{\sin a}{a}$$

而且当且仅当 $x=a$ 时等式成立. 因此题中不等式的左半得证.

(iii) 题中不等式的右半当 $x=a$ 时成为等式. 当 $x\neq a$ 时它等价于：当 $0<x<a\leqslant\pi/2$ 时

$$\frac{\log\sin a-\log\sin x}{\log a-\log x}<a\cot a$$

在 Cauchy 中值公式中取 $F(t)=\log\sin t, G(t)=\log t, t\in[x,a]$, 那么 $F'(t)/G'(t)=t\cot t$, 并且存在 $\xi\in(x,a)$, 使得

$$\frac{\log\sin a-\log\sin x}{\log a-\log x}=\xi\cot\xi$$

记函数 $f(t)=t\cot t$, 在区间 $[x,a]$(其中 $0<x\leqslant a\leqslant\pi/2$) 上有

$$f'(t)=\frac{\sin 2t-2t}{2\sin^2 t}>0$$

所以 $\xi\cot\xi<a\cot a$, 因而上述等价形式的不等式确实成立.

解法 2 我们可以限定 $x>0$.

(i) 令 $f(x)=\sin x/x$. 则当 $x\in(0,a]$ 时

$$f'(x)=\frac{\sin x}{x^2}(x\cot x-1)<0$$

因而在此区间上 $f(x)\geqslant f(a)$, 所以

$$\frac{\sin x}{\sin a}\geqslant\frac{x}{a}\quad(0<x\leqslant a)$$

(ii) 再令 $g(x)=\sin x/x^k$, $h(x)=x\cot x-k$, 其中 $k=a\cot a$. 则当 $x\in(0,a]$ 时

$$g'(x)=x^{-k-1}h(x)\sin x$$
$$h'(x)=\frac{\sin x\cos x-x}{\sin^2 x}<0$$

因而在此区间上 $h(x)\geqslant h(a)=0$, 从而 $g'(0)\geqslant 0$, 以及 $g(x)\leqslant g(a)$, 所以

$$\frac{\sin x}{\sin a}\leqslant\left(\frac{x}{a}\right)^k\quad(0<x\leqslant a)$$

(b) 当 $0<x<a\leqslant\pi/2$ 时, 所说的不等式等价于

$$\beta\leqslant\frac{\log\sin x-\log\sin a}{\log x-\log a}\leqslant\alpha$$

在其中分别令 $x\to 0+, x\to a-$, 我们得到

$$\alpha\geqslant 1,\beta\leqslant a\cot a$$

又本题 (a) 的结果表明 $\min\alpha\leqslant 1, \max\beta\geqslant k$, 因此 $\min\alpha=1, \max\alpha=k=a\cot a$. □

注 1° 若在上述问题的 (a) 中取 $a=\pi/2$, 则得 $2x/\pi\leqslant\sin x\leqslant 1\,(0\leqslant x\leqslant\pi/2)$, 这正是 Jordan 不等式 (见问题 **II.54** 的注).

2° 上述问题中的题 (b) 表明题 (a) 中的不等式的最优性.

6.5 设 $x>0,\alpha$ 是常数, 则

$$x^\alpha-\alpha x+\alpha-1\begin{cases}\geqslant 0, & \text{当 }\alpha\geqslant 1\text{ 或 }\alpha\leqslant 0\\ \leqslant 0, & \text{当 }0\leqslant\alpha\leqslant 1\end{cases}$$

并且当且仅当 $x=1$ 时等号成立.

解 这里给出两个不同解法.

解法 1 (i) 当 $\alpha=0$, 或 $\alpha=1$ 时, $x^\alpha-\alpha x+\alpha-1=0$. 下面考虑 $\alpha\neq 0,1$ 的情形.

(ii) 当 n 是一个正整数, 且 $y>0$ 时, 由恒等式

$$\frac{y^{n+1}-1}{n+1}-\frac{y^n-1}{n}=\frac{y-1}{n(n+1)}(ny^n-y^{n-1}-\cdots-y-1)$$

可知

$$\frac{y^{n+1}-1}{n+1}-\frac{y^n-1}{n}\geqslant 0$$

并且等号当且仅当 $y=1$ 时成立. 由

$$\frac{y^{n+2}-1}{n+2}-\frac{y^n-1}{n}=\left(\frac{y^{n+2}-1}{n+2}-\frac{y^{n+1}-1}{n+1}\right)+\left(\frac{y^{n+1}-1}{n+1}-\frac{y^n-1}{n}\right)$$

可以推出：对于任何整数 $m>n>0$ 有

$$\frac{y^m-1}{m}-\frac{y^n-1}{n}\geqslant 0$$

(并且等号当且仅当 $y=1$ 时成立). 令 $y=x^{1/n}$(其中 $x>0$), 则得

$$x^{m/n}-\frac{m}{n}x+\frac{m}{n}-1\geqslant 0$$

这表明：当 $\alpha>1$ 是一个有理数 (m/n) 时，题中不等式 (第一种情形) 成立 (并且当且仅当 $x=1$ 时等号成立).

(iii) 若 $\alpha>1$ 是一个无理数，那么存在无穷有理数列 (记作 m/n) 趋于 α. 我们在 (ii) 中已证明的不等式 (其中指数 $\alpha=m/n$) 中取极限，即得

$$x^\alpha-\alpha x+\alpha-1\geqslant 0$$

注意, 若原来是严格不等式 (即 $x\neq 1$), 则取极限后应将 $>$ 换为 $\geqslant$. 我们现在来证明: 当 $x\neq 1$ 时, 上面不等式中等号不可能出现. 为此令 $\alpha=r\beta$, 其中 $r,\beta>1$, 并且 r 是有理数，那么 $x^\beta>1$, 从而依 (ii) 中所证 ($r>1$ 为有理数), 我们有严格不等式

$$(x^\beta)^r>rx^\beta-r+1$$

并且依刚才所证 ($\beta>1$ 为无理数的情形), 我们有

$$x^\beta-\beta x+\beta-1\geqslant 0$$

于是

$$\begin{aligned}x^\alpha-\alpha x+\alpha-1 &= (x^\beta)^r-r\beta x+r\beta-1\\ &> (rx^\beta-r+1)-r\beta x+r\beta-1\\ &= r(x^\beta-\beta x+\beta-1)\geqslant 0\end{aligned}$$

可见若 $\alpha>1$ 是无理数，则当 $x\neq 1$ 时我们确实得到严格不等式.

(iv) 如果 $\alpha < 0$, 那么 $1-\alpha > 1$, 依 (ii) 和 (iii) 中的结果可得 (将变量记作 y): 当 $y > 0$ 时

$$y^{1-\alpha} - (1-\alpha)y + (1-\alpha) - 1 \geqslant 0$$

亦即

$$y(y^{-\alpha} - \alpha y^{-1} + \alpha - 1) \geqslant 0$$

令 $y = x^{-1}$(注意 $y > 0$ 等价于 $x > 0$), 即得

$$x^{\alpha} - \alpha x + \alpha - 1 \geqslant 0$$

并且当且仅当 $y = 1$ 亦即 $x = 1$ 时等号成立. 由此可见在指数 $\alpha < 0$ 时题中不等式 (第一种情形) 成立.

(v) 若 $0 < \alpha < 1$, 则 $1/\alpha > 1$. 依 (ii) 和 (iii) 中的结果可得: 当 $y > 0$ 时

$$y^{1/\alpha} - \frac{1}{\alpha}y + \frac{1}{\alpha} - 1 \geqslant 0$$

令 $x = y^{1/\alpha}$, 由此即可推出题中不等式 (第二种情形) 成立.

综合上述诸结果, 原题得证.

解法 2 当 $\alpha = 0$ 或 1 时可以直接验证, 所以设 $\alpha \neq 0, 1$. 令

$$f(x) = x^{\alpha} - \alpha x$$

由 $f'(x) = \alpha x^{\alpha-1} - \alpha$ 可知: 若 $\alpha > 1$, 则

$$f'(x)\begin{cases} > 0, & \text{当 } x > 1 \\ = 0, & \text{当 } x = 1 \\ < 0, & \text{当 } 0 < x < 1 \end{cases}$$

因此 $f(x)$ 当 $x > 1$ 时单调递增, $0 < x < 1$ 时单调递减; $x = 1$ 是其最小值点. 于是 $x > 0$ 时 $f(x) > f(1) = 1 - \alpha$, 亦即: 若 $\alpha > 1$, 则 $x^{\alpha} - \alpha x + \alpha - 1 \geqslant 0$, 并且当且仅当 $x = 1$ 时等号成立.

对于 $0 < \alpha < 1$ 及 $\alpha < 0$ 的情形, 可以类似地研究. 合起来即得所要的结论. □

6.6 (Young 不等式) 若 $a, b \geqslant 0, p > 1$, 数 q 由方程 $p^{-1} + q^{-1} = 1$ 定义 (即 $q = p/(p-1)$), 则

$$ab \leqslant \frac{a^p}{p} + \frac{b^q}{q}$$

并且当且仅当 $a^p = b^q$ 时等号成立.

6.6 解 我们给出两个解法.

解法 1 当 a, b 中有一个为 0 时，这个不等式显然成立. 现在设 $ab \neq 0$. 在问题 **6.5** 的不等式 (第二种情形) 中取

$$x = \frac{a^p}{b^q}, \alpha = \frac{1}{p}$$

那么 $1 - \alpha = 1/q$, 并且 $0 < \alpha < 1$, 于是

$$\left(\frac{a^p}{b^q}\right)^{1/p} - \frac{1}{p} \cdot \frac{a^p}{b^q} \leqslant \frac{1}{q}$$

并且当且仅当 $x = 1$ 时，亦即 $a^p = b^q$ 时等号成立. 注意 $q/p = q - 1$, 我们由此得到

$$\frac{ab}{b^q} \leqslant \frac{1}{p} \cdot \frac{a^p}{b^q} + \frac{1}{q}$$

两边同乘 b^q 即可化成所要的形式，并且当且仅当 $x = 1$ 时，亦即 $a^p = b^q$ 时等号成立.

解法 2 当 a, b 中有一个为 0 时，这个不等式显然成立. 下面设 $a, b > 0$. 由于指数函数是严格凸的，所以当 $a, b > 0, p > 1$ 而且 $a^p \neq b^q$ 时

$$\begin{aligned} ab &= \mathrm{e}^{\log ab} = \mathrm{e}^{(1/p)\log a^p + (1/q)\log b^q} \\ &< \frac{1}{p}\mathrm{e}^{\log a^p} + \frac{1}{q}\mathrm{e}^{\log b^q} = \frac{a^p}{p} + \frac{b^q}{q} \end{aligned}$$

当 $a^p = b^q$ 时，注意 $p^{-1} + q^{-1} = 1$, 我们得到

$$ab = \mathrm{e}^{(1/p)\log a^p + (1/q)\log b^q} = \mathrm{e}^{(1/p)\log a^p + (1/q)\log a^p} = \mathrm{e}^{\log a^p} = a^p$$

类似地推出 $ab = b^q$, 因此

$$\begin{aligned} ab &= \left(\frac{1}{p} + \frac{1}{q}\right) ab = \frac{1}{p} \cdot ab + \frac{1}{q} \cdot ab \\ &= \frac{1}{p} \cdot a^p + \frac{1}{q} \cdot b^q = \frac{a^p}{p} + \frac{b^q}{q} \end{aligned}$$

于是 Young 不等式得证. □

注 1° 应用问题 **6.5** 中第一种情形的不等式可证：若 $a, b \geqslant 0, p < 1$(但 $p \neq 0$), 则

$$ab \geqslant \frac{a^p}{p} + \frac{b^q}{q}$$

并且当且仅当 $a^p = b^q$ 时等号成立.

2° 本题中的 (非积分形式的)Young 不等式也可由 W.H.Young 的一般形式的积分不等式推出，对此可参见 E.F.Beckenbach and R.Bellman, Inequalities, Springer, Berlin,1961.

6.7 设 $a_1, a_2, \cdots, a_n \geqslant 0$, 记

$$A_k = \frac{a_1 + \cdots + a_k}{k} \quad (k = 1, \cdots, n)$$

证明：对任何实数 $\alpha > 1$ 及任何 $m \leqslant n$ 有

$$\sum_{k=1}^{m} A_k^{\alpha} \leqslant \frac{\alpha}{\alpha - 1} \sum_{k=1}^{m} A_k^{\alpha-1} a_k$$

并且当且仅当所有 a_k 相等时等号成立.

解 对于 $k \geqslant 1$, 我们有 (这里约定 $A_0 = 0$)

$$\begin{aligned} A_k^{\alpha} - \frac{\alpha}{\alpha-1} A_k^{\alpha-1} a_k &= A_k^{\alpha} - \frac{\alpha}{\alpha-1} A_k^{\alpha-1} \big(kA_k - (k-1)A_{k-1}\big) \\ &= A_k^{\alpha}\left(1 - \frac{k\alpha}{\alpha-1}\right) + \frac{(k-1)\alpha}{\alpha-1} A_k^{\alpha-1} A_{k-1} \end{aligned}$$

在 Young 不等式 (问题 **6.6**) 中取 $a = A_k^{\alpha-1}, b = A_{k-1}$, 以及 $p = \alpha/(\alpha-1)$(于是 $q = \alpha$), 我们得到

$$A_k^{\alpha-1} A_{k-1} \leqslant \frac{(\alpha-1)A_k^{\alpha} + A_{k-1}^{\alpha}}{\alpha}$$

并且当且仅当 $A_k^{\alpha} = A_{k-1}^{\alpha}$ 时等号成立. 由此及前式推出

$$\begin{aligned} & A_k^{\alpha} - \frac{\alpha}{\alpha-1} A_k^{\alpha-1} a_k \\ \leqslant\ & A_k^{\alpha}\left(1 - \frac{k\alpha}{\alpha-1}\right) + \frac{(k-1)\alpha}{\alpha-1} \cdot \frac{(\alpha-1)A_k^{\alpha} + A_{k-1}^{\alpha}}{\alpha} \\ =\ & \frac{1}{\alpha-1}\big((k-1)A_{k-1}^{\alpha} - kA_k^{\alpha}\big) \end{aligned}$$

于是

$$\begin{aligned} \sum_{k=1}^{m}\left(A_k^{\alpha} - \frac{\alpha}{\alpha-1} A_k^{\alpha-1} a_k\right) &\leqslant \frac{1}{\alpha-1} \sum_{k=1}^{m} \big((k-1)A_{k-1}^{\alpha} - kA_k^{\alpha}\big) \\ &= -\frac{mA_m^p}{\alpha-1} \leqslant 0 \end{aligned}$$

由此即可推出要证的不等式；并且当且仅当对于所有的 $k, A_k^\alpha = A_{k-1}^\alpha$ 时，亦即所有 a_k 相等时等号成立. □

6.8 (Hardy-Landau 不等式) (a) 如果 $a_1, a_2, \cdots, a_n \geqslant 0, \alpha > 1$, 那么对于任何 $m \leqslant n$ 有

$$\sum_{k=1}^{m}\left(\frac{a_1+\cdots+a_k}{k}\right)^\alpha \leqslant \left(\frac{\alpha}{\alpha-1}\right)^\alpha \sum_{k=1}^{m} a_k^\alpha$$

并且当且仅当所有 a_k 相等时等号成立; 特别地, 对于任意无穷非负数列 $(a_n)_{n\geqslant 1}$ 有

$$\sum_{k=1}^{\infty}\left(\frac{a_1+\cdots+a_k}{k}\right)^\alpha \leqslant \left(\frac{\alpha}{\alpha-1}\right)^\alpha \sum_{k=1}^{\infty} a_k^\alpha$$

(b) 设所有 $a_k > 0$, 级数 $\sum\limits_{k=1}^{\infty} a_k^\alpha$ 收敛，则

$$\sum_{k=1}^{\infty}\left(\frac{a_1+\cdots+a_k}{k}\right)^\alpha < \left(\frac{\alpha}{\alpha-1}\right)^\alpha \sum_{k=1}^{\infty} a_k^\alpha$$

并且右边的常数

$$\left(\alpha/(\alpha-1)\right)^\alpha$$

不能用更小的正数代替.

解 (i) 记

$$A_k = (a_1+\cdots+a_k)/k$$

由问题 **6.7** 得到

$$\sum_{k=1}^{m} A_k^\alpha \leqslant \frac{\alpha}{\alpha-1}\sum_{k=1}^{m} A_k^{\alpha-1} a_k$$

并且当且仅当所有 a_k 相等时等号成立.

(ii) 对于上式右边的和应用 Hölder 不等式

$$\sum_{k=1}^{m} x_k y_k \leqslant \left(\sum_{k=1}^{m} x_k^p\right)^{1/p}\left(\sum_{k=1}^{m} y_k^q\right)^{1/q}$$

(这里 $x_k, y_k \geqslant 0, p > 1, p^{-1}+q^{-1}=1$), 在其中取 $p = \alpha/(\alpha-1)$(从而 $q=\alpha$), 我们有

$$\sum_{k=1}^{m} A_k^{\alpha-1} a_k \leqslant \left(\sum_{k=1}^{m} A_k^\alpha\right)^{(\alpha-1)/\alpha}\left(\sum_{k=1}^{m} a_k^\alpha\right)^{1/\alpha}$$

依据 Hölder 不等式中等号成立的条件，上式出现等号，当且仅当 A_k^α 和 a_k^α 成比例，亦即存在常数 C 使对所有 k 有 $A_k = Ca_k$. 取 $k=1$ 推出 $C=1$, 从而对所有 k, $A_k = a_k$. 特别，由 $A_2 = a_2$ 推出 $a_1 = a_2$; 进而由 $A_3 = a_3$ 推出 $a_1 = a_2 = a_3$; 等等. 于是上式中等号成立的充要条件是所有 a_k 相等.

(iii) 由 (i) 和 (ii) 得到

$$\sum_{k=1}^m A_k^\alpha \leqslant \frac{\alpha}{\alpha-1}\left(\sum_{k=1}^m A_k^\alpha\right)^{(\alpha-1)/\alpha}\left(\sum_{k=1}^m a_k^\alpha\right)^{1/\alpha}$$

进行化简即得

$$\sum_{k=1}^m \left(\frac{a_1+\cdots+a_k}{k}\right)^\alpha \leqslant \left(\frac{\alpha}{\alpha-1}\right)^\alpha \sum_{k=1}^m a_k^\alpha$$

并且式中等号成立的充要条件是所有 a_k 相等.

(iv) 对于任意非负数列 $a_n\,(n\geqslant 1)$, 在上面得到的不等式中令 $m\to\infty$, 即得

$$\sum_{k=1}^\infty \left(\frac{a_1+\cdots+a_k}{k}\right)^\alpha \leqslant \left(\frac{\alpha}{\alpha-1}\right)^\alpha \sum_{k=1}^\infty a_k^\alpha$$

(b) 若所有 $a_k>0$, 而且级数 $\sum\limits_{k=1}^\infty a_k^\alpha$ 收敛，那么上式中的等号不可能成立，因若不然，则依刚才所证，所有的 a_k 相等，从而或者所有 $a_k=0$, 或者级数 $\sum\limits_{k=1}^\infty a_k^\alpha$ 发散.

我们现在证明上述不等式右边的常数是最优的. 为此我们取

$$a_k = k^{-1/\alpha} \quad (k\leqslant N), a_k = 0 \quad (k>N)$$

那么当 $k\leqslant N$ 时

$$A_k = \frac{1}{k}\sum_{j=1}^k j^{-1/\alpha} > \frac{1}{k}\int_1^k x^{-1/\alpha}\mathrm{d}x = \frac{\alpha}{\alpha-1}\cdot\frac{k^{(\alpha-1)/\alpha}-1}{k}$$

从而

$$A_k^\alpha > \left(\frac{\alpha}{\alpha-1}\right)^\alpha \frac{\left(1-k^{-(\alpha-1)/\alpha}\right)^\alpha}{k}$$

应用不等式：当 $x>-1, \alpha\geqslant 1$ 时 $(1+x)^\alpha \geqslant 1+\alpha x$ (在问题 **6.5** 中用 $1+x$ 代 x 即可得此不等式，它也可用微分学方法直接证明), 我们有

$$\left(1-k^{-(\alpha-1)/\alpha}\right)^\alpha \geqslant 1-\alpha k^{-(\alpha-1)/\alpha}$$

于是

$$A_k^\alpha > \left(\frac{\alpha}{\alpha-1}\right)^\alpha (k^{-1} - \alpha k^{-2+1/\alpha})$$

注意 $\sum\limits_{k=1}^{\infty} a_k^\alpha = \sum\limits_{k=1}^{N} k^{-1}$, 我们由上式得到

$$\begin{aligned}
\sum_{k=1}^{\infty} A_k^\alpha &> \sum_{k=1}^{N} A_k^\alpha > \left(\frac{\alpha}{\alpha-1}\right)^\alpha \sum_{k=1}^{N}(k^{-1} - \alpha k^{-2+1/\alpha}) \\
&= \left(\frac{\alpha}{\alpha-1}\right)^\alpha \left(\sum_{k=1}^{N} k^{-1}\right)\left(1 - \frac{\alpha \sum\limits_{k=1}^{N} k^{-2+1/\alpha}}{\sum\limits_{k=1}^{N} k^{-1}}\right) \\
&= \left(\frac{\alpha}{\alpha-1}\right)^\alpha \left(\sum_{k=1}^{\infty} a_k^\alpha\right)\left(1 - \frac{\alpha \sum\limits_{k=1}^{N} k^{-2+1/\alpha}}{\sum\limits_{k=1}^{N} k^{-1}}\right)
\end{aligned}$$

因为当 $N \to \infty$ 时

$$\frac{\alpha \sum\limits_{k=1}^{N} k^{-2+1/\alpha}}{\sum\limits_{k=1}^{N} k^{-1}} \to 0$$

所以我们有

$$\sum_{k=1}^{\infty} A_k^\alpha > \left(\frac{\alpha}{\alpha-1}\right)^\alpha \left(\sum_{k=1}^{\infty} a_k^\alpha\right)\big(1 - o(1)\big) \quad (N \to \infty)$$

由此可见在反向不等式 (即题中的不等式) 中，常数

$$\big(\alpha/(1-\alpha)\big)^\alpha$$

不能换成任何更小的正数. □

6.9 (Carleman 不等式) (a) 如果 $(a_n)_{n\geqslant 1}$ 是任意非负数列，那么

$$\sum_{k=1}^{\infty}(a_1 a_2 \cdots a_k)^{1/k} \leqslant \mathrm{e} \sum_{k=1}^{\infty} a_k$$

(b) 若 $(a_n)_{n\geqslant 1}$ 是任意正数列，而且级数 $\sum\limits_{k=1}^{\infty} a_k$ 收敛，则上式是严格不等式，即

$$\sum_{k=1}^{\infty}(a_1 a_2 \cdots a_k)^{1/k} < \mathrm{e} \sum_{k=1}^{\infty} a_k$$

并且右边的常数 e 不能用更小的正数代替.

解 (a) 由问题 **6.8**(a)(用 $a_k^{1/\alpha}$ 代替 a_k), 我们有

$$\sum_{k=1}^{\infty}\left(\frac{a_1^{1/\alpha}+a_2^{1/\alpha}+\cdots+a_k^{1/\alpha}}{k}\right)^{\alpha}\leqslant\left(\frac{\alpha}{\alpha-1}\right)^{\alpha}\sum_{k=1}^{\infty}a_k$$

又由算术 – 几何平均不等式得

$$\begin{aligned}(a_1a_2\cdots a_k)^{1/k} &= \left((a_1^{1/\alpha}a_2^{1/\alpha}\cdots a_k^{1/\alpha})^{1/k}\right)^{\alpha}\\ &\leqslant \left(\frac{a_1^{1/\alpha}+a_2^{1/\alpha}+\cdots+a_k^{1/\alpha}}{k}\right)^{\alpha}\end{aligned}$$

因此

$$\sum_{k=1}^{\infty}(a_1a_2\cdots a_k)^{1/k}\leqslant\left(\frac{\alpha}{\alpha-1}\right)^{\alpha}\sum_{k=1}^{\infty}a_k$$

此式对任何 $\alpha>1$ 都成立. 在其中令 $\alpha\to\infty$, 并注意

$$\left(\alpha/(\alpha-1)\right)^{\alpha}\to \mathrm{e}\quad(\alpha\to\infty)$$

即得所要证的不等式.

(b) 我们在此给出两个思路类似但细节处理不同的解法.

解法 1 (i) 设 $c_k\,(k=1,2,\cdots)$ 是某个无穷正数列, 那么由算术 – 几何平均不等式得

$$\begin{aligned}\sum_{k=1}^{\infty}(a_1a_2\cdots a_k)^{1/k} &= \sum_{k=1}^{\infty}\left(\frac{c_1a_1\cdots c_2a_2\cdots c_ka_k}{c_1c_2\cdots c_k}\right)^{1/k}\\ &\leqslant \sum_{k=1}^{\infty}(c_1c_2\cdots c_k)^{-1/k}\cdot\frac{c_1a_1+c_2a_2+\cdots+c_ka_k}{k}\\ &= \sum_{k=1}^{\infty}c_ka_k\sum_{m=k}^{\infty}m^{-1}(c_1c_2\cdots c_m)^{-1/m}\end{aligned}$$

特别取 c_k 使得

$$(c_1c_2\cdots c_m)^{1/m}=m+1\quad(m=1,2,\cdots)$$

于是

$$c_m=m\left(1+\frac{1}{m}\right)^m$$

此时我们有

$$\sum_{m=k}^{\infty} m^{-1}(c_1c_2\cdots c_m)^{-1/m} = \sum_{m=k}^{\infty} \frac{1}{m(m+1)} = \frac{1}{k}$$

因此我们得到

$$\sum_{k=1}^{\infty}(a_1a_2\cdots a_k)^{1/k} \leqslant \sum_{k=1}^{\infty} \frac{c_k a_k}{k} = \sum_{k=1}^{\infty} a_k \left(1+\frac{1}{k}\right)^k$$

注意对于任何 $k \geqslant 1$

$$\left(1+\frac{1}{k}\right)^k < \mathrm{e}$$

所以题中的不等式得证.

(ii) 现在来证明当级数 $\sum\limits_{k=1}^{\infty} a_k$ 收敛时，常数 e 是最优的. 为此我们给出两个特例.

特例 1 令

$$a_k = \begin{cases} k^{-1}, & \text{当 } 1 \leqslant k \leqslant N \\ 2^{-k}, & \text{当 } k > N \end{cases}$$

那么当 $N \to \infty$ 时

$$\sum_{k=1}^{\infty}(a_1a_2\cdots a_k)^{1/k} = \sum_{k=1}^{N} k!^{-1/k} + O(1) = \mathrm{e}\log N + O(1)$$

$$\sum_{k=1}^{\infty} a_k = \sum_{k=1}^{N} \frac{1}{k} = \log N + O(1)$$

于是

$$\frac{\sum\limits_{k=1}^{\infty}(a_1a_2\cdots a_k)^{1/k}}{\sum\limits_{k=1}^{\infty} a_k} \to \mathrm{e} \quad (N \to \infty)$$

由此可见原不等式中 e 不能换成任何更小的正数.

特例 2 令

$$a_k = \begin{cases} \left(\dfrac{k}{k+1}\right)^k \cdot \dfrac{1}{k}, & \text{当 } 1 \leqslant k \leqslant N \\ 2^{-k}, & \text{当 } k > N \end{cases}$$

其中 N 将在下面确定．那么当 $k \leqslant N$ 时

$$(a_1 a_2 \cdots a_k)^{1/k} = \frac{1}{k+1}$$

取 $\varepsilon \in (0, \mathrm{e})$ 并固定．选取 k_0 满足

$$\left(1+\frac{1}{k}\right)^k > \mathrm{e} - \frac{\varepsilon}{2} \quad (k > k_0)$$

因为 $(1+1/n)^n \to \mathrm{e}(n \to \infty)$, 所以 k_0 存在．并且选取 $N > k_0$ 使满足条件

$$\sum_{k=1}^{k_0} a_k + \sum_{k=N+1}^{\infty} 2^{-k} \leqslant \frac{\varepsilon}{(2\mathrm{e}-\varepsilon)(\mathrm{e}-\varepsilon)} \sum_{k=k_0+1}^{N} \frac{1}{k}$$

因为调和级数发散，所以 N 存在．于是我们有

$$\begin{aligned}
\sum_{k=1}^{\infty} a_k &= \sum_{k=1}^{k_0} a_k + \sum_{k=k_0+1}^{N} \left(\frac{k}{k+1}\right)^k \cdot \frac{1}{k} + \sum_{k=N+1}^{\infty} 2^{-k} \\
&< \frac{\varepsilon}{(2\mathrm{e}-\varepsilon)(\mathrm{e}-\varepsilon)} \sum_{k=k_0+1}^{N} \frac{1}{k} + \left(\mathrm{e}-\frac{\varepsilon}{2}\right)^{-1} \sum_{k=k_0+1}^{N} \frac{1}{k} \\
&= \frac{1}{\mathrm{e}-\varepsilon} \sum_{k=k_0+1}^{N} \frac{1}{k} = \frac{1}{\mathrm{e}-\varepsilon} \sum_{k=k_0}^{N-1} (a_1 a_2 \cdots a_k)^{1/k} \\
&\leqslant \frac{1}{\mathrm{e}-\varepsilon} \sum_{k=1}^{\infty} (a_1 a_2 \cdots a_k)^{1/k}
\end{aligned}$$

因为 $\varepsilon > 0$ 可以任意小，可见原不等式中 e 不能换成任何更小的正数．

解法 2 (i) 由算术－几何平均不等式得

$$\begin{aligned}
\sqrt[k]{a_1 a_2 \cdots a_k} &= \frac{1}{\sqrt[k]{k!}} \sqrt[k]{(1 \cdot a_1)(2 \cdot a_2) \cdots (k \cdot a_k)} \\
&\leqslant \frac{1}{\sqrt[k]{k!}} \frac{a_1 + 2a_2 + \cdots + k a_k}{k}
\end{aligned}$$

所以

$$\sum_{k=1}^{\infty} \sqrt[k]{a_1 a_2 \cdots a_k} \leqslant \sum_{k=1}^{\infty} \frac{1}{\sqrt[k]{k!}} \frac{a_1 + 2a_2 + \cdots + k a_k}{k}$$

(ii) 现在证明：当 $n \geqslant 1$ 有

$$\sqrt[n]{n!} > \frac{n+1}{\mathrm{e}}$$

事实上，$n=1,2$ 时这个不等式显然成立．现设 $n>2$．考虑 e^{n+1} 的幂级数展开，取其中的第 $n-1,n,n+1$ 项可知

$$\mathrm{e}^{n+1}>\frac{(n+1)^{n-1}}{(n-1)!}+\frac{(n+1)^{n}}{n!}+\frac{(n+1)^{n+1}}{(n+1)!}=\left(2+\frac{n}{n+1}\right)\frac{(n+1)^{n}}{n!}$$

注意当 $n>2$ 时 $\mathrm{e}<2+n/(n+1)$ 由上式得

$$\mathrm{e}^{n+1}>\mathrm{e}\cdot\frac{(n+1)^{n}}{n!}$$

由此可推出所要的不等式．

(iii) 由 (i)(ii) 可知

$$\begin{aligned}\sum_{k=1}^{\infty}\sqrt[k]{a_1a_2\cdots a_k} &\leqslant \mathrm{e}\sum_{k=1}^{\infty}\frac{a_1+2a_2+\cdots+ka_k}{k(k+1)}\\ &= \mathrm{e}\sum_{k=1}^{\infty}\left(\sum_{j=k}^{\infty}\frac{k}{j(j+1)}\right)a_k\end{aligned}$$

因为对于所有 $k\geqslant 1$ 有

$$\sum_{j=k}^{\infty}\frac{k}{j(j+1)}=1$$

所以得到题中所说的的不等式．

(iv) 取

$$a_k=\frac{1}{k}\quad(k\leqslant N),a_k=0\quad(k>N)$$

那么

$$\sum_{k=1}^{\infty}a_k\sim\log N\quad(N\to\infty)$$

而由 Stirling 公式推出

$$\sum_{k=1}^{\infty}\sqrt[k]{a_1a_2\cdots a_k}=\sum_{k=1}^{N}\frac{1}{\sqrt[k]{k!}}\sim\mathrm{e}\sum_{k=1}^{N}\frac{1}{k}\sim\mathrm{e}\log N\quad(N\to\infty)$$

因此常数 e 是最优的． □

注 **1°** 在题 (b) 中级数 $\sum a_k$ 的收敛性假设是必要的，因为不然级数 $\sum a_k$ 和 $\sum(a_1a_2\cdots a_k)^{1/k}$ 可以都为 $+\infty$, 从而等式成立，而常数 e 的最优性也无从谈起．

2° 在现有文献中，Carleman 不等式 (不计较是 $<$ 还是 $\leqslant$) 有多个不同的证明,对此可参见 D.Duncan and C.M.McGregor, Carlemam's inequality, Amer.Math. Monthly, **110**, no.3, 424-431.

6.10 (Carlson 不等式) 设 $(a_n)_{n\geqslant 1}$ 是任意不全为 0 的非负数列，并且级数 $\sum\limits_{k=1}^{\infty} k^2a_k^2$ 收敛，则

$$\left(\sum_{k=1}^{\infty} a_k\right)^4 < \pi^2\left(\sum_{k=1}^{\infty} a_k^2\right)\left(\sum_{k=1}^{\infty} k^2a_k^2\right)$$

并且右边的常数 π^2 不能用更小的正数代替.

解 (i) 引进正参数 σ 和 τ, 并简记

$$A=\sum_{k=1}^{\infty} a_k^2, B=\sum_{k=1}^{\infty} k^2a_k^2$$

依假设，A, B 都是非零实数. 由 Cauchy–Schwarz 不等式，我们得到

$$\begin{aligned}\left(\sum_{k=1}^{\infty} a_k^2\right)^2 &= \left(\sum_{k=1}^{\infty} \frac{a_k\sqrt{\sigma+\tau k^2}}{\sqrt{\sigma+\tau k^2}}\right)^2\\ &\leqslant \sum_{k=1}^{\infty}\frac{1}{\sigma+\tau k^2}\sum_{k=1}^{\infty} a_k^2(\sigma+\tau k^2)\\ &= (\sigma A+\tau B)\sum_{k=1}^{\infty}\frac{1}{\sigma+\tau k^2}\end{aligned}$$

因为函数 $1/(\sigma+\tau x^2)$ 在 $[0,\infty)$ 上单调递减，所以

$$\sum_{k=1}^{\infty}\frac{1}{\sigma+\tau k^2} < \int_0^{\infty}\frac{\mathrm{d}x}{\sigma+\tau x^2}=\frac{\pi}{2\sqrt{\sigma\tau}}$$

由此得到

$$\left(\sum_{k=1}^{\infty} a_k^2\right)^2 < \frac{\pi}{2}\cdot\frac{\sigma A+\tau B}{\sqrt{\sigma\tau}}$$

因为由算术 – 几何平均不等式，有

$$\frac{\sigma A+\tau B}{\sqrt{\sigma\tau}} \geqslant 2\left(\frac{\sigma A}{\sqrt{\sigma\tau}}\cdot\frac{\tau B}{\sqrt{\sigma\tau}}\right)^{1/2}=2\sqrt{AB}$$

所以上式左边的式子当 $\alpha A=\tau B$ 时达到最小值 $2\sqrt{AB}$. 我们选取参数 σ,τ 满足这个条件，即得

$$\left(\sum_{k=1}^{\infty}a_k^2\right)^2<\pi\sqrt{AB}$$

由此即可推出题中的不等式.

(ii) 证明常数 π^2 的最优性. 为此我们取

$$a_k=\frac{\sqrt{\mu}}{\mu+k^2}\quad(k\geqslant 1)$$

其中 μ 是一个正参数. 由定积分的几何意义得到

$$\sqrt{\mu}\int_1^{\infty}\frac{\mathrm{d}x}{\mu+x^2}<\sum_{k=1}^{\infty}a_k<\sqrt{\mu}\int_0^{\infty}\frac{\mathrm{d}x}{\mu+x^2}$$

因此

$$\sum_{k=1}^{\infty}a_k=\frac{\pi}{2}+O\Big(\frac{1}{\sqrt{\mu}}\Big)\quad(\mu\to\infty)$$

用类似的方法得到

$$\sum_{k=1}^{\infty}a_k^2=\frac{\pi}{4\sqrt{\mu}}+O\Big(\frac{1}{\mu}\Big)\quad(\mu\to\infty)$$

还要注意

$$k^2a_k^2=\frac{\mu k^2}{(\mu+k^2)^2}=\frac{\mu}{\mu+k^2}-\frac{\mu^2}{(\mu+k^2)^2}=\sqrt{\mu}a_k-\mu a_k^2$$

所以

$$\begin{aligned}\sum_{k=1}^{\infty}k^2a_k^2 &= \sqrt{\mu}\sum_{k=1}^{\infty}a_k-\mu\sum_{k=1}^{\infty}a_k^2\\ &= \sqrt{\mu}\left(\frac{\pi}{2}+O\Big(\frac{1}{\sqrt{\mu}}\Big)\right)-\mu\left(\frac{\pi}{4\sqrt{\mu}}+O\Big(\frac{1}{\mu}\Big)\right)\\ &= \frac{\pi}{4}\sqrt{\mu}+O(1)\quad(\mu\to\infty)\end{aligned}$$

由上述这些估值，我们推出

$$\begin{aligned}\left(\sum_{k=1}^{\infty}a_k^2\right)\left(\sum_{k=1}^{\infty}k^2a_k^2\right) &= \left(\frac{\pi}{4\sqrt{\mu}}+O\Big(\frac{1}{\mu}\Big)\right)\left(\frac{\pi}{4}\sqrt{\mu}+O(1)\right)\\ &= \frac{\pi^2}{16}+O\Big(\frac{1}{\sqrt{\mu}}\Big)\quad(\mu\to\infty)\end{aligned}$$

以及

$$\left(\sum_{k=1}^{\infty} a_k\right)^4 = \left(\frac{\pi}{2} + O\left(\frac{1}{\sqrt{\mu}}\right)\right)^4 = \frac{\pi^4}{16} + O\left(\frac{1}{\sqrt{\mu}}\right) \quad (\mu \to \infty)$$

于是

$$\frac{\left(\sum\limits_{k=1}^{\infty} a_k\right)^4}{\left(\sum\limits_{k=1}^{\infty} a_k^2\right)\left(\sum\limits_{k=1}^{\infty} k^2 a_k^2\right)} \to \pi^2 \quad (\mu \to \infty)$$

由此可知原不等式中常数 π^2 不能换为任何更小的正数. □

6.11 设 $f(x)$ 是区间 $[0,1]$ 上的非负连续凹函数，并且 $f(0)=1$, 则

$$\int_0^1 xf(x)\mathrm{d}x \leqslant \frac{2}{3}\left(\int_0^1 f(x)\mathrm{d}x\right)^2$$

解 (i) 令

$$A = \int_0^1 f(x)\mathrm{d}x, B = \int_0^1 xf(x)\mathrm{d}x$$

由分部积分得到

$$\begin{aligned} B &= \int_0^1 x\mathrm{d}\left(\int_0^x f(t)\mathrm{d}t\right) \\ &= \left(x\int_0^x f(t)\mathrm{d}t\right)\Big|_0^1 - \int_0^1 \left(\int_0^x f(t)\mathrm{d}t\right)\mathrm{d}x \\ &= A - \int_0^1 \left(\int_0^x f(t)\mathrm{d}t\right)\mathrm{d}x \end{aligned}$$

所以

$$A - B = \int_0^1 \left(\int_0^x f(t)\mathrm{d}t\right)\mathrm{d}x$$

(ii) 因为 $f(x)$ 是凹函数，所以它的图象位于联结点 $\big(0, f(0)\big)$ (即 $(0,1)$, 因为 $f(0)=1\big)$ 和 $\big(x, f(x)\big)$ 的弦的上方，也就是说

$$f(t) \geqslant \frac{f(x)-1}{x}t + 1 \quad (0 \leqslant t \leqslant x)$$

将上式两边对 t 由 0 到 x 积分，我们得到

$$\int_0^x f(t)\mathrm{d}t \geqslant \frac{f(x)-1}{x} \cdot \frac{x^2}{2} + x = \frac{1}{2}xf(x) + \frac{1}{2}x$$

(iii) 由 (i) 和 (ii) 得

$$A - B \geqslant \int_0^1 \left(\frac{1}{2}xf(x) + \frac{1}{2}x\right)\mathrm{d}x = \frac{B}{2} + \frac{1}{4}$$

也就是

$$B \leqslant \frac{2}{3}\left(A - \frac{1}{4}\right)$$

注意 $0 \leqslant (2A-1)^2 = 4A^2 - 4A + 1, A - 1/4 \leqslant A^2$, 所以由上式，我们最终得到

$$B \leqslant \frac{2}{3}\left(A - \frac{1}{4}\right) \leqslant \frac{2}{3}A^2$$

于是本题得证. □

6.12 设函数 $f \in C^1[0,\infty], f(0) = 0$, 而且 $0 \leqslant f'(x) \leqslant 1$ (当 $x > 0$). 则当 $x \geqslant 0$ 时

$$\left(\int_0^x f(t)\mathrm{d}t\right)^2 \geqslant \int_0^x f^3(t)\mathrm{d}t$$

并且当 $f(x) = 0$(对所有 $x \geqslant 0$) 或 $f(x) = x$(对所有 $x \geqslant 0$) 时等式成立.

解 (i) 令

$$F(x) = \left(\int_0^x f(t)\mathrm{d}t\right)^2 - \int_0^x f^3(t)\mathrm{d}t \quad (x \geqslant 0)$$

我们有

$$\frac{\mathrm{d}}{\mathrm{d}x}\left(\int_0^x f(t)\mathrm{d}t\right)^2 = 2\left(\int_0^x f(t)\mathrm{d}t\right) \cdot f(x)$$
$$\frac{\mathrm{d}}{\mathrm{d}x}\left(\int_0^x f^3(t)\mathrm{d}t\right) = f^3(x)$$
$$\int_0^x f(t)f'(t)\mathrm{d}t = \frac{1}{2}f^2(t)\Big|_0^x = \frac{1}{2}\big(f^2(x) - f^2(0)\big) = \frac{1}{2}f^2(x)$$

所以

$$\begin{aligned} F'(x) &= 2f(x)\left(\int_0^x f(t)\mathrm{d}t - \frac{1}{2}f^2(x)\right) \\ &= 2f(x)\left(\int_0^x f(t)\mathrm{d}t - \int_0^x f(t)f'(t)\mathrm{d}t\right) \\ &= 2f(x)\int_0^x f(t)\big(1 - f'(t)\big)\mathrm{d}t \quad \big(x \in [0,\infty)\big) \end{aligned}$$

由 $f(0) = 0$ 和 $0 \leqslant f'(x) \leqslant 1$ 可知当 $x \geqslant 0$ 时 $f(x)$ 非负, 而且 $f(t)\big(1 - f'(t)\big) \geqslant 0$, 于是由上式得到

$$F'(x) \geqslant 0 \quad \big(x \in [0,\infty)\big)$$

因为 $F(0) = 0$, 我们由此推出

$$F(x) = F(x) - F(0) = \int_0^x F'(t)\mathrm{d}t \geqslant 0 \quad \big(x \in [0,\infty)\big)$$

于是

$$\left(\int_0^x f(t)\mathrm{d}t\right)^2 \geqslant \int_0^x f^3(t)\mathrm{d}t \quad (x \in [0,\infty))$$

(ii) 如果当所有 $x \geqslant 0$ 上式中等式成立，那么 $F(x)=0$ (当所有 $x \geqslant 0$), 所以

$$F'(x)=0 \quad (x \in [0,\infty))$$

也就是

$$f(x)\int_0^x f(t)\big(1-f'(t)\big)\mathrm{d}t=0 \quad \big(x \in [0,\infty)\big)$$

因此或者 $f(x)$ 在 $[0,\infty)$ 上恒等于 0, 或者

$$\int_0^x f(t)\big(1-f'(t)\big)\mathrm{d}t=0 \quad \big(x \in [0,\infty)\big)$$

但依 (i) 中所证，$f(t)\big(1-f'(t)\big) \geqslant 0$(当所有 $t \geqslant 0$), 从而若 $f(x)$ 在 $[0,\infty)$ 上不恒等于 0, 则必 $f'(x)=1$(当 $x \in [0,\infty)$), 由此及 $f(0)=0$ 推出 $f(x)=x$ (当 $x \geqslant 0$). 总之，等式成立的条件是：在 $[0,\infty)$ 上，或者 $f(x)$ 恒等于零，或者 $f(x)=x$. □

6.13 (Carlson 不等式的积分形式) 设 $f(x)$ 是 $[0,\infty)$ 上的非负实值函数，并且函数 $f^2(x)$ 和 $x^2f^2(x)$ 在 $[0,\infty)$ 上可积，则

$$\left(\int_0^\infty f(x)\mathrm{d}x\right)^4 \leqslant \pi^2\left(\int_0^\infty f^2(x)\mathrm{d}x\right)\left(\int_0^\infty x^2f^2(x)\mathrm{d}x\right)$$

并且当 $f(x)$ 在 $[0,\infty)$ 上不恒等于 0 时，右边的常数 π^2 不能用更小的正数代替.

解 设 $N \geqslant 1$ 是一个任意固定的整数. 令

$$0<x_1<x_2<\cdots<x_{n-1}<x_n=N$$

是区间 $[0,N]$ 的 n 等分点. 在问题 **6.10** 中取

$$a_k=f(x_k) \quad (1 \leqslant k=n), a_k=0 \quad (k>n)$$

则得

$$\left(\sum_{k=1}^n f(x_k)\right)^4<\pi^2\left(\sum_{k=1}^n f^2(x_k)\right)\left(\sum_{k=1}^n k^2f^2(x_k)\right)$$

两边同乘 n^{-4}, 我们得到 (注意 $x_k=k/n$)

$$\left(\sum_{k=1}^n \frac{f(x_k)}{n}\right)^4<\pi^2\left(\sum_{k=1}^n \frac{f^2(x_k)}{n}\right)\left(\sum_{k=1}^n \frac{x_k^2f^2(x_k)}{n}\right)$$

因为函数 $f(x)$ 和 $x^2f^2(x)$ 在 $[0,N]$ 上可积，所以在上式两边令 $n\to\infty$ 得到

$$\left(\int_0^N f(x)\mathrm{d}x\right)^4 \leqslant \pi^2\left(\int_0^N f^2(x)\mathrm{d}x\right)\left(\int_0^N x^2f^2(x)\mathrm{d}x\right)$$

此式对任何整数 $N\geqslant 1$ 成立，并且函数 $f(x)$ 和 $x^2f^2(x)$ 在 $[0,\infty)$ 上可积，所以在上式两边令 $N\to\infty$ 即得

$$\left(\int_0^\infty f(x)\mathrm{d}x\right)^4 \leqslant \pi^2\left(\int_0^\infty f^2(x)\mathrm{d}x\right)\left(\int_0^\infty x^2f^2(x)\mathrm{d}x\right)$$

最后，因为函数 $f(x)=(1+x^2)^{-1}$ 使上式两边相等，所以右边的常数 π^2 是最优的. □

注 应用问题 **6.13** 可以给出问题 **6.10** 中的 Carlson 不等式的下列改进形式：设 $a_n\,(n\geqslant 1)$ 是任意正数列，则

$$\left(\sum_{k=1}^\infty a_k\right)^4 < \pi^2\left(\sum_{k=1}^\infty a_k^2\right)\sum_{k=1}^\infty\left(k^2-k+\frac{3}{8}\right)a_k^2$$

证明大意如下：

(i) 考虑函数

$$f_N(x)=\mathrm{e}^{-x/2}\sum_{k=1}^N(-1)^k a_k L_{k-1}(x)$$

其中

$$L_k(x)=\frac{\mathrm{e}^x}{k!}\frac{\mathrm{d}^k}{\mathrm{d}x^k}(x^k\mathrm{e}^{-x})=\sum_{j=0}^k\binom{k}{j}\frac{(-x)^j}{j!}\quad(k\geqslant 0)$$

是第 k 个 Laguerre 多项式 (参见问题 **II.42**), 它们形成 $(0,\infty)$ 上的以 e^{-x} 为权的正交多项式系，也就是说，如果记 $(f,g)=\int_0^\infty f(x)g(x)\mathrm{e}^{-x}\mathrm{d}x$, 那么

$$(L_m,L_n)=0\quad(m\neq n),(L_m.L_m)=1$$

我们算出 (参见问题 **II.42**)

$$\int_0^\infty f_N(x)\mathrm{d}x=\sum_{k=1}^N(-1)^k a_k\int_0^\infty \mathrm{e}^{-x/2}L_{k-1}(x)\mathrm{d}x=2\sum_{k=1}^N a_k$$

由 $L_k(x)$ 的正交性以及问题 **II.42** 中的结果，还有

$$\int_0^\infty f_N^2(x)\mathrm{d}x=\sum_{i,j=1}^N(-1)^{i+j}a_ia_j(L_{i-1},L_{j-1})=\sum_{k=1}^N a_k^2$$

另外，借助 $L_k(x)$ 的递推关系 (此处从略) 和正交性还可算出

$$
\begin{aligned}
\int_0^{\infty} x^2 f_N^2(x)\mathrm{d}x &= \sum_{i,j=1}^{N}(-1)^{i+j}a_ia_j(x^2L_{i-1},L_{j-1})\\
&= 2\sum_{k=3}^{N}(k-1)(k-2)a_ka_{k-2}+\\
&\quad 8\sum_{k=2}^{N}(k-1)^2a_ka_{k-1}+\\
&\quad 2\sum_{k=1}^{N}(3k^2-3k+1)a_k^2
\end{aligned}
$$

将它们代入问题 **6.13** 中的积分不等式 (其中 $f(x)$ 取作 $f_N(x)$), 然后令 $N\to\infty$, 我们得到

$$
\begin{aligned}
16\left(\sum_{k=1}^{\infty}a_k\right)^4 \leqslant\ & \pi^2\left(\sum_{k=1}^{\infty}a_k^2\right)\cdot\left(2\sum_{k=3}^{\infty}(k-1)(k-2)a_ka_{k-2}+\right.\\
&\left. 8\sum_{k=2}^{\infty}(k-1)^2a_ka_{k-1}+2\sum_{k=1}^{\infty}(3k^2-3k+1)a_k^2\right)
\end{aligned}
$$

(ii) 下面我们来进一步估计上式不等号右边的第二个括号中的式子. 由 Cauchy–Schwarz 不等式，我们有

$$
\begin{aligned}
\sum_{k=3}^{\infty}(k-1)(k-2)a_ka_{k-2} &\leqslant \frac{1}{2}\sum_{k=3}^{\infty}\left((k-1)^2a_k^2+(k-2)^2a_{k-2}^2\right)\\
&< \frac{1}{2}\sum_{k=1}^{\infty}\left((k-1)^2+k^2\right)a_k^2
\end{aligned}
$$

类似地，还有

$$
\sum_{k=2}^{\infty}(k-1)^2a_ka_{k-1}=\sum_{k=2}^{\infty}(k-1)\left(k-\frac{3}{2}\right)a_ka_{k-1}+\frac{1}{2}\sum_{k=2}^{\infty}(k-1)a_ka_{k-1}
$$

其中

$$
\begin{aligned}
\sum_{k=2}^{\infty}(k-1)\left(k-\frac{3}{2}\right)a_ka_{k-1} &\leqslant \frac{1}{2}\sum_{k=2}^{\infty}\left((k-1)^2a_k^2+\left(k-\frac{3}{2}\right)^2a_{k-1}^2\right)\\
&< \frac{1}{2}\sum_{k=1}^{\infty}\left((k-1)^2+\left(k-\frac{1}{2}\right)^2\right)a_k^2
\end{aligned}
$$

$$\begin{aligned}\sum_{k=2}^{\infty}(k-1)a_k a_{k-1} &= \sum_{k=2}^{\infty}\sqrt{k-1}a_k\cdot\sqrt{k-1}a_{k-1}\\ &\leqslant \frac{1}{2}\sum_{k=2}^{\infty}\left((k-1)a_k^2+(k-1)a_{k-1}^2\right)\\ &< \frac{1}{2}\sum_{k=1}^{\infty}\left((k-1)+k\right)a_k^2\end{aligned}$$

从而

$$\sum_{k=2}^{\infty}(k-1)^2 a_k a_{k-1}<\sum_{k=1}^{\infty}\left(k^2-k+\frac{3}{8}\right)a_k^2$$

合起来得到

$$\begin{aligned}&2\sum_{k=3}^{\infty}(k-1)(k-2)a_k a_{k-2}+8\sum_{k=2}^{\infty}(k-1)^2 a_k a_{k-1}+\\ &2\sum_{k=1}^{\infty}(3k^2-3k+1)a_k^2\\ <\ &16\sum_{k=1}^{\infty}\left(k^2-k+\frac{3}{8}\right)a_k^2\end{aligned}$$

由此及 (i) 中的结果即可推出所要的不等式.

6.14 设函数 $f,g\in C[0,\infty)$, 并且分别在 $[0,\infty)$ 的某个有限区间外为零, 那么

$$\int_0^{\infty}\int_0^{\infty}\frac{f(x)g(y)}{x+y}\mathrm{d}x\mathrm{d}y\leqslant\pi\sqrt{\int_0^{\infty}f^2(x)\mathrm{d}x}\sqrt{\int_0^{\infty}g^2(x)\mathrm{d}x}$$

解 由题设可知不等式左边的积分 I 存在, 并且可将它表示为

$$I=\int_0^{\infty}f(x)\phi(x)\mathrm{d}x$$

其中

$$\phi(x)=\int_0^{\infty}\frac{g(y)}{x+y}\mathrm{d}y$$

在 $\phi(x)$ 的积分中作变量代换 $y=tx$, 可得

$$I=\int_0^{\infty}\frac{1}{t+1}\int_0^{\infty}f(x)g(tx)\mathrm{d}t$$

对内层的积分应用 Cauchy–Schwarz 不等式，我们有

$$
\begin{aligned}
I &\leqslant \int_0^\infty \frac{1}{t+1}\sqrt{\int_0^\infty f^2(x)\mathrm{d}x}\sqrt{\int_0^\infty g^2(tx)\mathrm{d}x}\,\mathrm{d}t \\
&= \sqrt{\int_0^\infty f^2(x)\mathrm{d}x}\cdot\int_0^\infty \frac{1}{\sqrt{t}(t+1)}\sqrt{\int_0^\infty g^2(tx)t\mathrm{d}x}\,\mathrm{d}t \\
&= \sqrt{\int_0^\infty f^2(x)\mathrm{d}x}\sqrt{\int_0^\infty g^2(x)\mathrm{d}x}\int_0^\infty \frac{1}{\sqrt{t}(t+1)}\mathrm{d}t
\end{aligned}
$$

因为

$$\int_0^\infty \frac{1}{\sqrt{t}(t+1)}\mathrm{d}t = \pi$$

所以题中的不等式得证. □

6.15 设

$$P(x) = a_n x^n + a_{n-1}x^{n-1} + \cdots + a_1 x + a_0$$

是 n 次实系数多项式，令

$$Q(x) = \frac{a_n}{n!}x^n + \frac{a_{n-1}}{(n-1)!}x^{n-1} + \cdots + \frac{a_1}{1!}x + a_0$$

证明

$$\int_0^1 P^2(t)\mathrm{d}t \leqslant \pi\int_0^\infty Q^2(t)\mathrm{e}^{-2t}\mathrm{d}t$$

解 (i) 因为

$$\int_0^\infty x^k \mathrm{e}^{-x}\mathrm{d}x = k! \quad (k\in\mathbb{N}_0)$$

所以

$$P(x) = \int_0^\infty \mathrm{e}^{-t}Q(xt)\mathrm{d}t \quad (x\in\mathbb{R})$$

从而 (令 $u = xt$)

$$P(x) = \frac{1}{x}\int_0^\infty \mathrm{e}^{-u/x}Q(u)\mathrm{d}u \quad (x\in\mathbb{R}, x\neq 0)$$

于是，若 $n\in\mathbb{N}$, 则

$$\int_{1/n}^1 P^2(t)\mathrm{d}t = \int_{1/n}^1 \frac{1}{t^2}\left(\int_0^\infty \mathrm{e}^{-u/t}Q(u)\mathrm{d}u\right)^2\mathrm{d}t$$

在右边的积分中作变量代换 $y = 1/t$ 即得

$$\int_{1/n}^1 P^2(t)\mathrm{d}t \leqslant \int_1^n \left(\int_0^\infty \mathrm{e}^{-uy}|Q(u)|\mathrm{d}u\right)^2\mathrm{d}y$$

(ii) 对任何 $m\in\mathbb{N}$ 及 $y\in[1,\infty]$, 令

$$F_m(y)=\int_{1/m}^{m}\mathrm{e}^{-uy}|Q(u)|\mathrm{d}u$$

并定义

$$F(y)=\int_0^{\infty}\mathrm{e}^{-uy}|Q(u)|\mathrm{d}u$$

显然函数列 $\big(F_m^2(y)\big)$ 在 $y\in[1,n]$ 上逐点递增地收敛于 $F^2(y)$. 我们证明它在 $y\in[1,n]$ 上一致收敛于 $F^2(y)$. 事实上，对于任何 $y\in[1,n]$ 有

$$\begin{aligned}
0 &\leqslant F^2(y)-F_m^2(y)\\
&= \big(F(y)-F_m(y)\big)\big(F(y)+F_m(y)\big)\leqslant\big(F(y)-F_m(y)\big)\cdot 2F(y)\\
&= 2\left(\int_0^{1/m}\mathrm{e}^{-uy}|Q(u)|\mathrm{d}u+\int_m^{\infty}\mathrm{e}^{-uy}|Q(u)|\mathrm{d}u\right)\cdot\int_0^{\infty}\mathrm{e}^{-uy}|Q(u)|\mathrm{d}u\\
&\leqslant 2\left(\int_0^{1/m}\mathrm{e}^{-u}|Q(u)|\mathrm{d}u+\int_m^{\infty}\mathrm{e}^{-u}|Q(u)|\mathrm{d}u\right)\cdot\int_0^{\infty}\mathrm{e}^{-u}|Q(u)|\mathrm{d}u
\end{aligned}$$

(最后一步中用到 $y\geqslant 1$). 因为 $\mathrm{e}^{-u}|Q(u)|$ 与 y 无关并且在 $[0,\infty)$ 上可积，所以当 $m\to\infty$ 时

$$\int_0^{1/m}\mathrm{e}^{-u}|Q(u)|\mathrm{d}u,\int_m^{\infty}\mathrm{e}^{-u}|Q(u)|\mathrm{d}u\to 0$$

因此在 $y\in[1,n]$ 上一致地有

$$\lim_{m\to\infty}F_m^2(y)=F^2(y)$$

由此及 (i) 中所得结果推出

$$\int_{1/n}^{1}P^2(t)\mathrm{d}t\leqslant\lim_{m\to\infty}\int_1^{n}\left(\int_{1/m}^{m}\mathrm{e}^{-uy}|Q(u)|\mathrm{d}u\right)^2\mathrm{d}y\quad(n\in\mathbb{N})$$

(iii) 我们有

$$\begin{aligned}
&\int_1^{n}\left(\int_{1/m}^{m}\mathrm{e}^{-uy}|Q(u)|\mathrm{d}u\right)^2\mathrm{d}y\\
=&\int_1^{n}\left(\int_{1/m}^{m}\int_{1/m}^{m}\mathrm{e}^{-uy}|Q(u)|\mathrm{e}^{-vy}|Q(v)|\mathrm{d}u\mathrm{d}v\right)\mathrm{d}y\\
=&\int_{1/m}^{m}\int_{1/m}^{m}|Q(u)||Q(v)|\left(\int_1^{n}\mathrm{e}^{-uy}\mathrm{e}^{-vy}\mathrm{d}y\right)\mathrm{d}u\mathrm{d}v\\
=&\int_{1/m}^{m}\int_{1/m}^{m}\frac{|Q(u)||Q(v)|}{u+v}\big(\mathrm{e}^{-(u+v)}-\mathrm{e}^{-n(u+v)}\big)\mathrm{d}u\mathrm{d}v\\
\leqslant&\int_{1/m}^{m}\int_{1/m}^{m}\frac{|Q(u)|\mathrm{e}^{-u}|Q(v)|\mathrm{e}^{-v}}{u+v}\mathrm{d}u\mathrm{d}v
\end{aligned}$$

对于每个固定的 m, 令 $f(u)=g(u)=|Q(u)|\mathrm{e}^{-u}$(当 $u\in[1/m,m]$); $=0$(当 $u\in[0,\infty)\setminus[1/m,m]$). 依问题 **6.14** 得到

$$\begin{aligned}&\int_{1/m}^{m}\int_{1/m}^{m}\frac{|Q(u)|\mathrm{e}^{-u}|Q(v)|\mathrm{e}^{-v}}{u+v}\mathrm{d}u\mathrm{d}v\\ \leqslant\ &\pi\sqrt{\int_{1/m}^{m}\left(Q(u)\mathrm{e}^{-u}\right)^2\mathrm{d}u}\sqrt{\int_{1/m}^{m}\left(Q(u)\mathrm{e}^{-u}\right)^2\mathrm{d}u}\\ \leqslant\ &\pi\int_0^{\infty}\left(Q(u)\mathrm{e}^{-u}\right)^2\mathrm{d}u\end{aligned}$$

因此

$$\int_1^n\left(\int_{1/m}^{m}\mathrm{e}^{-uy}|Q(u)|\mathrm{d}u\right)^2\mathrm{d}y\leqslant\pi\int_0^{\infty}\left(Q(u)\mathrm{e}^{-u}\right)^2\mathrm{d}u$$

(iv) 由 (ii) 和 (iii) 中所得结果推出

$$\int_{1/n}^{1}P^2(t)\mathrm{d}t\leqslant\pi\int_0^{\infty}\left(Q(x)\mathrm{e}^{-x}\right)^2\mathrm{d}x$$

此式对任何 $n\in\mathbb{N}$ 成立, 它表明 $\int_{1/n}^{1}P^2(t)\mathrm{d}t\,(n\geqslant 1)$ 是单调递增的有界数列, 所以当 $n\to\infty$ 时有有限的极限, 即 $\int_0^1 P^2(t)\mathrm{d}t$, 并且满足

$$\int_0^1 P^2(t)\mathrm{d}t\leqslant\pi\int_0^{\infty}\left(Q(x)\mathrm{e}^{-x}\right)^2\mathrm{d}x$$

于是本题得证. □

第7章　递推数列与函数方程

提要　本章内容比较专门，分两部分. 问题 **7.1~7.4** 涉及某些与特殊的递推数列 (如高阶线性递推和非线性递推) 有关的极限问题. 问题 **7.5~7.11** 以某些经典函数方程 (如 Cauchy 函数方程) 及其在解函数方程中的应用为主，还涉及某些特殊的函数方程 (如多变量函数方程，变量以指数或对数形式出现的函数方程) 的求解问题.

7.1　设数列 $(a_n)_{n\geqslant 0}$ 由下列条件定义

$$a_0=1, a_1=2, a_2=3$$

以及

$$\begin{vmatrix} 1 & a_n & a_{n-1} \\ 1 & a_{n-1} & a_{n-2} \\ 1 & a_{n-2} & a_{n-3} \end{vmatrix}=1 \quad (n\geqslant 3)$$

求 a_n 的明显公式并计算

$$\lim_{n\to\infty}\frac{a_n}{a_{n+1}}$$

解　(i)　题中的行列式等于

$$\begin{vmatrix} 0 & a_n-a_{n-1} & a_{n-1}-a_{n-2} \\ 0 & a_{n-1}-a_{n-2} & a_{n-2}-a_{n-3} \\ 1 & a_{n-2} & a_{n-3} \end{vmatrix}$$

因此 a_n 满足递推关系

$$(a_n-a_{n-1})(a_{n-2}-a_{n-3})=1+(a_{n-1}-a_{n-2})^2 \quad (n\geqslant 3)$$

将初始值 $a_0=1, a_1=2, a_2=3$ 代入可得 $a_3=5$, 进而求得 $a_4=10, a_5=23$, 等等.

(ii)　用 $F_n(n\geqslant 1)$ 表示 Fibonacci 数列. 在关系式 $F_{n+1}^2=F_nF_{n+2}+(-1)^n(n\geqslant 1)$ 中易 n 为 $2n-5$ 可得

$$F_{2n-3}\cdot F_{2n-5}=1+F_{2n-4}^2 \quad (n\geqslant 3)$$

并且当 $n=3$ 时 $F_{2n-3}=a_n-a_{n-1}, F_{2n-4}=a_{n-1}-a_{n-2}, F_{2n-5}=a_{n-2}-a_{n-3}$. 这表明数列 $(F_{2n-3})_{n\geqslant 3}$ 与数列 $(a_n-a_{n-1})_{n\geqslant 3}$ 满足同一个递推关系, 并且具有相同的初值, 因此它们完全重合. 另外, 当 $n=2$ 时, 直接验证可知 $F_{2n-3}=a_n-a_{n-1}$ 也成立. 于是我们有

$$a_n-a_{n-1}=F_{2n-3}\quad(n\geqslant 2)$$

(iii) 由上式可推出

$$\begin{aligned}a_n &= \sum_{j=2}^{n}(a_j-a_{j-1})+a_1=\sum_{j=2}^{n}F_{2j-3}+a_1\\ &= a_1+F_1+F_3+F_5++\cdots+F_{2n-3}\end{aligned}$$

注意 $F_1=F_2, F_n=F_{n-1}+F_{n-2}\,(n\geqslant 3)$, 我们有

$$\begin{aligned}&F_1+F_3+F_5+\cdots+F_{2n-3}\\ =\ &F_2+(F_4-F_2)+(F_6-F_4)+\cdots+(F_{2n-2}-F_{2n-4})\\ =\ &F_{2n-2}\end{aligned}$$

所以

$$a_n=2+F_{2n-2}\quad(n\geqslant 2)$$

应用 Fibonacci 数的明显公式可得

$$a_n=2+\frac{1}{\sqrt{5}}\left(\left(\frac{1+\sqrt{5}}{2}\right)^{2n-2}-\left(\frac{1-\sqrt{5}}{2}\right)^{2n-2}\right)$$

易见此式当 $n=1$ 时也适用.

(iv) 由上述公式即可算出

$$\begin{aligned}\frac{a_n}{a_{n+1}} &= \frac{2+F_{2n-2}}{2+F_{2n}}=\frac{F_{2n-2}}{F_{2n}}\cdot\frac{2F_{2n-2}^{-1}+1}{2F_{2n}^{-1}+1}\\ &= \frac{\alpha^{2n-2}\big(1-(\beta\alpha^{-1})^{2n-2}\big)}{\alpha^{2n}\big(1-(\beta\alpha^{-1})^{2n}\big)}\cdot\frac{2F_{2n-2}^{-1}+1}{2F_{2n}^{-1}+1}\end{aligned}$$

其中已令 $\alpha=(1+\sqrt{5})/2, \beta=(1-\sqrt{5})/2$. 因为 $F_n\to\infty(n\to\infty), |\beta\alpha^{-1}|<1$, 所以 $\lim\limits_{n\to\infty}a_n/a_{n+1}=\alpha^{-2}=(3-\sqrt{5})/2$. □

注 Fibonacci 数列 $(F_n)_{n\geqslant 1}$ 可由递推关系

$$F_n=F_{n-1}+F_{n-2}\quad(n\geqslant 3)$$

和初始条件 $F_1=F_2=1$ 确定. 可以证明它有下列明显表达式

$$F_n=\frac{1}{\sqrt{5}}\left(\left(\frac{1+\sqrt{5}}{2}\right)^n-\left(\frac{1-\sqrt{5}}{2}\right)^n\right)\quad(n\geqslant 1)$$

这个公式有多种证法，下面是其一 (称母函数方法):

定义函数

$$f(x)=\sum_{n=1}^{\infty}F_nx^{n-1}$$

将它写成

$$f(x)=F_1+F_2x+\sum_{n=3}^{\infty}F_nx^{n-1}=1+x+\sum_{n=1}^{\infty}F_{n+2}x^{n+1}$$

依上述递推关系，我们有

$$\begin{aligned}f(x)&=1+x+\sum_{n=1}^{\infty}(F_{n+1}+F_n)x^{n+1}\\&=1+x+\sum_{n=1}^{\infty}F_{n+1}x^{n+1}+\sum_{n=1}^{\infty}F_nx^{n+1}\\&=1+\left(x+x\sum_{n=1}^{\infty}F_{n+1}x^n\right)+x^2\sum_{n=1}^{\infty}F_nx^{n-1}\\&=1+xf(x)+x^2f(x)\end{aligned}$$

于是

$$(1-x-x^2)f(x)=1$$

因为二次方程 $x^2+x-1=0$ 有两个不相等的实根

$$\omega_1=\frac{-1+\sqrt{5}}{2},\omega_2=\frac{-1-\sqrt{5}}{2}$$

并且 $|\omega_2|>|\omega_1|$, 因此当 $|x|<|\omega_1|$ 时 $x^2+x-1\neq 0$, 从而

$$f(x)=-\frac{1}{x^2+x-1}\quad(|x|<|\omega_1|)$$

现在来求 $f(x)$ 的幂级数展开. 我们有

$$f(x)=-\frac{1}{(x-\omega_1)(x-\omega_2)}=\frac{1}{\omega_2-\omega_1}\left(\frac{1}{x-\omega_1}-\frac{1}{x-\omega_2}\right)$$

注意 $\omega_1\omega_2=-1$, 所以

$$\frac{1}{x-\omega_1}=\frac{1}{-\omega_1(1-x\omega_1^{-1})}=\frac{\omega_2}{1+\omega_2x},\frac{1}{x-\omega_2}=\frac{\omega_1}{1+\omega_1x}$$

于是当 $\min(|\omega_1 x|, |\omega_2 x|) = |\omega_2 x| < 1$, 亦即 $|x| < |\omega_2^{-1}| = |\omega_1|$ 时

$$\begin{aligned} f(x) &= \frac{1}{\omega_2 - \omega_1}\left(\sum_{n=0}^{\infty}(-1)^n \omega_2^{n+1} x^n - \sum_{n=0}^{\infty}(-1)^n \omega_1^{n+1} x^n\right) \\ &= -\frac{1}{\sqrt{5}}\sum_{n=0}^{\infty}(-1)^n \left(\omega_2^{n+1} - \omega_1^{n+1}\right) x^n \end{aligned}$$

记

$$\alpha = -\omega_2 = \frac{1+\sqrt{5}}{2}, \beta = -\omega_1 = \frac{1-\sqrt{5}}{2}$$

即得 $f(x)$ 的幂级数展开：当 $|x| < |\beta| (= |\omega_1|)$ 时

$$f(x) = \sum_{n=0}^{\infty} \frac{1}{\sqrt{5}}\left(\alpha^{n+1} - \beta^{n+1}\right) x^n = \sum_{n=1}^{\infty} \frac{1}{\sqrt{5}}\left(\alpha^n - \beta^n\right) x^{n-1}$$

由幂级数展开的唯一性即得 $F_n = (\alpha^n - \beta^n)/\sqrt{5}\ (n \geqslant 1)$.

上面题解中引用的关系式

$$F_{n+1}^2 = F_n F_{n+2} + (-1)^n \quad (n \geqslant 1)$$

可以应用刚才证明的 F_n 的明显公式直接验证，或用数学归纳法证明．下面给出一个简单证法：

令 $F_0 = 0$, 由上述递推关系可直接验证：当任何 $n \geqslant 1$ 有

$$\begin{pmatrix} F_{n+2} & F_{n+1} \\ F_{n+1} & F_n \end{pmatrix} = \begin{pmatrix} 1 & 1 \\ 1 & 0 \end{pmatrix} \begin{pmatrix} F_{n+1} & F_n \\ F_n & F_{n-1} \end{pmatrix}$$

连续应用这个乘法关系 n 次，可得

$$\begin{pmatrix} F_{n+2} & F_{n+1} \\ F_{n+1} & F_n \end{pmatrix} = \begin{pmatrix} 1 & 1 \\ 1 & 0 \end{pmatrix}^n \begin{pmatrix} F_2 & F_1 \\ F_1 & F_0 \end{pmatrix}$$

所以我们有

$$\begin{pmatrix} F_{n+2} & F_{n+1} \\ F_{n+1} & F_n \end{pmatrix} = \begin{pmatrix} 1 & 1 \\ 1 & 0 \end{pmatrix}^{n+1}$$

两边取行列式，即得要证的公式.

7.2 设无穷数列 $(x_n)_{n \geqslant 0}$ 由下式定义

$$x_0 = 1, x_n = x_{n-1} + \frac{1}{x_{n-1}} \quad (n \geqslant 1)$$

证明这个数列发散，并且 $x_n \sim \sqrt{2n} \quad (n \to \infty)$.

解 (i) 显然 x_n 单调递增并且 >0. 若当 $n \to \infty$ 时数列 x_n 有有限的极限 L, 则可由题中的递推关系式推出

$$L = L + \frac{1}{L}$$

这不可能，因此数列发散.

(ii) 我们来估计 x_n. 令 $y_n = x_n^2 - 2n\,(n \geqslant 1)$, 则有

$$\begin{aligned} y_{n+1} &= x_{n+1}^2 - 2(n+1) = \left(x_n + \frac{1}{x_n}\right)^2 - 2n - 2 \\ &= x_n^2 + 2 + \frac{1}{x_n^2} - 2n - 2 = x_n^2 - 2n + \frac{1}{x_n^2} = y_n + \frac{1}{y_n + 2n} \end{aligned}$$

由于 $x_n^2 = (x_{n-1} + 1/x_{n-1})^2 > x_{n-1}^2 + 2$, 所以由数学归纳法可证当 $n \geqslant 1$ 时 $x_n^2 > 2n$, 因而 $y_n > 0$. 据此我们由上式推出

$$y_n < y_{n+1} < y_n + \frac{1}{2n} \quad (n \geqslant 1)$$

于是归纳地得到：当 $n \geqslant 2$ 时

$$\begin{aligned} y_n &< \frac{1}{2(n-1)} + y_{n-1} < \frac{1}{2(n-1)} + \frac{1}{2(n-2)} + y_{n-2} \\ &< \cdots < \frac{1}{2(n-1)} + \frac{1}{2(n-2)} + \cdots + \frac{1}{2} + y_1 \end{aligned}$$

因为 $y_1 = 2$, 以及

$$\begin{aligned} & \frac{1}{2(n-1)} + \frac{1}{2(n-2)} + \cdots + \frac{1}{2} \\ < \; & \frac{1}{2}\left(1 + \int_1^{n-1} \frac{\mathrm{d}x}{x}\right) = \frac{1}{2}\bigl(\log(n-1) + 1\bigr) \end{aligned}$$

所以

$$0 < y_n < \frac{1}{2}\log(n-1) + \frac{5}{2} \quad (n \geqslant 2)$$

由此可知

$$2n < x_n^2 < \frac{1}{2}\log(n-1) + 2(n+1) + \frac{1}{2} \quad (n \geqslant 2)$$

因此

$$\sqrt{2n} < x_n < \sqrt{2n}\bigl(1 + o(1)\bigr) \quad (n \to \infty)$$

由此即得 $x_n \sim \sqrt{2n}\ (n \to \infty)$. □

注 如果我们将 $x_{n+1}-x_n=(x_{n+1}-x_n)/\big((n+1)-n\big)$ 类比为 $\mathrm{d}x/dn$, 所给递推关系式类比为微分方程

$$\frac{\mathrm{d}x}{\mathrm{d}n}=\frac{1}{x}$$

则得 $x=\sqrt{2n+c}$, 其中 c 为某个常数. 因而 x_n 与 $\sqrt{2n}$ 较接近. 这启发我们在上面的解法中令 $y_n=x_n^2-2n\,(n\geqslant 1)$, 而 y_n 较小 (与 n 相比). 对此还可参见问题 **1.14** 的 **注**.

7.3 设无穷数列 $(x_n)_{n\geqslant 0}$ 由下式定义

$$x_{n+1}x_n-2x_n=3\quad (n\geqslant 1, x_0>0)$$

证明：数列 (x_n) 收敛，并求其极限.

解 我们给出三个解法.

解法 1 我们有

$$x_{n+1}x_n=2x_n+3\quad (n\geqslant 1)$$

据此及 $x_0>0$ 可知 $x_1=2+3/x_0>2$, 因而用数学归纳法可证明 $x_n>2\,(n\geqslant 1)$. 于是我们可以写出

$$x_{n+1}-3=-\frac{1}{x_n}(x_n-3)\quad (n\geqslant 0)$$

因此

$$|x_{n+1}-3|=\frac{1}{x_n}|x_n-3|<\frac{1}{2}|x_n-3|\quad (n\geqslant 0)$$

由此我们得到

$$|x_n-3|<\left(\frac{1}{2}\right)^n|x_0-3|\quad (n\geqslant 1)$$

于是 $\lim\limits_{n\to\infty}x_n=3$.

解法 2 如 *解法* 1 证得 $x_n>2(n\geqslant 1)$, 所以可写出

$$x_n=\frac{3}{x_{n+1}-2}\quad (n\geqslant 0)$$

并且 $y_n=1/(x_n+1)\,(n\geqslant 0)$ 有意义，将上式代入此式，得到

$$y_n=\frac{1}{x_n+1}=\frac{1}{\dfrac{3}{x_{n+1}-2}+1}=\frac{x_{n+1}-2}{x_{n+1}+1}=1-3y_{n+1}$$

这表明数列 y_n 满足下列线性非齐次递推关系

$$y_{n+1}=-\frac{1}{3}y_n+\frac{1}{3}\quad (n\geqslant 0)$$

在等式两边同时乘以 $(-1/3)^{n+1}$, 并令 n 代以 $0,1,2,\cdots,n-1$, 然后将得到的 n 个等式相加，即得

$$y_n=\left(-\frac{1}{3}\right)^{n-1}\cdot y_1+\frac{1}{4}\left(1-\left(-\frac{1}{3}\right)^{n-1}\right)\quad (n\geqslant 1)$$

因此

$$\lim_{n\to\infty}y_n=\frac{1}{4}$$

最后，由 $x_n=1/y_n-1$ 立得 $\lim\limits_{n\to\infty}x_n=3$.

解法 3　设 $x_0<3$, 那么由数学归纳法可知

$$x_0\leqslant x_n\leqslant x_1\quad (n\geqslant 0)$$

因此数列 x_n 有界. 我们还可以归纳地证明

$$x_n>2,x_{2n}<3,x_{2n+1}>3\quad (n\geqslant 0)$$

于是由所给递推关系式推出

$$x_{n+2}-x_n=-\frac{2(x_n-3)(x_n+1)}{2x_n+3}$$

由上述这些关系式可知子列 $x_{2n}(n\geqslant 0)$ 严格单调递增，而子列 $x_{2n+1}(n\geqslant 0)$ 严格单调递减，因而这两个子列都收敛. 设

$$u=\lim_{n\to\infty}x_{2n},v=\lim_{n\to\infty}x_{2n+1}$$

在题中所给的递推关系式中分别将 n 换作 $2n$(即偶数) 和 $2n+1$(即奇数), 然后令 $n\to\infty$, 我们分别得到

$$uv-2u=3,uv-2v=3$$

因此 $u=v=3$, 即在 $x_0<3$ 的情形，所求极限 $=3$.

若 $x_0>3$, 则同法可证所求极限也 $=3$. 若 $x_0=3$, 则可归纳地证明所有 $x_n=3$, 因而所求极限仍然 $=3$. 总之，所求数列极限是 3. □

7.4　(a)　设无穷数列 $(x_n)_{n\geqslant 0}$ 由下式定义

$$x_{n+1}x_n-2x_n+2=0\quad (n\geqslant 0)$$

证明：(x_n) 是周期数列.

(b) 若函数 $f(x)$ 满足方程

$$f(x+1)f(x)-2f(x+1)+2=0 \quad (x\in\mathbb{R})$$

并且 $f(x)$ 不取值 2, 则 $f(x)$ 是周期函数.

解 (a) 如果 $x_0=2$, 那么由题中的递推关系式推出 $2=0$, 因此 $x_0\neq 2$. 于是可以归纳地证明所有 $x_n(n\geqslant 0)$ 都 $\neq 2$. 所以我们可以写出

$$x_{n+1}=\frac{2}{2-x_n} \quad (n\geqslant 0)$$

于是 (在上式中易 n 为 $n+1$)

$$x_{n+2}=\frac{2}{2-x_{n+1}}=\frac{2}{2-\dfrac{2}{2-x_n}}=\frac{2-x_n}{1-x_n}$$

类似地 (在上式中易 n 为 $n+1$)

$$x_{n+3}=\frac{2-x_{n+1}}{1-x_{n+1}}=\frac{2-\dfrac{2}{2-x_n}}{1-\dfrac{2}{2-x_n}}=-\frac{2(1-x_n)}{x_n}$$

继续进行这种计算 (在上式中易 n 为 $n+1$)

$$x_{n+4}=-\frac{2(1-x_{n+1})}{x_{n+1}}=-\frac{2\left(1-\dfrac{2}{2-x_n}\right)}{\dfrac{2}{2-x_n}}=x_n$$

因此 $x_n(n\geqslant 0)$ 是周期数列.

(b) 与 (a) 的解法类似. 因为 $f(x)$ 不取值 2, 所以可解出

$$f(x+1)=\frac{2}{2-f(x)} \quad (x\in\mathbb{R})$$

于是对任何 $x\in\mathbb{R}$

$$f(x+2)=\frac{2}{2-f(x+1)}=\frac{2}{2-\dfrac{2}{2-f(x)}}=\frac{2-f(x)}{1-f(x)}$$

以及

$$f(x+3)=\frac{2-f(x+1)}{1-f(x+1)}=\frac{2-\dfrac{2}{2-f(x)}}{1-\dfrac{2}{2-f(x)}}=-\frac{2\big(1-f(x)\big)}{f(x)}$$

最终得到

$$f(x+4)=-\frac{2\big(1-f(x+1)\big)}{f(x+1)}=-\frac{2\left(1-\dfrac{2}{2-f(x)}\right)}{\dfrac{2}{2-f(x)}}=f(x)$$

因此 $f(x)$ 是周期函数，且周期等于 4. □

7.5 (a) 求 Cauchy 函数方程

$$f(x+y)=f(x)+f(y)\quad(x,y\in\mathbb{R})$$

的所有连续解.

(b) 证明：如果定义在 $\mathbb{R}$ 上的函数 f 满足 Cauchy 函数方程及下列条件之一：

(i) f 在某个点 $x_0\in\mathbb{R}$ 连续；

(ii) f 在某个区间 (a,b) 上有上界；

(iii) f 在 $\mathbb{R}$ 上单调；

那么 $f(x)=ax$, 其中 a 为常数.

解 (a) 显然，函数 $f(x)=ax$(其中 a 为常数) 连续并且满足 Cauchy 函数方程. 下面我们证明：若连续函数 f 满足

$$f(x+y)=f(x)+f(y)\quad(x,y\in\mathbb{R})$$

则 f 必有上述形式.

(i) 由 $f(x+x)=f(x)+f(x)$ 得 $f(2x)=2f(x)\,(x\in\mathbb{R})$, 于是可归纳地证明：对于任何正整数 n

$$f(nx)=nf(x)\quad(x\in\mathbb{R})$$

又由 $f(0+0)=f(0)+f(0)$ 可知还有 $f(0)=0$.

(ii) 由 $f(0)=f(x-x)=f(x)+f(-x)$ 以及 $f(0)=0$ 可知

$$f(-x)=-f(x)\quad(x\in\mathbb{R})$$

(iii) 在刚才步骤 (i) 中证得的方程中用 $x/n(n \in \mathbb{N})$ 代替 x, 可得 $f(x) = nf(x/n)$, 所以

$$f\left(\frac{x}{n}\right) = \frac{1}{n}f(x)$$

(iv) 对于任何正有理数 $r = p/q\,(p, q \in \mathbb{N})$, 有

$$f(rx) = f\left(\frac{p}{q}x\right) = pf\left(\frac{1}{q}x\right) = p \cdot \frac{1}{q}f(x) = \frac{p}{q}f(x) = rf(x)$$

据此, 对于负有理数 r, 因为 $-r > 0$, 所以 $-rf(x) = f(-rx)$; 并且由 (ii) 可知 $f(-rx) = -f(rx)$. 于是 $-rf(x) = -f(rx)$, 从而对负有理数 r, 也有 $f(rx) = rf(x)$. 将这些结果及 $f(0) = 0$ 合起来, 我们得到: 对于任何 $r \in \mathbb{Q}$

$$f(rx) = rf(x) \quad (x \in \mathbb{R})$$

(v) 对于任何 $\alpha \in \mathbb{R} \setminus \mathbb{Q}$, 存在无穷有理数列 $r_n(n \geqslant 1)$ 趋于 α. 于是由 f 的连续性得

$$f(\alpha x) = f\left((\lim_{n\to\infty} r_n)x\right) = \lim_{n\to\infty} f(r_n x) = \lim_{n\to\infty} r_n f(x) = \alpha f(x)$$

(vi) 综上所证, 对于任何实数 α

$$f(\alpha x) = \alpha f(x)$$

特别, 对于任何 $x \in \mathbb{R}$, 我们有 $f(x) = f(x \cdot 1) = xf(1)$. 若记 $f(1) = a$, 即得 $f(x) = ax$.

(b) (i) 只须证明 f 在 $\mathbb{R}$ 上连续, 那么由本题 (a) 即知 $f(x) = ax$. 因为 f 满足 Cauchy 函数方程, 所以由题 (a) 的证明可知: 其中 (i)～(iv) 在此都成立 (因为它们的证明不依赖于 f 的连续性). 如果 f 在 x_0 连续, 而无穷数列 $z_n(n \geqslant 1)$ 趋于 0, 那么数列 $z_n + x_0$ 趋于 x_0, 于是在方程

$$f(z_n + x_0) = f(z_n) + f(x_0)$$

中令 $n \to \infty$ 可知

$$f(x_0) = \lim_{n\to\infty} f(z_n) + f(x_0)$$

因此 $\lim\limits_{n\to\infty} f(z_n) = 0$, 即 f 在点 0 连续. 现在设 x 是任意实数, 而且无穷数列 $x_n(n \geqslant 1)$ 趋于 x, 那么数列 $x_n - x$ 趋于 0, 于是由方程

$$f(x_n - x) = f(x_n) - f(x)$$

及 f 在点 0 的连续性得 $f(0) = \lim\limits_{n\to\infty} f(x_n) - f(x)$, 亦即 $\lim\limits_{n\to\infty} f(x_n) = f(x)$. 因此 f 在任意点 $x \in \mathbb{R}$ 连续.

(ii) 设当 $x \in (a,b)$ 时 $f(x) \leqslant M$, 并且 f 满足 Cauchy 函数方程. 我们首先证明: 在题设条件下, 函数 f 在每个区间 $(-\varepsilon,\varepsilon)\,(0<\varepsilon<1)$ 上有界. 为此考虑函数

$$g(x) = f(x) - f(1)x \quad (x \in \mathbb{R})$$

注意 f 满足 Cauchy 函数方程, 我们容易验证 g 也满足同一方程. 并且依题 (a) 证明中的 (iv) 可知对于任何有理数 r 有 $g(r) = f(r) - f(1)r = f(r) - f(r) = 0$. 设 $x \in (-\varepsilon,\varepsilon)$, 那么存在有理数 r 使得 $x + r \in (a,b)$. 于是

$$g(x) = g(x) + g(r) = g(x+r) = f(x+r) - f(1)(x+r)$$

因此

$$g(x) \leqslant M + |f(1)||b|$$

亦即 g 在 $(-\varepsilon,\varepsilon)$ 上有上界, 从而 $f(x) = g(x) + f(1)x \leqslant M + |f(1)|(|b|+\varepsilon) \leqslant M + |f(1)|(|b|+1)$, 即 f 在同一区间上也有上界. 另外, 当 $x \in (-\varepsilon,\varepsilon)$ 时, $-x$ 也 $\in (-\varepsilon,\varepsilon)$, 因此由 $f(x) = -f(-x)$ 推出 f 也有下界. 因此, f 在 $(-\varepsilon,\varepsilon)$ 上有界 (将此界记为 C).

现在设 $x_n(n \geqslant 1)$ 是任意一个趋于 0 的无穷数列, 那么我们可以选取一个发散到 $+\infty$ 的无穷有理数列 $r_n(n \geqslant 1)$, 使得 $x_n r_n \to 0(n \to \infty)$. 例如, 我们可取 $r_n = [1/\sqrt{x_n}] + 1$. 当 n 充分大时, 所有 $x_n r_n \in (-1,1)$, 因此

$$|f(x_n)| = \left| f\left(\frac{1}{r_n} r_n x_n\right) \right| = \frac{1}{r_n}|f(r_n x_n)| \leqslant \frac{C}{r_n}$$

由此可知 $\lim\limits_{n\to\infty} f(x_n) = 0 = f(0)$, 即 f 在点 0 处连续. 于是依本题 (i) 得到所要的结论.

(iii) 设 (例如)f 单调递增. 注意本题 (a) 中证明的 (i)~(iv) 在此仍然有效. 令

$$\mu = \begin{cases} 1, & \text{若 } f(1) = 0 \\ \dfrac{1}{|f(1)|}, & \text{若 } f(1) \neq 0 \end{cases}$$

对于任给 $\varepsilon > 0$, 取正整数 n 使得 $1/n < \mu\varepsilon$. 由 f 的单调性可知: 当 $|x| = |x-0| < 1/n$, 亦即 $-1/n < x < 1/n$ 时

$$-\frac{1}{n}f(1) = f\left(-\frac{1}{n}\right) \leqslant f(x) \leqslant f\left(\frac{1}{n}\right) = \frac{1}{n}f(1)$$

由此可知 $f(1) \geqslant 0$, 因而 $f(1)/n < \mu\varepsilon f(1) = \varepsilon$, 所以由上式得到 $-\varepsilon \leqslant f(x) \leqslant \varepsilon$, 或 $|f(x) - f(0)| \leqslant \varepsilon$. 因此 f 在点 0 处连续. 于是依本题 (i) 得到所要的结论. □

7.6 设 S 是一个对加法封闭的实数集合，它不只含 0 一个元素； $f(x)$ 是一个定义在 S 上的单调递增的实值函数，并且满足方程

$$f(x+y)=f(x)+f(y) \quad (x,y\in S)$$

证明： $f(x)=ax(x\in S)$, 其中 a 是任意非负常数.

解 本题是上一问题的 (b) 中 (iii) 的推广，我们给出它的一个独立证明.

(i) 用归纳法可以证明：对于任何 $x\in S, f(nx)=nf(x)(n\in\mathbb{N})$. 设 x_0 是 S 中的任意一个非零元素，令 $a=f(x_0)/x_0$, 则有

$$f(nx_0)=anx_0 \quad (n\in\mathbb{N})$$

(ii) 设 x 是 S 的一个任意元素. 若 $x_0>0$, 则可取正整数 n_0 使得 $x+n_0x_0>0$; 若 $x_0<0$, 则可取正整数 n_0 使得 $x+n_0x_0<0$. 因此总存在正整数 n_0 使得 $\alpha=x_0/(x+n_0x_0)>0$. 因为点列 $k\alpha(k\in\mathbb{Z})$ 将实数轴划分为无穷多个等长小区间，而任何一个正整数 n 必落在某个小区间 $[k\alpha,(k+1)\alpha)$ 中 (其中 $k=k(n)$ 与 n 有关), 从而

$$k\frac{x_0}{x+n_0x_0}\leqslant n<(k+1)\frac{x_0}{x+n_0x_0}$$

因为 $\alpha>0$, 所以当 n 足够大时 $k=k(n)>0$. 将上面得到的不等式乘以 $x+n_0x_0$, 无论 $x+n_0x_0>0$ 或 <0, 我们总能得到两个正整数 λ_n,μ_n, 使得

$$\lambda_nx_0\leqslant n(x+n_0x_0)\leqslant \mu_nx_0, |\lambda_n-\mu_n|=1$$

于是

$$\frac{\lambda_n}{n}x_0\leqslant x+n_0x_0\leqslant\frac{\mu_n}{n}x_0$$

由此可知

$$\left|\frac{\lambda_n}{n}x_0-(x+n_0x_0)\right|\leqslant\left|\frac{\lambda_n}{n}x_0-\frac{\mu_n}{n}x_0\right|=\frac{|\lambda_n-\mu_n|}{n}|x_0|=\frac{1}{n}|x_0|$$

从而

$$\frac{\lambda_n}{n}x_0\to x+n_0x_0 \quad (n\to\infty)$$

类似地可证

$$\frac{\mu_n}{n}x_0\to x+n_0x_0 \quad (n\to\infty)$$

(iii) 依据 f 的单调递增性，由 $\lambda_nx_0\leqslant n(x+n_0x_0)\leqslant\mu_nx_0$(见步骤 (ii)) 推出

$$f(\lambda_nx_0)\leqslant f\big(n(x+n_0x_0)\big)\leqslant f(\mu_nx_0)$$

由此及 (i) 中结果可知

$$a\lambda_n x_0 \leqslant nf(x+n_0x_0) \leqslant a\mu_n x_0$$

于是

$$a\frac{\lambda_n}{n}x_0 \leqslant f(x+n_0x_0) \leqslant a\frac{\mu_n}{n}x_0$$

令 $n\to\infty$, 注意 (ii) 中所证结果，我们得到

$$f(x+n_0x_0)=a(x+n_0x_0)$$

因此

$$\begin{aligned} f(x) &= f\big((x+n_0x_0)-n_0x_0\big) \\ &= f(x+n_0x_0)-f(n_0x_0)=a(x+n_0x_0)-cn_0x_0=ax \end{aligned}$$

此外，由于 f 单调递增，所以常数 $a>0$. □

7.7 求 Jensen 函数方程

$$f\left(\frac{x+y}{2}\right)=\frac{f(x)+f(y)}{2} \quad \big(x,y\in(a,b)\big)$$

的所有在区间 (a,b) 上的连续解.

解 我们给出两个解法，第一个应用 Cauchy 函数方程，第二个是直接证明.

解法 1 由题设函数方程得

$$\begin{aligned} \frac{f(x)+f(y)}{2} &= f\left(\frac{x+y}{2}\right)=f\left(\frac{(x+y)+0}{2}\right) \\ &= \frac{f(x+y)+f(0)}{2} \end{aligned}$$

令 $g(x)=f(x)-f(0)$, 则得

$$g(x)+g(y)=g(x+y)$$

并且 $g(x)$ 在 $\mathbb{R}$ 上连续. 于是由 Cauchy 函数方程 (本章问题 **7.5**(a)) 得 $g(x)=ax$, 从而 $f(x)=ax+b$, 其中 a,b 是常数. 容易验证这种形式的函数 f 确实满足所给的函数方程.

解法 2 (i) 我们首先证明：在每个闭区间 $[\alpha,\beta]\subseteq(a,b)$ 上 f 是线性函数.

我们断言：当 $k=0,1,2,\cdots,2^n(n\in\mathbb{N})$

$$f\left(\alpha+\frac{k}{2^n}(\beta-\alpha)\right)=f(\alpha)+\frac{k}{2^n}\big(f(\beta)-f(\alpha)\big)$$

下面对 n 用数学归纳法来进行证明.

注意 $f(\alpha+(\beta-\alpha)/2)=f\big((\alpha+\beta)/2\big)$, 由所给函数方程得到

$$f\left(\alpha+\frac{1}{2}(\beta-\alpha)\right)=f(\alpha)+\frac{1}{2}\big(f(\beta)-f(\alpha)\big)$$

类似地还有

$$\begin{aligned}
f\left(\alpha+\frac{1}{4}(\beta-\alpha)\right) &= f\left(\frac{\alpha+\dfrac{\alpha+\beta}{2}}{2}\right)\\
&= \frac{1}{2}f(\alpha)+\frac{1}{2}f\left(\frac{\alpha+\beta}{2}\right)\\
&= \frac{1}{2}f(\alpha)+\frac{1}{4}\left(f(\alpha)+f(\beta)\right)\\
&= f(\alpha)+\frac{1}{4}\big(f(\beta)-f(\alpha)\big)
\end{aligned}$$

以及

$$\begin{aligned}
f\left(\alpha+\frac{3}{4}(\beta-\alpha)\right) &= f\left(\frac{1}{2}\beta+\frac{1}{2}\Big(\alpha+\frac{1}{2}(\beta-\alpha)\Big)\right)\\
&= \frac{1}{2}f(\beta)+\frac{1}{2}f\left(\alpha+\frac{1}{2}(\beta-\alpha)\right)\\
&= f(\alpha)+\frac{3}{4}\big(f(\beta)-f(\alpha)\big)
\end{aligned}$$

由这些等式即可推出对 $n=1,k=0,1,2,$ 以及 $n=2,k=0,1,2,3,4,$ 上述断言成立. 现在令 $m\geqslant 2,$ 并设上述断言对任何 $n\leqslant m,k=0,1,2,\cdots,2^n$ 成立, 要证明它对 $n=m+1,k=0,1,2,\cdots,2^{m+1}$ 也成立. 事实上, 若 $k=2t,t=0,1,2,\cdots,2^m,$ 则由归纳假设

$$\begin{aligned}
f\left(\alpha+\frac{k}{2^{m+1}}(\beta-\alpha)\right) &= f\left(\alpha+\frac{t}{2^m}(\beta-\alpha)\right)\\
&= f(\alpha)+\frac{t}{2^m}\big(f(\beta)-f(\alpha)\big)\\
&= f(\alpha)+\frac{k}{2^{m+1}}\big(f(\beta)-f(\alpha)\big)
\end{aligned}$$

类似地，若 $k=2t+1, t=0,1,2,\cdots,2^m-1$, 则

$$\begin{aligned} & f\left(\alpha+\frac{k}{2^{m+1}}(\beta-\alpha)\right) \\ =\ & f\left(\frac{1}{2}\Big(\alpha+\frac{t}{2^{m-1}}(\beta-\alpha)\Big)+\frac{1}{2}\Big(\alpha+\frac{1}{2^m}(\beta-\alpha)\Big)\right) \\ =\ & \frac{1}{2}f\left(\alpha+\frac{t}{2^{m-1}}(\beta-\alpha)\right)+\frac{1}{2}f\left(\alpha+\frac{1}{2^m}(\beta-\alpha)\right) \\ =\ & f(\alpha)+\frac{k}{2^{m+1}}\big(f(\beta)-f(\alpha)\big) \end{aligned}$$

因此上述断言对 $n=m+1, k=0,1,2,\cdots,2^{m+1}$ 确实成立．于是我们的上述断言得证.

因为 $k/2^n(k=0,1,2,3,\cdots,2^n)$ 形式的数在 $[0,1]$ 中稠密 (见本题后的 **注**), 所以由上述断言中的等式和 f 的连续性推出；对于 $t\in[0,1]$

$$f\big(\alpha+t(\beta-\alpha)\big)=f(\alpha)+t\big(f(\beta)-f(\alpha)\big)$$

记 $x=\alpha+t(\beta-\alpha)$, 则当 $t\in[0,1]$ 时 $x\in[\alpha,\beta]$, 并且由上式得

$$f(x)=f(\alpha)+\frac{f(\beta)-f(\alpha)}{\beta-\alpha}(x-\alpha)$$

(ii) 由题设可知 f 在点 a 和点 b 的相应的单侧极限 $f(a+)$ 和 $f(b-)$ 存在, 并且

$$(a,b)=\bigcup_{n=1}^{\infty}[\alpha_n,\beta_n]$$

其中, (α_n) 是 (a,b) 中任一个收敛于 a 的递减点列, (β_n) 是同一区间中任一收敛于 b 的递增点列. 于是对于任何 $x\in(a,b)$, 存在 $n_0\in\mathbb{N}$, 使得 $x\in[\alpha_n,\beta_n](n\geqslant n_0)$. 依 (i) 中所证，我们有

$$f(x)=f(\alpha_n)+\frac{f(\beta_n)-f(\alpha_n)}{\beta_n-\alpha_n}(x-\alpha_n)\quad(n\geqslant n_0)$$

令 $n\to\infty$, 即得

$$f(x)=f(a+)+\frac{f(b-)-f(a+)}{\beta-\alpha}(x-\alpha)$$

容易验证这种形式的函数 f 确实满足题中的函数方程. □

注 上面 *解法 2* 中用到数列 $k/2^n(k=0,1,\cdots,2^n)$ 在 $[0,1]$ 中的稠密性, 其证如下：设 $x\in[0,1]$ 任意给定．对于任意给定的 $\varepsilon>0$(不妨认为 $\varepsilon<1$), 可取 $n\in\mathbb{N}$, 使得 $1/2^n<\varepsilon$. 将区间 $[0,1]$ 分为 2^n 等份，那么 x 或者落在某个长为

$1/2^n$ 的小区间 $[k/2^n,(k+1)/2^n)$ 中，其中 k 是 $\{0,1,\cdots,2^n-1\}$ 中的某个数，或者落在最后一个小区间 $[(2^n-1)/2^n,1]$ 中．于是 $|k/2^n-x|\leqslant 1/2^n<\varepsilon$. 因此在 x 的任何 ε 邻域中总存在一个形如 $k/2^n(k=0,1,\cdots,2^n)$ 的数.

因为任何一个实数 $x>0$ 必落在区间 $[[x],[x]+1]$ 中, 数列 $k/2^n(k=[x],[x]+1,\cdots,[x]+2^n)$ 在 $[[x],[x]+1]$ 中稠密，所以数列 $k/2^n(k,n\in\mathbb{N}_0)$ 在 $\mathbb{R}_+$ 中稠密．同理，数列 $\pm k/2^n(k,n\in\mathbb{N}_0)$ 在 $\mathbb{R}$ 中稠密.

7.8 求出所有满足方程

$$f(x+y)+g(xy)=h(x)+h(y)\quad(x,y\in\mathbb{R}_+)$$

的连续函数 f,g,h.

解 (i) 在函数方程中令 $y=1$ 可得

$$g(x)=h(x)-f(x+1)+h(1)\quad(x>0)$$

易 x 为 xy, 则有

$$g(xy)=h(xy)-f(xy+1)+h(1)$$

将它代入原函数方程，我们得到只含函数 f 和 h 的方程

$$h(x)+h(y)-h(xy)=f(x+y)-f(xy+1)+h(1)$$

(ii) 令 $H(x,y)=h(x)+h(y)-h(xy)$, 直接验证可知

$$H(xy,z)+H(x,y)=H(x,yz)+H(y,z)$$

并且由 (i) 中结果得知

$$H(x,y)=f(x+y)-f(xy+1)+h(1)$$

将上式代入前式，可得到只含有一个函数 f 的方程

$$\begin{aligned}&f(xy+z)-f(xy+1)+f(yz+1)\\=\ &f(x+yz)+f(y+z)-f(x+y)\quad(x,y,z\in\mathbb{R}_+)\end{aligned}$$

注意 f 在 $\mathbb{R}_+$ 上连续，在此式两边令 $z\to 0+$, 即得

$$f(xy)-f(xy+1)+f(1)=f(x)+f(y)-f(x+y)$$

(iii) 引进函数

$$\phi(t)=f(t)-f(t+1)+f(1)\quad(t>0)$$
$$F(x,y)=f(x)+f(y)-f(x+y)$$

那么容易直接验证

$$F(x+y,z)+F(x,y)=F(x,y+z)+F(y,z)\quad(x,y,z\in\mathbb{R}_+)$$

并且由 (ii) 中所得结果得知

$$F(x,y)=\phi(xy)$$

将上式代入前式，我们推出

$$\phi(xz+yz)+\phi(xy)=\phi(xy+xz)+\phi(yz)\quad(x,y,z\in\mathbb{R}_+).$$

在其中令 $z=1/y$, 并记

$$u=\frac{x}{y},v=xy$$

则得

$$\phi(u+1)+\phi(v)=\phi(u+v)+\phi(1)$$

显然当 $x,y>0$ 时 $u,v>0$, 反之，若给定 $u,v>0$, 则存在 $x,y>0$ 使得 $x/y=u,xy=v$, 因此上式对所有 $u,v>0$ 成立.

(iv) 在上式中交换 u,v 的位置 (即易 u 为 v, 同时易 v 为 u) 可得 $\phi(v+1)+\phi(u)=\phi(u+v)+\phi(1)$, 因此

$$\phi(u+1)+\phi(v)=\phi(v+1)+\phi(u)\quad(u,v>0)$$

在式中令 $v=1$ 得

$$\phi(u+1)=\phi(u)+\phi(2)-\phi(1)$$

将它代入 (iii) 中得到的方程，我们有

$$\phi(u+v)=\phi(u)+\phi(v)+\phi(2)-2\phi(1)\quad(u,v>0)$$

记 $\phi_1(t)=\phi(t)+\phi(2)-2\phi(1)$, 则上式可化为

$$\phi_1(u+v)=\phi_1(u)+\phi_1(v)\quad(u,v>0)$$

这是 Cauchy 函数方程，它有连续解 $\phi_1(t)=\alpha t$, 因此

$$\phi(t)=\alpha t+\beta\quad(t>0)$$

其中 α, β 是常数. 由此及关系式 $\phi(xy) = F(x,y)$, 我们从 $F(x,y)$ 的定义得到

$$\alpha xy + \beta = f(x) + f(y) - f(x+y)$$

因为 $xy = (x+y)^2/2 - x^2/2 - y^2/2$, 所以上式可化为

$$\begin{aligned}&\left(f(x+y) + \frac{\alpha}{2}(x+y)^2 - \beta\right)\\ =\ &\left(f(x) + \frac{\alpha}{2}x^2 - \beta\right) + \left(f(y) + \frac{\alpha}{2}y^2 - \beta\right)\end{aligned}$$

记 $f_1(t) = f(t) + (\alpha/2)t^2 - \beta$, 则得

$$f_1(x+y) = f_1(x) + f_1(y)$$

我们再次得到 Cauchy 函数方程, 因此 $f_1(t) = \gamma t$(其中 γ 是常数), 从而

$$f(x) = -\frac{\alpha}{2}x^2 + \gamma x + \beta$$

(v) 将 f 的这个表达式代入 (i) 中所得的 (只含 f 和 h 的) 方程, 我们有

$$\begin{aligned}&h(x) + h(y) - h(xy)\\ =\ &-\frac{\alpha}{2}\left(x^2 + y^2 - (xy)^2\right) + \gamma(x + y - xy) + \frac{\alpha}{2} - \gamma + h(1)\end{aligned}$$

记 $h_1(t) = h(t) + (\alpha/2)t^2 - \gamma t - \delta$(其中 $\delta = \alpha/2 - \gamma + h(1)$), 上式化为

$$h_1(x) + h_1(y) = h_1(xy) \quad (x, y > 0)$$

对于 $x, y > 0$, 可取实数 t, s 使得 $x = \mathrm{e}^t, y = \mathrm{e}^s$, 并定义函数 $r(t) = h_1(\mathrm{e}^t)$. 那么 $r(t)$ 是 t 的连续函数, 并且上述函数方程化为 Cauchy 函数方程

$$r(t) + r(s) = r(t+s) \quad (t, s \in \mathbb{R}_+)$$

因此它有唯一连续解 $r(t) = \tau t (t > 0)$(其中 τ 为常数). 由 $x = \mathrm{e}^t$ 得 $t = \log x$, 所以 $h_1(x) = r(\log x) = \tau \log x$. 因此

$$h(x) = -\frac{\alpha}{2}x^2 + \gamma x + \tau \log x + \delta$$

最后, 将上面得到的 f 和 h 的表达式代入 $g(x) = h(x) - f(x+1) + h(1)$(见 (i)), 可求出

$$g(x) = \tau \log x + \alpha x - 2\delta - \beta$$

(vi) 上面的证明给出了原函数方程的解只可能具有的形式; 我们可以直接验证对于任意给定的常数 $\alpha, \beta, \gamma, \delta, \tau$, 上述形式的函数 f, g, h 确实满足题中的方程. 因此我们得到了方程的全部解. □

7.9 求出所有在 $(0,\infty)$ 上连续的正函数 f, 它们满足下列条件：每当实数 $a,b,c\in(0,\infty)$ 满足 $ab+bc+ca=1$, 即有

$$f(a)+f(b)+f(c)=f(a)f(b)f(c)$$

解 (i) 设 f 是题中函数方程的解. 对于 $a,b,c\in(0,\infty)$, 我们定义

$$x,y,z,u,v,w\in(0,\pi/2)$$

如下

$$\begin{aligned}&x=\arctan a, y=\arctan b, z=\arctan c\\&u=\arctan f(a), v=\arctan f(b), w=\arctan f(c)\end{aligned}$$

那么

$$\begin{aligned}&\quad ab+bc+ca=1\\\Longleftrightarrow&\quad c=\frac{1-ab}{a+b}\Longleftrightarrow\tan z=\frac{1-\tan x\tan y}{\tan x+\tan y}\\\Longleftrightarrow&\quad\tan z=\cot(x+y)\\\Longleftrightarrow&\quad x+y+z=\frac{\pi}{2}\end{aligned}$$

还要注意, 如果 $f(a)+f(b)+f(c)=f(a)f(b)f(c)$, 那么 $f(a)f(b)\neq1$. 这是因为, 不然我们将有 $f(b)=1/f(a)$, 以及 $f(a)+f(b)+f(c)=f(c)$, 也就是 $f(a)+f(b)=0$, 从而 $f(a)+1/f(a)=0$, 这与 $f(a)>0$ 矛盾. 于是我们有

$$\begin{aligned}&\quad f(a)+f(b)+f(c)=f(a)f(b)f(c)\\\Longleftrightarrow&\quad f(c)=-\frac{f(a)+f(b)}{1-f(a)f(b)}\\\Longleftrightarrow&\quad\tan w=-\frac{\tan u+\tan v}{1-\tan u\tan v}\Longleftrightarrow\tan w=-\tan(u+v)\\\Longleftrightarrow&\quad u+v+w=\pi\end{aligned}$$

(ii) 定义函数

$$h(t)=\arctan\big(f(\tan t)\big)\quad(0<t<\frac{\pi}{2})$$

因为 f 在 $(0,\infty)$ 上连续, 所以 h 在 $(0,\pi/2)$ 上连续. 题中关于 f 的函数方程可改写为

$$h(x)+h(y)+h(z)=\pi\quad(\text{当 } x+y+z=\frac{\pi}{2})$$

因而当 $x, y, x+y \in (0, \pi/2)$ 时

$$h\left(\frac{\pi}{2} - x - y\right) = \pi - h(x) - h(y)$$

(iii) 我们进一步定义函数

$$H(t) = h\left(\frac{\pi}{6} - t\right) - \left(\frac{\pi}{3} + t\right) \quad (-\frac{\pi}{3} < t < \frac{\pi}{6})$$

那么

$$h(t) = H\left(\frac{\pi}{6} - t\right) + \left(\frac{\pi}{2} - t\right)$$

我们还有

$$\begin{aligned} H(x+y) &= h\left(\frac{\pi}{6} - x - y\right) - \left(\frac{\pi}{3} + x + y\right) \\ &= h\left(\frac{\pi}{2} - \left(x + \frac{\pi}{6}\right) - \left(y + \frac{\pi}{6}\right)\right) - \left(\frac{\pi}{3} + x + y\right) \end{aligned}$$

由 (ii) 中所得的关系式可知上式右边

$$\begin{aligned} &= \pi - h\left(x + \frac{\pi}{6}\right) - h\left(y + \frac{\pi}{6}\right) - \left(\frac{\pi}{3} + x + y\right) \\ &= \pi - \left(H(-x) + \left(\frac{\pi}{3} - x\right)\right) - \left(H(-y) + \left(\frac{\pi}{3} - y\right)\right) - \left(\frac{\pi}{3} + x + y\right) \\ &= -H(-x) - H(-y) \end{aligned}$$

因此我们得到关系式

$$H(x+y) = -H(-x) - H(-y)$$

在其中令 $x = y = 0$, 得到 $H(0) = 0$. 由此以及 $H(-x+x) = -H(x) - H(-x)$ 推出 $H(x) = -H(-x)$. 于是 $-H(-x) - H(-y) = H(x) + H(y)$. 因此函数 H 满足 Cauchy 函数方程

$$H(x+y) = H(x) + H(y)$$

(iv) 因为 $h(t)$ 在 $(0, \pi/2)$ 上连续, 因此由问题 **7.5**(b) 可知 $H(t) = mt$, 其中 m 是某个常数, 所以

$$h(t) = m\left(\frac{\pi}{6} - t\right) + \left(\frac{\pi}{2} - t\right) = \frac{\pi}{6}(k+2) - kt$$

其中 $k = m + 1$. 我们选取 k 使得保证函数 h 的定义域和值域都是区间 $(0, \pi/2)$, 因此 k 必须满足

$$0 \leqslant \frac{\pi}{6}(k+2) \leqslant \frac{\pi}{2} \quad \text{并且} \quad 0 \leqslant \frac{\pi}{6}(k+2) - \frac{k\pi}{2} \leqslant \frac{\pi}{2}$$

由此得到 $-1/2 \leqslant k \leqslant 1$. 于是我们最终得到

$$f(t) = f(t;k) = \tan\left(\frac{\pi}{6}(k+2) - k\arctan t\right)$$

其中 $k \in [-1/2, 1]$. 同时我们可以验证这种形式的函数确实符合要求. 一些简单的例子: $f(t;0) = \sqrt{3}$(常数函数);$f(t;1) = 1/t; f(t;-1/2) = t + \sqrt{t^2+1}$. □

7.10 (a) 求出函数方程

$$f(\log_2 x) - f(\log_3 x) = \log_5 x \quad (x \in \mathbb{R}_+)$$

的所有连续解.

(b) 设 $r > 1$. 求出函数方程

$$f(r^x) - 2f(r^{x+1}) + f(r^{x+2}) = r^{x+3} \quad (x \in \mathbb{R})$$

的所有连续解.

(c) 求出函数方程

$$f(3^x) + f(4^x) = x \quad (x \in \mathbb{R}_+)$$

的所有连续解.

解 (a) 令 $y = \log_2 x$, 则 $x = 2^y$, 因而 $\log_3 x = \log_3 2^y = y\log_3 2$, 以及 $\log_5 x = y\log_5 2$. 还记 $a = \log_3 2, b = \log_5 2$. 那么 $a, b \in (0,1)$. 于是题中的函数方程化成

$$f(y) - f(ay) = by \quad (y \in \mathbb{R})$$

易 y 为 $a^k y$, 我们有

$$f(a^k y) - f(a^{k+1} y) = b \cdot a^k y \quad (k \geqslant 0)$$

令 $k = 0, 1, 2, \cdots, n-1$, 将所得等式相加, 可得

$$f(y) - f(a^n y) = \frac{by(1-a^n)}{1-a} \quad (y \in \mathbb{R}, n \in \mathbb{N})$$

在式中令 $n \to \infty$, 因为 f 连续, 并且 $\lim\limits_{n\to\infty} a^n = 0$, 所以

$$f(y) - f(0) = \frac{by}{1-a} \quad (y \in \mathbb{R})$$

于是函数方程的连续解有下列形式

$$f(x)=\frac{\log_5 2}{1-\log_3 2}\cdot x+c$$

其中 c 是任意常数. 容易验证它们确实满足题中的函数方程.

(b) 令 $y=r^x$, 原函数方程化为

$$f(y)-2f(ry)+f(r^2y)=r^3y\quad(y\in\mathbb{R}_+)$$

用 y/r^k 代 y 得到

$$f\left(\frac{y}{r^k}\right)-2f\left(\frac{y}{r^{k-1}}\right)+f\left(\frac{y}{r^{k-2}}\right)=\frac{y}{r^{k-3}}\quad(k\geqslant 0)$$

令 $k=2,3,\cdots,n+2$, 并且将所得到的 $n+1$ 个方程相加，得到

$$\begin{aligned}&f\left(\frac{y}{r^{n+2}}\right)-f\left(\frac{y}{r^{n+1}}\right)-f\left(\frac{y}{r}\right)+f(y)\\=&\ ry\left(1+\frac{1}{r}+\frac{1}{r^2}+\cdots+\frac{1}{r^n}\right)\\=&\ r^2y\frac{1-r^{-(n+1)}}{r-1}\quad(y>0)\end{aligned}$$

令 $n\to\infty$, 因为 $r>1$, 所以 $\lim\limits_{n\to\infty}y/r^{n+1}=\lim\limits_{n\to\infty}y/r^{n+2}=0$, 还要注意 f 在 $x=0$ 连续，我们得到

$$f(0)-f(0)-f\left(\frac{y}{r}\right)+f(y)=\frac{r^2y}{r-1}$$

也就是

$$f(y)-f\left(\frac{y}{r}\right)=\frac{r^2y}{r-1}\quad(y>0)$$

这个方程与本题 (a) 中的方程 $f(y)-f(ay)=by\quad(y\in\mathbb{R})$ 具有同一形式，其中 $a=1/r,b=r^2/(r-1)$, 并且限定 $y>0$. 因此我们由此推出

$$f(y)=\left(\frac{r}{r-1}\right)^2\cdot ry+f(0)\quad(y>0)$$

因为函数方程中只出现函数 f 在 r^x 等点上的值，所以在区间 $(-\infty,0)$ 上 f 可取作任何连续函数 g, 但必须 $g(0)=f(0)$ 以保证 f 在 $x=0$ 的连续性. 因此所求的解是

$$f(x)=\begin{cases}\left(\dfrac{r}{r-1}\right)^2\cdot rx+C, & \text{当 } x\geqslant 0\\ g(x), & \text{当 } x<0\end{cases}$$

其中 C 是任意常数, g 是连续函数, 并且 $g(0)=C$.

(c) 令 $3^x=y$, 那么 $4^x=y^\alpha$, 其中 $\alpha=\log_3 4>1$. 于是题中的函数方程化为

$$f(y)+f(y^\alpha)=\log_3 y \quad (y>0)$$

在其中逐次用 $y^{1/\alpha},y^{1/\alpha^2},\cdots,y^{1/\alpha^n}$ 代 y, 并且每次将所得方程两边分别乘以 $(-1)^2,(-1)^3,\cdots,(-1)^{n+1}$, 然后将所得 n 个方程相加, 得到

$$(-1)^{n+1}f\left(y^{1/\alpha^n}\right)+f(y)=\left(\frac{1}{\alpha}-\frac{1}{\alpha^2}+\cdots+(-1)^{n+1}\frac{1}{\alpha^n}\right)\log_3 y$$

取 n 为奇数, 那么由此推出

$$f\left(y^{1/\alpha^n}\right)+f(y)=\frac{\alpha^{-1}\left(1-(-\alpha^{-1})^n\right)}{1-(-\alpha^{-1})}=\frac{\alpha^{-1}+\alpha^{-(n+1)}}{1+\alpha^{-1}}\cdot\log_3 y$$

令 $n\to\infty$, 注意 $\alpha>1$, 得到

$$f(1)+f(y)=\frac{1}{\alpha+1}\cdot\log_3 y \quad (y>0)$$

令 $y=1$ 可知 $f(1)=0$, 所以

$$f(y)=\frac{1}{\alpha+1}\cdot\log_3 y \quad (y>0)$$

(如果取 n 为偶数, 并设 $y\neq 1$, 那么也可得到同样结果.) 注意 $\alpha=\log_3 4$, 我们最终求出

$$f(y)=\log_{12} y \quad (y>0)$$

并且容易验证它确实满足要求. □

7.11 求出所有 $\mathbb{R}^3$ 上的函数 $f(\boldsymbol{x})$, 它们满足方程

$$f(\boldsymbol{x}+\boldsymbol{y})+f(\boldsymbol{x}-\boldsymbol{y})=2f(\boldsymbol{x})+2f(\boldsymbol{y}) \quad (\boldsymbol{x},\boldsymbol{y}\in\mathbb{R}^3)$$

并且在 $\mathbb{R}^3$ 的单位球面上是常数.

解 对于 $\boldsymbol{x}=(x_1,x_2,x_3)\in\mathbb{R}^3$(称做 $\mathbb{R}^3$ 中的点或向量), 记它的模

$$\|\boldsymbol{x}\|=\sqrt{x_1^2+x_2^2+x_3^2}$$

若

$$\boldsymbol{x}=(x_1,x_2,x_3),\boldsymbol{y}=(y_1,y_2,y_3)\in\mathbb{R}^3$$

满足

$$x_1y_1 + x_2y_2 + x_3y_3 = 0$$

则称向量 $\boldsymbol{x}$ 与 $\boldsymbol{x}$ 垂直，记作 $\boldsymbol{x} \perp \boldsymbol{y}$.

(i) 我们首先证明：如果函数 f 定义在 $\mathbb{R}^3$ 上，满足给定的函数方程，并且当

$$\boldsymbol{x} \in \mathbb{R}^3, \|\boldsymbol{x}\| = 1$$

时 $f(\boldsymbol{x}) = c$ (c 为常数), 那么 f 在模相等的向量上取相等的值.

证明分下列四步：

(i-a) 若 $\boldsymbol{x}, \boldsymbol{y} \in \mathbb{R}^3, \|\boldsymbol{x}\| = \|\boldsymbol{y}\| < 1$, 则 $f(\boldsymbol{x}) = f(\boldsymbol{y})$.

事实上，此时存在向量 $\boldsymbol{z} \in \mathbb{R}^3$ 使得

$$\|\boldsymbol{x}\|^2 + \|\boldsymbol{z}\|^2 = \|\boldsymbol{y}\|^2 + \|\boldsymbol{z}\|^2 = 1$$

并且 $\boldsymbol{z} \perp \boldsymbol{x}, \boldsymbol{z} \perp \boldsymbol{y}$. 因为 (依商高定理) $\|\boldsymbol{x} \pm \boldsymbol{z}\| = \|\boldsymbol{y} \pm \boldsymbol{z}\| = 1$, 所以由函数方程及常数 c 的定义得到

$$\begin{aligned} 2f(\boldsymbol{x}) &= f(\boldsymbol{x}+\boldsymbol{z}) + f(\boldsymbol{x}-\boldsymbol{z}) - 2f(\boldsymbol{z}) \\ &= c + c - 2f(\boldsymbol{z}) \\ &= f(\boldsymbol{y}+\boldsymbol{z}) + f(\boldsymbol{y}-\boldsymbol{z}) - 2f(\boldsymbol{z}) \\ &= 2f(\boldsymbol{y}) \end{aligned}$$

因此 $f(\boldsymbol{x}) = f(\boldsymbol{y})$.

(i-b) 对于任何 $\boldsymbol{x} \in \mathbb{R}^3, f(2\boldsymbol{x}) = 4f(\boldsymbol{x})$.

为证明此结论，只须在题中的函数方程中令 $\boldsymbol{y} = \boldsymbol{0}$, 即可推出 $f(\boldsymbol{0}) = 0$, 因而由函数方程得到

$$\begin{aligned} f(2\boldsymbol{x}) &= f(2\boldsymbol{x}) + 0 = f(2\boldsymbol{x}) + f(\boldsymbol{0}) \\ &= f(\boldsymbol{x}+\boldsymbol{x}) + f(\boldsymbol{x}-\boldsymbol{x}) \\ &= 2f(\boldsymbol{x}) + 2f(\boldsymbol{x}) = 4f(\boldsymbol{x}) \end{aligned}$$

(i-c) 若 $\|\boldsymbol{x}\| = \|\boldsymbol{y}\| < 2^k$, 其中 $k \geqslant 0$ 是某个整数，则 $f(\boldsymbol{x}) = f(\boldsymbol{y})$.

对 k 用数学归纳法. 当 $k = 0$ 时，由 (i-a) 知结论成立. 设 $\|\boldsymbol{x}\| = \|\boldsymbol{y}\| < 2$. 我们令 $\boldsymbol{x}' = \boldsymbol{x}/2, \boldsymbol{y}' = \boldsymbol{y}/2$, 那么 $\|\boldsymbol{x}'\| = \|\boldsymbol{y}'\| < 1$, 于是依 (i-a) 得知 $f(\boldsymbol{x}') = f(\boldsymbol{y}')$,

从而依 (i-b), 我们得到

$$f(\boldsymbol{x}) = f(2\boldsymbol{x}') = 4f(\boldsymbol{x}') = 4f(\boldsymbol{y}') = f(2\boldsymbol{y}') = f(\boldsymbol{y})$$

现在设对某个 $m \geqslant 0, \|\boldsymbol{x}\| = \|\boldsymbol{y}\| < 2^m$ 蕴含 $f(\boldsymbol{x}) = f(\boldsymbol{y})$, 那么对于任何满足条件 $\|\boldsymbol{x}\| = \|\boldsymbol{y}\| < 2^{m+1}$ 的 $\boldsymbol{x}, \boldsymbol{y} \in \mathbb{R}^3$, 令 $\boldsymbol{x}' = \boldsymbol{x}/2, \boldsymbol{y}' = \boldsymbol{y}/2$, 则有

$$\|\boldsymbol{x}'\| = \|\boldsymbol{y}'\| < 2^m$$

于是依归纳假设得知 $f(\boldsymbol{x}') = f(\boldsymbol{y}')$. 由此并应用 (i-b), 与上面类似地得到 $f(\boldsymbol{x}) = f(\boldsymbol{y})$. 于是完成归纳证明.

(i-d) 对于任何两个模相等的向量 $\boldsymbol{x}$ 和 $\boldsymbol{y}$, 必存在某个整数 $k \geqslant 0$ 使它们的模 $< 2^k$, 于是由 (i-c) 可知 $f(\boldsymbol{x}) = f(\boldsymbol{y})$. 因此，确实 f 在模相等的向量上取相等的值.

(ii) 现在我们进而证明：满足题中所有条件的函数 f 可表示为

$$f(\boldsymbol{x}) = u(\|\boldsymbol{x}\|^2) \quad (\boldsymbol{x} \in \mathbb{R}^3)$$

其中 $u(x)$ 满足 $u(0) = 0$, 并且是 $[0, \infty)$ 上的加性函数，亦即对于任何实数 $\lambda, \mu \geqslant 0, u(\lambda) + u(\mu) = u(\lambda + \mu)$.

事实上，上面 (i) 中的结论表明函数 f 只依赖于 $\|\boldsymbol{x}\|$, 或等价地，只依赖于 $\|\boldsymbol{x}\|^2$; 换言之，存在一个 $[0, \infty)$ 上的函数 $u(t)$, 使得 f 可以表示为

$$f(\boldsymbol{x}) = u(\|\boldsymbol{x}\|^2) \quad (\boldsymbol{x} \in \mathbb{R}^3)$$

由 $f(\mathbf{0}) = 0$ 立知 $u(0) = 0$. 我们来证明 $u(x)$ 是 $[0, \infty)$ 上的加性函数. 为此任取 $\lambda, \mu > 0$ 并固定，还取向量 $\boldsymbol{x}, \boldsymbol{y} \in \mathbb{R}^3$, 使得

$$\|\boldsymbol{x}\|^2 = \lambda, \|\boldsymbol{y}\|^2 = \mu$$

并且 $\boldsymbol{x} \perp \boldsymbol{y}$. 由函数方程及商高定理可得

$$\begin{aligned}
2u(\lambda) + 2u(\mu) &= 2u(\|\boldsymbol{x}\|^2) + 2u(\|\boldsymbol{y}\|^2) \\
&= 2f(\boldsymbol{x}) + 2f(\boldsymbol{y}) = f(\boldsymbol{x} + \boldsymbol{y}) + f(\boldsymbol{x} - \boldsymbol{y}) \\
&= u(\|\boldsymbol{x}\|^2 + \|\boldsymbol{y}\|^2) + u(\|\boldsymbol{x}\|^2 + \|\boldsymbol{y}\|^2) \\
&= 2u(\lambda + \mu)
\end{aligned}$$

所以

$$u(\lambda) + u(\mu) = u(\lambda + \mu)(\lambda, \mu > 0)$$

当 $\lambda = 0$ 或 $\mu = 0$ 时此式显然成立.

(iii) 应用向量形式的平行四边形定理

$$\|\boldsymbol{x}+\boldsymbol{y}\|^2+\|\boldsymbol{x}-\boldsymbol{y}\|^2=2\|\boldsymbol{x}\|^2+2\|\boldsymbol{y}\|^2$$

我们容易验证：若 $u(x)$ 是 $[0,\infty)$ 上的加性函数，并且 $u(0)=0$, 则函数 $f(\boldsymbol{x})=u(\|\boldsymbol{x}\|^2)$ 确实满足题中的方程. □

第8章　杂例与补充

提要　本章问题多数具有较强的综合性，有些与某些其他数学分支有一定联系. (i) 问题 **8.1** 和问题 **8.2** 与多项式和复数计算有关，其中问题 **8.1** 应用了二重归纳法. (ii) 问题 **8.3~8.6** 应用了线性代数 (行列式、矩阵、线性方程组等) 知识. (iii) 问题 **8.7~8.11** 需要简单的微分方程知识. (iv) 问题 **8.12~8.33** 对前面几章涉及的知识面作了一些扩充.

8.1　设 $P(x,y)$ 是一个多项式，关于 x 和 y 的次数分别是 m 和 n. 证明：$P(x,\mathrm{e}^x)$ 至多有 $mn+m+n$ 个实零点.

解　我们将题中的命题记作 $\mathscr{P}(m,n)$. 显然 m,n 不同时为 0. 当 $n=0$ 时，m 次多项式的 (实) 零点不超过 m 个，所以命题 $\mathscr{P}(m,0)$ 成立. 我们下面用二重归纳法证明命题 $\mathscr{P}(m,n)(m\geqslant 0,n\geqslant 1)$.

(i)　首先证明命题 $\mathscr{P}(0,n)(n\geqslant 1)$ 成立.

若 $n=1$, 则

$$P(x,\mathrm{e}^x)=c_1\mathrm{e}^x+c_0\quad(c_1\neq 0)$$

显然它至多有 1 个零点，所以命题成立.

若 $n\geqslant 1$, 且 $\mathscr{P}(0,n)$ 成立，要证命题 $\mathscr{P}(0,n+1)$ 也成立. 设 $P(x,y)$ 是任意一个关于 x 的次数是 0 、关于 y 的次数是 $n+1$ 的多项式，它可表示为

$$P(x,y)=c_{n+1}y^{n+1}+\cdots+c_1y+c_0\quad(c_{n+1}\neq 0)$$

将 $P(x,\mathrm{e}^x)$ 记作 $f(x)$. 依 Roll 定理， $f(x)$ 的导数

$$\begin{aligned}f'(x)&=\frac{\mathrm{d}}{\mathrm{d}x}(c_{n+1}\mathrm{e}^{(n+1)x}+\cdots+c_1\mathrm{e}^x+c_0)\\&=(n+1)c_{n+1}\mathrm{e}^{(n+1)x}+\cdots+c_1\mathrm{e}^x\end{aligned}$$

的零点个数比 $f(x)$ 的零点个数少 1. 注意

$$f'(x)=\mathrm{e}^x\Big((n+1)c_{n+1}\mathrm{e}^{nx}+\cdots+c_1\Big)=\mathrm{e}^x\cdot P_1(x,\mathrm{e}^x)$$

其中多项式 $P_1(x,y)=(n+1)c_{n+1}y^n+\cdots+c_1$ 关于 x 的次数是 0, 关于 y 的次数是 n. 因此依归纳假设， $f'(x)$ 的零点个数 $\leqslant 0\cdot n+0+n=n$. 于是 $P(x,\mathrm{e}^x)$(即

$f(x)$) 的零点个数 $\leqslant n+1=0\cdot(n+1)+0+(n+1)$, 亦即命题 $\mathscr{P}(0,n+1)$ 成立. 于是完成命题 $\mathscr{P}(0,n)(n\geqslant 1)$ 的归纳证明.

(ii) 现在设 $m\geqslant 0$, 并且命题 $\mathscr{P}(m,n)(n\geqslant 1)$ 成立, 要证命题 $\mathscr{P}(m+1,n)(n\geqslant 1)$ 成立.

首先证明命题 $\mathscr{P}(m+1,1)$. 令

$$P_1(x,y)=S(x)y+T(x)$$

其中 $S(x),T(x)$ 是次数 $\leqslant m+1$ 的多项式, 并且至少有一个是 $m+1$ 次, $S(x)\neq 0$. 记

$$f_1(x)=P_1(x,\mathrm{e}^x)=S(x)\mathrm{e}^x+T(x)$$

那么

$$\frac{\mathrm{d}^{m+2}}{\mathrm{d}x^{m+2}}f_1(x)=S_1(x)\mathrm{e}^x$$

其中 $S_1(x)$ 是次数不超过 $m+1$ 的多项式, 其零点个数不超过 $m+1$, 因此依 Roll 定理, 函数 $f_1(x)$ 即 $P_1(x,\mathrm{e}^x)$ 的零点个数不超过

$$m+1+(m+2)=(m+1)\cdot 1+(m+1)+1$$

因此命题 $\mathscr{P}(m+1,1)$ 成立.

其次, 设 $n\geqslant 1$, 并且命题 $\mathscr{P}(m+1,n)$ 成立, 要证明命题 $\mathscr{P}(m+1,n+1)$ 成立. 设多项式 $P_2(x,y)$ 关于 x 和 y 的次数分别是 $m+1$ 和 $n+1$, 可将它表示为

$$P_2(x,y)=T_0(x)y^{n+1}+T_1(x)y^n+\cdots+T_n(x)y+T_{n+1}(x)$$

此处 $T_j(x)(0\leqslant j\leqslant n+1)$ 是次数 $\leqslant m+1$ 的多项式, 其中至少有一个次数为 $m+1$, 并且 $T_0(x)\neq 0$. 令

$$f_2(x)=P_2(x,\mathrm{e}^x)=T_0(x)\mathrm{e}^{(n+1)x}+T_1(x)\mathrm{e}^{nx}+\cdots+T_n(x)\mathrm{e}^x+T_{n+1}(x)$$

那么

$$\frac{\mathrm{d}^{m+2}}{\mathrm{d}x^{m+2}}f_2(x)=\mathrm{e}^xP_3(x,\mathrm{e}^x)$$

其中 $P_3(x,y)$ 是一个多项式, 关于 x 和 y 的次数分别是 $m+1$ 和 n. 依归纳假设, 命题 $\mathscr{P}(m+1,n)$ 成立, 所以函数 $\mathrm{d}^{m+2}f_2(x)/\mathrm{d}x^{m+2}$ 的零点个数 $\leqslant(m+1)\cdot n+(m+1)+n=(m+1)(n+1)+n$. 于是由 Roll 定理, 函数 $f_2(x)$ 即 $P_2(x,\mathrm{e}^x)$ 的零点个数 $\leqslant(m+1)(n+1)+n+(m+2)=(m+1)(n+1)+(m+1)+(n+1)$.

这表明命题 $\mathscr{P}(m+1,n+1)$ 成立. 因此我们完成了归纳证明的第二步骤. 于是命题 $\mathscr{P}(m,n)(m\geqslant 0,n\geqslant 1)$ 得证. □

8.2 设 $P(x)$ 是一个次数 $\geqslant 1$ 的最高项系数为整数的实系数多项式, 证明: 在任何一个长度为 4 的闭区间 I 中, 必定存在一点 x 使得 $|P(x)|\geqslant 2$.

解 (i) 设 I 是任意长度为 4 的闭区间, 并且考虑多项式

$$P_n(x)=a_nx^n+a_{n-1}x^{n-1}+\cdots+a_0$$

其中 $a_n\in\mathbb{Z}$ 非零, $a_{n-1},\cdots,a_0\in\mathbb{R}$. 因为在平移变换下 a_n 不变, 所以不妨设 $I=[-2,2]$. 令

$$M=\max_{x\in I}P_n(x)-\min_{x\in I}P_n(x)$$

我们在此还约定符号

$$\sideset{}{^*}\sum_{0\leqslant k\leqslant n}t_k=t_0+2(t_1+t_2+\cdots+t_{n-1})+t_n$$

于是对于任意选取的 $x_0,x_1,\cdots,x_n\in I$ 有

$$\left|\sideset{}{^*}\sum_{0\leqslant k\leqslant n}(-1)^kP_n(x_k)\right|\leqslant\sum_{k=0}^{n-1}|P_n(x_k)-P_n(x_{k+1})|\leqslant nM$$

我们来构造点列 $x_0,x_1,\cdots,x_n$, 使易于估计上面左边式子的下界.

(ii) 对于任何整数 $0\leqslant s<n$, 记 $\omega=-\exp(s\pi\mathrm{i}/n)\neq 1$. 那么可算出

$$\begin{aligned}\sideset{}{^*}\sum_{0\leqslant k\leqslant n}\omega^k &= \omega^0+2\sum_{k=1}^{n-1}\omega^k+\omega^n=1+\omega^n+2\omega\cdot\frac{1-\omega^n}{1-\omega}\\ &= \frac{(1+\omega)(1-\omega^n)}{1-\omega}=\left(1-(-1)^{s+n}\right)\frac{1+\omega}{1-\omega}\end{aligned}$$

注意 $\overline{\omega}=\omega^{-1}$, 所以上面左边式子的共轭

$$\begin{aligned}\overline{\sideset{}{^*}\sum_{0\leqslant k\leqslant n}\omega^k} &= \sideset{}{^*}\sum_{0\leqslant k\leqslant n}\overline{\omega}^k=\left(1-(-1)^{s+n}\right)\frac{1+\overline{\omega}}{1-\overline{\omega}}\\ &= \left(1-(-1)^{s+n}\right)\frac{1+\omega^{-1}}{1-\omega^{-1}}=-\sideset{}{^*}\sum_{0\leqslant k\leqslant n}\omega^k\end{aligned}$$

因而它的实部为 0, 即

$$\sideset{}{^*}\sum_{0\leqslant k\leqslant n}(-1)^k\cos\left(\frac{ks}{n}\pi\right)=0\quad(0\leqslant s<n)$$

(iii) 因为对于任何 $m \in \mathbb{N}_0$

$$\begin{aligned}
2\cos m\theta &= \mathrm{e}^{m\theta\mathrm{i}} + \mathrm{e}^{-m\theta\mathrm{i}} \\
&= (\mathrm{e}^{\theta\mathrm{i}} + \mathrm{e}^{-\theta\mathrm{i}})^m - \\
&\quad \binom{m}{m-1}\left(\mathrm{e}^{(m-1)\theta\mathrm{i}} \cdot \mathrm{e}^{-\theta\mathrm{i}} + \mathrm{e}^{\theta\mathrm{i}} \cdot \mathrm{e}^{-(m-1)\theta\mathrm{i}}\right) - \cdots \\
&= (\mathrm{e}^{\theta\mathrm{i}} + \mathrm{e}^{-\theta\mathrm{i}})^m - \binom{m}{m-1}(\mathrm{e}^{(m-2)\theta\mathrm{i}} + \mathrm{e}^{-(m-2)\theta\mathrm{i}}) - \cdots
\end{aligned}$$

所以由数学归纳法可知 $2\cos m\theta$ 是 $2\cos\theta = \mathrm{e}^{\theta\mathrm{i}} + \mathrm{e}^{-\theta\mathrm{i}}$ 的最高项系数为 1 的 m 次整系数多项式. 我们将这个多项式记作

$$A_m(x) = x^m + c_{m,m-1}x^{m-1} + \cdots + c_{m,0}$$

于是

$$2\cos m\theta = A_m(2\cos\theta) \quad (m \geqslant 0)$$

在其中取 $\theta = k\pi/n, m = s(0 \leqslant s < n)$, 并记

$$\alpha_k = 2\cos\left(\frac{k}{n}\pi\right)$$

那么

$$2\cos\left(\frac{ks}{n}\pi\right) = A_s(\alpha_k) = \alpha_k^s + c_{s,s-1}\alpha_k^{s-1} + \cdots + c_{s,0} \quad (0 \leqslant s < n)$$

由此可知当 $0 \leqslant s < n$ 时

$$2\sum_{0\leqslant k\leqslant n}^{*}(-1)^k\cos\left(\frac{ks}{n}\pi\right) = \sum_{0\leqslant k\leqslant n}^{*}(-1)^k\left(\alpha_k^s + c_{s,s-1}\alpha_k^{s-1} + \cdots + c_{s,0}\right)$$

于是由 (ii) 中所得结果推出：对于任何 $0 \leqslant s < n$, 有

$$\sum_{0\leqslant k\leqslant n}^{*}(-1)^k\alpha_k^s + c_{s,s-1}\sum_{0\leqslant k\leqslant n}^{*}(-1)^k\alpha_k^{s-1} + \cdots + c_{s,0}\sum_{0\leqslant k\leqslant n}^{*}(-1)^k = 0$$

在其中令 $s = 0$ 得到

$$\sum_{0\leqslant k\leqslant n}^{*}(-1)^k = 0$$

类似地，取 $s = 1$, 由

$$\sum_{0\leqslant k\leqslant n}^{*}(-1)^k\alpha_k + c_{1,0}\sum_{0\leqslant k\leqslant n}^{*}(-1)^k = 0$$

以及刚才得到的关系式可推出

$$\sum_{0\leqslant k\leqslant n}^{*}(-1)^k\alpha_k=0$$

继续这种推理，一般地，我们有

$$\sum_{0\leqslant k\leqslant n}^{*}(-1)^k\alpha_k^s=0\quad(0\leqslant s<n)$$

另外，由上面这些关系式推出

$$\begin{aligned}&\sum_{0\leqslant k\leqslant n}^{*}(-1)^k\alpha_k^n\\=\ &\sum_{0\leqslant k\leqslant n}^{*}(-1)^k\alpha_k^n+c_{n,n-1}\sum_{0\leqslant k\leqslant n}^{*}(-1)^k\alpha_k^{n-1}+\cdots+c_{n,0}\sum_{0\leqslant k\leqslant n}^{*}(-1)^k\\=\ &\sum_{0\leqslant k\leqslant n}^{*}(-1)^k\big(\alpha_k^n+c_{n,n-1}\alpha_k^{n-1}+\cdots+c_{n,0}\big)\\=\ &\sum_{0\leqslant k\leqslant n}^{*}(-1)^kA_n(\alpha_k)\end{aligned}$$

注意依多项式 A_m 的定义，我们有

$$A_n(\alpha_k)=2\cos\left(\frac{kn}{n}\pi\right)=2\cos k\pi=2(-1)^k$$

所以

$$\sum_{0\leqslant k\leqslant n}^{*}(-1)^k\alpha_k^n=2\sum_{0\leqslant k\leqslant n}^{*}(-1)^{2k}=2\Big(1+2\sum_{k=1}^{n-1}1+1\Big)=4n$$

(iv) 对于 (i) 中的多项式 P_n, 应用 (iii) 中得到的关系式可知

$$\begin{aligned}&\sum_{0\leqslant k\leqslant n}^{*}(-1)^kP_n(\alpha_k)\\=\ &\sum_{0\leqslant k\leqslant n}^{*}(-1)^k\Big(a_n\alpha_k^n+a_{n-1}\alpha_k^{n-1}+\cdots+a_0\Big)\\=\ &a_n\sum_{0\leqslant k\leqslant n}^{*}(-1)^k\alpha_k^n+a_{n-1}\sum_{0\leqslant k\leqslant n}^{*}(-1)^k\alpha_k^{n-1}+\cdots+a_0\sum_{0\leqslant k\leqslant n}^{*}(-1)^k\\=\ &a_n\sum_{0\leqslant k\leqslant n}^{*}(-1)^k\alpha_k^n=4na_n\end{aligned}$$

在 (i) 中取 $x_k=\alpha_k\,(k=0,1,\cdots,n)$, 即得

$$4n|a_n|=\left|\sum_{0\leqslant k\leqslant n}^{*}(-1)^kP_n(\alpha_k)\right|\leqslant\sum_{k=0}^{n-1}|P_n(\alpha_k)-P_n(\alpha_{k+1})|\leqslant nM$$

因此

$$M \geqslant 4|a_n| \geqslant 4$$

因为

$$\max_{x\in I}|P_n(x)| = \max\left(|\max_{x\in I}P_n(x)|, |\min_{x\in I}P_n(x)|\right)$$

于是由 M 的定义推出 $\max\limits_{x\in I}|P_n(x)| \geqslant 2$. □

8.3 记 $I = [0,1]$. 对任何 $(x_1, x_2, \cdots, x_n) \in I^n$, 令 $V(x_1, x_2, \cdots, x_n) = (x_j^k)$ 是以 $x_1, x_2, \cdots, x_n$ 为元素的 n 阶 Vandermonde 行列式 (即它的第 k 行是 $(x_1^{k-1}, x_2^{k-1}, \cdots, x_n^{k-1})\,(k = 1, 2, \cdots, n)$). 令

$$M_n = \max_{(x_1,x_2,\cdots,x_n)\in I^n}|V(x_1, \cdots, x_n)|$$

证明：当 $n \to \infty$ 时数列 $(M_n^{1/(n(n-1))})_{n\geqslant 2}$ 收敛.

解 依高等代数，我们有

$$V(x_1, \cdots, x_n) = \prod_{1\leqslant i<j\leqslant n}(x_i - x_j)$$

令 $(\xi_1, \xi_2, \cdots, \xi_{n+1})$ 是使 $|V(x_1, x_2 \cdots, x_{n+1})|$ 达到最大值的点，那么

$$\begin{aligned}\frac{|V(\xi_1, \xi_2, \cdots, \xi_{n+1})|}{|V(\xi_1, \xi_2, \cdots, \xi_n)|} &= \frac{|\prod\limits_{1\leqslant i<j\leqslant n+1}(\xi_i - \xi_j)|}{|\prod\limits_{1\leqslant i<j\leqslant n}(\xi_i - \xi_j)|} \\ &= |(\xi_1 - \xi_{n+1})\cdots(\xi_n - \xi_{n+1})|\end{aligned}$$

因为 $(\xi_1, \xi_2, \cdots, \xi_n)$ 未必是使 $|V(x_1, x_2 \cdots, x_n)|$ 达到最大值的点，也就是说，$|V(\xi_1, \xi_2, \cdots, \xi_n)| \leqslant M_n$, 所以由上式推出

$$\frac{M_{n+1}}{M_n} \leqslant |\xi_1 - \xi_{n+1}|\cdots|\xi_n - \xi_{n+1}|$$

一般地，设 $\xi_{i_1}, \cdots, \xi_{i_n}$ 是 $\xi_1, \xi_2, \cdots, \xi_{n+1}$ 中任意 n 个不同的数，那么应用刚才对 $(\xi_1, \xi_2, \cdots, \xi_n)$ 所做的推理可知

$$\begin{aligned}\frac{M_{n+1}}{M_n} &\leqslant \frac{|\prod\limits_{1\leqslant r<s\leqslant n+1}(\xi_{i_r} - \xi_{i_s})|}{|\prod\limits_{1\leqslant r<s\leqslant n}(\xi_{i_r} - \xi_{i_s})|} \\ &= |\xi_{i_1} - \xi_{i_{n+1}}|\cdots|\xi_{i_n} - \xi_{i_{n+1}}|\end{aligned}$$

这样的不等式共有 $\binom{n+1}{n} = n+1$(个), 将它们相乘, 得到

$$\begin{aligned}\left(\frac{M_{n+1}}{M_n}\right)^{n+1} &\leqslant \prod_{1\leqslant i\neq j\leqslant n+1} |\xi_i - \xi_j| \\ &= \left(\prod_{1\leqslant i<j\leqslant n+1} |\xi_i - \xi_j|\right)^2 = M_{n+1}^2\end{aligned}$$

由此推出

$$M_{n+1}^{1/(n+1)} \leqslant M_n^{1/(n-1)}$$

从而

$$M_{n+1}^{1/(n(n+1))} \leqslant M_n^{1/((n-1)n)}$$

这表明 $(M_{n+1}^{1/(n(n+1))})$ 是一个单调递减的无穷非负数列, 所以当 $n \to \infty$ 时收敛于有限的极限. □

8.4 设 $\boldsymbol{A} = (a_j^{\lambda_k})$ 是一个 n 阶方阵, 满足 $0 < a_1 < a_2 < \cdots < a_n, 0 < \lambda_1 < \lambda_2 < \cdots < \lambda_n$. 证明 $\boldsymbol{A}$ 的行列式 $\det \boldsymbol{A} > 0$.

解 (i) 首先证明 $\det \boldsymbol{A} \neq 0$. 用反证法. 设 $\det \boldsymbol{A} = 0$, 那么线性方程组

$$\sum_{k=1}^{n} c_k a_j^{\lambda_k} = 0 \quad (j = 1, 2, \cdots, n)$$

将有非零解 $(c_1, c_2, \cdots, c_n)$. 因此 n 项幂和函数

$$f(x) = \sum_{k=1}^{n} c_k x^{\lambda_k}$$

有 n 个不同的正零点 $a_1, a_2, \cdots, a_n$.

(ii) 现在对项数 n 用归纳法证明: 不存在有 n 个不同的正零点的 n 项幂和函数. $n = 1$ 时结论显然成立. 设当项数 $< n$ 时结论成立. 令 $f_1(x) = x^{-\lambda_1} f(x)$. 依 $f(x)$ 的性质, $f_1(x)$ 有 n 个不同的正零点 $a_1, a_2, \cdots, a_n$, 而且由 Rolle 定理, $n-1$ 项幂和函数 $f_1'(x)$ 有 $n-1$ 个不同的正零点, 这与归纳假设矛盾. 因此上述结论得证. 亦即的确 $\det \boldsymbol{A} \neq 0$.

(iii) 最后, 将 $\det \boldsymbol{A}$ 记作 $V(\lambda_1, \lambda_2, \cdots, \lambda_n)$. 由 Vandermonde 行列式的性质可知 $V(1, 2, \cdots, n) > 0$. 我们令数组 $(1, 2, \cdots, n)$ 连续变化为数组 $(\lambda_1, \lambda_2, \cdots, \lambda_n)$ 并保持变化中的数组 $(\lambda_1', \lambda_2', \cdots, \lambda_n')$ 满足 $\lambda_1' < \lambda_2' < \cdots < \lambda_n'$, 那么依上面

所证, $V(\lambda_1',\lambda_2',\cdots,\lambda_n')\neq 0$, 因而它与 $V(1,2,\cdots,n)$ 同号. 特别, 我们得到 $\det \boldsymbol{A}=V(\lambda_1,\lambda_2,\cdots,\lambda_n)>0$. □

8.5 设积分

$$J_n=\int_{-\infty}^{\infty}\cdots\int_{-\infty}^{\infty}\mathrm{e}^{-(\boldsymbol{x},\boldsymbol{A}\boldsymbol{x})}\mathrm{d}x_1\cdots\mathrm{d}x_n$$

其中 $\boldsymbol{A}$ 是 n 阶正定矩阵, $(\boldsymbol{x},\boldsymbol{y})$ 表示 n 维向量 $\boldsymbol{x}=(x_1,\cdots,x_n),\boldsymbol{y}=(y_1,\cdots,y_n)$ 的内积. 证明

$$J_n=\frac{\left(\int_{-\infty}^{\infty}\mathrm{e}^{-x^2}\mathrm{d}x\right)^n}{|\boldsymbol{A}|^{1/2}}=\sqrt{\frac{\pi^n}{|\boldsymbol{A}|}}$$

其中 $|\boldsymbol{A}|$ 表示矩阵 $\boldsymbol{A}$ 的行列式.

解 在此给出两个思路相同但细节处理有所差别的解法, 它们都是基于线性代数中的基本结果.

解法 1 记 n 阶矩阵 $\boldsymbol{A}=(a_{ij})$. 因为 $\boldsymbol{A}$ 是正定的, 所以存在下列形式的变量代换

$$y_k=x_k+\sum_{l=k+1}^{n}b_{kl}x_l\quad(k=1,\cdots,n)$$

其中 b_{kl} 是 a_{ij} 的某些有理函数 (约定空和为 0), 将二次形 $(\boldsymbol{x},\boldsymbol{A}\boldsymbol{x})$ 表示为平方和

$$(\boldsymbol{x},\boldsymbol{A}\boldsymbol{x})=\sum_{k=1}^{n}\frac{|\boldsymbol{A}_k|}{|\boldsymbol{A}_{k-1}|}y_k^2$$

其中 $\boldsymbol{A}_k=(a_{ij})(i,j=1,\cdots,k),|\boldsymbol{A}_0|=1,|\boldsymbol{A}_k|>0\,(k=0,\cdots,n)$. 上述变换是一一的, 其 Jacobi 式等于 1, 于是

$$\begin{aligned}J_n&=\int_{-\infty}^{\infty}\cdots\int_{-\infty}^{\infty}\exp\left(\sum_{k=1}^{n}\frac{|\boldsymbol{A}_k|}{|\boldsymbol{A}_{k-1}|}y_k^2\right)\mathrm{d}y_1\cdots\mathrm{d}y_n\\&=\frac{\left(\int_{-\infty}^{\infty}\mathrm{e}^{-y^2}\mathrm{d}y\right)^n}{\prod\limits_{k=1}^{n}\left(|\boldsymbol{A}_k|/|\boldsymbol{A}_{k-1}|\right)^{1/2}}=\frac{\pi^{n/2}}{|\boldsymbol{A}|^{1/2}}\end{aligned}$$

此处用到

$$\int_{-\infty}^{\infty}\mathrm{e}^{-t^2}\mathrm{d}t=\pi^{1/2}$$

解法 2 因为 $\boldsymbol{A}$ 是正定的, 所以存在 n 阶正交矩阵 $\boldsymbol{T}$ 将 $\boldsymbol{A}$ 化为对角形 $\boldsymbol{\varLambda}$(对角元为 $\lambda_1,\cdots,\lambda_n$). 作变量代换 $\boldsymbol{x}=\boldsymbol{T}\boldsymbol{y}$, 我们有

$$(\boldsymbol{x},\boldsymbol{A}\boldsymbol{x})=(\boldsymbol{y},\boldsymbol{\varLambda}\boldsymbol{y})$$

并且 $\mathrm{d}x_1\cdots\mathrm{d}x_n=\mathrm{d}y_1\cdots\mathrm{d}y_n$, 而 Jacobi 式为 $|\boldsymbol{T}|=1$. $\boldsymbol{x}=\boldsymbol{T}\boldsymbol{y}$ 是一一变换，所以

$$\begin{aligned}J_n &= \int_{-\infty}^{\infty}\cdots\int_{-\infty}^{\infty}\mathrm{e}^{-\lambda_1y_1^2-\cdots-\lambda_ny_n^2}\mathrm{d}y_1\cdots\mathrm{d}y_n\\&= \prod_{i=1}^{n}\int_{-\infty}^{\infty}\mathrm{e}^{-\lambda_iy_i^2}\mathrm{d}y_i=\frac{\pi^{n/2}}{(\lambda_1\cdots\lambda_n)^{1/2}}=\frac{\pi^{n/2}}{|\boldsymbol{A}|^{1/2}}\end{aligned}$$

(注意 $|\boldsymbol{A}|=\lambda_1\cdots\lambda_n$), 于是本题得证. □

8.6 (a) 设函数 $f\in C[0,1]$. 证明：当且仅当对于任何非负整数 n, $\int_0^1x^nf(x)\mathrm{d}x=0$ 时， $f(x)$ 在 $[0,1]$ 上恒等于 0.

(b) 设函数 $f\in C(0,1)$, 而且广义积分 $\int_0^1f(x)\mathrm{d}x$ 绝对收敛，则上述结论仍成立.

(c) 举例说明：题 (a) 和 (b) 中，有限区间 $[0,1]$ 不能换成无限区间 $[0,\infty)$.

(d) 设函数 $f\in C[0,1]$. 还设 $a_0=0,(a_n)_{n\geqslant1}$ 是由不同的正数组成的趋于无穷的数列，并且级数 $\sum\limits_{n=1}^{\infty}a_n^{-1}$ 发散. 那么当且仅当对于任何非负整数 n

$$\int_0^1x^{a_n}f(x)\mathrm{d}x=0$$

时， $f(x)$ 在 $[0,1]$ 上恒等于 0.

解 (a) 若 $f(x)$ 在 $[0,1]$ 上恒等于 0, 那么显然

$$\int_0^1x^nf(x)\mathrm{d}x=0\quad(n\geqslant0)$$

反之，设上面的等式成立，那么对任何 $P(x)\in\mathbb{R}[x]$, $\int_0^1P(x)f(x)\mathrm{d}x=0$. 而依 Weierstrass 逼近定理 (有限闭区间上连续函数可用实系数多项式一致逼近), 对于任何给定的 $\varepsilon>0$, 存在一个多项式 $P=P_\varepsilon\in\mathbb{R}[x]$, 使得对所有 $x\in[0,1]$ 有

$$|f(x)-P(x)|<\frac{\varepsilon}{M}$$

其中 M 是 $|f(x)|$ 在 $[0,1]$ 上的最大值. 于是我们有

$$\begin{aligned}\int_0^1f^2(x)\mathrm{d}x &= \int_0^1\big(f(x)-P(x)\big)f(x)\mathrm{d}x+\int_0^1P(x)f(x)\mathrm{d}x\\&\leqslant \int_0^1|f(x)-P(x)||f(x)|\mathrm{d}x<M\frac{\varepsilon}{M}=\varepsilon\end{aligned}$$

因为 $\varepsilon>0$ 可以任意小，所以 $f^2(x)=0$, 从而 $f(x)$ 在 $[0,1]$ 上恒等于 0.

(b) 现在假设 $f \in C(0,1)$, 但 $\int_0^1 |f(x)|\mathrm{d}x$ 存在. 只证

$$\int_0^1 x^n f(x)\mathrm{d}x = 0 \quad (n \geqslant 0)$$

蕴含 $f(x)$ 在 $[0,1]$ 恒等于 0. 因为函数

$$F(x) = \int_0^x f(t)\mathrm{d}t \in C[0,1], F(0) = 0$$

所以对于任何 $n \geqslant 0$

$$\int_0^1 x^n F(x)\mathrm{d}x = \frac{x^{n+1}-1}{n+1}F(x)\bigg|_0^1 - \frac{1}{n+1}\int_0^1 (x^{n+1}-1)f(x)\mathrm{d}x = 0$$

于是依 (a) 所证的结果推出：在 $[0,1]$ 上 $F(x)$ 恒等于 0, 从而 $f(x)$ 也恒等于 0.

(c) 反例见 (例如) 本书问题 **3.13**.

(d) 若 $f(x)$ 在 $[0,1]$ 上恒等于 0, 则显然题中积分为 0. 现在证明：题中积分为 0 的条件蕴含 $f(x)$ 在 $[0,1]$ 上恒等于 0. 证明过程分为下列三步进行.

(i) 设 m 是任意非负整数，但不等于任何 a_n. 我们来考虑定积分

$$I_n = \int_0^1 (x^m - c_0 - c_1 x^{a_1} - c_2 x^{a_2} - \cdots - c_n x^{a_n})^2 \mathrm{d}x \quad (n \geqslant 1)$$

我们有

$$\begin{aligned} I_n &= \int_0^1 \left(x^{2m} - 2\sum_{i=0}^n c_i x^{m+a_i} + \sum_{0 \leqslant i,j \leqslant n} c_i c_j x^{a_i+a_j} \right)\mathrm{d}x \\ &= \frac{1}{2m+1} - 2\sum_{i=0}^n \frac{c_i}{m+a_i+1} + \sum_{0 \leqslant i,j \leqslant n} \frac{c_i c_j}{a_i+a_j+1} \end{aligned}$$

将 I_n 看做变量 $c_0, c_1, \cdots, c_n$ 的多项式 (关于每个变量 c_i 是 2 次的), 它在某个点 $(s_0, s_1, \cdots, s_n) \in \mathbb{R}^{n+1}$ 达到最小值 I_n^*. 由

$$\begin{aligned} \frac{\partial I_n}{\partial c_i} &= -\frac{2}{m+a_i+1} + \frac{2c_i}{2a_i+1} + 2\sum_{\substack{0 \leqslant j \leqslant n \\ j \neq i}} \frac{c_j}{a_i+a_j+1} \\ &= 2\sum_{j=0}^n \frac{c_j}{a_i+a_j+1} - \frac{2}{m+a_i+1} = 0 \quad (i = 0, 1, \cdots, n) \end{aligned}$$

推出最小值点 $(s_0, s_1, \cdots, s_n) \in \mathbb{R}^{n+1}$ 是线性方程组

$$\sum_{j=0}^n \frac{s_j}{a_i+a_j+1} = \frac{1}{m+a_i+1} \quad (i = 0, 1, \cdots, n)$$

的唯一解，并且

$$
\begin{aligned}
I_n^* &= \frac{1}{2m+1} - 2\sum_{i=0}^{n} \frac{s_i}{m+a_i+1} + \sum_{i=0}^{n} s_i \sum_{j=0}^{n} \frac{s_j}{a_i+a_j+1} \\
&= \frac{1}{2m+1} - 2\sum_{i=0}^{n} \frac{s_i}{m+a_i+1} + \sum_{i=0}^{n} s_i \cdot \frac{1}{m+a_i+1} \\
&= \frac{1}{2m+1} - \sum_{i=0}^{n} \frac{s_i}{m+a_i+1}
\end{aligned}
$$

(ii) 上述线性方程组的系数矩阵

$$
\boldsymbol{A} = \left(\frac{1}{a_i+a_j+1} \right)_{0 \leqslant i,j \leqslant n}
$$

是对称的，其行列式

$$
\det \boldsymbol{A} = \prod_{0 \leqslant i,j \leqslant n} (a_i - a_j)^2 \cdot \prod_{0 \leqslant i,j \leqslant n} (a_i + a_j + 1)^{-1}
$$

(这是 Cauchy 行列式的特例，参见本题解后的 **注**). 我们记

$$
\boldsymbol{a} = \left(\frac{1}{m+a_0+1}, \cdots, \frac{1}{m+a_n+1} \right) \in \mathbb{R}^{n+1}
$$

并用 $\boldsymbol{a}^{\mathrm{T}}$ 表示它的转置，那么由 (i) 可知

$$
\begin{pmatrix} & & 0 \\ & \boldsymbol{A} & \vdots \\ & & 0 \\ & \boldsymbol{a} & 1 \end{pmatrix}
\begin{pmatrix} s_0 \\ \vdots \\ s_n \\ I_n^* \end{pmatrix}
=
\begin{pmatrix} \boldsymbol{a}^{\mathrm{T}} \\ \\ \dfrac{1}{2m+1} \end{pmatrix}
$$

由 Cramer 法则，解出

$$
I_n^* = \frac{\det \boldsymbol{B}}{\det \boldsymbol{A}}
$$

其中

$$
\det \boldsymbol{B} = \begin{pmatrix} \boldsymbol{A} & \boldsymbol{a}^{\mathrm{T}} \\ \\ \boldsymbol{a} & \dfrac{1}{2m+1} \end{pmatrix}
$$

是一个 $n+2$ 阶对称矩阵 (将 $2m+1$ 理解为 $m+m+1$), 因此可以应用 Cauchy 行列式求出其值，从而得到

$$
I_n^* = \frac{1}{2m+1} \prod_{k=0}^{n} \left(\frac{a_k - m}{m+a_k+1} \right)^2
$$

因为由题设当 k 充分大时 $a_k > m$, 所以

$$\log \frac{|a_k - m|}{m + a_k + 1} = \log\left(1 - \frac{2m+1}{m + a_k + 1}\right) \leqslant -\frac{2m+1}{m+a_k+1} \leqslant -\frac{m}{a_k}$$

又因为 $\sum\limits_{k=1}^{\infty} a_k^{-1} = \infty$, 所以 $\lim\limits_{n\to\infty} I_n^* = 0$.

(iii) 于是对于任何给定 $\varepsilon > 0$, 当 n 充分大时存在 $(s_0, s_1, \cdots, s_n) \in \mathbb{R}^{n+1}$ 使得

$$I_n^* = \int_0^1 (x^m - c_0 - c_1 x^{a_1} - c_2 x^{a_2} - \cdots - c_n x^{a_n})^2 \mathrm{d}x < \frac{\varepsilon}{M}$$

其中 $M = \int_0^1 f^2(x)\mathrm{d}x$. 因为由假设条件, $\int_0^1 x^{a_i} f(x)\mathrm{d}x = 0$, 所以应用 Cauchy-Schwarz 不等式推出

$$\begin{aligned}
&\left(\int_0^1 x^m f(x)\mathrm{d}x\right)^2 \\
= &\left(\int_0^1 (x^m - c_0 - c_1 x^{a_1} - c_2 x^{a_2} - \cdots - c_n x^{a_n}) f(x)\mathrm{d}x\right)^2 \\
\leqslant &\int_0^1 (x^m - c_0 - c_1 x^{a_1} - c_2 x^{a_2} - \cdots - c_n x^{a_n})^2 \mathrm{d}x \int_0^1 f^2(x)\mathrm{d}x < \varepsilon
\end{aligned}$$

因为 $\varepsilon > 0$ 可以任意小, 所以 $\int_0^1 x^m f(x)\mathrm{d}x = 0$, 其中 m 是任何一个满足条件 $m \neq a_n\,(n \geqslant 0)$ 的非负整数. 若某个 a_k 是正整数, 那么它不是上述 m 的可取值, 但题设对此 a_k 仍然有 $\int_0^1 x^{a_k} f(x)\mathrm{d}x = 0$. 因此, 我们证明了题 (a) 中的条件在此成立, 从而 $f(x)$ 在 $[0,1]$ 上恒等于 0. □

注 现在我们来介绍上面证明中用到的 Cauchy 行列式, 它是指

$$D_n = \begin{vmatrix}
\dfrac{1}{a_1+b_1} & \dfrac{1}{a_1+b_2} & \cdots & \dfrac{1}{a_1+b_n} \\
\dfrac{1}{a_2+b_1} & \dfrac{1}{a_2+b_2} & \cdots & \dfrac{1}{a_n+b_n} \\
\vdots & \vdots & & \vdots \\
\dfrac{1}{a_n+b_1} & \dfrac{1}{a_n+b_2} & \cdots & \dfrac{1}{a_n+b_n}
\end{vmatrix}$$

其中 a_i, b_i 是任意实数 (或复数), 但 $a_i + b_j \neq 0$. 我们来证明

$$D_n = \prod_{1\leqslant i<j\leqslant n} \big((a_i - a_j)(b_i - b_j)\big) \cdot \Big(\prod_{1\leqslant i,j\leqslant n} (a_i + b_j)\Big)^{-1}$$

证明 1 从每行提出该行元素的公分母, 可得

$$D_n = \left(\prod_{1\leqslant i,j\leqslant n} (a_i + b_j)\right)^{-1} \cdot T_n$$

其中 T_n 是一个 n 阶行列式 (可以看做 a_i, b_j 的多项式), 它的第 k 行的元素是

$$
\begin{gathered}
(a_k+b_2)(a_k+b_3)\cdots(a_k+b_n)\\
(a_k+b_1)(a_k+b_3)\cdots(a_k+b_n)\\
\vdots\\
(a_k+b_1)\cdots(a_k+b_{j-1})(a_k+b_{j+1})\cdots(a_k+b_n)\\
\vdots\\
(a_k+b_1)(a_k+b_2)\cdots(a_k+b_{n-1})
\end{gathered}
$$

若将 T_n 的第 2 列与第 1 列相减，则可看到所得到的新的第 2 列的每个元素都含有因子 (a_1-a_2), 因而 T_n 有因子 (a_1-a_2). 类似地将 T_n 的第 j 列 $(j\geqslant 2)$ 与第 1 列相减，可知 T_n 有因子 (a_1-a_j). 因此 T_n 有因子

$$
(a_1-a_2)(a_1-a_3)\cdots(a_1-a_n)
$$

同样，将 T_n 的第 j 列 $(j\geqslant 3)$ 与第 2 列相减，可知 T_n 有因子

$$
(a_2-a_3)(a_2-a_4)\cdots(a_2-a_n)
$$

这样我们得知，一般地， T_n 有因子

$$
\prod_{1\leqslant i<j\leqslant n}(a_i-a_j)
$$

由于行列式 T_n 关于 a_i, b_i 对称，所以它还有因子

$$
\prod_{1\leqslant i<j\leqslant n}(b_i-b_j)
$$

于是我们得到

$$
T_n=\prod_{1\leqslant i<j\leqslant n}\big((a_i-a_j)(b_i-b_j)\big)\cdot P_n
$$

其中 P_n 是 a_i, b_j 的某个多项式. 比较 T_n 与

$$
\prod_{1\leqslant i<j\leqslant n}\big((a_i-a_j)(b_i-b_j)\big)
$$

的次数可知 P_n 应该是一个常数 c(0 次多项式), 即

$$
T_n=c\prod_{1\leqslant i<j\leqslant n}\big((a_i-a_j)(b_i-b_j)\big)
$$

最后，在上式两边令

$$a_1=-b_1,a_2=-b_2,\cdots,a_n=-b_n$$

此时 T_n 成为下三角行列式，容易算出其值与右边表达式的相应值恰好相差常数因子 c, 从而 $c=1$. 于是上述公式得证.

证明 2　将 D_n 的前 $n-1$ 行中的每一行分别减去第 n 行，并在每一行和每一列提取公因子，可得

$$D_n=\frac{\prod\limits_{i=1}^{n-1}(a_n-a_i)}{\prod\limits_{i=1}^{n}(a_n+b_i)}\cdot\Delta_n$$

其中

$$\Delta_n=\begin{vmatrix}\frac{1}{a_1+b_1} & \frac{1}{a_1+b_2} & \cdots & \frac{1}{a_1+b_n}\\ \frac{1}{a_2+b_1} & \frac{1}{a_2+b_2} & \cdots & \frac{1}{a_2+b_n}\\ \vdots & \vdots & & \vdots\\ \frac{1}{a_{n-1}+b_1} & \frac{1}{a_{n-1}+b_2} & \cdots & \frac{1}{a_{n-1}+b_{n-1}}\\ 1 & 1 & \cdots & 1\end{vmatrix}$$

将 Δ_n 的前 $n-1$ 列中的的每一列分别减去第 n 列，并类似地在每一行和每一列提取公因子，可得

$$\Delta_n=\frac{\prod\limits_{i=1}^{n-1}(b_n-b_i)}{\prod\limits_{j=1}^{n-1}(a_j+b_n)}\cdot\Delta_n'$$

其中

$$\Delta_n'=\begin{vmatrix}\frac{1}{a_1+b_1} & \frac{1}{a_1+b_2} & \cdots & \frac{1}{a_1+b_{n-1}} & 1\\ \frac{1}{a_2+b_1} & \frac{1}{a_2+b_2} & \cdots & \frac{1}{a_2+b_{n-1}} & 1\\ \vdots & \vdots & & \vdots & \vdots\\ \frac{1}{a_{n-1}+b_1} & \frac{1}{a_{n-1}+b_2} & \cdots & \frac{1}{a_{n-1}+b_{n-1}} & 1\\ 0 & 0 & \cdots & 0 & 1\end{vmatrix}=D_{n-1}$$

于是我们得到递推关系

$$D_n=\frac{\prod\limits_{i=1}^{n-1}(a_n-a_i)(b_n-b_i)}{\prod\limits_{i=1}^{n}(a_n+b_i)\prod\limits_{j=1}^{n-1}(a_j+b_n)}\cdot D_{n-1}$$

由此应用归纳法推出所要的结果.

8.7 (a) 设 $\alpha, \beta > 0$, 证明

$$I(\alpha,\beta) = \int_0^{\pi/2} \log(\alpha\cos^2\theta + \beta\sin^2\theta)\mathrm{d}\theta = \pi\log\left(\frac{\sqrt{\alpha}+\sqrt{\beta}}{2}\right)$$

(b) 设 $\alpha > 1$, 证明

$$J(\alpha) = \int_0^{\pi/2} \log(\alpha^2 - \sin^2\phi)\mathrm{d}\phi = \pi\log\left(\frac{\alpha+\sqrt{\alpha^2-1}}{2}\right)$$

(c) 证明 $I(\alpha,\beta)\,(\alpha\neq\beta)$ 及 $J(\alpha)\,(\alpha>1)$ 的计算公式是等价的，即由其中一个可推出另一个.

解 (a) 我们给出两个解法.

解法 1 先设 $\alpha\neq\beta$. 应用在积分号下求导数的 Leibnitz 法则 (容易验证法则中的各项条件在此成立), 我们有

$$\frac{\partial I}{\partial\alpha} = \int_0^{\pi/2} \frac{\cos^2\theta\mathrm{d}\theta}{\alpha\cos^2\theta+\beta\sin^2\theta} = \int_0^{\pi/2} \frac{\mathrm{d}\theta}{\alpha+\beta\tan^2\theta}$$

令 $t=\tan\theta$, 上式化成

$$\begin{aligned}
&\int_0^\infty \frac{\mathrm{d}t}{(1+t^2)(\alpha+\beta t^2)}\\
=&\ \frac{1}{\alpha-\beta}\int_0^\infty\left(\frac{1}{1+t^2}-\frac{1}{t^2+\alpha\beta^{-1}}\right)\mathrm{d}t\\
=&\ \frac{1}{\alpha-\beta}\left(\arctan t-\sqrt{\beta\alpha^{-1}}\arctan(t\sqrt{\beta\alpha^{-1}})\right)\Big|_0^\infty\\
=&\ \frac{\pi}{2(\alpha-\beta)}\left(1-\frac{\sqrt{\beta}}{\sqrt{\alpha}}\right)
\end{aligned}$$

也就是

$$\frac{\partial I}{\partial\alpha} = \frac{\pi}{2\sqrt{\alpha}(\sqrt{\alpha}+\sqrt{\beta})}$$

两边对 α 积分，可得 (令 $t=\sqrt{\alpha}$)

$$I(\alpha,\beta) = \pi\int\frac{\mathrm{d}t}{t}+C = \pi\log(\sqrt{\alpha}+\sqrt{\beta})+C$$

此处 C 是与 α 无关的常数；因为上面的微分方程还含有参数 β, 因此 C 可能与 β 有关. 但要注意

$$\begin{aligned} I(\alpha,\beta) &= \int_0^{\pi/2} \log\left(\alpha\cos^2\left(\frac{\pi}{2}-\theta\right)+\beta\sin^2\left(\frac{\pi}{2}-\theta\right)\right)\mathrm{d}\theta \\ &= \int_0^{\pi/2} \log(\alpha\sin^2\theta+\beta\cos^2\theta)\mathrm{d}\theta \\ &= I(\beta,\alpha) \end{aligned}$$

因而 C 也与 β 无关，从而是绝对常数. 容易算出 $I(1,1)=0$, 同时由上面求出的 $I(\alpha,\beta)$ 的表达式可知

$$I(1,1)=\pi\log 2+C$$

因此 $C=-\pi\log 2$. 最终我们得到

$$I(\alpha,\beta)=\pi\log\left(\frac{\sqrt{\alpha}+\sqrt{\beta}}{2}\right)$$

若 $\alpha=\beta$, 那么直接计算可知上面公式仍然成立.

解法 2 可设 $\alpha\neq\beta$($\alpha=\beta$ 的情形，如 **解法 1** 指出，可直接计算). 我们算出

$$\begin{aligned} &\alpha\frac{\partial I}{\partial\alpha}+\beta\frac{\partial I}{\partial\beta} \\ =\ & \int_0^{\pi/2}\frac{\alpha\cos^2\theta\mathrm{d}\theta}{\alpha\cos^2\theta+\beta\sin^2\theta}+\int_0^{\pi/2}\frac{\beta\sin^2\theta\mathrm{d}\theta}{\alpha\cos^2\theta+\beta\sin^2\theta} \\ =\ & \int_0^{\pi/2}\mathrm{d}\theta=\frac{\pi}{2} \end{aligned}$$

以及

$$\begin{aligned} &\frac{\partial I}{\partial\alpha}+\frac{\partial I}{\partial\beta} \\ =\ & \int_0^{\pi/2}\frac{\cos^2\theta\mathrm{d}\theta}{\alpha\cos^2\theta+\beta\sin^2\theta}+\int_0^{\pi/2}\frac{\sin^2\theta\mathrm{d}\theta}{\alpha\cos^2\theta+\beta\sin^2\theta} \\ =\ & 2\int_0^{\pi/2}\frac{\mathrm{d}\theta}{\alpha\cos^2\theta+\beta\sin^2\theta}=\frac{1}{\sqrt{\alpha\beta}}\cdot\frac{\pi}{2} \end{aligned}$$

(其中最后一步计算作了代换 $t=\tan\theta$). 由上面两个关系式解出

$$\frac{\partial I}{\partial\alpha}=\frac{\sqrt{\alpha}-\sqrt{\beta}}{\sqrt{\alpha}(\alpha-\beta)}\cdot\frac{\pi}{2}=\frac{1}{\sqrt{\alpha}(\sqrt{\alpha}+\sqrt{\beta})}\cdot\frac{\pi}{2}$$

以下计算与 **解法 1** 相同.

(b) (i) 由 Leibnitz 公式，我们有

$$\begin{aligned}\frac{\mathrm{d}}{\mathrm{d}\alpha}J(\alpha) &= \int_0^{\pi/2}\left(\frac{\partial}{\partial\alpha}\log(\alpha^2-\sin^2\phi)\right)\mathrm{d}\phi \\ &= \int_0^{\pi/2}\frac{2\alpha}{\alpha^2-\sin^2\phi}\mathrm{d}\phi \\ &= \int_0^{\pi/2}\frac{4\alpha}{2\alpha^2-1+\cos 2\phi}\mathrm{d}\phi \\ &= \int_0^{\pi}\frac{2\alpha}{2\alpha^2-1+\cos\theta}\mathrm{d}\theta = \frac{\pi}{\sqrt{\alpha^2-1}}\end{aligned}$$

这里最后一步应用了定积分公式：当 $a>b>0$ 时

$$\int_0^{\pi}\frac{\mathrm{d}\theta}{a+b\cos\theta} = \frac{\pi}{\sqrt{a^2-b^2}}$$

又因为

$$\frac{\mathrm{d}}{\mathrm{d}\alpha}\left(\pi\log\left(\alpha+\sqrt{\alpha^2-1}\right)\right) = \frac{\pi}{\sqrt{\alpha^2-1}}$$

所以对于所有 $\alpha>1$

$$\begin{aligned}J(\alpha) &= \pi\log\left(\alpha+\sqrt{\alpha^2-1}\right)+C \\ &= \pi\log\alpha+\pi\log\left(1+\sqrt{1-\frac{1}{\alpha^2}}\right)+C\end{aligned}$$

其中 C 是常数. 为了确定常数 C, 我们注意

$$\log\left(1+\sqrt{1-\frac{1}{\alpha^2}}\right)\to\log 2 \quad (\alpha\to\infty)$$

于是由前式得到

$$J(\alpha)\to\pi\log\alpha+\pi\log 2+C \quad (\alpha\to\infty)$$

同时我们将证明不等式：当 $\alpha\geqslant\sqrt{2}$ 时

$$0\leqslant-\int_0^{\pi/2}\log(\alpha^2-\sin^2\phi)\mathrm{d}\phi+\pi\log\alpha\leqslant\frac{\pi}{\alpha^2}$$

据此可推出

$$J(\alpha)\to\pi\log\alpha \quad (\alpha\to\infty)$$

因此 $C=-\pi\log 2$, 从而得到

$$J(\alpha)=\pi\log\left(\frac{\alpha+\sqrt{\alpha^2-1}}{2}\right)$$

(ii) 现在补证刚才在 (i) 中所说的不等式. 对于任何 $u \in [0,1/2]$, 我们有

$$\begin{aligned} 0 &\leqslant -\log(1-u) = u + \frac{u^2}{2} + \frac{u^3}{3} + \cdots \\ &\leqslant u(1 + u + u^2 + \cdots) = \frac{u}{1-u} \end{aligned}$$

注意 $1-u \geqslant 1/2$, 所以我们得到：当 $0 \leqslant u \leqslant 1/2$ 时

$$0 \leqslant -\log(1-u) \leqslant 2u$$

因为当 $\alpha \geqslant \sqrt{2}$ 时对任何 ϕ 有 $0 \leqslant \sin^2\phi/\alpha^2 \leqslant 1/2$, 所以依上述不等式, 对所有 ϕ, 我们有

$$0 \leqslant -\log\left(1 - \frac{\sin^2\phi}{\alpha^2}\right) \leqslant 2\frac{\sin^2\phi}{\alpha^2} \leqslant \frac{2}{\alpha^2}$$

从而对所有 ϕ 以及 $\alpha \geqslant \sqrt{2}$ 有

$$0 \leqslant -\log(\alpha^2 - \sin^2\phi) + 2\log\alpha \leqslant \frac{2}{\alpha^2}$$

对 ϕ 求积分即得 (i) 中引用的不等式. 于是关于 $J(\alpha)$ 的公式得证.

(c) 设 $\alpha > 1$, 那么 $J(\alpha)$ 的被积函数

$$\begin{aligned} \log(\alpha^2 - \sin^2\phi) &= \log\left(\alpha^2(\sin^2\phi + \cos^2\phi) - \sin^2\phi\right) \\ &= \log\left(\alpha^2\cos^2\phi + (\alpha^2-1)\sin^2\phi\right) \end{aligned}$$

于是

$$J(\alpha) = I(\alpha^2, \alpha^2 - 1) = \pi\log\left(\frac{\alpha + \sqrt{\alpha^2-1}}{2}\right)$$

反之, 设 $\alpha \neq \beta$. 则当 $\alpha > \beta$ 时, $I(\alpha,\beta)$ 的被积函数

$$\begin{aligned} & \log(\alpha\cos^2\phi + \beta\sin^2\phi) \\ =\ & \log\left(\alpha(1-\sin^2\phi) + \beta\sin^2\phi\right) \\ =\ & \log\left(\alpha - (\alpha-\beta)\sin^2\phi\right) \\ =\ & \log(\alpha-\beta) + \log\left(\frac{\alpha}{\alpha-\beta} - \sin^2\phi\right) \end{aligned}$$

因而

$$\begin{aligned} I(\alpha,\beta) &= \frac{\pi}{2}\log(\alpha-\beta) + J\left(\sqrt{\frac{\alpha}{\alpha-\beta}}\right) \\ &= \frac{\pi}{2}\log(\alpha-\beta) + \pi\log\left(\frac{1}{2}\left(\sqrt{\frac{\alpha}{\alpha-\beta}} + \sqrt{\frac{\alpha}{\alpha-\beta} - 1}\right)\right) \\ &= \pi\log\left(\frac{\sqrt{\alpha}+\sqrt{\beta}}{2}\right) \end{aligned}$$

而当 $\alpha<\beta$ 时，$I(\alpha,\beta)$ 的被积函数

$$\begin{aligned}\log(\alpha\cos^2\phi+\beta\sin^2\phi) &= \log\left(\alpha+\beta(1-\cos^2\phi)\right)\\ &= \log\left(\beta-(\beta-\alpha)\cos^2\phi\right)\\ &= \log(\beta-\alpha)+\log\left(\frac{\beta}{\beta-\alpha}-\sin^2\left(\frac{\pi}{2}-\phi\right)\right)\end{aligned}$$

因此，也有

$$I(\alpha,\beta)=\log(\beta-\alpha)+J\left(\sqrt{\frac{\beta}{\beta-\alpha}}\right)$$

应用 $J(\alpha)$ 的计算公式即可据此同样推出上述 $I(\alpha,\beta)$ 的公式. □

注 上面题 (a) 中假定 $\alpha>0,\beta>0$. 若 α,β 中有一个为 0, 则上述方法失效，但上面得到的结果仍然成立．事实上，当 α,β 中有一个为 0 时，我们要计算积分 $\int_0^{\pi/2}\log\sin\theta\mathrm{d}\theta$ 或 $\int_0^{\pi/2}\log\cos\theta\mathrm{d}\theta$. 易见 (作代换 $t=\pi/2-\theta$) 这两个积分相等，将其值记为 J, 那么

$$\begin{aligned}2J &= \int_0^{\pi/2}\log(\sin\theta\cos\theta)\mathrm{d}\theta=\int_0^{\pi/2}\log\left(\frac{1}{2}\sin 2\theta\right)\mathrm{d}\theta\\ &= \int_0^{\pi/2}\log(\sin 2\theta)\mathrm{d}\theta+\int_0^{\pi/2}\log\left(\frac{1}{2}\right)\mathrm{d}\theta\\ &= \frac{1}{2}\int_0^{\pi}\log\sin t\mathrm{d}t-\frac{\pi}{2}\log 2\end{aligned}$$

因为

$$\int_0^{\pi}\log\sin t\mathrm{d}t=\int_0^{\pi/2}\log\sin t\mathrm{d}t+\int_{\pi/2}^{\pi}\log\sin t\mathrm{d}t=2J$$

因此我们有

$$2J=J-\frac{\pi}{2}\log 2, J=-\frac{\pi}{2}\log 2$$

从而得到

$$I(1,0)=\pi\log\left(\frac{\sqrt{\alpha}}{2}\right), I(0,1)=\pi\log\left(\frac{\sqrt{\beta}}{2}\right)$$

8.8 确定所有这种函数 $f(x)$, 它们在 $\mathbb{R}$ 的任何有限区间上可积，并且对于所有 $x,y\in\mathbb{R}$

$$\int_{x-y}^{x+y}f(t)\mathrm{d}t=f(x)f(y)$$

解 零函数显然满足问题的要求．下面我们设 f 不是零函数.

(i) 因为 f 在 $\mathbb{R}$ 的任何有限区间上可积，所以函数

$$F(x)=\int_0^x f(t)\mathrm{d}t$$

在 $\mathbb{R}$ 上连续. 由题设，$F(x+y)-F(x-y)=f(x)f(y)$, 因而 f 在 $\mathbb{R}$ 上也连续.

(ii) 由于 f 连续,所以 $F(x)\in C^1(\mathbb{R})$, 从而对于任何 $y\in\mathbb{R}$, 函数 $f(x)f(y)\big(=F(x+y)-F(x-y)\big)\in C^1(\mathbb{R})$. 因为已认定 f 不是零函数，所以可选取 $y\in\mathbb{R}$ 使得 $f(y)\neq 0$, 于是 $f(x)\in C^1(\mathbb{R})$.

类似地可知，若 $f\in C^n(\mathbb{R})\,(n\geqslant 0)$, 则 $F\in C^{n+1}(\mathbb{R})$, 从而对于任何 $y\in\mathbb{R}$, 函数 $f(x)f(y)\in C^{n+1}(\mathbb{R})$. 于是 $f(x)\in C^{n+1}(\mathbb{R})$.

总之，依归纳法可知，若 f 满足问题中的条件，则 $f\in C^\infty(\mathbb{R})$.

(iii) 我们首先在等式

$$\int_{x-y}^{x+y} f(t)\mathrm{d}t=f(x)f(y)$$

中令 $y=0$, 可知对所有 $x\in\mathbb{R}$, $f(x)f(0)=0$, 因而 $f(0)=0$.

其次，在上式两边对 x 求导得到

$$f(x+y)-f(x-y)=f'(x)f(y)$$

然后在此式两边对 y 求导三次，得到

$$\begin{aligned}
f'(x+y)+f'(x-y)&=f'(x)f'(y)\\
f''(x+y)-f''(x-y)&=f'(x)f''(y)\\
f'''(x+y)+f'''(x-y)&=f'(x)f'''(y)
\end{aligned}$$

在此三式中令 $y=0$, 我们有

$$2f'(x)=f'(x)f'(0), f'(x)f''(0)=0, 2f'''(x)=f'(x)f'''(0)$$

注意 $f'(x)$ 不恒等于 0(不然，由 $f(0)=0$ 可推出 f 是零函数), 从而存在一个 x 使 $f'(x)\neq 0$, 所以由上面的第一式和第二式分别得知

$$f'(0)=2, f''(0)=0$$

并且从第三式推出：对于所有 $x\in\mathbb{R}$

$$f'''(x)=kf'(x)$$

其中 $k=f'''(0)/2$. 将上式积分，注意 $f(0)=f''(0)=0$, 我们得到

$$f''(x)=kf(x)$$

于是满足题中要求的函数 f 除零函数外，还有

$$f(x)=2x \quad (当\ k=0)$$

$$f(x)=\frac{2}{\sqrt{k}}\sinh\sqrt{k}x \quad (当\ k>0)$$

$$f(x)=\frac{2}{\sqrt{-k}}\sin\sqrt{-k}x \quad (当\ k<0)$$

注 上面解法的最后一步也可用下法：令 $\phi(x)=f'(x)/2$, 由 $f'(x+y)+f'(x-y)=f'(x)f'(y)$ 得到函数方程

$$\phi(x+y)+\phi(x-y)=2\phi(x)\phi(y) \quad (x,y\in\mathbb{R})$$

由问题 **II.118**, 这个函数方程所有解是：常数函数 $\phi(x)=1$ 和 $\phi(x)=0$, 函数 $\phi(x)=\cosh ax$ 以及 $\phi(x)=\cos ax$, 于是也得到同样的结果.

8.9 设 $f(x)$ 是 $[0,\infty)$ 上的递增正函数， y 是微分方程 $y''+F(x)y=0$ 的任意解. 证明：当 $x>0$ 时 y 有界，并且 $y'(x)=O(\sqrt{F(x)})\,(x\to\infty)$.

解 (i) 因为 $F(x)$ 是正函数，所以可由题中所给微分方程得到

$$\frac{2y'y''}{F(x)}+2y'y''=0$$

在方程两边对 x 从 0 到某个 $X>0$ 积分，我们有

$$\int_0^X\frac{2y'y''}{F(x)}\mathrm{d}x+y^2(X)-y^2(0)=0$$

注意 $F(x)$ 单调递增，依据第二积分中值定理，存在 $\xi\in(0,X)$ 使得

$$\int_0^X\frac{2y'y''}{F(x)}\mathrm{d}x=\frac{1}{F(0)}\int_0^\xi 2y'y''\mathrm{d}x=\frac{1}{F(0)}\left(y'(\xi)^2-y'(0)^2\right)$$

于是由

$$\frac{1}{F(0)}\left(y'(\xi)^2-y'(0)^2\right)+y^2(X)-y^2(0)=0$$

推出

$$y^2(x)\leqslant y^2(0)+\frac{y'(0)^2}{F(0)}$$

所以 $y(x)\,(x\geqslant 0)$ 有界.

(ii) 仍然由题中所给微分方程可知

$$2y'y''+2F(x)yy'=0$$

积分得到

$$y'(X)^2-y'(0)^2+\int_0^X 2yy'F(x)\mathrm{d}x=0$$

再次应用第二积分中值定理, 可知存在 $\eta\in(0,X)$ 使得

$$\int_0^X 2yy'F(x)\mathrm{d}x=F(X)\int_\eta^X 2yy'\mathrm{d}x=F(X)\big(y(X)^2-y(\eta)^2\big)$$

于是由

$$y'(X)^2-y'(0)^2+F(X)\big(y(X)^2-y(\eta)^2\big)=0$$

推出

$$y'(x)^2\leqslant y'(0)^2+F(x)y^2(\eta)$$

因为 (i) 中已证 y 有界, 所以

$$y'(x)^2\leqslant C_1+C_2F(x)$$

其中 $C_1,C_2>0$ 是常数, 于是 $y'(x)=O(F(x))\,(x\to\infty)$. □

8.10 设 f 是 $\mathbb{R}$ 上的二次可微的偶周期函数, 其周期为 2π, 并且对于所有 $x\in\mathbb{R}$

$$f''(x)+f(x)=\frac{1}{f(x+3\pi/2)}$$

证明: f 也以 $\pi/2$ 为周期.

解 (i) 因为由题设, 分式 $1/f(x+3\pi/2)$ 对所有 $x\in\mathbb{R}$ 都有意义, 并且 f 在 $\mathbb{R}$ 上连续, 所以 f 在 $\mathbb{R}$ 上没有零点.

在题中所给方程中用 $-x$ 代 x, 有

$$f''(-x)+f(-x)=\frac{1}{f(-x+3\pi/2)}$$

因为 f 是偶函数, 所以

$$f(-x)=f(x),f''(-x)=f''(x)$$

因而上式左边与题中所给方程的左边相等，于是它们的右边也相等，也就是对于所有 $x \in \mathbb{R}$

$$f\left(x+\frac{3\pi}{2}\right)=f\left(-x+\frac{3\pi}{2}\right)=f\left(x-\frac{3\pi}{2}\right)$$

这表明 f 以 3π 为周期. 但题设 2π 也是 f 的周期，所以 $3\pi-2\pi=\pi$ 是它的一个周期. 因此，题中所给方程可以改写为

$$f''(x)+f(x)=\frac{1}{f(x+\pi/2)}$$

(ii) 下面来考虑函数 $g(x)=f(x+\pi/2)$. 因为由 f 的周期性知

$$g(-x)=f\left(-x+\frac{\pi}{2}\right)=f\left(x-\frac{\pi}{2}\right)=f\left(x+\frac{\pi}{2}\right)=g(x)$$

所以 g 也是偶函数. 又因为

$$g'(x)=g'(x+\pi/2), g''(x)=g''(x+\pi/2)$$

所以

$$f''(x)+f(x)=\frac{1}{g(x)}$$
$$g''(x)+g(x)=\frac{1}{f(x)}$$

分别用 g 和 f 乘这两个方程，然后将所得两个新方程相减，我们得到

$$(f'g-fg')'=f''g-fg''=0$$

因此 $c(x)=f'(x)g(x)-f(x)g'(x)$ 是常数函数. 注意偶函数的导函数是奇函数，所以 $c(x)$ 是奇函数，从而只能 $c(x)=0$. 又因为在 (i) 中已证 f 没有实零点，所以 g 也没有实零点，从而 f/g 在 $\mathbb{R}$ 上处处有定义，并且 $(f/g)'=c/g^2=0$, 于是 f/g 是常数函数 (将此常数记为 C).

最后, 因为 f 是连续周期函数, 所以在某两点 x_1 和 x_0 上分别取得它的最大值和最小值. 于是 $g(x_0)=f(x_0+\pi/2)\geqslant f(x_0)$, 并且 $g(x_1)=f(x_1+\pi/2)\leqslant f(x_1)$, 或者 $f(x_0)/g(x_0)\leqslant 1, f(x_1)/g(x_1)\geqslant 1$. 但 $f/g=C$ 是常数函数，所以 $C=1$. 这意味着对于所有 $x\in\mathbb{R}, f(x)=g(x)$, 也就是 $f(x)=f(x+\pi/2)$. 于是本题得证.

□

8.11 设数列 $(a_n)_{n\geqslant 0}$ 由递推关系式

$$a_{n+1}=a_n+\frac{2}{n+1}a_{n-1}\quad(n\geqslant 1)$$

定义，并且 $a_0>0, a_1>0$. 证明数列 $a_n/n^2(n\geqslant 1)$ 收敛，并求其极限.

解 (i) 由题设可知 $(a_n)_{n\geqslant 0}$ 是单调递增的正数列，并且由于

$$\begin{aligned}\frac{a_{n+1}}{(n+1)^2}-\frac{a_n}{n^2} &= \frac{a_n}{(n+1)^2}+\frac{2a_{n-1}}{(n+1)^3}-\frac{a_n}{n^2}\\ &\leqslant \frac{a_n}{(n+1)^2}+\frac{2a_n}{(n+1)^3}-\frac{a_n}{n^2}\\ &= \frac{n^2(n+1)+2n^2-(n+1)^3}{n^2(n+1)^3}\,a_n\\ &= -\frac{3n+1}{n^2(n+1)^3}\,a_n<0\end{aligned}$$

所以 $(a_n/n^2)_{n\geqslant 1}$ 单调递减，从而收敛.

(ii) 由数列 $(a_n/n^2)_{n\geqslant 1}$ 的收敛性可知 a_n/n^2 有界. 又因为级数 $\sum\limits_{n=0}^{\infty} n^2x^n$ 的收敛半径等于 1, 所以级数 $\sum\limits_{n=0}^{\infty} a_nx^n$ 至少在区间 $(-1,1)$ 中收敛. 我们定义函数

$$f(x)=\sum_{n=0}^{\infty} a_nx^n \quad (-1<x<1)$$

依幂级数性质，我们算出

$$f'(x)=\sum_{n=1}^{\infty} na_nx^{n-1}=a_1+\sum_{n=1}^{\infty}(n+1)a_{n+1}x^n$$

由递推关系， $(n+1)a_{n+1}=na_n+a_n+2a_{n-1}$, 所以由上式得到

$$\begin{aligned}f'(x) &= a_1+\sum_{n=1}^{\infty}\big(na_n+a_n+2a_{n-1}\big)x^n\\ &= a_1+\sum_{n=1}^{\infty} na_nx^n+\sum_{n=1}^{\infty} a_nx^n+2\sum_{n=1}^{\infty} a_{n-1}x^n\\ &= a_1+x\sum_{n=1}^{\infty} na_nx^{n-1}+\sum_{n=0}^{\infty} a_nx^n-a_0+2x\sum_{n=1}^{\infty} a_{n-1}x^{n-1}\\ &= a_1+xf'(x)+f(x)-a_0+2xf(x)\end{aligned}$$

因此

$$(1-x)f'(x)-(1+2x)f(x)=a_1-a_0$$

也就是说， f 是微分方程

$$(1-x)y'-(1+2x)y=a_1-a_0$$

的解. 因为 $f(0)=a_0$, 所以初值条件是 $y(0)=a_0$.

(iii) 现在来解上述微分方程. 对应的齐次方程

$$(1-x)y'-(1+2x)y=0$$

有解 $y=c(1-x)^{-3}\mathrm{e}^{-2x}$. 易常数 c 为 $c(x)$, 代入原方程, 求出

$$c'(x)=(a_1-a_0)\mathrm{e}^{2x}(1-x)^2$$

由此解出

$$c(x)=\frac{a_1-a_0}{4}(2x^2-6x+5)\mathrm{e}^{2x}+\lambda$$

其中 λ 是常数. 于是我们最终得到

$$f(x)=\frac{g(x)}{(1-x)^3}$$

其中已令

$$g(x)=\frac{a_1-a_0}{4}(2x^2-6x+5)+\lambda\mathrm{e}^{-2x}$$

并且由初值条件 $f(0)=a_0$ 可知 $\lambda=(9a_0-5a_1)/4$.

(iv) 为得到 a_n 的明显表达式, 需求出 $f(x)$ 的幂级数展开中 x^n 的系数. 为此将 $g(x)$ 表示为

$$g(x)=\sum_{k=0}^{\infty}\frac{g^{(k)}(1)}{k!}(x-1)^k=\sum_{k=0}^{\infty}(-1)^k\frac{g^{(k)}(1)}{k!}(1-x)^k$$

则有

$$\begin{aligned}f(x) \;=\;& g(1)(1-x)^{-3}-\frac{g'(1)}{1!}(1-x)^{-2}+\frac{g''(1)}{2!}(1-x)^{-1}-\\&\frac{g'''(1)}{3!}+\frac{g^{(4)}(1)}{4!}(1-x)+\cdots+\\&(-1)^{n+3}\frac{g^{(n+3)}(1)}{(n+3)!}(1-x)^n+\cdots\end{aligned}$$

依二项式展开, 当 $\alpha\in\mathbb{R},|x|<1$ 时

$$\begin{aligned}(1+x)^\alpha \;=\;& 1+\frac{\alpha}{1!}x+\frac{\alpha(\alpha-1)}{2!}x^2+\cdots+\\&\frac{\alpha(\alpha-1)\cdots(\alpha-n+1)}{n!}x^n+\cdots\end{aligned}$$

我们看到在 $g(1)(1-x)^{-3}$ 的展开式中恰好含有

$$g(1)\frac{(-3)(-3-1)\cdots(-3-n+1)}{n!}(-x)^n=g(1)\frac{(n+1)(n+2)}{2}x^n$$

在 $-\big(g'(1)/1!\big)(1-x)^{-2}$ 的展开式中恰好含有

$$-\frac{g'(1)}{1!}\cdot(n+1)x^n$$

在 $\big(g''(1)/2!\big)(1-x)^{-1}$ 的展开式中恰好含有

$$\frac{g''(1)}{2!}\cdot x^n$$

在其后的连续 n 个项的展开式中不含有 x^n. 而在余下的各项

$$\sum_{k=n+3}^{\infty}(-1)^k\frac{g^{(k)}(1)}{k!}(1-x)^{k-3}=\sum_{k=n}^{\infty}(-1)^{k+3}\frac{g^{(k+3)}(1)}{(k+3)!}(1-x)^k$$

中, x^n 的系数之和是

$$L_n=\sum_{k=n}^{\infty}(-1)^{k+3}\frac{g^{(k+3)}(1)}{(k+3)!}\cdot\frac{k(k-1)\cdots(k-n+1)}{n!}$$

于是我们得到

$$a_n=g(1)\frac{(n+1)(n+2)}{2}-\frac{g'(1)}{1!}\cdot(n+1)+\frac{g''(1)}{2!}+L_n$$

(v) 为计算所要求的极限, 我们先估计 L_n. 当 $k=n$ 时

$$\frac{1}{(k+3)!}\cdot\frac{k(k-1)\cdots(k-n+1)}{n!}=\frac{1}{(k+3)!}$$

当 $k>n$ 时

$$\begin{aligned}
&\frac{1}{(k+3)!}\cdot\frac{k(k-1)\cdots(k-n+1)}{n!}\\
=\;&\frac{1}{(k+3)!}\cdot\frac{k!}{n!(k-n)!}\\
=\;&\frac{1}{(k+3)!}\cdot\frac{k(k-1)\cdots(n+1)\cdot n!}{n!(k-n)!}\\
=\;&\frac{k(k-1)\cdots(n+1)}{(k+3)!(k-n)!}\\
=\;&\frac{k(k-1)\cdots(n+1)}{(k+3)(k+2)\cdots(n+4)\cdot(n+3)!(k-n)!}\\
=\;&\frac{k}{k+3}\cdot\frac{k-1}{k+2}\cdot\;\cdots\;\cdot\frac{n+1}{n+4}\cdot\frac{1}{(n+3)!}\cdot\frac{1}{(k-n)!}\\
\leqslant\;&\frac{1}{(n+3)!}\cdot\frac{1}{(k-n)!}
\end{aligned}$$

还要注意当 $k \geqslant 0$ 时

$$g^{(k)}(1) = \frac{a_0 - a_1}{4}(2x^2 - 6x + 5)^{(k)}\Big|_{x=1} + \lambda(\mathrm{e}^{-2x})^{(k)}\Big|_{x=1}$$

因此

$$|g^{(k)}(1)| \leqslant C2^k \quad (k \geqslant 0)$$

其中 C 是常数. 于是

$$|L_n| \leqslant \frac{C}{(n+3)!}\sum_{k=n}^{\infty}\frac{2^{k+3}}{(k-n)!} = \frac{C2^{n+3}}{(n+3)!}\sum_{k=n}^{\infty}\frac{2^{k-n}}{(k-n)!} = \frac{C\mathrm{e}^2 2^{n+3}}{(n+3)!}$$

因此即得

$$a_n = g(1)\frac{(n+1)(n+2)}{2} + O(n)$$

从而

$$\lim_{n\to\infty}\frac{a_n}{n^2} = \frac{g(1)}{2} = \frac{a_1 - a_0}{8} + \frac{9a_0 - 5a_1}{8\mathrm{e}^2}$$

□

8.12 设 $\alpha > \beta > 0, f(x) = x^\alpha(1-x)^\beta$. 若 $0 < a < b < 1, f(a) = f(b)$, 则 $f'(a) < -f'(b)$.

解 我们给出两个解法.

解法 1 由 $f(a) = f(b)$ 得 $a^\alpha(1-a)^\beta = b^\alpha(1-b)^\beta$, 应用它可算出

$$f'(a) + f'(b) = \frac{\beta}{b}a^\alpha(1-a)^\beta\left(\frac{\alpha}{\beta}\Big(1+\frac{b}{a}\Big) - \frac{b}{1-a}\Big(1+\frac{1-a}{1-b}\Big)\right)$$

令 $r = \alpha/\beta > 1, t = b/a > 1$. 那么等式 $a^\alpha(1-a)^\beta = b^\alpha(1-b)^\beta$ 可化为 $(1-a)/(1-b) = t^r$, 由此及 $b = at$ 可解出

$$a = \frac{t^r - 1}{t^{r+1} - 1}, b = \frac{t(t^r - 1)}{t^{r+1} - 1}$$

将它们代入上述 $f'(a) + f'(b)$ 的表达式中，得到

$$f'(a) + f'(b) = -\frac{\beta a^\alpha(1-a)^\beta}{bt^{r-1}(t-1)}(t^{2r} - rt^{r+1} + rt^{r-1} - 1)$$

令 $g(t) = t^{2r} - rt^{r+1} + rt^{r-1} - 1$, 则

$$g'(t) = rt^{r-2}\Big(2t^{r+1} - (r+1)t^2 + r - 1\Big) = rt^{r-2}h(t)$$

其中 $h(t)=2t^{r+1}-(r+1)t^2+r-1$. 因为当 $t>1$ 时 $h'(t)=2(r+1)(t^r-t)>0$, 所以 $h(t)>h(1)=0$(当 $t>1$), 因而 $g(t)>g(1)=0$(当 $t>1$), 于是当 $0<a<b<1$(即 $t>1$) 时

$$f'(a)+f'(b)=-\frac{\beta a^\alpha(1-a)^\beta}{bt^{r-1}(t-1)}g(t)<0$$

也就是 $f'(a)<-f'(b)$.

解法 2 应用 $f(a)=f(b)$ 可算出

$$f'(a)+f'(b)=a^\alpha(1-a)^\beta\left(\alpha\Big(\frac{1}{a}+\frac{1}{b}\Big)-\beta\Big(\frac{1}{1-a}+\frac{1}{1-b}\Big)\right)$$

因此不等式 $f'(a)<-f'(b)$ 等价于

$$\alpha\left(\frac{1}{a}+\frac{1}{b}\right)<\beta\left(\frac{1}{1-a}+\frac{1}{1-b}\right)$$

它可等价地改写为

$$\frac{\alpha}{\sqrt{ab}}\left(\sqrt{\frac{b}{a}}+\sqrt{\frac{a}{b}}\right)<\frac{\beta}{\sqrt{(1-a)(1-b)}}\left(\sqrt{\frac{1-b}{1-a}}+\sqrt{\frac{1-a}{1-b}}\right)$$

令 $r=\alpha/\beta>1, t=b/a>1$. 则由 $f(a)=f(b)$ 得 $(1-a)/(1-b)=t^r$. 于是上述不等式可表示为

$$\frac{\alpha}{\sqrt{ab}}\left(\sqrt{t}+\frac{1}{\sqrt{t}}\right)<\frac{\beta}{\sqrt{(1-a)(1-b)}}\left(\sqrt{t^r}+\frac{1}{\sqrt{t^r}}\right)$$

也就是

$$\frac{\alpha}{\sqrt{ab}}\cdot\frac{t-1/t}{\sqrt{t}-1/\sqrt{t}}<\frac{\beta}{\sqrt{(1-a)(1-b)}}\cdot\frac{t^r-1/t^r}{\sqrt{t^r}-1/\sqrt{t^r}}$$

因为 $\sqrt{ab}(\sqrt{t}-1/\sqrt{t})=b-a$, $\sqrt{(1-a)(1-b)}(\sqrt{t^r}-1/\sqrt{t^r})=(1-a)-(1-b)=b-a$, 所以这个不等式可改写为

$$t-\frac{1}{t}<r\left(t^r-\frac{1}{t^r}\right)$$

令函数

$$F(x)=\frac{2\sinh(x\log t)}{x}$$

其中 $\log t>0$(因为 $t>1$). 那么当 $x>0$ 时 $g'(x)>0$, 因而 $g(x)$ 严格单调增加, 于是当 $r>1$ 时 $F(1)<F(r)$, 这正是上面的不等式. □

8.13 证明：设 $f(x)$ 是 $(0,\infty)$ 上的凸函数，$f'(x)$ 存在，则 $f(x)\sim x^2\ (x\to\infty)$ 蕴含 $f'(x)\sim 2x\ (x\to\infty)$，但若 $f(x)$ 不是凸函数，则结论不成立.

解 (i) 设 $f(x)\sim x^2(x\to\infty)$，则可将它表示为

$$f(x)=x^2+x^2\delta(x)$$

其中函数 $\delta(x)$ 满足

$$\delta(x)\to 0\quad (x\to\infty)$$

于是

$$\frac{f(x+h)-f(x)}{h}=2x+h+\frac{(x+h)^2\delta(x+h)}{h}-\frac{x^2\delta(x)}{h}$$

对于任何给定的 $\varepsilon>0$(不妨设 $\varepsilon<1/2$)，取 x 足够大，并取 h 满足 $|h|<x/2$，使得

$$|\delta(x+h)|<\frac{\varepsilon^2}{4},|\delta(x)|<\frac{\varepsilon^2}{4}$$

于是

$$\begin{aligned}\frac{(x+h)^2\delta(x+h)}{h}-\frac{x^2\delta(x)}{h}&\leqslant\frac{(x+h)^2|\delta(x+h)|}{|h|}+\frac{x^2|\delta(x)|}{|h|}\\&\leqslant\frac{1}{|h|}\cdot\left(\frac{3}{2}x\right)^2\cdot\frac{\varepsilon^2}{4}+\frac{1}{|h|}\cdot x^2\cdot\frac{\varepsilon^2}{4}\\&=\frac{13}{16}\cdot\frac{\varepsilon^2}{|h|}x^2<\frac{\varepsilon^2}{|h|}x^2\end{aligned}$$

(ii) 依题设，f' 存在，所以 $f'_-(x)=f'(x)=f'_+(x)$，从而由凸函数的性质得知当 $h>0$ 时

$$f'(x)\leqslant\frac{f(x+h)-f(x)}{h}$$

当 $h<0$ 时

$$f'(x)\geqslant\frac{f(x+h)-f(x)}{h}$$

于是由 (i) 中所得结果推出：当 $h>0$ 时

$$\begin{aligned}f'(x)&\leqslant 2x+h+\frac{(x+h)^2|\delta(x+h)|}{|h|}+\frac{x^2|\delta(x)|}{|h|}\\&\leqslant 2x+h+\frac{\varepsilon^2}{|h|}x^2=2x+h+\frac{\varepsilon^2}{h}x^2\end{aligned}$$

当 $h<0$ 时

$$\begin{aligned}f'(x)&\geqslant 2x+h-\left(\frac{(x+h)^2|\delta(x+h)|}{|h|}+\frac{x^2|\delta(x)|}{|h|}\right)\\&\geqslant 2x+h-\frac{\varepsilon^2}{|h|}x^2=2x+h+\frac{\varepsilon^2}{h}x^2\end{aligned}$$

现在首先取 $h=\varepsilon x$, 则 $h>0$, 所以 $f'(x)\leqslant 2x+h+\varepsilon x$, 于是

$$\frac{f'(x)}{2x}\leqslant 1+\frac{\varepsilon}{2}+\frac{\varepsilon}{2}=1+\varepsilon$$

然后取 $h=-\varepsilon x$, 则 $h<0$, 所以 $f'(x)\geqslant 2x+h-\varepsilon x$, 于是

$$\frac{f'(x)}{2x}\geqslant 1-\frac{\varepsilon}{2}-\frac{\varepsilon}{2}=1-\varepsilon$$

合起来可知：当 x 充分大时

$$\left|\frac{f'(x)}{2x}-1\right|\leqslant\varepsilon$$

这表明 $f'(x)\sim 2x\,(x\to\infty)$.

(iii) 当 f 不是凸函数时，上述结论未必成立. 反例

$$f(x)=x^2+\sin(x^2), f'(x)=2x+2x\cos(x^2)$$ □

8.14 设 $f\in C^2[0,\infty)$ 是一个有界凸函数. 证明：积分 $\int_0^\infty xf''(x)\mathrm{d}x$ 收敛.

解 (i) 如果对于某个 $x_0>0$ 有 $\delta=f'(x_0)>0$, 那么因为 $f(x)$ 是凸函数，所以 $f'(x)$ 单调递增 (这里应用了： $f(x)\in C^2[0,\infty)$ 是凸函数，当且仅当在 $[0,\infty)$ 上 $f''(x)\geqslant 0$), 从而对任何 $x\geqslant x_0$ 有 $f'(x)\geqslant\delta$. 由此推出

$$f(x)=f(x_0)+\int_{x_0}^{x}f'(t)\mathrm{d}t\geqslant f(x_0)+\delta(x-x_0)$$

这与 f 的有界性矛盾. 于是对任何 $x>0$ 有 $f'(x)\leqslant 0$, 从而 $f(x)$ 单调递减；且依 f 的有界性，可知

$$f(x)\downarrow\lambda\,(x\to\infty)$$

其中 λ 是某个实数，并且我们有

$$\int_x^\infty f'(t)\mathrm{d}t=\lambda-f(x)<0$$

特别，由此推出 $f'(x)\to 0(x\to\infty)$.

(ii) 依 Cauchy 准则，对于任何给定的 $\varepsilon>0$, 当 α 和 $u>\alpha$ 充分大时

$$0<-\int_\alpha^u f'(t)\mathrm{d}t<\frac{\varepsilon}{2}$$

但如 (i) 中所证, $f'(x) \leqslant 0$, 并且已知 $f'(x)$ 单调递增, 所以 $(u-\alpha)|f'(u)| < \varepsilon/2$, 从而当 u 足够大时 (注意 (i) 中已证: $x \to \infty$ 时 $f'(x) \to 0$)

$$u|f'(u)| < \frac{\varepsilon}{2} + \alpha|f'(u)| < \varepsilon$$

这表明 $xf'(x) \to 0\,(x \to \infty)$. 于是当 $x \to \infty$ 时

$$\int_0^x tf''(t)\mathrm{d}t = xf'(x) - f(x) + f(0)$$

收敛于 $f(0) - \lambda$. □

8.15 设函数 $f \in C[0,1]$, 记 $I_n = \int_0^1 f(t^n)\mathrm{d}t(n \geqslant 1)$.

(a) 证明 $\lim\limits_{n\to\infty} I_n$ 存在, 并且等于 $f(0)$.

(b) 证明: 若 $f'(0)$ 存在, 则

$$I_n = f(0) + \frac{1}{n}\int_0^1 \frac{f(t) - f(0)}{t}\mathrm{d}t + o\left(\frac{1}{n}\right)$$

解 (a) 对于任何 $a \in (0,1)$, 我们有

$$\begin{aligned} |I_n - f(0)| &= \left|\int_0^1 \left(f(t^n) - f(0)\right)\mathrm{d}t\right| \\ &\leqslant \int_0^a |f(t^n) - f(0)|\mathrm{d}t + \int_a^1 |f(t^n) - f(0)|\mathrm{d}t \end{aligned}$$

由题设, 存在常数 M, 使当 $x \in [0,1]$ 时 $|f(x)| \leqslant M$. 对于任何给定的 $\varepsilon > 0$, 可取 $a \in (0,1)$ 使得 $M(1-a) < \varepsilon/4$. 于是上式右边第二项

$$\int_a^1 |f(t^n) - f(0)|\mathrm{d}t \leqslant 2M(1-a) \leqslant \frac{\varepsilon}{2}$$

又由函数 f 在 $x = 0$ 的右方的连续性可知, 存在 $\alpha = \alpha(\varepsilon)$, 使当 $0 \leqslant x \leqslant \alpha$ 时 $|f(x) - f(0)| \leqslant \varepsilon/(2a)$. 因为 $0 < a < 1$, 所以存在正整数 n_0 使得 $a^{n_0} \leqslant \alpha$, 于是当 $n \geqslant n_0$ 时, 对于任何 $t \in [0,a]$ 有 $t^n \leqslant a^n \leqslant a^{n_0} \leqslant \alpha$, 从而 $|f(t^n) - f(0)| \leqslant \varepsilon/(2a)$. 于是

$$\int_0^a |f(t^n) - f(0)|\mathrm{d}t \leqslant a \cdot \frac{\varepsilon}{2a} = \frac{\varepsilon}{2}$$

合起来即得 $|I_n - f(0)| \leqslant \varepsilon$, 于是

$$\lim_{n\to\infty} I_n = f(0)$$

(ii) 令

$$g(x)=\begin{cases}\dfrac{f(x)-f(0)}{x}, & \text{当 } x\in(0,1]\\ f'(0), & \text{当 } x=0\end{cases}$$

那么 $g\in C[0,1]$, 因而存在原函数，设 $G(x)$ 是其一个原函数．又因为

$$t^n g(t^n)=f(t^n)-f(0)$$

所以

$$\begin{aligned} n\big(I_n-f(0)\big) &= \int_0^1 nt^n g(t^n)\mathrm{d}t=\int_0^1 t\mathrm{d}G(t^n)\\ &= tG(t^n)\Big|_0^1-\int_0^1 G(t^n)\mathrm{d}t\\ &= G(1)-\int_0^1 G(t^n)\mathrm{d}t \end{aligned}$$

由此并应用 (a) 中所证结果，我们有

$$\lim_{n\to\infty} n\big(I_n-f(0)\big)=G(1)-\lim_{n\to\infty}\int_0^1 G(t^n)\mathrm{d}t=G(1)-G(0)$$

最后，注意原函数的定义，由上式得到

$$\lim_{n\to\infty} n\big(I_n-f(0)\big)=\int_0^1 \mathrm{d}G(t)=\int_0^1 g(t)\mathrm{d}t$$

这就是

$$I_n=f(0)+\frac{1}{n}\int_0^1\frac{f(t)-f(0)}{t}\mathrm{d}t+o\left(\frac{1}{n}\right)\quad (n\to\infty)$$

□

8.16 设 $p<1$, 令

$$\phi(x,y)=\iint\limits_{u^2+v^2\leqslant 1}\big((x-u)^2+(y-v)^2\big)^{-p/2}\mathrm{d}u\mathrm{d}v$$

证明：$\phi(x,y)\in C^1(\mathbb{R}^2)$, 即 $\partial\phi/\partial x,\partial\phi/\partial y$ 在 $\mathbb{R}^2$ 上存在且连续.

解 (i) 对于任意固定的点 $A(x,y)\in\mathbb{R}^2$, 记

$$r=\sqrt{x^2+y^2}$$

还设 $B(u,v)$ 是积分区域中的任意一点．将坐标系绕原点 O 旋转，使点 A 落在新坐标系的横轴上，亦即作变换

$$u=u'\cos\theta-v'\sin\theta,v=u'\sin\theta+v'\cos\theta$$

其中 θ 是直线 OA 与 X 轴 (正向) 的夹角，那么在新坐标系中，点 A 的坐标是 $(r,0)$, 点 B 的坐标是 (u',v'). 因为 $(u-x)^2+(v-y)^2$ 表示点 $B(u,v)$ 和 $A(x,y)$ 间距离的平方, 这个距离在旋转中保持不变, 所以 $(u-x)^2+(v-y)^2=(u'-r)^2+v'^2$. 注意变换的 Jacobi 式等于 1, 所以函数 $\phi(x,y)$ 可表示为

$$\iint\limits_{u'^2+v'^2\leqslant 1}\left((u'-r)^2+v'^2\right)^{-p/2}\mathrm{d}u'\mathrm{d}v'$$

仍然将积分变量记为 (u,v), 并记

$$t(r)=t(r;u,v)=\left((u-r)^2+v^2\right)^{-p/2}$$

还令

$$f(r)=\iint\limits_{u^2+v^2\leqslant 1}\left((u-r)^2+v^2\right)^{-p/2}\mathrm{d}u\mathrm{d}v=\iint\limits_{u^2+v^2\leqslant 1}t(r)\mathrm{d}u\mathrm{d}v$$

则有 $\phi(x,y)=f(r)$.

(ii) 我们现在证明：对于 $0\leqslant r<1$ 以及 $r>1$ 有

$$f'(r)=\iint\limits_{u^2+v^2\leqslant 1}t'(r)\mathrm{d}u\mathrm{d}v$$

事实上, 当 $r>1$ 时, $(u-r)^2+v^2=|u-r|^2+v^2>|r-1|^2+v^2>(r-1)^2>0$, 所以函数 $t(r)$ 连续, $t'(r)$ 存在. 于是依微分中值定理, 对于 $|h|>0$, 我们有

$$\frac{t(r+h)-t(r)}{h}=t'(\xi)\quad (\xi\in(r,r+h))$$

因此可知

$$\frac{g(r+h)-g(r)}{h}=\iint\limits_{u^2+v^2\leqslant 1}\frac{t(r+h)-t(r)}{h}\mathrm{d}u\mathrm{d}v=\iint\limits_{u^2+v^2\leqslant 1}t'(\xi)\mathrm{d}u\mathrm{d}v$$

令 $h\to 0$, 即得所要的结果.

现在设 $0\leqslant r<1$. 首先注意函数 $t'(r;u,v)(0\leqslant r<1)$ 在圆盘 $u^2+v^2\leqslant 1$ 上绝对可积. 事实上, 对于积分区域中的任意一点 (u,v) 有 $|u+r|\leqslant 2$, 所以圆盘 $(u+r)^2+v^2\leqslant 1$ 含在圆盘 $u^2+v^2\leqslant 4$ 中, 于是

$$\begin{aligned}\iint\limits_{u^2+v^2\leqslant 1}|t'(r)|\mathrm{d}u\mathrm{d}v&=|p|\iint\limits_{u^2+v^2\leqslant 1}\frac{|u-r|\mathrm{d}u\mathrm{d}v}{\left((u-r)^2+v^2\right)^{1+p/2}}\\&=|p|\iint\limits_{(u+r)^2+v^2\leqslant 1}\frac{|u|\mathrm{d}u\mathrm{d}v}{\left(u^2+v^2\right)^{1+p/2}}\\&\leqslant|p|\iint\limits_{u^2+v^2\leqslant 4}\frac{\mathrm{d}u\mathrm{d}v}{\left(u^2+v^2\right)^{1+p/2}}\end{aligned}$$

应用极坐标，可知最后一个积分化为

$$2\pi|p|\int_0^4 \frac{\mathrm{d}r}{r^p} < \infty$$

因此上述论断得证. 其次，我们定义区域

$$E = \{(u,v) \mid (u,v)\in\mathbb{R}^2, u^2+v^2 \geqslant 1, |u|\leqslant 1, |v|\leqslant 1\}$$

即 E 是介于以原点为中心，边长为 2 的正方形与单位圆之间的部分，那么

$$f(r) = \int_{-1}^1\int_{-1}^1 t(r)\mathrm{d}u\mathrm{d}v - \iint_E t(r)\mathrm{d}u\mathrm{d}v = f_1(r) - f_2(r)$$

当 $0\leqslant r<1$ 时, 在 E 上有 $(u-r)^2+v^2 \geqslant (r-1)^2 > 0$, 所以 $t'(r)$ 存在且连续, 从而与 $r>1$ 的情形类似地推出

$$f_2'(r) = \iint_E t'(r)\mathrm{d}u\mathrm{d}v$$

又因为

$$f_1(r) = \int_{-1-r}^{1-r}\int_{-1}^1 (u^2+v^2)^{-p/2}\mathrm{d}u\mathrm{d}v$$

是积分限的函数，所以 $f_1\in C^1[0,\infty)$, 并且

$$\begin{aligned}
f_1'(r) &= \frac{\mathrm{d}}{\mathrm{d}r}\int_{-1-r}^{1-r}\int_{-1}^1 (u^2+v^2)^{-p/2}\mathrm{d}u\mathrm{d}v \\
&= -\int_{-1}^1 \left((1-r)^2+v^2\right)^{-p/2}\mathrm{d}v + \int_{-1}^1 \left((1+r)^2+v^2\right)^{-p/2}\mathrm{d}v \\
&= -\int_{-1}^1 \left(\left((1-r)^2+v^2\right)^{-p/2} - \left((1+r)^2+v^2\right)^{-p/2}\right)\mathrm{d}v \\
&= -\int_{-1}^1 \left(\int_{-1}^1 \frac{\mathrm{d}t}{\mathrm{d}u}t(r;u,v)\mathrm{d}u\right)\mathrm{d}v = \int_{-1}^1\int_{-1}^1 t'(r)\mathrm{d}u\mathrm{d}v
\end{aligned}$$

因为 $f(r) = f_1(r) - f_2(r)$, 而且 $f_1'(r), f_2'(r)$ 存在，所以 $f'(r)$ 也存在，并且

$$f'(r) = \int_{-1}^1\int_{-1}^1 t'(r)\mathrm{d}u\mathrm{d}v - \iint_E t'(r)\mathrm{d}u\mathrm{d}v$$

注意上面已证 $t'(r;u,v)(0\leqslant r<1)$ 在圆盘 $u^2+v^2\leqslant 1$ 上绝对可积，从而上式右边等于

$$\iint_{u^2+v^2\leqslant 1} t'(r)\mathrm{d}u\mathrm{d}v$$

于是 $0\leqslant r<1$ 时上述要求证明的公式也成立.

(iii) 因为

$$\frac{\mathrm{d}}{\mathrm{d}r}t(r;u,v) = -\frac{\mathrm{d}}{\mathrm{d}u}t(r;u,v)$$

所以依 (ii), 当 $r \geqslant 0$ 但 $r \neq 1$ 时

$$\begin{aligned} f'(r) &= \iint\limits_{u^2+v^2\leqslant 1} t'(r)\mathrm{d}u\mathrm{d}v = -\iint\limits_{u^2+v^2\leqslant 1} \frac{\mathrm{d}}{\mathrm{d}u}t(r;u,v)\mathrm{d}u\mathrm{d}v \\ &= -\int_{-1}^{1} \left((u-r)^2+v^2\right)^{-p/2}\Big|_{u=-\sqrt{1-v^2}}^{u=\sqrt{1-v^2}}\mathrm{d}v \end{aligned}$$

作变量代换 $v=\sin\theta$, 可得

$$f'(r) = -\int_{-\pi}^{\pi} \left((\cos\theta - r)^2 + \sin^2\theta\right)^{-p/2} \cos\theta \mathrm{d}\theta$$

因为当 $0 \leqslant r < 1$ 及 $r > 1$ 时 $f'(r)$ 有相同的表达式，所以 $f'_-(1) = f'_+(1)$, 从而 $f'(1)$ 存在，并且等于

$$-\int_{-\pi}^{\pi} \left((\cos\theta - 1)^2 + \sin^2\theta\right)^{-p/2} \cos\theta \mathrm{d}\theta$$

因此我们最终得到：对于所有 $r \geqslant 0$

$$f'(r) = -\int_{-\pi}^{\pi} \left((\cos\theta - r)^2 + \sin^2\theta\right)^{-p/2} \cos\theta \mathrm{d}\theta$$

于是 $f(r) \in C[0,\infty)$, 并且 $f'(0) = 0$.

(iv) 最后，我们来证明 $\phi(x,y) \in C^1(\mathbb{R}^2)$.

首先，由 $\phi(x,y) = f(r)$ 可知

$$\frac{\partial\phi}{\partial x} = f'(r)\frac{\partial r}{\partial x} = f'(r)\frac{x}{r}, \frac{\partial\phi}{\partial y} = f'(r)\frac{y}{r}$$

因此 $\partial\phi/\partial x$ 和 $\partial\phi/\partial y$ 在 $\mathbb{R}^2 \setminus (0,0)$ 上连续.

其次，按定义，我们有 (注意 $r = \sqrt{x^2+y^2}$)

$$\frac{\partial\phi}{\partial x}(0,0) = \lim_{h\to 0} \frac{\phi(h,0) - \phi(0,0)}{h} = \lim_{h\to 0} \frac{f(h) - f(0)}{h} = f'(0) = 0$$

类似地可证 $(\partial\phi/\partial y)(0,0) = 0$. 因为当 $(x,y) \neq (0,0)$ 时

$$0 \leqslant \left|\frac{\partial\phi}{\partial x}(x,y)\right| = |f'(r)|\left|\frac{x}{r}\right| \leqslant |f'(r)|$$

由于 $f'(r)$ 连续而且 $f'(0) = 0$, 所以当 $(x,y) \to 0$(即 $r \to 0$) 时 $f'(r) \to 0$, 因而由上式得到

$$\lim_{(x,y)\to(0,0)} \frac{\partial\phi}{\partial x}(x,y) = 0 = \frac{\partial\phi}{\partial x}(0,0)$$

亦即 $\partial\phi/\partial x$ 在点 $(0,0)$ 连续. 类似地, $\partial\phi/\partial y$ 在 $(0,0)$ 也连续. 因此 $\phi(x,y)\in C^1(\mathbb{R}^2)$. □

8.17 设 $p>1$. 用 $\mathfrak{F}$ 表示所有使

$$\int_0^1\left(\frac{1}{x}\int_0^x|f(t)|\mathrm{d}t\right)^p\mathrm{d}x\leqslant 1$$

的函数 $f(x)$ 组成的集合. 求

$$S(\mathfrak{F})=\sup\left\{-\int_0^1 f(x)\log x\mathrm{d}x\,\middle|\,f(x)\in\mathfrak{F}\right\}$$

解 (i) 显然, 集合 $\mathfrak{F}$ 中含有连续函数 (例如函数 $f(x)=1$). 设 $f(x)\in\mathfrak{F}$ 是任意一个 $[0,1]$ 上的连续函数. 令

$$F(x)=\begin{cases}|f(x)|, & \text{当 } x=0\\ x^{-1}\int_0^x|f(t)|\mathrm{d}t, & \text{当 } 0<x\leqslant 1\end{cases}$$

那么由 L'Hospital 法则, $\lim\limits_{x\to 0}F(x)=0=F(0)$, 因此 $F(x)$ 是 $[0,1]$ 上的非负连续函数. 设 $\varepsilon>0$ 任意给定, 记

$$h(x;\varepsilon)=\int_\varepsilon^1 F(x)\mathrm{d}x=\int_\varepsilon^1\frac{1}{x}\left(\int_0^x|f(t)|\mathrm{d}t\right)\mathrm{d}x$$

(ii) 取 $q=p/(p-1)$, 以及函数 $G(x)=1\,(0\leqslant x\leqslant 1)$, 由 Hölder 不等式得到

$$\begin{aligned}h(x;\varepsilon)&=\int_\varepsilon^1 F(x)G(x)\mathrm{d}x\leqslant\left(\int_\varepsilon^1 F(x)^p\mathrm{d}x\right)^{1/p}\left(\int_\varepsilon^1 G(x)^q\mathrm{d}x\right)^{1/q}\\&=(1-\varepsilon)^{1/q}\left(\int_\varepsilon^1\left(\frac{1}{x}\int_0^x|f(t)|\mathrm{d}t\right)^p\right)^{1/p}\end{aligned}$$

因为 $f(x)\in\mathfrak{F}$, 依集合 $\mathfrak{F}$ 的定义, 上式右边第二项 $\leqslant 1$, 因此

$$h(x;\varepsilon)\leqslant(1-\varepsilon)^{1/q}$$

又由分部积分, 我们还有

$$\begin{aligned}h(x;\varepsilon)&=(\log x)\int_0^x|f(t)|\mathrm{d}t\bigg|_\varepsilon^1-\int_\varepsilon^1|f(x)|\log x\mathrm{d}x\\&=-F(\varepsilon)\varepsilon\log\varepsilon+\int_\varepsilon^1|f(x)|\log\frac{1}{x}\mathrm{d}x\end{aligned}$$

于是

$$-F(\varepsilon)\varepsilon\log\varepsilon+\int_{\varepsilon}^{1}|f(x)|\log\frac{1}{x}\mathrm{d}x\leqslant(1-\varepsilon)^{1/q}$$

令 $\varepsilon\to 0$, 注意 $\varepsilon\log\varepsilon\to 0(\varepsilon\to 0)$, 我们得到

$$\int_{0}^{1}|f(x)|\log\frac{1}{x}\mathrm{d}x\leqslant 1$$

因为

$$-\int_{0}^{1}f(x)\log x\mathrm{d}x\leqslant\int_{0}^{1}|f(x)|\log\frac{1}{x}\mathrm{d}x\leqslant 1$$

而且 $f\in\mathfrak{F}$, 所以

$$S(\mathfrak{F})\leqslant 1$$

(iii) 如 (i) 中指出，函数 $f(x)=1(0\leqslant x\leqslant 1)$ 属于 $\mathfrak{F}$, 并且

$$-\int_{0}^{1}f(x)\log x\mathrm{d}x=1$$

所以 $S(\mathfrak{F})=1$. □

8.18 设 ξ 是一个给定的实数，定义数集

$$S=\left\{\nu\,\middle|\,\left|\xi-\frac{p}{q}\right|\leqslant q^{-\nu}\text{仅有有限多个有理解 }\frac{p}{q}\,(p,q\in\mathbb{Z},q>0)\right\}$$

并令 $\mu=\mu(\xi)=\inf S$. 如果实数 $0<\alpha<1,\beta>1$ 具有下列性质：存在无穷整数列 $p_n,q_n\,(n=1,2,\cdots)$ 满足条件

$$\lim_{n\to\infty}|q_n\xi-p_n|^{1/n}=\alpha$$
$$\overline{\lim_{n\to\infty}}|q_n|^{1/n}\leqslant\beta$$

那么 $\mu(\xi)\leqslant 1-\log\beta/\log\alpha$.

解 (i) 首先注意，如果当 $q\geqslant q_0$ 时，对所有 $p/q\in\mathbb{Q}$ 有

$$\left|\xi-\frac{p}{q}\right|>Cq^{-\omega}$$

其中 $C>0$ 为常数，那么对任何给定的 $\varepsilon>0$, 存在 $q_1=q_1(\varepsilon)\geqslant q_0$, 使得当 $q\geqslant q_1$ 时 $Cq^{-\omega}>q^{-\omega-\varepsilon}$, 因此当 $q\geqslant q_1$ 时，对所有 $p/q\in\mathbb{Q}$ 有

$$\left|\xi-\frac{p}{q}\right|>q^{-\omega-\varepsilon}$$

从而不等式

$$\left|\xi-\frac{p}{q}\right|\leqslant^{-\omega-\varepsilon}$$

只有有限多个有理解 $p/q\,(q>0)$. 于是 $\mu(\xi)\leqslant\omega+\varepsilon$. 因为 $\varepsilon>0$ 可以任意接近于 0, 所以 $\mu(\xi)\leqslant\omega$.

依据这个结论，下面我们只须对于任何给定的整数 $p,q\,(|q|>1)$, 来考察 $|\xi-p/q|$ 的 $Cq^{-\omega}$ 形式的下界. 必要时以 $-p,-q$ 代替 p,q, 我们在此总是认为 $q>1$.

(ii) 由题设条件,对于任何给定的足够小的 ε 可以使得数 $\alpha-\varepsilon,\alpha+\varepsilon\in(0,1)$, 于是当 $n\geqslant n_0$ 时

$$(\alpha-\varepsilon)^n\leqslant|q_n\xi-p_n|\leqslant(\alpha+\varepsilon)^n$$

并且 $q_n\neq 0$. 这是因为，若不然，则由上式得

$$(\alpha-\varepsilon)^n\leqslant|p_n|\leqslant(\alpha+\varepsilon)^n$$

从而 $p_n\to 0\,(n\to\infty)$, 于是当 n 充分大时, (整数) p_n 也为 0. 由此得到 $q_n\xi-p_n=0$, 但这不可能.

(iii) 设 $q>1$ 是任意给定的整数. 记 $\tau=\min(|q_{n_0}\xi-p_{n_0}|,1/2)$. 由题设条件可知 $q_n\xi-p_n\to 0\,(n\to\infty)$, 所以在集合 $\{n_0,n_0+1,\cdots\}$ 中存在最小的满足下列不等式的下标 m

$$|q_m\xi-p_m|<\frac{\tau}{q}$$

若 $m=n_0$, 则 $\tau/q>|q_m\xi-p_m|=|q_{n_0}\xi-p_{n_0}|\geqslant\tau$, 因为 $q>1$, 所以这不可能, 因此 $m>n_0$. 于是由 m 的极小性及 (ii) 中的不等式得到

$$\frac{\tau}{q}\leqslant|q_{m-1}\xi-p_{m-1}|\leqslant(\alpha+\varepsilon)^{m-1}$$

注意 $\log(\alpha+\varepsilon)<0$, 我们由此推出

$$m\leqslant\frac{\log(\tau q^{-1})}{\log(\alpha+\varepsilon)}+1$$

(iv) 如果 $p/q=p_m/q_m$, 那么由题设条件可知 $|q_m|\leqslant\beta^m$, 由此及 (ii) 中的不等得到

$$\left|\xi-\frac{p}{q}\right|=\left|\xi-\frac{p_m}{q_m}\right|=\frac{|q_m\xi-p_m|}{|q_m|}\geqslant\left(\frac{\alpha-\varepsilon}{\beta}\right)^m$$

注意 $(\alpha-\varepsilon)/\beta<1$, 由上式以及 (iii) 中关于 m 的估计，我们推出

$$\begin{aligned}\left|\xi-\frac{p}{q}\right| &\geqslant \left(\frac{\alpha-\varepsilon}{\beta}\right)^{\log(\tau q^{-1})/\log(\alpha+\varepsilon)+1}\\ &= \left(\frac{\alpha-\varepsilon}{\beta}\right)^{\log\tau/\log(\alpha+\varepsilon)+1}\left(\frac{\alpha-\varepsilon}{\beta}\right)^{-\log q/\log(\alpha+\varepsilon)}\\ &> \frac{1}{2}\left(\frac{\alpha-\varepsilon}{\beta}\right)^{\log\tau/\log(\alpha+\varepsilon)+1} q^{-\log((\alpha-\varepsilon)\beta^{-1})/\log(\alpha+\varepsilon)}\end{aligned}$$

(v) 如果 $p/q\neq p_m/q_m$, 那么 $|pq_m-qp_m|\geqslant 1$, 于是由

$$pq_m-qp_m=q(q_m\xi-p_m)-q_m(q\xi-p)$$

以及不等式 $|q_m\xi-p_m|<\tau/q$(见 (iii)), 得到

$$1\leqslant|pq_m-qp_m|\leqslant|q||q_m\xi-p_m|+|q_m||q\xi-p|<\tau+|q_m||q\xi-p|$$

注意 $\tau\leqslant 1/2$, 由此推出

$$|q_m||q\xi-p|>1-\tau\geqslant\frac{1}{2}$$

仍然应用 (iii) 中关于 m 的估计，与上面类似地推出

$$\begin{aligned}\left|\xi-\frac{p}{q}\right| &= \frac{|q\xi-p|}{q}>\frac{1}{2q|q_m|}\geqslant\frac{1}{2q\beta^m}\\ &\geqslant \frac{1}{2}\beta^{-\log\tau/\log(\alpha+\varepsilon)-1}q^{-1+\log\beta/\log(\alpha+\varepsilon)}\end{aligned}$$

(vi) 由 (iv) 和 (v), 我们推出

$$\mu(\xi)\leqslant\max\left(\frac{\log\left((\alpha-\varepsilon)\beta^{-1}\right)}{\log(\alpha+\varepsilon)},1-\frac{\log\beta}{\log(\alpha+\varepsilon)}\right)$$

因为 ε 可以任意接近于 0, 所以得到所要的不等式. □

8.19 设 $f(x)$ 是 $[0.\infty)$ 上的单调递增的非负函数，并且存在实数 $a\in(0,1)$ 使得对于所有 $x\geqslant 0$

$$\int_0^x f(t)\mathrm{d}t=\int_0^{ax}f(t)\mathrm{d}t$$

那么 f 在 $[0,\infty)$ 上恒等于零.

解 我们给出两个解法.

解法 1　(i) 由题设条件可知，f 在任何区间 $[0,x)(x>0)$ 上可积. 因为 $0<a<1$, 所以当所有 $t\in[0,x], at<t$. 并且因为 f 单调递增，所以 $-f(at)\geqslant -f(t)$. 还要注意当 $x>0$ 时 f 非负，于是对任何 $t\in[0,x]$

$$f(t)-af(at)\geqslant(1-a)f(t)\geqslant 0$$

从而我们有

$$\int_0^x\big(f(t)-af(at)\big)\mathrm{d}t\geqslant(1-a)\int_0^x f(t)\mathrm{d}t$$

但在题设等式 $\int_0^x f(t)\mathrm{d}t=\int_0^{ax}f(t)\mathrm{d}t$ 右边的积分中作变量代换 $u=t/a$ 可知

$$\int_0^x\big(f(t)-af(at)\big)\mathrm{d}t=0\quad(t>0)$$

因此我们得到

$$(1-a)\int_0^x f(t)\mathrm{d}t\leqslant 0$$

(ii) 设 t_0 是 $[0,x)$ 中的任意一点，则有

$$\int_0^x f(t)\mathrm{d}t=\int_0^{t_0}f(t)\mathrm{d}t+\int_{t_0}^x f(t)\mathrm{d}t\geqslant\int_{t_0}^x f(t)\mathrm{d}t$$

由 f 的单调递增性知当 $t\in[t_0,x])$ 时 $f(t)\geqslant f(t_0)$, 所以

$$\int_0^x f(t)\mathrm{d}t\geqslant\int_{t_0}^x f(t)\mathrm{d}t\geqslant\int_{t_0}^x f(t_0)\mathrm{d}t=(x-t_0)f(t_0)$$

由此及 (i) 中所证结果得到

$$(1-a)(x-t_0)f(t_0)\leqslant 0$$

因为 $1-a>0, x-t_0>0, f(t_0)\geqslant 0$, 所以由上式推出 $f(t_0)=0$. 由 t_0 的任意性，我们得知在 $[0,x]$ 上 $f(x)=0$. 最后，由 $x>0$ 的任意性推出 $f(x)$ 在 $[0,\infty)$ 上恒等于零.

解法 2　因为 f 可积，所以函数

$$F(x)=\int_0^x f(t)\mathrm{d}t\quad(x>0)$$

连续，并且 $F(0)=0$. 题中的积分等式可写成 $F(x)=F(ax)$. 于是我们得到

$$F(x)=F(ax)=F(a^2x)=\cdots=F(a^nx)\quad(n\in\mathbb{N},x\geqslant 0)$$

由此可知当 $n\to\infty$ 时 $F(a^nx)$ 趋于有限极限 $F(x)$, 即

$$\lim_{n\to\infty}F(a^nx)=F(x)$$

但 $0 < a < 1$, 所以对于任何 $x \in [0,\infty)$, $a^n x \to 0 (n \to \infty)$. 又因为 f 在点 0 处连续，所以上式左边等于 $F(0)$, 于是 $F(x) = 0 (x \geqslant 0)$, 即

$$\int_0^x f(t)\mathrm{d}t = 0 \quad (x > 0)$$

任取 $t_0 \in [0, x)$, 则有 (注意 f 的单调性)

$$0 = \int_0^x f(t)\mathrm{d}t = \int_0^{t_0} f(t)\mathrm{d}t + \int_{t_0}^x f(t)\mathrm{d}t \geqslant \int_{t_0}^x f(t)\mathrm{d}t \geqslant (x - t_0)f(t_0)$$

注意 $x - t_0 > 0$, 由此推出 $f(t_0) \leqslant 0$, 结合题设条件 $f(t_0) \geqslant 0$ 即得 $f(t_0) = 0$. 因为 t_0 是任意的，所以 $f(x)$ 在 $[0,\infty)$ 上恒等于零. □

8.20 证明级数 $\sum\limits_{n=1}^{\infty}(n!)^{-2}$ 的值是无理数.

解 由 $(n!)^2 \geqslant n^2$ 可知所给级数收敛. 设它的值 S 是有理数 $p/q\,(p \in \mathbb{Z}, q \in \mathbb{N})$, 那么

$$(q!)^2 S = (q!)^2 \cdot \sum_{n=1}^{\infty} \frac{1}{(n!)^2} = \sum_{n=1}^{\infty} \left(\frac{q!}{n!}\right)^2 = \sum_{n=1}^{q} \left(\frac{q!}{n!}\right)^2 + \sum_{n=q+1}^{\infty} \left(\frac{q!}{n!}\right)^2$$

一方面，我们有

$$\begin{aligned}\sum_{n=q+1}^{\infty} \left(\frac{q!}{n!}\right)^2 &= \sum_{j=0}^{\infty} \frac{1}{(q+1)^2 \cdots (q+1+j)^2} < \frac{1}{(q+1)^2} \sum_{j=0}^{\infty} \frac{1}{(q+2)^{2j}} \\ &= \frac{1}{(q+1)^2} \cdot \frac{1}{1-(q+2)^{-2}} = \frac{(q+2)^2}{(q+1)^2\big((q+2)^2-1\big)}\end{aligned}$$

注意， $S = p/q$ 也可写成 $S = (\lambda p)/(\lambda q)$, 其中 λ 是任意正整数，因此我们可以认为 q(以及 p) 可以取得任意大. 由上面得到的估计可知，当 q 充分大时

$$0 < \sum_{n=q+1}^{\infty} \left(\frac{q!}{n!}\right)^2 < 1$$

另一方面，我们同时还有 $(q!)^2 S = q\big((q-1)!\big)^2 p \in \mathbb{Z}$, $\sum\limits_{n=1}^{q}(q!/n!)^2 \in \mathbb{Z}$(我们约定 $0! = 1$), 从而

$$\sum_{n=q+1}^{\infty} \left(\frac{q!}{n!}\right)^2 \in \mathbb{Z}$$

于是我们得到矛盾. □

8.21 设 $(x_n)_{n\geqslant 1},(y_n)_{n\geqslant 1}$ 是两个无穷正整数列，当 $n\geqslant n_0$ 时

$$x_n<x_{n+1},\frac{y_n}{x_n}<\frac{y_{n+1}}{x_{n+1}},\frac{y_{n+2}-y_{n+1}}{x_{n+2}-x_{n+1}}<\frac{y_{n+1}-y_n}{x_{n+1}-x_n}$$

那么，若 $\lim\limits_{n\to\infty}y_n/x_n=l$ 存在，则 l 是无理数.

解 用反证法，设 $\lim\limits_{n\to\infty}y_n/x_n=l$ 是有理数，并记 $l=p/q\,(p,q\in\mathbb{N})$. 我们来导出矛盾.

由题设条件可知：当 $n\geqslant n_0$ 时 $x_n(x_{n+1}-x_n)>0$, $y_{n+1}x_n-y_nx_n-y_nx_{n+1}+y_nx_n=y_{n+1}x_n-y_nx_{n+1}>0$, 因而

$$\frac{x_n(y_{n+1}-y_n)-y_n(x_{n+1}-x_n)}{x_n(x_{n+1}-x_n)}>0$$

于是

$$\frac{y_{n+1}-y_n}{x_{n+1}-x_n}>\frac{y_n}{x_n}\geqslant\frac{y_{n_0}}{x_{n_0}}\quad(n\geqslant n_0)$$

因此数列 $\big((y_{n+1}-y_n)/(x_{n+1}-x_n)\big)_{n\geqslant n_0}$ 单调递减且下有界，从而收敛于某个极限 l', 并且由 $\lim\limits_{n\to\infty}y_n/x_n=l$ 可知 $l'\geqslant l=p/q$. 于是当 n 充分大时

$$\frac{y_{n+1}-y_n}{x_{n+1}-x_n}\geqslant\frac{p}{q}$$

从而 $px_n-qy_n\geqslant px_{n+1}-qy_{n+1}$. 又因为 p/q 是单调递增数列 $(y_n/x_n)_{n\geqslant n_0}$ 的极限，所以

$$\frac{y_n}{x_n}\leqslant\frac{p}{q},px_n-qy_n\geqslant 0\quad(n\geqslant n_0)$$

因此 $(px_n-qy_n)_{n\geqslant n_0}$ 形成单调非增正整数列，因而当 $n\geqslant n_1(\geqslant n_0)$ 时 $px_n-qy_n=px_{n+1}-qy_{n+1}$, 亦即 $(y_{n+1}-y_n)/(x_{n+1}-x_n)=p/q$, 从而当 $n\geqslant n_1(\geqslant n_0)$ 时

$$\frac{y_{n+2}-y_{n+1}}{x_{n+2}-x_{n+1}}=\frac{y_{n+1}-y_n}{x_{n+1}-x_n}$$

这与假设条件矛盾. □

8.22 证明函数

$$f(\theta)=\int_1^{1/\theta}\frac{\mathrm{d}x}{\sqrt{(x^2-1)(1-\theta^2x^2)}}$$

(其中 $\sqrt{\cdot}$ 表示算术根) 当 $0<\theta<1$ 时单调递减.

解 作变量代换 $t=\sqrt{(x^2-1)/(1-\theta^2x^2)}$. 当 x 在区间 $(1,1/\theta)$ 中递增时, t 也在区间 $(0,+\infty)$ 中递增, 并且

$$\sqrt{x^2-1}=t\sqrt{1-\theta^2x^2},\theta^2t^2x^2-t^2+x^2-1=0$$

对 t 微分上述第二式得

$$\frac{\mathrm{d}x}{\mathrm{d}t}=\frac{t(1-\theta^2x^2)}{x(1+\theta^2t^2)}$$

因而

$$\begin{aligned}
f(\theta) &= \int_1^{1/\theta}\frac{\mathrm{d}x}{\sqrt{(x^2-1)(1-\theta^2x^2)}}\\
&= \int_1^{1/\theta}\frac{\mathrm{d}x}{\sqrt{x^2-1}\sqrt{1-\theta^2x^2}}=\int_1^{1/\theta}\frac{\mathrm{d}x}{t\sqrt{1-\theta^2x^2}\sqrt{1-\theta^2x^2}}\\
&= \int_1^{1/\theta}\frac{\mathrm{d}x}{t(1-\theta^2x^2)}=\int_0^{+\infty}\frac{\mathrm{d}x}{\mathrm{d}t}\cdot\frac{\mathrm{d}t}{t(1-\theta^2x^2)}\\
&= \int_0^{+\infty}\frac{t(1-\theta^2x^2)}{x(1+\theta^2t^2)}\cdot\frac{\mathrm{d}t}{t(1-\theta^2x^2)}=\int_0^{+\infty}\frac{\mathrm{d}t}{x(1+\theta^2x^2)}\\
&= \int_0^{+\infty}\frac{\mathrm{d}t}{\sqrt{(1+t^2)(1+\theta^2x^2)}}
\end{aligned}$$

在最后得到的积分中, 被积函数是 θ 的减函数, 而积分限与 θ 无关, 因此积分 $f(\theta)$ 也是 θ 的减函数. □

8.23 设

$$u_n=\sum_{k=0}^{n}\frac{n^k}{k!},v_n=\sum_{k=n+1}^{\infty}\frac{n^k}{k!}$$

证明

$$u_n\sim v_n\sim\frac{\mathrm{e}^n}{2}\quad(n\to\infty)$$

解 (i) 由带定积分形式的余项的 Taylor 公式, 我们有

$$\mathrm{e}^n=\sum_{k=0}^{n}\frac{n^k}{k!}+\int_0^1\frac{(n-t)^n}{n!}\mathrm{e}^t\mathrm{d}t$$

作变量代换 $t=n(1-u)$ 得到

$$v_n=\int_0^n\frac{(n-t)^n}{n!}\mathrm{e}^t\mathrm{d}t=\frac{n^{n+1}}{n!}\mathrm{e}^n\int_0^1(u\mathrm{e}^{-u})^n\mathrm{d}u=\frac{n^{n+1}}{n!}\mathrm{e}^nI_n$$

其中已记

$$I_n=\int_0^1(u\mathrm{e}^{-u})^n\mathrm{d}u=\int_0^n\mathrm{e}^{n(\log u-u)}\mathrm{d}u$$

(ii) 函数 $f(u)=\log u-u$ 在 $(0,1)$ 上严格单调递增，并且有展开式

$$\log u-u=-1-\frac{1}{2}(u-1)^2+o\big((u-1)^2\big)$$

由此可知：如果 a,b 是两个实数，满足 $0<a<1/2<b$, 那么存在 $\delta>0$, 使得当 $u\in[1-\delta,1]$ 时

$$-1-b(u-1)^2\leqslant\log u-u\leqslant-1-a(u-1)^2$$

从而

$$\begin{aligned}\sqrt{n}\int_{1-\delta}^{1}\mathrm{e}^{-bn(u-1)^2}\mathrm{d}u&\leqslant\mathrm{e}^n\sqrt{n}I_n\\ \leqslant\ \mathrm{e}^n\sqrt{n}\int_0^{1-\delta}\mathrm{e}^{n(\log u-u)}\mathrm{d}u&+\sqrt{n}\int_{1-\delta}^{1}\mathrm{e}^{-an(u-1)^2}\mathrm{d}u\end{aligned}$$

在左边的积分中令 $v=\sqrt{bn}(u-1)$, 在右边第二个积分中令 $v=\sqrt{an}(u-1)$, 并且注意右边第一项不超过

$$\mathrm{e}^n\sqrt{n}\int_0^1\mathrm{e}^{n(\log(1-\delta)-(1-\delta))}\mathrm{d}u\leqslant\sqrt{n}\big(\mathrm{e}^{\log(1-\delta)+\delta}\big)^n$$

因此我们得到

$$\begin{aligned}\frac{1}{\sqrt{b}}\int_0^{\delta\sqrt{bn}}\mathrm{e}^{-v^2}\mathrm{d}v&\leqslant\mathrm{e}^n\sqrt{n}I_n\\ \leqslant\ \sqrt{n}\big(\mathrm{e}^{\log(1-\delta)+\delta}\big)^n&+\frac{1}{\sqrt{a}}\int_0^{\delta\sqrt{an}}\mathrm{e}^{-v^2}\mathrm{d}v\end{aligned}$$

因为 $\log(1+\delta)+\delta<0$, 并且注意 $\int_0^\infty\mathrm{e}^{-v^2}\mathrm{d}v=\sqrt{\pi}/2$, 所以当 $n\to\infty$ 时，由上式得到

$$\frac{1}{\sqrt{b}}\cdot\frac{\sqrt{\pi}}{2}\leqslant\mathrm{e}^n\sqrt{n}I_n\leqslant\frac{1}{\sqrt{a}}\cdot\frac{\sqrt{\pi}}{2}$$

(iii) 设 $\varepsilon>0$ 任意给定．依 (ii) 中 a,b 的定义，可取 a,b 足够接近于 $1/2$ 使得

$$\sqrt{\frac{\pi}{2}}-\varepsilon\leqslant\frac{1}{\sqrt{b}}\cdot\frac{\sqrt{\pi}}{2},\frac{1}{\sqrt{a}}\cdot\frac{\sqrt{\pi}}{2}\leqslant\sqrt{\frac{\pi}{2}}+\varepsilon$$

于是由 (ii) 中得到的不等式可知：当 n 充分大时

$$\sqrt{\frac{\pi}{2}}-\varepsilon\leqslant\mathrm{e}^n\sqrt{n}I_n\leqslant\sqrt{\frac{\pi}{2}}+\varepsilon$$

由此可知

$$I_n\sim\sqrt{\frac{\pi}{2n}}\mathrm{e}^{-n}\quad(n\to\infty)$$

从而由 (i) 推出

$$v_n \sim \frac{n^{n+1}}{n!}\sqrt{\frac{\pi}{2n}} \quad (n \to \infty)$$

最后，应用 Stirling 公式得到 $v_n \sim \mathrm{e}^n/2\,(n \to \infty)$; 并且据此由 $u_n + v_n = \mathrm{e}^n$(两边除以 $\mathrm{e}^n/2$) 推出 $u_n \sim \mathrm{e}^n/2\,(n \to \infty)$. □

8.24 (a) 证明级数

$$\sum_{k=1}^{\infty}\left(\frac{1}{k} - \log\left(1+\frac{1}{k}\right)\right)$$

收敛 (我们将其和记为 γ, 它称为 Euler-Mascheroni 常数).

(b) 记

$$H_n = 1 + \frac{1}{2} + \frac{1}{3} + \cdots + \frac{1}{n} \quad (n \geqslant 1)$$

证明

$$H_n - \log n = \gamma + \frac{1}{2n} + O\left(\frac{1}{n^2}\right) \quad (n \to \infty)$$

(c) 令 $g_n = H_n - \log n\,(n \geqslant 1)$, 求 $\lim\limits_{n\to\infty}\left(g_n^{\gamma} \cdot \gamma^{-g_n}\right)^{2n}$.

(d) 令 $u_n = H_n - \log n - \gamma - 1/(2n)\,(n \geqslant 1)$, 证明：数列 (u_n) 单调增加，并求 $\lim\limits_{n\to\infty} n^2 u_n$.

解 (a) 令 $f(x) = \log(1+x) - x\,(x > -1)$, 那么 $f'(x) = -x/(1+x)$. 于是 $f'(x) > 0$(当 $-1 < x < 0$),$f'(x) < 0$ (当 $x > 0$). 由此推出

$$\log(1+x) < x \quad (x > -1, x \neq 0)$$

因此当 $k \geqslant 1$ 时

$$\log\frac{k+1}{k} = \log\left(1+\frac{1}{k}\right) < \frac{1}{k}$$

$$\log\frac{k+1}{k} = -\log\left(1-\frac{1}{k+1}\right) > \frac{1}{k+1}$$

$$0 < \frac{1}{k} - \log\frac{k+1}{k} < \frac{1}{k} - \frac{1}{k+1} = \frac{1}{k(k+1)} < \frac{1}{k^2}$$

因为级数 $\sum\limits_{k=1}^{\infty} 1/k^2$ 收敛，所以题中的级数也收敛.

(b) (i) 令 $H_n - \log n = \gamma + \varepsilon_n \quad (n \geqslant 1)$. 那么由

$$\begin{aligned}\gamma &= \sum_{k=1}^{\infty}\left(\frac{1}{k}-\log\frac{k+1}{k}\right)\\ &= \sum_{k=1}^{n}\left(\frac{1}{k}-\log\frac{k+1}{k}\right)+\sum_{k=n+1}^{\infty}\left(\frac{1}{k}-\log\frac{k+1}{k}\right)\\ &= \sum_{k=1}^{n}\frac{1}{k}-\log(n+1)+\sum_{k=n+1}^{\infty}\left(\frac{1}{k}-\log\frac{k+1}{k}\right)\\ &= \sum_{k=1}^{n}\frac{1}{k}-\log n-\log\left(1+\frac{1}{n}\right)+\sum_{k=n+1}^{\infty}\left(\frac{1}{k}-\log\frac{k+1}{k}\right)\end{aligned}$$

可知

$$\varepsilon_n = \log\left(1+\frac{1}{n}\right)-\sum_{k=n+1}^{\infty}\left(\frac{1}{k}-\log\frac{k+1}{k}\right)$$

依 Taylor 展开，我们有 $\log(1+1/n) = 1/n + O(1/n^2)$, 所以

$$\varepsilon_n = -\sum_{k=n+1}^{\infty}\left(\frac{1}{k}-\log\frac{k+1}{k}\right)+\frac{1}{n}+O\left(\frac{1}{n^2}\right)$$

(ii) 我们来估计上式右边的无穷级数．对于 $k \geqslant n+1$

$$\frac{1}{k}-\log\frac{k+1}{k}=\frac{1}{k}-\left(\frac{1}{k}-\frac{1}{2}\frac{1}{k^2}+O\left(\frac{1}{k^3}\right)\right)=\frac{1}{2k^2}+O\left(\frac{1}{k^3}\right)$$

因此

$$\sum_{k=n+1}^{\infty}\left(\frac{1}{k}-\log\frac{k+1}{k}\right)=\frac{1}{2}\sum_{k=n+1}^{\infty}\frac{1}{k^2}+O\left(\sum_{k=n+1}^{\infty}\frac{1}{k^3}\right)$$

注意由几何上的考虑，我们有

$$\sum_{k=n+1}^{\infty}\frac{1}{k^3}<\int_n^{\infty}\frac{\mathrm{d}t}{t^3}=O\left(\frac{1}{n^2}\right)$$

仍然由几何上的考虑可知

$$\sum_{k=n+1}^{\infty}\frac{1}{k^2}<\int_n^{\infty}\frac{\mathrm{d}t}{t^2}$$

并且若用 δ_k 表示以 x 轴上的区间 $[k,k+1]$ 为底边， $1/(k+1)^2$ 为高的矩形面积， Δ_k 表示同一底边上由曲线 $y=1/x^2$ 形成的曲边梯形的面积，那么

$$\int_n^{\infty}\frac{\mathrm{d}t}{t^2}-\sum_{k=n+1}^{\infty}\frac{1}{k^2}=\sum_{k=n}^{\infty}(\Delta_k-\delta_k)$$

而由几何的考虑，每个面积差 $\Delta_k-\delta_k$ 可以平移到直线 $x=n$ 和 $x=n+1$ 之间的带形中而互不交叠，所以我们有

$$\sum_{k=n}^{\infty}(\Delta_k-\delta_k)<\int_n^{n+1}\frac{\mathrm{d}t}{t^2}$$

因此

$$\begin{aligned}\sum_{k=n+1}^{\infty}\frac{1}{k^2} &= \int_n^{\infty}\frac{\mathrm{d}t}{t^2}-\sum_{k=n}^{\infty}(\Delta_k-\delta_k)\\ &= \int_n^{\infty}\frac{\mathrm{d}t}{t^2}+O\left(\int_n^{n+1}\frac{\mathrm{d}t}{t^2}\right)=\frac{1}{n}+O\left(\frac{1}{n^2}\right)\end{aligned}$$

合起来，我们得到

$$\begin{aligned}&\sum_{k=n+1}^{\infty}\left(\frac{1}{k}-\log\frac{k+1}{k}\right)\\ =\ &\frac{1}{2}\left(\frac{1}{n}+O\Big(\frac{1}{n^2}\Big)\right)+O\left(\frac{1}{n^2}\right)=\frac{1}{2n}+O\left(\frac{1}{n^2}\right)\end{aligned}$$

(iii) 将上述估计代入 (ii) 中所得等式，我们立得

$$\varepsilon_n=\frac{1}{2n}+O\left(\frac{1}{n^2}\right)$$

于是

$$H_n-\log n=\gamma+\frac{1}{2n}+O\left(\frac{1}{n^2}\right)\quad(n\to\infty)$$

(c) 保持 (b) 中的记号，我们有 $g_n=\gamma+\varepsilon_n$, 因此

$$\begin{aligned}\left(g_n^{\gamma}\cdot\gamma^{-g_n}\right)^{2n} &= \left((\gamma+\varepsilon_n)^{\gamma}\cdot\gamma^{-(\gamma+\varepsilon_n)}\right)^{2n}\\ &= \left(1+\frac{\varepsilon_n}{\gamma}\right)^{2n\gamma}\cdot\gamma^{2n\gamma}\cdot\gamma^{-2n(\gamma+\varepsilon_n)}\\ &= \left(1+\frac{2n\varepsilon_n}{2n\gamma}\right)^{2n\gamma}\cdot\gamma^{-2n\varepsilon_n}\end{aligned}$$

记 $x_n=2n\varepsilon_n=1+O(n^{-1})$, 则 $x_n\to1(n\to\infty)$, 我们有

$$\begin{aligned}&\lim_{n\to\infty}\left(1+\frac{2n\varepsilon_n}{2n\gamma}\right)^{2n\gamma}=\lim_{n\to\infty}\left(\left(1+\frac{1}{2nx_n^{-1}\gamma}\right)^{2nx_n^{-1}\gamma}\right)^{x_n}=\mathrm{e}\\ &\lim_{n\to\infty}\gamma^{-2n\varepsilon_n}=\lim_{n\to\infty}\gamma^{-x_n}=\gamma^{-1}\end{aligned}$$

因此 $\lim\limits_{n\to\infty}\left(g_n^{\gamma}\cdot\gamma^{-g_n}\right)^{2n}=\mathrm{e}/\gamma$.

(d) (i) 当 $n \geqslant 1$ 时

$$\begin{aligned} u_{n+1}-u_n &= \frac{1}{n+1}-\log\left(1+\frac{1}{n}\right)+\frac{1}{2n(n+1)} \\ &= \frac{1}{n}-\log\left(1+\frac{1}{n}\right)-\frac{1}{2n(n+1)}=F(n) \end{aligned}$$

其中已令函数

$$F(x)=\frac{1}{x}-\log\left(1+\frac{1}{x}\right)-\frac{1}{2x(x+1)} \quad (x>0)$$

若 $x>0$, 则

$$F'(x)=-\frac{1}{x^2}+\frac{1}{x(x+1)}+\frac{2x+1}{2x^2(x+1)^2}=-\frac{1}{2x^2(x+1)^2}<0$$

所以当 $x>0$ 时 $F(x)$ 单调减少; 又因为

$$F(x)\to 0 \quad (x\to\infty)$$

所以 $F(x)\geqslant 0\,(x>0)$, 因而 $F(n)\geqslant 0\,(n\geqslant 1)$. 于是 $u_{n+1}\geqslant u_n\,(n\geqslant 1)$, 即数列 $u_n(n\geqslant 1)$ 单调增加.

(ii) 由 (i) 中 $F'(x)$ 的表达式可知

$$F'(x)\sim -\frac{1}{2x^4} \quad (x\to\infty)$$

由此积分得到

$$F(x)\sim \frac{1}{6x^3} \quad (x\to\infty)$$

(此结果当然也可直接由 $F(x)$ 的表达式推出), 因此

$$u_{n+1}-u_n\sim\frac{1}{6n^3}\sim\frac{1}{6}\int_n^{n+1}\frac{\mathrm{d}t}{t^3} \quad (n\to\infty)$$

据此可知当 $n\to\infty$ 时

$$\sum_{j=1}^{l}(u_{n+j}-u_{n+j-1})\sim\frac{1}{6}\sum_{j=1}^{l}\int_{n+j-1}^{n+j}\frac{\mathrm{d}t}{t^3} \quad (l\geqslant 1)$$

亦即当 $n\to\infty$ 时

$$u_{n+l}-u_n\sim\frac{1}{6}\int_n^{n+l}\frac{\mathrm{d}t}{t^3} \quad (l\geqslant 1)$$

于是对于任给的 $\varepsilon>0$, 存在整数 $n_0=n_0(\varepsilon)$, 使当 $n\geqslant n_0$ 时

$$\frac{1-\varepsilon}{6}\int_n^{n+l}\frac{\mathrm{d}t}{t^3}<u_{n+l}-u_n<\frac{1+\varepsilon}{6}\int_n^{n+l}\frac{\mathrm{d}t}{t^3} \quad (l\geqslant 1)$$

此式对任何 $l \geqslant 1$ 成立，令 $l \to \infty$, 注意由 (b) 可知 $u_{n+l} \to 0$, 我们得到

$$\frac{1-\varepsilon}{6}\int_n^\infty \frac{\mathrm{d}t}{t^3} < -u_n < \frac{1+\varepsilon}{6}\int_n^\infty \frac{\mathrm{d}t}{t^3}$$

因此

$$u_n \sim -\frac{1}{6}\int_n^\infty \frac{\mathrm{d}t}{t^3} = -\frac{1}{12n^2} \quad (n \to \infty)$$

于是我们得到 $n^2 u_n \to -1/12\,(n \to \infty)$. □

注 **1°** Euler-Mascheroni 常数的一个数值结果是

$$\begin{aligned}\gamma &= \lim_{n\to\infty}\left(1+\frac{1}{2}+\cdots+\frac{1}{n}-\log n\right)\\ &= 0.677\,215\,664\,901\,532\,860\,606\,512\,0\cdots\end{aligned}$$

2° 由上述问题 (b) 和 (d) 可知：当 $n \to \infty$ 时

$$1+\frac{1}{2}+\frac{1}{3}+\cdots+\frac{1}{n}-\log n = \gamma+\frac{1}{2n}+O\left(\frac{1}{n^2}\right)$$
$$1+\frac{1}{2}+\frac{1}{3}+\cdots+\frac{1}{n}-\log n = \gamma+\frac{1}{2n}-\frac{1}{12n^2}+o\left(\frac{1}{n^2}\right)$$

另外,用更精确的方法可以证明:上述第二个公式中 $o(n^{-2})$ 可换为 $\varepsilon_n/(120n^4), 0 < \varepsilon_n < 1$.

8.25 (a) 设给定两个幂级数

$$\phi(x) = \sum_{n=0}^\infty a_n x^n, \psi(x) = \sum_{n=0}^\infty b_n x^n$$

它们的收敛半径都等于 1, 系数 $a_n, b_n \geqslant 0$, $a_n \sim b_n\,(n \to \infty)$, 并且级数 $\sum\limits_{n=1}^\infty a_n$ 发散. 那么 $\phi(x) \sim \psi(x)\,(x \to 1-)$.

(b) 设 $t > 0$ 是任意实数, 用 $\omega(t)$ 表示满足 $k^2+l^2 \leqslant t^2$ 的数组 $(k,l) \in \mathbb{N}_0^2$ 的个数, 也就是 XOY 平面第一象限中圆 $x^2+y^2=t^2$ 内的整点 (即坐标为整数的点) 个数, 证明

$$\sum_{n=0}^\infty \omega(\sqrt{n})x^n \sim \frac{\pi}{4(1-x)^2} \quad (x \to 1-)$$

(c) 证明

$$\lim_{x\to 1-}\sqrt{1-x}\sum_{n=0}^\infty x^{n^2} = \frac{\sqrt{\pi}}{2}$$

解 (a) 由题设, 对于任何给定的 $\varepsilon > 0$, 存在正整数 N(并固定), 使当 $n \geqslant N$ 时 $|b_n/a_n - 1| \leqslant \varepsilon/3$, 于是当 $0 < x < 1$ 时

$$\begin{aligned}\left|\frac{\psi(x)}{\phi(x)} - 1\right| &= \left|\frac{\sum\limits_{n=0}^{\infty}(b_n - a_n)x^n}{\phi(x)}\right| \\ &\leqslant \frac{1}{\phi(x)}\left|\sum_{n=0}^{N-1}(b_n - a_n)x^n\right| + \frac{1}{\phi(x)}\left|\sum_{n=N}^{\infty}(b_n - a_n)x^n\right| \\ &\leqslant \frac{1}{\phi(x)}\sum_{n=0}^{N-1}a_n x^n + \frac{1}{\phi(x)}\sum_{n=0}^{N-1}b_n x^n + \frac{\varepsilon}{3\phi(x)}\sum_{n=N}^{\infty}a_n x^n \\ &\leqslant \frac{1}{\phi(x)}\sum_{n=0}^{N-1}a_n x^n + \frac{1}{\phi(x)}\sum_{n=0}^{N-1}b_n x^n + \frac{\varepsilon}{3}\end{aligned}$$

因为 $\sum\limits_{n=1}^{\infty} a_n = +\infty$, 所以取 $\delta \in (0,1)$ 足够小, 当 $0 < 1 - x < \delta$ 时

$$\left|\frac{\psi(x)}{\phi(x)} - 1\right| \leqslant \frac{\varepsilon}{3} + \frac{\varepsilon}{3} + \frac{\varepsilon}{3} = \varepsilon$$

于是题 (a) 得证.

(b) 首先给出 $\omega(t)$ 的渐近估计. 在 x 轴和 y 轴上符合要求的整点总共 $2[t]+1$ 个; 对于正整数 k, 直线 $x = k$ 上符合要求而且坐标都不为 0 的整点是个数 $[\sqrt{t^2 - k^2}]$, 于是

$$\omega(t^2) = \sum_{k=1}^{[t]}\left[\sqrt{t^2 - k^2}\ \right] + 2[t] + 1$$

因为对于实数 $a, a - 1 < [a] \leqslant a$, 所以

$$\sum_{k=1}^{[t]}\sqrt{t^2 - k^2} + 2[t] + 1 - [t] < \omega(t^2) \leqslant \sum_{k=1}^{[t]}\sqrt{t^2 - k^2} + 2[t] + 1$$

从而

$$\begin{aligned}&\frac{1}{t}\sum_{k=1}^{[t]}\sqrt{1 - (k/t)^2} + \frac{[t]+1}{t^2} \\ <\ &\frac{\omega(t^2)}{t^2} \leqslant \frac{1}{t}\sum_{k=1}^{[t]}\sqrt{1 - (k/t)^2} + \frac{2[t]+1}{t^2}\end{aligned}$$

令 $t \to \infty$, 由定积分的定义可得

$$\frac{\omega(t^2)}{t^2} \sim \int_0^1 \sqrt{1 - t^2}\mathrm{d}t = \frac{\pi}{4} \quad (t \to \infty)$$

因此得到渐近估计

$$\omega(t^2) \sim \frac{\pi}{4}t^2 \quad (t \to \infty)$$

现在将题 (a) 中的命题应用于级数

$$\phi(x) = \sum_{n=0}^{\infty} \left(\frac{\pi n}{4}\right) x^n \quad 和 \quad \psi(x) = \sum_{n=0}^{\infty} \omega(\sqrt{n}) x^n$$

即得

$$\sum_{n=0}^{\infty} \omega(\sqrt{n}) x^n \sim \frac{\pi}{4} \sum_{n=0}^{\infty} n x^n = \frac{\pi}{4(1-x)^2} \quad (x \to 1-)$$

(c) (i) 首先证明等式

$$\sum_{n=0}^{\infty} \omega(\sqrt{n}) x^n = \left(\sum_{n=0}^{\infty} x^n\right) \left(\sum_{n=0}^{\infty} x^{n^2}\right)^2 \quad (|x| < 1)$$

事实上，我们有

$$\left(\sum_{n=0}^{\infty} x^{n^2}\right)^2 = \sum_{n=0}^{\infty} c_n x^n$$

其中 c_n 表示满足 $k^2 + l^2 = n$ 的数组 $(k, l) \in \mathbb{N}_0^2$ 的个数. 若令所有 $t_n = 1 (n \geqslant 0)$, 并将 $\sum\limits_{n=0}^{\infty} x^n$ 表示为 $\sum\limits_{n=0}^{\infty} t_n x^n$, 则幂级数 $\sum\limits_{n=0}^{\infty} x^n$ 和 $\sum\limits_{n=0}^{\infty} x^{n^2}$ 之积 (也是幂级数) 中 x^n 的系数等于

$$\sum_{k=0}^{n} t_k c_{n-k} = \sum_{k=0}^{n} c_{n-k} = \sum_{k=0}^{n} c_k = \omega(\sqrt{n})$$

因此上述幂级数等式成立.

(ii) 由 (i) 和题 (b) 得到

$$\left(\sum_{n=0}^{\infty} x^n\right) \left(\sum_{n=0}^{\infty} x^{n^2}\right)^2 \sim \frac{\pi}{4(1-x)^2} \quad (x \to 1-)$$

因为当 $|x| < 1$ 时 $\sum\limits_{n=0}^{\infty} x^n = 1/(1-x)$, 所以

$$\left(\sum_{n=0}^{\infty} x^{n^2}\right)^2 \sim \frac{\pi}{4(1-x)} \quad (x \to 1-)$$

于是推出所要的结果. □

注 本题给出问题 **3.15**(b) 的另一种证明. 该题的直接证明可见问题 **II.64**.

8.26 就非负整数 m,n 和实数 α 的不同值，讨论积分

$$I=\int_0^{\infty}\frac{\sin^{2m}x}{1+x^{\alpha}\sin^{2n}x}\mathrm{d}x$$

的收敛性.

解 首先将题中的积分表示为级数形式

$$\begin{aligned}I&=\int_0^{\infty}\frac{\sin^{2m}x}{1+x^{\alpha}\sin^{2n}x}\mathrm{d}x\\&=\sum_{k=0}^{\infty}\int_{k\pi}^{(k+1)\pi}\frac{\sin^{2m}x}{1+x^{\alpha}\sin^{2n}x}\mathrm{d}x\\&=\sum_{k=0}^{\infty}I_k\end{aligned}$$

其中

$$I_k=\int_0^{\pi}\frac{\sin^{2m}x}{1+(x+k\pi)^{\alpha}\sin^{2n}x}\mathrm{d}x\quad(k\geqslant 0)$$

我们区分不同情形研究 $I_k(k\to\infty)$ 的渐近性状.

情形 1. 设 $\alpha\leqslant 1$. 对于所有 $k\geqslant 0$

$$\begin{aligned}I_k&\geqslant\int_{\pi/4}^{3\pi/4}\frac{\sin^{2m}x}{1+(x+k\pi)^{\alpha}\sin^{2n}x}\mathrm{d}x\\&\geqslant\left(\frac{\sqrt{2}}{2}\right)^{2m}\int_{\pi/4}^{3\pi/4}\frac{\mathrm{d}x}{1+(x+k\pi)^{\alpha}}\\&\geqslant\left(\frac{\sqrt{2}}{2}\right)^{2m}\frac{\pi/2}{1+(3\pi/4+k\pi)}\end{aligned}$$

所以 $\sum\limits_{k=0}^{\infty}I_k$ 发散.

情形 2. 设 $\alpha>1$. 对于所有 $0\leqslant x\leqslant\pi$

$$1+(k\pi)^{\alpha}\sin^{2n}x\leqslant 1+(x+k\pi)^{\alpha}\sin^{2n}x\leqslant 1+\big((k+1)\pi\big)^{\alpha}\sin^{2n}x$$

所以

$$\int_0^{\pi}\frac{\sin^{2m}x}{1+\big((k+1)\pi\big)^{\alpha}\sin^{2n}x}\mathrm{d}x\leqslant I_k\leqslant\int_0^{\pi}\frac{\sin^{2m}x}{1+(k\pi)^{\alpha}\sin^{2n}x}\mathrm{d}x$$

于是当且仅当

$$\sum_{k=0}^{\infty}\int_0^{\pi}\frac{\sin^{2m}x}{1+(k\pi)^{\alpha}\sin^{2n}x}\mathrm{d}x$$

收敛时，$\sum\limits_{k=0}^{\infty} I_k$ 收敛. 因为

$$\int_0^{\pi} \frac{\sin^{2m} x}{1+(k\pi)^{\alpha}\sin^{2n} x}\mathrm{d}x = 2\int_0^{\pi/2} \frac{\sin^{2m} x}{1+(k\pi)^{\alpha}\sin^{2n} x}\mathrm{d}x$$

并且由 Jordan 不等式 (见问题 **II.54** 的 **注**), 当 $0 \leqslant x \leqslant \pi/2$ 时

$$2x/\pi \leqslant \sin x \leqslant x$$

所以

$$\begin{aligned}
\frac{\sin^{2m} x}{1+(k\pi)^{\alpha}\sin^{2n} x} &\leqslant \frac{x^{2m}}{1+(k\pi)^{\alpha}(2x/\pi)^{2n}} \\
&= \left(\frac{\pi}{2}\right)^{2n} \frac{x^{2m}}{(\pi/2)^{2n}+(k\pi)^{\alpha}x^{2n}} \\
&< \left(\frac{\pi}{2}\right)^{2n} \frac{x^{2m}}{1+(k\pi)^{\alpha}x^{2n}}
\end{aligned}$$

类似地

$$\frac{\sin^{2m} x}{1+(k\pi)^{\alpha}\sin^{2n} x} > \left(\frac{2}{\pi}\right)^{2m} \frac{x^{2m}}{1+(k\pi)^{\alpha}x^{2n}}$$

于是，若记

$$J_k = \int_0^{\pi/2} \frac{x^{2m}}{1+(k\pi)^{\alpha}x^{2n}}\mathrm{d}x$$

则当且仅当 $\sum\limits_{k=0}^{\infty} J_k$ 收敛时，$\sum\limits_{k=0}^{\infty} I_k$ 收敛.

情形 2-1. 设 $m \geqslant n$. 此时

$$\begin{aligned}
J_k &= \int_0^{\pi/2} \frac{x^{2m}}{1+(k\pi)^{\alpha}x^{2n}}\mathrm{d}x \\
&< \int_0^{\pi/2} (k\pi)^{-\alpha}x^{2m-2n}\mathrm{d}x \\
&= O(k^{-\alpha})
\end{aligned}$$

因此 $\sum\limits_{k=0}^{\infty} J_k$ 收敛.

情形 2-2. 设 $m < n$. 作变量代换

$$w = (k\pi)^{\alpha/(2n)}x$$

则得

$$J_k = (k\pi)^{-\alpha(2m+1)/(2n)} \int_0^{c_k} \frac{w^{2m}}{1+w^{2n}}\mathrm{d}w$$

其中

$$c_k=(\pi/2)(k\pi)^{\alpha/(2n)}>1$$

因此，当 k 充分大时

$$\begin{aligned}&(k\pi)^{-\alpha(2m+1)/(2n)}\int_0^1\frac{w^{2m}}{1+w^{2n}}\mathrm{d}w\\ <\quad &J_k<(k\pi)^{-\alpha(2m+1)/(2n)}\int_0^{\infty}\frac{w^{2m}}{1+w^{2n}}\mathrm{d}w\end{aligned}$$

于是当且仅当 $\alpha>2n/(2m+1)$ 时，$\sum\limits_{k=0}^{\infty}J_k$ 收敛.

综上所述，我们最终得到：积分 I 收敛，当且仅当下列两种情形：(i) $m\geqslant n$，且 $\alpha>1$；或 (ii) $m<n$，且 $\alpha>2n/(2m+1)$. □

8.27 设 $\omega_k=k\log k\,(k\geqslant 1)$. 对给定的实数 α,β 令

$$a_n=\prod_{k=1}^{n}\frac{\alpha+\omega_k}{\beta+\omega_{k+1}}\quad(n\geqslant 1)$$

(a) 就非负数 α,β 讨论级数 $\sum\limits_{n=1}^{\infty}a_n$ 的收敛性，并求相应的收敛级数之和.

(b) 设 $\beta>\alpha>0$，证明级数 $\sum\limits_{n=1}^{\infty}(-1)^n\omega_n a_n$ 收敛.

解 (a) 若 $\alpha\geqslant\beta\geqslant 0$，则 (注意 $\omega_1=0$)

$$\begin{aligned}a_n &= \frac{\alpha+\omega_1}{\beta+\omega_2}\cdot\frac{\alpha+\omega_2}{\beta+\omega_3}\cdot\cdots\cdot\frac{\alpha+\omega_n}{\beta+\omega_{n+1}}\\ &= \alpha\cdot\frac{\alpha+\omega_2}{\beta+\omega_2}\cdot\cdots\cdot\frac{\alpha+\omega_n}{\beta+\omega_n}\cdot\frac{1}{\beta+\omega_{n+1}}\\ &\geqslant \frac{\alpha}{\beta+\omega_{n+1}}\\ &\geqslant \frac{\alpha}{\alpha+(n+1)\log(n+1)}\end{aligned}$$

于是当任何 $N\geqslant 1$

$$\sum_{n=1}^{N}a_n\geqslant\sum_{n=1}^{N}\frac{\alpha}{\alpha+(n+1)\log(n+1)}$$

因此级数 $\sum\limits_{n=1}^{\infty}a_n$ 发散.

若 $\beta > \alpha \geqslant 0$, 此时

$$a_n = \prod_{k=1}^{n} \frac{\alpha + \omega_k}{\beta + \omega_{k+1}} = \frac{\beta + \omega_1}{\beta + \omega_{n+1}} \cdot \prod_{k=1}^{n} \frac{\alpha + \omega_k}{\beta + \omega_k} = \frac{\beta}{\beta + \omega_{n+1}} \cdot \prod_{k=1}^{n} \frac{\alpha + \omega_k}{\beta + \omega_k}$$

因为

$$\begin{aligned}
& \prod_{k=1}^{n} \frac{\alpha + \omega_k}{\beta + \omega_k} - \prod_{k=1}^{n+1} \frac{\alpha + \omega_k}{\beta + \omega_k} \\
= & \prod_{k=1}^{n} \frac{\alpha + \omega_k}{\beta + \omega_k} - \frac{\alpha + \omega_{n+1}}{\beta + \omega_{n+1}} \prod_{k=1}^{n} \frac{\alpha + \omega_k}{\beta + \omega_k} \\
= & \frac{\beta - \alpha}{\beta + \omega_{n+1}} \prod_{k=1}^{n} \frac{\alpha + \omega_k}{\beta + \omega_k}
\end{aligned}$$

所以

$$\prod_{k=1}^{n} \frac{\alpha + \omega_k}{\beta + \omega_k} = \frac{\beta + \omega_{n+1}}{\beta - \alpha} \left(\prod_{k=1}^{n} \frac{\alpha + \omega_k}{\beta + \omega_k} - \prod_{k=1}^{n+1} \frac{\alpha + \omega_k}{\beta + \omega_k} \right)$$

从而我们得到

$$a_n = \frac{\beta}{\beta - \alpha} \left(\prod_{k=1}^{n} \frac{\alpha + \omega_k}{\beta + \omega_k} - \prod_{k=1}^{n+1} \frac{\alpha + \omega_k}{\beta + \omega_k} \right)$$

由此可知，当任何 $N \geqslant 2$

$$\begin{aligned}
\sum_{n=1}^{N-1} a_n &= \frac{\alpha}{\beta - \alpha} - \frac{\beta}{\beta - \alpha} \prod_{k=1}^{N} \frac{\alpha + \omega_k}{\beta + \omega_k} \\
&= \frac{\alpha}{\beta - \alpha} - \frac{\beta}{\beta - \alpha} \prod_{k=1}^{N} \left(1 - \frac{\beta - \alpha}{\beta + k \log k} \right)
\end{aligned}$$

因为正项级数

$$\sum_{k=1}^{\infty} (\beta - \alpha)/(\beta + k \log k)$$

发散，所以

$$\prod_{k=1}^{N} \left(1 - \frac{\beta - \alpha}{\beta + k \log k} \right) \to 0 \quad (N \to \infty)$$

从而由前式得知级数 $\sum\limits_{n=1}^{\infty} a_n$ 收敛，且其和为 $\alpha/(\beta - \alpha)$.

(b) 记 $c_n = \omega_n a_n\,(n \geqslant 1)$. 当 $n \geqslant 3$ 时

$$
\begin{aligned}
c_n &= \omega_n \cdot \frac{\alpha}{\beta + 2\log 2} \prod_{k=2}^{n} \frac{\alpha + \omega_k}{\beta + \omega_{k+1}} \\
&= \frac{\alpha\omega_n}{\beta + 2\log 2}(\alpha + \omega_2)\frac{\alpha + \omega_3}{\beta + \omega_3} \cdot \frac{\alpha + \omega_4}{\beta + \omega_4} \cdot \cdots \cdot \\
&\quad \frac{\alpha + \omega_n}{\beta + \omega_n} \cdot \frac{1}{\beta + \omega_{n+1}} \\
&= \frac{\alpha\omega_n(\alpha + \omega_2)}{(\beta + 2\log 2)(\beta + \omega_{n+1})} \prod_{k=3}^{n} \frac{\alpha + \omega_k}{\beta + \omega_k} \\
&= b_n \prod_{k=3}^{n} \frac{\alpha + \omega_k}{\beta + \omega_k} = b_n \prod_{k=3}^{n} \left(1 - \frac{\beta - \alpha}{\beta + \omega_k}\right)
\end{aligned}
$$

其中

$$
b_n = \frac{\alpha\omega_n(\alpha + \omega_2)}{(\beta + 2\log 2)(\beta + \omega_{n+1})}
$$

为证级数 $\sum\limits_{n=1}^{\infty}(-1)^n c_n$ 收敛，依 Leibniz 交错级数收敛判别法，只须证明

$$
\frac{c_{n+1}}{c_n} < 1 \quad (n \geqslant n_0) \text{ 以及 } c_n \to 0 \quad (n \to \infty)
$$

因为

$$
\frac{c_{n+1}}{c_n} = \frac{\omega_{n+1}(\alpha + \omega_{n+1})}{\omega_n(\beta + \omega_{n+2})}
$$

所以第一个条件等价于

$$
\omega_{n+1}\alpha + (\omega_{n+1}^2 - \omega_n\omega_{n+2}) < \omega_n\beta
$$

为验证此条件，我们记 $N = n + 1$, 则

$$
\begin{aligned}
\omega_{n+2} &= (N+1)\log(N+1) \\
&= (N+1)\left(\log N + \log\left(1 + \frac{1}{N}\right)\right) \\
&= (N+1)\left(\log N + \frac{1}{N} + O(N^{-2})\right)
\end{aligned}
$$

类似地

$$
\omega_n = (N-1)\log(N-1) = (N-1)\left(\log N - \frac{1}{N} + O(N^{-2})\right)
$$

因此

$$
\omega_n\omega_{n+2} = (N^2 - 1)\left((\log N)^2 - \frac{1}{N^2} + O\Big(\frac{\log N}{N^2}\Big)\right)
$$

于是得到

$$\omega_{n+1}^2-\omega_n\omega_{n+2}=(\log N)^2+1+O(\log N)$$

由此可算出

$$\lim_{n\to\infty}\frac{\omega_{n+1}\alpha+(\omega_{n+1}^2-\omega_n\omega_{n+2})}{\omega_n\beta}=\frac{\alpha}{\beta}<1$$

所以第一个条件在此被满足. 又因为 $\lim\limits_{n\to\infty}b_n$ 存在, 并且本题 (a) 中已证

$$\prod_{k=3}^{n}\left(1-\frac{\beta-\alpha}{\beta+\omega_k}\right)\to 0\quad(n\to\infty)$$

所以第二个条件在此也成立. 于是本题得证. □

8.28 (a) 证明: 级数 $\sum\limits_{k=1}^{\infty}k^{-\delta-\sin k}$ 当 $\delta>2$ 时收敛, 当 $\delta<2$ 时发散.

(b) 证明: 级数 $\sum\limits_{k=1}^{\infty}k^{-1-|\sin k|}$ 发散.

解 (a) (i) 若 $\delta>2$, 记

$$\delta=2+\sigma$$

其中 $\sigma>0$, 则对任何 $k\in\mathbb{N}$

$$\delta+\sin k=2+\sigma+\sin k=1+\sigma+(1+\sin k)\geqslant 1+\sigma$$

因此 $k^{-\delta-\sin k}\leqslant k^{-1-\sigma}$, 因此题中的级数收敛.

(ii) 若 $\delta\leqslant 0$, 则 $k^{-\delta-\sin k}\geqslant k^{-\sin k}\geqslant k^{-1}$, 因此题中的级数发散.

(iii) 若 $0<\delta<2$, 则 $1-\delta\in(-1,1)$, 所以可由下式 (唯一地) 定义 α,β

$$\sin\alpha=\sin\beta=1-\delta,\frac{\pi}{2}<\alpha<\beta<2\pi+\frac{\pi}{2}$$

于是当 $x\in(\alpha,\beta)$ 时 $\sin x<1-\delta$. 定义集合

$$S=\{k\mid k\in\mathbb{N},\sin k<1-c\}=\mathbb{N}\cap\left(\bigcup_{j\in\mathbb{Z}}(2\pi j+\alpha,2\pi j+\beta)\right)$$

我们首先证明 S 非空. 若 $0<\delta\leqslant 1$, 则水平直线 $y=1-\delta$ 与正弦曲线 $y=\sin x$ 的交点都在上半平面 (包括 X 轴), 因此 $[\pi,2\pi]\subseteq(\alpha,\beta)$, 于是 $[\pi,2\pi]$ 中的正整数含在 S 中. 若 $1<\delta\leqslant 2$, 则直线 $y=1-\delta$ 与正弦曲线 $y=\sin x$ 的交点都在下半平面, 此时 $(\alpha,\beta)\subset[\pi,2\pi]$, 因此 (α,β) 中不一定含有正整数. 但因为 π

是无理数, 所以数列 $(\{n/(2\pi)\})_{n\geqslant 1}$ 在 $[0,1]$ 中稠密 (参见本题后的 **注**), 这里符号 $\{r\}$ 表示实数 r 的小数部分. 注意此时 $\alpha+\beta<2\pi+2\pi=4\pi, 0<(\alpha+\beta)/(4\pi)<1$, 于是存在正整数 k 使得

$$\left|\left\{\frac{k}{2\pi}\right\}-\frac{\alpha+\beta}{4\pi}\right|<\frac{\beta-\alpha}{4\pi}$$

也就是 (记 $j=[k/(2\pi)]$, 这里符号 $[r]$ 表示实数 r 的整数部分)

$$\alpha+2\pi j<k<\beta+2\pi j$$

因此这个正整数 $k\in S$, 在此情形 S 也非空.

其次，我们断言：存在一个常数 $c>0$, 具有下列性质：对于每个给定的 $k\in S$, 存在 $m\in S$, 使得 $k<m\leqslant k+c$. 事实上，一方面，由 S 的定义可知，存在 $j\in\mathbb{Z}$, 满足 $\alpha<k-2\pi j<\beta$. 另一方面，仍然由上述稠密性知存在 $a,b\in\mathbb{N}$, 满足不等式

$$0<1-\left\{\frac{a}{2\pi}\right\}<\frac{\beta-\alpha}{4\pi}, 0<\left\{\frac{b}{2\pi}\right\}-0<\frac{\beta-\alpha}{4\pi}$$

记 $A_1=[a/(2\pi)], B=[b/(2\pi)]$, 则 $A_1,B\geqslant 0$, 并且

$$\left\{\frac{a}{2\pi}\right\}=A_1-\frac{a}{2\pi}, \left\{\frac{a}{2\pi}\right\}=B-\frac{b}{2\pi}$$

由此我们得到 $a,b\in\mathbb{N}$ 和 $A,B\in\mathbb{Z}$(其中 $A=A_1-1$) 使得

$$0<a-2\pi A<\frac{\beta-\alpha}{2}, -\frac{\beta-\alpha}{2}<b-2\pi B<0$$

记 $c=\max(a,b)$. 于是，若 $\alpha<k-2\pi j\leqslant(\alpha+\beta)/2$, 则将它与上面的第一个不等式相加，可得

$$\alpha<(k+a)-2\pi(j+A)<\beta$$

那么取 $m=k+a$ 即符合要求；若 $(\alpha+\beta)/2<k-2\pi j<\beta$, 则类似地得到 $\alpha<(k+b)-2\pi(j+B)<\beta$, 于是取 $m=k+b$ 即可. 因此上述断言得证.

由 S 非空以及上述断言可以归纳地证明 S 含有无穷多个元素，我们将它们递增地排列为 $k_1<k_2<\cdots$, 并且它们还满足

$$k_j\leqslant k_1+(j-1)c\leqslant c_1 j\quad(j\geqslant 1)$$

其中 $c_1=\max(k_1,c)$. 于是我们得到

$$\sum_{k=1}^{k_n}k^{-\delta-\sin k}\geqslant\sum_{j=1}^{n}k_j^{-\delta-\sin k_j}\geqslant\sum_{j=1}^{n}\frac{1}{k_j}\geqslant\frac{1}{c_1}\sum_{j=1}^{n}\frac{1}{j}$$

令 $n\to\infty$, 即知题中的级数发散.

(b) 对于正整数 n, 定义集合

$$
\begin{aligned}
A_n &= [0,2^n)\cap\{k \mid k\in\mathbb{N},|\sin k|\leqslant 1/n\}\\
T_n &= \mathbb{N}\cap[2^{n-1},2^n)\\
B_n &= [2^{n-1},2^n)\cap\{k \mid k\in\mathbb{N},|\sin k|\leqslant 1/n\}=T_n\cap A_n
\end{aligned}
$$

于是, 若 $n>1$, 则 $A_{n-1}\cap B_n=\varnothing, A_n\subseteq A_{n-1}\cap B_n$, 因此

$$|B_n|\geqslant|A_n|-|A_{n-1}|\quad(n\geqslant 1)$$

此处 $|S|$ 表示有限集 S 所含元素的个数. 我们来估计 $|A_n|$. 为此, 将单位圆 $7n$ 等分, 用极坐标表示平面上的点. 那么由抽屉原理, 2^n 个点 $\mathrm{e}^{k\mathrm{i}}\,(0\leqslant k<2^n)$(这里 $\mathrm{i}=\sqrt{-1}$ 是虚数单位) 中有不少于 $2^n/(7n)$ 个落在同一个等份弧中. 设 $\mathrm{e}^{u\mathrm{i}}$ 和 $\mathrm{e}^{v\mathrm{i}}$ 是其中任意两个, 那么

$$|\sin(u-v)|\leqslant|\mathrm{e}^{(u-v)\mathrm{i}}-1|=|\mathrm{e}^{u\mathrm{i}}-\mathrm{e}^{v\mathrm{i}}|<\frac{2\pi}{7n}<\frac{1}{n}$$

这里第一个不等式的来历是: $|\sin(u-v)|$ 表示单位圆上的点 $\mathrm{e}^{(u-v)\mathrm{i}}$ 到极轴的距离, 而 $|\mathrm{e}^{(u-v)\mathrm{i}}-1|$ 是点 $\mathrm{e}^{(u-v)\mathrm{i}}$ 和 $\mathrm{e}^{0\mathrm{i}}$ (即极轴上的点 $(1,0)$) 间的距离. 后一个不等式的来历是: $|\mathrm{e}^{u\mathrm{i}}-\mathrm{e}^{v\mathrm{i}}|$ 是单位圆的同一个等份弧上两点 $\mathrm{e}^{u\mathrm{i}}$ 和 $\mathrm{e}^{v\mathrm{i}}$ 间的距离, 而 $2\pi/(7n)$ 是单位圆上一个等份的弧长. 由上面得到的不等式可知 $|u-v|\in A_n$. 于是我们推出

$$|A_n|\geqslant\frac{2^n}{7n}$$

另外, 还要注意: 若 $k\in B_n$, 则

$$k^{-1-|\sin k|}>(2^n)^{-1-1/n}=2^{-n-1}$$

有了这些准备, 我们可以得到: 对于任何 $N\geqslant 2$

$$
\begin{aligned}
\sum_{k=2}^{2^N-1}k^{-1-|\sin k|} &= \sum_{n=2}^{N}\sum_{k\in T_n}k^{-1-|\sin k|}\\
&\geqslant \sum_{n=2}^{N}\sum_{k\in B_n}k^{-1-|\sin k|}\geqslant\sum_{n=2}^{N}\frac{|B_n|}{2^{n+1}}\\
&\geqslant \sum_{n=2}^{N}\frac{|A_n|-|A_{n-1}|}{2^{n+1}}
\end{aligned}
$$

注意

$$\frac{|A_n|-|A_{n-1}|}{2^{n+1}}=\left(\frac{|A_n|}{2^{n+2}}-\frac{|A_{n-1}|}{2^{n+1}}\right)+\frac{|A_n|}{2^{n+2}}$$

我们由前式得到

$$\begin{aligned}
\sum_{k=2}^{2^N-1} k^{-1-|\sin k|} &= \frac{|A_N|}{2^{N+2}} - \frac{|A_1|}{8} + \sum_{k=2}^{N} \frac{|A_n|}{2^{n+2}} \\
&\geqslant -\frac{|A_1|}{8} + \sum_{k=2}^{N} \frac{2^n/(7n)}{2^{n+2}} \\
&= -\frac{|A_1|}{8} + \sum_{k=2}^{N} \frac{1}{28n}
\end{aligned}$$

令 $N \to \infty$, 即知题中的级数发散. □

注 Kronecker 逼近定理 (一维情形) 说：若 θ 是一个无理数， $\alpha \in [0,1]$ 是任意给定的实数，那么对于任何给定的 $\varepsilon > 0$, 存在正整数 $n = n(\alpha, \epsilon)$ 使得不等式

$$|\{n\theta\} - \alpha| < \varepsilon$$

成立. 如果 $[n\theta] = h \in \mathbb{Z}$, 那么 $\{n\theta\} = n\theta - h$, 于是 $|n\theta - h - \alpha| < \varepsilon$. 由此定理可知数列 $(\{n\theta\})_{n\geqslant 1}$ 在 $[0,1]$ 中稠密. 关于这个定理的证明，可参见 (例如), 朱尧辰，《无理数引论》 (中国科学技术大学出版社，合肥， 2012), 定理 1.7.

8.29 定义函数

$$\phi(t) = \begin{cases} \dfrac{1}{t} \log \dfrac{3+t}{3-t}, & t \in [-1,1] \setminus \{0\} \\ \dfrac{2}{3}, & t = 0 \end{cases}$$

设 $(x,y) \in D = [-1,1] \times [-1,1]$, 令

$$f(x,y) = \frac{1}{2}\left(\frac{1}{3-x^2} + \frac{1}{3-y^2} + \frac{2}{3-xy}\right) - \phi(x) - \phi(y)$$

证明：若 $f(x,y)$ 在 D 上的最小值在 D 内部的某点 (x,y) 取得，则此点满足 $x = -y$.

解 (a) (i) 由函数 $\phi(t)$ 的定义可知它在 $[-1,1]$ 上连续，因此 $f(x,y)$ 在 D 上连续. 显然 $f(x,y) = f(-x,-y)$, 还有

$$f(x,-y) = f(x,y) + \frac{1}{3+xy} + \frac{1}{3-xy}$$

于是，若 $x,y \in D, xy > 0$(即 x,y 同号), 则

$$f(x,-y) = f(x,y) - \frac{2xy}{3-(xy)^2} < f(x,y)$$

因此，若 (x,y) 是 D 的内点，并且是 $f(x,y)$ 在 D 上的最小值点，则其坐标 x,y 必反号. 于是不失一般性，下文中我们可设 $0 \leqslant x \leqslant 1, -1 \leqslant y \leqslant 0$.

(ii) 由 $\partial f/\partial x = 0, \partial f/\partial y = 0$ 求得

$$y(3-xy)^{-2} = \lambda(x), x(3-xy)^{-2} = \lambda(y)$$

其中

$$\lambda(t) = \frac{6}{t(9-t^2)} - \frac{t}{(3-t^2)^2} + \frac{1}{t^2}\log\frac{3-t}{3+t}$$

因此，若 D 的内点 (x,y) 是 $f(x,y)$ 在 D 上的最小值点，则 $0 < x < 1, -1 < y < 0$，并且

$$x\lambda(x) = y\lambda(y)$$

容易验证 $\lambda(-t) = -\lambda(t)$. 若在上式令 $y = -r\,(0 < r < 1)$，则有

$$x\lambda(x) = r\lambda(r) \quad (x, r \geqslant 0)$$

注意函数 $t\lambda(t)$ 有幂级数展开

$$t\lambda(t) = \sum_{n=1}^{\infty}\frac{n}{3^{n+1}}\left(\frac{4}{(2n+1)3^n} - 1\right)t^{2n} \quad (|t| < \sqrt{3})$$

因为当 $x \in [0,1]$ 时， t^{2n} 的系数全是负的，所以 $t\lambda(t)$ 在 $[0,1]$ 上递减，因此由上述等式 $x\lambda(x) = r\lambda(r)\,(x, r \geqslant 0)$ 推出 $r = x$. 于是我们得知：对于上述 $f(x,y)$ 的最小值点 (x,y) 有 $x = r, y = -r$，即 $x = -y$. □

8.30 证明：当 $x \geqslant 2$ 时

$$\left(\frac{x}{\mathrm{e}}\right)^{x-1} \leqslant \Gamma(x) \leqslant \left(\frac{x}{2}\right)^{x-1}$$

解 (i) 令

$$f(x) = (x-1)\log\frac{x}{2} - \log\Gamma(x)$$
$$g(x) = \log\Gamma(x) + (x-1) - (x-1)\log x$$

于是题中要证的不等式的右半等价于 $f(x) \geqslant 0$，左半等价于 $g(x) \geqslant 0$.

(ii) 依伽玛函数的 Weierstrass 公式，当 $x > 0$ 时

$$\Gamma(x) = \frac{\mathrm{e}^{-\gamma x}}{x}\prod_{k=1}^{\infty}\left(\frac{k}{k+x}\right)\mathrm{e}^{x/k}$$

其中 γ 是 Euler-Mascheroni 常数. 由此可推出公式：当 $x>0$ 时

$$\frac{\Gamma'(x)}{\Gamma(x)}=-\gamma-\frac{1}{x}+\sum_{k=1}^{\infty}\left(\frac{1}{k}-\frac{1}{x+k}\right)$$

$$\frac{\mathrm{d}}{\mathrm{d}x}\frac{\Gamma'(x)}{\Gamma(x)}=\frac{1}{x^2}+\sum_{k=1}^{\infty}\frac{1}{(x+k)^2}$$

(iii) 由

$$f'(x)=\log\frac{x}{2}+\frac{x-1}{x}-\frac{\Gamma'(x)}{\Gamma(x)}$$

及 (ii) 中公式可知

$$f''(x)=\frac{1}{x}-\sum_{k=1}^{\infty}\frac{1}{(x+k)^2}$$

因为由几何的考虑有

$$\sum_{k=1}^{\infty}\frac{1}{(x+k)^2}\leqslant\int_0^{\infty}\frac{\mathrm{d}t}{(x+t)^2}=\frac{1}{x}$$

所以当 $x>0$ 时，$f''(x)\geqslant 0$, 从而 $f'(x)$ 单调递增. 于是 $x\geqslant 2$ 时 $f'(x)\geqslant f'(2)$; 而应用 (ii) 中的公式可知

$$f'(2)=\frac{1}{2}-\frac{\Gamma'(2)}{\Gamma(2)}=\frac{1}{2}-\left(-\gamma-\frac{1}{2}+\sum_{k=1}^{\infty}\left(\frac{1}{k}-\frac{1}{2+k}\right)\right)=\gamma-\frac{1}{2}>0$$

从而当 $x\geqslant 2$ 时 $f'(x)>0$, 即知 $f(x)$ 在 $[2,\infty)$ 上单调递增. 由此推出当 $x\geqslant 2$ 时

$$f(x)\geqslant f(2)=-\log\Gamma(2)=-\log 1=0$$

(iv) 类似地，应用 (ii) 中的公式得到

$$\begin{aligned}g'(x) &= \frac{\Gamma'(x)}{\Gamma(x)}+\frac{1}{x}-\log x=-\gamma-\log x+\sum_{k=1}^{\infty}\left(\frac{1}{k}-\frac{1}{x+k}\right)\\ &= -\gamma-\log x+H_n-\sum_{k=1}^{n}\frac{1}{x+k}+R_n\end{aligned}$$

其中已记

$$H_n=\sum_{k=1}^{n}\frac{1}{k},R_n=\sum_{k=n+1}^{\infty}\left(\frac{1}{k}-\frac{1}{x+k}\right)$$

仍然由几何考虑，我们有

$$\begin{aligned}\sum_{k=1}^{n}\frac{1}{x+k} &\leqslant \int_0^{n}\frac{\mathrm{d}t}{x+t}=\log(x+n)-\log x\\ &= \log\left(1+\frac{x}{n}\right)+\log n-\log x\end{aligned}$$

因此

$$
\begin{aligned}
g'(x) &\geqslant -\gamma - \log x + H_n - \log\left(1+\frac{x}{n}\right) - \log n + \log x + R_n \\
&= -\gamma + H_n - \log n - \log\left(1+\frac{x}{n}\right) + R_n
\end{aligned}
$$

令 $n\to\infty$, 则 $-\gamma+H_n-\log n\to 0$(见问题 **8.24** 的 **注**),$R_n\to 0$, 所以当 $x>0$ 时 $g'(x)\geqslant 0$. 由此可得 $g(x)\geqslant g(2)=1-\log 2>0$. □

注 关于伽玛函数的 Weierstrass 公式, 可见 Γ · M · 菲赫金哥尔茨, 《微积分学教程》, 第二卷 (第 8 版, 高等教育出版社, 北京, 2006),p.301 或 p.644; 关于 $\Gamma'(x)/\Gamma(x)$, 可见同书, p.397.

8.31 设 $x,y\in\left(0,\sqrt{\pi/2}\right),x\neq y$, 证明不等式

$$
\log^2\frac{1+\sin xy}{1-\sin xy}<\log\frac{1+\sin x^2}{1-\sin x^2}\cdot\log\frac{1+\sin y^2}{1-\sin y^2}
$$

解 我们给出两个解法, 其中第一个解法应用函数的凸性, 第二个解法是将原题转化为积分不等式.

解法 1 对于 $t\in\left(-\infty,\log(\pi/2)\right)$ 令

$$
f(t)=\log\left(\log\frac{1+\sin \mathrm{e}^t}{1-\sin \mathrm{e}^t}\right)
$$

则有

$$
f''(t)=\frac{2\mathrm{e}^t}{\mathrm{e}^{2f(t)}\cos^2\mathrm{e}^t}\left((\cos\mathrm{e}^t+\mathrm{e}^t\sin\mathrm{e}^t)\log\left(\frac{1+\sin\mathrm{e}^t}{1-\sin\mathrm{e}^2}\right)-2\mathrm{e}^t\right)
$$

又令

$$
g(u)=(\cos u+u\sin u)\log\left(\frac{1+\sin u}{1-\sin u}\right)-2u
$$

则有 $g(0)=0$, 以及

$$
g'(u)=u\cos u\log\left(\frac{1+\sin u}{1-\sin u}\right)+2u\tan u
$$

当 $0<u<\pi/2$ 时 $g'(u)>0$, 因此 $g(u)>g(0)=0$, 从而 $f''(t)>0$, 于是 $f(t)$ 是 $\left(-\infty,\log(\pi/2)\right)$ 上的严格凸函数. 由此立即推出: 当 $x,y\in\left(0,\sqrt{\pi/2}\right),x\neq y$ 时

$$
f\left(\frac{2\log x+2\log y}{2}\right)<\frac{f(2\log x)+f(2\log y)}{2}
$$

从而

$$\begin{aligned}\log^2\frac{1+\sin xy}{1-\sin xy} &= \mathrm{e}^{2f(\log x+\log y)}\\ &< \mathrm{e}^{f(2\log x)+f(2\log y)}\\ &= \log\frac{1+\sin x^2}{1-\sin x^2}\cdot\log\frac{1+\sin y^2}{1-\sin y^2}\end{aligned}$$

解法 2 因为当 $0\leqslant a\leqslant \pi/2$ 时

$$\log\frac{1+\sin a}{1-\sin a}=2\int_0^a \sec u\mathrm{d}u=2a\int_0^1\sec at\mathrm{d}t$$

所以对于固定的 $x,y\in\left(0,\sqrt{\pi/2}\right),x\neq y$, 题中要证的不等式等价于

$$\left(2xy\int_0^1\sec(xyt)\mathrm{d}t\right)^2<\left(2x^2\int_0^1\sec(x^2t)\mathrm{d}t\right)\left(2y^2\int_0^1\sec(y^2t)\mathrm{d}t\right)$$

也就是

$$\left(\int_0^1\sec(xyt)\mathrm{d}t\right)^2<\left(\int_0^1\sec(x^2t)\mathrm{d}t\right)\left(\int_0^1\sec(y^2t)\mathrm{d}t\right)$$

又由 Cauchy-Schwarz 不等式可知

$$\left(\int_0^1\sqrt{\sec(x^2t)\sec(y^2t)}\,\mathrm{d}t\right)^2\leqslant\int_0^1\sec(x^2t)\mathrm{d}t\int_0^1\sec(y^2t)\mathrm{d}t$$

所以我们只须证明

$$\int_0^1\sec(xyt)\mathrm{d}t<\int_0^1\sqrt{\sec(x^2t)\sec(y^2t)}\,\mathrm{d}t$$

这个不等式乃是下列不等式的直接推论

$$\sec(xyt)<\sqrt{\sec(x^2t)\sec(y^2t)}\quad(0<t<1)$$

这个不等式可改写为

$$\cos^2(xyt)>\cos(x^2t)\cos^2(y^2t)\quad(0<t<1)$$

为证这个不等式，注意在题设条件下， $0<2xyt<x^2t+y^2t<\pi$, 因而由余弦函数在 $[0,\pi]$ 上的单调递减性，以及 $|x^2t-y^2t|\neq 0$, 我们得知 $\cos(x^2t-y^2t)<1$, $\cos(x^2t+y^2t)<\cos(2xyt)$, 从而推出

$$\begin{aligned}\cos^2(xyt) &= \frac{1}{2}\big(1+\cos(2xyt)\big)\\ &> \frac{1}{2}\left(\cos(x^2t-y^2t)+\cos(x^2t+y^2t)\right)=\cos(x^2t)\cos(y^2t)\end{aligned}$$

于是本题得证. □

8.32 求出所有定义在 $\mathbb{N}$ 上并且在 $\mathbb{N}$ 中取值的函数 f, 使得对于所有 $n \in \mathbb{N}$ 有

$$f\big(f(f(n))\big) + 6f(n) = 3f\big(f(n)\big) + 4n + 2\,001$$

解 如果在题中的方程中用 $f(n) \in \mathbb{N}$ 代 n, 那么可得

$$f\big(f(f(f(n)))\big) + 6f\big(f(n)\big) = 3f\big(f(f(n))\big) + 4f(n) + 2\,001$$

这个过程可以继续进行下去. 因此, 若我们引进记号

$$a_k = f\big(f(\cdots f(f(n))\cdots)\big) \quad (k \geqslant 1), a_0 = n$$

这里 a_k 中 f 出现 k 次, 则题中的方程可改写为递推关系式

$$a_{k+3} - 3a_{k+2} + 6a_{k+1} - 4a_k = 2\,001 \quad (k \geqslant 0)$$

下面采用母函数方法 (参见问题 **7.1** 的 **注**) 的一个变体, 并不求出 a_n 的一般公式, 而是只求 a_1, 即 $f(n)$ 的表达式.

令 $G(x) = \sum\limits_{k=0}^{\infty} a_k x^k$, 则有

$$\begin{aligned}
&(1 - 3x + 6x^2 - 4x^3)G(x) \\
= &\sum_{k=0}^{\infty} a_k x^k - 3\sum_{k=0}^{\infty} a_k x^{k+1} + 6\sum_{k=0}^{\infty} a_k x^{k+2} - 4\sum_{k=0}^{\infty} a_k x^{k+3} \\
= &a_0 + (a_1 - 3a_0)x + (a_2 - 3a_1 + 6a_0)x^2 + \\
&\sum_{k=3}^{\infty} a_k x^k - 3\sum_{k=2}^{\infty} a_k x^{k+1} + 6\sum_{k=1}^{\infty} a_k x^{k+2} - 4\sum_{k=0}^{\infty} a_k x^{k+3}
\end{aligned}$$

应用上述递推关系式, 我们有

$$\begin{aligned}
&\sum_{k=3}^{\infty} a_k x^k - 3\sum_{k=2}^{\infty} a_k x^{k+1} + 6\sum_{k=1}^{\infty} a_k x^{k+2} - 4\sum_{k=0}^{\infty} a_k x^{k+3} \\
= &\sum_{k=0}^{\infty}(a_{k+3} - 3a_{k+2} + 6a_{k+1} - 4a_k)x^3 \cdot x^k = 2\,001x^3\sum_{k=0}^{\infty} x^k
\end{aligned}$$

所以

$$\begin{aligned}
&(1 - 3x + 6x^2 - 4x^3)G(x) \\
= &a_0 + (a_1 - 3a_0)x + (a_2 - 3a_1 + 6a_0)x^2 + 2\,001x^3\sum_{k=0}^{\infty} x^k
\end{aligned}$$

因为当 $|x|<1$ 时幂级数 $\sum\limits_{k=0}^{\infty} x^k$ 收敛于 $1/(1-x)$, 并且 $1-3x+6x^2-4x^3=(1-x)(1-2x+4x^2)=(1-x)\left((1-x)^2+3x^2\right)\neq 0$, 所以由上式推出：当 $|x|<1$ 时幂级数 $\sum\limits_{k=0}^{\infty} a_k x^k$ 收敛，并且

$$(1-3x+6x^2-4x^3)G(x)=P(x)+\frac{2\,001x^3}{1-x}$$

或者

$$G(x)=\frac{P(x)(1-x)+2\,001x^3}{(1-x)(1-3x+6x^2-4x^3)} \quad (|x|<1)$$

其中 $P(x)=a_0+(a_1-3a_0)x+(a_2-3a_1+6a_0)x^2$ 是一个 2 次整系数多项式. 又由 $1-3x+6x^2-4x^3=(1-x)(1-2x+4x^2)$, 可知

$$G(x)=\frac{P(x)(1-x)+2\,001x^3}{(1-x)^2(1-2x+4x^2)}$$

进行分部分式，并注意 $1-2x+4x^2=(1+8x^3)/(1+2x)$, 我们有

$$\begin{aligned} G(x) &= \frac{A}{1-x}+\frac{B}{(1-x)^2}+\frac{Cx+D}{1-2x+4x^2} \\ &= \frac{A}{1-x}+\frac{B}{(1-x)^2}+(Cx+D)\frac{1+2x}{1+8x^3} \end{aligned}$$

于是，当 $|x|$ 足够小时

$$G(x)=A\sum_{k=0}^{\infty}x^k+B\sum_{k=0}^{\infty}(k+1)x^k+(Cx+D)(1+2x)\sum_{k=0}^{\infty}(-2x)^{3k}$$

将表达式 $G(x)=\sum\limits_{k=0}^{\infty} a_k x^k$ 代入上式, 可以看到 a_k 将通过 A,B,C,D 和 k 表出，其中 C,D 的系数中出现 $(-2)^{3k}$, 它的的阶高于 k 的阶，而对于所有 k, $a_k>0$, 所以必然 $C=D=0$. 于是

$$\sum_{k=0}^{\infty}a_kx^k=A\sum_{k=0}^{\infty}x^k+B\sum_{k=0}^{\infty}(k+1)x^k$$

比较两边 x^0, x^1 的系数，得到

$$a_0=A+B, a_1=A+2B$$

于是 $B=a_1-a_0$, 从而 $f(n)=a_1=B+a_0=B+n$. 剩下的事是求 B. 为此注意

$$\begin{aligned} &\lim_{x\to 1}\left((1-x)^2G(x)\right) \\ =&\lim_{x\to 1}\left((1-x)^2\cdot\frac{P(x)(1-x)+2\,001x^3}{(1-x)^2(1-2x+4x^2)}\right)=\frac{2\,001}{3}=667 \end{aligned}$$

同时又有

$$\lim_{x\to 1}\left((1-x)^2G(x)\right)=\lim_{x\to 1}\left((x-1)^2\left(\frac{A}{1-x}+\frac{B}{(1-x)^2}\right)\right)=B$$

因此 $B=667$, 于是 $f(n)=667+n$. 容易验证, $f(n)$ 的这个形式确实满足题中的方程. □

8.33 设 $a_1>1$, 定义数列

$$a_{n+1}=\frac{1}{a_n}+a_1-1\quad(n\geqslant 1)$$

求 $\lim\limits_{n\to\infty}a_n$ 以及 $\lim\limits_{n\to\infty}|a_{n+1}-a_n|^{1/n}$.

解 这里给出两个解法, 其中 *解法 2* 涉及递推数列的特征方程, 对此可参见问题 **1.12** 的 **注**.

解法 1 (i) 因为 $a_1>1$, 所以

$$a_2=\frac{1}{a_1}+a_1-1=a_1-\left(1-\frac{1}{a_1}\right)<a_1$$

又由算术 – 几何平均不等式, 我们有

$$a_2=\frac{1}{a_1}+a_1-1=\left(\frac{1}{a_1}+a_1\right)-1\geqslant 2\sqrt{\frac{1}{a_1}\cdot a_1}-1=2-1=1$$

因而 $1<a_2<a_1$. 应用类似的推理, 由数学归纳法可知

$$1<a_n<a_1\quad(n\geqslant 1)$$

(ii) 考虑方程

$$r=\frac{1}{r}+a_1-1$$

并取其一个根

$$r=\frac{1}{2}\left((a_1-1)+\sqrt{(a_1-1)^2+4}\right)$$

由 $a_1>1$ 可知 $r>1$. 由题中的递推式可知

$$r-\frac{1}{r}=a_{n+1}-\frac{1}{a_n}\,(=a_1-1)\quad(n\geqslant 1)$$

因此 (注意 $a_n>1$), 当 $n\geqslant 1$ 时

$$|a_{n+1}-r|=\left|\frac{1}{a_n}-\frac{1}{r}\right|=\frac{|a_n-r|}{a_nr}<\frac{|a_n-r|}{r}$$

由此可得 $|a_n - r| < |a_{n-1} - r|/r$, 等等，于是

$$0 \leqslant |a_{n+1} - r| < \frac{|a_1 - r|}{r^n}$$

由此得到 $\lim\limits_{n\to\infty} a_n = r = \left((a_1 - 1) + \sqrt{(a_1 - 1)^2 + 4}\right)/2$.

(iii) 注意当 $n \geqslant 2$ 时

$$a_{n+1} - a_n = \left(\frac{1}{a_n} + a_1 - 1\right) - \left(\frac{1}{a_{n-1}} + a_1 - 1\right) = \frac{a_n - a_{n-1}}{a_n a_{n-1}}$$

应用数学归纳法可得

$$|a_{n+1} - a_n| = \frac{|a_1 - 1|}{a_n a_{n-1}^2 \cdots a_2^2 a_1} = \frac{a_n a_1 |a_1 - 1|}{(a_n a_{n-1} \cdots a_2 a_1)^2}$$

由 (i) 可知 $1 < a_n < a_1$, 所以

$$\lim_{n\to\infty} (a_n a_1 |a_1 - 1|)^{1/n} = 1$$

又由算术平均值数列收敛定理 (见问题 **1.2**) 以及 (ii) 中结果，我们有

$$\lim_{n\to\infty} \frac{1}{n} \sum_{k=1}^{n} \log a_k = \log r$$

由此推出

$$\lim_{n\to\infty} |a_{n+1} - a_n|^{1/n} = \frac{1}{r^2} = \frac{1}{2}\left((a_1 - 1)^2 + 2 - (a_1 - 1)\sqrt{(a_1 - 1)^2 + 4}\right)$$

解法 2 (i) 令 $b_0 = 1, b_1 = a_1$, 以及

$$b_{n+1} = (a_1 - 1)b_n + b_{n-1} \quad (n \geqslant 1)$$

那么

$$\frac{b_n}{b_{n-1}} = a_n \quad (n \geqslant 1)$$

事实上，显然 $b_1/b_0 = a_1$. 若对 $k \geqslant 1$, $b_k/b_{k-1} = a_k \ (k \geqslant 1)$ 成立，则

$$\frac{b_{k+1}}{b_k} = \frac{(a_1 - 1)b_k + b_{k-1}}{b_k} = a_1 - 1 + \frac{b_{k-1}}{b_k} = a_1 - 1 + \frac{1}{a_k} = a_{k+1}$$

于是上述结论被归纳地证明.

此外，我们还有关系式

$$b_{n+1} b_{n-1} - b_n^2 = (-1)^n (a_1 - 1) \quad (n \geqslant 1)$$

它也可用数学归纳法证明：显然有 $b_2b_0-b_1^2=-(a_1-1)$. 如果对于 $k\geqslant 1$, $b_kb_{k-2}-b_{k-1}^2=(-1)^{k-1}(a_1-1)$ 成立，则有

$$\begin{aligned}
& b_{k+1}b_{k-1}-b_k^2 \\
= & b_{k-1}\big((a_1-1)b_k+b_{k-1}\big)-b_k^2 \\
= & (a_1-1)b_kb_{k-1}+b_{k-1}^2-b_k^2 \\
= & (a_1-1)b_kb_{k-1}+\big(b_kb_{k-2}-(-1)^{k-1}(a_1-1)\big)-b_k^2 \\
= & b_k\big((a_1-1)b_{k-1}+b_{k-2}\big)+(-1)^k(a_1-1)-b_k^2 \\
= & b_k^2+(-1)^k(a_1-1)-b_k^2=(-1)^k(a_1-1)
\end{aligned}$$

因此上述关系式得证.

(ii) 依 b_n 的递推关系式，其特征方程是 $x^2-(a_1-1)x-1=0$, 它有两个不相等的实根

$$x_1=\frac{1}{2}\Big((a_1-1)+\sqrt{(a_1-1)^2+4}\Big)$$
$$x_1=\frac{1}{2}\Big((a_1-1)-\sqrt{(a_1-1)^2+4}\Big)$$

并且 $x_1>1, |x_2|<1$. 于是

$$b_n=c_1x_1^n+c_2x_2^n \quad (n\geqslant 0)$$

其中 c_1, c_2 是常数. 由初始条件 $b_0=1, b_1=a_1$ 可定出

$$c_1=\frac{x_1+1}{x_1-x_2}\neq 0, c_2=\frac{x_2+1}{x_2-x_1}$$

(但实际上在下文的计算中并不需要它们的这种表达式).

(iii) 由 (ii) 中的公式易知 $b_n\sim c_1x_1^n\ (n\to\infty)$, 因此

$$\lim_{n\to\infty}a_n=\lim_{n\to\infty}\frac{b_n}{b_{n-1}}=x_1$$

又由 (i) 的结果可知

$$a_{n+1}-a_n=\frac{b_{n+1}}{b_n}-\frac{b_n}{b_{n-1}}=\frac{b_{n+1}b_{n-1}-b_n^2}{b_nb_{n-1}}=\frac{(-1)^n(a_1-1)}{b_nb_{n-1}}$$

注意 $b_n\sim c_1x_1^n$, $b_nb_{n-1}\sim c_1^2x_1^{2n-1}\ (n\to\infty)$, 我们可得

$$\lim_{n\to\infty}|a_{n+1}-a_n|^{1/n}=\lim_{n\to\infty}|a_1-1|^{1/n}(|b_n||b_{n-1}|)^{-1/n}=\frac{1}{x_1^2}. \qquad \square$$

注 1° 在上述 解法 2 的步骤 (iii) 中，也可不借助关系式

$$b_{n+1}b_{n-1}-b_n^2=(-1)^n(a_1-1)$$

而直接应用表达式 $b_n=c_1x_1^n+c_2x_2^n$ 来计算

$$\begin{aligned}
& b_{n+1}b_{n-1}-b_n^2 \\
= \ & (c_1x_1^{n+1}+c_2x_2^{n+1})(c_1x_1^{n-1}+c_2x_2^{n-1})-(c_1x_1^n+c_2x_2^n)^2 \\
= \ & c_1^2x_1^{2n}+c_2^2x_2^{2n}+c_1c_2x_1^{n-1}x_2^{n+1}+ \\
& c_1c_2x_1^{n+1}x_2^{n-1}-c_1^2x_1^{2n}-2c_1c_2x_1^nx_2^n-c_2^2x_2^{2n} \\
= \ & c_1c_2\big(x_1^{n-1}x_2^{n+1}+x_1^{n+1}x_2^{n-1}-2x_1^nx_2^n\big)
\end{aligned}$$

由特征方程

$$x^2-(a_1-1)x-1=0$$

可知两根之积 $x_1x_2=-1$, 因此 $x_1^{n-1}x_2^{n+1}=(x_1x_2)^{n-1}x_2^2=(-1)^{n-1}x_2^2$, 等等，所以

$$b_{n+1}b_{n-1}-b_n^2=(-1)^{n-1}c_1c_2(x_1^2+x_2^2+2)$$

类似地，由特征方程可知两根之和 $x_1+x_2=a_1-1$, 并且注意 $|x_2/x_1|<1$, 可得

$$\begin{aligned}
b_nb_{n-1} &= c_1^2x_1^{2n-1}+c_2^2x_2^{2n-1}+c_1c_2(x_1^nx_2^{n-1}+x_1^{n-1}x_2^n) \\
&= c_1^2x_1^{2n-1}+c_2^2x_2^{2n-1}+(-1)^{n-1}c_1c_2(x_1+x_2) \\
&= c_1^2x_1^{2n-1}\left(1+\left(\frac{c_2}{c_1}\right)^2\left(\frac{x_2}{x_1}\right)^{2n-1}+\frac{c_2}{c_1}(-1)^{n-1}(a_1-1)\right) \\
&= c_1^2x_1^{2n-1}\big(1+O(1)\big)
\end{aligned}$$

由上述二结果立得

$$\begin{aligned}
\lim_{n\to\infty}|a_{n+1}-a_n|^{1/n} &= \lim_{n\to\infty}\left(\frac{|b_{n+1}b_{n-1}-b_n^2|}{|b_{n+1}b_{n-1}|}\right)^{1/n} \\
&= \lim_{n\to\infty}\left(\frac{c_1c_2(x_1^2+x_2^2+2)}{c_1^2x_1^{2n-1}\big(1+O(1)\big)}\right)^{1/n}=\frac{1}{x_1^2}
\end{aligned}$$

2° 关系式

$$b_{n+1}b_{n-1}-b_n^2=(-1)^n(a_1-1)$$

也可不应用数学归纳法，而直接应用表达式 $b_n=c_1x_1^n+c_2x_2^n$ 来验证：事实上，依刚才在 **1°** 中已得到的结果，继续计算

$$\begin{aligned}
b_{n+1}b_{n-1}-b_n^2 &= c_1c_2\big(x_1^{n-1}x_2^{n+1}+x_1^{n+1}x_2^{n-1}-2x_1^nx_2^n\big) \\
&= c_1c_2(x_1x_2)^{n-1}(x_1^2+x_2^2-2x_1x_2) \\
&= (-1)^{n-1}c_1c_2(x_1-x_2)^2
\end{aligned}$$

将 c_1,c_2 的表达式代入，即得

$$\begin{aligned}
b_{n+1}b_{n-1}-b_n^2 &= (-1)^{n-1}\frac{x_1+1}{x_1-x_2}\cdot\frac{x_2+1}{x_2-x_1}\cdot(x_1-x_2)^2\\
&= (-1)^{n-1}\frac{x_1+x_2+x_1x_2+1}{-(x_1-x_2)^2}\cdot(x_1-x_2)^2\\
&= (-1)^n(a_1-1-1+1)=(-1)^n(a_1-1)
\end{aligned}$$

附录1　杂题 I

提要　本附录的问题全部选自硕士生入学考试试题，总数超过 160 个，编为 20 个题组．其中题组 **I.1~I.7**(含约 70 个问题，注有 * 号) 选自 20 世纪 60 年代至 80 年代初期的一些试题，未给解答或提示；题组 **I.8~I.20**(含约 90 个问题) 是从 1984 年以来的试题中选出重新编组，并给出解答或提示 (当然，其中有些问题可能还有其他解法)．

*I.1　极限 (第一组)

I.1.1　设 ε_i 为 $0,1,-1$ 中的一些数

$$\alpha_n=\varepsilon_0\sqrt{2+\varepsilon_1\sqrt{2+\cdots+\varepsilon_n\sqrt{2}}}$$

数列 (α_n) 收敛．求证

$$\alpha_n=2\sin\left(\frac{\pi}{4}\prod_{i=0}^{n}\frac{\varepsilon_0\varepsilon_1\cdots\varepsilon_i}{2^i}\right)$$

I.1.2　求

$$\lim_{n\to\infty}\frac{1^\alpha+2^\alpha+\cdots+n^\alpha}{n^{\alpha+1}}\qquad(\alpha\geqslant 0\text{ 及 }-1<\alpha<0)$$

之值．

I.1.3　设 $a_n=n\big(n!\mathrm{e}-[n!\mathrm{e}]\big)\ (n=1,2,\cdots)$, $[x]$ 表示 $\leqslant x$ 的最大整数．求证 $\lim\limits_{n\to\infty}a_n=1$.

*I.2　微分学 (第一组)

I.2.1　求曲线族

$$y=\frac{\lambda x+1}{x-x^2}$$

的拐点轨迹，并作图．

I.2.2　设 $f(x)$ 是 $\mathbb{R}$ 上的实值连续函数．求证：$\lim\limits_{x\to+\infty}f(x)=0$ 的充要条件是对任意 $\varepsilon>0$, $\lim\limits_{n\to+\infty}f(n\varepsilon)=0$($n$ 取正整数值)．

I.2.3 讨论 $f(x) = x\cos(1/x)$ 在 $(0,\infty)$ 上的一致连续性.

I.2.4 设 $f_n(x)(n = 1, 2, \cdots)$ 是在 (a,b) 连续的函数列. 证明：若对 (a,b) 内每一点 x, 数列 $f_n(x)$ 有界，则 (a,b) 必有一个子区间 (c,d) 使函数列 $f_n(x)$ 在 (c,d) 一致有界.

I.2.5 有一函数 $f(x)$ 定义在 $[-1,1]$ 中连续，且有各阶导数

$$f(0) = f'(0) = \cdots = f^{(n)}(0) = \cdots = 0$$

问是否有 $f(x) \equiv 0$. 如是，给以证明；如不是，举一反例.

I.2.6 $f(x)$ 在 $[0,+\infty)$ 可导，且 $f(x) + f'(x) \leqslant 1$. 求证

$$\overline{\lim_{x\to\infty}} f(x) \leqslant 1$$

I.2.7 已知 $f(x)$ 及 $f'(x)$ 是 $[0,\infty)$ 上的连续函数，且

$$\lim_{x\to+\infty} \big(f(x) + f'(x)\big) = 0$$

求证

$$\lim_{x\to+\infty} f(x) = 0$$

I.2.8 若 $f(x)$ 在 $[0,+\infty)$ 内有连续导数，且 $|f'(x)| \leqslant |f(x)|, f(0) = 0$, 则 $f(x) = 0$, 试证之.

I.2.9 设 $f(x)$ 在 (a,b) 内微商存在，而且在 (a,b) 内除有限个点外 $f''(x)$ 存在非负，求证 $f'(x)$ 在 (a,b) 内连续.

I.2.10 设 $f(x)$ 在 $[0,+\infty)$ 上可微， $f(0)f'(0) \geqslant 0$, $\lim\limits_{x\to+\infty} f(x) = 0$, 求证：存在 $x_0 \geqslant 0$ 使 $f'(x_0) = 0$.

I.2.11 设函数 $f(x)$ 在 $[a,b]$ 可导， $f(a) = f(b) = 0, f'(a)\cdot f'(b) > 0$. 证明方程 $f'(x) = 0$ 在 (a,b) 内至少有两个解.

I.2.12 设 $f'(x)$ 在 $[a,b]$ 二次连续可微，对 $[a,b]$ 中每一 x, $f(x)$ 与 $f''(x)$ 同号，而 $f(x)$ 在 $[a,b]$ 的任何子区间内不恒等于零. 证明 $f(x) = 0, f'(x) = 0$ 中任一方程在 (a,b) 内的根如存在，必唯一.

I.2.13 若函数 $f(x)$ 在 $[a,b]$ 内连续， $a < x_1 < x_2 < \cdots < x_n < b$, 则在 $[x_1, x_n]$ 内必有一点 ξ 使

$$f(\xi) = \frac{1}{n}\big(f(x_1) + f(x_2) + \cdots + f(x_n)\big)$$

I.2.14 设 $f(x)=a_1\sin x+a_2\sin 2x+\cdots+a_n\sin nx$, 且 $|f(x)|\leqslant|\sin x|$, 则 $|a_1+2a_2+\cdots+na_n|\leqslant 1$.

I.2.15 设 $f(x)$ 满足

$$-\infty<a\leqslant f(x)\leqslant b<+\infty \quad (\text{当 } a\leqslant x\leqslant b)$$

并且对任意 $x_1,x_2\in[a,b]$ 有

$$|f(x_1)-f(x_2)|\leqslant M|x_1-x_2|$$

其中 M 是常数, $0<M<1$. 令

$$f_1(x)=f(x), f_{n+1}(x)=f\big(f_n(x)\big) \quad (n=1,2,\cdots)$$

证明: 对于任意 $x\in[a,b]$, 极限

$$\lim_{n\to\infty}f_n(x)=\lambda$$

存在, 且满足

$$\lambda=f(\lambda)$$

*I.3 微分学 (第二组)

I.3.1 $g(u)$ 在 $a\leqslant u\leqslant b$ 中有连续导数, 试证由

$$g(u_2)-g(u_1)=h(u_1,u_2)(u_1-u_2)$$

所定义的函数在 $a\leqslant u_1,u_2\leqslant b$ 中连续, 并确定 $h(u_1,u_2)$.

I.3.2 设 $u=u(x,y), v=v(x,y)$ 在全平面上连续, 且 $u_xv_y\neq u_yv_x$ 处处成立. 又当 $x^2+y^2\to\infty$ 时, $u^2+v^2\to\infty$. 则对任意二数 a,b 有

$$u(x,y)=a, v(x,y)=b$$

恒有解.

I.3.3 设 $z=x^nf(y/x^2)$, 则

$$x\frac{\partial z}{\partial x}+2y\frac{\partial z}{\partial y}=nz$$

I.3.4 设有二曲线 $f(x,y)=0, G(x,y)=0$, 二者正交, 求证在交点处 $F_xG_x+F_yG_y=0$.

*I.4 积分学 (第一组)

I.4.1 证明

$$\int_0^{2\pi} \frac{\mathrm{d}\theta}{2+\cos\theta} = \frac{2\sqrt{3}\pi}{3}$$

I.4.2 计算

$$\int_1^{16} \arctan\sqrt{\sqrt{x}-1}\,\mathrm{d}x$$

I.4.3 求证

$$\int_0^{\pi} T(a\cos\theta + b\sin\theta)\mathrm{d}\theta = \int_0^{\pi} T(\sqrt{a^2+b^2}\cos t)\mathrm{d}t$$

其中 $T(u)$ 是对于 $|u| \leqslant \sqrt{a^2+b^2}$ 连续的函数.

I.4.4 证明积分

$$\int_0^{\infty} \frac{\mathrm{d}x}{(1+x^2)\sin^{2/3} x}$$

有意义.

I.4.5 讨论积分

$$I(t) = \int_0^{\infty} \frac{\mathrm{e}^{-x} - \mathrm{e}^{-2tx}}{x}\mathrm{d}x \quad (t>0)$$

的存在性, 并求出积分值.

I.4.6 计算

$$\int_0^{\infty} \frac{x^{-\alpha}\mathrm{d}x}{1+2x\cos\lambda + x^2} \quad (|\alpha|<1, |\lambda|<\pi)$$

I.4.7 求定积分

$$\int_0^{\infty} \frac{\log x}{1+\mathrm{e}^{\sqrt{2}x}}\mathrm{d}x$$

I.4.8 求积分

$$\int_0^{\infty} \frac{\cos 2x - \mathrm{e}^{-\beta x^2}}{x^2}\mathrm{d}x$$

I.4.9 求证

$$\int_0^{\infty} \frac{\sin 2y}{x(x^2+y^2)}\mathrm{d}x = \frac{\pi}{2y^2}(1-\mathrm{e}^{-y})$$

I.4.10 证明

$$\lim_{\lambda\to+\infty} \int_{-\pi}^{\pi} \sin^2 \lambda x\,\mathrm{d}x = \pi$$

以及

$$\lim_{\lambda\to+\infty}\int_0^{\pi}\frac{\sin x\cos\lambda x}{x^{2/3}}\mathrm{d}x=0$$

I.4.11 求证

$$\int_{-\infty}^{\infty}\frac{x^4+1}{x^6+1}\mathrm{d}x=\frac{4}{3}\pi$$

I.4.12 求证

$$\int_0^{\pi/2}\log\frac{1+k\sin\theta}{1-k\sin\theta}\cdot\frac{\mathrm{d}\theta}{\sin\theta}=\pi\arcsin k\quad(|k|<1)$$

I.4.13 设 $N>0$, 求证

$$\int_0^N\sum_{n=1}^{\infty}\frac{1}{\sqrt[3]{\prod_{k=0}^{n}\left(x-(n+k)\right)^2}}\mathrm{d}x$$

$$=\sum_{n=1}^{\infty}\int_0^N\frac{\mathrm{d}x}{\sqrt[3]{\prod_{k=0}^{n}\left(x-(n+k)\right)^2}}$$

I.4.14 计算

$$\int_0^1 x^n\log x\mathrm{d}x\quad(n=0,1,2,\cdots)$$

从而证明

$$\int_0^1\frac{\log x}{1-x^2}\mathrm{d}x=-\sum_{n=0}^{\infty}\frac{1}{(2n+1)^2}$$

I.4.15 作函数序列 $f_n(x)=4^n\left(x^{2^n}-x^{2^{n+1}}\right)$ 及

$$I_n(\alpha)=\int_0^{\alpha}f_n(x)\mathrm{d}x\quad(0\leqslant\alpha\leqslant1)$$

求证:

(i) $n\to\infty$ 时, $I_n(\alpha)$ 在 $0\leqslant\alpha\leqslant\alpha_0\,(0<\alpha_0<1)$ 上一致收敛;

(ii) $\lim_{n\to\infty}I_n(1)=\infty$.

I.4.16 已知

$$f(x)=\int_0^{\infty}\frac{\mathrm{e}^{-xt^2}}{1+t^2}\mathrm{d}t\quad(x\geqslant0)$$

证明

$$f(x)-f'(x)=\frac{1}{\sqrt{x}}\int_0^{\infty}\mathrm{e}^{-u^2}\mathrm{d}u$$

I.4.17 设 $f(x)$ 在 $(-\infty,+\infty)$ 连续有界，证明：

(i) 对任意 $x\in(-\infty,+\infty), y>0$, 广义积分

$$\frac{1}{\pi}\int_{-\infty}^{+\infty}\frac{f(t)y}{(x-t)^2+y^2}\mathrm{d}t$$

绝对收敛.

(ii) 对任意 $x\in(-\infty,+\infty)$, 有

$$\lim_{y\to0+}\frac{y}{\pi}\int_{-\infty}^{+\infty}\frac{f(t)}{(x-t)^2+y^2}\mathrm{d}t=f(x)$$

I.4.18 设

$$f(x)=\begin{cases}1-x^2 & (|x|\leqslant 1)\\ 0 & (|x|>1)\end{cases}$$

试计算

$$\lim_{\lambda\to\infty}\int_a^b f(x)\frac{\sin\lambda x}{x}\mathrm{d}x\quad(b>a)$$

*I.5 积分学 (第二组)

I.5.1 计算

$$\iiint\limits_V\frac{a-z}{\left(x^2+y^2+(a-z)^2\right)^{3/2}}\mathrm{d}x\mathrm{d}y\mathrm{d}z$$

其中 V 为 $x^2+y^2\leqslant c^2, |z|\leqslant H$.

I.5.2 求

$$\iint\limits_D \mathrm{e}^{(x-y)/(x+y)}\mathrm{d}x\mathrm{d}y$$

D 由 $x=0, y=0, x+y=1$ 围成.

I.5.3 设 S 为 $x^2+y^2+z^2=R^2$ 被 $x^2+y^2=ax\,(0<a\leqslant R)$ 所截部分，求 $\iint\limits_S z^2\mathrm{d}\sigma$(当 $a<R$ 时用级数表示此值).

I.5.4 求

$$I=\iint\limits_S(x^2+y^2)\mathrm{d}\sigma$$

其中 S 为 $x^2+y^2+z^2=1$ 上之球面三角形，以 $(0,1,0), (0,0,1), (1/\sqrt{2},0,1/\sqrt{2})$ 为顶点.

I.5.5 在 $z=0$ 平面上，已知曲线 $x=\mathrm{e}^y\ (0\leqslant y\leqslant d)$ 绕 x 轴旋转所得的曲面 S, 用最简单的方法求积分

$$I=\iint_S 2(1-x^2)\mathrm{d}y\mathrm{d}z+8xy\mathrm{d}z\mathrm{d}x-4xz\mathrm{d}x\mathrm{d}y$$

I.5.6 设 V 为圆柱 $x^2+y^2\leqslant 1, |z|\leqslant 1, S$ 为其表面. 求曲面积分

$$\iint_S (x^5z^{2n}+a)\mathrm{d}y\mathrm{d}z+(y^5z^{2n}+b)\mathrm{d}z\mathrm{d}x+\left(\frac{10x^2y^2z^2}{2n+1}+c\right)\mathrm{d}x\mathrm{d}y$$

I.5.7 求证曲面积分

$$\iint_S f(ax+by+cz)\mathrm{d}\sigma=2\pi\int_{-1}^1 f(t)\mathrm{d}t$$

其中 S 是球面

$$x^2+y^2+z^2=1$$

而 (a,b,c) 为 S 上一点.

I.5.8 设给定展布于以曲线 Γ 为边界之曲面 S 上的曲面积分

$$\iint (1-x^2)\phi(x)\mathrm{d}y\mathrm{d}z+4xy\phi(x)\mathrm{d}z\mathrm{d}x-4xz\mathrm{d}x\mathrm{d}y$$

试确定函数 $\phi(x)$ 使此积分之值仅与 Γ 有关而与 S 无涉.

I.5.9 令

$$J=\iint_S (1+x^2)\varphi(x)\mathrm{d}y\mathrm{d}z+2xy\varphi(x)\mathrm{d}z\mathrm{d}x-3z\mathrm{d}x\mathrm{d}y$$

(i) 试决定 $\varphi(x)$, 使 J 只依赖于曲面 S 的边界 C, 而与 S 无关.

(ii) 在 (i) 中设 $\varphi(0)=0$, 求证 $\iint_S=\int_C$.

I.5.10 计算曲线积分

$$\int_{AMB}\big(\varphi(y)\mathrm{e}^x-my\big)\mathrm{d}x+\big(\varphi'(x)\mathrm{e}^x-m\big)\mathrm{d}y$$

式中 $\varphi(y)$ 和 $\varphi'(y)$ 为连续函数, AMB 为联结点 $A(0,y_1)$ 和点 $B(0,y_2)$ 的任意路径, 但与线段 AB 围成的闭曲线 $AMBA$ 的面积为已知数 s.

I.5.11 求函数

$$f(x,y,z)=x^2+y^2+z^2$$

在区域

$$x^2+y^2+z^2 \leqslant x+y+z$$

内的平均值.

*I.6 级数 (第一组)

I.6.1 讨论级数

$$\sum_{n=1}^{\infty}\left(n^{1/(n^2+1)}-1\right)$$

的收敛性.

I.6.2 设 $\lim\limits_{n\to\infty} a_n = l$, 则级数 $\sum\limits_{n=1}^{\infty} 1/n^{a_n}$ 当 $l>1$ 时收敛; 当 $l<1$ 时发散. $l=1$ 时会有什么结论?

I.6.3 判断下列级数是否收敛:

(i) $\sum\limits_{n=1}^{\infty} \sin\dfrac{x}{n}(0<x<\pi)$;

(ii) $\sum\limits_{n=1}^{\infty}\left(1-\cos\dfrac{x}{n}\right)$.

I.6.4 证明级数

$$\sum_{n=0}^{\infty}\frac{1}{2n+1}\left(\frac{x-1}{x+1}\right)^{2n+1}$$

在 $(0,\infty)$ 收敛, 并证明它的和函数在 $(0,\infty)$ 连续.

I.6.5 判断下列两个级数在 $(-\infty,+\infty)$ 内是否收敛? 是否一致收敛?

$$\sum_{n=1}^{\infty}\frac{x^2}{(1+x^2)^n},\sum_{n=1}^{\infty}\frac{1}{\sqrt{n}}\sin nx\sin n^2x$$

I.6.6 研究下列幂级数的收敛区间

$$\sum_{n=1}^{\infty}\left(\frac{1^2}{0^1+1^2}\right)\left(\frac{2^3}{1^2+2^3}\right)\left(\frac{3^4}{2^3+3^4}\right)\cdots\left(\frac{n^{n+1}}{(n-1)^n+n^{n+1}}\right)\left(\frac{x}{2}\right)^n$$

I.6.7 判断二重级数

$$\sum_{k=1}^{\infty}\sum_{n=2}^{\infty}\frac{1}{(k^2+n^2)\log^2 n}$$

是否收敛? 并给出证明.

*I.7 杂题 (第一组)

I.7.1 令

$$P(x)=\int_0^{\infty}\frac{\mathrm{e}^{-tx}}{1+t^2}\mathrm{d}t \quad (x>0)$$

$$Q(x)=\int_0^{\infty}\frac{\sin t}{t+x}\mathrm{d}t \quad (x\geqslant 0)$$

求证

$$\frac{\mathrm{d}^2y}{\mathrm{d}x^2}+y=\frac{1}{x}$$

从而证明 $P\equiv Q$.

I.7.2 设 $f(x)$ 在 $[a,+\infty)$ 中连续, $f(x)\geqslant 0, \int_0^{+\infty}f(x)\mathrm{d}x$ 收敛, 问是否有

$$\lim_{x\to+\infty}f(x)=0$$

I.7.3 设 $f(x)$ 为正值函数, 则

$$\varphi(x)=\frac{\int_0^x tf(t)\mathrm{d}t}{\int_0^x f(t)\mathrm{d}t}$$

是增函数 (当 $x\geqslant 0$).

I.7.4 设 $f(x)$ 为 $[a,b]$ 上的连续函数, 适合

$$\int_a^b x^n f(x)\mathrm{d}x=0 \quad (n=0,1,2,\cdots)$$

求证 $f(x)\equiv 0\,(a\leqslant x\leqslant b)$.

I.7.5 设函数 $f(x)$ 在 $[0,+\infty)$ 上不减, 对于任何 $T>0, f(x)$ 在 $[0,T]$ 上是可积的, 并且有

$$\lim_{x\to\infty}\frac{1}{x}\int_0^x f(t)\mathrm{d}t=C$$

证明

$$\lim_{x\to\infty}f(x)=C$$

I.7.6 若 $f(x)$ 在 $[0,1]$ 上连续且 >0, 则

$$\int_0^1 f(x)\mathrm{d}x\int_0^1\frac{\mathrm{d}x}{f(x)}\geqslant 1$$

I.7.7 证明不等式

$$\left(\int_0^u \mathrm{e}^{-x^2/2}\mathrm{d}x\right)^2>\frac{\pi}{2}\left(1-\mathrm{e}^{-u^2/2}\right)$$

I.7.8 求函数

$$f(x)=\int_0^x \frac{3t+1}{t^2-t+1}\mathrm{d}t$$

在区间 $[0,1]$ 上的最大值和最小值.

I.7.9 若有 n 个方程 $(n>2)$

$$a_ix+b_iy=d_i \quad (1\leqslant i\leqslant n)$$

而 $a_1b_2\neq b_1a_2$, 且从头两个方程解出的 x,y 不满足其余的方程. 为此，试求 x,y 使

$$\sum_{i=1}^{n}(a_ix+b_iy-d_i)^2$$

最小.

I.7.10 如果 $f(x)$ 为在 $[0,2\pi]$ 上有 $r(\geqslant 2)$ 阶连续导数的实函数，各阶导数都有周期为 2π, 并且 $|f^{(r)}(x)|<C$. 令奇数 $n=2m+1, f(x)$ 的三角插值函数为

$$S_n(x)=\frac{a_0'}{2}+\sum_{k=1}^{m}(a_k'\cos kx+b_k'\sin kx)$$

并满足

$$S_n\left(\frac{2\pi l}{n}\right)=f\left(\frac{2\pi l}{n}\right) \quad (l=0,1,2,\cdots,n-1)$$

证明

$$|f(x)-S_n(x)|<\frac{4C}{(r-1)m^r}$$

I.8 极限 (第二组)

I.8.1 求出数列

$$\frac{1}{2}+(-1)^n\frac{n}{n+1} \quad (n\in\mathbb{N})$$

的全部极限点.

I.8.2 求极限

$$\lim_{x\to+\infty}\left(\sqrt{x+\sqrt{x+\sqrt{x^{\alpha}}}}-\sqrt{x}\right) \quad (0<\alpha<2)$$

I.8.3 求极限

$$\lim_{x\to 0}\frac{x}{1-\mathrm{e}^{-x^2}}\int_0^x \mathrm{e}^{-t^2}\mathrm{d}t$$

I.8.4 计算

$$\lim_{x\to 0}\frac{\int_0^{\sin^2 x}\ln(1+t)\mathrm{d}t}{\sqrt{1+x^4}-1}$$

I.8.5 求极限

$$\lim_{x\to\infty}\left(\frac{1}{x}\cdot\frac{a^x-1}{a-1}\right)^{1/x}\quad (a>0,a\neq 1)$$

I.8.6 已知

$$\lim_{x\to 0}(1+x)^{c/x}=\int_{-\infty}^{c}t\mathrm{e}^t\mathrm{d}t$$

求 c.

I.8.7 (i) 计算

$$\lim_{x\to\infty}\left(\frac{1}{x}+2^{1/x}\right)^x$$

(ii) 计算

$$\lim_{n\to\infty}\int_0^1\ln(1+x^n)\mathrm{d}x$$

(iii) 证明极限

$$\lim_{x\to 0}\left(\frac{2-\mathrm{e}^{1/x}}{1+\mathrm{e}^{2/x}}+\frac{x}{|x|}\right)$$

存在, 并求其值.

I.8.8 设 $f(x,y)=2\mathrm{e}^{x^2y}-\mathrm{e}^x-\mathrm{e}^{-x}$.

(i) 求 $\lim\limits_{x\to 0}f(x,y)/x^2$.

(ii) 证明：当 $x\in(-\infty,+\infty),y\in[1/2,+\infty)$ 时， $f(x,y)\geqslant 0$.

(iii) 证明：当 $y<1/2$ 时，不可能对所有实数 $x,f(x,y)\geqslant 0$.

I.8.9 设函数 $y=y(x)$ 由方程 $x^3+y^3+xy-1=0$ 确定，求

$$\lim_{x\to 0}\frac{3y+x-3}{x^3}$$

I.8.10 设 $a_k>0(k=1,2,\cdots)$, 且

$$\lim_{n\to\infty}\frac{a_n}{\sum\limits_{k=1}^{n}a_k}=\rho\quad (0<\rho<1)$$

求证

$$\lim_{n\to\infty}\sqrt[n]{a_n}=\frac{1}{1-\rho}$$

I.9 微分学 (第三组)

I.9.1 判断函数

$$\phi(x)=\int_x^1\left(\int_x^1\frac{u-v}{(u+v)^3}\mathrm{d}u\right)\mathrm{d}v\quad(0\leqslant x\leqslant 1)$$

在 $x=0$ 及 $x=1$ 处的连续性.

I.9.2 设 $f(x)$ 是 $[a,b]$ 上的连续函数，令

$$F(x)=\int_a^b f(y)|x-y|\mathrm{d}y\quad(a<x<b)$$

求 $F''(x)$.

I.9.3 设 $y=y(x)$ 由

$$x=\int_0^y\frac{\mathrm{d}t}{\sqrt{1+4t^2}}$$

定义，求 $y'''-4y'$.

I.9.4 设 $a>1$, 证明：函数

$$f(x)=\begin{cases}x^a, & \text{当 } x \text{ 为有理数}\\ 0, & \text{当 } x \text{ 为无理数}\end{cases}$$

仅在点 $x=0$ 可导.

I.9.5 设

$$f(x)=\begin{cases}\sqrt{|x|}, & \text{当 } x\neq 0\\ 1, & \text{当 } x=0\end{cases}$$

则不存在一个函数以 $f(x)$ 为其导数.

I.9.6 设 f 是二次连续可微函数， $f(0)=0$, 定义函数

$$g(x)=\begin{cases}f'(0), & \text{当 } x=0\\ \dfrac{f(x)}{x}, & \text{当 } x\neq 0\end{cases}$$

证明 g 连续可微.

I.9.7 设函数 $f(x)$ 在 $x=0$ 连续，并且

$$\lim_{x\to 0}\frac{f(2x)-f(x)}{x}=A$$

求证：$f'(0)$ 存在，并且 $f'(0)=A$.

I.9.8 令

$$f(x)=\begin{cases}x^2\sin\dfrac{1}{x}, & 当\ x\neq 0\\ 0, & 当\ x=0\end{cases}$$

求 $f'(0)$, 并证明 $f'(x)$ 在 $x=0$ 不连续.

I.9.9 设 $f(x,y)=\phi(|xy|)$, 其中 $\phi(0)=0$, 并且 $\phi(u)$ 在 $u=0$ 的某个邻域中满足 $|\phi(u)|\leqslant|u|^\alpha\,(\alpha>1/2)$. 证明：$f(x,y)$ 在 $(0,0)$ 处可微，但函数 $g(x,y)=\sqrt{|xy|}$ 在 $(0,0)$ 处不可微.

I.10 微分学 (第四组)

I.10.1 设 $\mathbb{R}$ 上的函数 $f(x)$ 具有下列性质：对于任何 $x\in\mathbb{R}$, 存在 $\varepsilon=\varepsilon(x)>0$, 使 $f(x)$ 在区间 $(x-\varepsilon,x+\varepsilon)$ 上严格单调增加，则 $f(x)$ 是 $\mathbb{R}$ 上的严格单调增加函数.

I.10.2 设 $f(x)$ 是 $(0,\infty)$ 上的有界连续函数，并设 $r_1,r_2,\cdots$ 是任意给定的无穷正实数列，试证存在无穷正实数列 $x_1,x_2,\cdots$, 使得

$$\lim_{n\to\infty}\big(f(x_n+r_n)-f(x_n)\big)=0$$

I.10.3 设 $f(x)$ 在区间 $(-a,a)$ 上无限次可微，并设序列 $f^{(n)}(x)(n\in\mathbb{N})$ 在 $(-a,a)$ 上一致收敛，且 $\lim\limits_{n\to\infty}f^{(n)}(0)=1$. 求 $\lim\limits_{n\to\infty}f^{(n)}(x)$.

I.10.4 设函数列 $f_n(x)\,(n\geqslant 0)$ 在区间 I 上一致收敛，而且对每个 $n\geqslant 0$, $f_n(x)$ 在 I 上有界. 证明 $f_n(x)\,(n\geqslant 0)$ 在 I 上一致有界，亦即存在常数 $M>0$ 使对所有 $n\geqslant 0$ 及 $x\in I$ 有 $|f_n(x)|\leqslant M$.

I.10.5 (i) 设 $f(x)$ 是定义在 $(0,+\infty)$ 上的实值函数，$f''(x)$ 存在. 已知当 $x>0$ 时 $|f(x)|\leqslant A, |f''(x)|\leqslant B$, 其中 A 和 B 是正的常数. 证明：对所有 $x>0$, 有 $|f'(x)|\leqslant 2\sqrt{AB}$.

(ii) 设函数 $f(x)$ 在 $\mathbb{R}$ 上二阶可导，记

$$M_k=\sup_{x\in\mathbb{R}}|f^{(k)}(x)|\quad(k=0,1,2)$$

如果 M_0,M_2 均有限，且 $M_2>0$, 证明 $M_1\leqslant\sqrt{2M_0M_2}$.

I.10.6 设 $f''(x)<0$(当 $x\geqslant 0$),$f(0)=0$, 则对任何 $x_1>0,x_2>0$, 有 $f(x_1+x_2)<f(x_1)+f(x_2)$.

I.10.7 设 f 是 $(0,\infty)$ 上具有二阶连续导数的正函数, 且 $f' \leqslant 0, f''$ 有界, 则 $\lim\limits_{t\to\infty} f'(t) = 0$.

I.10.8 设函数 $f(x)$ 在 $[0,\infty)$ 内有界可微, 试问下列两个命题中哪个必定成立 (要说明理由), 哪个不成立 (可由反例说明):

(i) $\lim\limits_{x\to\infty} f(x) = 0 \Rightarrow \lim\limits_{x\to\infty} f'(x) = 0$.

(ii) $\lim\limits_{x\to\infty} f'(x)$ 存在 $\Rightarrow \lim\limits_{x\to\infty} f'(x) = 0$.

I.10.9 设 $f(x)$ 在区间 $[a,b]$ 上可导, 并且 $f'_+(a)f'_-(b) < 0$(此处 $f'_+(a)$ 和 $f'_-(b)$ 分别表示 f 在 a 和 b 处的右导数和左导数), 则存在 $c \in (a,b)$ 使得 $f'(c) = 0$.

I.10.10 设函数 $f(x)$ 在区间 $[a,b]$ 上连续, 有有限的导函数 $f'(x)$, 并且不是线性函数, 则至少存在一点 $\xi \in (a,b)$, 使

$$|f'(\xi)| > \left|\frac{f(b)-f(a)}{b-a}\right|$$

I.10.11 设函数 $f(x)$ 在含有 $[a,b]$ 的某个开区间内二次可导, 而且 $f'(a) = b'(b) = 0$, 则存在 $\xi \in (a,b)$ 使得

$$|f''(\xi)| \geqslant \frac{4}{(b-a)^2}|f(a)-f(b)|$$

I.11 积分学 (第三组)

I.11.1 设 $f(x)$ 在 $[0,1]$ 上连续, 求证

$$n\int_0^1 x^n f(x)\mathrm{d}x \to f(1) \quad (n \to +\infty)$$

I.11.2 设 $f(x)$ 是实值连续函数, 当 $x \geqslant 0$ 时 $f(x) \geqslant 0$, 并且 $\int_0^\infty f(x)\mathrm{d}x < \infty$, 则

$$\lim_{n\to\infty}\frac{1}{n}\int_0^n xf(x)\mathrm{d}x = 0$$

I.11.3 设 $p > 0$ 是常数, 证明

$$\lim_{n\to\infty}\int_n^{n+p}\frac{\mathrm{d}x}{\sqrt{x^2+1}} = 0$$

I.12 积分学 (第四组)

I.12.1 判断积分

$$\int_0^\infty \frac{\mathrm{d}x}{1+x^\beta \sin^2 x}$$

的收敛性.

I.12.2 讨论积分

$$\int_1^{+\infty}\frac{\mathrm{d}x}{x^p(\log x)^q}$$

的收敛性.

I.12.3 设 p, q 是两个实数，讨论积分

$$\int_\pi^{+\infty}\frac{x\cos x}{x^p+x^q}\mathrm{d}x$$

的敛散性.

I.12.4 设 $\alpha\geqslant 0$, 证明

$$\int_0^\infty\frac{\mathrm{d}x}{(1+x^2)(1+x^\alpha)}=\frac{\pi}{4}$$

I.12.5 已知 $\sum\limits_{n=1}^{\infty}1/n^2=\pi^2/6$, 求

$$I=\int_0^\infty\frac{\mathrm{d}x}{x^3(\mathrm{e}^{\pi/x}-1)}$$

I.12.6 求

$$I=\int_0^{\pi/2}\frac{\cos^2 x}{\sin x+\cos x}\mathrm{d}x$$

I.13 积分学 (第五组)

I.13.1 求积分

$$\iint\limits_{|x|+|y|\leqslant 1}|xy|\mathrm{d}x\mathrm{d}y$$

I.13.2 应用极坐标 (或其他方法) 计算积分

$$J=\iint\limits_D \mathrm{e}^{y/(x+y)}\mathrm{d}x\mathrm{d}y$$

其中 D 是平面上由直线 $x=0, y=0$ 及 $x+y=1$ 所围成的区域.

I.13.3 求曲线 $r(1+\cos\theta)=a$ 与直线 $\theta=0$ 及 $\theta=2\pi/3$ 所围成的图形的面积.

I.13.4 求曲面

$$\frac{x^2}{a^2}+\frac{y^2}{b^2}+\frac{z^2}{c^2}=1\quad(a>b>c>0)$$

被平面 $lx + my + nz = 0$ 所截得的截面面积.

I.14 积分学 (第六组)

I.14.1 计算

$$J = \iiint_V (x^3 + y^3 + z^3)\mathrm{d}x\mathrm{d}y\mathrm{d}z$$

其中 V 表示曲面 $x^2 + y^2 + z^2 - 2a(x + y + z) + 2a^2 = 0$(其中 $a > 0$) 所围成的区域.

I.14.2 计算积分

$$\iiint_V \frac{z}{\sqrt{x^2 + y^2}}\mathrm{d}v$$

其中 V 是平面图形

$$D = \{(x, y, z) \mid x = 0, y \geqslant 0, z \geqslant 0, y^2 + z^2 \leqslant 1, 2y - z \leqslant 1\}$$

绕 z 轴旋转一周所生成的立体.

I.14.3 计算下列曲面所界的体积

$$\left(\frac{x^2}{a^2} + \frac{y^2}{b^2} + \frac{z^2}{c^2}\right)^2 = \frac{x}{h}$$

I.14.4 设 $\alpha < \beta$. 求下列曲面围成的立体体积

$$x^2 + y^2 + z^2 = 2az$$
$$x^2 + y^2 = z^2 \tan^2 \alpha$$
$$x^2 + y^2 = z^2 \tan^2 \beta$$

I.14.5 求曲面

$$\left(\frac{x^2}{a^2} + \frac{y^2}{b^2} + \frac{z^2}{c^2}\right)^n = z^{2n-1} \quad (n\text{ 为正整数 }, a, b, c > 0)$$

所围成的立体体积.

I.14.6 求曲面 $(x^2 + y^2 + z^2)^3 = a^3 xyz\,(a > 0)$ 所围成的立体体积.

I.14.7 求满足

$$(x^2 + y^2 + z^2 + 8)^2 \leqslant 36(x^2 + y^2)$$

的点 (x, y, z) 所形成的区域的体积.

I.15 积分学 (第七组)

I.15.1 计算曲线积分

$$I = \int_C (x^2 + y^2) \mathrm{d}s$$

其中 C

$$\begin{cases} x^2 + y^2 + z^2 = a^2 \quad (a > 0) \\ x + y + z = 0 \end{cases}$$

I.15.2 计算积分

$$I = \oint_C \left((x+1)^2 + (y-2)^2\right) \mathrm{d}s$$

其中 C 表示曲面 $x^2 + y^2 + z^2 = 1$ 与 $x + y + z = 1$ 的交线.

I.15.3 设 $f(0) = 1, f'(x)$ 连续, 求函数 $f(x)$ 使积分

$$\int_L \left(f'(x) + 6f(x)\right) y \mathrm{d}x + 2f(x) \mathrm{d}y$$

与路径 L 无关, 并计算

$$I = \int_{(0,0)}^{(1,1)} \left(f'(x) + 6f(x)\right) y \mathrm{d}x + 2f(x) \mathrm{d}y$$

I.15.4 应用 Green 公式计算积分

$$I = \int_L \frac{\mathrm{e}^x (x \sin y - y \cos y) \mathrm{d}x + \mathrm{e}^x (x \cos y + y \sin y) \mathrm{d}y}{x^2 + y^2}$$

其中 L 是包围原点的简单光滑闭曲线, 逆时针方向.

I.15.5 设 $\boldsymbol{n}$ 是平面区域 D 的正向边界线 C 的外法向, 则

$$\oint_C \frac{\partial u}{\partial n} \mathrm{d}s = \iint_D \left(\frac{\partial^2 u}{\partial x^2} + \frac{\partial^2 u}{\partial y^2}\right) \mathrm{d}x \mathrm{d}y$$

I.15.6 计算积分

$$\iint_\Sigma |xyz| \mathrm{d}S$$

其中 Σ 为曲面 $z = x^2 + y^2$ 夹在平面 $z = 1$ 和 $z = 0$ 之间的部分.

I.15.7 求曲面 $z^2 = x^2 + y^2$ 夹在两曲面 $x^2 + y^2 = y$ 与 $x^2 + y^2 = 2y$ 之间的那部分的面积.

I.15.8 设曲线 $\Gamma: x^2/a^2+y^2/b^2=1$ 的周长和所围的面积分别是 L 和 S, 还令

$$J=\oint_{\Gamma}(b^2x^2+2xy+a^2y^2)\mathrm{d}s$$

则 $J=S^2L/\pi^2$.

I.16 级数 (第二组)

I.16.1 设 $a_n\in\mathbb{R}(n=1,2,\cdots)$, $\sum\limits_{n=1}^{\infty}a_n/n^2$ 收敛, 则

$$\lim_{n\to\infty}\frac{1}{n}\sum_{k=1}^{n}\frac{a_k}{k}=0$$

I.16.2 设 $\sum\limits_{k=1}^{\infty}a_k<+\infty$, 则

$$\lim_{n\to\infty}\frac{1}{n}\sum_{k=1}^{n}ka_k=0$$

(注：原题中设 $a_k\geqslant 0\,(k\geqslant 1)$, 现删除.)

I.16.3 设 $p_n(n=1,2,\cdots)$ 是正实数列, 如果级数 $\sum\limits_{n=1}^{\infty}1/p_n$ 收敛, 那么级数

$$\sum_{n=1}^{\infty}\frac{n^2}{(p_1+p_2+\cdots+p_n)^2}p_n$$

也收敛.

I.16.4 设幂级数 $\sum\limits_{n=0}^{\infty}a_nx^n$ 的系数

$$a_0=1,a_1=-7,a_2=-1,a_3=-43$$

并且满足关系式

$$a_{n+2}+c_1a_{n+1}+c_2a_n=0\quad(n\geqslant 0)$$

其中 c_1,c_2 是常数. 求 a_n 的一般表达式、级数的收敛半径以及级数的和.

I.16.5 (i) 设

$$f(x)=\begin{cases}\dfrac{(\pi-1)x}{2}, & \text{当 } 0\leqslant x\leqslant 1\\ \dfrac{\pi-x}{2}, & \text{当 } 1<x<\pi\end{cases}$$

并且 $f(-x)=-f(x)$(当 $-\pi<x<0$). 求 $f(x)$ 在 $(-\pi,\pi)$ 中的 Fourier 展开.

(ii) 求级数 $\sum\limits_{n=1}^{\infty}\sin^2 n/n^4$ 的和.

I.16.6 设 $a_{mn}\geqslant 0\,(m,n\geqslant 1)$, 并且对于每个固定的 n, $a_{mn}\uparrow a_n\,(m\to\infty)$, 证明

$$\lim_{m\to\infty}\sum_{n=1}^{\infty}a_{mn}=\sum_{n=1}^{\infty}a_n$$

I.17 极值

I.17.1 求函数 $f(x,y)=(x+1)^y$ 在区域 $D:0\leqslant x\leqslant 2,0\leqslant y\leqslant 2$ 上的最大值和最小值.

I.17.2 求函数

$$f(x,y)=2(y-x^2)^2-\frac{x^7}{7}-y^2$$

的极值, 并证明：在过点 $(0,0)$ 的直线上，点 $(0,0)$ 是直线上函数的极小值点.

I.17.3 求由下式定义的变量 x 和 y 的隐函数 z 的极值

$$x^2+y^2+z^2-2x+2y-4z-10=0$$

I.17.4 在区间 $[0,1]$ 内用线性函数 $ax+b$ 近似代替函数 x^2, 使得平方误差

$$\varDelta=\int_0^1|x^2-(ax+b)|^2\mathrm{d}x$$

为最小, 试确定函数 $ax+b$.

I.17.5 求两曲面 $x+2y=1$ 和 $x^2+2y^2+z^2=1$ 的交线上距原点最近的点.

I.17.6 过抛物线 $y=x^2$ 上的一点 (a,a^2) 作切线，求 a 使得该切线与另一抛物线 $y=-x^2+4x-1$ 所围成的图形的面积最小，并求出最小面积的值.

I.17.7 设 V 是由椭球面

$$\frac{x^2}{a^2}+\frac{y^2}{b^2}+\frac{z^2}{c^2}=1$$

的切面和三个坐标平面所围成的区域的体积，求 V 的最小值.

I.17.8 求数列

$$1,\sqrt{2},\sqrt[3]{3},\cdots,\sqrt[n]{n}$$

中最大的一个数.

I.18 不等式

I.18.1 若 $\lambda=\sum\limits_{k=1}^{n}1/k$, 则 $\mathrm{e}^{\lambda}>n+1$.

I.18.2 证明

$$\frac{2n}{3}\sqrt{n}<\sum_{k=1}^{n}\sqrt{k}<\left(\frac{2n}{3}+\frac{1}{2}\right)\sqrt{n}\quad(n\geqslant 1)$$

I.18.3 设 $x>0$, 且 $x\neq 1$, 则有

$$\frac{\log x}{x-1}<\frac{1}{\sqrt{x}}$$

I.18.4 设 $0<x<y<1$ 或 $1<x<y$, 则

$$\frac{y}{x}>\frac{y^x}{x^y}$$

I.18.5 设 $a,b>0,a\neq b$, 证明

$$\frac{2}{a+b}<\frac{\log a-\log b}{a-b}<\frac{1}{\sqrt{ab}}$$

I.18.6 证明

$$\sin x\sin y\sin(x+y)\leqslant\frac{3\sqrt{3}}{8}\quad(0<x,y<\pi)$$

并确定何时等号成立.

I.19 杂题 (第二组)

I.19.1 设 f 在 $[0,\infty)$ 上连续可微，并且 $\int_0^\infty f^2(x)\mathrm{d}x<\infty$. 如果 $|f'(x)|\leqslant c$(当 $x>0$), 其中 c 为常数，试证 $\lim\limits_{n\to\infty}f(x)=0$.

I.19.2 设在区间 $[0,1]$ 上 $f(x)$ 非负连续，并且

$$f^2(x)\leqslant 1+2\int_0^x f(t)\mathrm{d}t$$

则 $f(x)\leqslant 1+x\,(1\leqslant x\leqslant 1)$.

I.19.3 设 $f(x)$ 在 $[0,1]$ 上连续, 在 $(0,1)$ 上二次可微, 并且 $f(0)=f(1/4)=0$, 以及

$$\int_{1/4}^{1}f(y)\mathrm{d}y=\frac{3}{4}f(1)$$

则存在 $\xi\in(0,1)$, 使得 $f''(\xi)=0$.

I.19.4 设 $f(x,y)$ 在点 $(0,0)$ 的某个邻域中连续，令

$$F(t)=\iint\limits_{x^2+y^2\leqslant t^2} f(x,y)\mathrm{d}x\mathrm{d}y$$

求 $\lim\limits_{t\to 0+} F'(t)/t$.

I.19.5 设 $\psi(x)$ 在 $[0,\infty)$ 上有连续导数，并且 $\psi(0)=1$. 令

$$f(r)=\iiint\limits_{x^2+y^2+z^2\leqslant r^2} \psi(x^2+y^2+z^2)\mathrm{d}x\mathrm{d}y\mathrm{d}z \quad (r\geqslant 0)$$

证明：$f(r)$ 在 $r=0$ 处三次可导，并求 $f_+'''(0)$(右导数).

I.19.6 设实值函数 $f(x)$ 及其一阶导数在区间 $[a,b]$ 上均连续，而且 $f(a)=0$, 则

$$\max_{x\in[a,b]}|f(x)|\leqslant\sqrt{b-a}\left(\int_a^b|f'(x)|^2\mathrm{d}x\right)^{1/2}$$

$$\int_a^b f^2(x)\mathrm{d}x\leqslant\frac{1}{2}(b-a)^2\int_a^b|f'(x)|^2\mathrm{d}x$$

I.19.7 设 $f'(x)$ 在 $[a,b]$ 上连续，证明

$$\int_a^b\left(\frac{1}{b-a}\int_a^b f(t)\mathrm{d}t-f(t)\right)^2\mathrm{d}x\leqslant\frac{1}{3}(b-a)^2\int_a^b\left(f'(t)\right)^2\mathrm{d}t$$

I.19.8 设 $(\phi_k)_{k\geqslant 1}$ 和 $(\delta_k)_{k\geqslant 1}$ 是两个无穷非负数列，满足

$$\phi_{k+1}\leqslant(1+\delta_k)\phi_k+\delta_k \quad (k\geqslant 1)$$

并且 $\sum\limits_{k=1}^{\infty}\delta_k<+\infty$, 证明：

(i) 数列 $\left(\prod\limits_{j=1}^{k}(1+\delta_j)\right)_{k\geqslant 1}$ 收敛；

(ii) 数列 $(\phi_k)_{k\geqslant 1}$ 有界；

(iii) 数列 $(\phi_k)_{k\geqslant 1}$ 收敛.

I.19.9 给定方程 $x^n(x-1)=1$, 其中 $n\geqslant 1$. 证明：

(i) 方程在 $[1,+\infty)$ 上有且仅有一个根 x_n.

(ii) 当 n 充分大时， $x_n>1+\log n/n-\log\log n/n$.

I.19.10 设在区间 $[0,1]$ 上 $f(x)$ 连续且大于 0, 证明:

(i) 存在唯一的 $a\in(0,1)$, 使得

$$\int_0^a f(t)\mathrm{d}t=\int_a^1\frac{\mathrm{d}t}{f(t)}$$

(ii) 对任意正整数 n, 存在唯一的 $a_n\in(0,1)$, 使得

$$\int_{1/n}^{a_n} f(t)\mathrm{d}t=\int_{a_n}^1\frac{\mathrm{d}t}{f(t)}$$

并且 $\lim\limits_{n\to\infty}a_n=a$.

I.19.11 设函数 $f(x)$ 在 $[0,1]$ 上连续且 $f(x)>0$, 讨论函数

$$g(y)=\int_0^1\frac{yf(x)}{x^2+y^2}\mathrm{d}x$$

在 $(-\infty,+\infty)$ 上的连续性.

I.19.12 设 $(a_k)_{k\geqslant 0},(b_k)_{k\geqslant 0},(\xi_k)_{k\geqslant 0}$ 是三个无穷非负数列，满足

$$a_{k+1}^2\leqslant(a_k+b_k)^2-\xi_k^2\quad(k\geqslant 0)$$

(i) 证明

$$\sum_{i=1}^k\xi_i^2\leqslant\left(a_1+\sum_{i=0}^k b_i\right)^2$$

(ii) 若数列 $b_k(k\geqslant 0)$ 还满足 $\sum\limits_{k=0}^{\infty}b_k^2<+\infty$, 则

$$\lim_{k\to\infty}\frac{1}{k}\sum_{i=1}^k\xi_i^2=0$$

I.20 杂题 (第三组)

I.20.1 设地球是半径为 R 的圆球, 地面上 (即地球上空) 距地球中心 $r(r\geqslant R)$ 处空气密度为

$$\rho(r)=\rho_0\exp\left(k\left(1-\frac{r}{R}\right)\right)\quad(\rho_0,k\text{ 为正常数})$$

(此处 $\exp(x)$ 表示指数函数 e^x), 求地球上空空气总质量.

I.20.2 设 $f(x)$ 是 $\mathbb{R}$ 上的可微函数，对所有 $x,y\in\mathbb{R}$ 满足

$$f(x+y)=\frac{f(x)+f(y)}{1+f(x)f(y)}$$

并且 $f'(0)=1$, 求 $f(x)$ 的表达式.

部分问题的解答或提示

问题 I.1~I.7 的解答从略, 并且在给出 问题 I.8~I.20 的解答或提示时 不再重复 原题题文.

I.8 解

I.8.1 题中数列的子列只有三种可能情形: 只含有有限多个偶数下标的项, 其极限为 0; 只含有有限多个奇数下标的项, 其极限为 1; 含有无限多个奇数下标的项, 同时含有无限多个偶数下标的项, 这种子列无极限. 因此所求的全部极限点是 $0, 1$. □

I.8.2 解法 1 注意 $\alpha/2-1<0$, 我们有

$$\begin{aligned}
&\sqrt{x+\sqrt{x+\sqrt{x^\alpha}}}-\sqrt{x}\\
=&\ \frac{\left(\sqrt{x+\sqrt{x+\sqrt{x^\alpha}}}\right)^2-(\sqrt{x})^2}{\sqrt{x+\sqrt{x+\sqrt{x^\alpha}}}+\sqrt{x}}\\
=&\ \frac{\sqrt{x+\sqrt{x^\alpha}}}{\sqrt{x+\sqrt{x+\sqrt{x^\alpha}}}+\sqrt{x}}=\frac{\sqrt{x}\left(\sqrt{1+x^{\alpha/2-1}}\right)}{\sqrt{x}\left(\sqrt{1+x^{-1}\sqrt{x+x^{\alpha/2}}}+1\right)}\\
=&\ \frac{\sqrt{1+x^{\alpha/2-1}}}{\sqrt{1+x^{-1}\sqrt{x+x^{\alpha/2}}}+1}\to\frac{1}{2}\quad(x\to+\infty)
\end{aligned}$$

解法 2 注意 $\alpha/2-1<0$, 我们有

$$\begin{aligned}
\sqrt{x+\sqrt{x+\sqrt{x^\alpha}}}-\sqrt{x}&=\sqrt{x}\sqrt{1+\frac{1}{x}\sqrt{x+x^{\alpha/2}}}-\sqrt{x}\\
&=\sqrt{x}\left(1+\frac{1}{\sqrt{x}}\sqrt{1+x^{\alpha/2-1}}\right)^{1/2}-\sqrt{x}\\
&=\sqrt{x}\left(1+\frac{1}{2\sqrt{x}}\sqrt{1+x^{\alpha/2-1}}+O\Big(\frac{1}{x}\Big)\right)-\sqrt{x}\\
&=\frac{1}{2}\sqrt{1+x^{\alpha/2-1}}+O\Big(\frac{1}{\sqrt{x}}\Big)\\
&=\frac{1}{2}\left(1+\frac{1}{2}x^{\alpha/2-1}+O\Big(x^{\alpha-2}\Big)\right)+O\left(\frac{1}{\sqrt{x}}\right)
\end{aligned}$$

因此所求极限 $=1/2$. □

I.8.3 *解法 1* 应用 L'Hospital 法则

$$\begin{aligned}
&\lim_{x\to 0}\frac{x}{1-\mathrm{e}^{-x^2}}\int_0^x \mathrm{e}^{-t^2}\mathrm{d}t\\
=\ &\lim_{x\to 0}\frac{\int_0^x \mathrm{e}^{-t^2}\mathrm{d}t+x\mathrm{e}^{-x^2}}{\mathrm{e}^{-x^2}\cdot 2x}\\
=\ &\frac{1}{2}+\lim_{x\to 0}\frac{\int_0^x \mathrm{e}^{-t^2}\mathrm{d}t}{2x\mathrm{e}^{-x^2}}\\
=\ &\frac{1}{2}+\frac{1}{2}\lim_{x\to 0}\frac{\mathrm{e}^{-x^2}}{\mathrm{e}^{-x^2}-2x^2\mathrm{e}^{-x^2}}\\
=\ &\frac{1}{2}+\frac{1}{2}\lim_{x\to 0}\frac{1}{1-2x^2}=1
\end{aligned}$$

解法 2 应用 L'Hospital 法则

$$\begin{aligned}
&\lim_{x\to 0}\frac{x}{1-\mathrm{e}^{-x^2}}\int_0^x \mathrm{e}^{-t^2}\mathrm{d}t\\
=\ &\lim_{x\to 0}\left(\frac{x^2}{1-\mathrm{e}^{-x^2}}\cdot\frac{\int_0^x \mathrm{e}^{-t^2}\mathrm{d}t}{x}\right)\\
=\ &\lim_{x\to 0}\frac{x^2}{1-\mathrm{e}^{-x^2}}\cdot\lim_{x\to 0}\frac{\int_0^x \mathrm{e}^{-t^2}\mathrm{d}t}{x}\\
=\ &\lim_{x\to 0}\frac{2x}{2x\mathrm{e}^{-x^2}}\cdot\lim_{x\to 0}\mathrm{e}^{-x^2}=1
\end{aligned}$$

□

I.8.4 应用等价无穷小量和 L'Hospital 法则得

$$\begin{aligned}
&\lim_{x\to 0}\frac{\int_0^{\sin^2 x}\ln(1+t)\mathrm{d}t}{\sqrt{1+x^4}-1}\\
=\ &\lim_{x\to 0}\frac{\int_0^{\sin^2 x}\ln(1+t)\mathrm{d}t}{x^4/2}\\
=\ &\lim_{x\to 0}\frac{\ln(1+\sin^2 x)\cdot 2\sin x\cos x}{2x^3}\\
=\ &\lim_{x\to 0}\frac{\ln(1+\sin^2 x)}{x^2}\lim_{x\to 0}\frac{\sin x}{x}\lim_{x\to 0}\cos x\\
=\ &\lim_{x\to 0}\frac{\ln(1+\sin^2 x)}{x^2}=\lim_{x\to 0}\frac{\sin^2 x}{x^2}=1
\end{aligned}$$

□

I.8.5 **提示** 所求极限当 $a>1$ 时等于 a; 当 $0<a<1$ 时等于 1. 因此答案为 $\max(1,a)$. □

I.8.6 **提示** 右边的积分 $=(c-1)\mathrm{e}^c$, 左边的极限 $=\mathrm{e}^c$ (当 $c\neq 0$), 1(当 $c=0$). 因此 $c=2$. □

I.8.7 (i) 取对数，计算 (令 $y = 1/x$, 再用 L'Hospital 法则)

$$\lim_{x\to\infty} x\ln\left(\frac{1}{x}+2^{1/x}\right) = \lim_{y\to 0}\frac{\ln(y+2^y)}{y} = \lim_{y\to 0}\frac{1+(\ln 2)\cdot 2^y}{y+2^y} = 1+\ln 2$$

所以原式 $= 2\mathrm{e}$. 或者应用

$$\left(\frac{1}{x}+2^{1/x}\right)^x = 2\left(\frac{1}{x\cdot 2^{1/x}}+1\right)^x = 2\left(\left(1+\frac{1}{x\cdot 2^{1/x}}\right)^{x\cdot 2^{1/x}}\right)^{1/(2^{1/x})}$$

(ii) 由 $0 \leqslant \ln(1+x^n) \leqslant x^n\ (x \geqslant 0)$ 可知原式 $= 0$.

(iii) 分别求出

$$\lim_{x\to 0+}\left(\frac{2-\mathrm{e}^{1/x}}{1+\mathrm{e}^{2/x}}+\frac{x}{|x|}\right) = 1,\ \lim_{x\to 0-}\left(\frac{2-\mathrm{e}^{1/x}}{1+\mathrm{e}^{2/x}}+\frac{x}{|x|}\right) = 1$$

所以极限存在且 $= 1$. □

I.8.8 (i) 两次使用 L'Hospital 法则，或

$$\text{原式} = \lim_{x\to 0}\frac{1}{x^2}\cdot\Big(2\big(1+yx^2+O(x^4)\big)-\big(2+x^2+O(x^4)\big)\Big) = 2y-1$$

(ii) 当 $x \in (-\infty,+\infty), y \in [1/2,+\infty)$ 时

$$\begin{aligned} f(x,y) &= 2\sum_{n=0}^{\infty}\frac{y^n}{n!}x^{2n} - \left(\sum_{n=0}^{\infty}\frac{1}{n!}+\sum_{n=0}^{\infty}(-1)^n\frac{1}{n!}x^n\right) \\ &= 2\sum_{n=0}^{\infty}\left(\frac{y^n}{n!}-\frac{1}{(2n)!}\right)x^{2n} \geqslant 2\sum_{n=0}^{\infty}\left(\frac{1}{2^n n!}-\frac{1}{(2n)!}\right)x^{2n} \\ &\geqslant 0 \quad (\text{因为 } 2^n n! \leqslant (2n)!) \end{aligned}$$

(iii) 由 (i) 可知，当 $y < 1/2$ 时 $\lim\limits_{x\to 0} f(x,y)/x^2 < 0$. 而当 $x \neq 0$ 时 $x^2 > 0$, 所以题中所说结论成立. □

I.8.9 我们只须求出展开式

$$y(x) = y(0)+y'(0)x+y''(0)\frac{x^2}{2}+y'''(0)\frac{x^3}{6}+o(x^3) \quad (x\to 0)$$

即可. 在 $x^3+y^3+xy-1=0$ 中令 $x=0$ 得 $y^3=1$, 所以 $y(0)=1$. 在方程中对 x 求导得 $3x^2+3y^2y'+y+xy'=0$, 然后令 $x=0$, 得到 $y'(0)=-1/3$. 类似地，继续求导两次，得到 $y''(0)=0, y'''(0)=-52/27$. 于是

$$y(x) = 1-\frac{1}{3}x-\frac{26}{81}x^3+o(x^3) \quad (x\to 0)$$

因此所求极限 $= -26/27$. □

I.8.10 记 $\sigma_n = \sum\limits_{k=1}^{n} a_k\,(n \geqslant 1), \sigma_0 = 1$, 以及 $b_n = \sigma_{n-1}/\sigma_n\,(n \geqslant 1)$. 那么

$$b_n = 1 - \frac{a_n}{\sum\limits_{k=1}^{n} a_k} \to 1 - \rho \quad (n \to \infty)$$

并且

$$(b_1 b_2 \cdots b_n)^{1/n} = \left(\frac{\sigma_0}{\sigma_1}\frac{\sigma_1}{\sigma_2}\frac{\sigma_2}{\sigma_3}\cdots\frac{\sigma_{n-1}}{\sigma_n}\right)^{1/n} = \frac{1}{\sigma_n^{1/n}}$$

由算术平均值数列收敛定理 (见问题 **1.2**(a)) 可知

$$\frac{1}{n}\sum_{k=1}^{n} \log b_k \to \log(1-\rho) \quad (n \to \infty)$$

所以

$$\frac{1}{\sigma_n^{1/n}} = (b_1 b_2 \cdots b_n)^{1/n} \to 1 - \rho \quad (n \to \infty)$$

或者

$$\sigma_n^{1/n} \to \frac{1}{1-\rho} \quad (n \to \infty)$$

最后，由题设条件得知

$$\left(\frac{a_n}{\sigma_n}\right)^{1/n} \sim \rho^{1/n} \sim 1 \quad (n \to \infty)$$

所以 $a_n^{1/n} \sim 1/(1-\rho)\,(n \to \infty)$. □

I.9 解

I.9.1 解法 1 当 $0 < x < 1$ 时

$$\begin{aligned}\int_x^1 \frac{u-v}{(u+v)^3}\mathrm{d}u &= \int_x^1 \left(\frac{1}{(u+v)^2} - \frac{2v}{(u+v)^3}\right)\mathrm{d}u \\ &= \left(-\frac{1}{u+v} + \frac{v}{(u+v)^2}\right)\Bigg|_{u=x}^{u=1} = \frac{x}{(v+x)^2} - \frac{1}{(v+1)^2}\end{aligned}$$

所以

$$\phi(x) = \int_x^1 \left(\frac{x}{(v+x)^2} - \frac{1}{(v+1)^2}\right)\mathrm{d}v = \left(-\frac{x}{v+x} + \frac{1}{v+1}\right)\Bigg|_{v=x}^{v=1} = 0$$

类似地

$$\phi(0)=\int_0^1\left(\int_0^1\frac{u-v}{(u+v)^3}\mathrm{d}u\right)\mathrm{d}v=-\int_0^1\frac{1}{(v+1)^2}\mathrm{d}v=\frac{1}{2}$$

又显然 $\phi(1)=0$. 因此 $\phi(x)$ 在 $x=0$ 处不连续，但在 $x=1$ 处连续.

解法 2　当 $0<x<1$ 时函数 $(u-v)/(u+v)^3$ 在 $[x,1]\times[x,1]$ 上连续，所以二重积分

$$\int_x^1\int_x^1\frac{u-v}{(u+v)^3}\mathrm{d}u\mathrm{d}v$$

存在，从而

$$\int_x^1\mathrm{d}u\int_x^1\frac{u-v}{(u+v)^3}\mathrm{d}v=\int_x^1\mathrm{d}v\int_x^1\frac{u-v}{(u+v)^3}\mathrm{d}u$$

但右边的积分等于

$$-\int_x^1\mathrm{d}v\int_x^1\frac{v-u}{(v+u)^3}\mathrm{d}u$$

其中 u,v 作为积分变量，分别起着左边积分中 v,u 的作用. 于是我们得知当 $0<x<1$ 时， $\phi(x)=-\phi(x)$, 从而

$$\phi(x)=0\quad(0<x<1)$$

直接计算可知 $\phi(0)=1/2$, 并且显然 $\phi(1)=0$. 因此 $\phi(x)$ 在 $x=0$ 处不连续，但在 $x=1$ 处连续. □

I.9.2　我们有

$$\begin{aligned}F(x)&=\int_a^x f(y)|x-y|\mathrm{d}y+\int_x^b f(y)|x-y|\mathrm{d}y\\&=\int_a^x f(y)(x-y)\mathrm{d}y+\int_x^b f(y)(y-x)\mathrm{d}y\\&=x\int_a^x f(y)\mathrm{d}y-\int_a^x f(y)y\mathrm{d}y+\int_x^b f(y)y\mathrm{d}y-x\int_x^b f(y)\mathrm{d}y\end{aligned}$$

由此求出

$$\begin{aligned}F'(x)&=\int_a^x f(y)\mathrm{d}y+xf(x)-xf(x)-f(x)x-\int_x^b f(y)\mathrm{d}y+xf(x)\\&=\int_a^x f(y)\mathrm{d}y-\int_x^b f(y)\mathrm{d}y\end{aligned}$$

于是 $F''(x)=f(x)+f(x)=2f(x)$. □

I.9.3　解法 1　我们逐次算出

$$y'_x=\frac{1}{x'_y}=\sqrt{1+4y^2}$$

$$y''_{x^2}=\left(\sqrt{1+4y^2}\right)'_y\cdot y'_x=\frac{4y}{\sqrt{1+4y^2}}\cdot\sqrt{1+4y^2}=4y$$

$$y'''_{x^3}=(4y)'_y\cdot y'_x=4\sqrt{1+4y^2}$$

因此 $y''' - 4y' = 0$.

解法 2 令 $t = (\tan\theta)/2$, 可知

$$x = \int_0^y \frac{\mathrm{d}t}{\sqrt{1+4t^2}} = \int_0^{\arctan 2y} \frac{1}{\sec\theta} \cdot \frac{\sec^2\theta}{2} \mathrm{d}\theta = \frac{1}{2}\int_0^{\arctan 2y} \frac{\mathrm{d}\theta}{\cos\theta}$$

因为

$$\begin{aligned}
\int \frac{\mathrm{d}\theta}{\cos\theta} &= \int \frac{\mathrm{d}\sin\theta}{\cos^2\theta} = \int \frac{\mathrm{d}\sin\theta}{1-\sin^2\theta} \\
&= \frac{1}{2}\int \left(\frac{1}{1-\sin\theta} + \frac{1}{1+\sin\theta}\right) \mathrm{d}\sin\theta \\
&= \frac{1}{2}\log\frac{1+\sin\theta}{1-\sin\theta} = \frac{1}{2}\log\frac{(1+\sin\theta)^2}{1-\sin^2\theta} \\
&= \log\left|\frac{1+\sin\theta}{\cos\theta}\right| = \log|\sec\theta + \tan\theta|
\end{aligned}$$

所以我们得到

$$x = \frac{1}{2}\log|\sec\theta + \tan\theta|\Big|_0^{\arctan 2y} = \frac{1}{2}\log|\sqrt{1+4y^2} + 2y|$$

于是

$$\sqrt{1+4y^2} + 2y = \mathrm{e}^{2x}$$

又在题中所给的关系式中对 x 求导得 $1 = y'/\sqrt{1+4y^2}$, 所以

$$y' = \sqrt{1+4y^2}$$

将它代入前式，即有

$$y' + 2y = \mathrm{e}^{2x}$$

对它两次求导可得

$$y'' + 2y' = 2\mathrm{e}^{2x} \quad 以及 \quad y''' + 2y'' = 4\mathrm{e}^{2x}$$

于是 $y' = (2\mathrm{e}^{2x} - y'')/2$, $y''' = 4\mathrm{e}^{2x} - 2y''$, 从而最终求得 $y''' - 4y' = 4\mathrm{e}^{2x} - 2y'' - 4\cdot(2\mathrm{e}^{2x} - y'')/2 = 0$. □

I.9.4 若 $x_0 = 0$, 则当 $x \in \mathbb{Q}$ 时

$$\lim_{x\to x_0} \frac{f(x) - f(x_0)}{x - x_0} = \lim_{x\to x_0} \frac{x^a - 0}{x} = \lim_{x\to x_0} x^{a-1} = 0$$

当 $x \notin \mathbb{Q}$ 时

$$\lim_{x\to x_0} \frac{f(x) - f(x_0)}{x - x_0} = \lim_{x\to x_0} \frac{0 - 0}{x} = 0$$

因此 $f'(0)=0$.

若 $x_0 \neq 0$, 并且 $x_0 \in \mathbb{Q}$ 时

$$\lim_{\substack{x\to x_0 \\ x\in\mathbb{Q}}} \frac{f(x)-f(x_0)}{x-x_0} = \lim_{\substack{x\to x_0 \\ x\in\mathbb{Q}}} \frac{x^a - x_0^a}{x-x_0} = ax^{a-1}$$

$$\lim_{\substack{x\to x_0 \\ x\notin\mathbb{Q}}} \frac{f(x)-f(x_0)}{x-x_0} = \lim_{\substack{x\to x_0 \\ x\notin\mathbb{Q}}} \frac{0 - x_0^a}{x-x_0} = \infty$$

因此 $f'(x_0)$ 不存在. 同理可证，若 $x_0 \neq 0$, 并且 $x_0 \notin \mathbb{Q}$ 时， $f'(x_0)$ 也不存在.

□

I.9.5 用反证法. 设 $f(x)$ 有原函数 $F(x)$, 即 $F'(x) = f(x)(x \in \mathbb{R})$. 那么 $F'(0) = f(0) = 1$. 由 Lagrange 中值定理

$$F(x) - F(0) = F'(\xi)(x-0) = f(\xi)x = \sqrt{|\xi|}x$$

其中 $\xi \in (0, x)$. 于是

$$F'(0) = \lim_{x\to 0} \frac{F(x)-F(0)}{x} = \lim_{x\to 0} \sqrt{|\xi|} = \lim_{\xi\to 0} \sqrt{|\xi|} = 0$$

这与 $F'(0)=1$ 矛盾.

□

I.9.6 当 $x \neq 0$ 时函数 $g(x) = f(x)/x$ 显然连续，并且

$$g'(x) = \left(\frac{f(x)}{x}\right)' = \frac{xf'(x) - f(x)}{x^2}$$

也连续. 因为题设 $f(0)=0, g(0)=f'(0)$, 所以由

$$\lim_{x\to 0} g(x) = \lim_{x\to 0} \frac{f(x)}{x} = \lim_{x\to 0} \frac{f(0+x)-f(0)}{x} = f'(0) = g(0)$$

可知 $g(x)$ 在点 $x=0$ 也连续. 仍然因为 $g(0)=f'(0)$, 我们还有

$$\begin{aligned} g'(0) &= \lim_{x\to 0} \frac{g(0+x)-g(0)}{x} \\ &= \lim_{x\to 0} \frac{f(x)/x - f'(0)}{x} = \lim_{x\to 0} \frac{f(x)-f'(0)x}{x^2} \end{aligned}$$

由此并应用函数 f 的 Taylor 展开

$$\begin{aligned} f(x) &= f(0) + f'(0)x + \frac{1}{2}f''(\theta x)x^2 \\ &= f'(0)x + \frac{1}{2}f''(\theta x)x^2 \quad (0 < |\theta| < 1) \end{aligned}$$

我们求出

$$g'(0)=\lim_{x\to 0}\frac{f''(\theta x)x^2/2}{x^2}=\frac{1}{2}f''(0)$$

这就是说，$g(x)$ 在 $x=0$ 可微. 最后，由上述 $x\neq 0$ 时 $g'(x)$ 的表达式，我们有

$$\lim_{x\to 0}g'(x)=\lim_{x\to 0}\frac{xf'(x)-f(x)}{x^2}$$

应用上述 f 的 Taylor 展开以及函数 $f'(x)$ 的 Taylor 展开

$$f'(x)=f'(0)+f''(\eta x)x \quad (0<|\eta|<1)$$

可知

$$xf'(x)-f(x)=x\big(f'(0)+f''(\eta x)x\big)-\big(f'(0)x+f''(\theta x)x^2/2\big)=\frac{1}{2}f''(0)$$

从而

$$\lim_{x\to 0}g'(x)=\frac{1}{2}f''(0)=g'(0)$$

因此 $g'(x)$ 在点 $x=0$ 也连续. □

I.9.7 由题设可知：对于任何给定的 $\varepsilon>0$, 存在 $\delta>0$, 使当 $0<|x|<\delta$ 时

$$A-\varepsilon<\frac{f(2x)-f(x)}{x}<A+\varepsilon$$

在其中以 $2^{-h}x$ 代 $x(h\in\mathbb{N})$, 我们得到

$$2^{-h}(A-\varepsilon)<\frac{f(2^{-h+1}x)-f(2^{-h}x)}{x}<2^{-h}(A+\varepsilon)$$

令 $h=1,2,\cdots,n$, 并将所得不等式相加，得到

$$(1-2^{-n})(A-\varepsilon)<\frac{f(x)-f(2^{-n}x)}{x}<(1-2^{-n})(A+\varepsilon)$$

令 $n\to\infty$, 因为 $f(x)$ 在 $x=0$ 连续，所以

$$A-\varepsilon<\frac{f(0+x)-f(0)}{x}<A+\varepsilon$$

由此推出 $f'(0)$ 存在并且 $=A$. □

I.9.8 按定义有

$$f'(0)=\lim_{x\to 0}\frac{f(x)-f(0)}{x-0}=\lim_{x\to 0}\frac{x^2\sin\dfrac{1}{x}}{x}=\lim_{x\to 0}x\sin\frac{1}{x}=0$$

当 $x \neq 0$ 时， $f'(x) = 2x\sin\frac{1}{x} - \cos\frac{1}{x}$, 所以 $\lim\limits_{x\to 0} f'(x)$ 不存在. 因此 $f'(x)$ 在 $x=0$ 不连续. □

I.9.9 按定义求出

$$f'_x(0,0) = \lim_{x\to 0}\frac{\phi(|x\cdot 0|)-\phi(0)}{x} = 0, f'_y(0,0) = 0$$

$$\left|\frac{f(x,y)-f(0,0)-f'_x(0,0)x-f'_y(0,0)y}{\sqrt{x^2+y^2}}\right| = \left|\frac{\phi(|xy|)}{\sqrt{x^2+y^2}}\right|$$

$$\leqslant \quad \frac{|xy|^\alpha}{\sqrt{x^2+y^2}} \leqslant |xy|^{\alpha-1/2} \to 0 \quad (x,y\to 0)$$

所以 $f(x,y)$ 在 $(0,0)$ 处可微.

若 $g(x,y)$ 在 $(0,0)$ 处可微，则

$$g(x,y)-g(0,0) = g'_x(0,0)x + g'_y(0,0)y + o(\sqrt{x^2+y^2})$$

即 $g(x,y) = \sqrt{|xy|} = o(\sqrt{x^2+y^2})\,(x,y\to 0)$. 但沿直线 $y=x$ 有

$$\lim_{\substack{x\to 0\\ y\to 0}}\frac{\sqrt{|xy|}}{\sqrt{x^2+y^2}} = \frac{1}{\sqrt{2}}$$

得到矛盾. 所以 $g(x,y)$ 在 $(0,0)$ 处不可微. □

I.10 解

I.10.1 用反证法. 设 $f(x)$ 在 $\mathbb{R}$ 上不是严格单调增加的，那么存在区间 $[a_0,b_0]$, 使 $f(x)$ 在其上不严格单调增加. 令 $c=(a_0+b_0)/2$, 那么在区间 $[a_0,c]$ 和 $[c,b_0]$ 中，必有一个使 $f(x)$ 在其上不严格单调增加. 因若不然，则 $f(x)$ 在这两个区间上都是严格单调增加的. 由于对于任何 $x\in[c,b_0], f(x)>f(c)$, 并且对于任何 $x'\in[a_0,c], f(c)>f(x')$, 因而对于任何 $x\in[c,b_0]$ 和 $x'\in[a_0,c]$, 总有 $f(x)>f(x')$. 由此推出 $f(x)$ 在整个区间 $[a_0,b_0]$ 上严格单调增加. 这与 $[a_0,b_0]$ 的定义矛盾. 于是我们得到 $[a_0,b_0]$ 的一个真子区间，将它记作 $[a_1,b_1]$, 使 $f(x)$ 在其上不严格单调增加. 将上述对于 $[a_0,b_0]$ 所做的推理应用于区间 $[a_1,b_1]$, 又可得到 $[a_1,b_1]$ 的一个真子区间 $[a_2,b_2]$, 使 $f(x)$ 在其上不严格单调增加. 这个推理过程可以不断继续进行下去，于是得到一个无穷严格下降的区间链

$$[a_0,b_0]\subset[a_1,b_1]\subset[a_2,b_2]\subset\cdots$$

使得 $f(x)$ 在每个区间 $[a_n,b_n](n\geqslant 0)$ 上都不严格单调增加. 由于当 $n\to\infty$ 时区间 $[a_n,b_n]$ 的长度 $=(b_0-a_0)/2^n\to 0$, 并且 a_n 单调递增， b_n 单调递减，

因此存在唯一的 x_0, 使得 $\lim_{n\to\infty} a_n = \lim_{n\to\infty} b_n = x_0$, 也就是说 x_0 属于所有区间 $[a_n, b_n](n \geqslant 0)$. 于是对于任何 $\varepsilon > 0$, 存在 $n = n(\varepsilon)$, 使得 $(x_0-\varepsilon, x_0+\varepsilon) \subseteq [a_n, b_n]$. 由 $[a_n, b_n]$ 的定义, $f(x)$ 在其上不严格单调增加, 从而对于任何 $\varepsilon > 0, f(x)$ 在区间 $(x_0 - \varepsilon, x_0 + \varepsilon)$ 上不严格单调增加. 这与题设矛盾. □

注 关于 x_0 的存在性, 可以由"关于区间套的引理" (也称"区间套原理") 直接推出. 关于这个引理, 可见 Γ · M · 菲赫金哥尔茨, 《微积分学教程》, 第一卷 (第 8 版, 高等教育出版社, 北京, 2006).

I.10.2 设 $\eta > 0$ 是任意给定的实数, 令 $g(x) = f(x + \eta) - f(x)$ 以及

$$\alpha = \inf_{x>0} g(x), \beta = \sup_{x>0} g(x)$$

于是 $\alpha \leqslant \beta$.

若 $\alpha > 0$, 则对所有 $x > 0$ 有 $f(x + \eta) \geqslant \alpha + f(x)$, 特别, 对任何正整数 m 有

$$f(m\eta) \geqslant \alpha + f\big((m-1)\eta\big) \geqslant \cdots \geqslant (m-1)\alpha + f(\eta)$$

从而 $f(m\eta) \to \infty(m \to \infty)$, 与 f 的有界性假设矛盾, 因此不可能 $\alpha > 0$. 同理, 也不可能 $\beta < 0$. 因此必定 $\alpha \leqslant 0 \leqslant \beta$, 从而由 g 的连续性知存在 $x_0 = x_0(\eta) > 0$, 使得 $g(x_0) = 0$, 即 $f(x_0 + \eta) - f(x_0) = 0$. 取 $\eta = r_n$, 相应地令

$$x_n = x_0(r_n) \quad (n = 1, 2, \cdots)$$

那么对所有 $n \geqslant 1$ 都有 $f(x_n + r_n) - f(x_n) = 0$. 于是这样定义的 $x_n(n \geqslant 1)$ 即合要求. □

I.10.3 令 $F(x) = \lim_{n\to\infty} f^{(n)}(x)$. 依一致收敛性假设, 当 $x < |a|$ 时我们有

$$\begin{aligned}
\int_0^x F(t)\mathrm{d}t = \int_0^x \lim_{n\to\infty} f^{(n)}(t)\mathrm{d}t &= \lim_{n\to\infty} \int_0^x f^{(n)}(t)\mathrm{d}t \\
&= \lim_{n\to\infty} \left(f^{(n-1)}(t)\Big|_0^x \right) \\
&= \lim_{n\to\infty} \left(f^{(n-1)}(x) - f^{(n-1)}(0) \right) = F(x) - 1
\end{aligned}$$

于是得到微分方程

$$\begin{cases} F'(x) = F(x) \\ F(0) = 1 \end{cases}$$

由此得到 $F(x) = \mathrm{e}^x$, 从而 $\lim_{n\to\infty} f^{(n)}(x) = \mathrm{e}^x$. □

I.10.4 由于 $f_n(x)\,(n\geqslant 0)$ 在 I 上一致收敛，所以依柯西准则，存在正整数 N, 使当所有 $x\in I$ 及所有 $p\geqslant 1$ 有

$$|f_N(x)-f_{N+p}(x)|\leqslant 1$$

又因为 $f_i(x)\,(i=1,2,\cdots,N)$ 在 I 上分别有界，取其界值的最大者，记为 M_0, 即得

$$|f_i(x)|\leqslant M_0\quad (i=1,2,\cdots,N;\ x\in I)$$

并且对于任何 $p\geqslant 1$, 当 $x\in I$ 时

$$|f_{N+p}(x)|<|f_N(x)-f_{N+p}(x)|+|f_N(x)|\leqslant 1+M_0$$

因此取 $1+M_0$ 作 M 即得所要证的结论. □

I.10.5 (i) 设 $x>0,h>0$, 由 Taylor 公式

$$f(x+h)=f(x)+hf'(x)+\frac{h^2}{2!}f''(x+\theta h)\quad (0<\theta<1)$$

于是

$$\begin{aligned}|hf'(x)| &= \left|f(x+h)-f(x)-\frac{h^2}{2!}f''(x+\theta h)\right|\\ &\leqslant |f(x+h)|+|f(x)|+\frac{h^2}{2}|f''(x+\theta h)|\\ &\leqslant 2A+\frac{Bh^2}{2}\quad (x>0)\end{aligned}$$

或者

$$|f'(x)|\leqslant\frac{2A}{h}+\frac{Bh}{2}\quad (x>0)$$

因为上式左边与 $h>0$ 无关，所以当任何 $x>0$

$$|f'(x)|\leqslant\min_{h>0}\left(\frac{2A}{h}+\frac{Bh}{2}\right)$$

注意当 $h>0$ 时

$$\frac{2A}{h}+\frac{Bh}{2}=\left(\sqrt{\frac{2A}{h}}-\sqrt{\frac{Bh}{2}}\right)^2+2\sqrt{AB}\geqslant 2\sqrt{AB}$$

因此当任何 $x>0, |f'(x)|\leqslant 2\sqrt{AB}$.

(ii) 我们给出两个解法.

解法 1 对任意 $x\in\mathbb{R}$ 及 $h>0$, 由 Taylor 公式

$$f(x+h)=f(x)+f'(x)h+\frac{h^2}{2!}f''(\xi_1)\quad(x<\xi_1<x+h)$$
$$f(x-h)=f(x)-f'(x)h+\frac{h^2}{2!}f''(\xi_2)\quad(x-h<\xi_2<x)$$

二式相减得

$$2f'(x)h=f(x+h)-f(x-h)-\frac{h^2}{2}\left(f''(\xi_1)-f''(\xi_2)\right)$$

于是

$$M_1h\leqslant M_0+\frac{h^2}{2}M_2$$

特别取 h 使得 $M_0=h^2M_2/2$, 即 $h=\sqrt{2M_0/M_2}$(注意 $M_2>0$), 代入上式即得 $M_1\leqslant\sqrt{2M_0M_2}$.

或者：由上述不等式可知对任何实数 h 有 $(M_2/2)h^2-M_1h+M_0\geqslant 0$. 因为 $M_2>0$, 所以左边 h 的二次三项式的判别式 $M_1^2-4(M_2/2)M_0\leqslant 0$, 亦即 $M_1\leqslant\sqrt{2M_0M_2}$.

解法 2 设 $f(x_0)=\sup_{x\in\mathbb{R}}|f(x)|$, 则 $f'(x_0)=0$. 对函数 f 和 f' 分别应用 Taylor 公式，当任何 $x\in\mathbb{R}$ 有

$$f(x)=f(x_0)+f'(\xi)(x-x_0),\xi\in(x,x_0)$$
$$f'(x)=f'(x_0)+f''(\eta)(x-x_0)=f''(\eta)(x-x_0)$$

其中 ξ 和 $\eta\in(x,x_0)$ 或 (x_0,x). 于是

$$\begin{aligned}f'(\xi)f'(x)&=f'(\xi)\cdot f''(\eta)(x-x_0)\\&=f''(\eta)\cdot f'(\xi)(x-x_0)=f''(\eta)\cdot\big(f(x)-f(x_0)\big)\end{aligned}$$

从而

$$|f'(\xi)f'(x)|\leqslant|f''(\eta)|\cdot\big(|f(x)|+|f(x_0)|\big)\leqslant M_2\cdot 2M_0=2M_0M_2$$

因此推出 $M_1^2\leqslant 2M_0M_2$. □

注 本题的推广见问题 **III.42**.

I.10.6 *解法 1* 因为要证的不等式关于 x_1,x_2 对称，所以可设 $x_1\leqslant x_2$. 由题设条件及 Lagrange 中值定理，我们有

$$f(x_1)=f(x_1)-f(0)=x_1f'(\xi_1)\quad(0<\xi_1<x_1)$$
$$f(x_1+x_2)-f(x_2)=x_1f'(\xi_2)\quad(x_2<\xi_2<x_1+x_2)$$

因为 $f''(x)<0\,(x\geqslant 0)$, 所以 $f'(x)$ 严格单调递减. 由 $\xi_1<\xi_2$ 可知 $f'(\xi_1)>f'(\xi_2)$, 于是 $f(x_1)>f(x_1+x_2)-f(x_2)$, 即 $f(x_1+x_2)<f(x_1)+f(x_2)$.

解法 2 令 $F(x_2)=f(x_1+x_2)-f(x_2)-f(x_1)$(视 x_2 为变量), 则当 $x_2\geqslant 0$ 时, $F'(x_2)=f'(x_1+x_2)-f'(x_2)=f''(\xi)x_1<0\,(x_2<\xi<x_1+x_2)$. 因此 $F(x_2)$ 单调下降, $F(x_2)<F(0)=f(0)=0$, 即得结论. □

注 上面的 *解法* 2 没有在 $[0,x_1]$ 上应用 Lagrange 中值定理, 所以题设条件 " $f''(x)<0$(当 $x\geqslant 0$) " 可改为 " $f''(x)<0$(当 $x>0$) ".

I.10.7 因为 $f\geqslant 0, f'\leqslant 0$, 所以 f 单调非增, 并且 $\lim\limits_{t\to\infty}f(t)=\xi$ 存在, 从而对于每个 $\delta>0$, 有

$$\lim_{t\to\infty}\frac{f(t+\delta)-f(t)}{\delta}=0$$

又因为 f 二次连续可导, 所以由 Taylor 公式得 $f(t+\delta)=f(t)+\delta f'(t)+\delta^2 f''(\theta)/2$, 其中 $\theta\in(t,t+\delta)$, 因此

$$f'(t)=\frac{f(t+\delta)-f(t)}{\delta}-\frac{1}{2}\delta f''(\theta)$$

由上述两式可推出

$$\overline{\lim_{t\to\infty}}\,|f'(t)|\leqslant\frac{1}{2}\delta\sup_{0<\theta<1}|f''(\theta)|$$

依题设, $\sup\limits_{0<\theta<1}|f''(\theta)|$ 有界, 并且 $\delta>0$ 可以任意接近于 0, 所以由上式得知 $\overline{\lim\limits_{t\to\infty}}\,|f'(t)|=0$, 从而 $f'(t)\to 0\,(t\to\infty)$. □

I.10.8 (i) 不成立. 反例: 如 $f(x)=\sin x^2/x$.

(ii) 成立. 证: 设 $\lim\limits_{x\to\infty}f'(x)=\alpha>0$. 取 $\varepsilon=\alpha/2$, 则存在 $a>0$ 使当 $x>a$ 有 $|f'(x)-\alpha|<\alpha/2$, 即 $\alpha/2<f'(x)<3\alpha/2$(当 $x>a$). 在 $[a,x]$ 上用中值定理得 $f(x)=f(a)+f'(\xi)(x-a)>f(a)+(\alpha/2)(x-a)$. 因为 x 可任意大, 所以 $\lim\limits_{x\to\infty}f(x)=\infty$, 与 $f(x)$ 的有界性假设矛盾, 所以 $\alpha=0$. □

I.10.9 不妨设 $f'(a)<0, f'(b)>0$. 由 $f'(a)<0$ 可知: 在 a 的附近 f 严格单调减少, 即存在 $\varepsilon_1>0$, 使得 $a+\varepsilon_1<b$, 并且当所有 $x\in[a,a+\varepsilon_1]$ 有 $f(x)<f(a)$. 同理, 由 $f'(b)>0$ 推出: 存在 $\varepsilon_2>0$, 使得 $b-\varepsilon_2>a$, 并且当所有 $x\in[b-\varepsilon_2,b]$ 有 $f(x)<f(b)$. 因此, a,b 都不可能是 f 在 $[a,b]$ 上的极小值点. 但在有限闭区间 $[a,b]$ 上, f 必在某个点 $c\in(a,b)$ 达到极小, 而且 f 可导, 所以 $f'(c)=0$. □

I.10.10 如果 $f(a)=f(b)$, 那么因为 $f(x)$ 不是线性函数，所以 $f'(x)$ 不恒等于 0, 从而存在 $\xi\in(a,b)$, 使 $f'(\xi)\neq 0$. 这个 ξ 即符合要求.

下面设 $f(a)\neq f(b)$, 不妨认为 $f(b)>f(a)$. 用反证法. 设对于任何 $x\in(a,b)$ 都有

$$|f'(x)|\leqslant\left|\frac{f(b)-f(a)}{b-a}\right|=\frac{f(b)-f(a)}{b-a}$$

于是当 $x\in(a,b)$

$$f'(x)\leqslant|f'(x)|\leqslant\frac{f(b)-f(a)}{b-a}$$

定义函数

$$F(x)=f(x)-\frac{f(b)-f(a)}{b-a}x$$

那么 F 在 $[a,b]$ 上可导，不是常数函数 (不然 $f(x)$ 将是线性函数), 因而 $F'(x)$ 不恒等于 0. 由中值定理，存在 $\eta\in(a,b)$ 使得

$$f'(\eta)=\frac{f(b)-f(a)}{b-a}$$

因而 $F'(\eta)=0$. 由于 $F'(x)$ 不恒等于 0, 所以在 η 附近存在 ξ 使得 $F'(\xi)>0$, 也就是

$$f'(\xi)>\frac{f(b)-f(a)}{b-a}$$

于是得到矛盾. □

I.10.11 因为 $f'(a)=f'(b)=0$, 所以由 Taylor 公式，存在 $\xi_1,\xi_2\in(a,b)$ 使得

$$f(x)=f(a)+\frac{1}{2}f''(\xi_1)(x-a)^2$$
$$f(x)=f(b)+\frac{1}{2}f''(\xi_2)(x-b)^2$$

特别在两式中取 $x=(a+b)/2$, 然后将它们相减，得到

$$|f(a)-f(b)|=\frac{(a-b)^2}{8}|f''(\xi_1)-f''(\xi_2)|$$

注意 $|f''(\xi_1)-f''(\xi_2)|\leqslant 2\max\left(|f''(\xi_1)|,|f''(\xi_2)|\right)$, 即知 ξ_1,ξ_2 中至少有一个满足题中的不等式. □

I.11 解

I.11.1 因为

$$n\int_0^1 x^n f(1)\mathrm{d}x=\frac{n}{n+1}f(1)\to f(1)\quad(n\to\infty)$$

所以只须证明

$$J_n = n\int_0^1 x^n F(x)\mathrm{d}x \to 0 \quad (n\to\infty)$$

其中 $F(x)=f(x)-f(1)$, 并且 $F(1)=0$.

设 $0<h<1$, 则

$$|J_n| \leqslant \left|n\int_0^{1-h} x^n F(x)\mathrm{d}x\right| + \left|n\int_{1-h}^1 x^n F(x)\mathrm{d}x\right| = I_1 + I_2$$

因为 $f(x)$ 连续, $F(1)=0$, 所以对于任何 $\varepsilon>0$, 存在 $h=h(\varepsilon)$(并固定), 使当 $1-h<x<1$ 时, $|F(x)|\leqslant\varepsilon/2$, 于是

$$I_2 \leqslant \frac{\varepsilon}{2}n\int_{1-h}^1 x^n\mathrm{d}x = \frac{\varepsilon}{2}\cdot\frac{n}{n+1}\left(1-(1-h)^{n+1}\right) \leqslant \frac{\varepsilon}{2}$$

又由 $f(x)$ 的连续性知 $M=\sup_{x\in[0,1]}|f(x)|<\infty$, 因此

$$I_1 \leqslant Mn\int_0^{1-h} x^n\mathrm{d}x \leqslant M(1-h)^{n+1}$$

由 $0<1-h<1$ 知存在 $n_0=n_0(\varepsilon)$, 使当 $n\geqslant n_0$ 时 $I_1\leqslant\varepsilon/2$. 于是 $|J_n|\leqslant\varepsilon$(当 $n\geqslant n_0$), 从而 $J_n\to 0(n\to\infty)$. □

I.11.2 对于任意给定的 $\varepsilon>0$, 不妨认为 $\varepsilon<1$(不然用 <1 的 $\varepsilon'>0$ 代替它, 下面证得的含 ε' 的结论对 ε 也成立), 记

$$\tau=\frac{\varepsilon}{M+1}, M=\int_0^\infty f(x)\mathrm{d}x<\infty$$

由积分 $\int_0^\infty f(x)\mathrm{d}x$ 的存在性可知, 存在正整数 n_0, 使当 $n\geqslant n_0$ 时 $\int_n^\infty f(x)\mathrm{d}x<\tau$. 固定 n_0. 注意 $\tau<1$, 我们有

$$\int_0^n \frac{x}{n}f(x)\mathrm{d}x = \int_0^{n\tau}\frac{x}{n}f(x)\mathrm{d}x + \int_{n\tau}^n \frac{x}{n}f(x)\mathrm{d}x$$

上式右边第一个积分中 $x/n<\tau$, 第二个积分中 $x/n\leqslant 1$, 所以当 $n\geqslant n_0/\tau$ 时

$$\begin{aligned}\int_0^n \frac{x}{n}f(x)\mathrm{d}x &\leqslant \tau\int_0^{n\tau} f(x)\mathrm{d}x + \int_{n\tau}^n f(x)\mathrm{d}x\\ &< \tau\int_0^\infty f(x)\mathrm{d}x + \int_{n_0}^\infty f(x)\mathrm{d}x\\ &< \tau M+\tau=\varepsilon\end{aligned}$$

于是本题得证. □

I.11.3 将题中的积分改写为

$$J_n=\int_n^{n+p}\frac{\mathrm{d}x}{\sqrt{x^2+1}} = \int_n^{n+p}\frac{1}{x}\cdot\frac{x}{\sqrt{x^2+1}}\mathrm{d}x$$

由积分第一中值定理，存在 $\xi \in (n, n+p)$, 使得

$$J_n = \frac{\xi}{\sqrt{\xi^2+1}} \int_n^{n+p} \frac{\mathrm{d}x}{x} = \frac{\xi}{\sqrt{\xi^2+1}} \log\left(1+\frac{p}{n}\right) \to 0 \quad (n \to \infty)$$

因为 $0 < \xi/\sqrt{\xi^2+1} < 1$, 所以 $J_n \to 0 \quad (n \to \infty)$. □

I.12 解

I.12.1 当 $\beta \leqslant 0$ 时积分显然发散，以下设 $\beta > 0$. 我们有

$$\begin{aligned}\int_0^\infty \frac{\mathrm{d}x}{1+x^\beta \sin^2 x} &= \sum_{n=0}^\infty \int_{n\pi}^{(n+1)\pi} \frac{\mathrm{d}x}{1+x^\beta \sin^2 x} \\ &= \sum_{n=0}^\infty \int_0^\pi \frac{\mathrm{d}t}{1+(n\pi+t)^\beta \sin^2 t} = \sum_{n=0}^\infty a_n\end{aligned}$$

因为

$$\int_0^\pi \frac{\mathrm{d}t}{1+((n+1)\pi)^\beta \sin^2 t} \leqslant a_n \leqslant \int_0^\pi \frac{\mathrm{d}t}{1+(n\pi)^\beta \sin^2 t}$$

并且对于 $b > 0$

$$\begin{aligned}\int_0^\pi \frac{\mathrm{d}t}{1+b^\beta \sin^2 t} &= 2\int_0^{\pi/2} \frac{\mathrm{d}t}{1+b^\beta \sin^2 t} \\ &= 2\int_0^\infty \frac{\mathrm{d}y}{1+(b^\beta+1)y^2} \\ &= \frac{\pi}{\sqrt{b^\beta+1}} \quad (\text{令 } y = \tan t)\end{aligned}$$

所以

$$c_1 n^{-\beta/2} \leqslant a_n \leqslant c_2 n^{-\beta/2} \quad (c_1, c_2 > 0 \text{ 是常数})$$

因此 $\beta > 2$ 时积分收敛， $\beta \leqslant 2$ 时积分发散. □

I.12.2 记

$$I = \int_1^{+\infty} \frac{\mathrm{d}x}{x^p (\log x)^q} = \int_1^2 \frac{\mathrm{d}x}{x^p (\log x)^q} + \int_2^{+\infty} \frac{\mathrm{d}x}{x^p (\log x)^q} = I_1 + I_2$$

首先设 $x \in [1, 2]$. 那么 $c_1 \leqslant 1/x^{p-1} \leqslant c_2$(其中 $c_1, c_2 > 0$ 是常数). 还设 $\varepsilon > 0$ 任意给定. 当 $q < 1$ 时

$$I_1 \leqslant c_2 \int_1^2 \frac{\mathrm{d}x}{x(\log x)^q} = \frac{c_2}{1-q} (\log x)^{1-q} \Big|_1^2$$

因而 I_1 收敛；当 $q \geqslant 1$ 时

$$I_1 > c_1 \int_{1+\varepsilon}^2 \frac{\mathrm{d}x}{x(\log x)^q} = \frac{c_1}{1-q} (\log x)^{1-q} \Big|_{1+\varepsilon}^2$$

因而 I_1 发散.

现在设 $x \in [2, +\infty)$, 那么对于任何实数 p, q 以及任意 $\varepsilon > 0$

$$\frac{1}{x^p(\log x)^q} = O\left(\frac{1}{x^{p-\varepsilon}}\right) \quad (\varepsilon > 0)$$

于是当 $p > 1$ 时，取 $\varepsilon \in (0, p-1)$, 由

$$\int_2^{+\infty} \frac{\mathrm{d}x}{x^{p-\varepsilon}} = \frac{1}{1-p+\varepsilon} x^{-p+\varepsilon+1}\Big|_2^{+\infty}$$

可知 I_2 收敛. 而当 $p \leqslant 1$ 时 $1/x^{p-1} \geqslant c_3 (> 0,$ 常数$)$, 从而

$$1/x^p(\log x)^q \geqslant c_3/x(\log x)^q$$

于是由

$$\int_2^{+\infty} \frac{\mathrm{d}x}{x(\log x)^q} = \frac{1}{1-q} x^{1-q}\Big|_2^{+\infty}$$

可知若 $q \leqslant 1$ 则 I_2 发散.

总之，积分 I 只当 $q < 1$ 而且 $p > 1$ 时收敛，其他情形均发散. □

I.12.3 将题中的广义积分记为 I. 我们有

$$\left(\frac{x}{x^p + x^q}\right)' = \frac{(1-p)x^p + (1-q)x^q}{(x^p + x^q)^2}$$

因此，当 $\max(p, q) > 1$ 时， $x/(x^p + x^q) \downarrow 0 \, (x \to +\infty)$. 并且因为

$$\left|\int_\pi^A \cos x \mathrm{d}x\right| \leqslant 1 \quad (A > \pi)$$

所以由 Dirichlet 判别法知积分 I 收敛. 当 $\max(p, q) < 1$ 时， $x/(x^p + x^q)$ 单调增加, 所以当 $x > \pi$ 时 $x/(x^p+x^q) > \pi/(\pi^p+\pi^q)$. 另外, 当 $x \in [2k\pi, 2k\pi+\pi/4] \, (k \in \mathbb{Z})$ 时， $\cos x \geqslant \sqrt{2}/2$. 于是对任何正整数 n 有

$$\begin{aligned}\int_{2\pi}^{2n\pi+\pi/4} \frac{x\cos x}{x^p + x^q}\mathrm{d}x &> \sum_{k=1}^{n} \int_{2k\pi}^{2k\pi+\pi/4} \frac{x\cos x}{x^p + x^q}\mathrm{d}x \\ &> \sum_{k=1}^{n} \frac{\sqrt{2}}{2} \cdot \frac{\pi}{\pi^p + \pi^q} \cdot \frac{\pi}{4} = \frac{\sqrt{2}\pi^2 n}{8(\pi^p + \pi^q)}\end{aligned}$$

所以广义积分 I 发散. 当 $\max(p, q) = 1$ 时，积分 I 显然发散. □

I.12.4 设 $t > 0$, 令

$$I_t = \int_t^{1/t} \frac{\mathrm{d}x}{(1+x^2)(1+x^\alpha)}$$

在其中令 $u=1/x$, 可得

$$I_t=\int_{1/t}^{t}\frac{-u^{-2}\mathrm{d}u}{(1+u^{-2})(1+u^{-\alpha})}=\int_{t}^{1/t}\frac{u^{\alpha}\mathrm{d}u}{(1+u^{2})(1+u^{\alpha})}$$

于是

$$2I_t=\int_{t}^{1/t}\frac{\mathrm{d}x}{(1+x^2)(1+x^{\alpha})}+\int_{t}^{1/t}\frac{x^{\alpha}\mathrm{d}x}{(1+x^2)(1+x^{\alpha})}=\int_{t}^{1/t}\frac{\mathrm{d}x}{1+x^2}$$

由此我们得到

$$\begin{aligned}\int_0^{\infty}\frac{\mathrm{d}x}{(1+x^2)(1+x^{\alpha})}&=\lim_{t\to 0}I_t=\frac{1}{2}\lim_{t\to 0}\int_t^{1/t}\frac{\mathrm{d}x}{1+x^2}\\&=\frac{1}{2}\int_0^{\infty}\frac{\mathrm{d}x}{1+x^2}=\frac{1}{2}\arctan x\Big|_0^{\infty}=\frac{\pi}{4}\end{aligned}$$

□

I.12.5 作变量代换 $y=\pi/x$, 则 $\mathrm{d}y=-(\pi/x^2)\mathrm{d}x$, 所求积分化为

$$I=\frac{1}{\pi^2}\int_0^{\infty}\frac{y}{\mathrm{e}^y-1}\mathrm{d}y$$

因为 $y/(\mathrm{e}^y-1)$ 在 $y\geqslant 0$ 时连续并且可积，并可展开为正的连续项函数级数

$$\frac{y}{\mathrm{e}^y-1}=\frac{y\mathrm{e}^{-y}}{1-\mathrm{e}^{-y}}=y\mathrm{e}^{-y}\sum_{k=1}^{\infty}\mathrm{e}^{-ky}$$

所以可以由逐项积分得到

$$I=\frac{1}{\pi^2}\sum_{k=1}^{\infty}\left(-\frac{1}{k}y\mathrm{e}^{-ky}-\frac{1}{k^2}\mathrm{e}^{-ky}\right)\Bigg|_0^{\infty}=\frac{1}{\pi^2}\sum_{k=1}^{\infty}\frac{1}{k^2}=\frac{1}{6}$$

□

I.12.6 令 $t=\pi/2-x$, 则题中积分

$$I=\int_0^{\pi/2}\frac{\sin^2 x}{\sin x+\cos x}\mathrm{d}x$$

因此

$$\begin{aligned}I&=\frac{1}{2}\left(\int_0^{\pi/2}\frac{\cos^2 x}{\sin x+\cos x}\mathrm{d}x+\int_0^{\pi/2}\frac{\sin^2 x}{\sin x+\cos x}\mathrm{d}x\right)\\&=\frac{1}{2}\int_0^{\pi/2}\frac{\mathrm{d}x}{\sin x+\cos x}\\&=\frac{1}{2\sqrt{2}}\int_0^{\pi/2}\frac{\mathrm{d}x}{\sin(\pi/4+x)}\end{aligned}$$

记 $\theta=\pi/4+x$, 则有

$$\begin{aligned}
I &= \frac{1}{2\sqrt{2}}\int_{\pi/4}^{3\pi/4}\frac{\sin\theta}{\sin^2\theta}\mathrm{d}\theta=\frac{1}{2\sqrt{2}}\int_{\pi/4}^{3\pi/4}\frac{\sin\theta}{1-\cos^2\theta}\mathrm{d}\theta\\
&= \frac{1}{4\sqrt{2}}\int_{\pi/4}^{3\pi/4}\left(\frac{1}{1-\cos\theta}+\frac{1}{1+\cos\theta}\right)\sin\theta\mathrm{d}\theta\\
&= \frac{1}{4\sqrt{2}}\log\left|\frac{1-\cos\theta}{1+\cos\theta}\right|\Bigg|_{\pi/4}^{3\pi/4}\\
&= \frac{1}{4\sqrt{2}}\left(\log\frac{1+\sqrt{2}/2}{1-\sqrt{2}/2}-\log\frac{1-\sqrt{2}/2}{1+\sqrt{2}/2}\right)\\
&= \frac{1}{2\sqrt{2}}\log(3+2\sqrt{2})=\frac{\sqrt{2}}{2}\log(1+\sqrt{2})
\end{aligned}$$ □

I.13 解

I.13.1 将积分区域分为位于四个象限的四部分，可得

$$\begin{aligned}
\int_{|x|+|y|\leqslant 1}|xy|\mathrm{d}x\mathrm{d}y &= 4\int_0^1 x\mathrm{d}x\int_0^{1-x}y\mathrm{d}y=4\int_0^1\frac{1}{2}x(1-x)^2\mathrm{d}x\\
&= 2\int_0^1(x^3-2x^2+x)\mathrm{d}x=\frac{1}{6}
\end{aligned}$$ □

I.13.2 因为 D 的极坐标形式是

$$\{(r,\theta)\mid 0\leqslant\theta\leqslant\pi/2,0\leqslant r\leqslant 1/(\sin\theta+\cos\theta)\}$$

所以

$$\begin{aligned}
J &= \int_0^{\pi/2}\mathrm{e}^{\sin\theta/(\sin\theta+\cos\theta)}\mathrm{d}\theta\int_0^{1/(\sin\theta+\cos\theta)}r\mathrm{d}r\\
&= \frac{1}{2}\int_0^{\pi/2}\frac{\mathrm{e}^{\sin\theta/(\sin\theta+\cos\theta)}}{(\sin\theta+\cos\theta)^2}\mathrm{d}\theta\\
&= \frac{1}{2}\int_0^{\pi/2}\mathrm{e}^{\sin\theta/(\sin\theta+\cos\theta)}\mathrm{d}\left(\frac{\sin\theta}{\sin\theta+\cos\theta}\right)\\
&= \frac{1}{2}\int_0^1\mathrm{e}^x\mathrm{d}x=\frac{1}{2}(\mathrm{e}-1)
\end{aligned}$$ □

I.13.3 解法 1 用极坐标计算：所求面积

$$S=\frac{1}{2}\int_0^{2\pi/3}r^2(\theta)\mathrm{d}\theta=\frac{1}{2}\int_0^{2\pi/3}\frac{a^2}{(1+\cos\theta)^2}\mathrm{d}\theta$$

令 $\tan(\theta/2)=x$, 则

$$\mathrm{d}x=\frac{1}{2}\cdot\frac{\mathrm{d}\theta}{\cos^2(\theta/2)}=\frac{1}{2}(1+x^2)\mathrm{d}\theta,1+\cos\theta=2\cos^2\frac{\theta}{2}=\frac{2}{1+x^2}$$

于是

$$S=\frac{a^2}{2}\int_0^{\sqrt{3}}\frac{(1+x^2)^2}{4}\cdot\frac{2}{1+x^2}\mathrm{d}x=\frac{\sqrt{3}}{2}a^2$$

解法 2 将 $r(1+\cos\theta)=a$ 化为直角坐标方程: 因为 $r(1+\cos\theta)=r+x=a$, 所以 $r^2=(x-a)^2$, 亦即 $x^2+y^2=a^2-2ax+x^2$, 于是 $y^2=a^2-2ax$. 这是顶点为 $(a/2,0)$ 的关于 X 轴对称的抛物线, 它与直线 $\theta=2\pi/3$ 交于点 $A(-a,\sqrt{3}a/2)$. 点 A 在 X 轴上的投影是 $B(-a,0)$. 于是

$$S=\int_{-a}^{a/2}\sqrt{a^2-2ax}\mathrm{d}x-S_{\Delta OAB}=\frac{1}{3a}\cdot 3\sqrt{3}a^3-\frac{\sqrt{3}}{2}a^2=\frac{\sqrt{3}}{2}a^2 \qquad \square$$

I.13.4 依解析几何, 截面是椭圆. 为求其面积, 只须求其长半轴和短半轴, 于是问题归结为在约束条件

$$F_1(x,y,z)=\frac{x^2}{a^2}+\frac{y^2}{b^2}+\frac{z^2}{c^2}=1$$
$$F_2(x,y,z)=lx+my+nz=0$$

之下求 $r^2=x^2+y^2+z^2$ 的最值. 注意矩阵

$$\begin{pmatrix}\partial F_1/\partial x & \partial F_1/\partial y & \partial F_1/\partial z\\ \partial F_2/\partial x & \partial F_2/\partial y & \partial F_2/\partial z\end{pmatrix}=\begin{pmatrix}2x/a^2 & 2y/b^2 & 2z/c^2\\ l & m & n\end{pmatrix}$$

的秩等于 2; 因若不然, 则两行线性相关, 存在 $\tau\neq 0$ 使

$$\frac{2x}{a^2}=\tau l,\frac{2y}{b^2}=\tau m,\frac{2z}{c^2}=\tau n$$

从而

$$\frac{x^2}{a^2}+\frac{y^2}{b^2}+\frac{z^2}{c^2}=\frac{x}{2}\tau l+\frac{y}{2}\tau m+\frac{z}{2}\tau n=\frac{\tau}{2}(lx+my+nz)=0$$

这与题设矛盾. 于是两个约束条件是独立的. 定义目标函数

$$F(x,y)=x^2+y^2+z^2+\lambda\left(\frac{x^2}{a^2}+\frac{y^2}{b^2}+\frac{z^2}{c^2}-1\right)+\mu(lx+my+nz)$$

由 $\partial F/\partial x=0,\partial F/\partial y=0,\partial F/\partial z=0$ 给出

$$x+\lambda\frac{x}{a^2}+\mu l=0$$
$$y+\lambda\frac{y}{b^2}+\mu m=0$$
$$z+\lambda\frac{z}{a^2}+\mu n=0$$

将此三个方程分别乘以 x,y,z, 然后相加, 得到 $\lambda=-r^2$.

若 l,m,n 全不等于 0, 那么由上述方程解出

$$x=-\mu\frac{la^2}{a^2+\lambda},y=-\mu\frac{mb^2}{b^2+\lambda},z=-\mu\frac{nc^2}{c^2+\lambda}$$

将它们代入

$$lx+my+nz=0$$

中，得到

$$\frac{l^2a^2}{a^2+\lambda}+\frac{m^2b^2}{b^2+\lambda}+\frac{n^2c^2}{c^2+\lambda}=0$$

它可化为

$$(l^2a^2+m^2b^2+n^2c^2)\lambda^2+\Big(l^2a^2(b^2+c^2)+m^2b^2(a^2+c^2)+$$
$$n^2c^2(a^2+b^2)\Big)\lambda+(l^2+m^2+n^2)a^2b^2c^2=0$$

由 $\lambda=-r^2$ 及 r 的几何意义可知方程的两个根 $\lambda_1=-r_1^2,\lambda_2=-r_2^2$, 其中 r_1,r_2 是椭圆的长半轴和短半轴. 由二次方程的根与系数的关系，椭圆的长半轴和短半轴之积

$$r_1r_2=\sqrt{|\lambda_1|}\cdot\sqrt{|\lambda_2|}=\sqrt{\frac{(l^2+m^2+n^2)a^2b^2c^2}{l^2a^2+m^2b^2+n^2c^2}}$$

因此椭圆面积 (等于 π 与椭圆的长半轴和短半轴之积)

$$S=\pi abc\sqrt{\frac{l^2+m^2+n^2}{l^2a^2+m^2b^2+n^2c^2}}$$

若 l,m,n 中有些 $=0$, 那么可以直接验证上述公式仍然有效. 例如, 设 $l=0$, 那么上述计算仍然有效，只须将

$$y=-\mu mb^2/(b^2+\lambda),z=-\mu nc^2/(c^2+\lambda)$$

代入 $my+nz=0$ 中，最后得到的结果与在上述公式中令 $l=0$ 是一致的. 又例如，设 $l=0,m=0$, 则截面是平面 $z=0$ 上的椭圆

$$x^2/a^2+y^2/b^2=1$$

其面积 $=\pi ab$, 也与在上述公式中令 $l=0,m=0$ 一致. □

I.14 解

I.14.1 作变换

$$u=x-a,v=y-a,w=z-a,$$

则 Jacobi 行列式等于 $1, V$ 被映为球 $u^2+v^2+w^2=a^2$ 的内部 (记为 Ω), 并且

$$\begin{aligned}
J &= \iiint\limits_V (x^3+y^3+z^3)\mathrm{d}x\mathrm{d}y\mathrm{d}z \\
&= \iiint\limits_\Omega \big((u+a)^3+(v+a)^3+(w+a)^3\big)\mathrm{d}u\mathrm{d}v\mathrm{d}w \\
&= \iiint\limits_\Omega (u^3+v^3+w^3)\mathrm{d}u\mathrm{d}v\mathrm{d}w + 3a\iiint\limits_\Omega (u^2+v^2+w^2)\mathrm{d}u\mathrm{d}v\mathrm{d}w + \\
&\quad 3a^2\iiint\limits_\Omega (u+v+w)\mathrm{d}u\mathrm{d}v\mathrm{d}w + 3a^3\iiint\limits_\Omega \mathrm{d}u\mathrm{d}v\mathrm{d}w \\
&= J_1+3aJ_2+3a^2J_3+3a^3J_4
\end{aligned}$$

应用球坐标

$$\begin{cases} u = r\cos\phi\sin\theta \\ v = r\sin\phi\sin\theta \\ w = r\cos\theta \end{cases}$$

其 Jacobi 式 $= r^2\sin\theta$, 我们得到

$$\begin{aligned}
J_3 &= \int_0^a r^3\mathrm{d}r\int_0^{2\pi}\mathrm{d}\phi\int_0^\pi \big(\sin\theta(\cos\phi+\sin\phi)+\cos\theta\big)\sin\theta\mathrm{d}\theta \\
&= \int_0^a r^3\mathrm{d}r\int_0^{2\pi}\mathrm{d}\phi\int_0^\pi \big(\sin^2\theta(\cos\phi+\sin\phi)+\sin\theta\cos\theta\big)\mathrm{d}\theta \\
&= \frac{1}{4}a^4\int_0^{2\pi}\big(2\cdot\frac{1}{2}\cdot\frac{\pi}{2}(\cos\phi+\sin\phi)+0\big)\mathrm{d}\phi = 0
\end{aligned}$$

(也可以应用被积函数在 Ω 位于对顶挂象中的部分 (共四组) 上的积分互相抵消的性质). 类似地 $J_1=0$. 还算出 $J_2=4\pi a^5/5$(计算细节从略, 请读者补出),$J_4=4\pi a^3/3$(可直接用球体积公式). 于是最终得

$$J = 0+3a\cdot\frac{4\pi a^5}{5}+0+3a^3\cdot\frac{4\pi a^3}{3} = \frac{32}{5}\pi a^6 \qquad \square$$

I.14.2 平面图形 D 在 YOZ 平面的第一象限内, 由圆弧 $y^2+z^2=1$ 、直线 $2y-z=1$ 以及 Y 轴和 Z 轴围成. 直线 $2y-z=1$ 与 Y 轴的交点是 $(0,1/2,0)$ (限制在 YOZ 平面, 就是 $(1/2,0)$), 圆弧与直线的交点是 $(0,4/5,3/5)$. 圆弧与 Z 轴的交点是 $(0,1,0)$(读者据此不难画出示意图). 因此旋转体由 XOY 平面、球面 $x^2+y^2+z^2=1$ 和圆锥面

$$\frac{\sqrt{x^2+y^2}}{z+1} = \frac{1}{2} \quad 即 \quad x^2+y^2 = \frac{1}{4}(z+1)^2$$

围成. (注意: 依解析几何, 直线 $2y-z=1$ 的斜率 $=1/2$, 在 $y/(z+1)=1/2$ 中用 $\sqrt{x^2+y^2}$ 代 y 即得它绕 Z 轴旋转所得立体的方程). 考虑旋转体的水平截

面 D_z : 当 $0 \leqslant z_0 \leqslant 3/5$ 时 (此时旋转体的侧面为圆锥面), 它是水平面 $z = z_0$ 上的圆

$$x^2 + y^2 \leqslant \frac{1}{4}(z_0 + 1)^2$$

当 $3/5 \leqslant z_0 \leqslant 1$ 时 (此时旋转体的侧面为球面), 它是水平面 $z = z_0$ 上的圆

$$x^2 + y^2 \leqslant 1 - z_0^2$$

因此所求积分等于

$$\begin{aligned} J &= \int_0^1 z\mathrm{d}z \iint_{D_z} \frac{\mathrm{d}x\mathrm{d}y}{\sqrt{x^2+y^2}} \\ &= \left(\int_0^{3/5} + \int_{3/5}^1\right) z\mathrm{d}z \iint_{D_z} \frac{\mathrm{d}x\mathrm{d}y}{\sqrt{x^2+y^2}} = J_1 + J_2 \end{aligned}$$

应用极坐标计算在 D_z 上的积分

$$J_1 = \int_0^{3/5} z\mathrm{d}z \int_0^{2\pi} \mathrm{d}\theta \int_0^{(z+1)/2} \frac{1}{r} \cdot r\mathrm{d}r$$

$$J_2 = \int_{3/5}^1 z\mathrm{d}z \int_0^{2\pi} \mathrm{d}\theta \int_0^{\sqrt{1-z^2}} \frac{1}{r} \cdot r\mathrm{d}r$$

计算后可得 $J = 89\pi/150$. □

I.14.3 不妨认为 $h > 0$, 由曲面方程可知 $x \geqslant 0$, 所以立体位于 YOZ 平面的前方 (即 X 轴正向所指的一侧), 并且关于 XOY 和 XOZ 平面对称. 引入广义球坐标

$$\begin{cases} x = ar\cos\phi\sin\theta \\ y = br\sin\phi\sin\theta \\ z = cr\cos\theta \end{cases}$$

那么 Jacobi 行列式 $= abcr^2\sin\theta$, 曲面方程化为

$$r = \sqrt[3]{\frac{a}{h}\cos\phi\sin\theta}$$

其中对于立体在第一卦限中的部分, $0 \leqslant \phi \leqslant \pi/2, 0 \leqslant \theta \leqslant \pi/2$. 于是所求体积 (由对称性, 它等于立体在第一卦限中的部分的 4 倍)

$$\begin{aligned} V &= 4abc\int_0^{\pi/2} \mathrm{d}\phi \int_0^{\pi/2} \sin\theta\mathrm{d}\theta \int_0^{\sqrt[3]{(a/h)\cos\phi\sin\theta}} r^2\mathrm{d}r \\ &= \frac{4a^2bc}{3h}\int_0^{\pi/2} \cos\phi\mathrm{d}\phi \int_0^{\pi/2} \sin^2\theta\mathrm{d}\theta = \frac{a^2bc}{3h}\pi \end{aligned}$$

□

I.14.4 题中立体由两个圆锥面和一个球面围成, 这些曲面以原点为公共点. 球面方程是 $x^2 + y^2 + (z-a)^2 = a^2$, 不妨认为 $a > 0$, 则它位于 XOZ 平面

右侧 (即 Y 轴正向所指的一侧). 由三个曲面的对称性, 我们只须考虑立体位于第一卦限中的部分. 引入球坐标

$$\begin{cases} x = r\cos\phi\sin\theta \\ y = r\sin\phi\sin\theta \\ z = r\cos\theta \end{cases}$$

Jacobi 式 $= r^2\sin\theta$. 由球面方程得到 $r \leqslant 2a\cos\theta$. 由圆锥面方程及假设条件 $\alpha < \beta$ 得到 $z^2\tan^2\alpha \leqslant x^2+y^2 \leqslant z^2\tan^2\beta$, 或 $\cos^2\theta\tan^2\alpha \leqslant \sin^2\theta \leqslant \cos^2\theta\tan^2\beta$. 因为 $z>0$(考虑第一卦限), 所以 $\cos\theta>0$, 从而 $\tan^2\alpha \leqslant \tan^2\theta \leqslant \tan^2\beta$, 于是 $\alpha \leqslant \theta \leqslant \beta$. 由此我们求出立体体积

$$\begin{aligned} V &= 4\cdot\int_0^{\pi/2}\mathrm{d}\phi\int_\alpha^\beta \sin\theta\mathrm{d}\theta\int_0^{2a\cos\theta} r^2\mathrm{d}r = \cdots \\ &= \frac{4}{3}\pi a^3(\cos^4\alpha-\cos^4\beta) \quad \text{(读者自行补出计算细节)}. \end{aligned}$$

当然在一般情形, 上式中 a 要换成 $|a|$. □

I.14.5 曲面方程关于 x,y,z 对称, 并且 $z\geqslant 0$, 所以只须考虑第一卦限. 应用广义球坐标

$$\begin{cases} x = ar\cos\phi\sin\theta \\ y = br\sin\phi\sin\theta \\ z = cr\cos\theta \end{cases}$$

Jacobi 式 $= abcr^2\sin\theta$. 在第一卦限中 $0\leqslant\phi,\theta\leqslant\pi/2$. 由曲面方程知

$$0 \leqslant r \leqslant c^{2n-1}\cos^{2n-1}\phi$$

于是所求体积

$$\begin{aligned} V &= 4\cdot abc\int_0^{\pi/2}\mathrm{d}\phi\int_0^{\pi/2}\sin\theta\mathrm{d}\theta\int_0^{c^{2n-1}\cos^{2n-1}\theta} r^2 dr \\ &= \cdots = \frac{\pi}{3(3n-1)}abc^{6n-2} \end{aligned}$$

(读者自行补出计算细节) □

I.14.6 因为 $xyz\geqslant 0$, 所以题中的立体位于第一、三、六、八卦限中, 应用球坐标, 我们有

$$V = 4\int_0^{\pi/2}\mathrm{d}\phi\int_0^{\pi/2}\mathrm{d}\theta\int_0^{a\sqrt[3]{\sin^2\theta\cos\theta\sin\phi\cos\phi}} r^2\sin\theta\mathrm{d}r = \cdots = \frac{a^3}{6}$$

(读者自行补出计算细节). □

I.14.7 应用圆柱坐标

$$\begin{cases} x = r\cos\theta \\ y = r\sin\theta \\ z = z \end{cases}$$

其中

$$0 \leqslant r < +\infty, 0 \leqslant \theta < 2\pi, -\infty < z < +\infty, \text{Jacobi 式} = r$$

题中的方程化为 $r^2 + z^2 + 8 \leqslant 6r$, 或 $(r-3)^2 + z^2 \leqslant 1$. 因此所说的区域是 XOZ 平面上的圆 $(x-3)^2 + z^2 \leqslant 1$ 绕 Z 轴形成的旋转体. 于是所求体积 (注意立体上下对称)

$$V = 2 \cdot 2\pi \int_2^4 r\sqrt{1-(r-3)^2}\mathrm{d}r$$

令 $t = r - 3$, 并且注意 $t\sqrt{1-t^2}$ 是奇函数, 我们有

$$\begin{aligned} V &= 4\pi\int_{-1}^{1}(t+3)\sqrt{1-t^2}\mathrm{d}t \\ &= 4\pi\int_{-1}^{1} t\sqrt{1-t^2} + 12\pi\int_{-1}^{1}\sqrt{1-t^2}\mathrm{d}t \\ &= 12\pi\int_{-1}^{1}\sqrt{1-t^2}\mathrm{d}t \end{aligned}$$

因为最后的积分表示上半单位圆的面积, 所以 $V = 12\pi \cdot \pi^2/2 = 6\pi^3$. □

I.15 解

I.15.1 *解法 1* 因为曲线 C 关于 x, y, z 对称, 被积函数在 x, y, z 轮换下值不变, 所以所求积分

$$\begin{aligned} I &= \frac{1}{3}\left(\int_C (x^2+y^2)\mathrm{d}s + \int_C (y^2+z^2)\mathrm{d}s + \int_C (z^2+x^2)\mathrm{d}s\right) \\ &= \frac{2}{3}\int_C (x^2+y^2+z^2)\mathrm{d}s = \frac{2}{3}\int_C a^2\mathrm{d}s = \frac{2}{3}a^2 \cdot 2\pi a = \frac{4}{3}\pi a^3 \end{aligned}$$

解法 2 由第一型曲线积分的定义以及曲线 C 关于 x, y, z 的对称性可知

$$\int_C x^2\mathrm{d}s = \int_C y^2\mathrm{d}s = \int_C z^2\mathrm{d}s$$

所以

$$\begin{aligned} I &= \int_C (x^2+x^2)\mathrm{d}s = 2\int_C x^2\mathrm{d}s = 2\int_C y^2\mathrm{d}s = 2\int_C z^2\mathrm{d}s \\ &= \frac{2}{3}\left(\int_C x^2\mathrm{d}s + \int_C y^2\mathrm{d}s + \int_C z^2\mathrm{d}s\right) \\ &= \frac{2}{3}\int_C (x^2+y^2+z^2)\mathrm{d}s = \frac{4}{3}\pi a^3 \end{aligned}$$

解法 3 这是一般性标准方法. 首先求曲线 C 的参数方程: 由 $x^2+y^2+z^2=a^2, x+y+z=0$ 消去 (例如)y, 可得 $z^2+xz+x^2=a^2/2$, 配方后得到

$$\frac{(z+x/2)^2}{(\sqrt{2}a/2)^2}+\frac{x^2}{(\sqrt{6}a/3)^2}=1$$

所以可将曲线 C 表示为

$$\begin{cases}\dfrac{(z+x/2)^2}{(\sqrt{2}a/2)^2}+\dfrac{x^2}{(\sqrt{6}a/3)^2}=1\\ x+y+z=0\end{cases}$$

"参照" 椭圆的参数方程, 令 $x=(\sqrt{6}/3)a\cos t, z+x/2=(\sqrt{2}/2)a\sin t$, 并且由 $x+y+z=0$ 解出 y 的参数式. 于是我们得到曲线 C 的参数表达式

$$\begin{cases}x=\dfrac{\sqrt{6}}{3}a\cos t\\ y=a\left(-\dfrac{\sqrt{2}}{2}\sin t-\dfrac{\sqrt{6}}{6}\cos t\right)\\ z=a\left(-\dfrac{\sqrt{6}}{6}\cos t+\dfrac{\sqrt{2}}{2}\sin t\right)\end{cases}$$

由此求得 $\mathrm{d}s=\sqrt{\dot{x}^2+\dot{y}^2+\dot{z}^2}=a\mathrm{d}t$, 以及

$$I=a^3\int_0^{2\pi}\left(\frac{5}{6}\cot^2 t+\frac{1}{2}\sin^2 t+\frac{\sqrt{3}}{3}\sin t\cos t\right)\mathrm{d}t=\frac{4}{3}\pi a^3$$

(读者自行补出计算细节). □

I.15.2 (计算细节由读者补出) 由对称性及曲线 C 的方程得

$$\begin{aligned}\oint_C x^2\mathrm{d}s &= \oint_C y^2\mathrm{d}s=\oint_C z^2\mathrm{d}s\\ &= \frac{1}{3}\oint_C(x^2+y^2+z^2)\mathrm{d}s=\frac{1}{3}\oint_C\mathrm{d}s\end{aligned}$$

以及

$$\oint_C x\mathrm{d}s=\oint_C y\mathrm{d}s=\oint_C z\mathrm{d}s=\frac{1}{3}\oint_C(x+y+z)\mathrm{d}s=\frac{1}{3}\oint_C\mathrm{d}s$$

于是所求积分

$$\begin{aligned}I &= \oint_C(x^2+y^2)\mathrm{d}s+\oint_C(2x-4y)\mathrm{d}s+\oint_C 5\mathrm{d}s\\ &= \left(\frac{2}{3}-\frac{2}{3}+5\right)\oint_C\mathrm{d}s=5\oint_C\mathrm{d}s\end{aligned}$$

因为 C 是过点 $(1,0,0),(0,1,0),(0,0,1)$ 的圆，而连此三点得边长为 $\sqrt{2}$ 的正三角形，故得 $r=(\sqrt{2}/2)/\sin(\pi/3)=\sqrt{2/3}$. 最终得到 $I=10\pi\sqrt{2/3}=10\sqrt{6}\pi/3$.

□

I.15.3 令 $P(x,y)=\big(f'(x)+6f(x)\big)y, Q(x,y)=2f(x)$, 那么偏导数

$$\frac{\partial P}{\partial y}=f'(x)+6f(x), \frac{\partial Q}{\partial x}=2f'(x)$$

连续. 在任何包含 L 的单连通区域内, 积分与路径无关, 等价于 $\partial P/\partial y=\partial P/\partial x$, 因此

$$f'(x)+6f(x)=2f'(x) \quad 即 \quad f'(x)=6f(x)$$

于是

$$\int\frac{f'(x)}{f(x)}\mathrm{d}x=6\int\mathrm{d}x, \log f(x)=6+c\ (c\ 是常数), f(x)=\mathrm{e}^{6x+c}$$

由 $f(0)=1$ 推出 $c=0$, 于是 $f(x)=\mathrm{e}^{6x}$.

为计算积分 I, 取联结点 $(0,0)$ 和点 $(1,1)$ 的路径 L 为通过点 $(1,0)$ 的折线, 于是所求积分

$$I=\int_{(0,0)}^{(1,1)}12\mathrm{e}^{6x}y\mathrm{d}x+2\mathrm{e}^{6x}\mathrm{d}y=\int_0^1 0\mathrm{d}x+\int_0^1 2\mathrm{e}^6\mathrm{d}y=2\mathrm{e}^6$$

□

I.15.4 令

$$P(x,y)=\frac{\mathrm{e}^x(x\sin y-y\cos y)}{x^2+y^2}, Q(x,y)=\frac{\mathrm{e}^x(x\cos y+y\sin y)}{x^2+y^2}$$

计算得知

$$\frac{\partial P}{\partial y}=\frac{\big((x^2+y^2)x+y^2-x^2\big)\cos y+(x^2+y^2-2x)y\sin y}{(x^2+y^2)^2}=\frac{\partial Q}{\partial x}$$

取路径 L_r 为 $x^2+y^2=r^2$, 亦即 $x=r\sin t, y=r\cos t\,(0\leqslant t\leqslant 2\pi)$. 由 Green 公式，对任何 $r>0$ 有

$$\begin{aligned} I &= \int_{L_r}\frac{\mathrm{e}^x(x\sin y-y\cos y)\mathrm{d}x+\mathrm{e}^x(x\cos y+y\sin y)\mathrm{d}y}{x^2+y^2} \\ &= \int_0^{2\pi}\mathrm{e}^{r\cos t}\cos(r\sin t)\mathrm{d}t \end{aligned}$$

令 $r\to 0$, 即得 $I=2\pi$.

□

I.15.5 曲线 C 的切向是 $(\mathrm{d}x,\mathrm{d}y)$, 所以单位法向

$$\boldsymbol{n}=\left(\frac{\mathrm{d}y}{\sqrt{\mathrm{d}x^2+\mathrm{d}y^2}},-\frac{\mathrm{d}x}{\sqrt{\mathrm{d}x^2+\mathrm{d}y^2}}\right)$$

以及 $\mathrm{d}s=\sqrt{\mathrm{d}x^2+\mathrm{d}y^2}$. 于是在方向 $\boldsymbol{n}$ 上 u 的导数

$$\begin{aligned}\frac{\partial u}{\partial \boldsymbol{n}} &= \frac{\partial u}{\partial x}\frac{\mathrm{d}y}{\sqrt{\mathrm{d}x^2+\mathrm{d}y^2}}+\frac{\partial u}{\partial y}\left(-\frac{\mathrm{d}x}{\sqrt{\mathrm{d}x^2+\mathrm{d}y^2}}\right)\\ &= \frac{1}{\mathrm{d}s}\left(\frac{\partial u}{\partial x}\mathrm{d}y-\frac{\partial u}{\partial y}\mathrm{d}x\right)\end{aligned}$$

因此由 Green 公式得到

$$\oint_C \frac{\partial u}{\partial n}\mathrm{d}s=\oint_C \frac{\partial u}{\partial x}\mathrm{d}y-\frac{\partial u}{\partial y}\mathrm{d}x=\iint_D\left(\frac{\partial^2 u}{\partial x^2}+\frac{\partial^2 u}{\partial y^2}\right)\mathrm{d}x\mathrm{d}y \qquad \square$$

I.15.6 因为 $z=x^2+y^2, p=\partial z/\partial x=2x, q=\partial z/\partial y=2y$, 所以 $\sqrt{p^2+q^2+1}=\sqrt{4(x^2+y^2)+1}$. 所求积分

$$I=\iint_\Sigma |xyz|\mathrm{d}s=\iint_D |xy|(x^2+y^2)\sqrt{4(x^2+y^2)+1}\mathrm{d}x\mathrm{d}y$$

其中 D 表示 XOY 平面中的区域 $\{(x,y)\mid x^2+y^2\leqslant 1\}$. 化为极坐标, 并注意对称性, 我们有

$$\begin{aligned}I &= 4\int_0^{\pi/2}\mathrm{d}\theta\int_0^1 r^2\sin\theta\cos\theta\cdot r^2\sqrt{4r^2+1}\,r\mathrm{d}r\\ &= 4\int_0^{\pi/2}\sin\theta\cos\theta\mathrm{d}\theta\int_0^1 r^5\sqrt{4r^2+1}\mathrm{d}r \quad (\text{令 } t=r^2)\\ &= \int_0^1 t^2\sqrt{4t+1}\mathrm{d}t \quad (\text{令 } u=\sqrt{4t+1})\\ &= \frac{1}{32}\int_1^{\sqrt{5}}(u^6-2u^4+u^2)\mathrm{d}u=\frac{125\sqrt{5}-1}{420}\end{aligned} \qquad \square$$

I.15.7 曲面 $z^2=x^2+y^2$ 是以 $(0,0,0)$ 为顶点的圆锥面 (注意：分上下互相对称的两支), 夹它的曲面是两个圆柱. 按公式及对称性, 可算出 (读者自行完成计算) 所求面积

$$S=2\iint_D\sqrt{2}\mathrm{d}x\mathrm{d}y$$

区域 D 由 XOY 平面上两个圆柱的母线 (互相内切的圆周)

$$x^2+\left(y-\frac{1}{2}\right)^2=\frac{1}{4}, x^2+(y-1)^2=1$$

围成, 所以

$$S=2\iint_D\sqrt{2}\mathrm{d}x\mathrm{d}y=2\cdot\left(\pi\cdot 1^2-\pi\cdot\left(\frac{1}{2}\right)^2\right)=\frac{3\sqrt{2}}{2}\pi$$

如果应用极坐标，那么

$$S=2\iint\limits_{D}\sqrt{2}\mathrm{d}x\mathrm{d}y=2\int_{0}^{\pi/2}\mathrm{d}\theta\int_{\cos\theta}^{2\cos\theta}r\mathrm{d}r=\cdots$$

(读者自行完成计算). □

I.15.8 椭圆 Γ 的参数方程是

$$x(t)=a\cos t, y(t)=b\sin t\,(0\leqslant t\leqslant 2\pi)$$

不妨设 $a\geqslant b$. 于是

$$\mathrm{d}s=\sqrt{\left(x'(t)\right)^2+\left(y'(t)\right)^2}\,\mathrm{d}t=\sqrt{(a^2-b^2)\sin^2 t+b^2}\,\mathrm{d}t$$

我们已知椭圆面积 $S=\pi ab$, 而周长

$$L=\int_0^{2\pi}\sqrt{(a^2-b^2)\sin^2 t+b^2}\,\mathrm{d}t$$

不能用初等函数表出. 应用参数方程可算出题中的积分

$$\begin{aligned}
J &= \int_0^{2\pi}(a^2b^2\cos^2 t+2ab\sin t\cos t+a^2b^2\sin^2 t)\cdot \\
&\quad \sqrt{(a^2-b^2)\sin^2 t+b^2}\,\mathrm{d}t \\
&= \int_0^{2\pi}(2ab\sin t\cos t)\sqrt{(a^2-b^2)\sin^2 t+b^2}\,\mathrm{d}t+ \\
&\quad a^2b^2\int_0^{2\pi}\sqrt{(a^2-b^2)\sin^2 t+b^2}\,\mathrm{d}t \\
&= \frac{ab}{a^2-b^2}\int_0^{2\pi}\sqrt{(a^2-b^2)\sin^2 t+b^2}\mathrm{d}\left((a^2-b^2)\sin^2 t+b^2\right)+ \\
&\quad a^2b^2\oint\limits_{\Gamma}\mathrm{d}s \\
&= \frac{ab}{a^2-b^2}\cdot\frac{2}{3}\left((a^2-b^2)\sin^2 t+b^2\right)^{3/2}\Big|_0^{2\pi}+a^2b^2L \\
&= a^2b^2L
\end{aligned}$$

因此 $J=L(\pi ab)^2/\pi^2=(S^2/\pi^2)L$. □

I.16 解

I.16.1 题设级数 $\sum\limits_{n=1}^{\infty}a_n/n^2$ 收敛. 若记其和为 S, 并令

$$S_n=\sum_{k=1}^{n}\frac{a_k}{k^2}\quad(n\geqslant 1)$$

则 $S_n \to S\,(n\to\infty)$; 并且 $a_k/k^2 = S_k - S_{k-1}$. 我们有

$$\begin{aligned}\frac{1}{n}\sum_{k=1}^{n}\frac{a_k}{k} &= \frac{1}{n}\sum_{k=1}^{n}k\cdot\frac{a_k}{k^2} = \frac{1}{n}\left(\sum_{k=2}^{n}k(S_k - S_{k-1} + S_1\right)\\ &= \frac{1}{n}\left(-\sum_{k=1}^{n-1}S_k + nS_n\right) = -\frac{1}{n}\sum_{k=1}^{n-1}S_k + S_n\\ &= -\frac{n-1}{n}\cdot\frac{1}{n-1}\sum_{k=1}^{n-1}S_k + S_n\end{aligned}$$

依“算术平均值数列收敛定理”（见问题 **1.2**(a)）可知

$$\frac{1}{n-1}\sum_{k=1}^{n-1}S_k \to S \quad (n\to\infty)$$

所以当 $n\to\infty$ 时，上式 $\to -S+S=0$. □

I.16.2 *解法* 1 因为

$$\sum_{k=1}^{n}\sum_{t=1}^{k}a_t = \sum_{t=1}^{n}\sum_{k=t}^{n}a_t = \sum_{t=1}^{n}(n-t+1)a_t$$

所以

$$\sum_{t=1}^{n}ta_t = (n+1)\sum_{t=1}^{n}a_t - \sum_{k=1}^{n}\sum_{t=1}^{k}a_t$$

令 $\sum\limits_{k=1}^{\infty}a_k = S$, $\sum\limits_{k=1}^{n}a_k = S_n\,(n\geqslant 1)$, 则 $S_n\to S\,(n\to\infty)$. 于是由算术平均值数列收敛定理”（见问题 **1.2**(a)）推出

$$\frac{1}{n}\sum_{k=1}^{n}ka_k = \frac{n+1}{n}S_n - \frac{1}{n}\sum_{k=1}^{n}S_k \to 0 \quad (n\to\infty)$$

解法 2 由题设可知级数 $\sum\limits_{n=1}^{\infty}(n^2a_n)/n^2$ 收敛，于是依问题 **I.16.1** 推出

$$\lim_{n\to\infty}\frac{1}{n}\sum_{k=1}^{n}\frac{k^2a_k}{k} = 0$$

也就是

$$\lim_{n\to\infty}\frac{1}{n}\sum_{k=1}^{n}ka_k = 0$$

这正是本题所要证的结论. □

注 若级数 $\sum\limits_{n=1}^{\infty} a_n/n^2$ 收敛，则依问题 **I.16.2** 可知

$$\lim_{n\to\infty}\frac{1}{n}\sum_{k=1}^{n}k\cdot\frac{a_k}{k^2}=0$$

也就是

$$\lim_{n\to\infty}\frac{1}{n}\sum_{k=1}^{n}\frac{a_k}{k}=0$$

这正是问题 **I.16.1** 中所说的结论．因此，考虑到 *解法* 2, 我们得知问题 **I.16.1** 和问题 **I.16.2** 是等价的．

I.16.3 令 $q_0=0, q_n=p_1+\cdots+p_n(n\geqslant 1)$, 则 q_n 单调递增，而且

$$\frac{n^2}{(p_1+p_2+\cdots+p_n)^2}p_n=\left(\frac{n}{q_n}\right)^2(q_n-q_{n-1})$$

记

$$\sigma_m=\sum_{n=1}^{m}\left(\frac{n}{q_n}\right)^2(q_n-q_{n-1})=\sum_{n=1}^{m}\left(\frac{n}{q_n}\right)^2 p_n$$

则 σ_m 单调递增．因此只须证明它有界，即可得到题中的结论．为此，我们注意

$$\begin{aligned}
\sigma_m &= \frac{1}{p_1}+\sum_{n=2}^{m}\left(\frac{n}{q_n}\right)^2(q_n-q_{n-1})\leqslant\frac{1}{p_1}+\sum_{n=2}^{m}\frac{n^2(q_n-q_{n-1})}{q_{n-1}q_n}\\
&= \frac{1}{p_1}+\sum_{n=2}^{m}\frac{n^2}{q_{n-1}}-\sum_{n=2}^{m}\frac{n^2}{q_n}=\frac{1}{p_1}+\sum_{n=1}^{m-1}\frac{(n+1)^2}{q_n}-\sum_{n=2}^{m}\frac{n^2}{q_n}\\
&= \frac{1}{p_1}+\frac{4}{q_1}+\sum_{n=2}^{m-1}\frac{n^2+2n+1}{q_n}-\sum_{n=2}^{m}\frac{n^2}{q_n}\quad (\text{注意 } p_1=q_1)\\
&= \frac{5}{p_1}+2\sum_{n=2}^{m-1}\frac{n}{q_n}+\sum_{n=2}^{m-1}\frac{1}{q_n}-\frac{m^2}{q_m}\leqslant\frac{5}{p_1}+2\sum_{n=2}^{m}\frac{n}{q_n}+\sum_{n=2}^{m}\frac{1}{q_n}
\end{aligned}$$

用 T 表示题设收敛级数 $\sum\limits_{n=1}^{\infty}1/p_n$. 由 Cauchy-Schwarz 不等式得

$$\sum_{n=2}^{m}\frac{n}{q_n}=\sum_{n=2}^{m}\frac{n}{q_n}\sqrt{p_n}\cdot\frac{1}{\sqrt{p_n}}\leqslant\sqrt{\sum_{n=2}^{m}\frac{n^2}{q_n^2}p_n}\sqrt{\sum_{n=2}^{m}\frac{1}{p_n}}<\sqrt{\sigma_m}\sqrt{T}$$

所以

$$\sigma_m<\frac{5}{p_1}+2\sqrt{\sigma_m}\sqrt{T}+T$$

用 $\sqrt{\sigma_m}$ 除上式两边，注意 $1/\sqrt{\sigma_m} < \sqrt{p_1}$ (因为 $\sigma_m > 1/p_1$), 我们得到

$$\sqrt{\sigma_m} < \frac{5}{p_1} \cdot \frac{1}{\sqrt{\sigma_m}} + 2\sqrt{T} + T \cdot \frac{1}{\sqrt{\sigma_m}} \leqslant \frac{5}{\sqrt{p_1}} + 2\sqrt{T} + \sqrt{p_1}T$$

因而 σ_m 有界．于是本题得证． □

I.16.4 记 $S(x) = \sum\limits_{n=0}^{\infty} a_n x^n$. 在级数收敛域内，依题设关系式推出

$$\begin{aligned}
&(c_2x^2 + c_1x + 1)S(x) \\
= &\sum_{n=0}^{\infty} c_2 a_n x^{n+2} + \sum_{n=0}^{\infty} c_1 a_n x^{n+1} + \sum_{n=0}^{\infty} a_n x^n \\
= &\sum_{n=0}^{\infty} (c_2 a_n + c_1 a_{n+1} + a_{n+2}) x^{n+2} + a_0 + a_1 x + c_1 a_0 x \\
= &a_0 + a_1 x + c_1 a_0 x
\end{aligned}$$

若 x 满足 $c_2x^2 + c_1x + 1 \neq 0$(下文将知此条件成立), 则得

$$S(x) = \frac{a_0 + a_1 x + c_1 a_0 x}{c_2 x^2 + c_1 x + 1}$$

将题中 $a_0, \cdots, a_3$ 的值代入题设关系式，得

$$-43 + c_1 \cdot (-1) + c_2 \cdot (-7) = 0$$
$$-1 + c_1 \cdot (-7) + c_2 \cdot 1 = 0$$

由此解得 $c_1 = -1, c_2 = -6$. 于是级数之和

$$S(x) = \frac{1 - 8x}{1 - x - 6x^2}$$

当 $|x| < \min(1/2, 1/3) = 1/3$ 时

$$\begin{aligned}
S(x) &= \frac{2}{1+2x} - \frac{1}{1-3x} = 2\sum_{n=0}^{\infty}(-1)^n(2x)^n - \sum_{n=0}^{\infty}(3x)^n \\
&= \sum_{n=0}^{\infty}\left((-1)^n \cdot 2^{n+1} - 3^n\right)x^n
\end{aligned}$$

并且当 $|x| < 1/3$ 时，可以验证上面要求的 $c_2x^2 + c_1x + 1 \neq 0$ 也成立．于是

$$a_n = (-1)^n \cdot 2^{n+1} - 3^n \quad (n \geqslant 0)$$

并且级数收敛半径 $R = 1/3$. □

I.16.5 **提示** $f(x)$ 在 $(-\pi,\pi)$ 上连续, 并且是奇函数, 可求出其 Fourier 展开

$$f(x) \sim \sum_{n=1}^{\infty} \frac{\sin n}{n^2} \sin nx$$

因为 $f(x)$ 在 $(-\pi.\pi)$ 上平方可积, 并且

$$\frac{1}{\pi}\int_{-\pi}^{\pi} f^2(x)\mathrm{d}x = \frac{1}{6}(\pi-1)^2$$

所以由封闭性方程 (也称 Parseval 公式, 或 Lyapunov 定理)

$$\frac{a_0^2}{2} + \sum_{n=1}^{\infty}(a_n^2+b_n^2) = \frac{1}{\pi}\int_{-\pi}^{\pi} f^2(x)\mathrm{d}x$$

得知所求的级数的和 $=(\pi-1)^2/6$. □

I.16.6 首先证明: 若 $\sum\limits_{n=1}^{\infty} a_n = +\infty$, 则也有

$$\lim_{m\to\infty}\sum_{n=1}^{\infty} a_{mn} = +\infty$$

事实上, 此时, 对于任何 $N>0$, 存在充分大的正整数 σ, 使得 $\sum\limits_{n=1}^{\sigma} a_n \geqslant 2N$. 固定此 σ. 由于对每个固定的 $n\in[1,\sigma], a_{mn}\uparrow a_n(m\to\infty)$, 所以存在一个正整数 $m_0(n)$, 使当 $m\geqslant m_0(n)$ 时, $a_{mn}\geqslant a_n/2$. 令

$$M_0 = \max\big(m_0(1), m_0(2), \cdots, m_0(\sigma)\big)$$

那么当 $m\geqslant M_0$ 时

$$a_{mn} \geqslant \frac{a_n}{2} \quad (n=1,2,\cdots,\sigma)$$

于是

$$\sum_{n=1}^{\infty} a_{mn} \geqslant \sum_{n=1}^{\sigma} a_{mn} \geqslant \sum_{n=1}^{\sigma}\frac{a_n}{2} = \frac{1}{2}\sum_{n=1}^{\sigma} a_n \geqslant \frac{1}{2}\cdot 2N = N$$

因为 N 可以任意大, 所以上述结论得证.

其次证明: 若 $\sum\limits_{n=1}^{\infty} a_n < +\infty$, 我们来证明

$$\lim_{m\to\infty}\sum_{n=1}^{\infty} a_{mn} = \sum_{n=1}^{\infty} a_n$$

事实上, 因为对于每个 $n\geqslant 1, a_{mn}\uparrow a_n(m\to\infty)$, 所以

$$a_{mn}\leqslant a_n, \sum_{n=1}^{\infty} a_{mn} \leqslant \sum_{n=1}^{\infty} a_n < +\infty$$

并且

$$\begin{aligned}\left|\sum_{n=1}^{\infty} a_{mn}-\sum_{n=1}^{\infty} a_n\right| &= \left|\sum_{n=1}^{\infty}(a_{mn}-a_n)\right| \\ &\leqslant \sum_{n=1}^{\tau}|a_{mn}-a_n|+\sum_{n=\tau+1}^{\infty} a_{mn}+\sum_{n=\tau+1}^{\infty} a_n\end{aligned}$$

依 $\sum\limits_{n=1}^{\infty} a_n$ 的收敛性,对于任意给定的 $\varepsilon>0$,存在充分大的正整数 τ 使得 $\sum\limits_{n=\tau+1}^{\infty} a_n<\varepsilon/3$, 因而 $\sum\limits_{n=\tau+1}^{\infty} a_{mn}\leqslant\sum\limits_{n=\tau+1}^{\infty} a_n<\varepsilon/3$. 固定这个 τ. 与上面类似，由于对每个固定的 $n\in[1,\tau], a_{mn}\uparrow a_n(m\to\infty)$, 所以存在一个正整数 $m_1(n)$, 使当 $m\geqslant m_1(n)$ 时， $0\leqslant a_n-a_{mn}<\varepsilon/(3\tau)$. 令

$$M_1=\max\left(m_1(1),m_1(2),\cdots,m_1(\tau)\right)$$

那么当 $m\geqslant M_1$ 时

$$0\leqslant a_n-a_{mn}<\frac{\varepsilon}{3\tau}\quad(n=1,2,\cdots,\tau)$$

于是当 $m\geqslant M_1$ 时有

$$\left|\sum_{n=1}^{\infty} a_{mn}-\sum_{n=1}^{\infty} a_n\right|\leqslant\sum_{n=1}^{\tau}\frac{\varepsilon}{3\tau}+\frac{\varepsilon}{3}+\frac{\varepsilon}{3}=\varepsilon$$

从而上述结论成立. □

I.17 解

I.17.1 由

$$\begin{aligned}\frac{\partial f}{\partial x}&=(x+1)^y\frac{y}{x+1}=0\\ \frac{\partial f}{\partial y}&=(x+1)^y\log(x+1)=0\end{aligned}$$

求得驻点 $(x,y)=(0,0)$, 但它不在区域 D 的内部. 又因为 D 中不含有 $f(x,y)$ 的不可微的点，所以函数的最值在 D 的边界上达到.

在边界 $x=0,0\leqslant y\leqslant 2$ 上： $f(0,y)=1$.

在边界 $x=2,0\leqslant y\leqslant 2$ 上： $f(2,y)=3^y$. 当 $y\in[0,2]$ 时， $f(2,y)$ 单调递增，在区间端点的值 $f(2,0)=1,f(2,2)=9$.

在边界 $y=0,0\leqslant x\leqslant 2$ 上： $f(x,0)=1$.

在边界 $y=2, 0\leqslant x\leqslant 2$ 上：$f(x,2)=(x+1)^2$. 当 $x\in[0,2]$ 时，$f(x,2)$ 单调递增，在区间端点的值 $f(0,2)=1, f(2,2)=9$.

由此可知：$f(x,y)$ 在 D 上的最大值 $=9$, 最小值 $=1$. □

I.17.2 由 $f'_x=-8x(y-x^2)-x^6=0, f'_y=4(y-x^2)-2y=0$ 给出驻点 $(x_1,y_1)=(0,0),(x_2,y_2)=(-2,8)$. 还有

$$A=f''_{xx}=-8y+24x^2-6x^5, B=f''_{xy}=-8x, C=f''_{yy}=2$$

在点 $(-2,8)$ 有 $A=224>0, B=16, C=2; B^2-4AC=192>0$, 因此 $(-2,8)$ 是极小值点，极小值为 $f(-2,8)=-352/7$.

在点 $(0,0)$, 因为 $B^2-4AC=0$, 所以上述方法失效．比较 $(0,0)$ 附近的点上的函数值可知该点不是极小值点.

限制在过 $(0,0)$ 直线上：对于直线 $y=kx\,(k\neq 0)$, 有 $f(x,y)=f(x,kx)=x^2(k^2-4kx+2x^2-x^5/7)$; 当 $|x|>0$ 充分小时，$f(x,kx)>0$. 对于直线 $y=0$(即 X 轴), 有 $f(x,y)=f(x,0)=x^4(2-x^3/7)$; 当 $|x|>0$ 充分小时，$f(x,0)>0$. 对于直线 $x=0$(即 Y 轴), 有 $f(x,y)=f(0,y)=y^2$, 当 $|y|>0$ 充分小时，$f(0,y)>0$. 因为 $f(0,0)=0$, 所以 $(0,0)$ 是函数限制在过 $(0,0)$ 直线上时的极小值点. □

I.17.3 *解法* 1 对所给方程分别对 x,y 求导，可得

$$2x+2z\frac{\partial z}{\partial x}-2-4\frac{\partial z}{\partial x}=0$$
$$2y+2z\frac{\partial z}{\partial y}+2-4\frac{\partial z}{\partial y}=0$$

由此解得

$$\frac{\partial z}{\partial x}=\frac{1-x}{z-2}, \frac{\partial z}{\partial y}=\frac{-1-y}{z-2}$$

在前面两式中继续分别对 x,y 求导，可得

$$2+2\left(\frac{\partial z}{\partial x}\right)^2+2z\frac{\partial^2 z}{\partial x^2}-4\frac{\partial^2 z}{\partial x^2}=0$$
$$2+2\left(\frac{\partial z}{\partial y}\right)^2+2z\frac{\partial^2 z}{\partial y^2}-4\frac{\partial^2 z}{\partial y^2}=0$$

并且在前面两式中的第一个对 y 求导 (或在其中第二个中对 x 求导), 可得

$$2\frac{\partial z}{\partial x}\frac{\partial z}{\partial y}+2z\frac{\partial^2 z}{\partial x\partial y}-4\frac{\partial^2 z}{\partial x\partial y}=0$$

由这些方程解出

$$A = \frac{\partial^2 z}{\partial x^2} = \frac{1 + (\partial z/\partial x)^2}{2 - z}$$

$$B = \frac{\partial^2 z}{\partial x \partial y} = \frac{(\partial z/\partial x)(\partial z/\partial y)}{2 - z}$$

$$C = \frac{\partial^2 z}{\partial y^2} = \frac{1 + (\partial z/\partial y)^2}{2 - z}$$

由 $\partial z/\partial x = 0, \partial z/\partial y = 0$ 解出 $(x, y) = (1, -1)$, 将此代入题中所给方程得到 $z^2 - 4z - 12 = 0$, 由此求出 $z_1 = -2, z_2 = 6$. 因此得到两个驻点 $(1, -1, -2)$ 和 $(1, -1, 6)$.

在点 $(1, -1, -2)$, 我们算出

$$A = \frac{1}{4} > 0, B = 0, C = \frac{1}{4}, B^2 - 4AC < 0$$

所以 $z = -2$ 是极小值. 在点 $(1, -1, 6)$, 我们算出

$$A = -\frac{1}{4} < 0, B = 0, C = -\frac{1}{4}, B^2 - 4AC < 0$$

所以 $z = -2$ 是极大值.

解法 2 将题中所给方程配方可得

$$(x-1)^2 + (y+1)^2 + (z-2)^2 = 4^2$$

这是一个球面, 其球心在 $(1, -1, 2)$, 半径是 4. 由几何意义, 它与 z 轴的两个交点 (最高点和最低点)$(1, -1, 6)$ 和 $(1, -1, -2)$ 分别给出 z 的极大值 6, 极小值 -2. □

I.17.4 我们算出

$$\begin{aligned} \Delta &= \int_0^1 (x^4 + a^2x^2 + b^2 - 2ax^3 - 2bx^2 + 2abx)\mathrm{d}x \\ &= \frac{1}{5} + \frac{1}{3}a^2 + b^2 - \frac{1}{2}a - \frac{2}{3}b + ab \end{aligned}$$

由 $\partial\Delta/\partial a = 0, \partial\Delta/\partial b = 0$ 得到

$$\frac{2}{3}a + b = \frac{1}{2}$$

$$a + 2b = \frac{2}{3}$$

由此解出 $a = 1, b = -1/6$. 因为

$$\frac{\partial^2\Delta}{\partial a^2} = \frac{2}{3} > 0, \left(\frac{\partial^2\Delta}{\partial a \partial b}\right)^2 - 4\left(\frac{\partial^2\Delta}{\partial a^2}\right)\left(\frac{\partial^2\Delta}{\partial b^2}\right) = 1^2 - 4 \cdot \frac{2}{3} \cdot 2 < 0$$

所以线性函数 $f(x)=x-1/6$ 使 Δ 达到最小. □

I.17.5 提示 要在约束条件 $x+2y=1$ 及 $x^2+2y^2+z^2=1$ 之下求 $r(x,y,z)=x^2+y^2+z^2$ 的最小值 (显然存在). 由约束条件可知 $r(x,y,z)=1-y^2$, 并且 $1\geqslant x^2+2y^2=(1-2y)^2+2y^2$, 于是推出 $y(-4+6y)\leqslant 0, 0\leqslant y\leqslant 2/3$. 因为 $r(x,y,z)=1-y^2$ 是 y 的减函数，所以当 $y=2/3$ 时 r 最小，此时相应地 $x=1-2y=-1/3, z=0$. 答案：$(-1/3,2/3,0)$. □

I.17.6 (计算细节由读者补出) 切线方程是 $y=2ax-a^2$. 切线与抛物线 $y=-x^2+4x-1$ 的交点的 X 坐标是方程 $2ax-a^2=-x^2+4x-1$ 的根, 也就是

$$x^2-2(2-a)x+(1-a^2)=0$$

的根，将它们记为 $x_1, x_2\,(x_1<x_2)$. 于是所求面积

$$\begin{aligned} S &= \int_{x_1}^{x_2}\big(-x^2+4x-1-(2ax-a^2)\big)\mathrm{d}x \\ &= \int_{x_1}^{x_2}\big(-x^2-2(a-2)x+(a^2-1)\big)\mathrm{d}x \\ &= -\frac{1}{3}(x_2^3-x_1^3)-(a-2)(x_2^2-x_1^2)+(a^2-1)(x_2-x_1) \end{aligned}$$

由根与系数的关系可知

$$x_1+x_2=2(2-a), x_1x_2=1-a^2$$

由此可算出

$$x_2-x_1=\sqrt{(x_1+x_2)^2-4x_1x_2}=2\sqrt{2a^2-4a+3}$$

以及

$$\begin{aligned} x_2^3-x_1^3 &= (x_2-x_1)\big((x_2+x_1)^2-x_1x_2\big) \\ &= 2\sqrt{2a^2-4a+3}\,(5a^2-16a+15) \end{aligned}$$

$$x_2^2-x_1^2=(x_2+x_1)(x_2-x_1)=4(2-a)\sqrt{2a^2-4a+3}$$

于是所求面积

$$S=\frac{4}{3}(2a^2-4a+3)^{3/2}$$

最后算出 $a=1$ 时 $2a^2-4a+3$ 取最小值 1, 最终答案为 4/3 . □

I.17.7 (计算细节由读者补出) 令

$$F(x,y,z)=\frac{x^2}{a^2}+\frac{y^2}{b^2}+\frac{z^2}{c^2}$$

椭球面的切点为 (x_0, y_0, z_0) 的切面方程是

$$\left.\frac{\partial F}{\partial x}\right|_{(x_0,y_0,z_0)}(x-x_0)+\left.\frac{\partial F}{\partial y}\right|_{(x_0,y_0,z_0)}(y-y_0)+\left.\frac{\partial F}{\partial z}\right|_{(x_0,y_0,z_0)}(z-z_0)=0$$

注意 $x_0^2/a^2+y_0^2/b^2+z_0^2/c^2=1$, 可得

$$\frac{x_0}{a^2}x+\frac{y_0}{b^2}y+\frac{z_0}{c^2}z=1$$

由对称性, 我们不妨认为 $x_0, y_0, z_0>0$, 于是切面在三个轴上的截距是

$$\frac{a^2}{x_0}, \frac{b^2}{y_0}, \frac{c^2}{z_0}$$

因此由棱锥体积公式得

$$V=\frac{1}{6}\cdot\frac{a^2b^2c^2}{x_0y_0z_0}$$

而且满足限制条件 $x_0^2/a^2+y_0^2/b^2+z_0^2/c^2=1$. 由此并应用算术 - 几何平均不等式可知 $x_0y_0z_0\leqslant abc/\sqrt{27}$, 从而 $V\geqslant(\sqrt{3}/2)abc$, 于是 V 的最小值是 $(\sqrt{3}/2)abc$. □

I.17.8 令 $y=x^{1/x}$, 则 $y'=x^{1/x}(1-\ln x)/x^2$, 所以 $x<\mathrm{e}$ 时 y 单调上升, $x>\mathrm{e}$ 时 y 单调下降, 从而当 $x=\mathrm{e}$ 时极大. 因为 $2<\mathrm{e}<3$, 所以比较 $\sqrt{2}, \sqrt[3]{3}$ 即得答案为 $\sqrt[3]{3}$. □

I.18 解

I.18.1 因为 $\mathrm{e}^{1/k}=1+1/k+1/(2k^2)+\cdots>1+1/k=(k+1)/k$, 所以 $\mathrm{e}^{\lambda}=\prod\limits_{k=1}^{n}\mathrm{e}^{1/k}>\prod\limits_{k=1}^{n}(k+1)/k=n+1$. □

I.18.2 因为 $\sqrt{x}$ 是增函数, 所以

$$\sqrt{k}>\int_{k-1}^{k}\sqrt{t}\mathrm{d}t>\sqrt{k-1}$$

于是

$$\sum_{k=1}^{n}\sqrt{k}>\int_{0}^{n}\sqrt{t}\mathrm{d}t=\frac{2}{3}n\sqrt{n}$$

又因为 $\sqrt{x}$ 是上凸函数 (凹函数), 所以

$$\frac{1}{2}(\sqrt{k-1}+\sqrt{k})<\int_{k-1}^{k}\sqrt{t}\mathrm{d}t$$

因此

$$\frac{1}{2}\sum_{k=1}^{n}(\sqrt{k-1}+\sqrt{k})<\int_0^n \sqrt{t}\mathrm{d}t=\frac{2}{3}n\sqrt{n}$$

于是

$$\sum_{k=1}^{n}\sqrt{k}<\frac{2}{3}n\sqrt{n}+\frac{1}{2}\sqrt{n}=\left(\frac{2n}{3}+\frac{1}{2}\right)\sqrt{n}$$

□

I.18.3 提示 先设 $x>1$, 令 $f(x)=(x-1)/\sqrt{x}-\log x$, 则 $f'(x)>0$, 可推出要证的不等式. 再设 $0<x<1$, 令 $x=1/y$, 则 $y>1$, 化归上述情形. □

I.18.4 由题设知 $(x-1)(y-1)>0$, 因此

$$\frac{y}{x}>\frac{y^x}{x^y}\iff \log y-\log x>x\log y-y\log x\iff \frac{\log y}{y-1}<\frac{\log x}{x-1}$$

我们来证明上面最后的不等式. 若令

$$f(t)=\frac{\log t}{t-1}\quad(t\neq 1)$$

只须证明函数 $f(t)$ 在 $(0,1)$ 和 $(1,\infty)$ 上严格单调递减.

对于 $0<t<1$

$$f'(t)=\frac{1-1/t-\log t}{(t-1)^2}$$

令 $g(t)=1-1/t-\log t\,(0<t<1)$, 则 $g'(t)=1/t^2-1/t>0$, 所以在 $(0,1)$ 上, $g(t)$ 严格单调增加, 从而 $g(t)<g(1)=0$. 由此推出当 $0<t<1$ 时 $f'(t)<0$, 于是 $f(t)$ 严格单调减少.

若 $t>1$, 则 $0<1-1/t<1$, 可将 $f'(t)$ 表示为

$$f'(t)=\frac{(1-1/t)+\log(1-(1-1/t))}{(t-1)^2}$$

令 $h(u)=u+\log(1-u)\,(0<u<1)$, 那么 $h'(u)=1-1/(1-u)<0$, 所以 $h(u)$ 严格单调减少, 从而 $h(u)<h(0)=0$. 由此推出当 $t>1$ 时, $(1-1/t)+\log(1-(1-1/t))<0$, 于是在此情形 $f(t)$ 也严格单调减少. 于是本题得证. □

I.18.5 因为原不等式关于 a,b 对称, 所以不妨认为 $0<a<b$. 令 $b=ax$, 则 $x>1$. 我们只须证明: 当 $x>1$ 时

$$\frac{2}{x+1}<\frac{\log x}{x-1}<\frac{1}{\sqrt{x}}$$

也就是

$$\frac{2(x-1)}{x+1} < \log x < \frac{x-1}{\sqrt{x}}$$

为此，令

$$f(x) = \log x - \frac{2(x-1)}{x+1} = \log x - 2 + \frac{4}{x+1} \quad (x > 1)$$

那么

$$f'(x) = \frac{(x-1)^2}{x(x+1)^2} > 0 \quad (x > 1)$$

从而 $f(x)$ 严格单调增加，所以 $f(x) > f(1) = 0\,(x > 1)$, 即上述不等式的左半得证. 还令

$$g(x) = \frac{x-1}{\sqrt{x}} - \log x \quad (x > 1)$$

那么

$$g'(x) = \frac{(\sqrt{x}-1)^2}{2x(\sqrt{x})} > 0 \quad (x > 1)$$

从而 $g(x)$ 严格单调增加，所以 $g(x) > g(1) = 0\,(x > 1)$, 于是上述不等式的右半得证. □

I.18.6　提示　令 $f(x,y) = \sin x \sin y \sin(x+y)\,(0 < x, y < \pi)$. 用经典极值方法算出 $f(\pi/3, \pi/3) = 3\sqrt{3}/8$ 是最大值. □

I.19　解

I.19.1　用反证法. 假设不然，则对某个 $\varepsilon > 0$, 存在无穷实数列 $x_n \uparrow +\infty$, 使得

$$|f(x_n)| \geqslant \varepsilon \quad (n \geqslant 1)$$

由 Lagrange 定理，对于所有 $n \geqslant 1, x \geqslant 0$, 存在 $\theta_n(x) \in (x, x_n)$ 或 (x_n, x), 使得

$$f(x) = f(x_n) + f'\big(\theta_n(x)\big)(x - x_n)$$

于是当 $n \geqslant 1, x \geqslant 0$ 时

$$|f(x)| \geqslant |f(x_n)| - c|x - x_n| \geqslant \varepsilon - c|x - x_n|$$

由此可知：当 $x \in \sigma_n = [x_n - \varepsilon/(2c), x_n + \varepsilon/(2c)]$ 时，$f(x) \geqslant \varepsilon/2$. 又由 $x_n \uparrow \infty$ 可知，存在正整数 N, 使当 $n \geqslant N$ 时 $x_{n+1} - x_n > \varepsilon/c$, 因而区间 $\sigma_n (n \geqslant N)$ 互不重叠. 于是我们有

$$\int_0^\infty f^2(x)\mathrm{d}x \geqslant \sum_{n=N}^\infty \int_{\sigma_n} f^2(x)\mathrm{d}x \geqslant \sum_{n=N}^\infty \frac{\varepsilon^2}{4} = +\infty$$

这与题设矛盾. □

I.19.2 这里的两个解法大同小异，思路相同，只是辅助函数有差别.

解法 1 因 $f(x)$ 在 $[0,1]$ 上连续，所以

$$F(x)=1+2\int_0^x f(t)\mathrm{d}t$$

有意义，并且题设不等式等价于 $f(x)\leqslant\sqrt{F(x)}$. 于是 $F'(x)=2f(x)\leqslant 2\sqrt{F(x)}$, 因而

$$0\leqslant\frac{F'(x)}{2\sqrt{F(x)}}\leqslant 1$$

对 x 积分得

$$\int_0^x\frac{F'(t)}{2\sqrt{F(t)}}\mathrm{d}t=\sqrt{F(t)}\Big|_0^x=\sqrt{F(x)}-1\leqslant\int_0^x 1\mathrm{d}x=x$$

因此 $f(x)\leqslant\sqrt{F(x)}\leqslant x+1$.

解法 2 令

$$G(x)=\int_0^x f(t)\mathrm{d}t$$

则由题设不等式得 $\big(G'(x)\big)^2\leqslant 1+2G(x)$, 于是

$$0\leqslant\frac{G'(x)}{\sqrt{1+2G(x)}}\leqslant 1$$

对 x 积分得

$$0\leqslant\int_0^x\frac{G'(t)}{\sqrt{1+2G(t)}}\mathrm{d}t=\sqrt{1+2G(x)}-1\leqslant x$$

于是 $f(x)\leqslant\sqrt{1+2G(x)}\leqslant x+1$. □

I.19.3 不妨认为 $f(x)$ 不是常函数 (不然结论显然成立). 依 Rolle 定理，存在 $\xi_1\in(0,1/4)$ 使 $f'(\xi_1)=0$. 又由积分中值定理，存在 $\xi_2\in(1/4,1)$ 使 $f(\xi_2)(1-1/4)=(3/4)\cdot f(1)$, 亦即 $f(\xi_2)=f(1)$. 再次在 $[\xi_2,1]$ 上应用 Rolle 定理得到 $\xi_3\in(\xi_2,1)$, 使 $f'(\xi_3)=0$. 最后，在 $[\xi_1,\xi_3]$ 上对 $f'(x)$ 应用 Rolle 定理，即得 $\xi\in(\xi_1,\xi_3)\subset(0,1)$ 使 $f''(\xi)=0$. □

I.19.4 用极坐标表示，我们有

$$F(t)=\int_0^{2\pi}\mathrm{d}\theta\int_0^t f(r\cos\theta,r\sin\theta)r\mathrm{d}r$$

因为 f 在 $(0,0)$ 的某个邻域连续，所以

$$\begin{aligned}F'(t) &= \int_0^{2\pi}\mathrm{d}\theta\,\frac{\mathrm{d}}{\mathrm{d}t}\int_0^t f(r\cos\theta,r\sin\theta)r\mathrm{d}r\\ &= \int_0^{2\pi} tf(t\cos\theta,t\sin\theta)\mathrm{d}\theta\end{aligned}$$

由此可得

$$\lim_{t\to0+}\frac{F'(t)}{t}=\int_0^{2\pi}f(0,0)\mathrm{d}\theta=2\pi f(0,0)$$

□

I.19.5 应用球坐标

$$\begin{cases}x=\rho\cos\phi\sin\theta\\ y=\rho\sin\phi\sin\theta\\ z=\rho\cos\theta\end{cases}$$

其中 $0\leqslant\rho\leqslant r, 0\leqslant\phi\leqslant2\pi, 0\leqslant\theta\leqslant\pi$, 于是

$$\begin{aligned}f(r) &= \int_0^r\int_0^{2\pi}\int_0^{\pi}\psi(\rho^2)\rho^2\sin\theta\mathrm{d}\theta\mathrm{d}\phi\mathrm{d}\rho\\ &= 4\pi\int_0^r\psi(\rho^2)\rho^2\mathrm{d}\rho\end{aligned}$$

由此可得

$$\begin{aligned}&f'(r)=4\pi\psi(r^2)r^2\\ &f''(r)=8\pi r\big(\psi(r^2)+\psi'(r^2)r^2\big)\end{aligned}$$

因为 ψ'' 未必存在，所以由定义

$$\frac{f''(r)-f''(0)}{r}=8\pi\big(\psi(r^2)+\psi'(r^2)r^2\big)\to8\pi\psi(0)\quad(r\to0+)$$

可知 $f'''(0)$ 存在，并且等于 $8\pi\psi(0)=8\pi$. □

I.19.6 (i) 设 $\max\limits_{x\in[a,b]}|f(x)|=|f(\xi)|$. 因为 $f(a)=0$, 所以不妨认为 $\xi\in(a,b]$ (因若 $\xi=a$, 那么由 $f(a)=0$ 推出 $f(x)$ 恒等于 0, 题中不等式自然成立), 并且

$$f(\xi)=\int_a^{\xi}f'(x)\mathrm{d}x$$

由 Cauchy 不等式得到

$$\begin{aligned}|f(\xi)| &\leqslant \int_a^{\xi}|f'(x)|\mathrm{d}x\leqslant\left(\int_a^{\xi}1^2\mathrm{d}x\right)^{1/2}\left(\int_a^{\xi}|f'(x)|^2\mathrm{d}x\right)^{1/2}\\ &= (\xi-a)^{1/2}\left(\int_a^{\xi}|f'(x)|^2\mathrm{d}x\right)^{1/2}\leqslant(b-a)^{1/2}\left(\int_a^{b}|f'(x)|^2\mathrm{d}x\right)^{1/2}\end{aligned}$$

(ii) 仍然由 Cauchy-Schwarz 不等式，并注意 $f(a)=0$, 我们有

$$
\begin{aligned}
f^2(x) &= \left(\int_a^x f'(t)\mathrm{d}t\right)^2 \\
&\leqslant \left(\int_a^x 1^2\mathrm{d}t\right)\cdot\left(\int_a^x \left(f'(t)\right)^2\mathrm{d}t\right) \leqslant (x-a)\int_a^b |f'(t)|^2\mathrm{d}t
\end{aligned}
$$

于是 $\int_a^b f^2(x)\mathrm{d}x \leqslant \int_a^b (x-a)\mathrm{d}x \int_a^b |f'(x)|^2\mathrm{d}x = \frac{1}{2}(b-a)^2\int_a^b |f'(x)|^2\mathrm{d}x$

□

I.19.7 要证的不等式左边的积分

$$
\begin{aligned}
I &= \int_a^b \left(\frac{1}{b-a}\int_a^b \Big(f(t)-f(x)\Big)\mathrm{d}t\right)^2\mathrm{d}x \\
&= \int_a^b \left(\frac{1}{b-a}\int_a^b \left(\int_t^x f'(u)\mathrm{d}u\right)\mathrm{d}t\right)^2\mathrm{d}x = \int_a^b J(x)\mathrm{d}x
\end{aligned}
$$

其中我们已令

$$
J(x) = \left(\frac{1}{b-a}\int_a^b \left(\int_t^x f'(u)\mathrm{d}u\right)\mathrm{d}t\right)^2
$$

由 Cauchy-Schwarz 不等式得到

$$
\begin{aligned}
J(x) &\leqslant \frac{1}{(b-a)^2}\int_a^b 1^2\mathrm{d}t\cdot\int_a^b \left(\int_t^x f'(u)\mathrm{d}u\right)^2\mathrm{d}t \\
&= \frac{1}{b-a}\int_a^b \left(\int_t^x f'(u)\mathrm{d}u\right)^2\mathrm{d}t
\end{aligned}
$$

对上式右边的积分中的式子 $\int_t^x f'(u)\mathrm{d}u$ 应用 Cauchy-Schwarz 不等式，可得

$$
\begin{aligned}
J(x) &\leqslant \frac{1}{b-a}\int_a^b \left(\int_t^x 1^2\mathrm{d}u\cdot\int_t^x \left(f'(u)\right)^2\mathrm{d}u\right)\mathrm{d}t \\
&\leqslant \frac{1}{b-a}\int_a^b \left(|x-t|\cdot\int_a^b \left(f'(u)\right)^2\mathrm{d}u\right)\mathrm{d}t \\
&= \frac{1}{b-a}\int_a^b \left(f'(u)\right)^2\mathrm{d}u\cdot\int_a^b |x-t|\mathrm{d}t
\end{aligned}
$$

因为 $\int_a^b |x-t|\mathrm{d}t = \int_a^x (x-t)\mathrm{d}t + \int_x^b (t-x)\mathrm{d}t = \frac{1}{2}\left((x-a)^2+(b-x)^2\right)$ 所以 $J(x) \leqslant \frac{1}{2(b-a)}\int_a^b \left(f'(u)\right)^2\mathrm{d}u\cdot\left((x-a)^2+(b-x)^2\right)$ 从而

$$
\begin{aligned}
I &\leqslant \frac{1}{2(b-a)}\int_a^b \left(f'(u)\right)^2\mathrm{d}u\cdot\int_a^b \left((x-a)^2+(b-x)^2\right)\mathrm{d}x \\
&= \frac{1}{3}(b-a)^2\int_a^b \left(f'(t)\right)^2\mathrm{d}t
\end{aligned}
$$

□

I.19.8 (i) 因为 $\sum\limits_{k=1}^{\infty}\delta_k$ 收敛，所以 $\delta_k \to 0(k\to\infty)$，于是 $\delta_k \sim \log(1+\delta_k)\,(k\to\infty)$，从而级数 $\sum\limits_{k=1}^{\infty}\log(1+\delta_k)$ 收敛. 由此推出下列数列收敛：

$$\prod_{j=1}^{k}(1+\delta_j)=\exp\Big(\sum_{j=1}^{k}\log(1+\delta_j)\Big)\quad(k=1,2,\cdots)$$

(ii) 令

$$u_k=\prod_{j=1}^{k-1}(1+\delta_j), u_1=1\quad(k\geqslant 2)$$

则 $u_{k+1}=(1+\delta_k)u_k$, $u_k\geqslant 1\,(k\geqslant 1)$. 由 (i) 可知 u_k 有界，即存在常数 U 使得 $0<u_k\leqslant U\,(k\geqslant 1)$. 由题设条件可知

$$\frac{\phi_{k+1}}{u_{k+1}}\leqslant(1+\delta_k)\frac{\phi_k}{u_{k+1}}+\frac{\delta_k}{u_{k+1}}=(1+\delta_k)\frac{\phi_k}{(1+\delta_k)u_k}+\frac{\delta_k}{u_{k+1}}\leqslant\frac{\phi_k}{u_k}+\delta_k$$

对右边的 ϕ_k/u_k 应用上述结果 (但 $k+1$ 易为 k), 并且继续同样的推理 (总共 k 次), 得到

$$\frac{\phi_{k+1}}{u_{k+1}}\leqslant\frac{\phi_{k-1}}{u_{k-1}}+\delta_{k-1}+\delta_k\leqslant\cdots\leqslant\phi_1+\sum_{j=1}^{k}\delta_j$$

因此

$$\phi_{k+1}\leqslant u_{k+1}\Big(\phi_1+\sum_{j=1}^{k}\delta_j\Big)<U\Big(\phi_1+\sum_{j=1}^{\infty}\delta_j\Big)\quad(k\geqslant 1)$$

即 ϕ_k 有界，并将此界记为 $\varPhi$.

(iii) 因为 $\phi_k(k\geqslant 1)$ 是有界实数集合，所以至少有一个极限点. 我们证明它确实只有一个极限点. 设它有两个不同的无穷子列 $(\phi_{k_n})_{n\geqslant 1}$ 和 $(\phi_{k_m})_{m\geqslant 1}$ 分别收敛到 ϕ' 和 ϕ'', 那么由题设条件可知

$$\phi_{k+1}-\phi_k\leqslant(1+\delta_k)\phi_k+\delta_k-\phi_k=(1+\phi_k)\delta_k\leqslant(1+\varPhi)\delta_k$$

因而对任意固定的 k_m, 当 $k_n\geqslant k_m$ 时

$$\phi_{k_n}-\phi_{k_m}\leqslant(1+\varPhi)\sum_{j=k_m}^{\infty}\delta_j$$

令 $k_n\to\infty$ 得到

$$\phi'-\phi_{k_m}\leqslant(1+\varPhi)\sum_{j=k_m}^{\infty}\delta_j$$

然后令 $k_m \to \infty$, 即得 $\phi' - \phi'' \leqslant 0$, 或 $\phi' \leqslant \phi''$. 由对称性 (或任意固定 k_n, 当 $k_m \geqslant k_n$ 时，进行类似的推理) 知 $\phi'' \leqslant \phi'$. 因此 $\phi'' = \phi'$. □

I.19.9 (i) 令 $f(x) = x^n(x-1) - 1$, 则

$$f(1) = -1, \lim_{x \to +\infty} f(x) = +\infty$$

因为 $f(x)$ 连续，所以方程在 $[1, +\infty)$ 中至少有一个根. 但当 $x > 1$ 时

$$f'(x) = (n+1)x^n - nx^{n-1} = x^n + nx^{n-1}(x-1) > 0$$

所以函数 $f(x)$ 当 $1 \leqslant x < +\infty$ 时单调增加，因而 $f(x)$ 在 $[1, +\infty)$ 中只有一个根 x_n.

(ii) 令 $\eta_n = 1 + \log n/n - \log\log n/n = 1 + t_n$, 其中记 $t_n = (\log n - \log\log n)/n$. 因为 $1 + x < \mathrm{e}^x$ $(x > 0)$, 所以

$$\begin{aligned} f(\eta_n) &= (1+t_n)^n t_n - 1 < \mathrm{e}^{nt_n} t_n - 1 \\ &= \frac{n}{\log n} \cdot \frac{\log n - \log\log n}{n} - 1 \\ &= -\frac{\log\log n}{\log n} < 0 \end{aligned}$$

因为 $f(x_n) = 0$, 所以 $f(x_n) > f(\eta_n)$. 注意当 $x > 1$ 时 $f(x)$ 单调增加，而且 $x_n, \eta_n > 1$, 所以 $x_n > \eta_n = 1 + \log n/n - \log\log n/n$. □

注 若应用 $(1 + 1/x)^x \uparrow \mathrm{e}\,(x \to \infty)$, 则也可得到

$$(1+t_n)^n = \left(\left(1 + \frac{1}{t_n^{-1}}\right)^{t_n^{-1}}\right)^{nt_n} < \mathrm{e}^{nt_n}$$

从而推出所要的结论.

I.19.10 (i) 令

$$F(x) = \int_0^x f(t)\mathrm{d}t - \int_x^1 \frac{\mathrm{d}t}{f(t)}$$

则 $F(x)$ 连续，并且

$$F(0) = -\int_0^1 \frac{\mathrm{d}t}{f(t)} < 0, F(1) = \int_0^1 f(t)\mathrm{d}t > 0$$

所以存在 $a \in (0,1)$ 使 $F(a) = 0$, 即

$$\int_0^a f(t)\mathrm{d}t = \int_a^1 \frac{\mathrm{d}t}{f(t)}$$

又因为 $F'(x)=f(x)+1/f(x)>0$, 所以 $F(x)$ 在 $[0,1]$ 上严格单调增加, 从而 a 唯一.

(ii) 令

$$F_n(x)=\int_{1/n}^{x} f(t)\mathrm{d}t-\int_{x}^{1}\frac{\mathrm{d}t}{f(t)}$$

则 $F_n(x)$ 连续, 并且 $F_n(1/n)<0, F_n(1)>0$. 类似于 (i) 可证, 存在唯一的 $a_n\in(1/n,1)$ 满足

$$\int_{1/n}^{a_n} f(t)\mathrm{d}t=\int_{a_n}^{1}\frac{\mathrm{d}t}{f(t)}$$

又因为当 $x\in(0,1)$ 时, $F_{n+1}(x)-F_n(x)>0$, 所以对于每个 $x\in(0,1)$, 数列 $F_n(x)(n\geqslant 1)$(关于 n) 严格单调增加. 据此我们有

$$F_n(a_n)=0=F_{n+1}(a_{n+1})>F_n(a_{n+1})$$

于是 $a_n>a_{n+1}$, 即 $a_n(n\geqslant 1)$ 单调减少且下有界, 所以 $\lim\limits_{n\to\infty} a_n=b$ 存在. 我们来证明 $b=a$. 事实上, 依积分对于积分限的连续性, 在等式

$$\int_{1/n}^{a_n} f(t)\mathrm{d}t=\int_{a_n}^{1}\frac{\mathrm{d}t}{f(t)}\quad(n\geqslant 1)$$

中令 $n\to\infty$, 可知

$$\int_{0}^{b} f(t)\mathrm{d}t=\int_{b}^{1}\frac{\mathrm{d}t}{f(t)}$$

但由 (i) 及 a 的唯一性, 必定 $a=b$, 即 $a_n\to a(n\to\infty)$. □

注 1° 上述结论 $a_n\to a(n\to\infty)$ 的另一证明: 若有某个下标 m 使 $a_m\leqslant a$, 则有

$$\int_{0}^{a} f(t)\mathrm{d}t=\int_{a}^{1}\frac{\mathrm{d}t}{f(t)}\leqslant\int_{a_m}^{1}\frac{\mathrm{d}t}{f(t)}=\int_{1/m}^{a_m} f(t)\mathrm{d}t\leqslant\int_{1/m}^{a} f(t)\mathrm{d}t$$

我们得到矛盾, 所以 $a_n>a\,(n\geqslant 1)$. 另外, 当 n 充分大时 $a>1/n$. 于是将等式

$$\int_{0}^{a} f(t)\mathrm{d}t=\int_{a}^{1}\frac{\mathrm{d}t}{f(t)}\quad\text{和}\quad\int_{1/n}^{a_n} f(t)\mathrm{d}t=\int_{a_n}^{1}\frac{\mathrm{d}t}{f(t)}$$

相减, 我们可得

$$\left(\int_{0}^{1/n}-\int_{a}^{a_n}\right)f(t)\mathrm{d}t=\int_{a}^{a_n}\frac{\mathrm{d}t}{f(t)}\quad(n\geqslant n_0)$$

因为 $f(t)$ 和 $1/f(t)$ 在 $[0,1]$ 上非负连续, 所以

$$\int_{a}^{a_n}\left(f(t)+\frac{1}{f(t)}\right)\mathrm{d}t=\int_{0}^{1/n} f(t)\mathrm{d}t\to 0\quad(n\to\infty)$$

注意 $f(t)+1/f(t)>0$ 有界，因而由上式推出 $a_n-a\to 0\,(n\to\infty)$.

2° 若在 $[0,1]$ 上 $f(x)$ 恒等于 1, 那么可以直接推出

$$a=\frac{1}{2}, a_n=\frac{n+1}{2n}\quad (n\geqslant 1)$$

并且 a 和 a_n 都是唯一的. 于是 $a_n\to a(n\to\infty)$ 显然成立.

I.19.11 若 $y\neq 0$, 则当 $x\in[0,1]$ 时，被积函数是 y 的连续函数，所以 $g(y)$ 连续. 或者：作代换 $x=ty$ 得

$$g(y)=\int_0^{1/y}\frac{f(yt)}{t^2+1}\mathrm{d}t$$

因为 t 的函数 $f(yt)/(t^2+1)$ 在 $[0,1/y]$ 上连续，积分限 $1/y$ 关于 y 连续，所以 $g(y)$ 连续.

下面考虑 $g(y)$ 在 $y=0$ 的连续性. 若 $y>0$, 则

$$\frac{yf(x)}{x^2+y^2}\geqslant\frac{my}{x^2+y^2}$$

其中 m 是 $f(x)$ 在 $[0,1]$ 上的最小值，且依假设知 $m>0$, 于是当 $y>0$ 时

$$g(y)\geqslant\int_0^1\frac{my}{x^2+y^2}\mathrm{d}x=m\arctan\frac{1}{y}$$

因此

$$\lim_{y\to 0+}g(y)\geqslant m\lim_{y\to 0+}\arctan\frac{1}{y}=\frac{m\pi}{2}>0$$

但 $g(y)=0$, 故 $g(y)$ 在 $y=0$ 不连续. □

I.19.12 (i) 由假设知

$$a_{i+1}\leqslant a_i+b_i\quad (i\geqslant 0)$$

反复使用此关系式，可得

$$a_{i+1}\leqslant a_1+\sum_{j=0}^{i}b_j\quad (i\geqslant 0)$$

由此及题中所给不等式推出

$$\begin{aligned}\xi_i^2 &\leqslant (a_i+b_i)^2-a_{i+1}^2=a_i^2-a_{i+1}^2+2a_ib_i+b_i^2\\ &\leqslant a_i^2-a_{i+1}^2+2\Big(a_1+\sum_{j=0}^{i-1}b_j\Big)b_i+b_i^2\quad (i\geqslant 1)\end{aligned}$$

将上式对 i 从 1 到 k 求和得

$$\begin{aligned}\sum_{i=1}^{k}\xi_i^2 &= \sum_{i=1}^{k}(a_i^2-a_{i+1}^2)+2\sum_{i=1}^{k}b_i\Big(a_1+\sum_{j=0}^{i-1}b_j\Big)+\sum_{i=1}^{k}b_i^2\\ &= a_1^2-a_{k+1}^2+2\sum_{i=1}^{k}b_i\Big(a_1+\sum_{j=0}^{i-1}b_j\Big)+\sum_{i=1}^{k}b_i^2\\ &\leqslant a_1^2+2b_0a_1+2\sum_{i=1}^{k}b_i\Big(a_1+\sum_{j=0}^{i-1}b_j\Big)+\sum_{i=0}^{k}b_i^2=\Big(a_1+\sum_{i=0}^{k}b_i\Big)^2\end{aligned}$$

(ii) 在 Cauchy 不等式

$$\Big(\sum_{k=1}^{n}\alpha_k\beta_k\Big)^2\leqslant\Big(\sum_{k=1}^{n}\alpha_k^2\Big)\Big(\sum_{k=1}^{n}\beta_k^2\Big)$$

中取 $\alpha_k=A_k,\beta_k=1\,(k=1,2,\cdots,n)$ 可得

$$\Big(\sum_{j=1}^{n}A_j\Big)^2\leqslant n\sum_{j=1}^{n}A_j^2\quad(A_j\in\mathbb{R})$$

应用这个不等式以及 (i) 中所证结果，对任何 $t<k$, 我们有

$$\begin{aligned}\sum_{i=1}^{k}\xi_i^2 &\leqslant \Big(a_1+\sum_{i=0}^{k}b_i\Big)^2=\bigg(\Big(a_1+\sum_{i=0}^{t}b_i\Big)+\sum_{i=t+1}^{k}b_i\bigg)^2\\ &\leqslant 2\Big(a_1+\sum_{i=0}^{t}b_i\Big)^2+2\Big(\sum_{i=t+1}^{k}b_i\Big)^2\\ &\leqslant 2\Big(a_1+\sum_{i=0}^{t}b_i\Big)^2+2(k-t)\Big(\sum_{i=t+1}^{k}b_i^2\Big)\end{aligned}$$

固定 t, 将上式两边除以 k 并令 $k\to\infty$, 得

$$\lim_{k\to\infty}\frac{1}{k}\sum_{i=1}^{k}\xi_i^2\leqslant 2\sum_{i=t+1}^{\infty}b_i^2$$

此式对任意正整数 t 都成立，在其中令 $t\to\infty$, 注意 $\sum\limits_{i=0}^{\infty}b_i^2$ 收敛，即得结论. □

I.20 解

I.20.1 所求总质量

$$M=\iiint\limits_{x^2+y^2+z^2\geqslant R^2}\rho_0\exp\left(k\left(1-\frac{\sqrt{x^2+y^2+z^2}}{R}\right)\right)\mathrm{d}v$$

化为球坐标，我们有

$$M=\rho_0\int_0^{2\pi}\mathrm{d}\phi\int_0^{\pi}\sin\theta\mathrm{d}\theta\int_R^{+\infty}r^2\mathrm{e}^{k(1-r/R)}\mathrm{d}r$$

对于最里层的积分 (积分变量为 r), 逐次应用分部积分，得到

$$\begin{aligned}&-\frac{R}{k}\left(r^2\mathrm{e}^{k(1-r/R)}\Big|_R^{+\infty}+2\frac{R}{k}\cdot r\mathrm{e}^{k(1-r/R)}\Big|_R^{+\infty}+2\frac{R}{k}\cdot\frac{R}{k}\cdot\mathrm{e}^{k(1-r/R)}\Big|_R^{+\infty}\right)\\=&\quad\frac{r^3}{k}+\frac{2R^3}{k^2}+\frac{2R^3}{k^3}\end{aligned}$$

因此

$$M=2\pi\cdot2\rho_0\cdot\frac{R^3}{k^3}(k^2+2k+2)=4\pi\rho_0(k^{-1}+2k^{-2}+2k^{-3})R^3\qquad\square$$

I.20.2 在题中的函数方程中令 $x=0$ 可得

$$f(y)=\frac{f(0)+f(y)}{1+f(0)f(y)}$$

所以 $f(0)\big(f^2(y)-1\big)=0$. 若 $f^2(y)-1=0$, 则对此 $y, f(y)=1$ 或 -1, 于是由函数方程推知对此 y 及任何 x

$$f(x+y)=\frac{f(x)\pm1}{1\pm f(x)}=\pm1$$

从而 $f'(x)=0$, 这与 $f'(0)=1$ 矛盾. 因此对任何 $y\in\mathbb{R}, f^2(y)\neq1$, 并且 $f(0)=0$.

现在我们有

$$\begin{aligned}\frac{f(x+\Delta x)-f(x)}{\Delta x}&=\frac{\dfrac{f(x)+f(\Delta x)}{1+f(x)f(\Delta x)}-f(x)}{\Delta x}\\&=\frac{f(\Delta x)}{\Delta x}\cdot\frac{1-f^2(x)}{1+f(x)f(\Delta x)}\\&=\frac{f(\Delta x)-f(0)}{\Delta x}\cdot\frac{1-f^2(x)}{1+f(x)f(\Delta x)}\end{aligned}$$

当 $\Delta x\to0$ 时，上式 $\to f'(0)\big(1-f^2(x)\big)=1-f^2(x)$, 因此 $f(x)$ 满足微分方程

$$f'(x)=1-f^2(x)$$

还要注意：上面已证 $f(y)$(亦即 $f(x)$)$\neq\pm1$, 并且 $f(0)=0$, 所以由 $f(x)$ 的连续性推知 $|f(x)|<1$, 从而对任何 $x\in\mathbb{R}$, 有

$$1+f(x)>0,1-f(x)>0$$

于是 $\log\big(1 \pm f(x)\big)$ 有意义. 因为

$$\frac{\mathrm{d}}{\mathrm{d}x}\log\big(1+f(x)\big) = \frac{f'(x)}{1+f(x)}$$

$$\frac{\mathrm{d}}{\mathrm{d}x}\log\big(1-f(x)\big) = -\frac{f'(x)}{1-f(x)}$$

将它们相减, 并应用上面得到的微分方程, 我们得到

$$\frac{1}{2}\left(\log\frac{1+f(x)}{1-f(x)}\right)' = \frac{f'(x)}{1-f^2(x)} = 1$$

因此

$$\frac{1}{2}\log\frac{1+f(x)}{1-f(x)} = x + c \quad (c\text{ 为常数})$$

由 $f(0)=0$ 可知 $c=0$, 于是我们最终求得 $f(x) = (\mathrm{e}^{2x}-1)/(\mathrm{e}^{2x}+1)$. □

附录2 杂题 II

提要 本附录的问题多数选自不同类型的国外资料，总共 120 个 (题或题组). 这里的选题标准较正文放宽了一些，与正文的例题有所呼应，并且给出全部题目的解答或提示 (当然，其中有些问题可能还有其他的或更好的解法).

II.1 证明

$$\inf_{\alpha\in(0,\pi)}\sup_{q\in\mathbb{Z}}\sin q\alpha=\frac{\sqrt{3}}{2}$$

II.2 (a) 求 $\lim\limits_{n\to\infty}\sin^2(\pi\sqrt{n^2+n})$.

(b) 设 m 是非零整数，计算

$$\lim_{n\to\infty}n^m\sin\left(\pi(\sqrt{2}+1)^n\right)$$

II.3 (a) 设 k 是正整数，求

$$\lim_{n\to\infty}\prod_{j=1}^{n}\left(1+\left(\frac{j}{n}\right)^{2k}\right)^{1/j}$$

(b) 设 $n,k\in\mathbb{N}$, 令

$$S_{n,k}=\sum_{j=1}^{n^k}\frac{n^{k-1}}{n^k+j^k}$$

求

$$S_k=\lim_{n\to\infty}S_{n,k}\quad 和\quad S=\lim_{k\to\infty}S_k$$

II.4 计算

$$\lim_{n\to\infty}\frac{1}{n}\sum_{k=1}^{n}\left\{\frac{n}{k}\right\}^2$$

其中符号 $\{a\}=a-[a]$ 表示实数 a 的小数部分.

II.5 设 a 是给定实数，对 $n\geqslant 1$ 令

$$a_n=\left(1+\frac{1}{n}\right)^{an}$$

$$b_n=1+\frac{a}{1!}+\frac{a^2}{2!}+\cdots+\frac{a^n}{n!}$$

求 $\lim_{n\to\infty}(a_{n+1}+\cdots+a_{2n}-b_{n+1}-\cdots-b_{2n})$.

II.6 设 $a>0$, 求

$$\lim_{n\to\infty} n\log\left(1+\log(1+(\cdots\log(1+a/n)\cdots))\right)$$

其中包含 n 重括号.

II.7 设 m 是一个给定的非零整数，则当 $n\to\infty$ 时数列

$$u_n=\sum_{k=0}^{mn}\frac{1}{n+k}\quad(n=1,2,\cdots)$$

收敛，并求此极限.

II.8 若 $(a_n)_{n\geqslant 1}$ 是一个单调递增的正数列，满足

$$a_{m\cdot n}\geqslant na_m\quad(\text{当所有 } m,n\geqslant 1)$$

则当

$$\sup_{n\in\mathbb{N}}\frac{a_n}{n}=A<+\infty$$

时数列 $(a_n/n)_{n\geqslant 1}$ 收敛，且以 A 为极限.

II.9 设 $(x_{j,n})_{n\geqslant 1}\,(j=1,2,\cdots,m)$ 是 m 个无穷实数列，满足条件

$$\lim_{n\to\infty}(x_{1,n}+x_{2,n}+\cdots+x_{m,n})=1$$

$$\varliminf_{n\to\infty} x_{j,n}\geqslant\frac{1}{m}\quad(j=1,2,\cdots,m)$$

那么

$$\lim_{n\to\infty}x_{j,n}=\frac{1}{m}\quad(j=1,2,\cdots,m)$$

II.10 (a) 设数列 $(x_n)_{n\geqslant 1}$ 满足关系式

$$x_1=1,x_{n+1}=x_n+2+\frac{1}{x_n}\quad(n\geqslant 1)$$

令 $y_n=2n+(\log n)/2-x_n(n\geqslant 1)$. 证明：从某一项开始，数列 $(y_n)_{n\geqslant 1}$ 是单调增加的.

(b) 设 $f\in C^1[0,\infty)$, 在 $[0,\infty)$ 上满足微分方程

$$f'(x)=-1+xf(x)$$

并且 $xf(x) \to 0\,(x \to \infty)$, 则 $f(x)$ 在 $[0,\infty)$ 上严格单调递减.

II.11 若数列 $(a_n)_{n\geqslant 1}$ 满足 $\lim\limits_{n\to\infty} a_n/n = 0$, 则有

$$\lim_{n\to\infty} \frac{\max(a_1,\cdots,a_n)}{n} = 0$$
$$\lim_{n\to\infty} \frac{\min(a_1,\cdots,a_n)}{n} = 0$$

II.12 证明：对于每个正数列 $(a_n)_{n\geqslant 1}$

$$\varlimsup_{n\to\infty} \frac{a_1+a_2+\cdots+a_n}{a_n} \geqslant 4$$

并且右边的常数 4 是最优的.

II.13 设 f 是一个定义在 $\mathbb{Q}$ 上的函数, 具有下列性质：对于任何 $h \in \mathbb{Q}$ 和 $x_0 \in \mathbb{R}$, 当 $x \in \mathbb{Q}$ 趋于 x_0 时

$$f(x+h) - f(x) \to 0$$

判断 (证明或举反例)f 是否在某个区间上有界.

II.14 设 f 在 $(0,\infty)$ 上可微， $\omega > 0$ 和 A 是给定的实数，并且

$$\lim_{x\to\infty} \big(f'(x) + \omega f(x)\big) = A$$

那么

$$\lim_{x\to\infty} f(x) = \frac{A}{\omega}$$

II.15 设 $f \in C(\mathbb{R})$ 并且下有界. 证明：存在实数 x_0 使得对所有 $x \neq x_0$ 有 $f(x_0) - f(x) < |x - x_0|$.

II.16 设函数 $f(x)$ 在 $[0,1]$ 上有三阶连续导数， $f(0) = f'(0) = f''(0) = f'(1) = f''(1) = 0, f(1) = 1$. 则存在 $\xi \in (0,1)$ 使得 $f'''(\xi) \geqslant 24$.

II.17 设在区间 $[0,a]$ 上， $f(x)$ 二次可导，并且 $|f(x)| \leqslant 1, |f''(x)| \leqslant 1$, 则当 $x \in [0,a]$ 时

$$|f'(x)| \leqslant \frac{2}{a} + \frac{a}{2}$$

II.18 设 $f \in C^1(0,\infty)$ 是一个正函数. 证明：对于任何常数 $\alpha > 1$ 有

$$\varliminf_{x\to\infty} \frac{f'(x)}{\big(f(x)\big)^{\alpha}} \leqslant 0$$

II.19 设 $f(x)$ 是 $(0,+\infty)$ 上的单调递增的正函数，并且存在正数 $\theta \neq 1$ 使得

$$\lim_{x\to+\infty}\frac{f(\theta x)}{f(x)}=1$$

那么对任何 $a>0$, 有

$$\lim_{x\to+\infty}\frac{f(ax)}{f(x)}=1$$

II.20 设函数 $f(x)$ 在 (a,b) 上可导，并且

$$\lim_{x\to a+}f(x)=+\infty,\lim_{x\to b-}f(x)=-\infty$$

证明：若当 $x\in(a,b)$ 时 $f'(x)+f^2(x)+1\geqslant 1$, 则 $b-a\geqslant \pi$.

II.21 设 $f(x)\in C^1[-1,1]$ 是一个正函数， $f'(x)\neq 0$, 并且当 $x\in[-1,1]$ 时,

$$\left|x+\frac{f(x)}{f'(x)}\right|\geqslant 1$$

还设 a,b 是 $(-1,1)$ 中任意两个数，满足 $a<b$.

(i) 证明

$$\frac{1+a}{1+b}\leqslant\frac{f(b)}{f(a)}\leqslant\frac{1-a}{1-b}$$

(ii) 对任意 $x\in(a,b)$

$$f(x)<f(a)+f(b)$$

II.22 证明方程

$$\sin(\cos x)=x,\cos(\sin x)=x$$

在 $[0,\pi/2]$ 中分别恰有一个根. 若分别记前者和后者的根为 x_1 和 x_2, 则 $x_1<x_2$.

II.23 证明方程

$$\int_0^1 t^{x-1-1/x}(1-t)^{1/x-1}\mathrm{d}t=x$$

在区间 $(1,\infty)$ 上恰有一个根 $x_0=(\sqrt{5}+1)/2$.

II.24 设 $n\geqslant 2,a_1,\cdots,a_n$ 是大于 1 的实数，则方程

$$\prod_{k=1}^{n}(1-x^{a_k})=1-x$$

在 $(0,1)$ 上恰有一个根.

II.25 设 $c_1, c_2, \cdots, c_n$ 和 $\lambda_1, \lambda_2, \cdots, \lambda_n$ 是两组实数, 并且 $\lambda_k(k=1,\cdots,n)$ 两两互异. 证明：若

$$\sum_{k=1}^{n} c_k \exp(\lambda_k x \mathrm{i}) \to 0 \quad (x \to +\infty)$$

其中 $\exp(x)$ 表示 e^x, $\mathrm{i}=\sqrt{-1}$, 则 $c_1 = c_2 = \cdots = c_n = 0$.

II.26 若 $f(x)$ 是区间 I 上的凸函数, 则对于 I 中的任何 n 个点 $x_1, \cdots, x_n$, 有

$$f\left(\frac{x_1+\cdots+x_n}{n}\right) \leqslant \frac{f(x_1)+\cdots+f(x_n)}{n}$$

II.27 设 I 是一个包含原点的开区间, 函数 $f \in C^2(I)$. 设 $R(t)$ 是 $f(x)$ 在点 0 处的二阶 Taylor 展开的余项. 证明

$$\lim_{\substack{(u,v)\to(0,0)\\ u\neq v}} \frac{R(u)-R(v)}{(u-v)\sqrt{u^2+v^2}} = 0$$

II.28 设函数 $P(x,y)$ 和 $Q(x,y)$ 在单位圆 $U=\{(x,y) \mid x^2+y^2 \leqslant 1\}$ 上有一阶连续偏导数, 并且 $\partial P/\partial y = \partial Q/\partial x$. 证明：在单位圆周上存在一点 (ξ,η) 满足 $\eta P(\xi,\eta) = \xi Q(\xi,\eta)$.

II.29 (a) 设 $f(x) \in C[0,1], f(0)=1, 0 \leqslant f(x) \leqslant 1$, 并且当 $x \in [0,1]$ 时其反函数 $f^{-1}(x) = f(x)$. 则

$$\int_0^1 f^2(x)\mathrm{d}x = 2\int_0^1 xf(x)\mathrm{d}x$$

(b) 设 $a>0$, 求

$$\int_0^1 \left((1-x^a)^{1/a} - x\right)^2 \mathrm{d}x$$

II.30 设函数 $f(x)$ 在 $\mathbb{R}$ 上 4 次可微, 并且 $f^{(4)}$ 在 $[0,1]$ 上连续, 并且存在实数 $r>1$ 使得

$$\int_0^1 f(x)\mathrm{d}x + (r^2-1)f\left(\frac{1}{2}\right) = r^3 \int_{(r-1)/(2r)}^{(r+1)/(2r)} f(x)\mathrm{d}x$$

则存在实数 $\xi \in (0,1)$ 使得 $f^{(4)}(\xi) = 0$.

II.31 设函数 $f \in C[0,1]$, 并且

$$\int_0^1 f(x)\mathrm{d}x = \int_0^1 xf(x)\mathrm{d}x$$

证明：存在实数 $c \in (0,1)$, 满足 $cf(c) = \int_0^c xf(x)\mathrm{d}x$.

II.32 证明

$$\lim_{n\to\infty} \sqrt{n}\int_{-\infty}^{\infty} \frac{\mathrm{d}x}{(1+x^2)^n} = \sqrt{\pi}$$

II.33 求

$$\lim_{n\to\infty} \frac{1}{n}\int_0^n \frac{x\log(1+x/n)}{1+x}\mathrm{d}x$$

II.34 设 $f(x)$ 在 $[0,a]$ 上连续，则

$$\lim_{h\to 0+} \int_0^a \frac{h}{x^2+h^2} f(x)\mathrm{d}x = \frac{\pi}{2} f(0)$$

II.35 (a) 证明下列积分收敛

$$\int_0^\infty \cos(x^3 - x)\mathrm{d}x$$

(b) 设 n 是正整数，则积分

$$I = \int_0^1 (\log x)^n \mathrm{d}x$$

收敛，并求其值.

II.36 设函数 $f \in C^1[0,\infty)$, 当 $x \to \infty$ 时 $f(x) \to 0$, 并且对于某个实数 $a > -1$, 积分 $\int_0^\infty t^{a+1} f'(t)\mathrm{d}t$ 绝对收敛. 证明：

(a) $\lim\limits_{x\to\infty} x^{a+1} f(x) = 0$.

(b) 积分 $\int_0^\infty t^a f(t)\mathrm{d}t$ 收敛. 并且等于

$$-\frac{1}{a+1}\int_0^\infty t^{a+1} f'(t)\mathrm{d}t$$

II.37 设 $f(x) \in C[0,a]$ 是严格单调递减的正值函数，还设 $f(0) = 1, f'_+(0)$ 存在且 < 0, 则

$$\lim_{n\to\infty} n\int_0^a f^n(x)\mathrm{d}x = -\frac{1}{f'_+(0)}$$

II.38 (a) 计算

$$\int_0^\infty \frac{\log x}{1+x^2}\mathrm{d}x$$

(b) 计算

$$\int_0^{\pi/2} \frac{\mathrm{d}\theta}{\sqrt{\tan\theta}}$$

II.39 计算

$$\int_0^{\infty} \mathrm{e}^{-(x-t/x)^2}\mathrm{d}x \quad (t>0)$$

II.40 (a) 计算

$$\int_0^{\pi/2} \log\left(\frac{a+b\sin\theta}{a-b\sin\theta}\right)\frac{\mathrm{d}\theta}{\sin\theta} \quad (0 \leqslant b < a)$$

(b) 证明

$$\int_{\pi/2-\alpha}^{\pi/2} \sin\theta \arccos\left(\frac{\cos\alpha}{\sin\theta}\right)\mathrm{d}\theta = \frac{\pi}{2}(1-\cos\alpha) \quad \left(0 \leqslant \alpha \leqslant \frac{\pi}{2}\right)$$

II.41 计算

$$\int_0^{\infty} \left\lfloor \log_b \left\lfloor \frac{\lceil x \rceil}{x} \right\rfloor \right\rfloor \mathrm{d}x$$

其中 $b>1$ 是一个整数，并且对于实数 a, $\lfloor a \rfloor$ 表示 $\leqslant a$ 的最大整数 (亦即 a 的整数部分 $[a]$), $\lceil a \rceil$ 表示 $\geqslant a$ 的最小整数.

II.42 令

$$L_n(x) = \frac{\mathrm{e}^x}{n!}\frac{\mathrm{d}^n}{\mathrm{d}x^n}(x^n\mathrm{e}^{-x}) \quad (n \geqslant 0)$$

(第 n 个 Laguerre 多项式), 并且对于定义在 $[0,\infty)$ 上的函数 f, g, 记

$$(f,g) = \int_0^{\infty} f(x)g(x)\mathrm{e}^{-x}\mathrm{d}x$$

(a) 证明

$$L_n(x) = \sum_{k=0}^{n} \binom{n}{k}\frac{(-x)^k}{k!}$$

(b) 证明：对于任何实数 $\alpha>0$ 及整数 $n \geqslant 0$

$$\int_0^{\infty} \mathrm{e}^{-\alpha x}L_n(x)\mathrm{d}x = \frac{(\alpha-1)^n}{\alpha^{n+1}}$$

(c) 证明：对于任何整数 $m, n \geqslant 0$

$$(L_m, L_n) = \begin{cases} 0, & 若\ m \neq n \\ 1. & 若\ m = n \end{cases}$$

II.43 证明二重积分

$$\iint\limits_D \frac{x-y}{(x+y)^3}\mathrm{d}x\mathrm{d}y$$

不存在，其中 D 是正方形： $0 \leqslant x, y \leqslant 1$.

II.44 计算

$$\iint_D \sqrt{\sqrt{x}+\sqrt{y}}\,\mathrm{d}x\mathrm{d}y$$

其中 D 是曲线 $\sqrt{x}+\sqrt{y}=1$ 与坐标轴所围成的区域.

II.45 设 $f(x)$ 为 $\mathbb{R}$ 上的连续函数，求积分

$$J=\iint_S \sin x\big(1+yf(x^2+y^2)\big)\mathrm{d}x\mathrm{d}y$$

其中 S 为由曲线 $y=x^3, y=1, x=-1$ 所围成的区域.

II.46 证明

$$\int_0^{\infty}\int_0^{\infty}\frac{\sin^2 x\sin^2 y}{x^2(x^2+y^2)}\mathrm{d}x\mathrm{d}y=\frac{\pi^2}{8}$$

II.47 计算

$$\int_0^{\infty}\int_y^{\infty}\frac{(x-y)^2\log\big((x+y)/(x-y)\big)}{xy\sinh(x+y)}\mathrm{d}x\mathrm{d}y$$

II.48 计算

$$\int_0^{\pi}\int_0^{\pi}\int_0^{\pi}\frac{\mathrm{d}x\mathrm{d}y\mathrm{d}z}{1-\cos x\cos y\cos z}$$

II.49 (a) 计算积分

$$\int_0^1\cdots\int_0^1 \max(x_1,\cdots,x_n)\mathrm{d}x_1\cdots\mathrm{d}x_n$$

以及

$$\int_0^1\cdots\int_0^1 \min(x_1,\cdots,x_n)\mathrm{d}x_1\cdots\mathrm{d}x_n$$

(b) 设 $a>0$, 计算

$$\int_1^{\infty}\cdots\int_1^{\infty}\frac{\mathrm{d}x_1\cdots\mathrm{d}x_n}{x_1\cdots x_n\big(\max(x_1,\cdots,x_n)\big)^a}$$

II.50 设 $0\leqslant r\leqslant 1$, 求下列 n 维区域的体积 $V_n(r)$

$$D_n(r)=\left\{(x_1,\cdots,x_n)\,\middle|\,(x_1,\cdots,x_n)\in[0,1]^n,\prod_{k=1}^n x_k\leqslant r\right\}$$

II.51 设 $a>0, x_0>0$. 计算曲线

$$\begin{cases}(x-y)^2=a(x+y)\\ x^2-y^2=\dfrac{9}{8}z^2\end{cases}$$

从点 $O(0,0,0)$ 到点 $A(x_0,y_0,z_0)$ 之间的弧长.

II.52 证明

$$\int_0^1 x^{-x}\mathrm{d}x=\sum_{n=1}^{\infty}\frac{1}{n^n}$$

以及

$$\int_0^1 x^{x}\mathrm{d}x=\sum_{n=1}^{\infty}(-1)^{n-1}\frac{1}{n^n}$$

II.53 设 $D=[0,\infty)\times[0,1]$. 试通过计算积分

$$\iint_D \frac{x\mathrm{d}x\mathrm{d}y}{(1+x^2)(1+x^2y^2)}$$

的两个不同顺序的累次积分推导出

$$\sum_{n=1}^{\infty}\frac{1}{n^2}=\frac{\pi^2}{6}$$

II.54 对任何非负整数 n, 令

$$J_n=\int_0^{\pi/2}\theta^2\cos^{2n}\theta\mathrm{d}\theta$$

证明

$$\sum_{n=1}^{m}\frac{1}{n^2}=\frac{4}{\pi}J_0-\frac{4^{m+1}m!^2}{(2m)!\pi}J_m\quad(m\geqslant 1)$$

并由此推导出

$$\sum_{n=1}^{\infty}\frac{1}{n^2}=\frac{\pi^2}{6}$$

II.55 证明：对于任何整数 $k\geqslant 1$, 存在有理数 c_k 使得

$$\sum_{n=1}^{\infty}n^{-2k}=c_k\pi^{2k}$$

II.56 证明下列级数发散

$$\sum_{n=1}^{\infty}\frac{|\sin(n+\log n)|}{n}$$

II.57 (a) 证明级数 $\sum\limits_{n=1}^{\infty}1/(n^{1+1/n})$ 发散.

(b) 设 $a_n>0\,(n=1,2,\cdots),a_n\to 0\,(n\to\infty)$, 讨论级数

$$\sum_{n=1}^{\infty}\frac{1}{n^{1+a_n}}$$

的收敛性.

II.58 讨论级数

$$\sum_{n=1}^{\infty}\left(\frac{1}{(n+1)^2}+\frac{1}{(n+2)^2}+\cdots+\frac{1}{(2n)^2}\right)\cos n\theta$$

的收敛性.

II.59 讨论级数 $\sum\limits_{n=1}^{\infty} u_n$ 的收敛性，其中

$$u_n=\int_0^{\infty}\frac{\mathrm{e}^{-nt}}{1+\mathrm{e}^{-t}+\cdots+\mathrm{e}^{-nt}}\mathrm{d}t\quad (n\geqslant 1)$$

II.60 证明：级数

$$\sum_{n=1}^{\infty}\frac{\sqrt{(n-1)!}}{(1+\sqrt{1})(1+\sqrt{2})\cdots(1+\sqrt{n})}$$

收敛，并求其和.

II.61 设 $\alpha>0$, 则级数

$$1-\frac{1}{2^{\alpha}}+\frac{1}{3}-\frac{1}{4^{\alpha}}+\cdots+\frac{1}{2n-1}-\frac{1}{(2n)^{\alpha}}+\cdots$$

只当 $\alpha=1$ 时才收敛.

II.62 设 $x\in\mathbb{R}$, 计算

$$S(x)=\sum_{n=1}^{\infty}n^2\left(\mathrm{e}^x-1-\frac{x}{1}-\frac{x^2}{2!}-\cdots-\frac{x^n}{n!}\right)$$

II.63 设无穷数列 $(a_n)_{n\geqslant 0}$ 定义如下

$$a_0=3,a_1=5,a_n=\frac{1}{n}\left(\frac{5}{3}-n\right)a_{n-1}\quad (n>1)$$

则当 $|x|<1$ 时级数 $\sum\limits_{n=1}^{\infty} a_n x^n$ 收敛，并求其和.

II.64 证明

$$\sum_{n=0}^{\infty}x^{n^2}\sim\frac{1}{2}\sqrt{\frac{\pi}{1-x}}\quad (x\to 1-)$$

II.65 设

$$f(n)=\sum_{k=2}^{\infty}\frac{1}{k^n}\quad (n\geqslant 2)$$

证明

$$\lim_{n\to\infty}\frac{f(n)}{f(n+1)}=2$$

II.66 证明

$$\lim_{n\to\infty}\mathrm{e}^{-n}\left(1+\sum_{k=1}^{\infty}\left|\frac{n^k}{k!}-\frac{n^{k-1}}{(k-1)!}\right|\right)=0$$

II.67 (a) 求函数

$$H(x,y)=\frac{x(1-x)y(1-y)}{1-xy}$$

在区域 $0\leqslant x\leqslant 1, 0\leqslant y\leqslant 1$ 上的最大值.

(b) 记

$$L_n=\left(\int_0^1\int_0^1\frac{x^ny^n(1-x)^n(1-y)^n}{(1-xy)^{n+1}}\mathrm{d}x\mathrm{d}y\right)^{1/n}$$

求 $\lim\limits_{n\to\infty}L_n$.

II.68 定义函数

$$f(x)=\begin{cases}x^4\left(2+\sin\dfrac{1}{x}\right), & \text{当 } x\neq 0\\ 0, & \text{当 } x=0\end{cases}$$

证明: f 在 $\mathbb{R}$ 上可微, 并且在 $x=0$ 处达到最小值, 但对于任何 $\varepsilon>0$, 在区间 $(-\varepsilon,0)$ 及 $(0,\varepsilon)$ 上是单调的.

II.69 设函数 $f(x)$ 定义在 $\mathbb{R}$ 上, $f''(x)$ 存在, 并且当 $x\geqslant a$ 时 $f(x)>0, f'(x)>0, f''(x)\leqslant 0$. 证明

$$\frac{f(x)}{f'(x)}\geqslant\frac{x}{4}\quad(\text{当 } x\geqslant 2a)$$

II.70 设函数 $f(x)$ 在 $[0,2]$ 上可导, 并且 $|f'(x)|\leqslant 1, f(0)=f(2)=1$, 则

$$1<\int_0^1 f(x)\mathrm{d}x<3$$

II.71 证明

$$\min_{a_1,\cdots,a_n\in\mathbb{R}}\int_0^1|x^n+a_1x^{n-1}+\cdots+a_n|\mathrm{d}x=4^{-n}$$

II.72 设函数 $f\in C^{n+1}[0,1]$, 满足

$$f(0)=f'(0)=\cdots=f^{(n)}(0)=f'(1)=\cdots=f^{(n)}(1)=0$$

以及 $f(1)=1$, 则

$$\max_{0\leqslant x\leqslant 1}|f^{(n+1)}(x)|\geqslant 4^n n$$

II.73 设 $f(x)\in C(\mathbb{R})$ 并且对于所有 $x,y\in\mathbb{R}$,

$$f(x)-f(y)=\int_{x+2y}^{2x+y}f(t)\mathrm{d}t$$

证明 $f(x)$ 在 $\mathbb{R}$ 上恒等于 0.

II.74 设 $f(x)\in C^2[a,b], a<0<b$. 证明：存在 $\xi\in[a,b]$ 使得

$$\int_a^b f(x)\mathrm{d}x = bf(b)-af(a)-\frac{1}{2}\left(b^2f'(b)-a^2f'(a)\right)+\frac{1}{6}(b^3-a^3)f''(\xi)$$

II.75 设 $f(x)\in C^1[0,1]$, 并且当 $x\in[0,1]$ 时 $f(x)\geqslant 0, f'(x)\leqslant 0$. 令

$$F(x)=\int_0^x f(t)\mathrm{d}t$$

证明：当 $x\in(0,1)$ 时

$$xF(1)\leqslant F(x)\leqslant 2\int_0^1 F(t)\mathrm{d}t$$

II.76 设函数 $f(x)\in C^1[a,b], f(a)=0$, 并且 $0\leqslant f'(x)\leqslant 1$. 证明

$$\int_a^b f^3(x)\mathrm{d}x\leqslant\left(\int_a^b f(x)\mathrm{d}x\right)^2$$

II.77 设 $f(x)$ 是区间 $[a,b]$ 上的凸函数.

(a) 证明

$$f\left(\frac{a+b}{2}\right)\leqslant\frac{1}{b-a}\int_a^b f(x)\mathrm{d}x\leqslant\frac{f(a)+f(b)}{2}$$

并且等式当且仅当

$$f(x)=f(a)+\frac{f(b)-f(a)}{b-a}(x-a)$$

时成立.

(b) 证明 (a) 中不等式的改进形式

$$\frac{1}{2}\left(f\left(\frac{3a+b}{4}\right)+f\left(\frac{a+3b}{4}\right)\right)\leqslant\frac{1}{b-a}\int_a^b f(x)\mathrm{d}x\leqslant\frac{1}{2}\left(f\left(\frac{a+b}{2}\right)+\frac{f(a)+f(b)}{2}\right)$$

II.78 (a) 设 $x>0$, 证明

$$x-\frac{x^2}{x+2}<\log(1+x)<x-\frac{x^2}{2x+2}$$

(b) 设 $0<x\neq y<+\infty$, 则

$$\sqrt{xy}<\frac{x-y}{\log x-\log y}<\frac{x+y}{2}$$

II.79 设函数 f 在 $[a,b]$ 上二次可微, 并且存在常数 m,M, 使得 $m\leqslant f''(x)\leqslant M$, 那么

$$\frac{(b-a)^2}{24}m\leqslant\frac{1}{b-a}\int_a^b f(x)\mathrm{d}x-f\left(\frac{a+b}{2}\right)\leqslant\frac{(b-a)^2}{24}M$$

$$\frac{(b-a)^2}{12}m\leqslant\frac{f(a)+f(b)}{2}-\frac{1}{b-a}\int_a^b f(x)\mathrm{d}x\leqslant\frac{(b-a)^2}{12}M$$

II.80 设 $f(x)$ 是区间 I 上的凸函数, $x\leqslant x'<y\leqslant y'$ 是 I 中的任意四个点, 则

$$\frac{f(y)-f(x)}{y-x}\leqslant\frac{f(y')-f(x')}{y'-x'}$$

II.81 (i) 设 I 是一个含有 1 的区间, $f_k\,(1\leqslant k\leqslant n)$ 是 I 上的可微的凸函数. 若存在常数 c 及 $x_k\in I\,(1\leqslant k\leqslant n)$ 满足 $\sum\limits_{k=1}^{n}f_k(x_k)\leqslant c$, 则

$$\sum_{k=1}^{n}f'_k(1)x_k\leqslant c+\sum_{k=1}^{n}\left(f'_k(1)-f_k(1)\right)$$

(ii) 设 $x_k\,(1\leqslant k\leqslant n)$ 是正数, 满足 $\sum\limits_{k=1}^{n}x_k^{2k-1}\leqslant n$, 证明: $\sum\limits_{k=1}^{n}(2k-1)x_k\leqslant n^2$.

II.82 设 $(\lambda_n)_{n\geqslant 1}$ 是单调非减的无穷正数列, $f(x)$ 是一个单调非减的正函数, 并且积分 $\int_{\lambda_1}^{+\infty}\left(tf(t)\right)^{-1}\mathrm{d}t$ 收敛, 那么下列级数也收敛

$$\sum_{n=1}^{\infty}\left(1-\frac{\lambda_n}{\lambda_{n+1}}\right)f(\lambda_n)$$

II.83 求幂级数 $\sum\limits_{n=1}^{\infty}a_nx^n$ 的收敛半径, 其中

$$a_n=\int_0^n\exp\left(\frac{t^2}{n}\right)\quad(n\geqslant 1)$$

II.84 求函数

$$f(x)=\int_0^x\mathrm{e}^{x^2-t^2}\mathrm{d}t$$

的幂级数展开.

II.85 设实数 $a \neq b$, 求

$$\varlimsup_{n\to\infty} |a^n - b^n|^{1/n}$$

II.86 设 $0 < a_1 \leqslant a_2 \leqslant \cdots \leqslant a_n < 1$. 定义函数

$$f(t) = \sum_{k=1}^{n} \left(\frac{2}{\pi} \arctan a_k t - \frac{k}{n+1} \right)^2$$

证明：当 $t > 0$ 时， $f(t) < f(0)$.

II.87 设数列 $(a_n)_{n\geqslant 1}$ 定义为

$$a_n = \left(1 + \frac{1}{n}\right)^{n^2} n! n^{-(n+1/2)} \quad (n \geqslant 1)$$

证明它单调递减，并求 $\lim\limits_{n\to\infty} a_n$.

II.88 证明：

(a) 若 $x \neq 0$, 则

$$1 - \frac{x^2}{2!} < \cos x < 1 - \frac{x^2}{2!} + \frac{x^4}{4!}$$

(b) 对于任何 $x > 0$

$$x - \frac{x^3}{3!} < \sin x < x - \frac{x^3}{3!} + \frac{x^5}{5!}$$

II.89 证明：当 $x^2 + y^2 \leqslant \pi$ 时

$$\cos x + \cos y \leqslant 1 + \cos(xy)$$

II.90 若 $x, y > 0$, 则

$$\max(x^y, y^x) > \frac{1}{2}$$

II.91 设

$$f(x) = x - \frac{x^3}{6} + \frac{x^4}{24} \sin \frac{1}{x} \quad (x > 0)$$

证明：若 $y, z > 0$, 并且 $y + z < 1$, 则 $f(y+z) < f(y) + f(z)$.

II.92 证明：对于所有正整数 n

$$\sum_{k=0}^{\infty} \frac{n^k}{k!} |k - n| \leqslant \sqrt{n}\, \mathrm{e}^n$$

II.93 (a) 证明：对于任何 $m \in \mathbb{N}$

$$\left(1+\frac{1}{m}\right)^m \leqslant \mathrm{e}\left(1-\frac{1-2\mathrm{e}^{-1}}{m}\right)$$

并且常数 $1-2\mathrm{e}^{-1}$ 是最优的，即不能用更小的正数代替.

(b) 证明：对于任何 $m \in \mathbb{N}$

$$\left(1+\frac{1}{m}\right)^m \leqslant \mathrm{e}\left(1+\frac{1}{m}\right)^{1-1/\log 2}$$

并且常数 $1-1/\log 2$ 是最优的，即不能用更小的数代替它.

II.94 设 $(a_n)_{n\geqslant 1}$ 是任意正数列，则对每个正整数 k

$$\sum_{n=1}^{\infty}(a_1\cdots a_n)^{1/n} \leqslant \frac{1}{k}\sum_{n=1}^{\infty} a_n\left(\frac{n+k}{n}\right)^n$$

II.95 设 $(a_n)_{n\geqslant 1}$ 是任意正数列，级数 $\sum\limits_{n=1}^{\infty} a_n$ 收敛.

(a) 证明

$$\sum_{n=1}^{\infty}(a_1\cdots a_n)^{1/n} \leqslant \mathrm{e}\sum_{n=1}^{\infty}\left(1-\frac{1-2\mathrm{e}^{-1}}{n}\right)a_n$$

$$\sum_{n=1}^{\infty}(a_1\cdots a_n)^{1/n} \leqslant \mathrm{e}\sum_{n=1}^{\infty}\left(1+\frac{1}{n}\right)^{1-1/\log 2} a_n$$

(b) 证明

$$\sum_{n=1}^{\infty}(a_1\cdots a_n)^{1/n} \leqslant \mathrm{e}\sum_{n=1}^{\infty}\left(1-\frac{\beta}{n}\right)\left(1+\frac{1}{n}\right)^{-\alpha} a_n$$

其中 $0 \leqslant \alpha \leqslant 1/\log 2-1, 0 \leqslant \beta \leqslant 1-2/\mathrm{e}$, 并且 $\mathrm{e}\beta+2^{1+\alpha}=\mathrm{e}$.

II.96 设 $a>b>0>c$. 求函数

$$f(x,y,z)=(ax^2+by^2+cz^2)\exp(-x^2-y^2-z^2)$$

的全部极值.

II.97 求函数

$$f(x,y)=x^2+y^2+\frac{3}{2}x+1$$

在集合 $G=\{(x,y) \mid (x,y)\in\mathbb{R}^2, 4x^2+y^2-1=0\}$ 上的最值.

II.98 求原点 $O(0,0,0)$ 到曲线

$$\frac{x^2}{4}+\frac{y^2}{5}+\frac{z^2}{25}=1, z=x+y$$

上的点的最大和最小距离.

II.99 定义函数

$$f(x,y)=\begin{cases}x^2+y^2, & \text{当 } y=0\\ (x^2+y^2)\cos\dfrac{x^2+y^2}{\arctan(y/x)}, & \text{当 } x,y\neq 0\\ (x^2+y^2)\cos\dfrac{2(x^2+y^2)}{\pi}, & \text{当 } x=0,y\neq 0\end{cases}$$

证明:

(a) f 在 $(0,0)$ 连续.

(b) f 限制在过原点的直线上时，在 $(0,0)$ 处取严格局部极小值.

(c) $(0,0)$ 不是 f 的局部极小点.

II.100 用 (r,θ) 表示平面极坐标系. 定义函数

$$f(r,\theta)=\begin{cases}r^2, & \text{当 } \theta=0\\ r^2\cos\dfrac{r}{\theta}, & \text{当 } \theta\neq 0\end{cases}$$

证明:

(a) f 在原点连续.

(b) f 在原点不取局部极小值.

(c) f 限制在过原点的直线上时，有严格局部极小值.

II.101 求函数

$$F(x)=\int_0^x\sqrt{t^4+(x-x^2)^2}\,\mathrm{d}t\quad(0\leqslant x\leqslant 1)$$

的最大值.

II.102 设 $r,m\in\mathbb{N},1\leqslant r<m/2$, 记 $G=[0,1]^{m+1}$ 以及 $\boldsymbol{x}=(x_1,\cdots,x_{m+1})$. 定义多变量函数

$$f(\boldsymbol{x})=\begin{cases}\dfrac{\prod\limits_{k=1}^{m+1}x_k^r(1-x_k)}{(1-x_1\cdots x_{m+1})^{2r+1}}, & \text{当 } \boldsymbol{x}\in G,\boldsymbol{x}\neq(1,\cdots,1)\\ 0, & \text{当 } \boldsymbol{x}=(1,\cdots 1)\end{cases}$$

证明

$$0 < \max_{\boldsymbol{x}\in G} f(\boldsymbol{x}) \leqslant \frac{2^{r+1}}{r^{m-2r}(2r+1)^{2r+1}}$$

II.103 设

$$\psi(x,y) = \iint\limits_{u^2+v^2\leqslant 1} \log\left((x-u)^2+(y-v)^2\right)\mathrm{d}u\mathrm{d}v$$

证明：$\psi(x,y)\in C^1(\mathbb{R}^2)$, 即 $\partial\psi/\partial x, \partial\psi/\partial y$ 在 $\mathbb{R}^2$ 上存在且连续, 并计算 $\psi(x,y)$.

II.104 设 $f(x)\in C(\mathbb{R})$, 并且满足方程

$$f(\rho) = \iiint\limits_{x^2+y^2+z^2\leqslant\rho^2} \sqrt{x^2+y^2+z^2}\, f\left(x^2+y^2+z^2\right)\mathrm{d}x\mathrm{d}y\mathrm{d}z + \rho^4$$

求 $f(x)$.

II.105 设

$$u(x) = \int_0^{\pi} \cos(n\phi - x\sin\phi)\mathrm{d}\phi \quad (x\in\mathbb{R})$$

证明 $u(x)$ 满足 Bessel 方程

$$x^2u'' + xu' + (x^2-n^2)u = 0$$

II.106 设 $p>1, f(x)$ 是 $[0,a]$ 上的可微函数，$f(0)=0$. 还设函数 $w(x)$ 在 $[0,1]$ 上可积. 证明：若 $0\leqslant f'(x)\leqslant w(x)\,(x\in[0,a])$, 则

$$\left(\int_0^a w(x)f(x)\mathrm{d}x\right)^p \geqslant p2^{1-p}\int_0^a w(x)f(x)^{2p-1}\mathrm{d}x$$

若 $f'(x)\geqslant w(x)\geqslant 0\,(x\in[0,a])$, 则上述不等式反向.

II.107 设 $f(x)$ 是 $[0,1]$ 上的连续凹函数 (即上凸函数), 并且 $f(0)=1$, 则对任何 $p>0$ 有

$$(p+1)\int_0^1 x^{2p}f(x)\mathrm{d}x + \frac{2p-1}{8p+4} \leqslant \left(\int_0^1 f(x)\mathrm{d}x\right)^2$$

II.108 设 $x>0, y>0, x\neq y, r\neq 0$, 定义

$$L_r(x,y) = \left(\frac{x^r-y^r}{r\log(x/y)}\right)^{1/r}$$

证明

$$2\sqrt{xy} < L_r(x,y) + L_{-r}(x,y) < x+y$$

II.109 设 $a_1, a_2, \cdots, a_n$ 是正实数，其和为 1. 对于每个自然数 i, 用 n_i 表示满足 $2^{1-i} \geqslant a_k > 2^{-i}$ 的 a_k 的个数. 证明

$$\sum_{i=1}^{\infty} \sqrt{\frac{n_i}{2^i}} \leqslant \sqrt{\log_2 n} + \sqrt{2}$$

II.110 证明：对于所有 $x > 0$

$$\frac{\Gamma'(x+1)}{\Gamma(x+1)} > \log x$$

此处 $\Gamma(x)$ 是伽玛函数.

II.111 设 $x_1, \cdots, x_n$ 是非零实数， $b_1, \cdots, b_n$ 是任意实数，令

$$S_k = \sum_{j=1}^{n} b_j x_j^k \quad (k = 0, \pm 1, \pm 2, \cdots, \pm n)$$

证明

$$|S_0| \leqslant n \max_{0<|k|\leqslant n} |S_k|$$

II.112 设

$$f(x) = \int_0^x \frac{\log(1+t)}{1+t} \mathrm{d}t \quad (x \geqslant 0)$$

则

$$\frac{1}{3} < \sum_{n=1}^{\infty} f\left(\frac{1}{n}\right) < \frac{\pi}{12}$$

II.113 (a) 若 $(a_n)_{n\geqslant 1}$ 是一个无穷实数列， λ 是一个实数. $|\lambda| > 1$, 则

$$\lim_{n\to\infty} a_n = a$$

当且仅当

$$\lim_{n\to\infty} (\lambda^2 a_{n+2} - 2a_{n+1} + a_n) = (\lambda - 1)^2 a$$

(b) 若 $(x_n)_{n\geqslant 1}$ 是一个无穷实数列，并且

$$\lim_{n\to\infty} (4x_{n+2} + 4x_{n+1} + x_n) = 9$$

则 $\lim\limits_{n\to\infty} x_n = 1$.

II.114 设无穷数列 $(a_n)_{n\geqslant 1}$ 有界，并且满足不等式

$$a_{n+2} \leqslant \frac{1}{3} a_{n+1} + \frac{2}{3} a_n \quad (n \geqslant 1)$$

证明数列 $(a_n)_{n\geqslant 1}$ 收敛.

II.115 设

$$f(x)=\sum_{n=0}^{\infty}\frac{1}{2^n+x}$$

证明

$$f(x)\sim\frac{\log(1+x)}{x\log 2}\quad(x\to\infty)$$

II.116 (a) 求函数方程

$$f(x+y)-f(x-y)=f(x)f(y)\quad(x\in\mathbb{R})$$

的所有在原点连续的解.

(b) 求函数方程

$$f\left(\frac{x+y}{1+xy}\right)=f(x)+f(y)\quad(x\in\mathbb{R})$$

的所有在区间 $(-1,1)$ 上连续的解.

(c) 求函数方程

$$f(x+y)=f(x)\mathrm{e}^y+f(y)\mathrm{e}^x\quad(x,y\in\mathbb{R})$$

的所有连续解.

(d) 求函数方程

$$f(x)+f\left(\frac{x-1}{x}\right)=1+x\quad(x\neq 0,1)$$

的所有解.

II.117 设函数 f,g 满足函数方程

$$f(x+y)+f(x-y)=2f(x)g(y)\quad(x,y\in\mathbb{R})$$

证明：如果 f 不恒等于 0, 并且 $|f(x)|\leqslant 1(x\in\mathbb{R})$, 那么也有 $|g(x)|\leqslant 1(x\in\mathbb{R})$.

II.118 求函数方程

$$f(x+y)+f(x-y)=2f(x)f(y)\quad(x,y\in\mathbb{R})$$

的所有连续解 f.

II.119 求出所有 $f \in C(\mathbb{R}_+)$, 使当任何 $x \in \mathbb{R}$

$$f(2^x) - 2f(2^{x+1}) + f(2^{x+2}) \leqslant 2^{x+1}$$
$$f(3^x) - 2f(3^{x+1}) + f(3^{x+2}) \geqslant 8 \cdot 3^x$$

II.120 设 $a, b > 0, a + b < 1$. 还设 f 是在 $[0, \infty)$ 上单调递增的非负函数, 满足

$$\int_0^x f(t)\mathrm{d}t = \int_0^{ax} f(t)\mathrm{d}t + \int_0^{bx} f(t)\mathrm{d}t \quad (x > 0)$$

证明：f 在 $[0, \infty)$ 上恒等于零.

问题的解答或提示

这里不再重复原题题文.

II.1 解 令

$$f(\alpha) = \sup_{q\in\mathbb{Z}} \sin q\alpha$$

那么当 q 是偶数时 $\sin q(\pi-\alpha) = \sin(-q\alpha)$, 当 q 是奇数时 $\sin q(\pi-\alpha) = \sin(q\alpha)$, 所以 $f(\pi-\alpha) = f(\alpha)$, 于是我们只须考虑 $\alpha \in (0, \pi/2)$ 即可. 又因为 $f(\pi/3) = \sqrt{3}/2$, 所以只须证明: 当 $\alpha \in (0, \pi/2)$ 时, $f(\alpha) \geqslant \sqrt{3}/2$.

若 $\alpha \in [\pi/3, \pi/2)$, 则 $f(\alpha) \geqslant f(\pi/3) = \sqrt{3}/2$. 若 $\alpha \in (0, \pi/3)$, 设 q 是适合 $q\alpha \geqslant \pi/3$ 的最小整数, 则 $(q-1)\alpha < \pi/3, q\alpha < \pi/3 + \alpha < 2\pi/3$, 所以也得到 $\sin q\alpha \geqslant \sqrt{3}/2$. 于是本题得证. □

II.2 解 (a) 我们有

$$\begin{aligned}\sin^2(\pi\sqrt{n^2+n}) &= \sin^2(\pi\sqrt{n^2+n} - \pi n)\\ &= \sin^2\frac{\pi}{1+\sqrt{1+1/n}} \to 1 \quad (n\to\infty)\end{aligned}$$

(b) (i) 由二项式定理, 当 $n = 2u$(偶数) 时

$$\begin{aligned}&(\sqrt{2}+1)^n + (1-\sqrt{2})^n\\ =\ & \sum_{k=0}^{n}\binom{n}{k}(\sqrt{2})^k + \sum_{k=0}^{n}(-1)^k\binom{n}{k}(\sqrt{2})^k\\ =\ & 2\left(1 + \binom{n}{2}2 + \binom{n}{4}2^2 + \cdots + \binom{n}{n-2}2^{u-1} + 2^u\right)\end{aligned}$$

当 $n = 2u+1$(奇数) 时

$$\begin{aligned}&(\sqrt{2}+1)^n + (1-\sqrt{2})^n\\ =\ & \sum_{k=0}^{n}\binom{n}{k}(\sqrt{2})^k + \sum_{k=0}^{n}(-1)^k\binom{n}{k}(\sqrt{2})^k\\ =\ & 2\left(1 + \binom{n}{2}2 + \binom{n}{4}2^2 + \cdots + \binom{n}{n-3}2^{u-1} + \binom{n}{n-1}2^u\right)\end{aligned}$$

因此 $(\sqrt{2}+1)^n + (1-\sqrt{2})^n$ $(n \in \mathbb{N}_0)$ 是整数.

(ii) 因为 $|\sin\pi(t+r)| = |\sin\pi r|\,(t\in\mathbb{Z})$, 所以我们有

$$\begin{aligned}&\left|n^m\sin\left(\pi(\sqrt{2}+1)^n\right)\right|\\=&\left|n^m\sin\left(\pi((\sqrt{2}+1)^n+(1-\sqrt{2})^n-(1-\sqrt{2})^n)\right)\right|\\=&\left|n^m\sin\left(\pi(\sqrt{2}-1)^n\right)\right|\end{aligned}$$

注意 $(1+\sqrt{2})(\sqrt{2}-1)=1$, 于是由上式得到

$$\begin{aligned}0&\leqslant\left|n^m\sin\left(\pi(\sqrt{2}+1)^n\right)\right|=\left|n^m\sin\left(\pi(\sqrt{2}-1)^n\right)\right|\\&=\pi\left|\frac{n^m}{(1+\sqrt{2})^n}\right|\cdot\left|\frac{\sin\pi\left((\sqrt{2}-1)^n\right)}{\pi(\sqrt{2}-1)^n}\right|\end{aligned}$$

注意 $0<\sqrt{2}-1<1, \sin x/x\to1\,(x\to0)$, 以及 $n^m/(1+\sqrt{2})^n\to0\,(n\to\infty)$, 所以当 $n\to\infty$ 时，上式右边趋于 0, 于是所求极限等于 0. □

II.3 解 (a) 记 $P(n)=\prod\limits_{j=1}^{n}\left(1+(j/n)^{2k}\right)^{1/j}$. 则有

$$\begin{aligned}\log P(n)&=\sum_{j=1}^{n}\log\left(1+\left(\frac{j}{n}\right)^{2k}\right)\cdot\frac{n}{j}\cdot\frac{1}{n}\\&=\int_0^1\log(1+x^{2k})\frac{\mathrm{d}x}{x}=\int_0^1\left(\frac{x^{2k-1}}{1}-\frac{x^{4k-1}}{2}+\frac{x^{6k-1}}{3}-\cdots\right)\mathrm{d}x\\&=\frac{1}{1\cdot2k}-\frac{1}{2\cdot4k}+\frac{1}{3\cdot6k}-\cdots=\frac{1}{2k}\cdot\left(1-\frac{1}{2^2}+\frac{1}{3^2}-\cdots\right)\end{aligned}$$

此处幂级数 $x^{2k-1}/1-x^{4k-1}/2+x^{6k-1}/3-\cdots$ 在 $[0,1]$ 上收敛，所以逐项积分是容许的. 因为 $\sum\limits_{n=1}^{\infty}(-1)^n/n^2=\pi^2/12$ (见问题 **3.20** 的 *解法* 3), 所以所求极限等于 $\exp\left(\pi^2/(24k)\right)$.

(b) 将 $S_{n,k}$ 改写为

$$S_{n,k}=\frac{1}{n}\sum_{j=1}^{n^k}\frac{1}{1+\left(j/n\right)^k}$$

因此

$$S_1=\lim_{n\to\infty}\frac{1}{n}\sum_{j=1}^{n}\frac{1}{1+j/n}=\int_0^1\frac{\mathrm{d}t}{1+t}=\log2$$

若 $k>1$, 则 $S_{n,k}$ 是 $f(x)=1/(1+t^k)$ 在区间 $(0,n^{k-1})$ 上的 Riemann 积分的下和 (n^k 等分，每个等分区间长 $=n^{k-1}/n^k=1/n$), 因此

$$S_k=\lim_{n\to\infty}\int_0^{n^{k-1}}\frac{\mathrm{d}x}{1+t^k}=\int_0^{\infty}\frac{\mathrm{d}x}{1+t^k}=\frac{\pi/k}{\sin(\pi/k)}\quad(k\geqslant1)$$

因此 $S_k \to 1\,(k \to \infty)$. □

II.4 解 由定积分的定义，我们有

$$\begin{aligned}
\lim_{n\to\infty}\frac{1}{n}\sum_{k=1}^{n}\left\{\frac{n}{k}\right\}^2 &= \int_0^1\left\{\frac{1}{x}\right\}^2\mathrm{d}x \\
&= \sum_{n=1}^{\infty}\int_{1/(n+1)}^{1/n}\left(\frac{1}{x}-n\right)^2\mathrm{d}x \\
&= \sum_{n=1}^{\infty}\left(1-2n\log\frac{n+1}{n}+\frac{n}{n+1}\right) \\
&= \sum_{n=1}^{\infty}\left(2-\frac{1}{n+1}-2n\log\frac{n+1}{n}\right)
\end{aligned}$$

上式右边无穷级数的前 $N-1$ 项的部分和

$$\begin{aligned}
S_{N-1} &= \sum_{n=1}^{N-1}\left(2-\frac{1}{n+1}\right)-2\sum_{n=1}^{N-1}\left(n\log(n+1)-n\log n\right) \\
&= 2(N-1)-\sum_{n=2}^{N}\frac{1}{n}-2(N-1)\log N+2\sum_{n=1}^{N-1}\log n
\end{aligned}$$

应用调和级数部分和的渐近公式 (见问题 **8.24**)

$$H_N=\sum_{k=1}^{N}\frac{1}{k}=\log N+\gamma+O\left(\frac{1}{N}\right)\quad(n\to\infty)$$

(这里 γ 是 Euler-Mascheroni 常数), 以及 Stirling 公式

$$\begin{aligned}
\sum_{n=1}^{N-1}\log n &= \log\left((N-1)!\right) \\
&= \left(N-\frac{1}{2}\right)\log N-N+\frac{1}{2}\log(2\pi)+O\left(\frac{1}{N}\right)\quad(n\to\infty)
\end{aligned}$$

可知上述部分和

$$\begin{aligned}
S_{N-1} &= 2(N-1)+1-\log N-\gamma-2(N-1)\log N+ \\
&\qquad (2N-1)\log N-2N+\log(2\pi)+O\left(\frac{1}{N}\right) \\
&= \log(2\pi)-\gamma-1+O\left(\frac{1}{N}\right)
\end{aligned}$$

因此所求极限 $=\log(2\pi)-\gamma-1$. □

II.5 解 首先，当 $k > 2|a| - 2$ 时

$$
\begin{aligned}
|b_k - \mathrm{e}^a| \leqslant \sum_{i=0}^{\infty} \frac{|a|^{k+1+i}}{(k+1+i)!} &\leqslant \frac{|a|^{k+1}}{(k+1)!} \sum_{i=0}^{\infty} \frac{|a|^i}{(k+2)^i} \\
&= \frac{|a|^{k+1}}{(k+1)!} \cdot \left(1 - \frac{|a|}{k+2}\right)^{-1} \leqslant \frac{2|a|^{k+1}}{(k+1)!}
\end{aligned}
$$

因此

$$
\lim_{n\to\infty} \sum_{k=n+1}^{2n} (b_k - \mathrm{e}^a) = 0
$$

其次，我们有

$$
\begin{aligned}
a_k - \mathrm{e}^k &= \left(1 + \frac{1}{k}\right)^{ak} - \mathrm{e}^a = \mathrm{e}^{ka\log(1+1/k)} - \mathrm{e}^a \\
&= \mathrm{e}^{a\left(1 - 1/(2k) + O(1/k^2)\right)} - \mathrm{e}^a \\
&= \mathrm{e}^a \left(\mathrm{e}^{-a/(2k) + O(1/k^2)} - 1\right) \\
&= \mathrm{e}^a \left(-\frac{a}{2k} + O\left(\frac{1}{k^2}\right)\right)
\end{aligned}
$$

于是

$$
\begin{aligned}
\lim_{n\to\infty} \sum_{k=n+1}^{2n} (a_k - \mathrm{e}^a) &= \lim_{n\to\infty} \sum_{k=n+1}^{2n} \mathrm{e}^a \left(-\frac{a}{2k} + O\left(\frac{1}{k^2}\right)\right) \\
&= -\frac{1}{2} a\mathrm{e}^a \lim_{n\to\infty} \sum_{k=n+1}^{2n} \frac{1}{k} + \lim_{n\to\infty} O\left(\sum_{k=n+1}^{2n} \frac{1}{k^2}\right)
\end{aligned}
$$

因为级数 $\sum\limits_{k=1}^{\infty} 1/k^2$ 收敛，所以上式右边第二项等于 0, 从而由

$$
\sum_{k=1}^{n} \frac{1}{k} = \log n + \gamma + O\left(\frac{1}{n}\right) \quad (n \to \infty)
$$

(见问题 **8.24**) 得知

$$
\begin{aligned}
\lim_{n\to\infty} \sum_{k=n+1}^{2n} (a_k - \mathrm{e}^a) &= -\frac{1}{2} a\mathrm{e}^a \lim_{n\to\infty} \left(\sum_{k=1}^{2n} \frac{1}{k} - \sum_{k=1}^{n} \frac{1}{k}\right) \\
&= -\frac{1}{2} a\mathrm{e}^a \lim_{n\to\infty} \left(\log 2 + O\left(\frac{1}{n}\right)\right) \\
&= -\frac{1}{2} a\mathrm{e}^a \log 2
\end{aligned}
$$

于是最终我们求出题中所求的极限等于

$$\lim_{n\to\infty}\sum_{k=n+1}^{2n}(a_k-\mathrm{e}^a)-\lim_{n\to\infty}\sum_{k=n+1}^{2n}(b_k-\mathrm{e}^a)=-\frac{1}{2}a\mathrm{e}^a\log 2 \qquad \square$$

II.6 解 (i) 当 $0<x<1$ 时

$$\frac{2x}{2+x-x^2}\geqslant\log(1+x)\geqslant\frac{2x}{2+x}$$

(请读者补出证明).

(ii) 令

$$t_0=a/n, t_{i+1}=\log(1+t_i)\quad(i\geqslant 0)$$

那么非负数列 $(t_i)_{i\geqslant 0}$ 单调减少. 由上述不等式得知

$$t_{i+1}\geqslant\frac{2t_i}{2+t_i},\frac{1}{t_{i+1}}\leqslant\frac{1}{t_i}+\frac{1}{2}$$

于是

$$\frac{1}{t_n}\leqslant\frac{n}{2}+\frac{1}{t_0}=\frac{n(a+2)}{2a},nt_n\geqslant\frac{2a}{a+2}$$

因此

$$\varliminf_{n\to\infty} nt_n\geqslant 2a/(a+2)$$

(iiii) 类似地

$$t_{i+1}\leqslant\frac{2t_i}{2+t_i-t_i^2},\frac{1}{t_{i+1}}\geqslant\frac{1}{t_i}+\frac{1}{2}-\frac{t_i}{2}\geqslant\frac{1}{t_i}+\frac{1}{2}-\frac{t_0}{2}$$

于是

$$\frac{1}{t_n}\geqslant\frac{n(1-t_0)}{2}+\frac{1}{t_0}=\frac{na-a^2+2n}{2a},nt_n\leqslant\frac{2a}{a+2-a^2/n}$$

因此

$$\varlimsup_{n\to\infty} nt_n\leqslant 2a/(a+2)$$

(iv) 由 (ii) 和 (iii) 得知所求极限 $=2a/(a+2)$. $\square$

II.7 解 这里给出两个解法，解法 2 不涉及 Euler-Mascheroni 常数，完全基于分析的基本知识.

解法 1 因为

$$\lim_{n\to\infty}\left(1+\frac{1}{2}+\cdots+\frac{1}{n}-\log n\right)=\gamma$$

其中 γ 是 Euler-Mascheroni 常数 (见问题 **8.24**), 所以

$$\begin{aligned} u_n &= \sum_{k=0}^{mn} \frac{1}{n+k} \\ &= \sum_{k=1}^{(1+m)n} \frac{1}{k} - \sum_{k=1}^{n-1} \frac{1}{k} \\ &= \big(\log(1+m)n + \gamma + o(1)\big) - \big(\log(n-1) + \gamma + o(1)\big) \\ &= \log(m+1) + o(1) \end{aligned}$$

所以 $u_n \to \log(1+m)\ (n \to \infty)$.

解法 2 (i) 我们有

$$\begin{aligned} u_n &= \sum_{k=0}^{mn} \frac{1}{n+k} = \frac{1}{n} + \frac{1}{n+1} + \cdots + \frac{1}{n+mn} \\ u_{n+1} &= \sum_{k=0}^{m(n+1)} \frac{1}{n+1+k} \\ &= \frac{1}{n+1} + \frac{1}{n+1+2} + \cdots + \frac{1}{n+1+(mn-1)} + \\ &\quad \frac{1}{n+1+mn} + \cdots + \frac{1}{n+1+m(n+1)} \end{aligned}$$

所以

$$u_{n+1} - u_n = -\frac{1}{n} + \sum_{k=mn+1}^{m(n+1)+1} \frac{1}{n+k} < -\frac{1}{n} + \frac{m+1}{mn+1} \leqslant 0$$

因此 $(u_n)_{n\geqslant 1}$ 单调递减且 $u_n > 0$, 所以数列收敛.

(ii) 记

$$\lim_{n\to\infty} u_n = a$$

为求 a, 设 $f(x)$ 是一个定义在 $[0,1]$ 上的函数, $f(0) = 0, f'_+(0)$ 存在. 还设 $M > 0$ 是数列 u_n 的一个上界. 那么对于任何给定的 $\varepsilon > 0$, 存在 $\eta \in (0,1]$, 使得当 $x \in [0,\eta]$ 时

$$\left|\frac{f(x)-f(0)}{x} - f'_+(0)\right| = \left|\frac{f(x)}{x} - f'_+(0)\right| \leqslant \frac{\varepsilon}{M}$$

因而 $|f(x) - xf'_+(0)| \leqslant x\varepsilon/M$. 特别地, 设 $n \in \mathbb{N}$ 满足 $n \geqslant 1/\eta$, 则对于所有 $k \in \mathbb{N}$, 有

$$\left|f\left(\frac{1}{n+k}\right) - \frac{1}{n+k} f'_+(0)\right| \leqslant \frac{\varepsilon}{M(n+k)}$$

由此推出

$$\begin{aligned}\left|\sum_{k=0}^{mn} f\left(\frac{1}{n+k}\right)-f'_{+}(0)u_n\right| &= \left|\sum_{k=0}^{mn} f\left(\frac{1}{n+k}\right)-f'_{+}(0)\sum_{k=0}^{mn}\frac{1}{n+k}\right| \\ &\leqslant \sum_{k=0}^{mn}\left|f\left(\frac{1}{n+k}\right)-\frac{1}{n+k}f'_{+}(0)\right| \\ &\leqslant \sum_{k=0}^{mn}\frac{\varepsilon}{M(n+k)}=\frac{\varepsilon}{M}u_n\leqslant\varepsilon\end{aligned}$$

因此

$$\sum_{k=0}^{mn} f\left(\frac{1}{n+k}\right)-f'_{+}(0)u_n\to 0\quad(n\to\infty)$$

也就是

$$\sum_{k=0}^{mn} f\left(\frac{1}{n+k}\right)\to af'_{+}(0)\quad(n\to\infty)$$

特别地，取 $f(x)=\log(1+x)$, 那么

$$\begin{aligned}\sum_{k=0}^{mn} f\left(\frac{1}{n+k}\right) &= \sum_{k=0}^{mn}\log\frac{n+k+1}{n+k} \\ &= \log\frac{n+mn+1}{n}\to\log(1+m)\quad(n\to\infty)\end{aligned}$$

注意 $f'_{+}(0)=1$, 所以 $a=\log(1+m)$. □

II.8 解 (i) 设 q 是任意固定的正整数，则 $n=qt_n+r_n$, 其中 $r_n\in\{0,1,\cdots,q-1\}, t_n\in\mathbb{N}_0$. 于是由题设可知

$$\frac{a_n}{n}=\frac{a_{qt_n+r_n}}{qt_n+r_n}\geqslant\frac{a_{qt_n}}{qt_n+r_n}\geqslant\frac{t_na_q}{qt_n+q}=\frac{a_q}{q(1+1/t_n)}$$

当 $n\to\infty$ 时， $t_n\to\infty$, 由此推出

$$\varliminf_{n\to\infty}\frac{a_n}{n}\geqslant\frac{a_q}{q},\ \varliminf_{n\to\infty}\frac{a_n}{n}\geqslant\varlimsup_{q\to\infty}\frac{a_q}{q}$$

因为相反的不等式成立，所以 $\lim\limits_{n\to\infty}a_n/n$ 存在.

(ii) 此外，注意由题设还有

$$\frac{a_{mn}}{mn}\geqslant\frac{a_n}{n}$$

所以由此及 (i) 中得到的不等式推出

$$\begin{aligned}A &= \sup_{n\in\mathbb{N}}\frac{a_n}{n}\geqslant\varliminf_{n\to\infty}\frac{a_n}{n}\geqslant\varlimsup_{q\to\infty}\frac{a_q}{q}=\inf_q\sup_{s\geqslant q}\frac{a_s}{s} \\ &\geqslant \inf_q\sup_{m\in\mathbb{N}}\frac{a_{qm}}{qm}\geqslant\inf_q\sup_m\frac{a_m}{m}=\sup_{n\in\mathbb{N}}\frac{a_n}{n}=A\end{aligned}$$

因此 $\underline{\lim}_{n\to\infty} a_n/n = \overline{\lim}_{n\to\infty} a_n/n = A.$ □

II.9 解 由于题设条件和要证结论关于 $x_{j,n}$ 对称,因此只须对数列 $x_{1,n}$ ($n \geqslant 1$) 证明. 由两个题设条件,我们有

$$\begin{aligned}1 &= \lim_{n\to\infty}\sum_{j=1}^{m} x_{j,n} = \overline{\lim_{n\to\infty}}\sum_{j=1}^{m} x_{j,n} \geqslant \overline{\lim_{n\to\infty}}\, x_{1,n} + \underline{\lim_{n\to\infty}}\sum_{j=2}^{m} x_{j,n} \\ &\geqslant \overline{\lim_{n\to\infty}}\, x_{1,n} + \sum_{j=2}^{m}\underline{\lim_{n\to\infty}}\, x_{j,n} \geqslant \overline{\lim_{n\to\infty}}\, x_{1,n} + \frac{m-1}{m}\end{aligned}$$

由此及题设第二个条件可推出

$$\overline{\lim_{n\to\infty}}\, x_{1,n} \leqslant \frac{1}{m} \leqslant \underline{\lim_{n\to\infty}}\, x_{1,n}$$

于是题中的结论 (其中 $j=1$) 成立. □

II.10 (a) **提示** 由数值计算和数学归纳法得 $x_n > 2n+1\,(n \geqslant 13)$. 于是

$$y_{n+1} - y_n = \frac{1}{2}\log\left(1+\frac{1}{n}\right) - (x_{n+1} - x_n - 2) = \frac{1}{2}\log\left(1+\frac{1}{n}\right) - \frac{1}{x_n}$$

用 Taylor 级数展开式可以证明

$$\frac{1}{2}\log\left(1+\frac{1}{n}\right) > \frac{1}{2n} - \frac{1}{4n^2} + \frac{1}{6n^3} - \frac{1}{8n^4}$$

又由直接计算可知

$$\frac{1}{2n+1} - \left(\frac{1}{2n} - \frac{1}{4n^2} + \frac{1}{8n^3}\right) = -\frac{1}{8n^3(2n+1)} < 0$$

所以

$$\frac{1}{x_n} < \frac{1}{2n+1} < \frac{1}{2n} - \frac{1}{4n^2} + \frac{1}{8n^3}$$

依据上述两个不等式可以证明:当 $n \geqslant 13$ 时

$$y_{n+1} - y_n = \frac{1}{2}\log\left(1+\frac{1}{n}\right) - \frac{1}{x_n} > \frac{1}{8n^3}\left(\frac{1}{3} - \frac{1}{n}\right) > 0$$

(b) **解** 为证明 $f(x)$ 在 $[0,\infty)$ 上严格单调递减,只用证明在 $[0,\infty)$ 上 $f'(x) < 0$. 由 $f(x)$ 在 $[0,\infty)$ 上满足的微分方程

$$f'(x) = -1 + xf(x)$$

可知 $f \in C^2[0,\infty)$, 并且 $f'(0) = -1$. 又因为当 $x \to \infty$ 时 $xf(x) \to 0$, 所以由上述微分方程推出: $f'(x) \to -1\,(x \to \infty)$, 于是 $f'(x)$ 在 $[0,\infty)$ 上具有有限的最

大值 M. 如果 $M=-1$, 那么在 $[0,\infty)$ 上 $f'(x)<0$, 问题已得解. 如果 $M\neq -1$, 用 a 记最大值点，即 $f'(a)=M\neq -1$, 那么 $a\neq 0$(因为已证 $f'(0)=-1$), 并且依 Fermat 定理 $f''(a)=0$. 由上述微分方程可知

$$f''(x)=f(x)+xf'(x)=f(x)+x(-1+xf(x))=-x+(1+x^2)f(x)$$

在其中令 $x=a$ 可得 $f(a)=a/(a^2+1)$; 然后在题给微分方程 $f'(x)=-1+xf(x)$ 中令 $x=a$, 即可得到

$$f'(a)=-1+af(a)=-\frac{1}{1+a^2}$$

也就是 $M=-1/(a^2+1)<0$. 于是在此情形问题也得解. □

II.11 解 记

$$\max(a_1,\cdots,a_n)=b_n \quad (n=1,2,\cdots)$$

因为 $b_n\in\{a_1,\cdots,a_n\}$, 所以 $b_n=a_{k_n}$, 其中 $1\leqslant k_n\leqslant n$, 于是

$$0\leqslant\left|\frac{b_n}{n}\right|=\left|\frac{a_{k_n}}{k_n}\cdot\frac{k_n}{n}\right|\leqslant\left|\frac{a_{k_n}}{k_n}\right|$$

由于 $a_{k_n}/k_n\,(n\geqslant 1)$ 是 $a_n/n\,(n\geqslant 1)$ 的子列，所以依题设当 $n\to\infty$(因而 $k_n\to\infty$) 时，上式右边趋于 0, 从而问题得解. 题中另一个结论可类似地证明. □

II.12 解 记 $b_n=(a_1+\cdots+a_n+a_{n+1})/a_n$.

(i) 首先设

$$\varlimsup_{n\to\infty}\frac{a_{n+1}}{a_n}=+\infty$$

因为 $b_n>a_{n+1}/a_n$, 所以

$$\varlimsup_{n\to\infty}b_n>\varlimsup_{n\to\infty}\frac{a_{n+1}}{a_n}$$

即得 $\varlimsup\limits_{n\to\infty}b_n=+\infty$.

(ii) 现在设

$$\varlimsup_{n\to\infty}\frac{a_{n+1}}{a_n}=\alpha<+\infty$$

于是对于任何给定的 $\varepsilon>0$, 存在 $N=N(\varepsilon)$, 使得

$$\frac{a_{n+1}}{a_n}<\alpha+\varepsilon \quad (\text{当 } n\geqslant N)$$

从而

$$\frac{a_n}{a_{n+1}}>\frac{1}{\alpha+\varepsilon} \quad (\text{当 } n\geqslant N)$$

因此当 $n \geqslant n_0$ 时

$$\begin{aligned}
b_n &= \frac{a_1+\cdots+a_n+a_{n+1}}{a_n} \geqslant \frac{a_N+\cdots+a_n+a_{n+1}}{a_n}\\
&= \frac{a_N}{a_n}+\frac{a_{N+1}}{a_n}+\cdots+1+\frac{a_{n+1}}{a_n}\\
&= \frac{a_N}{a_{N+1}}\cdot\frac{a_{N+1}}{a_{N+2}}\cdots\frac{a_{n-1}}{a_n}+\frac{a_{N+1}}{a_{N+2}}\cdot\frac{a_{N+2}}{a_{N+3}}\cdots\frac{a_{n-1}}{a_n}+\cdots+\\
&\quad \frac{a_{n-2}}{a_{n-1}}\cdot\frac{a_{n-1}}{a_n}+\frac{a_{n-1}}{a_n}+1+\frac{a_{n+1}}{a_n}\\
&\geqslant \left(\frac{1}{\alpha+\varepsilon}\right)^{n-N}+\left(\frac{1}{\alpha+\varepsilon}\right)^{n-N-1}+\cdots+\frac{1}{\alpha+\varepsilon}+1+\frac{a_{n+1}}{a_n}
\end{aligned}$$

若 $0<\alpha<1$, 则由上式推出 $b_n > a_{n+1}/a_n$, 从而 $\overline{\lim\limits_{n\to\infty}}\, b_n=+\infty$. 若 $\alpha\geqslant 1$, 则

$$\overline{\lim_{n\to\infty}}\, b_n \geqslant \alpha+\lim_{n\to\infty}\frac{1-(1/(\alpha+\varepsilon))^{n-N+1}}{1-1/(\alpha+\varepsilon)}=\alpha+\frac{\alpha+\varepsilon}{\alpha+\varepsilon-1}$$

于是在 $\alpha=1$ 的情形 (注意 $\varepsilon>0$ 可以任意接近于 0) $\overline{\lim\limits_{n\to\infty}}\, b_n=+\infty$; 在 $\alpha>1$ 的情形 (应用算术 - 几何平均不等式)

$$\overline{\lim_{n\to\infty}}\, b_n \geqslant 1+\alpha+\frac{1}{\alpha-1}=2+(\alpha-1)+\frac{1}{\alpha-1}\geqslant 4$$

合起来即得所要的不等式.

若令 $a_n=2^n\,(n\geqslant 1)$, 则 $\lim\limits_{n\to\infty}=4$, 因此题中不等式右边的常数 4 是最优的. □

II.13 解 答案是否定的. 为此考虑定义在 $\mathbb{Q}$ 上的函数

$$f\left(\frac{p}{q}\right)=\log\log(2q)$$

其中 p/q 是有理数的标准形式, 即 $q>0$ 和 p 是互素整数 (下同). 显然在任何区间中都含分母任意大的有理数, 所以上述函数在其上是无界的. 我们来验证它满足题中的要求.

(i) 若 $x=p/q, h=k/m$, 则 $x+h=(pm+qk)/(qm)$, 这里的分数可能不是既约的; 但我们总归有 $f(x+h)\leqslant\log\log(2qm)$. 因此

$$\begin{aligned}
f(x+h)-f(x) &\leqslant \log\log(2qm)-\log\log(2q)\\
&= \log\left(\frac{\log(2q)+\log m}{\log(2q)}\right)
\end{aligned}$$

于是, 若 $x(\in \mathbb{Q}) \to x_0$, 则 $q \to \infty$, 所以

$$\varlimsup_{\substack{x\to x_0\\ x\in\mathbb{Q}}} \big(f(x+h)-f(x)\big) \leqslant 0$$

(ii) 若在上式中分别用 $-h$ 和 x_0+h 代替 h 和 x_0, 则有

$$\varlimsup_{\substack{x\to x_0+h\\ x\in\mathbb{Q}}} \big(f(x-h)-f(x)\big) \leqslant 0$$

也就是

$$\varlimsup_{\substack{x-h\to x_0\\ x-h\in\mathbb{Q}}} \big(f(x-h)-f(x)\big) \leqslant 0$$

记 $y=x-h$, 则 $x=y+h$, 于是上式可改写为

$$\varlimsup_{\substack{y\to x_0\\ y\in\mathbb{Q}}} \big(f(y)-f(y+h)\big) \leqslant 0$$

也就是

$$\varlimsup_{\substack{y\to x_0\\ y\in\mathbb{Q}}} \big(-\big(f(y+h)-f(y)\big)\big) \leqslant 0$$

仍然用 x 表示变量, 即得

$$\varliminf_{\substack{x\to x_0\\ x\in\mathbb{Q}}} \big(f(x+h)-f(x)\big) \geqslant 0$$

(iii) 由 (i) 和 (ii), 我们最终有

$$\lim_{\substack{x\to x_0\\ x\in\mathbb{Q}}} \big(f(x+h)-f(x)\big) = 0$$

于是我们得到一个反例. □

II.14 解 解法 1 由 $\mathrm{e}^{\omega x}\to+\infty\,(x\to\infty)$ 及 L'Hospital 法则得

$$\begin{aligned}\lim_{x\to\infty} f(x) &= \lim_{x\to\infty}\frac{f(x)\mathrm{e}^{\omega x}}{\mathrm{e}^{\omega x}} = \lim_{x\to\infty}\frac{\big(f(x)\mathrm{e}^{\omega x}\big)'}{(\mathrm{e}^{\omega x})'}\\ &= \frac{1}{\omega}\lim_{x\to\infty}\big(f'(x)+\omega f(x)\big) = \frac{A}{\omega}\end{aligned}$$

解法 2 对于任意给定的 $\varepsilon>0$, 存在 $c>0$, 使当 $x>c$ 时 $|f'(x)+\omega f(x)-A|\leqslant \omega\varepsilon/2$, 因而

$$\left|\left(\mathrm{e}^{\omega x}\Big(f(x)-\frac{A}{\omega}\Big)\right)'\right| = \left|\mathrm{e}^{\omega x}\Big(f'(x)+\omega f(x)-A\Big)\right| \leqslant \frac{1}{2}\omega\varepsilon\mathrm{e}^{\omega x}$$

取 $N > c$, 在 $[c, N]$ 上对 x 积分，得到

$$\begin{aligned}&\left|\int_c^N \left(\mathrm{e}^{\omega x}\left(f(x) - \frac{A}{\omega}\right)\right)' \mathrm{d}x\right| \\ \leqslant\ & \int_c^N \left|\left(\mathrm{e}^{\omega x}\left(f(x) - \frac{A}{\omega}\right)\right)'\right| \mathrm{d}x \leqslant \frac{1}{2}\int_c^N \omega\varepsilon \mathrm{e}^{\omega x}\mathrm{d}x\end{aligned}$$

于是

$$\left|\mathrm{e}^{\omega N}\left(f(N) - \frac{A}{\omega}\right) - \mathrm{e}^{\omega c}\left(f(c) - \frac{A}{\omega}\right)\right| \leqslant \frac{1}{2}\varepsilon(\mathrm{e}^{\omega N} - \mathrm{e}^{\omega c})$$

因此

$$\left|\left(f(N) - \frac{A}{\omega}\right) - \mathrm{e}^{\omega(c-N)}\left(f(c) - \frac{A}{\omega}\right)\right| \leqslant \frac{1}{2}\varepsilon\left(1 - \mathrm{e}^{\omega(c-N)}\right) < \frac{\varepsilon}{2}$$

于是对于任何 $N > c$ 有

$$\left|f(N) - \frac{A}{\omega}\right| \leqslant \mathrm{e}^{\omega(c-N)}\left|f(c) - \frac{A}{\omega}\right| + \frac{\varepsilon}{2}$$

取 N 足够大，可使上式右边 $< \varepsilon/2 + \varepsilon/2 = \varepsilon$. 因此推出 $f(x) \to A/\omega\,(x \to \infty)$.

□

注 问题 **I.2.7** 是本题的一个特例.

II.15 解 令 $g(x) = f(x) + |x|/2$, 那么 $g(x)$ 连续, 下有界, 并且当 $x \to \pm\infty$ 时， $g(x) \to +\infty$. 于是存在实数 x_0 使得 $g(x_0) = \min\limits_{x\in\mathbb{R}} g(x)$ 由此得知

$$f(x) + \frac{|x|}{2} \geqslant f(x_0) + \frac{|x_0|}{2}$$

亦即

$$f(x_0) - f(x) + \frac{|x_0|}{2} - \frac{|x|}{2} \leqslant 0$$

因此最终得到：当 $x \neq x_0$ 时

$$\begin{aligned}f(x_0) - f(x) - |x - x_0| &< f(x_0) - f(x) - \frac{|x - x_0|}{2} \\ &\leqslant f(x_0) - f(x) - \frac{|x| - |x_0|}{2} \\ &= f(x_0) - f(x) + \frac{|x_0|}{2} - \frac{|x|}{2} \leqslant 0\end{aligned}$$

□

II.16 解 考虑 Taylor 展开

$$f(x) = f(0) + f'(0)x + \frac{f''(0)}{2}x^2 + \frac{f'''(\theta_1)}{6}x^3$$

$$f(x) = f(1) + f'(1)(x-1) + \frac{f''(1)}{2}(x-1)^2 + \frac{f'''(\theta_2)}{6}(x-1)^3$$

其中 $0<\theta_1,\theta_2<1$. 由题设条件得到

$$f(x)=\frac{f'''(\theta_1)}{6}x^3, f(x)=1+\frac{f'''(\theta_2)}{6}(x-1)^3$$

在其中令 $x=1/2$, 并将所得两个等式相减，则有

$$f'''(\theta_1)+f'''(\theta_2)=48$$

因此 $f'''(\theta_1)$ 和 $f'''(\theta_2)$ 中至少有一个 $\geqslant 24$. □

II.17 解 在 Taylor 公式

$$f(t)=f(t_0)+f'(t_0)(t-t_0)+\frac{f''\big(t_0+\theta(t-t_0)\big)}{2}(t-t_0)^2 \quad (0<\theta<1)$$

中分别取 $t=0, t_0=x$ 以及 $t=a, t_0=x$, 可得

$$f(0)=f(x)-xf'(x)+\frac{x^2}{2}f''(\theta_1) \quad (0<\theta_1<x)$$

$$f(a)=f(x)+(a-x)f'(x)+\frac{(a-x)^2}{2}f''(\theta_2) \quad (x<\theta_2<a)$$

两式相减得到

$$f(a)-f(0)=af'(x)+\frac{1}{2}f''(\theta_2)(a-x)^2-\frac{1}{2}f''(\theta_1)x^2$$

因此

$$\begin{aligned} a|f'(x)| &= \left|f(a)-f(0)-\frac{1}{2}f''(\theta_2)(a-x)^2+\frac{1}{2}f''(\theta_1)x^2\right| \\ &\leqslant 2+\frac{1}{2}\big((a-x)^2+x^2\big)\leqslant 2+\frac{1}{2}\big((a-x)+x\big)^2=2+\frac{a^2}{2} \end{aligned}$$

于是推出 $|f'(x)|\leqslant 2/a+a/2$. □

II.18 解 用反证法，设存在 $\delta>0$ 及 x_0, 使当 $x>x_0$ 时

$$\delta<\frac{f'(x)}{\big(f(x)\big)^\alpha}$$

在此式两边对 x 在 $[x_0,x]$ 上积分得到

$$\delta(x-x_0)<\int_{x_0}^{x}\frac{f'(t)}{\big(f(t)\big)^\alpha}\mathrm{d}t=\frac{1}{\alpha-1}\left(\frac{1}{\big(f(x_0)\big)^{\alpha-1}}-\frac{1}{\big(f(x)\big)^{\alpha-1}}\right)$$

由此推出 (注意 $\alpha>1$)

$$\frac{1}{\big(f(x_0)\big)^{\alpha-1}}>\frac{1}{\big(f(x)\big)^{\alpha-1}}+(\alpha-1)\delta(x-x_0)>(\alpha-1)\delta(x-x_0)$$

因为此式右边可以随着 x 变得任意大，而左边是一个固定的数，所以得到矛盾. □

II.19 解 由

$$\lim_{x\to+\infty}\frac{f(\theta x)}{f(x)}=1$$

可知 (令 $y=\theta x$)

$$\lim_{x\to+\infty}\frac{f(\theta^2 x)}{f(\theta x)}=\lim_{y\to+\infty}\frac{f(\theta y)}{f(y)}=1$$

因此，对任何正整数 n 有

$$\lim_{x\to+\infty}\frac{f(\theta^n x)}{f(x)}=\lim_{x\to+\infty}\left(\frac{f(\theta^n x)}{f(\theta^{n-1}x)}\cdot\frac{f(\theta^{n-1}x)}{f(\theta^{n-2}x)}\cdot\cdots\cdot\frac{f(\theta x)}{f(x)}\right)=1$$

类似地有 (令 $y=\theta^{-1}x$)

$$\lim_{x\to+\infty}\frac{f(\theta^{-1}x)}{f(x)}=\lim_{y\to+\infty}\frac{f(y)}{f(\theta y)}=1$$

$$\lim_{x\to+\infty}\frac{f(\theta^{-n}x)}{f(x)}=1$$

设 $a>0$ 给定．若 $\theta>1$, 则存在正整数 n 使得 $\theta^{-n}<a<\theta^n$, 从而依 $f(x)$ 的单调递增性，我们有

$$\frac{f(\theta^{-n}x)}{f(x)}\leqslant\frac{f(ax)}{f(x)}\leqslant\frac{f(\theta^n x)}{f(x)}$$

若 $\theta<1$, 则存在正整数 n 使得 $\theta^n<a<\theta^{-n}$, 从而

$$\frac{f(\theta^n x)}{f(x)}\leqslant\frac{f(ax)}{f(x)}\leqslant\frac{f(\theta^{-n}x)}{f(x)}$$

在上述两个不等式中令 $x\to+\infty$, 即得所要的结果. □

II.20 解 由中值定理，当 $a<x_1<x_2<b$ 时

$$\arctan f(x_2)-\arctan f(x_1)=\frac{f'(x_0)}{1+f^2(x_0)}(x_2-x_1)$$

其中 $x_0\in(x_1,x_2)$. 在此式中令 $x_2\to b-$, 以及 $x_1\to a+$, 依题设条件即得

$$-\pi\geqslant-(b-a)$$

□

II.21 解 (i) 设 $x\in(a,b)$. 若 $x+f(x)/f'(x)\geqslant 1$, 则 $f(x)/f'(x)\geqslant 1-x>0$, 因而

$$0<\frac{f'(x)}{f(x)}\leqslant\frac{1}{1-x}$$

若 $x+f(x)/f'(x)\leqslant -1$, 则 $f(x)/f'(x)\leqslant -(1+x)<0$, 因而

$$-\frac{1}{1+x}\leqslant \frac{f'(x)}{f(x)}<0$$

因此总有

$$-\frac{1}{1+x}\leqslant \frac{f'(x)}{f(x)}\leqslant \frac{1}{1-x}\quad (a<x<b)$$

对 x 在 $[a,b]$ 上积分，我们得到

$$\log\frac{1+a}{1+b}\leqslant \log\frac{f(b)}{f(a)}\leqslant \log\frac{1-a}{1-b}$$

于是

$$\frac{1+a}{1+b}\leqslant \frac{f(b)}{f(a)}\leqslant \frac{1-a}{1-b}$$

(ii) 设 $x\in(a,b)$. 因为 $x>a$, 所以在上述不等式的右半中用 x 代 b, 并注意 $a>-1$ 蕴含 $1-a<2$, 可得

$$f(x)\leqslant \frac{1-a}{1-x}f(a)<\frac{2f(a)}{1-x}$$

类似地，由上述 (i) 中不等式的右半 (用 x 代 a) 推出

$$f(x)\leqslant \frac{1+b}{1+x}f(b)<\frac{2f(b)}{1+x}$$

于是

$$f(x)<2\min\left(\frac{f(a)}{1-x},\frac{f(b)}{1+x}\right)$$

此式对于任何 $x\in(a,b)\subset[-1,1]$ 成立，所以

$$f(x)<2\max_{-1\leqslant x\leqslant 1}\min\left(\frac{f(a)}{1-x},\frac{f(b)}{1+x}\right)$$

当

$$\frac{f(a)}{1-x}=\frac{f(b)}{1+x}\quad 或\quad x=\frac{f(b)-f(a)}{f(a)+f(b)}$$

时，达到右边的极值，于是 $f(x)<f(a)+f(b)$. □

II.22 解 令 $f(x)=\sin(\cos x)-x$, 那么 $f(0)=\sin 1, f(\pi/2)=-\pi/2$. 由中值定理, 存在 $x_1\in(0,\pi/2)$, 使得 $f(x_1)=0$. 因为在 $(0,\pi/2)$ 上 $\sin(\cos x)<\sin x<x$, 所以 $f'(x)<0$, 于是在该区间上 f 没有其他的零点. 同样可证在 $(0,\pi/2)$ 上方程 $\cos(\sin x)=x$ 有唯一的零点 x_2. 最后，因为

$$x_1=\sin(\cos x_1)<\cos x_1, x_2=\cos(\sin x_2)>\cos x_2$$

所以 $x_1 < x_2$. □

II.23 提示 令

$$f(x) = \frac{1}{x}\int_0^1 t^{x-1-1/x}(1-t)^{1/x-1}\mathrm{d}t$$

注意 $x_0 = (\sqrt{5}+1)/2$ 是方程 $x-1-1/x=0$ 的一个根，由此推出 $f(x_0)=1$. 若 $x > x_0$, 则 $x-1-1/x>0$, 由此推出 $f(x)<1$. 若 $1<x<x_0$, 则 $x-1-1/x<0$, 从而 $f(x)>1$. □

II.24 解 记

$$f(x) = \prod_{k=1}^{n}(1-x^{a_k}) \quad (0 \leqslant x \leqslant 1)$$

则

$$0 \leqslant f(x) \leqslant (1-x^{a_1})(1-x^{a_2}) \leqslant a_1a_2(1-x)^2$$

因此当 $x<1$ 与 1 充分近时，$f(x)<1-x$. 同时，我们还有

$$1 \geqslant f(x) \geqslant 1-(x^{a_1}+\cdots+x^{a_n})$$

因此当 $x>0$ 与 0 充分近时，$f(x)>1-x$. 由连续函数的性质 (介值定理) 可知方程 $f(x)=1-x$ 在 $(0,1)$ 中有一根.

现在证明方程在 $(0,1)$ 中仅有一根. 为此令

$$g(x) = \log(1-x) - \log f(x) \quad (0 \leqslant x < 1)$$

若 $g(x_1)=g(x_2)=0$, 其中 $0<x_1<x_2<1$. 则因 $g(0)=0$, 所以由 $g(x)$ 的连续性可知，函数 $h(x)=(1-x)g'(x)$ 至少在 $(0,x_1)$ 和 (x_1,x_2) 中各有一个零点. 于是仍然由介值定理，函数 $h'(x)$ 在 $(0,x_2)$ 中有一个零点. 但因为在 $(0,1)$ 上显然

$$h(x) = -1+\sum_{k=1}^{n}\frac{a_kx^{a_k-1}(1-x)}{1-x^{a_k}} > 0$$

而依已知的不等式：若 $a \geqslant 1$, 且 $x \geqslant 0$, 则 $x^a \geqslant 1+ax-a$; 并且等号仅当 $a=1$ 或 $x=1$ 时成立 (见问题 **6.5**, 也可用微分学方法自行证明), 我们推出：在 $(0,1)$ 上

$$h'(x) = \sum_{k=1}^{n}\frac{a_kx^{a_k-2}(x^{a_k}-1-a_kx+a_k)}{(1-x^{a_k})^2} > 0$$

于是我们得到矛盾. □

II.25 解 令

$$f(x)=\sum_{k=1}^{n}c_k\exp(\lambda_k x\mathrm{i})$$

依题设, 对于任何 $\varepsilon>0$, 存在正整数 $N=N(\varepsilon)$, 使当 $x>N$ 时 $|f(x)|<\varepsilon$. 对于每个整数 $k\in[1,N]$, 我们有

$$\begin{aligned}&\frac{1}{T}\int_T^{2T}f(x)\exp(-\lambda_k x\mathrm{i})\mathrm{d}x\\=&\ c_k+\frac{1}{T}\sum_{l\neq k}c_l\int_T^{2T}\exp\big((\lambda_l-\lambda_k)x\mathrm{i}\big)\mathrm{d}x\\=&\ c_k+\frac{1}{T}\sum_{l\neq k}c_l\frac{\exp\big(2(\lambda_l-\lambda_k)T\mathrm{i}\big)-\exp\big((\lambda_l-\lambda_k)T\mathrm{i}\big)}{(\lambda_l-\lambda_k)\mathrm{i}}\end{aligned}$$

于是对于任何 $T>N$ 有

$$|c_k|\leqslant\frac{1}{T}\int_T^{2T}|f(x)|\mathrm{d}x+\frac{2}{T}\sum_{l\neq k}\frac{|c_l|}{|\lambda_l-\lambda_k|}<\varepsilon+O\left(\frac{1}{T}\right)$$

因为 ε 可以任意接近于 0, 而 $T>N$ 可以取得任意大，所以 $c_k=0$. □

II.26 解 用反向归纳法证明 (众所周知，这种方法曾被用于算术 – 几何平均不等式的证明):

首先，反复应用不等式

$$f\left(\frac{x_1+x_2}{2}\right)\leqslant\frac{f(x_1)+f(x_2)}{2}$$

m 次，我们得到

$$\begin{aligned}&f\left(\frac{x_1+\cdots+x_4}{4}\right)=f\left(\frac{(x_1+x_2)/2+(x_3+x_4)/2}{2}\right)\\\leqslant&\ \frac{f\big((x_1+x_2)/2\big)+f\big((x_3+x_4)/2\big)}{2}\\\leqslant&\ \frac{1}{2}\left(\frac{f(x_1)+f(x_2)}{2}+\frac{f(x_3)+f(x_4)}{2}\right)\\=&\ \frac{f(x_1)+\cdots+f(x_4)}{4}\end{aligned}$$

等等，由此可知：对于任何 2^m 个点 $x_1,\cdots,x_{2^m}\in I$ 有

$$f\left(\frac{x_1+\cdots+x_{2^m}}{2^m}\right)\leqslant\frac{f(x_1)+\cdots+f(x_{2^m})}{2^m}$$

然后，对于任何整数 $n \geqslant 3$ 及点 $x_1, \cdots, x_n \in I$，取 m 满足 $n < 2^m$，并令 $x_{n+1} = \cdots = x_{2^m} = \xi$，其中 $\xi = (x_1 + \cdots + x_n)/n$. 将刚才证得的结果用于上述 2^m 个点 $x_1, \cdots, x_n, x_{n+1}, \cdots, x_{2^m}$，得到

$$\begin{aligned} & f\big(x_1 + \cdots + x_n + (2^m - n) \cdot \xi\big) \\ \leqslant \; & \frac{f(x_1) + \cdots + f(x_n) + (2^m - n) f(\xi)}{2^m} \end{aligned}$$

加以整理即得所要证的一般结果. □

II.27 解 我们有

$$f(x) = f(0) + f'(0)x + \frac{1}{2} f''(0)x^2 + R(x)$$

定义函数

$$g(x) = \begin{cases} \dfrac{R'(x)}{x}, & \text{当} \in I \setminus \{0\} \\ 0, & \text{当 } x = 0 \end{cases}$$

那么

$$\lim_{x \to 0} g(x) = \lim_{x \to 0} \frac{R'(x)}{x} = \lim_{x \to 0} \left(\frac{f'(x) - f'(0)}{x} - f''(0) \right) = 0$$

因此函数 $g(x)$ 在 I 上连续，因而

$$R(u) - R(v) = \int_v^u R'(x) \mathrm{d}x = \int_v^u x g(x) \mathrm{d}x$$

不妨认为 $u > v$. 由 Cauchy-Schwarz 不等式得到

$$\begin{aligned} (R(u) - R(v))^2 & \leqslant \left(\int_v^u x^2 \mathrm{d}x \right) \left(\int_v^u g^2(x) \mathrm{d}x \right) \\ & = \frac{1}{3}(u^3 - v^3) \left(\int_v^u g^2(x) \mathrm{d}x \right) \end{aligned}$$

因为 $u^3 - v^3 = (u - v)(u^2 + uv + v^2), uv \leqslant (u^2 + v^2)/2$，所以

$$\frac{(R(u) - R(v))^2}{(u - v)^2 (u^2 + v^2)} \leqslant \frac{1}{2(u - v)} \int_v^u g^2(x) \mathrm{d}x \leqslant \frac{1}{2} \max_{x \in [v, u]} g^2(x)$$

因为函数 $g(x)$ 在点 0 连续，所以当 $(u, v) \to (0, 0)$ 时上式右边趋于 $g(0) = 0$，于是本题得证. □

II.28 提示 应用 Green 公式得

$$\oint_{x^2 + y^2 = 1} P(x, y) \mathrm{d}x + Q(x, y) \mathrm{d}y = 0$$

化为极坐标，有

$$\int_0^{2\pi}\big(-P(\cos\theta,\sin\theta)\cos\theta+Q(\cos\theta,\sin\theta)\sin\theta\big)\mathrm{d}\theta=0$$

最后，由积分中值定理，存在 $\theta_0\in[0,2\pi)$ 使得

$$2\pi\big(-P(\cos\theta_0,\sin\theta_0)\cos\theta_0+Q(\cos\theta_0,\sin\theta_0)\sin\theta_0\big)=0$$

于是 $(\cos\theta_0,\sin\theta_0)$ 即可作为所要的点 (ξ,η). □

II.29 解 (a) 我们考虑由曲线 $y=f(x),x=0,x=1$ 所围成的区域绕 X 轴旋转一周形成的立体的体积 V. 我们已知，若沿 X 轴切割出平行于 YOZ 平面的半径为 $y=f(x)$ 且厚为 $\mathrm{d}x$ 的圆盘，则得

$$V=\pi\int_0^1 f^2(x)\mathrm{d}x$$

我们现在考虑 YOZ 平面上以原点为中心，半径分别为 y 及 $y+\mathrm{d}y$ 的同心圆所形成的圆环，以它为底作高 (平行于 X 轴) 为 $x=f^{-1}(y)$ 的“圆筒”，那么有

$$V=2\pi\int_0^1 yf^{-1}(y)\mathrm{d}y$$

因为题设当 $x\in[0,1]$ 时 $f^{-1}(x)=f(x)$, 所以 (在上式中将积分变量 y 改记为 x)

$$V=2\pi\int_0^1 xf(x)\mathrm{d}x$$

等置上述两个关于 V 的表达式即得

$$\int_0^1 f^2(x)\mathrm{d}x=2\int_0^1 xf(x)\mathrm{d}x$$

(b) 函数 $f(x)=(1-x^a)^{1/a}$ 满足问题 (a) 中的所有条件. 注意

$$\int_0^1\big(f(x)-x\big)^2\mathrm{d}x=\int_0^1 f^2(x)\mathrm{d}x-2\int_0^1 xf(x)\mathrm{d}x+\int_0^1 x^2\mathrm{d}x$$

所以由 (a) 中的结论，立得所求积分 $=\int_0^1 x^2\mathrm{d}x=1/3$. □

II.30 解 当 $x\in[-1/2,1/2]$ 时，令 $g(x)=f(x+1/2)+f(-x+1/2)$, 以及 $h(x)=g(x)-r^2g(x/r)$. 那么

$$h(0)=(1-r^2)g(0)=2(1-r^2)f(1/2)$$

由此及题设条件推出

$$\begin{aligned}
0 &= \int_0^1 f(x)\mathrm{d}x+(r^2-1)f\left(\frac{1}{2}\right)-r^3\int_{(r-1)/(2r)}^{(r+1)/(2r)} f(x)\mathrm{d}x\\
&= \int_{-1/2}^{1/2} f\left(t+\frac{1}{2}\right)\mathrm{d}t-\frac{1}{2}h(0)-r^2\int_{-1/2}^{1/2} f\left(\frac{t}{r}+\frac{1}{2}\right)\mathrm{d}t\\
&= \int_0^{1/2}\left(g(t)-r^2g\Big(\frac{t}{r}\Big)\right)\mathrm{d}t-\frac{1}{2}h(0)\\
&= \int_0^{1/2} h(t)\mathrm{d}t-\frac{1}{2}h(0)
\end{aligned}$$

此式表明函数 h 在 $[0,1/2]$ 上的平均值

$$\frac{1}{1/2-0}\int_0^{1/2}h(t)\mathrm{d}t=h(0)$$

因为平均值 $h(0)$ 介于 $h(x)$ 在 $[0,1/2]$ 上的最大值和最小值之间，而且可以认为 f 不是常数函数 (不然题中的结论已成立)，所以存在实数 $a\in(0,1/2]$ 使得 $h'(a)=0$. 又由 $h'(x)=g'(x)+g'(x/r), g'(x)=f'(x+1/2)-f'(-x+1/2)$ 可知 $h'(0)=2g'(0)=0$. 因此存在实数 $b\in(0,a)\subset(0,1/2)$, 使得 $h''(b)=0$. 注意 $h''(x)=g''(x)-g''(x/r)$, 由此可知 $g''(b)=g''(b/r)$, 因而存在实数 $c\in(b/r,b)\subset(0,1/2)$, 使得 $g^{(3)}(c)=0$. 注意 $g^{(3)}(x)=f^{(3)}(x+1/2)-f^{(3)}(-x+1/2)$, 由此可知 $f^{(3)}(c+1/2)=f^{(3)}(-c+1/2)$, 因而存在实数 $\xi\in(-c+1/2,c+1/2)\subset(0,1)$, 使得 $f^{(4)}(\xi)=0$. □

II.31 解 (i) 因为在区间 $[0,1]$ 上函数 $r(x)=(1-x)f(x)$ 连续，并且由题设，$\int_0^1(1-x)f(x)\mathrm{d}x=0$, 所以在区间 $[0,1]$ 上 $r(x)$ 不可能保持同一符号，因而存在 $c_1\in(0,1)$, 使得 $r(c_1)=(1-c_1)f(c_1)=0$. 由 $1-c_1\neq0$ 推出 $f(c_1)=0$. 因此，如果 $\int_0^{c_1}xf(x)\mathrm{d}x=0$, 那么要证的结论已成立 (其中 $c=c_1$).

(ii) 现在设 $\int_0^{c_1}xf(x)\mathrm{d}x\neq0$. 必要时用 $-f$ 代替 f, 不妨认为

$$\int_0^{c_1}xf(x)\mathrm{d}x>0$$

定义函数

$$G(x)=xf(x), H(x)=\int_0^x G(t)\mathrm{d}t$$
$$\phi(x)=H(x)-G(x)\quad(x\in[0,1])$$

那么它们在 $[0,1]$ 上连续. 特别地，存在 $c_2\in[0,c_1]$ 使得

$$G(c_2)=\max_{x\in[0,c_1]}G(x)$$

因为 $c_2\leqslant c_1<1, G(x)$ 非负，所以

$$H(c_2)=\int_0^{c_2}G(t)\mathrm{d}t\leqslant\max_{x\in[0,c_1]}G(x)\int_0^{c_2}\mathrm{d}t=c_2G(c_2)<G(c_2)$$

同时 (依上面的假定) 还有

$$H(c_1)=\int_0^{c_1}G(t)\mathrm{d}t>0=c_1f(c_1)=G(c_1)$$

也就是说，对于 $[0,1]$ 上的连续函数 $\phi(x)=H(x)-G(x)$, 有 $\phi(c_1)>0,\phi(c_2)<0$, 因此存在 $c\in(c_2,c_1)\subset(0,1)$, 使得 $\phi(c)=0$. 从而 $cf(c)=\int_0^c xf(x)\mathrm{d}x$. □

注 上面证明的步骤 (i) 也可如下进行 (但较繁): 因为在区间 $[0,1]$ 上函数 $t(x)=1-x$ 单调递减非负，$f(x)$ 可积，并且由题设，$\int_0^1(1-x)f(x)\mathrm{d}x=0$, 所以由第二积分中值定理，存在 $\xi\in[0,1]$, 使得

$$t(0)\int_0^{\xi}f(x)\mathrm{d}x=0 \text{ 也就是 } \int_0^{\xi}f(x)\mathrm{d}x=0$$

再由第一积分中值定理 (注意 f 连续), 存在 $c_1\in[0,\xi]\subseteq[0,1]$, 使得

$$f(c_1)(\xi-0)=\int_0^{\xi}f(x)\mathrm{d}x=0 \text{ 也就是 } \xi f(c_1)=0$$

若 $\xi=0$, 则由 $c_1\in[0,\xi]$ 得知 $c_1=\xi$, 从而 $c_1f(c_1)=0$; 若 $\xi\neq 0$, 则 $f(c_1)=0$. 因此，总有 $c_1f(c_1)=0$. 于是，如果 $\int_0^{c_1}xf(x)\mathrm{d}x=0$, 那么要证的结论已成立 (其中 $c=c_1$).

II.32 解 (a) 将题中的积分记作 I_n, 并将积分区间 $(-\infty,\infty)$ 分为三部分

$$(-\infty,-n^{-1/3})\cup[-n^{-1/3},n^{-1/3}]\cup(n^{-1/3},\infty)$$

将它们依次记为 A_1,A_2,A_3. 还令

$$I_k=\sqrt{n}\int_{A_k}\frac{\mathrm{d}x}{(1+x^2)^n}\quad(k=1,2,3)$$

我们来分别估计这些积分.

(i) 由变量代换 $t=\sqrt{n}x$ 得到

$$\begin{aligned}I_2 &= \sqrt{n}\int_{A_2}\exp\Big(-n\log\big(1+x^2\big)\Big)\mathrm{d}x\\ &= \int_{-n^{1/6}}^{n^{1/6}}\exp\left(-n\log\left(1+\frac{t^2}{n}\right)\right)\mathrm{d}t\end{aligned}$$

因为当 $0<x<1$ 时

$$\log(1+x)-x=-\frac{x^2}{2}+\left(\frac{x^3}{3}-\frac{x^4}{4}\right)+\left(\frac{x^5}{5}-\frac{x^6}{6}\right)+\cdots>-\frac{x^2}{2}$$

以及

$$\log(1+x)-x=-\left(\frac{x^2}{2}-\frac{x^3}{3}\right)-\left(\frac{x^4}{4}-\frac{x^5}{5}\right)-\cdots<0$$

所以当 $0<x<1$ 时 $\log(1+x)=x+O(x^2)$. 于是对任何 $|t|\leqslant n^{1/6}$ 一致地有

$$n\log\left(1+\frac{t^2}{n}\right)=t^2+O\Big(n^{-1/3}\Big)$$

从而当 $n\to\infty$ 时

$$I_2=\int_{n^{-1/6}}^{n^{1/6}}\mathrm{e}^{-t^2}\exp\left(O\left(n^{-1/3}\right)\right)\mathrm{d}t$$

注意当 $0\leqslant x\leqslant 1$ 时, $\mathrm{e}^x=1+x+x^2/2!+\cdots<1+x(1+1/1!+1/2!+\cdots)$, 所以 $\mathrm{e}^x<1+\mathrm{e}x$, 因而

$$\begin{aligned}I_2 &= \left(1+O\left(n^{-1/3}\right)\right)\int_{n^{-1/6}}^{n^{1/6}}\mathrm{e}^{-t^2}\mathrm{d}t\\ &= \left(1+O\left(n^{-1/3}\right)\right)\left(\int_{-\infty}^{\infty}\mathrm{e}^{-t^2}\mathrm{d}t-\int_{-\infty}^{n^{-1/6}}\mathrm{e}^{-t^2}\mathrm{d}t-\int_{n^{-1/6}}^{\infty}\mathrm{e}^{-t^2}\mathrm{d}t\right)\end{aligned}$$

因为 $\int_{-\infty}^{\infty}\mathrm{e}^{-t^2}\mathrm{d}t$ 收敛于 $\sqrt{\pi}$, 所以当 $n\to\infty$ 时

$$I_2=\left(1+O\left(n^{-1/3}\right)\right)\left(\sqrt{\pi}+o(1)\right)=\sqrt{\pi}+O\left(n^{-1/3}\right)$$

(ii) 另外, 当 $|x|\geqslant n^{-1/3}$ 时, $1+x^2>1+n^{-2/3}$, 所以

$$\begin{aligned}0 &< I_1+I_2\leqslant\sqrt{n}\left(\int_{-\infty}^{-n^{-1/3}}\frac{\mathrm{d}x}{(1+x^2)(1+n^{-2/3})^{n-1}}+\right.\\ &\qquad\left.\int_{n^{-1/3}}^{\infty}\frac{\mathrm{d}x}{(1+x^2)(1+n^{-2/3})^{n-1}}\right)\\ &\leqslant \frac{\sqrt{n}}{(1+n^{-2/3})^{n-1}}\int_{-\infty}^{\infty}\frac{\mathrm{d}x}{1+x^2}\end{aligned}$$

注意上式右边的积分收敛, 所以

$$I_1+I_2=o(1)\quad(n\to\infty)$$

(iii) 最后, 合并 (i) 和 (ii) 的结果即知 $I\to\sqrt{\pi}\,(n\to\infty)$. □

II.33 解 我们给出两个不同的解法.

解法 1 令 $y=x/n$, 则得

$$\begin{aligned}J_n &= \frac{1}{n}\int_0^n\frac{x\log(1+x/n)}{1+x}\mathrm{d}x=\int_0^1\frac{ny}{1+ny}\log(1+y)\mathrm{d}y\\ &= \int_0^1\left(1-\frac{1}{1+ny}\right)\log(1+y)\mathrm{d}y\\ &= \int_0^1\log(1+y)\mathrm{d}y-\int_0^1\frac{\log(1+y)}{1+ny}\mathrm{d}y\end{aligned}$$

因为

$$0\leqslant\int_0^1\frac{\log(1+y)}{1+ny}\mathrm{d}y\leqslant\int_0^1\frac{\mathrm{d}y}{1+ny}=\frac{\log(n+1)}{1+ny}\to 0\quad(n\to\infty)$$

或者 依据

$$0 \leqslant \int_0^1 \frac{\log(1+y)}{1+ny}\mathrm{d}y \leqslant \frac{1}{n}\int_0^1 \frac{\log(1+y)}{y}\mathrm{d}y \to 0 \quad (n\to\infty)$$

所以

$$\begin{aligned}\lim_{n\to\infty} J_n &= \int_0^1 \log(1+y)\mathrm{d}y = y\log(1+y)\Big|_0^1 - \int_0^1 \frac{y}{1+y}\mathrm{d}y \\ &= \log 2 - \int_0^1 \left(1-\frac{1}{1+y}\right)\mathrm{d}y = \log 2 - (1-\log 2) = 2\log 2 - 1\end{aligned}$$

解法 2　令 $y = x/n$, 则得

$$J_n = \frac{1}{n}\int_0^n \frac{x\log(1+x/n)}{1+x}\mathrm{d}x = \int_0^1 \frac{ny}{1+ny}\log(1+y)\mathrm{d}y$$

因为函数 $(ny)/(1+ny)\cdot\log(1+y)$ 对于任何 $n\in\mathbb{N}$ 是 $y\in[0,1]$ 的连续函数，并且是 n 的单调增函数，其极限函数 $\log(1+y)$ 在 $[0,1]$ 上连续，因此依所谓单调收敛定理得到

$$\begin{aligned}\lim_{n\to\infty} J_n &= \lim_{n\to\infty}\int_0^1 \frac{ny}{1+ny}\log(1+y)\mathrm{d}y \\ &= \int_0^1 \lim_{n\to\infty}\frac{ny}{1+ny}\log(1+y)\mathrm{d}y \\ &= \int_0^1 1\cdot\log(1+y)\mathrm{d}y = 2\log 2 - 1\end{aligned}$$

□

注　1°　上面 解法 1 中出现的反常积分 $\int_0^1 \big(\log(1+y)/y\big)\mathrm{d}y$ 是收敛的，并且将 $\log(1+y)$ 展开为幂级数，然后逐项积分，可证明它的值为 $\pi^2/12$(细节由读者完成).

2°　所谓单调收敛定理，可见 Γ · M · 菲赫金哥尔茨，《微积分学教程》，第二卷 (第 8 版，高等教育出版社，北京， 2006),p.551.

II.34　解　令

$$I(h) = \int_0^a \frac{h}{x^2+h^2}\big(f(x)-f(0)\big)\mathrm{d}x$$

依 $f(x)$ 的连续性，对任何 $\varepsilon>0$, 存在 $\delta=\delta(\varepsilon)<a$ 使当 $|x|<\delta$ 时

$$|f(x)-f(0)|<\varepsilon$$

固定 ε(因而 η 也固定), 则有

$$I(h) = \int_0^\eta \frac{h}{x^2+h^2}\big(f(x)-f(0)\big)\mathrm{d}x + \int_\eta^a \frac{h}{x^2+h^2}\big(f(x)-f(0)\big)\mathrm{d}x$$

将上式右边两个积分依次记作 $A(h), B(h)$. 因为 $B(h)$ 中被积函数在 $[\eta, a]$ 上连续，因此 $B(h)$ 在 $[\eta, a]$ 上也连续，从而 $\lim\limits_{h\to 0+} B(h) = B(0) = 0$. 我们还有

$$|B(h)| \leqslant \varepsilon \int_0^{\eta} \frac{|h|}{x^2+h^2}\mathrm{d}x = \varepsilon \arctan\frac{\eta}{|h|} \leqslant \frac{\pi}{2}\varepsilon$$

由此推出

$$\lim_{h\to 0+} B(h) = 0$$

于是

$$\lim_{h\to 0+} \int_0^a \frac{h}{x^2+h^2}\big(f(x)-f(0)\big)\mathrm{d}x = 0$$

也就是

$$\lim_{h\to 0+} \int_0^a \frac{h}{x^2+h^2} f(x)\mathrm{d}x = \lim_{h\to 0+} f(0)\int_0^a \frac{h}{x^2+h^2}\mathrm{d}x$$

因为上式右边的极限等于

$$f(0)\lim_{h\to 0+}\left(\arctan\frac{x}{h}\Big|_0^a\right) = f(0)\lim_{h\to 0+}\arctan\frac{a}{h} = \frac{\pi}{2}f(0)$$

所以得到题中所说的结果. □

注 **1°** 上面证明 $\lim\limits_{h\to 0+} A(x) = 0$ 时采用了与处理 $B(x)$ 不同的方法. 这是因为，若 $f(0) \neq 0$, 则 $A(x)$ 的被积函数在 $[0, \eta]$ 上不连续. 事实上，对于函数

$$F(x,h) = \frac{h}{x^2+h^2} f(x)$$

我们有 $F(x,0) = 0, F(0,h) = f(0)/h$, 从而 $\lim\limits_{x\to 0+} F(x,0) = 0$, 但同时有

$$\lim_{h\to 0} F(0,h) = \infty$$

2° 因为 $\lim\limits_{h\to 0-} \arctan(a/h) = -\pi/2$, 所以还有

$$\lim_{h\to 0-} \int_0^a \frac{h}{x^2+h^2} f(x)\mathrm{d}x = -\frac{\pi}{2} f(0)$$

II.35 (a) **提示** 由分部积分得到

$$\begin{aligned}
&\int_1^A \cos(x^3-x)\mathrm{d}x \\
=\ & \int_1^A \frac{d\sin(x^3-x)}{3x^2-1} \\
=\ & \frac{\sin(x^3-x)}{3x^2-1}\Big|_1^A + 6\int_1^A \frac{x}{(3x^2-1)^2}\sin(x^3-x)\mathrm{d}x \\
=\ & o(1) + 6\int_1^A \frac{x}{(3x^2-1)^2}\sin(x^3-x)\mathrm{d}x \quad (A\to\infty)
\end{aligned}$$

因为积分 $\int_1^\infty x^{-3}\mathrm{d}x$ 收敛，所以推出题中积分收敛.

(b) **解** 因为 $x^{1/2}(\log x)^n \to 0\,(x\to 0)$, 所以存在 $x_0>0$, 使当 $0<x<x_0$ 时，$|x^{1/2}(\log x)^n|<1, |(\log x)^n|<x^{-1/2}$. 因为函数 $x^{-1/4}$ 在 $(0,1]$ 上可积，所以积分 I 收敛. 令 $t=\log x$, 则

$$I=\int_{-\infty}^0 t^n\mathrm{e}^t\mathrm{d}t$$

由分部积分可知

$$\int_u^0 t^n\mathrm{e}^t\mathrm{d}t=(-1)^n n!-\mathrm{e}^u\big(u^n-nu^{n-1}+\cdots+(-1)^n n!\big)$$

令 $u\to-\infty$, 可得 $I=(-1)^n n!$. □

II.36 **解** (a) 因为 $f(\infty)=0$, 所以

$$\begin{aligned}|x^{a+1}f(x)| &= \left|x^{a+1}\int_x^\infty f'(t)\mathrm{d}t\right|\\ &\leqslant x^{a+1}\int_x^\infty |f'(t)|\mathrm{d}t\leqslant\int_x^\infty t^{a+1}|f'(t)|\mathrm{d}t\end{aligned}$$

由此并注意积分 $\int_x^\infty t^{a+1}|f'(t)|\mathrm{d}t$ 收敛，所以

$$\lim_{x\to\infty}x^{a+1}f(x)=0$$

(b) 分部积分得到

$$\int_0^x t^a f(t)\mathrm{d}t=\frac{1}{a+1}x^{a+1}f(x)-\frac{1}{a+1}\int_0^x t^{a+1}f'(t)\mathrm{d}t$$

因为 $\int_0^\infty t^{a+1}|f'(t)|\mathrm{d}t$ 收敛，并应用 (a), 在上式两边令 $x\to\infty$, 可知 $\int_0^\infty t^a f(t)\mathrm{d}t$ 也收敛，并且等于 $-(a+1)^{-1}\int_0^\infty t^{a+1}f'(t)\mathrm{d}t$. □

II.37 **解** 记 $f'_+(0)=-\alpha$, 则由题设知 $\alpha>0$. 由定义

$$f'_+(0)=\lim_{x\to0+}\frac{f(0+x)-f(0)}{x}=\lim_{x\to0+}\frac{f(x)-1}{x}$$

于是对于任何给定的 $\varepsilon>0$, 存在 $\delta\in(0,a)$, 使当 $0<x<\delta$ 时

$$\left|\frac{f(x)-1}{x}+\alpha\right|<\varepsilon$$

因此

$$1-(\alpha+\varepsilon)x<f(x)<1-(\alpha-\varepsilon)x\quad(0<x<\delta)$$

不妨设 $\varepsilon<\alpha$, 于是当 $\delta>0$ 足够小时

$$0<1-(\alpha+\varepsilon)x<1, 0<1-(\alpha-\varepsilon)x<1 \quad (0<x<\delta)$$

由前述不等式可知

$$n\int_0^\delta \Big(1-(\alpha+\varepsilon)x\Big)^n \mathrm{d}x<n\int_0^\delta f^n(x)\mathrm{d}x<n\int_0^\delta \Big(1-(\alpha-\varepsilon)x\Big)^n \mathrm{d}x$$

在左边的积分中作变量代换 $t=1-(\alpha+\varepsilon)x$, 则此积分等于

$$\frac{n}{\alpha+\varepsilon}\int_{1-(\alpha+\varepsilon)\delta}^1 t^n \mathrm{d}t \to \frac{1}{\alpha+\varepsilon} \quad (n\to\infty)$$

类似地，右边的积分等于

$$\frac{n}{\alpha-\varepsilon}\int_{1-(\alpha-\varepsilon)\delta}^1 t^n \mathrm{d}t \to \frac{1}{\alpha-\varepsilon} \quad (n\to\infty)$$

因此

$$\frac{1}{\alpha+\varepsilon}\leqslant \lim_{n\to\infty} n\int_0^\delta f^n(x)\mathrm{d}x\leqslant \frac{1}{\alpha-\varepsilon}$$

因为 $\varepsilon>0$ 可以任意接近于 0, 所以

$$\lim_{n\to\infty} n\int_0^\delta f^n(x)\mathrm{d}x=\frac{1}{\alpha}$$

又因为 $f(x)$ 单调递减，所 $f(\delta)<f(0)=1$, 因而

$$0<n\int_\delta^a f^n(x)\mathrm{d}x\leqslant n(a-\delta)f^n(\delta)\to 0 \quad (n\to\infty)$$

注意 $\int_0^a=\int_0^\delta+\int_\delta^a$, 由上述二式我们得到

$$\lim_{n\to\infty} n\int_0^a f^n(x)\mathrm{d}x=\frac{1}{\alpha}=-\frac{1}{f'_+(0)}$$

□

II.38 解 (a) 将积分分拆为

$$\int_0^\infty \frac{\log x}{1+x^2}\mathrm{d}x=\int_0^1 \frac{\log x}{1+x^2}\mathrm{d}x+\int_1^\infty \frac{\log x}{1+x^2}\mathrm{d}x$$

在第二个积分中作代换 $x=1/t$, 可得

$$\int_1^\infty \frac{\log x}{1+x^2}\mathrm{d}x=\int_1^0 \frac{\log t}{1+t^2}\mathrm{d}t=-\int_0^1 \frac{\log x}{1+x^2}\mathrm{d}x$$

因此所给积分 $=0$.

(b) 令 $t=\sqrt{\tan\theta}$, 即 $\theta=\arctan t^2$, 可得

$$\int_0^{\pi/2}\frac{\mathrm{d}\theta}{\sqrt{\tan\theta}}=2\int_0^\infty \frac{\mathrm{d}t}{1+t^4} \quad (\text{将它记为 } 2I)$$

在后一积分中令 $t=1/x$, 可知

$$I=\int_0^\infty \frac{x^2\mathrm{d}x}{1+x^4}=\int_0^\infty \frac{t^2\mathrm{d}t}{1+t^4}$$

因此

$$\begin{aligned} I &= \frac{1}{2}\left(\int_0^\infty \frac{\mathrm{d}t}{1+t^4}+\int_0^\infty \frac{t^2\mathrm{d}t}{1+t^4}\right) \\ &= \frac{1}{2}\int_0^\infty \frac{1+t^2}{1+t^4}\mathrm{d}t=\frac{1}{2}\int_0^\infty \frac{1+1/t^2}{t^2+1/t^2}\mathrm{d}t \end{aligned}$$

在上式右边最后的积分中作代换 $t-1/t=u$, 得到

$$I=\frac{1}{2}\int_{-\infty}^\infty \frac{\mathrm{d}u}{u^2+2}=\frac{1}{2\sqrt{2}}\arctan\frac{u}{\sqrt{2}}\bigg|_{-\infty}^\infty=\frac{\pi}{2\sqrt{2}}$$

于是所求的积分等于 $\sqrt{2}\pi/4$. □

II.39 解 这里给出两种解法.

解法 1 用 $f(t)$ 表示题中的积分. 那么

$$\mathrm{e}^{-4t}f(t)=\int_0^\infty \exp\left(-\left(x+\frac{t}{x}\right)^2\right)\mathrm{d}x$$

在等式两边对 t 求导可得

$$\big(f'(t)-4f(t)\big)\mathrm{e}^{-4t}=-2\int_0^\infty \left(1+\frac{t}{x^2}\right)\exp\left(-\left(x+\frac{t}{x}\right)^2\right)\mathrm{d}x$$

(自行验证积分号下求导数的 Leibnitz 法则的各项条件), 于是

$$f'(t)-4f(t)=-2\int_0^\infty \left(1+\frac{t}{x^2}\right)\exp\left(-\left(x-\frac{t}{x}\right)^2\right)\mathrm{d}x$$

在右边的积分中作变量代换 $u=x-t/x$, 我们得到

$$f'(t)-4f(t)=-2\int_{-\infty}^\infty \mathrm{e}^{-u^2}\mathrm{d}u=-2\sqrt{\pi}$$

线性微分方程 $f'(t)-4f(t)=-2\sqrt{\pi}$ 有解

$$f(t)=C\mathrm{e}^{4t}+\frac{\sqrt{\pi}}{2}$$

其中 C 是待定常数. 因为

$$0<f(t)=\int_0^\infty \mathrm{e}^{-x^2}\cdot\mathrm{e}^{2t-t^2/x^2}\mathrm{d}x<\mathrm{e}^{2t}\int_0^\infty \mathrm{e}^{-x^2}\mathrm{d}x=\frac{\sqrt{\pi}}{2}\mathrm{e}^{2t}$$

所以 $Ce^{4t}+\sqrt{\pi}/2<(\sqrt{\pi}/2)e^{2t}$, 从而 $C=0$. 于是 $f(t)=\sqrt{\pi}/2$.

解法 2 在积分 $\int_{-\infty}^{\infty}e^{-u^2}du$ 中作变量代换 $u=x-t/x$, 我们得到

$$\begin{aligned}\int_{-\infty}^{\infty}e^{-u^2}du &= \int_0^{\infty}e^{-(x-t/x)^2}\left(1+\frac{t}{x^2}\right)dx\\ &= \int_0^{\infty}e^{-(x-t/x)^2}dx+t\int_0^{\infty}e^{-(x-t/x)^2}\frac{dx}{x^2}\end{aligned}$$

在右边第二个积分中令 $x=-t/v$, 则得

$$t\int_0^{\infty}e^{-(x-t/x)^2}\frac{dx}{x^2}=\int_{-\infty}^{0}e^{-(v-t/v)^2}dv=\int_0^{\infty}e^{-(v-t/v)^2}dv$$

于是

$$2\int_0^{\infty}e^{-(x-t/x)^2}dx=\int_{-\infty}^{\infty}e^{-u^2}du=\sqrt{\pi}$$

从而所求积分 $=\sqrt{\pi}/2$. □

II.40 解 (a) 首先设 $b\neq 0$. 记 $\alpha=b/a$, 那么所给积分可表示为

$$\begin{aligned}I(\alpha) &= \int_0^{\pi/2}\log\left(\frac{1+\alpha\sin\theta}{1-\alpha\sin\theta}\right)\frac{d\theta}{\sin\theta}\\ &= \int_0^{\pi/2}\big(\log(1+\alpha\sin\theta)-\log(1-\alpha\sin\theta)\big)\frac{d\theta}{\sin\theta}\end{aligned}$$

依据在积分号下求导数的 Leibnitz 法则，我们得到

$$\begin{aligned}\frac{\partial I}{\partial\alpha} &= \int_0^{\pi/2}\left(\frac{\sin\theta}{1+\alpha\sin\theta}+\frac{\sin\theta}{1-\alpha\sin\theta}\right)\frac{d\theta}{\sin\theta}\\ &= 2\int_0^{\pi/2}\frac{d\theta}{1-\alpha^2\sin^2\theta}=2\int_0^{\pi/2}\frac{\sec^2\theta d\theta}{\sec^2\theta-\alpha^2\tan^2\theta}\end{aligned}$$

作变量代换 $t=\tan\theta$, 上式等于

$$\begin{aligned}2\int_0^{\infty}\frac{dt}{1+(1-\alpha^2)t^2} &= \frac{2}{1-\alpha^2}\int_0^{\infty}\frac{dt}{t^2+(\alpha^2-1)^{-1}}\\ &= \frac{2}{1-\alpha^2}\cdot\sqrt{1-\alpha^2}\cdot\arctan\sqrt{(1-\alpha^2)}t\Big|_0^{\infty}\end{aligned}$$

也就是

$$\frac{\partial I}{\partial\alpha}=\frac{\pi}{\sqrt{1-\alpha^2}}$$

由此可得

$$I(\alpha)=\pi\arcsin\alpha+C\quad(0<\alpha<1)$$

由于当 $\varepsilon \to 0$ 时 $I(\varepsilon)$ 和 $\arcsin\varepsilon \to 0$, 所以常数 $C=0$, 从而所求积分

$$I=\pi\arcsin\left(\frac{b}{a}\right)$$

而当 $b=0$ 时，所求积分显然等于 0, 因而上式仍然有效.

(b) 记所求的积分为 $I(\alpha)$, 那么

$$\begin{aligned}\frac{\partial I}{\partial\alpha} &= \int_{\pi/2-\alpha}^{\pi/2}\sin\theta\cdot\frac{-\sin\theta}{\sqrt{\sin^2\theta-\cos^2\alpha}}\cdot\frac{-\sin\alpha}{\sin\theta}\mathrm{d}\theta-\\ &\quad \sin\left(\frac{\pi}{2}-\alpha\right)\arccos\left(\frac{\cos\alpha}{\sin\left(\frac{\pi}{2}-\alpha\right)}\right)\cdot\frac{\mathrm{d}}{\mathrm{d}\alpha}\left(\frac{\pi}{2}-\alpha\right)\end{aligned}$$

这里应用了公式：对于函数

$$g(x)=\int_{\phi(x)}^{\psi(x)}f(x,y)\mathrm{d}y$$

(我们略去有关条件) 有

$$g'(x)=\int_{\phi(x)}^{\psi(x)}f_x(x,y)\mathrm{d}y+f\big(x,\psi(x)\big)\psi'(x)-f\big(x,\phi(x)\big)\phi'(x)$$

继续进行计算，得到

$$\begin{aligned}\frac{\partial I}{\partial\alpha} &= \int_{\pi/2-\alpha}^{\pi/2}\frac{\sin\alpha\sin\theta\mathrm{d}\theta}{\sqrt{\sin^2\theta-\cos^2\alpha}}+\cos\alpha\arccos 1\\ &= \int_{\pi/2-\alpha}^{\pi/2}\frac{\sin\alpha\sin\theta\mathrm{d}\theta}{\sqrt{\sin^2\theta-\cos^2\alpha}}=\int_{\pi/2-\alpha}^{\pi/2}\frac{\sin\alpha\sin\theta\mathrm{d}\theta}{\sqrt{(1-\cos^2\theta)-(1-\sin^2\alpha)}}\\ &= \int_{\pi/2-\alpha}^{\pi/2}\frac{\sin\alpha\sin\theta\mathrm{d}\theta}{\sqrt{\sin^2\alpha-\cos^2\theta}}\end{aligned}$$

在上式最后一个积分中令 $t=\cos\theta/\sin\alpha$, 可得

$$\frac{\partial I}{\partial\alpha}=-\sin\alpha\cdot\arcsin\left(\frac{\cos\theta}{\sin\alpha}\right)\Bigg|_{\theta=\pi/2-\alpha}^{\theta=\pi/2}=\frac{\pi}{2}\sin\alpha$$

两边积分，我们有

$$I(\alpha)=-\frac{\pi}{2}\cos\alpha+C$$

由 $I(0)=0$ 定出常数 $C=\pi/2$, 于是所求积分 $I=\pi(1-\cos\alpha)/2$. □

II.41 解 (i) 将被积函数记为 $h(x)$. 因为对于任何实数 $x\geqslant 1$

$$\left\lfloor\frac{\lceil x\rceil}{x}\right\rfloor=1$$

所以当 $x \geqslant 1$ 时 $h(x) = 0\,(x \geqslant 1)$. 于是所求积分

$$I = \int_0^\infty h(x)\mathrm{d}x = \int_0^1 h(x)\mathrm{d}x$$

虽然 0 是被积函数的奇点，应将 I 理解为

$$\lim_{a\to 0+}\int_a^1 h(x)\mathrm{d}x$$

但实际上下面我们将不直接应用这个定义.

(ii) 对于所有正实数 $x \leqslant 1, \lceil x\rceil = 1$. 因此 $\lceil x\rceil/x \geqslant 1$, 从而

$$\left\lfloor \frac{\lceil x\rceil}{x} \right\rfloor \in \mathbb{N}$$

并且当且仅当

$$b^k \leqslant \left\lfloor \frac{\lceil x\rceil}{x} \right\rfloor < b^{k+1}$$

(k 为整数) 时

$$h(x) = \log_b \left\lfloor \frac{\lceil x\rceil}{x} \right\rfloor = k$$

由此推出当 $1 \geqslant x > 1/b$ 时， $h(x) = 0$; 当 $1/b \geqslant x > 1/b^2$ 时， $h(x) = 1$; 等等. 也就是说，当 $1 \geqslant x > 0$ 时， $h(x)$ 是一个阶梯函数. 于是我们由积分的几何意义得到 $I = \sum\limits_{k=1}^{\infty} 1/b^k = 1/(b-1)$. □

II.42 解 (a) 由导数公式，我们有

$$\begin{aligned} L_n(x) &= \frac{\mathrm{e}^x}{n!}\sum_{k=0}^{n}\binom{n}{k}(x^n)^{(k)}(\mathrm{e}^{-x})^{(n-k)} \\ &= \frac{\mathrm{e}^x}{n!}\sum_{k=0}^{n}\binom{n}{k}n(n-1)\cdots(n-k+1)x^{n-k}\cdot(-1)^{n-k}\mathrm{e}^{-x} \\ &= \frac{1}{n!}\sum_{k=0}^{n}(-1)^{n-k}\binom{n}{k}\cdot\frac{n!}{(n-k)!}x^{n-k} = \sum_{k=0}^{n}\binom{n}{k}\cdot\frac{(-x)^{n-k}}{(n-k)!} \end{aligned}$$

注意 $\binom{n}{k} = \binom{n}{n-k}$, 即知上式等于 $\sum\limits_{k=0}^{n}\binom{n}{k}(-x)^k/k!$.

(b) 依据分部积分公式

$$\begin{aligned} \int_a^b uv^{(s)}\mathrm{d}x &= [uv^{(s-1)} - u'v^{(s-2)} + \cdots + (-1)^{s-1}u^{(s-1)}v]_a^b + \\ & (-1)^s\int_a^b u^{(s)}v\mathrm{d}x \end{aligned}$$

当 $\alpha > 0, n \geqslant 1$ 时

$$
\begin{aligned}
&\int_0^\infty \mathrm{e}^{-\alpha x} L_n(x)\mathrm{d}x \\
= \ &\frac{1}{n!}\int_0^\infty \mathrm{e}^{-(\alpha-1)x}\frac{\mathrm{d}^n(x^n\mathrm{e}^{-x})}{\mathrm{d}x^n}\mathrm{d}x \\
= \ &\frac{1}{n!}\Big[\mathrm{e}^{-(\alpha-1)x}\cdot\frac{\mathrm{d}^{n-1}(x^n\mathrm{e}^{-x})}{\mathrm{d}x^{n-1}} - \frac{\mathrm{d}\mathrm{e}^{-(\alpha-1)x}}{\mathrm{d}x}\cdot\frac{\mathrm{d}^{n-2}(x^n\mathrm{e}^{-x})}{\mathrm{d}x^{n-2}} + \cdots + \\
&(-1)^{n-1}\frac{\mathrm{d}^{n-1}\mathrm{e}^{-(\alpha-1)x}}{\mathrm{d}x^{n-1}}\cdot x^n\mathrm{e}^{-x}\Big]_0^\infty + \\
&\frac{(-1)^n}{n!}\int_0^\infty \frac{\mathrm{d}^n\mathrm{e}^{-(\alpha-1)x}}{\mathrm{d}x^n}\cdot x^n\mathrm{e}^{-x}\mathrm{d}x
\end{aligned}
$$

因为积出的部分为 0, 所以上式等于

$$
\begin{aligned}
&\frac{(-1)^n}{n!}\int_0^\infty \frac{\mathrm{d}^n\mathrm{e}^{-(\alpha-1)x}}{\mathrm{d}x^n}\cdot x^n\mathrm{e}^{-x}\mathrm{d}x \\
= \ &\frac{(-1)^n}{n!}\cdot(-1)^n(\alpha-1)^n\int_0^\infty x^n\mathrm{e}^{-\alpha x}\mathrm{d}x \\
= \ &\frac{(\alpha-1)^n}{n!}\int_0^\infty x^n\mathrm{e}^{-\alpha x}\mathrm{d}x = \frac{(\alpha-1)^n}{n!\alpha^{n+1}}\int_0^\infty t^n\mathrm{e}^{-t}\mathrm{d}t
\end{aligned}
$$

将上式右边的积分记作 I_n, 分部积分可得

$$
I_n = \int_0^\infty t^n\mathrm{e}^{-t}\mathrm{d}t = -t^n\cdot\mathrm{e}^{-t}\Big|_0^\infty = \int_0^\infty t^{n-1}\mathrm{e}^{-t}\mathrm{d}t = nI_{n-1}
$$

因此 $I_n = n!$, 从而

$$
\int_0^\infty \mathrm{e}^{-\alpha x}L_n(x)\mathrm{d}x = \frac{(\alpha-1)^n}{\alpha^{n+1}}
$$

因为 $L_0(x) = 1$, 所以上式当 $n = 0$ 时也成立.

(c) 设 m, n 不全为 0. 由分部积分公式，我们有

$$
\begin{aligned}
(L_m, L_n) \ = \ &\int_0^\infty \mathrm{e}^{-x}L_m(x)L_n(x)\mathrm{d}x = \frac{1}{m!}\int_0^\infty L_n(x)\frac{\mathrm{d}^m(x^m\mathrm{e}^{-x})}{\mathrm{d}x^m}\mathrm{d}x \\
= \ &\frac{1}{m!}\Big[L_n(x)\cdot\frac{\mathrm{d}^{m-1}(x^m\mathrm{e}^{-x})}{\mathrm{d}x^{m-1}} - \frac{\mathrm{d}L_n(x)}{\mathrm{d}x}\cdot\frac{\mathrm{d}^{m-2}(x^m\mathrm{e}^{-x})}{\mathrm{d}x^{m-2}} + \cdots + \\
&(-1)^{m-1}\frac{\mathrm{d}^{m-1}L_n(x)}{\mathrm{d}x^{m-1}}\cdot x^m\mathrm{e}^{-x}\Big]_0^\infty + \\
&\frac{(-1)^m}{m!}\int_0^\infty \frac{\mathrm{d}^mL_n(x)}{\mathrm{d}x^m}\cdot x^m\mathrm{e}^{-x}\mathrm{d}x \\
= \ &\frac{(-1)^m}{m!}\int_0^\infty \frac{\mathrm{d}^mL_n(x)}{\mathrm{d}x^m}\cdot x^m\mathrm{e}^{-x}\mathrm{d}x
\end{aligned}
$$

如果 $m \neq n$, 不妨设 $m > n$, 那么依 (a) 可知 L_n 是 n 次多项式，从而

$$
\frac{\mathrm{d}^mL_n(x)}{\mathrm{d}x^m} = 0
$$

因此 $(L_m, L_n) = 0$. 如果 $m = n$, 那么依 (a) 可知

$$\frac{\mathrm{d}^m L_m(x)}{\mathrm{d}x^m} = 1$$

所以

$$(L_m, L_n) = \frac{(-1)^m}{m!}\int_0^\infty x^m \mathrm{e}^{-x}\mathrm{d}x = 1$$

当 $m = n = 0$ 时，上式显然成立. □

II.43 提示 与问题 **I.9.1** 比较. 被积函数 $F(x,y) = (x-y)/(x+y)^3$ 在 $D \setminus \{(0,0)\}$ 上有界，在点 $(0,0)$ 间断，即当 $(x,y) \to (0,0)$ 时 $F(x,y) \to \infty$.

当 $x \neq 0$, 时

$$\phi(x) = \int_0^1 \frac{x-y}{(x+y)^3}\mathrm{d}y = \frac{1}{(x+1)^2}$$

$$\int_0^1 \mathrm{d}x \int_0^1 \frac{x-y}{(x+y)^3}\mathrm{d}y = \int_0^1 \phi(x)\mathrm{d}x = \lim_{\varepsilon\to 0+}\int_\varepsilon^1 \frac{1}{(x+1)^2}\mathrm{d}x = \frac{1}{2}$$

当 $y \neq 0$, 时

$$\psi(y) = \int_0^1 \frac{x-y}{(x+y)^3}\mathrm{d}x = -\frac{1}{(y+1)^2}$$

$$\int_0^1 \mathrm{d}y \int_0^1 \frac{x-y}{(x+y)^3}\mathrm{d}x = \int_0^1 \psi(y)\mathrm{d}y = -\lim_{\varepsilon\to 0+}\int_\varepsilon^1 \frac{1}{(y+1)^2}\mathrm{d}y = -\frac{1}{2}$$

因此两个不同次序的逐次积分不相等，从而二重积分不存在. □

II.44 提示 令 $x^{1/4} = r\cos\theta, y^{1/4} = r\sin\theta$, 则 $r \geqslant 0, 0 \leqslant \theta \leqslant \pi/2$,Jacobi 式 $= 16r^7\sin^3\theta\cos^3\theta$. 答案： 4/27. □

II.45 解 我们有

$$J = \int_{-1}^1 \sin x\mathrm{d}x \int_{x^3}^1 \mathrm{d}y + \int_{-1}^1 \sin x\mathrm{d}x \int_{x^3}^1 yf(x^2+y^2)\mathrm{d}y = J_1 + J_2$$

右边第一个积分

$$J_1 = \int_{-1}^1 \sin x\mathrm{d}x - \int_{-1}^1 x^3\sin x\mathrm{d}x = -\int_{-1}^1 x^3\sin x\mathrm{d}x$$

因为积分区间关于原点对称，被积函数是偶函数，所以

$$J_1 = -2\int_0^1 x^3\sin x\mathrm{d}x$$

反复分部积分得到 $J_1 = 3\sin 1 - 5\cos 1$.

为计算右边第二个积分，我们注意：因为 f 连续，所以 $F(x)=\int_0^x f(t)\mathrm{d}t$ 是 x 的可微函数，于是

$$\begin{aligned}I(x) &= \int_{x^3}^1 yf(x^2+y^2)\mathrm{d}y = \frac{1}{2}\int_{x^3}^1 f(x^2+y^2)\mathrm{d}(x^2+y^2)\\ &= \frac{1}{2}\int_{x^3}^1 \mathrm{d}F(x^2+y^2) = \frac{1}{2}\big(F(x^2+1)-F(x^2+x^6)\big)\end{aligned}$$

因此

$$J_2 = \frac{1}{2}\int_{-1}^1 \sin x\big(F(x^2+1)-F(x^2+x^6)\big)\mathrm{d}x$$

因为 $\sin x\big(F(x^2+1)-F(x^2+x^6)\big)$ 是奇函数，所以 $J_2=0$.

因此最终我们得到 $J=3\sin 1-5\cos 1$. □

II.46　提示　将题中的积分记作

$$I=\int_0^\infty\int_0^\infty \frac{\sin^2 x\sin^2 y}{x^2(x^2+y^2)}\mathrm{d}x\mathrm{d}y$$

在其中将积分变量 x 和 y 分别改记为 y 和 x, 那么 x^2+y^2 不变，因此

$$I=\int_0^\infty\int_0^\infty \frac{\sin^2 x\sin^2 y}{y^2(x^2+y^2)}\mathrm{d}x\mathrm{d}y$$

于是

$$2I=\int_0^\infty\int_0^\infty \left(\frac{\sin^2 x\sin^2 y}{x^2(x^2+y^2)}+\frac{\sin^2 x\sin^2 y}{y^2(x^2+y^2)}\right)\mathrm{d}x\mathrm{d}y$$

由此得到

$$2I=\int_0^\infty\int_0^\infty \frac{\sin^2 x\sin^2 y}{x^2y^2}\mathrm{d}x\mathrm{d}y=\left(\int_0^\infty\frac{\sin^2 t}{t^2}\mathrm{d}t\right)^2=\frac{\pi^2}{4}$$ □

注　上面计算中应用了已知结果

$$J=\int_0^\infty \frac{\sin^2 t}{t^2}\mathrm{d}t=\frac{\pi}{2}$$

它可通过分部积分算出

$$J=-\int_0^\infty \sin^2 t\mathrm{d}\left(\frac{1}{t}\right)=\int_0^\infty\frac{2\sin t\cos t}{t}\mathrm{d}t=\int_0^\infty\frac{\sin u}{u}\mathrm{d}u=\frac{\pi}{2}$$

对此可见 Γ · M · 菲赫金哥尔茨，《微积分学教程》，第二卷 (第 8 版，高等教育出版社，北京， 2006),p.529, 还可见该书 p.518,p.530. 关于积分 $\int_0^\infty(\sin u/u)\mathrm{d}u$, 可见同书， p.514,p.519 和 p.530.

II.47 提示 我们给出两个解法，计算细节由读者补出.

解法 1 令 $x=(u+t)/2, y=(u-t)/2$, 则题中的积分

$$I=2\int_0^{\infty}\frac{1}{\sinh u}\mathrm{d}u\int_0^{u}\frac{t^2\log(u/t)}{u^2-t^2}\mathrm{d}t$$

在里层的积分中令 $t=uw$, 则有

$$\begin{aligned}I&=2\int_0^{\infty}\frac{u\mathrm{d}u}{\sinh u}\int_0^{1}\left(1-\frac{1}{1-w^2}\right)\log w\mathrm{d}w\\&=2\cdot\frac{\pi^2}{4}\cdot\left(\frac{\pi^2}{8}-1\right)=\frac{\pi^2(\pi^2-8)}{16}\end{aligned}$$

解法 2 令 $x=uy$ 并交换积分顺序，我们得到

$$I=\int_1^{\infty}\frac{(u-1)^2\log\left((u+1)/(u-1)\right)}{u}\mathrm{d}u\int_0^{\infty}\frac{y}{\sinh\left(y(u+1)\right)}\mathrm{d}y$$

用 $I(u)$ 表示内层 (对 y 的) 积分，则有

$$\begin{aligned}I(u)&=\frac{-2}{(u+1)^2}\int_0^{1}\frac{\log t}{t^2-1}\mathrm{d}t=\frac{-2}{(u+1)^2}\int_0^{1}\sum_{k=0}^{\infty}t^{2k}\log t\mathrm{d}t\\&=\frac{2}{(u+1)^2}\sum_{k=0}^{\infty}\frac{1}{(2k+1)^2}=\frac{\pi^2}{4(u+1)^2}\end{aligned}$$

于是

$$I=\frac{\pi^2}{4}\int_1^{\infty}\frac{(u-1)^2\log\left((u+1)/(u-1)\right)}{u(u+1)^2}\mathrm{d}u$$

最后，令 $w=(u-1)/(u+1)$, 可得

$$\begin{aligned}I&=-\frac{\pi^2}{2}\int_0^{1}\frac{w^2\log w}{1-w^2}\mathrm{d}w\\&=-\frac{\pi^2}{2}\int_0^{1}\left(\frac{\log w}{1-w^2}-\log w\right)\mathrm{d}w=\frac{\pi^2(\pi^2-8)}{16}\end{aligned}$$

□

II.48 解 作变量代换

$$\tan\frac{x}{2}=u,\ \tan\frac{y}{2}=v,\ \tan\frac{z}{2}=w$$

则有

$$\mathrm{d}x=\frac{2\mathrm{d}u}{1+u^2},\ \cos x=\frac{1-u^2}{1+u^2}$$

(对于 v,w 有类似的表达式).Jacobi 式

$$\left|\frac{D(x,y,z)}{D(u,v,w)}\right|=\frac{8}{(1+u^2)(1+v^2)(1+w^2)}$$

于是所求积分

$$I=\int_0^{\infty}\int_0^{\infty}\int_0^{\infty}\frac{8\mathrm{d}u\mathrm{d}v\mathrm{d}w}{(1+u^2)(1+v^2)(1+w^2)-(1-u^2)(1-v^2)(1-w^2)}$$

再作一次变量代换，化为球坐标

$$u=r\sin\theta\cos\phi,\ v=r\sin\theta\sin\phi,\ w=r\cos\theta$$

其 Jacobi 式

$$\left|\frac{D(u,v,w)}{D(r,\theta,\phi)}\right|=r^2\sin\theta$$

而且

$$\begin{aligned}&(1+u^2)(1+v^2)(1+w^2)-(1-u^2)(1-v^2)(1-w^2)\\=\ &2(u^2+v^2+w^2)+2u^2v^2w^2\\=\ &2r^2+2r^6\cos^2\phi\sin^2\phi\cos^2\theta\sin^4\theta\end{aligned}$$

于是

$$\begin{aligned}I&=4\int_0^{\infty}\int_0^{\pi/2}\int_0^{\pi/2}\frac{\sin\theta\mathrm{d}r\mathrm{d}\theta\mathrm{d}\phi}{1+r^4\cos^2\phi\sin^2\phi\cos^2\theta\sin^4\theta}\\&=4\int_0^{\pi/2}\sin\theta\mathrm{d}\theta\int_0^{\pi/2}\mathrm{d}\phi\int_0^{\infty}\frac{\mathrm{d}r}{1+\lambda r^4}\end{aligned}$$

其中已简记 $\lambda=\cos^2\phi\sin^2\phi\cos^2\theta\sin^4\theta$. 作变量代换 $\lambda r^4=s$, 可得

$$\int_0^{\infty}\frac{\mathrm{d}r}{1+\lambda r^4}=\frac{1}{4\lambda^{1/4}}\mathrm{B}\left(\frac{1}{4},\frac{3}{4}\right)=\frac{1}{4\lambda^{1/4}}\Gamma\left(\frac{1}{4}\right)\Gamma\left(\frac{3}{4}\right)$$

从而

$$I=\Gamma\left(\frac{1}{4}\right)\Gamma\left(\frac{3}{4}\right)\int_0^{\pi/2}\frac{\mathrm{d}\theta}{(\cos\theta)^{1/2}}\int_0^{\pi/2}\frac{\mathrm{d}\phi}{(\sin\phi\cos\phi)^{1/2}}$$

令 $\cos^2\theta=t$, 则得

$$\begin{aligned}\int_0^{\pi/2}\frac{\mathrm{d}\theta}{(\cos\theta)^{1/2}}&=\frac{1}{2}\int_0^1 t^{-3/4}(1-t)^{-1/2}\mathrm{d}t\\&=\frac{1}{2}\mathrm{B}\left(\frac{1}{4},\frac{1}{2}\right)=\frac{\Gamma\left(\frac{1}{4}\right)\Gamma\left(\frac{1}{2}\right)}{2\Gamma\left(\frac{3}{4}\right)}\end{aligned}$$

令 $2\phi=\sigma$, 则可推出

$$\int_0^{\pi/2}\frac{\mathrm{d}\phi}{(\sin\phi\cos\phi)^{1/2}}=\sqrt{2}\int_0^{\pi/2}\frac{\mathrm{d}\sigma}{(\cos\sigma)^{1/2}}$$

(归结为刚才对于 θ 的积分). 合起来, 我们得到 $I=\left(\Gamma(1/4)\right)^4/4$. □

II.49 提示 (a) 若

$$1\geqslant x_1\geqslant x_2\geqslant\cdots\geqslant x_{n-1}\geqslant x_n\geqslant 0$$

则产生

$$\int_0^1 x_1\mathrm{d}x_1\int_0^{x_1}\mathrm{d}x_2\cdots\int_0^{x_{n-1}}\mathrm{d}x_n$$

将 $x_1,x_2,\cdots,x_n$ 作置换, 则产生类似的积分, 并且由于对称性, 这些积分彼此相等. 因为共有 $n!$ 个不同的置换, 所以得到题中第一个积分等于

$$n!\int_0^1 x_1\mathrm{d}x_1\int_0^{x_1}\mathrm{d}x_2\cdots\int_0^{x_{n-1}}\mathrm{d}x_n$$

类似地可知题中第二个积分等于

$$n!\int_0^1 \mathrm{d}x_1\int_0^{x_1}\mathrm{d}x_2\cdots\int_0^{x_{n-1}}x_n\mathrm{d}x_n$$

(b) 题中的积分等于

$$n!\int_1^\infty\frac{\mathrm{d}x_1}{x_1}\int_{x_1}^\infty\frac{\mathrm{d}x_2}{x_2}\cdots\int_{x_{n-1}}^\infty\frac{\mathrm{d}x_n}{x_n^{1+a}}$$ □

II.50 提示 显然 $V_1(r)=r$. 当 $n=2$ 时, 区域 $D_2(r)$ 可以划分为一个矩形 $[0,r]\times[0,1]$ 以及由曲线 $x_1x_2=r,x_1=r,x_1=1$ 和 x_1 轴上的区间 $[r,1]$ 围成的曲边梯形, 因此

$$\begin{aligned}V_2(r)&=\int_0^r\mathrm{d}x_1\int_0^1\mathrm{d}x_2+\int_r^1\mathrm{d}x_1\int_{D_1(r/x_1)}\mathrm{d}x_2\\&=\int_0^r\mathrm{d}x_1+\int_r^1 V_1(r/x_1)\mathrm{d}x_1\\&=r+\int_r^1\frac{r}{x_1}\mathrm{d}x_1=r(1-\log r)\end{aligned}$$

一般地, 当 $n\geqslant 2$ 时

$$\begin{aligned}V_n(r)&=\int_0^r\mathrm{d}x_1\int_0^1\cdots\int_0^1\mathrm{d}x_2\cdots\mathrm{d}x_{n-1}\\&\quad\int_r^1\mathrm{d}x_1\int_{D_{n-1}(r/x_1)}\mathrm{d}x_2\cdots\mathrm{d}x_{n-1}+\\&=r+\int_r^1 V_{n-1}(r/x)\mathrm{d}x_1=r+r\int_r^1\frac{V_{n-1}(u)}{u^2}\mathrm{d}u\end{aligned}$$

于是可用数学归纳法证明

$$V_n(r)=r\sum_{k=0}^{n-1}(-1)^k\frac{(\log r)^k}{k!}\quad(0<r\leqslant 1)$$

并且显然 $V_n(0)=0$. □

II.51 解 由曲线方程可知

$$\begin{aligned}(x-y)^3 &= (x-y)\cdot(x-y)^2=(x-y)\cdot a(x+y)\\ &= a(x^2-y^2)=a\cdot\frac{9}{8}z^2=\frac{9}{8}az^2\end{aligned}$$

于是解得

$$x-y=\frac{\sqrt[3]{9a}}{2}z^{2/3}$$

$$x+y=\frac{x^2-y^2}{x-y}=\frac{(9/8)z^2}{(\sqrt[3]{9a}/2)z^{2/3}}=\frac{3}{4}\cdot\sqrt[3]{\frac{3}{a}}\,z^{4/3}$$

将 z 视为参数, 即得曲线 C 的参数方程

$$\begin{cases} x=\dfrac{1}{2}\left(\dfrac{3}{4}\cdot\sqrt[3]{\dfrac{3}{a}}\,z^{4/3}+\dfrac{\sqrt[3]{9a}}{2}z^{2/3}\right)\\ y=\dfrac{1}{2}\left(\dfrac{3}{4}\cdot\sqrt[3]{\dfrac{3}{a}}\,z^{4/3}-\dfrac{\sqrt[3]{9a}}{2}z^{2/3}\right)\end{cases}$$

由此算出

$$\mathrm{d}x=\frac{1}{2}\left(\sqrt[3]{\frac{3}{a}}\,z^{1/3}+\sqrt[3]{\frac{a}{3}}\,z^{-1/3}\right)\mathrm{d}z$$

$$\mathrm{d}y=\frac{1}{2}\left(\sqrt[3]{\frac{3}{a}}\,z^{1/3}-\sqrt[3]{\frac{a}{3}}\,z^{-1/3}\right)\mathrm{d}z$$

以及

$$\mathrm{d}s=\sqrt{(\mathrm{d}x)^2+(\mathrm{d}y)^2+(\mathrm{d}z)^2}=\frac{\sqrt{2}}{2}\left(\sqrt[3]{\frac{3}{a}}\,z^{1/3}+\sqrt[3]{\frac{a}{3}}\,z^{-1/3}\right)\mathrm{d}z$$

注意 $\mathrm{d}x$ 的表达式, 即得 $\mathrm{d}s=\sqrt{2}\mathrm{d}x$, 因此最终得到所求弧长

$$L=\int_C \mathrm{d}s=\int_0^{x_0}\sqrt{2}\mathrm{d}x=\sqrt{2}x_0$$ □

II.52 解 由 $x^{-x}=\mathrm{e}^{-x\log x}$ 的级数展开得到

$$\int_0^1 x^{-x}\mathrm{d}x=\int_0^1\left(\sum_{n=0}^{\infty}\frac{(-1)^n x^n(\log x)^n}{n!}\right)\mathrm{d}x$$

因为函数 $|x\log x|$ 在 $[0,1]$ 上有最大值 e^{-1}(参见本题后的 **注**), 因而被积函数中的级数有优级数 $\sum\limits_{n=0}^{\infty}\mathrm{e}^{-n}/n!$(收敛的数项级数), 从而可以逐项积分

$$\int_0^1 x^{-x}\mathrm{d}x=\sum_{n=0}^{\infty}\frac{(-1)^n}{n!}\int_0^1 x^n(\log x)^n\mathrm{d}x$$

右边的积分 (记作 $I_{n,n}$) 可以通过分部积分计算

$$\int_0^1 x^n(\log x)^n\mathrm{d}x = \frac{1}{n+1}x^{n+1}(\log x)^n\Big|_0^1 - \frac{n}{n+1}\int_0^1 x^n(\log x)^{n-1}\mathrm{d}x$$

于是

$$I_{n,n} = -\frac{n}{n+1}I_{n,n-1}$$

另外，上述积分也可通过变量代换

$$x^{n+1} = \mathrm{e}^{-y}$$

计算

$$\int_0^1 x^n(\log x)^n\mathrm{d}x = \frac{(-1)^n}{(n+1)^{n+1}}\int_0^\infty y^n\mathrm{e}^{-y}\mathrm{d}y$$

将右边积分记作 J_n, 分部积分得到

$$\begin{aligned}\int_0^\infty y^n\mathrm{e}^{-y}\mathrm{d}y &= -y^n\mathrm{e}^{-y}\Big|_0^\infty + n\int_0^\infty y^{n-1}\mathrm{e}^{-y}\mathrm{d}y \\ &= n\int_0^\infty y^{n-1}\mathrm{e}^{-y}\mathrm{d}y\end{aligned}$$

于是

$$J_n = nJ_{n-1}$$

上述两种计算方法都导致

$$\sum_{n=0}^\infty \frac{(-1)^n}{n!}\cdot(-1)^n\frac{n!}{(n+1)^{n+1}} = \sum_{n=1}^\infty\frac{1}{n^n}$$

类似地算出

$$\begin{aligned}\int_0^1 x^x\mathrm{d}x &= \int_0^1 \mathrm{e}^{x\log x}\mathrm{d}x = \int_0^1\left(\sum_{n=0}^\infty\frac{x^n(\log x)^n}{n!}\right)\mathrm{d}x \\ &= \sum_{n=0}^\infty\frac{1}{n!}\int_0^1 x^n(\log x)^n\mathrm{d}x = \sum_{n=1}^\infty(-1)^{n-1}\frac{1}{n^n}\end{aligned}$$ □

注 我们来证明

$$\max_{0\leqslant x\leqslant 1}|x\log x| = \frac{1}{\mathrm{e}}$$

令 $f(x) = |x\log x|\,(0 < x \leqslant 1)$. 那么 $f(x) = -x\log x, f'(x) = -\log x - 1$. 当 $x \in (0, 1/\mathrm{e}]$ 时 $f'(x) > 0$; 当 $x \in [1/\mathrm{e}, 1]$ 时 $f'(x) < 0$. 因此函数 $f(x)$ 在 $(0,1]$ 上有唯一的极大值点 $x = \mathrm{e}^{-1}$, 而且在左端点 $\lim\limits_{x\to 0+} x\log x = 0$, 所以函数 $|x\log x|$ 在 $[0,1]$ 上有最大值 $1/\mathrm{e}$.

II.53 解 (i) 若首先对 y 积分，则我们得到

$$\begin{aligned}
&\int_0^{\infty}\frac{x\mathrm{d}x}{1+x^2}\int_0^1\frac{\mathrm{d}y}{1+x^2y^2}=\int_0^{\infty}\frac{1}{1+x^2}\left(\arctan xy\Big|_{y=0}^{y=1}\right)\mathrm{d}x\\
=&\int_0^{\infty}\frac{\arctan x}{1+x^2}\mathrm{d}x=\int_0^{\infty}\arctan x\mathrm{d}(\arctan x)\\
=&\frac{1}{2}\arctan^2 x\Big|_0^{\infty}=\frac{\pi^2}{8}
\end{aligned}$$

(ii) 如果首先对 x 积分，那么

$$\begin{aligned}
&\int_0^1\mathrm{d}y\int_0^{\infty}\frac{x}{(1+x^2)(1+x^2y^2)}\mathrm{d}x\\
=&\frac{1}{2}\int_0^1\frac{\mathrm{d}y}{1-y^2}\int_0^{\infty}\left(\frac{2x}{1+x^2}-\frac{2xy^2}{1+x^2y^2}\right)\mathrm{d}x\\
=&\frac{1}{2}\int_0^1\frac{1}{1-y^2}\left(\log\frac{1+x^2}{1+x^2y^2}\Big|_{x=0}^{x=\infty}\right)\mathrm{d}y=-\int_0^1\frac{\log y}{1-y^2}\mathrm{d}y
\end{aligned}$$

将 $(1-y^2)^{-1}$ 展开为幂级数

$$\frac{\log y}{1-y^2}=\sum_{n=0}^{\infty}\int_0^1 y^{2n}\log y\mathrm{d}y$$

并逐项积分即得

$$-\int_0^1\frac{\log y}{1-y^2}\mathrm{d}y=\sum_{n=0}^{\infty}\frac{1}{(2n+1)^2}=\frac{3}{4}\sum_{n=1}^{\infty}\frac{1}{n^2}$$

(iii) 因为二重积分的被积函数非负，所以上面得到的两个累次积分相等，从而得到 $\sum\limits_{n=1}^{\infty}1/n^2=\pi^2/6$. □

注 上面解法中的 (ii) 的依据请参见问题 **3.21** 的 **注**, 当然，我们也可如下地进行计算：

因为在 $[0,1]$ 上 $|y\log y|$ 有最大值 e^{-1}(见问题 **II.52**), 所以当 $y\in[0,1-\varepsilon]$ $(0<\varepsilon<1)$ 时

$$|y^{2n}\log y|\leqslant(1-\varepsilon)^{2n-1}\mathrm{e}^{-1}\quad(n\geqslant 1)$$

因此级数 $\sum\limits_{n=0}^{\infty}y^{2n}\log y$ 在 $[0,1-\varepsilon]$ 上一致收敛，于是逐项积分得到

$$\begin{aligned}
-\int_0^{1-\varepsilon}\frac{\log y}{y^2-1}\mathrm{d}y &= -\sum_{n=0}^{\infty}\frac{y^{2n+1}}{2n+1}\log y\Big|_0^{1-\varepsilon}+\sum_{n=0}^{\infty}\frac{1}{2n+1}\int_0^{1-\varepsilon}y^{2n}\mathrm{d}y\\
&= -\log(1-\varepsilon)\sum_{n=0}^{\infty}\frac{(1-\varepsilon)^{2n+1}}{2n+1}+\sum_{n=0}^{\infty}\frac{(1-\varepsilon)^{2n+1}}{(2n+1)^2}
\end{aligned}$$

由于 $|(1-\varepsilon)^{2n+1}/(2n+1)^2| < 1/(2n+1)^2$, 所以上式最后一行中第二个级数 (变量为 ε) 在 $[1,0]$ 上一致收敛；另外还有

$$-\sum_{n=0}^{\infty}\frac{(1-\varepsilon)^{2n+1}}{2n+1}=-\frac{\mathrm{e}^{1-\varepsilon}-\mathrm{e}^{-(1-\varepsilon)}}{2}$$

因此我们得到

$$\begin{aligned}-\int_0^1\frac{\log y}{1-y^2}\mathrm{d}y &= -\lim_{\varepsilon\to 0}\log(1-\varepsilon)\frac{\mathrm{e}^{1-\varepsilon}-\mathrm{e}^{-(1-\varepsilon)}}{2}+\\ &\quad \sum_{n=0}^{\infty}\frac{1}{(2n+1)^2}=\sum_{n=0}^{\infty}\frac{1}{(2n+1)^2}\end{aligned}$$

II.54 解 (i) 记

$$I_n=\int_0^{\pi/2}\cos^{2n}\theta\mathrm{d}\theta\quad(n\geqslant 0)$$

我们有

$$\begin{aligned}I_n &= \theta\cos^{2n}\theta\Big|_0^{\pi/2}+2n\int_0^{\pi/2}\theta\sin\theta\cos^{2n-1}\theta\mathrm{d}\theta\\ &= n\theta^2\sin\theta\cos^{2n-1}\theta\Big|_0^{\pi/2}-\\ &\quad n\int_0^{\pi/2}\theta^2\big(\cos^{2n}\theta-(2n-1)\sin^2\theta\cos^{2n-2}\theta\big)\mathrm{d}\theta\end{aligned}$$

因此

$$I_n=n(2n-1)J_{n-1}-2n^2J_n\quad(n\geqslant 1)$$

(ii) 又因为当 $n\geqslant 1$ 时

$$\begin{aligned}I_n &= \int_0^{\pi/2}\cos^{2n-1}\theta\mathrm{d}(\sin\theta)\\ &= \cos^{2n-1}\theta\sin\theta\Big|_0^{\pi/2}-(2n-1)\int_0^{\pi/2}\cos^{2n-2}\theta\sin^2\theta\mathrm{d}\theta\\ &= (2n-1)\int_0^{\pi/2}\cos^{2n-2}\theta(1-\cos^2\theta)\mathrm{d}\theta\\ &= (2n-1)I_{n-1}-(2n-1)I_n\end{aligned}$$

所以

$$I_n=\frac{2n-1}{2n}I_{n-1}\quad(n\geqslant 1)$$

由此可推出：当 $n\geqslant 1$

$$I_n=\frac{1\cdot 3\cdot\ \cdots\ \cdot(2n-1)}{2\cdot 4\cdot\ \cdots\ \cdot(2n)}\cdot\frac{\pi}{2}=\frac{(2n)!}{2\cdot 4^n n!^2}\cdot\pi$$

将此代入 (i) 中所得的关系式，然后两边乘以

$$\frac{4}{\pi}\cdot\frac{4^n(n-1)!^2}{2(2n)!}$$

可得

$$\frac{1}{n^2}=\frac{4}{\pi}\left(\frac{4^{n-1}(n-1)!^2}{(2n-2)!}J_{n-1}-\frac{4^n n!^2}{(2n)!}J_n\right)$$

在上式中令 $n=1,2,\cdots,m$, 然后将它们相加，即得

$$\sum_{n=1}^{m}\frac{1}{n^2}=\frac{4}{\pi}J_0-\frac{4^{m+1}m!^2}{(2m)!\pi}J_m\quad(m\geqslant 1)$$

(iii) 因为 $J_0=\pi^3/24$, 所以我们只须证明 $J_m\to 0\,(m\to\infty)$, 即可由 (ii) 中的结果推出

$$\sum_{n=1}^{\infty}\frac{1}{n^2}=\frac{\pi^2}{6}$$

为此应用不等式

$$\sin\theta\geqslant\frac{2}{\pi}\theta\quad\left(0\leqslant\theta\leqslant\frac{\pi}{2}\right)$$

(通常称 Jordan 不等式，参见本问题后的 **注**), 我们有

$$\begin{aligned}J_m &< \frac{\pi^2}{4}\int_0^{\pi/2}\sin^2\theta\cos^{2m}\theta\mathrm{d}\theta=\frac{\pi^2}{4}\int_0^{\pi/2}(1-\cos^2\theta)\cos^{2m}\theta\mathrm{d}\theta\\ &= \frac{\pi^2}{4}(I_m-I_{m+1})=\frac{\pi^2}{4}\left(I_m-\frac{2m+1}{2m+2}I_m\right)=\frac{\pi^2}{4(m+1)}I_m\end{aligned}$$

因此

$$0<\frac{4^{m+1}m!^2}{(2m)!\pi}J_m<\frac{4^{m+1}m!^2}{(2m)!\pi}\cdot\frac{\pi^2}{4(m+1)}\cdot\frac{(2m)!\pi}{2\cdot 4^m m!^2}=\frac{\pi^3}{8(m+1)}$$

于是 $J_m\to 0\,(m\to\infty)$. □

注 Jordan 不等式是指

$$\sin x\geqslant\frac{2}{\pi}x\quad\left(0\leqslant x\leqslant\frac{\pi}{2}\right)$$

并且等式只当 $x=0$ 或 $\pi/2$ 时成立.

证明 1 令 $f(x)=\sin x$. 因为在区间 $[0,\pi/2]$ 上 $f''(x)=-\sin x\leqslant 0$, 并且在 $(0,\pi/2)$ 中 $f''(x)<0$, 所以它是严格凹函数 (即 $-f(x)$ 是严格凸函数). 于是曲线 $y=\sin x\,(0\leqslant x\leqslant\pi/2)$ 位于通过曲线两个端点的线段的上方. 通过曲线两个端点的直线方程是

$$y=\frac{2}{\pi}x$$

所以我们立得：当 $0<x<\pi/2$ 时 $\sin x>(2/\pi)x$. 并且当且仅当 $x=0$ 或 $\pi/2$ 时 $\sin x=(2/\pi)x$.

证明 2　令 $f(x)=\sin x/x$, $(0\leqslant x\leqslant\pi/2)$. 那么

$$f'(x)=\frac{\cos x}{x^2}(x-\tan x)$$

再令 $g(x)=x-\tan x\,(0\leqslant x\leqslant\pi/2)$. 那么当 $0<x<\pi/2$ 时

$$g'(x)=1-\frac{1}{\cos^2 x}<0$$

因此 $g(x)$ 在 $[0,\pi/2]$ 上单调递减，因而 $x-\tan x\leqslant g(0)=0$, 从而在 $[0,\pi/2]$ 上 $f'(x)\leqslant 0$, 于是 $f(x)$ 在其上也单调递减. 由此可知 $f(x)\geqslant f(\pi/2)=2/\pi$.

Jordan 不等式的推广形式可见问题 **6.4**.

II.55　解　我们记

$$\zeta(2k)=\sum_{n=1}^{\infty}\frac{1}{n^{2k}}\quad(k\geqslant 1)$$

(i)　首先考虑 $k=1$ 的情形，我们已证

$$\zeta(2)=\sum_{n=1}^{\infty}\frac{1}{n^2}=\frac{\pi^2}{6}$$

(参见题 **3.19**,**II.53**,**II.54** 等).

(ii)　设 $k=2$. 令

$$f(m,n)=\frac{1}{mn^3}+\frac{1}{2m^2n^2}+\frac{1}{m^3n}$$

那么可以直接验证

$$f(m,n)-f(m+n,n)-f(m,m+n)=\frac{1}{m^2n^2}$$

将此式两边对所有 $m,n>0$ 求和，就有

$$\zeta(2)^2=\left(\sum_{m,n>0}-\sum_{m>n>0}-\sum_{n>m>0}\right)f(m,n)=\sum_{n>0}f(n,n)$$

由 $f(m,n)$ 的定义可知 $f(n,n)=(5/2)n^{-4}$, 所以

$$\zeta(2)^2=\frac{5}{2}\zeta(4)$$

于是由上述 $\zeta(2)$ 的结果推出 $\zeta(4)=\pi^4/90$.

(iii) 类似地，对于 $k\geqslant 3$, 令

$$f_k(m,n)=\frac{1}{mn^{2k-1}}+\frac{1}{2}\sum_{r=2}^{2k-2}\frac{1}{m^r n^{2k-r}}+\frac{1}{m^{2k-1}n}$$

那么容易验证

$$f_k(m,n)-f_k(m+n,n)-f_k(m,m+n)=\sum_{0<2j<2k}\frac{1}{m^{2j}n^{2k-2j}}$$

从而可得

$$\sum_{0<2j<2k}\zeta(2j)\zeta(2k-2j)=\frac{2k+1}{2}\zeta(2k)\quad(k\geqslant 2)$$

应用数学归纳法即得一般性结论. □

II.56 提示 参见问题 **4.5**. 考虑级数 (从第一项开始) 所有相邻两项的分子之和组成的无穷数列，证明它有正的下界. 不然，有无穷多个 n 满足

$$n+\log n=k\pi+o(1), n+1+\log(n+1)=k'\pi+o(1)$$

于是

$$1+\log\left(1+\frac{1}{n}\right)=(k'-k)\pi+o(1)$$

若有无穷多个 n 使 $k=k'$, 则得

$$\log\left(1+\frac{1}{n}\right)=-1+o(1)$$

从而 $-1=0$, 这不可能；若有无穷多个 n 使 $k\neq k'$, 则得

$$\pi\leqslant|k'-k|\pi=\left|1+\log\left(1+\frac{1}{n}\right)+o(1)\right|$$

从而 $\pi\leqslant 1$, 也不可能. □

II.57 解 (a) 因为 $2^n>n\,(n\geqslant 1)$, 所以 $n^{1/n}<2, n^{1+1/n}<2n$. 于是由级数 $\sum\limits_{n=1}^{\infty}1/n$ 的发散性得知题中的级数也发散.

(b) 所说的级数有时发散 (如题 (a) 所示), 有时收敛. 例如，取

$$a_1=1, a_n=\frac{2(\log\log n)}{\log n}\quad(n\geqslant 2)$$

那么对于 $n \geqslant 2, n^{a_n} = (\log n)^2$, 从而

$$\sum_{n=1}^{\infty} \frac{1}{n^{1+a_n}} = 1 + \sum_{n=2}^{\infty} \frac{1}{n \cdot n^{a_n}} = 1 + \sum_{n=2}^{\infty} \frac{1}{n(\log n)^2}$$

因为

$$\int_2^{\infty} \frac{\mathrm{d}x}{x(\log x)^2} = \log 2 < \infty$$

所以由 Cauchy 积分判别法得知在此情形级数收敛. □

II.58 解 记 $u_n = \cos n\theta$ 以及 $v_n = 1/(n+1)^2 + 1/(n+2)^2 + \cdots + 1/(2n)^2$. 因为

$$\begin{aligned}
\sin\frac{\theta}{2}\sum_{k=1}^{n}\cos k\theta &= \sum_{k=1}^{n}\sin\frac{\theta}{2}\cos k\theta \\
&= \frac{1}{2}\sum_{k=1}^{n}\left(\sin\left(\frac{\theta}{2}+k\theta\right)+\sin\left(\frac{\theta}{2}-k\theta\right)\right) \\
&= \frac{1}{2}\sum_{k=1}^{n}\left(\sin\frac{(2k+1)\theta}{2}-\sin\frac{(2k-1)\theta}{2}\right) \\
&= \frac{1}{2}\left(\sin\frac{(2n+1)\theta}{2}-\sin\frac{\theta}{2}\right)
\end{aligned}$$

所以当 $\theta \neq 2k\pi (k = 0, \pm 1, \pm 2, \cdots)$ 时, 对于任何 $n \geqslant 1$ 有

$$\left|\sum_{k=1}^{n}\cos k\theta\right| \leqslant \frac{1}{|\sin(\theta/2)|}$$

即 $\sum u_n$ 的部分和有界. 又因为

$$0 < v_n < n \cdot \frac{1}{(n+1)^2} \to 0 \quad (n \to \infty)$$

以及当 $n \geqslant 1$ 时

$$v_{n+1} - v_n = \frac{1}{(2n+2)^2} + \frac{1}{(2n+1)^2} - \frac{1}{(n+1)^2} = \frac{-8n^2 - 4n + 1}{4(n+1)^2(2n+1)^2} < 0$$

所以 (v_n) 是单调下降趋于 0 的无穷正数列. 于是依 Dirichlet 判别法则得知所给级数当 $\theta \neq 2k\pi\,(k = 0, \pm 1, \pm 2, \cdots)$ 时收敛. 对于 θ 的这些例外值, $\cos n\theta = 1$, 而且在和 $\sum\limits_{n=1}^{2N} v_n$ 中恰好出现 k 个项 $1/(2k)^2\,(k = 1, 2, \cdots, N)$, 所以

$$\begin{aligned}
&\sum_{n=1}^{2N}\left(\frac{1}{(n+1)^2}+\frac{1}{(n+2)^2}+\cdots+\frac{1}{(2n)^2}\right) \\
> &\sum_{k=1}^{N}\frac{k}{(2k)^2} = \frac{1}{4}\sum_{k=1}^{N}\frac{1}{k} \to \infty \quad (N \to \infty)
\end{aligned}$$

因而级数发散. □

II.59 解 因为

$$0 \leqslant u_n \leqslant \int_0^\infty \mathrm{e}^{-nx}\mathrm{d}x = \frac{1}{n}$$

所以 $u_n \to 0(n \to \infty)$. 我们还有

$$u_n = \int_0^\infty \mathrm{e}^{-nx}\frac{1-\mathrm{e}^{-x}}{1-\mathrm{e}^{-(n+1)x}}\mathrm{d}x = \int_0^\infty \mathrm{e}^{-nx}\frac{1-\mathrm{e}^{-x}}{x}\frac{x}{1-\mathrm{e}^{-(n+1)x}}\mathrm{d}x$$

注意函数 $f(x)=(1-\mathrm{e}^{-x})/x$ 在 $(0,\infty)$ 上连续，并且 $f(0+)$ 和 $f(+\infty)$ 有限，所以 $x \geqslant 0$ 时 $f(x)$ 有界. 设 $x \geqslant 0$ 时 $|f(x)| \leqslant M$. 那么我们有

$$0 \leqslant u_n \leqslant M\int_0^\infty \frac{x\mathrm{e}^{-nx}}{1-\mathrm{e}^{-(n+1)x}}\mathrm{d}x \leqslant M\int_0^\infty \frac{x\mathrm{e}^{-nx}}{1-\mathrm{e}^{-nx}}\mathrm{d}x$$

作变量代换 $u = nx$ 即得

$$0 \leqslant u_n \leqslant \frac{KM}{n^2}$$

其中常数

$$K = \int_0^\infty \frac{u\mathrm{e}^u}{1-\mathrm{e}^{-u}}\mathrm{d}u$$

(因为当 $x \geqslant 0$ 时 $u/(1-\mathrm{e}^{-u})$ 有界，所以这个积分收敛). 因此题中所给级数收敛. □

II.60 解 对于 $n \geqslant 1$ 令

$$u_n = \frac{\sqrt{(n-1)!}}{(1+\sqrt{1})(1+\sqrt{2})\cdots(1+\sqrt{n})}$$

$$v_n = \frac{\sqrt{n!}}{(1+\sqrt{1})(1+\sqrt{2})\cdots(1+\sqrt{n})}$$

还令 $v_0 = 1$. 那么 $u+n = v_{n-1} - v_n(n \geqslant 1)$. 于是

$$\sum_{k=1}^{n} u_k = 1 - v_k \leqslant 1$$

由 $u_n > 0$ 可知数列 $\sum\limits_{k=1}^{n} u_k$ 单调递增有界，从而题中所给级数收敛.

为求其和，注意数列 $v_n(n \geqslant 0)$ 单调递减，所以收敛. 令 l 是其极限，则 $l \geqslant 0$. 若 $l \neq 0$, 则由 $u_n = v_n/\sqrt{n}$ 得 $u_n \sim l/\sqrt{n}$, 从而题中所给级数发散，这与上述结论矛盾，因此 $l = 0$. 于是

$$\sum_{k=1}^{n} u_k = 1 - v_k \to 1 \quad (n \to \infty)$$

即题中所给级数之和等于 1. □

II.61 提示 当 $\alpha=1$ 时，题中的交错级数收敛.

当 $\alpha>1$ 时，考虑前 $2n$ 项形成的部分和

$$S_{2n}=\sum_{k=1}^{n}\left(\frac{1}{2k-1}-\frac{1}{2k}\right)+\sum_{k=1}^{n}\left(\frac{1}{2k}-\frac{1}{(2k)^{\alpha}}\right)$$

存在 $k_0\in\mathbb{N}$, 使当 $k>k_0$ 时 $(2k)^{\alpha-1}>2$, 因而

$$\frac{1}{2k}-\frac{1}{(2k)^{\alpha}}=\frac{(2k)^{\alpha-1}-1}{(2k)^{\alpha}}>\frac{(2k)^{\alpha-1}}{2(2k)^{\alpha}}=\frac{1}{4k}$$

于是当 $n>k_0$ 时

$$\begin{aligned}S_{2n} &= \sum_{k=1}^{n}\left(\frac{1}{2k-1}-\frac{1}{2k}\right)+\sum_{k=1}^{k_0}\left(\frac{1}{2k}-\frac{1}{(2k)^{\alpha}}\right)+\\ &\quad \sum_{k=k_0+1}^{n}\left(\frac{1}{2k}-\frac{1}{(2k)^{\alpha}}\right)\\ &> \sum_{k=1}^{n}\left(\frac{1}{2k-1}-\frac{1}{2k}\right)+\sum_{k=1}^{k_0}\left(\frac{1}{2k}-\frac{1}{(2k)^{\alpha}}\right)+\frac{1}{4}\sum_{k=k_0+1}^{n}\frac{1}{k}\end{aligned}$$

当 $n\to\infty$ 时上式右边第一项收敛，但第三项发散到 $+\infty$.

当 $0<\alpha<1$ 时，存在 $k_1\in\mathbb{N}$, 使当 $k>k_1$ 时 $(2k)^{\alpha-1}<1/2$, 因而

$$\frac{1}{2k}-\frac{1}{(2k)^{\alpha}}<-\frac{1}{2(2k)^{\alpha}}$$

于是当 $n>k_1$ 时

$$S_{2n} < \sum_{k=1}^{n}\left(\frac{1}{2k-1}-\frac{1}{2k}\right)+\sum_{k=1}^{k_1}\left(\frac{1}{2k}-\frac{1}{(2k)^{\alpha}}\right)-\frac{1}{2^{\alpha+1}}\sum_{k=k_1+1}^{n}\frac{1}{k^{\alpha}}$$

当 $n\to\infty$ 时上式右边第三项发散到 $-\infty$. □

II.62 提示 记

$$u_n(x)=n^2\left(\mathrm{e}^x-1-\frac{x}{1}-\frac{x^2}{2!}-\cdots-\frac{x^n}{n!}\right)$$

在任何有限区间 $[-A,A]$ 上

$$|u_n(x)|\leqslant n^2\frac{A^{n+1}}{(n+1)!}\left(1+\frac{A}{n+2}+\frac{A^2}{(n+3)(n+2)}+\cdots\right)\leqslant\frac{n^2A^{n+1}}{(n+1)!}\mathrm{e}^A$$

类似地估计 $u_n'(x)$, 由此推出 $\sum\limits_{n=1}^{\infty} u_n'(x)$ 在 $[-A, A]$ 上一致收敛. 逐项求导得到 $S'(x) = S(x) + x^2\mathrm{e}^x + x\mathrm{e}^x$, 并且 $S(0) = 0$. 答案: $S(x) = (x^3/3 + x^2/2)\mathrm{e}^x$. □

II.63 提示 由

$$\left|\frac{a_{n+1}x^{n+1}}{a_n x^n}\right| \to |x| \quad (n \to \infty)$$

得知当 $|x| < 1$ 时级数收敛. 令级数之和为 $f(x)$, 应用题中的递推关系证明

$$(x+1)f'(x) - \frac{2}{3}f(x) = 3$$

由此及 $f(0) = a_0 = 3$ 推出 $f(x) = (15/2)(x+1)^{2/3} - 9/2$. □

II.64 解 因为当 $0 < x < 1$ 时, $f(t) = x^{t^2}$ $(t \geqslant 0)$ 是 t 的减函数, 所以从几何考虑得到

$$\int_0^{\infty} x^{t^2}\mathrm{d}t < \sum_{n+0}^{\infty} x^{n^2} < 1 + \int_0^{\infty} x^{t^2}\mathrm{d}t$$

又因为

$$\begin{aligned}\int_0^{\infty} x^{t^2}\mathrm{d}t &= \int_0^{\infty} \mathrm{e}^{-t^2\log(1/x)}\mathrm{d}t \\ &= \frac{1}{\sqrt{\log(1/x)}}\int_0^{\infty} \mathrm{e}^{-u^2}\mathrm{d}u = \frac{1}{2}\sqrt{\frac{\pi}{\log(1/x)}}\end{aligned}$$

所以

$$\frac{1}{2}\sqrt{\frac{\pi}{\log(1/x)}} < \sum_{n+0}^{\infty} x^{n^2} < 1 + \frac{1}{2}\sqrt{\frac{\pi}{\log(1/x)}}$$

由此立得

$$\sum_{n=0}^{\infty} x^{n^2} \sim \frac{1}{2}\sqrt{\frac{\pi}{\log(1/x)}} \sim \frac{1}{2}\sqrt{\frac{\pi}{1-x}} \quad (x \to 1-)$$ □

注 由本题得到

$$\lim_{x \to 1-} \sqrt{1-x}\sum_{n=0}^{\infty} x^{n^2} = \frac{\sqrt{\pi}}{2}$$

从而给出问题 **3.15**(b), 也就是问题 **8.25**(c) 的一个独立证明, 不需应用问题 **3.15**(a) 或问题 **8.25**(a).

II.65 解 我们写出

$$f(n+1) = \frac{1}{2^{n+1}} + \sum_{k=3}^{\infty} \frac{1}{k^{n+1}} = \frac{1}{2^{n+1}} + S(n+1)$$

其中

$$
\begin{aligned}
S(n+1) &= \sum_{k=3}^{\infty}\frac{1}{k^{n+1}}=\frac{1}{3^{n+1}}+\sum_{k=2}^{\infty}\frac{1}{(2k)^{n+1}}+\sum_{k=2}^{\infty}\frac{1}{(2k+1)^{n+1}}\\
&\leqslant \frac{1}{3^{n+1}}+2\sum_{k=2}^{\infty}\frac{1}{(2k)^{n+1}}=\frac{1}{3^{n+1}}+\frac{1}{2^{2n+1}}+\frac{1}{2^n}\sum_{k=3}^{\infty}\frac{1}{k^{n+1}}\\
&= \frac{1}{3^{n+1}}+\frac{1}{2^{2n+1}}+\frac{1}{2^n}S(n+1)
\end{aligned}
$$

于是

$$
\begin{aligned}
S(n+1) &\leqslant \left(\frac{1}{3^{n+1}}+\frac{1}{2^{2n+1}}\right)\left(1-\frac{1}{2^n}\right)^{-1}\\
&\leqslant \left(\frac{1}{3^{n+1}}+\frac{1}{2^{2n+1}}\right)\left(\frac{1}{2}\right)^{-1}<\frac{4}{3}\cdot\frac{1}{3^n}
\end{aligned}
$$

因此我们得到

$$
f(n+1)=\frac{1}{2^{n+1}}+O\left(\frac{1}{3^n}\right)\quad (n\to\infty)
$$

由此立得 $f(n)/f(n+1)\to 2\,(n\to\infty)$. □

II.66 解 对任何 $n\geqslant 1$ 令

$$
A_n=\mathrm{e}^{-n}\left(1+\sum_{k=1}^{n-1}\left(\frac{n^k}{k!}-\frac{n^{k-1}}{(k-1)!}\right)\right)
$$

$$
B_n=\mathrm{e}^{n}\sum_{k=n+1}^{\infty}\left(\frac{n^{k-1}}{(k-1)!}-\frac{n^k}{k!}\right)
$$

(i) 我们有

$$
\sum_{k=1}^{n-1}\left(\frac{n^k}{k!}-\frac{n^{k-1}}{(k-1)!}\right)=\frac{n^{n-1}}{(n-1)!}-1
$$

因此

$$
A_n=\frac{n^n}{n!}\mathrm{e}^{-n}
$$

由 Stirling 公式即可算出 $\lim\limits_{n\to\infty}A_n=0$.

(ii) 对于任何 $q\geqslant 1$

$$
\sum_{k=n+1}^{n+q}\left(\frac{n^{k-1}}{(k-1)!}-\frac{n^k}{k!}\right)=\frac{n^n}{n!}-\frac{n^{n+q}}{(n+q)!}=\frac{n^n}{n!}\left(1-\frac{n^q\cdot n!}{(n+q)!}\right)
$$

并且当任何固定的 n 有

$$\frac{n^q}{(n+q)!} = \frac{n}{n+q}\cdot\frac{n}{n+q+1}\cdot\cdots\cdot\frac{n}{n+1} < \left(\frac{n}{n+1}\right)^q$$

从而

$$\sum_{k=n+1}^{\infty}\left(\frac{n^{k-1}}{(k-1)!}-\frac{n^k}{k!}\right) = \lim_{q\to\infty}\sum_{k=n+1}^{n+q}\left(\frac{n^{k-1}}{(k-1)!}-\frac{n^k}{k!}\right) = \frac{n^n}{n!}$$

因此与 (i) 类似地得到 $\lim\limits_{n\to\infty} B_n = 0$.

(iii) 由 (i) 和 (ii) 可知所求极限等于 0. □

II.67 提示 (与问题 **5.12** 比较) (a) 因为函数 $H(x,y)$ 在边界上为零，所以最大值不可能在边界上达到．于是由

$$\begin{aligned}\frac{\partial H}{\partial x} &= \frac{y(1-y)(1-2x+x^2y)}{(1-xy)^2} = 0\\ \frac{\partial H}{\partial y} &= \frac{x(1-x)(1-2y+x^2y)}{(1-xy)^2} = 0\end{aligned}$$

可求出函数唯一的极值点 (也是最大值点)(τ,τ), 其中 $\tau = (\sqrt{5}-1)/2$. 注意 $\tau^2+\tau-1=0$, 所以 $1-\tau^2=\tau, 1-\tau=\tau^2$, 于是容易算出函数的最大值是 $F(\tau,\tau)=\tau^5$.

(b) 答案是 $\left((\sqrt{5}-1)/2\right)^5$. □

II.68 提示 首先注意当 $x\neq 0$ 时， $f(x)>f(0)=0$. 此外，我们还有

$$f'(x) = \begin{cases} x^2\left(8x+4x\sin\dfrac{1}{x}-\cos\dfrac{1}{x}\right), & \text{当 } x\neq 0\\ 0, & \text{当 } x=0\end{cases}$$

因此，若 $n\in\mathbb{Z}\backslash\{0,1\}$, 则

$$f'\left(\frac{1}{2n\pi}\right) = \frac{1}{4n^2\pi^2}\left(\frac{4}{n\pi}-1\right) < 0$$

若 $n\in\mathbb{Z}\backslash\{-1\}$, 则

$$f'\left(\frac{1}{(2n+1)\pi}\right) = \frac{1}{(2n+1)^2\pi^2}\left(\frac{8}{(2n+1)\pi}+1\right) > 0$$ □

II.69 解 令

$$g(x) = (x-a)f(x) - \frac{(x-a)^2}{2}f'(x)$$

因为由题设可知：当 $x \geqslant a$ 时 $g'(x)=f(x)-(x-a)^2f''(x)/2>0$, 所以当 $x \geqslant a$ 时 $g(x)$ 单调递增，从而 $g(x) \geqslant g(a)=0$, 亦即

$$(x-a)f(x)-\frac{(x-a)^2}{2}f'(x) \geqslant 0 \quad (x \geqslant a)$$

于是

$$f(x) \geqslant \frac{x-a}{2}f'(x) \quad (x>a)$$

若 $x \geqslant 2a$, 则 $(x-a)/2 \geqslant x/4$, 并且注意题设条件 $f'(x)>0$, 我们立得 $f(x)/f'(x) \geqslant x/4$. □

II.70 解 设 $x \in (0,2)$, 由 Lagrange 中值定理，存在 $\xi_1,\xi_2, 0<\xi_1<x<\xi_2<2$, 使得

$$f(x)=f(0)+f'(\xi_1)(x-0)=1+xf'(\xi_1)$$
$$f(x)=f(2)+f'(\xi_2)(x-2)=1-(2-x)f'(\xi_2)$$

因为 $|f(\xi_1)| \leqslant 1, |f(\xi_2)| \leqslant 1$, 所以当 $0<x<2$ 时

$$1-x \leqslant f(x) \leqslant 1+x, x-1 \leqslant f(x) \leqslant 3-x$$

也就是

$$\max(1-x,x-1) \leqslant f(x) \leqslant \min(1+x,3-x)$$

由此推出

$$\begin{aligned}\int_0^2 f(x)\mathrm{d}x &\leqslant \int_0^2 \min(1+x,3-x)\mathrm{d}x\\ &= \int_0^1(1+x)\mathrm{d}x+\int_1^2(3-x)\mathrm{d}x=3\end{aligned}$$

并且上面等号成立意味着

$$f(x)=\begin{cases}x+1, & 当\ x \in [0,1]\\ 3-x, & 当\ x \in [1,2]\end{cases}$$

从而 $f(x)$ 在 $x=1$ 不可导；所以等号不可能成立．类似地，我们还推出

$$\begin{aligned}\int_0^2 f(x)\mathrm{d}x &\geqslant \int_0^2 \max(1-x,x-1)\mathrm{d}x\\ &= \int_0^1(1-x)\mathrm{d}x+\int_1^2(x-1)\mathrm{d}x=1\end{aligned}$$

并且等号也不可能成立．于是本题得证． □

II.71 提示 对于给定的多项式 $A(x)=x^n+a_1x^{n-1}+\cdots+a_n$, 我们定义

$$B(x)=A\left(\frac{x+2}{4}\right), Q(x)=\int_0^x B(t)\mathrm{d}t$$

那么

$$B(x)=\frac{x^n}{4^n}+b_1x^{n-1}+\cdots+b_n$$

其中 $b_1,\cdots,b_n$ 是实数. 于是

$$Q(x)=\frac{x^{n+1}}{4^n(n+1)}+b_1'x^n+\cdots+b_n'x$$

其中 $b_1',\cdots,b_n'$ 是实数. 应用与问题 **8.2** 的解法相同的方法 (并保持那里的记号) 可以证明

$$\frac{4(n+1)}{4^n(n+1)}=\left|\sum_{0\leqslant k\leqslant n+1}^{*}(-1)^kQ(\alpha_k)\right|\leqslant\sum_{k=0}^{n}|Q(\alpha_k)-Q(\alpha_{k+1})|$$

其中 $\alpha_k=2\cos\left(k\pi/(n+1)\right)$. 注意

$$Q(\alpha_k)-Q(\alpha_{k+1})=\int_0^{\alpha_k}B(t)\mathrm{d}t-\int_0^{\alpha_{k+1}}B(t)\mathrm{d}t=\int_{\alpha_{k+1}}^{\alpha_k}B(t)\mathrm{d}t$$

我们由前式推出

$$\frac{1}{4^{n-1}}\leqslant\sum_{k=0}^{n}\left|\int_{\alpha_{k+1}}^{\alpha_k}B(t)\mathrm{d}t\right|\leqslant\int_{-2}^{2}|B(t)|\mathrm{d}t=4\int_0^1|A(x)|\mathrm{d}x$$

由此即得结果. □

II.72 解 设 $P(x)=x^n+a_{n-1}x^{n-1}+\cdots+a_0$ 是任意实系数 n 次多项式. 由题设条件, 反复分部积分得到

$$\begin{aligned}\int_0^1 P(x)f^{(n+1)}(x)\mathrm{d}x &= -\int_0^1 P'(x)f^{(n)}(x)\mathrm{d}x\\ &= \cdots+(-1)^n\int_0^1 P^{(n)}(x)f'(x)\mathrm{d}x=(-1)^n n!\end{aligned}$$

取问题 **II.71** 中的达到最小值的多项式作为此处的 $P(x)$, 可得

$$\begin{aligned}n! &= \left|\int_0^1 P(x)f^{(n+1)}(x)\mathrm{d}x\right|\leqslant\max_{0\leqslant x\leqslant 1}|f^{(n+1)}(x)|\int_0^1|P(x)|\mathrm{d}x\\ &= 4^{-n}\max_{0\leqslant x\leqslant 1}|f^{(n+1)}(x)|\end{aligned}$$

由此即得所要的不等式. □

II.73 解 因为 f 是连续函数，在题设等式

$$f(x)-f(y)=\int_{x+2y}^{2x+y}f(t)\mathrm{d}t$$

两边对 x 求导得到

$$f'(x)=2f(2x+y)-f(x+2y)\quad (x,y\in\mathbb{R})$$

因此 f' 在 $\mathbb{R}$ 上连续. 再在上式两边对 y 求导可得

$$0=2f'(2x+y)-2f'(x+2y)$$

因此对于所有 $x,y\in\mathbb{R}$, 有

$$f'(2x+y)=f'(x+2y)$$

对于任意给定的 $(u.v)\in\mathbb{R}^2$, 存在唯一一组 $(x,y)\in\mathbb{R}^2$, 使得 $u=2x+y,v=x+2y$, 因此对于任何 $u,v\in\mathbb{R}$ 有 $f'(u)=f'(v)$, 这表明在 $\mathbb{R}$ 上 f' 是常数，从而 $f(x)=Ax+B\,(x\in\mathbb{R})$, 其中 A,B 是常数. 将此表达式代入题中所给的等式, 得到

$$A(x-y)=\int_{x+2y}^{2x+y}(At+B)\mathrm{d}t=\left(\frac{A}{2}t^2+Bt\right)\Bigg|_{x+2y}^{2x+y}$$

于是

$$(x-y)\left((A-B)-\frac{3A}{2}(x+y)\right)=0$$

此式对于任何 $x,y\in\mathbb{R}$ 成立. 取 $x=1,y=-1$, 可知 $A=B$, 并且

$$(x-y)\cdot\frac{3A}{2}(x+y)=0$$

所以 $A=B=0$, 从而 $f(x)=0$. □

II.74 提示 令

$$F(x)=\int_0^x f(t)\mathrm{d}t\quad (x\in[a,b])$$

则由 Taylor 公式，当 $x,y\in[a,b]$ 有

$$F(x)=F(y)+f(y)(x-y)+\frac{1}{2}f'(y)(x-y)^2+\frac{1}{6}f''(\xi)(x-y)^3$$

其中 $\xi\in[x,y]$ 或 $[y,x]$. 在此式中分别令 $x=0,y=a$ 以及 $x=0,y=b$, 相应地将 ξ 记作 $\xi_1\in(a,0)$ 和 $\xi_2\in(0,b)$, 然后将所得二式相减，得到

$$\begin{aligned}\int_a^b f(t)\mathrm{d}t &= F(b)-F(a)\\ &= bf(b)-af(a)-\frac{1}{2}\left(b^2f'(b)-a^2f'(a)\right)+\frac{1}{6}\left(b^3f''(\xi_2)-a^3f''(\xi_1)\right)\end{aligned}$$

最后，注意 $a<0<b$, 可知

$$\min_{x\in[a,b]} f''(x)\cdot(b^3-a^3)\leqslant b^3f''(\xi_2)-a^3f''(\xi_1)\leqslant \max_{x\in[a,b]} f''(x)\cdot(b^3-a^3)$$

或者

$$\min_{x\in[a,b]} f''(x)\leqslant \frac{b^3f''(\xi_2)-a^3f''(\xi_1)}{b^3-a^3}\leqslant \max_{x\in[a,b]} f''(x)$$

依 Roll 定理，存在 $\xi\in[a,b]$ 使得

$$f''(\xi)=\frac{b^3f''(\xi_2)-a^3f''(\xi_1)}{b^3-a^3}$$

于是 $b^3f''(\xi_2)-a^3f''(\xi_1)=(b^3-a^3)f(\xi)$. □

II.75 解 (i) 先证左半不等式. 令 $g(x)=f(x)-xF(1)$, 则 $g(0)=g(1)=0$; 又由积分中值定理, 存在 $\xi\in[0,1]$ 使 $F(1)=\int_0^1 t(t)\mathrm{d}t=f(\xi)$. 于是当 $x\in(0,1)$ 时

$$g'(x)=F'(x)-F(1)=f(x)-f(\xi)$$

依题设， $f'(x)\leqslant 0$, 所以 $f(x)$ 在 $[0,1]$ 上单调递减. 由此可知，当 $x\in(0,\xi]$ 时 $g'(x)\geqslant 0$, 因而 $g(x)$ 单调递增，于是 $g(x)\geqslant g(0)=0$; 当 $x\in[\xi,1)$ 时 $g'(x)\leqslant 0$, 因而 $g(x)$ 单调递减，于是也有 $g(x)\geqslant g(1)=0$. 合起来即得：当 $x\in(0.1)$ 时, $xF(1)\leqslant F(x)$.

(ii) 现证右半不等式. 由分部积分

$$\int_0^1 F(t)\mathrm{d}t=tF(t)\Big|_0^1-\int_0^1 tf(t)\mathrm{d}t=F(1)-\int_0^1 tf(t)\mathrm{d}t$$

以及

$$\begin{aligned}\int_0^1 F(t)\mathrm{d}t &= \int_0^1 F(t)\mathrm{d}(t-1)\\ &= (t-1)F(t)\Big|_0^1-\int_0^1(t-1)f(t)\mathrm{d}t=-\int_0^1(t-1)f(t)\mathrm{d}t\end{aligned}$$

将上述两式左边以及右边的最后表达式分别相加，即得

$$\begin{aligned}2\int_0^1 F(t)\mathrm{d}t &= F(1)-\int_0^1(2t-1)f(t)\mathrm{d}t\\ &= F(1)-\int_0^1 f(t)\mathrm{d}(t^2-t)=F(1)+\int_0^1 t(t-1)f'(t)\mathrm{d}t\end{aligned}$$

由题设，$f'(x)\leqslant 0$, 所以 $\int_0^1 t(t-1)f'(t)\mathrm{d}t\leqslant 0$, 于是由上式得 $2\int_0^1 F(t)\mathrm{d}t\geqslant F(1)$. 最后，因为 $f(x)\geqslant 0$, 所以 $F(x)$ 单调递增，从而 $F(1)\geqslant F(x)$. 合起来即知当 $x\in(0,1)$ 时 $F(x)\leqslant 2\int_0^1 F(t)\mathrm{d}t$. □

II.76 提示 解法 1 参考问题 **6.12**, 首先证明

$$\left(\int_a^b f(x)\mathrm{d}x\right)^2 - \int_a^b f^3(x)\mathrm{d}x = 2\int_a^b \int_a^y f(y)f(u)\big(1-f'(u)\big)\mathrm{d}u\mathrm{d}y$$

解法 2 也可以直接化归问题 **6.12**: 不失一般性, 不妨认为 $[a,b]=[0,1]$; 然后定义 $[0,+\infty)$ 上的函数 $f_1(x)$ 满足问题 **6.12** 的条件, 并且当 $x\in[0,1]$ 时 f_1 与 f 重合. 于是依问题 **6.12** 得到

$$\int_0^x f_1^3(x)\mathrm{d}x \leqslant \left(\int_0^x f_1(x)\mathrm{d}x\right)^2 \quad (x>0)$$

取 $x=1$ 即得

$$\int_0^1 f^3(x)\mathrm{d}x \leqslant \left(\int_0^1 f(x)\mathrm{d}x\right)^2$$

解法 3 不妨认为 $[a,b]=[0,1]$. 我们有

$$f(x)=\int_0^x f'(t)\mathrm{d}t \quad (0\leqslant x\leqslant 1)$$

于是

$$\begin{aligned}
I_1 &= \left(\int_0^1 f(x)\mathrm{d}x\right)^2 = \left(\int_0^1\int_0^x f'(t)\mathrm{d}t\mathrm{d}x\right)^2\\
&= \left(\int_0^1\int_0^{x_1} f'(t_1)\mathrm{d}t_1\mathrm{d}x_1\right)\left(\int_0^1\int_0^{x_2} f'(t_2)\mathrm{d}t\mathrm{d}x_2\right)\\
&= \int_0^1\int_0^1\int_0^{x_1}\int_0^{x_2} f'(t_1)f'(t_2)\mathrm{d}t_1\mathrm{d}t_2\mathrm{d}x_1\mathrm{d}x_2\\
&= \int\cdots\int_{\Omega_1} f'(x_3)f'(x_4)\mathrm{d}x_1\cdots\mathrm{d}x_4
\end{aligned}$$

其中

$$\begin{aligned}
\Omega_1 = &\Big\{(x_1,x_2,x_3,x_4)\,\Big|\\
&0\leqslant x_1\leqslant 1, 0\leqslant x_2\leqslant 1, 0\leqslant x_3\leqslant x_1, 0\leqslant x_4\leqslant x_2\Big\}
\end{aligned}$$

以及

$$\begin{aligned}
I_2 &= \int_0^1 f^3(x)\mathrm{d}x = \int_0^1\left(\int_0^x f'(t)\mathrm{d}t\right)^3\mathrm{d}x\\
&= \int_0^1\left(\int_0^x f'(t_1)\mathrm{d}t_1\right)\left(\int_0^x f'(t_2)\mathrm{d}t_2\right)\left(\int_0^x f'(t_3)\mathrm{d}t_3\right)\mathrm{d}x\\
&= \int\cdots\int_{\Omega_2} f'(x_2)f'(x_3)f'(x_4)\mathrm{d}x_1\cdots\mathrm{d}x_4
\end{aligned}$$

其中

$$\begin{aligned}\Omega_2 &= \Big\{(x_1,x_2,x_3,x_4)\Big| \\ &\quad 0\leqslant x_1\leqslant 1, 0\leqslant x_2\leqslant x_1, 0\leqslant x_3\leqslant x_1, 0\leqslant x_4\leqslant x_1\Big\}\end{aligned}$$

由题设可知，在 $[0,1]^4$ 上

$$0\leqslant f'(x_2)f'(x_3)f'(x_4)\leqslant f'(x_3)f'(x_4)$$

并且显然 $\Omega_2\subseteq\Omega_1$, 所以 $I_2\leqslant I_1$. □

注 用 *解法* 3 的方法可以证明：若 $f(x)\in C^1[0,1], f(0)=0, 0\leqslant f'(x)\leqslant 1$, 则对任何正整数 n 有

$$\left(\int_0^1 f(x)\mathrm{d}x\right)^n\leqslant\int_0^1 f^{2n-1}(x)\mathrm{d}x$$

II.77 提示 (a) 因为 $f(x)$ 是凸函数, 所以由其几何意义推出：对于任何 $u,v\in[a,b], u<v$, 当 $x\in[u,v]$ 有

$$f(x)\leqslant f(u)+\frac{f(v)-f(u)}{v-u}(x-u)$$

在其中取 $[u,v]=[a,b]$, 并且在不等式两边对 x 由 a 到 b 积分，即得题中不等式的右半. 为证左半不等式，我们写出

$$\begin{aligned}\frac{1}{b-a}\int_a^b f(x)\mathrm{d}x &= \frac{1}{b-a}\int_a^{(a+b)/2} f(x)\mathrm{d}x+ \\ &\quad \frac{1}{b-a}\int_{(a+b)/2}^b f(x)\mathrm{d}x=I_1+I_2\end{aligned}$$

在 I_1 中作变量代换

$$x=\frac{a+b-t(b-a)}{2}$$

可得

$$I_1=\frac{1}{2}\int_0^1 f\left(\frac{a+b-t(b-a)}{2}\right)\mathrm{d}t$$

类似地

$$I_2=\frac{1}{2}\int_0^1 f\left(\frac{a+b+t(b-a)}{2}\right)\mathrm{d}t$$

注意 f 的凸性，我们有

$$\frac{1}{2}\big(f(A)+f(B)\big)\geqslant f\left(\frac{A+B}{2}\right)\quad (A,B\in[a,b])$$

并且当 $t\in[0,1]$ 时, $(a+b-t(b-a))/2,(a+b+t(b-a))/2\in[a,b]$, 因此

$$\frac{1}{2}\left(f\left(\frac{a+b-t(b-a)}{2}\right)+f\left(\frac{a+b+t(b-a)}{2}\right)\right)\geqslant f\left(\frac{a+b}{2}\right)$$

从而

$$\frac{1}{b-a}\int_a^b f(x)\mathrm{d}x=I_1+I_2\geqslant\int_0^1 f\left(\frac{a+b}{2}\right)\mathrm{d}x=f\left(\frac{a+b}{2}\right)$$

何时等式成立由读者自行讨论.

(b) 分别将题 (a) 的结果应用于区间 $[a,(a+b)/2]$ 和 $[(a+b)/2,b]$, 我们有

$$f\left(\frac{3a+b}{4}\right)\leqslant\frac{2}{b-a}\int_a^{(a+b)/2}f(x)\mathrm{d}x\leqslant\frac{1}{2}\left(f(a)+f\left(\frac{a+b}{2}\right)\right)$$

以及

$$f\left(\frac{a+3b}{4}\right)\leqslant\frac{2}{b-a}\int_{(a+b)/2}^{b}f(x)\mathrm{d}x\leqslant\frac{1}{2}\left(f\left(\frac{a+b}{2}\right)+f(b)\right)$$

将上述两个不等式相加即得所要的不等式. 由 $f(x)$ 的凸性可知所得不等式的左边 $\geqslant f\big((a+b)/2\big)$, 而右边 $\leqslant\big(f(a)+f(b)\big)/2$(显然这个改进过程可以继续). □

II.78 提示 (a) 在问题 **II.77**(a) 中取区间 $[a,b]=[0,x](x>0)$, 函数 $f(x)=1/(x+1)$.

(b) 在问题 **II.77**(a) 中取函数 $f(x)=\mathrm{e}^x$, 得到

$$\mathrm{e}^{(a+b)/2}<\frac{\mathrm{e}^b-\mathrm{e}^a}{b-a}<\frac{\mathrm{e}^a+\mathrm{e}^b}{2}\quad(a\neq b)$$

然后令 $x=\mathrm{e}^a,y=\mathrm{e}^b$. □

II.79 提示 因为 $f(x)-mx^2/2$ 和 $Mx^2/2-f(x)$ 都是凸函数，所以可以应用问题 **II.77**(a). □

II.80 解 (i) 首先证明：若 $a,b,c\in I$, 并且 $a<c<b$, 则

$$\frac{f(b)-f(c)}{b-c}\geqslant\frac{f(b)-f(a)}{b-a}$$
$$\frac{f(b)-f(a)}{b-a}\geqslant\frac{f(c)-f(a)}{c-a}$$

为证此结论，我们令

$$\lambda=\frac{b-c}{b-a},\mu=\frac{c-a}{b-a}$$

那么 $\lambda,\mu\in(0,1),\lambda+\mu=1$, 并且 $c=\lambda a+\mu b$. 由 $f(x)$ 的凸性，我们有

$$f(c)=f(\lambda a+\mu b)\leqslant\lambda f(a)+\mu f(b)$$

于是

$$\begin{aligned}\frac{f(b)-f(c)}{b-c} &\geqslant \frac{f(b)-\lambda f(a)-\mu f(b)}{b-\lambda a-\mu b}\\ &= \frac{(1-\mu)f(b)-\lambda f(a)}{(1-\mu)b-\lambda a}\\ &= \frac{\lambda f(b)-\lambda f(a)}{\lambda b-\lambda a}=\frac{f(b)-f(a)}{b-a}\end{aligned}$$

类似地可证另一不等式.

(ii) 如果 $x < x' < y < y'$, 那么在 (i) 所建立的第一个不等式中取 $a = x, b = y, c = x'$, 此时条件 $a < c < b$ 由假设 $x < x' < y$ 保证，于是

$$\frac{f(y)-f(x')}{y-x'} \geqslant \frac{f(y)-f(x)}{y-x}$$

然后类似地，在 (i) 所建立的第二个不等式中取 $a = x', b = y', c = y$, 此时条件 $a < c < b$ 由假设 $x' < y < y'$ 保证，于是

$$\frac{f(y')-f(x')}{y'-x'} \geqslant \frac{f(y)-f(x')}{y-x'}$$

由上述二不等式即得

$$\frac{f(y)-f(x)}{y-x} \leqslant \frac{f(y')-f(x')}{y'-x'}$$

如果 $x = x' < y = y'$, 那么可取 $\varepsilon > 0$ 充分小，使得 $x < x'+\varepsilon < y-\varepsilon < y'$, 于是依刚才所证明的不等式得到

$$\frac{f(y-\varepsilon)-f(x)}{y-\varepsilon-x} \leqslant \frac{f(y')-f(x'+\varepsilon)}{y'-x'-\varepsilon}$$

因为凸函数在 I 的内点上连续，所以在上式两边令 $\varepsilon \to 0$, 即得所要的结果. 若 $x = x' < y < y'$ 及 $x < x' < y = y'$, 则可类似地证明. □

II.81 解 (i) 令函数

$$g_k(x) = f_k'(1)x - f_k(x) \quad (1 \leqslant k \leqslant n)$$

因为 $f_k(x)$ 是 I 上的可微凸函数，所以单调增加，因而

$$g_k'(x) \geqslant 0 \quad (\text{当 } x \in I, \text{且 } x < 1)$$
$$g_k'(x) \leqslant 0 \quad (\text{当 } x \in I, \text{且 } x \geqslant 1)$$

于是在 I 上，函数 $g_k(x)$ 当 $x < 1$ 时单调增加，当 $x \geqslant 1$ 时单调减少，从而对于任何 $x \in I, g_k(x) \leqslant g_k(1)$. 由此，并注意

$$c - \sum_{k=1}^{n} f_k(x_k) \geqslant 0$$

我们得到

$$
\begin{aligned}
\sum_{k=1}^{n} f_k'(1)x_k &\leqslant \sum_{k=1}^{n} f_k'(1)x_k + c - \sum_{k=1}^{n} f_k(x_k) \\
&= c + \sum_{k=1}^{n} \big(f_k'(1)x_k - f_k(x_k)\big) = c + \sum_{k=1}^{n} g_k(x_k) \\
&\leqslant c + \sum_{k=1}^{n} g_k(1) = c + \sum_{k=1}^{n} \big(f_k'(1) - f_k(1)\big)
\end{aligned}
$$

(ii) *解法 1* 在本题的问题 (i) 中取 $f_k(x) = x^{2k-1}, x_k \in I = (0, \infty)$, 以及 $c = n$, 即得结论.

解法 2 我们引用 Bernoulli 不等式：若 $m \geqslant 1$ 是一个整数，实数 $x \geqslant 0$, 则 $x^m \geqslant 1 + m(x-1)$. 它容易对 m 用数学归纳法证明：当 $m = 1$ 时它显然成立；当 $m = 2$ 时

$$
x^2 = \big(1 + (x-1)\big)^2 = 1 + 2(x-1) + (x-1)^2 \geqslant 1 + 2(x-1)
$$

若 $t \geqslant 2$ 且 $x^t \geqslant 1 + t(x-1)$ 成立，则

$$
\begin{aligned}
x^{t+1} &= x^t \cdot \big(1 + (x-1)\big) \\
&\geqslant \big(1 + t(x-1)\big) \cdot \big(1 + (x-1)\big) \\
&= 1 + t(x-1) + (x-1) + t(x-1)^2 \geqslant 1 + (t+1)(x-1)
\end{aligned}
$$

因此归纳证明完成. 另外，我们也可以在问题 **6.5** 中直接令 $\alpha = m$ 而得到这个不等式.

在此不等式中取 $x = x_k, m = 2k-1$, 可推出

$$
(2k-1)x_k \leqslant x_k^{2k-1} - 1 + (2k-1)
$$

对 $k = 1, \cdots, n$ 求和即得

$$
\sum_{k=1}^{n}(2k-1)x_k \leqslant \sum_{k=1}^{n} x_k^{2k-1} - n + \sum_{k=1}^{n}(2k-1) \leqslant n - n + n^2 = n^2 \qquad \square
$$

II.82 解 由题设 $f(x)$ 和 $(\lambda_n)_{n\geqslant 1}$ 的单调递增性以及几何的考虑，我们有

$$
(\lambda_{n+1} - \lambda_n) \cdot \frac{1}{\lambda_{n+1} f(\lambda_{n+1})} \leqslant \int_{\lambda_n}^{\lambda_{n+1}} \frac{\mathrm{d}t}{t f(t)}
$$

因此级数

$$
\sum_{n=1}^{\infty} \left(1 - \frac{\lambda_n}{\lambda_{n+1}}\right) \frac{1}{f(\lambda_{n+1})} \leqslant \int_{\lambda_1}^{\infty} \frac{\mathrm{d}t}{t f(t)} < \infty
$$

又因为对于任何正整数 N

$$\begin{aligned}&\sum_{n=1}^{N}\left(1-\frac{\lambda_n}{\lambda_{n+1}}\right)\frac{1}{f(\lambda_n)}-\sum_{n=1}^{N}\left(1-\frac{\lambda_n}{\lambda_{n+1}}\right)\frac{1}{f(\lambda_{n+1})}\\ =&\sum_{n=1}^{N}\left(1-\frac{\lambda_n}{\lambda_{n+1}}\right)\left(\frac{1}{f(\lambda_n)}-\frac{1}{f(\lambda_{n+1})}\right)\\ <&\sum_{n=1}^{N}\left(\frac{1}{f(\lambda_n)}-\frac{1}{f(\lambda_{n+1})}\right)<\frac{1}{f(\lambda_1)}\end{aligned}$$

所以

$$\sum_{n=1}^{N}\left(1-\frac{\lambda_n}{\lambda_{n+1}}\right)\frac{1}{f(\lambda_n)}<\sum_{n=1}^{\infty}\left(1-\frac{\lambda_n}{\lambda_{n+1}}\right)\frac{1}{f(\lambda_{n+1})}+\frac{1}{f(\lambda_1)}$$

因而 $\sum\limits_{n=1}^{N}(1-\lambda_n/\lambda_{n+1})/f(\lambda_n)\,(N=1,2,\cdots)$ 是一个单调递增有上界的无穷数列，于是级数 $\sum\limits_{n=1}^{\infty}(1-\lambda_n/\lambda_{n+1})/f(\lambda_n)$ 收敛. □

II.83 提示 证明 $\lim\limits_{n\to\infty}a_{n+1}/a_n=\mathrm{e}$. □

II.84 解 易见 $f(x)$ 是奇函数，所以令

$$f(x)=\sum_{n=1}^{\infty}a_{2n-1}x^{2n-1}$$

还可直接验证 $f'(x)=2xf(x)+1$, 据此并在收敛域中对幂级数逐项求导，我们得到

$$\sum_{n=1}^{\infty}(2n-1)a_{2n-1}x^{2n-2}=2\sum_{n=1}^{\infty}a_{2n-1}x^{2n}+1$$

也就是

$$\begin{aligned}&a_1+3a_3x^2+5a_5x^4+7a_7x^6+\cdots+(2n-1)a_{2n-1}x^{2n-2}+\cdots\\ =&\ 2(a_1x^2+a_3x^4+a_5x^6+\cdots+a_{2n-1}x^{2n}+\cdots)+1\end{aligned}$$

比较两边同次幂的系数，得到

$$a_1=1,2a_1=3a_3,2a_3=5a_5,\cdots$$

由归纳法可证

$$a_1=1,a_{2n+1}=\frac{2^n}{(2n+1)!!}\quad(n>1)$$

其中 $(2n+1)!!=(2n+1)(2n-1)(2n-3)\cdots5\cdot3\cdot1$. □

II.85 提示 只须考虑幂级数 $\sum\limits_{n=1}^{\infty}(a^n-b^n)x^n=\sum\limits_{n=1}^{\infty}a^nx^n-\sum\limits_{n=1}^{\infty}b^nx^n$ 的收敛半径. 答案： $\max(|a|,|b|)$. □

II.86 提示 证明集合 $\{(x_1,\cdots,x_n)\mid(x_1,\cdots,x_n)\in\mathbb{R}^n,0\leqslant x_1\leqslant\cdots\leqslant x_n\leqslant 1\}$ 包含在以点 $\big(1/(n+1),\cdots,1/(n+1)\big)$ 为中心、 $f(0)^{1/2}$ 为半径的 n 维球中. □

II.87 提示 我们有

$$\frac{a_{n+1}}{a_n}=\left(1-\frac{1}{(n+1)^2}\right)^{(n+1)^2}\left(1+\frac{1}{n}\right)^{n+1/2}$$

将右式记作 $\mathrm{e}^{r_1+r_2}$, 证明 $r_1+r_2<0$. 须应用 Stirling 公式. □

II.88 解 (i) 设 $x\neq 0$. 由 Cauchy 中值定理, 取 $f(x)=1-\cos x, g(x)=x^2/2$, 可得: 当 $x\neq 0$

$$\frac{1-\cos x}{x^2/2}=\frac{\sin\theta}{\theta}$$

其中 θ 介于 0 和 x 之间. 因为无论 $\theta>0$ 或 $\theta<0$ 都有 $\sin\theta/\theta<1$, 所以

$$1-\frac{x^2}{2}<\cos x\quad(x\neq 0)$$

(ii) 设 $x>0$, 类似地, 取 $f(x)=x-\sin x, g(x)=x^3/3!$, 可得

$$\frac{x-\sin x}{x^3/3!}=\frac{1-\cos\theta}{\theta^2/2!}$$

其中 $\theta\in(0,x)$. 依 (i) 中所证结果, $(1-\cos\theta)/(\theta^2/2!)<1$, 所以

$$\sin x>x-\frac{x^3}{3!}\quad(x>0)$$

(iii) 设 $x\neq 0$. 取 $f(x)=\cos x-1+x^2/2, g(x)=x^4/4!$, 得到

$$\frac{\cos x-1-x^2/2!}{x^4/4!}=\frac{-\sin\theta+\theta}{\theta^3/3!}$$

其中 θ 介于 0 和 x 之间. 应用 (ii) 中所证结果, 当 $\theta>0$(即 $x>0$) 时, 上式右边 <1; 当 $\theta<0$(即 $x<0$) 时也有

$$\frac{-\sin\theta+\theta}{\theta^3/3!}=\frac{-\sin|\theta|+|\theta|}{|\theta|^3/3!}<1$$

因此得到

$$\cos x<1-\frac{x^2}{2!}+\frac{x^4}{4!}\quad(x\neq 0)$$

(iv) 设 $x>0$. 取 $f(x)=\sin x-x+x^3/3!, g(x)=x^5/5!$, 并应用 (iii) 中所证结果, 可得

$$\sin x < x-\frac{x^3}{3!}+\frac{x^5}{5!} \quad (x>0)$$

最后, 分别由 (i),(iii) 以及 (ii),(iv) 即可推出题 (a) 和题 (b) 中的不等式. □

II.89 解 我们有

$$1-\frac{x^2}{2}<\cos x<1-\frac{x^2}{2!}+\frac{x^4}{4!} \quad (x\in\mathbb{R})$$

(当 $x=0$ 时上式显然成立, 当 $x\neq 0$ 时见问题 **II.88**). 因此为证本题中的不等式, 只须证明: 当 $x^2+y^2\leqslant \pi$ 时

$$1-\frac{x^2}{2}+\frac{x^4}{24}+1-\frac{y^2}{2}+\frac{y^4}{24}\leqslant 1+1-\frac{x^2y^2}{2}$$

也就是

$$x^4+y^4+12x^2y^2-12(x^2+y^2)\leqslant 0$$

应用极坐标 (θ,r), 上式可改写为

$$r^2(2+5\sin^2 2\theta)\leqslant 24 \quad (r^2\leqslant\pi, \theta\in[0,2\pi])$$

因为 $r^2(2+5\sin^2 2\theta)\leqslant \pi(2+5)=7\pi<24$, 所以题中的不等式成立. □

II.90 解 因为 $x^y, y^x>0$, 所以我们只须证明下列 (更强的) 不等式

$$x^y+y^x>1 \quad (x,y>0)$$

即可推出所要的结果.

当 $x\geqslant 1$ 或 $y\geqslant 1$ 时上述不等式显然成立. 现在设 $x,y\in(0,1)$. 记 $x=ty$. 注意要证的不等式关于 x,y 对称, 不妨认为 $0<t\leqslant 1$(若 $t>1$, 则 $y=t^{-1}x$, 其中 $0<t^{-1}\leqslant 1$). 因为函数 $f(x)=x^x\,(0<x<1)$ 在 $x=\mathrm{e}^{-1}$ 时有最小值 $a=\mathrm{e}^{-1/\mathrm{e}}$(见问题 **II.52** 的 **注**), 并且当 $0<t\leqslant 1, 0<x<1$ 时 $t^x\geqslant t$, 所以

$$x^y+y^x\geqslant a^t+ta$$

定义函数 $g(t)=a^t+ta\,(t\in\mathbb{R})$, 那么

$$g'(t)=a^t\log a+a=-\frac{1}{\mathrm{e}}a^t+a$$

由此可算出函数 f 只有一个局部极小值点 $t_0=1-\mathrm{e}<0$, 并且在 (t_0,∞) 上严格单调递增, 以及 $g(0)=1$. 于是我们有 $x^y+y^x>1$. □

II.91 解 定义函数

$$h(x)=\frac{f(x)}{x}=1-\frac{x}{6}+\frac{x^3}{24}\sin\frac{1}{x}\quad(0<x<1)$$

那么

$$h'(x)=-\frac{x}{3}+\frac{x^2}{8}\sin\frac{1}{x}-\frac{x}{24}\cos\frac{1}{x}$$

由此可知当 $0<x<1$ 时 $h'(x)<0$, 所以 $h(x)$ 在区间 $(0,1)$ 上严格单调递减. 注意 $y,z>0,y+z<1$, 所以

$$h(y+z)<h(y),h(y+z)<h(z)$$

由此得到

$$yh(y+z)+zh(y+z)<yh(y)+zh(z)$$

于是由 $h(x)$ 的定义推出 $f(y+z)<f(y)+f(z)$. □

II.92 解 我们有

$$\frac{n^k}{k!}|k-n|=\sqrt{\frac{n^k}{k!}}\cdot|k-n|\sqrt{\frac{n^k}{k!}}$$

应用 Cauchy-Schwarz 不等式可得

$$\begin{aligned}\left(\sum_{k=0}^{\infty}\frac{n^k}{k!}|k-n|\right)^2 &= \left(\sum_{k=0}^{\infty}\sqrt{\frac{n^k}{k!}}\cdot|k-n|\sqrt{\frac{n^k}{k!}}\right)^2\\ &\leqslant \left(\sum_{k=0}^{\infty}\frac{n^k}{k!}\right)\left(\sum_{k=0}^{\infty}(k-n)^2\frac{n^k}{k!}\right)=\mathrm{e}^n\sum_{k=0}^{\infty}(k-n)^2\frac{n^k}{k!}\end{aligned}$$

因为 $(k-n)^2=k(k-1)+k-2kn+n^2$, 所以

$$\begin{aligned}\sum_{k=0}^{\infty}(k-n)^2\frac{n^k}{k!} &= n^2\sum_{k=2}^{\infty}\frac{n^{k-2}}{(k-2)!}+n\sum_{k=1}^{\infty}\frac{n^{k-1}}{(k-1)!}-\\ &\quad 2n^2\sum_{k=1}^{\infty}\frac{n^{k-1}}{(k-1)!}+n^2\sum_{k=0}^{\infty}\frac{n^k}{k!}\\ &= (n^2+n-2n^2+n^2)\mathrm{e}^n=n\mathrm{e}^n\end{aligned}$$

从而

$$\left(\sum_{k=0}^{\infty}\frac{n^k}{k!}|k-n|\right)^2\leqslant n\mathrm{e}^{2n}$$

于是立即得到所要的不等式. □

II.93 解 (a) 考虑使 $\beta \leqslant m-(m/\mathrm{e})(1+1/m)^m$ 成立的最优的 β. 为此令

$$f(x)=\frac{1}{x}-\frac{1}{\mathrm{e}x}(1+x)^{1/x} \quad (0<x\leqslant 1)$$

函数 f 在 $(0,1]$ 上单调递减, $\beta=f(1)=1-2/\mathrm{e}$ 是最优值.

(b) 不等式 $(1+1/m)^m \leqslant \mathrm{e}(1+1/m)^{-\alpha}$ 等价于 $\alpha \leqslant 1/\log(1+1/m)-m$. 令

$$g(x)=\frac{1}{\log(1+x)}-\frac{1}{x} \quad (0<x\leqslant 1)$$

函数 g 在 $(0,1]$ 上单调递减, $\alpha=g(1)=1/\log 2-1$ 是最优值. □

II.94 解 (i) 令

$$\begin{aligned} c_n &= \frac{(n+1)^n\cdots(n+k-1)^n(n+k)^n}{n^{n-1}\cdots(n+k-2)^{n-1}(n+k-1)^{n-1}} \\ &= \left(\frac{n+k}{n}\right)^n n(n+1)\cdots(n+k-1) \end{aligned}$$

则有

$$c_1\cdots c_n=(n+1)^n\cdots(n+k)^n$$

于是由算术 – 几何平均不等式得

$$\begin{aligned} &\sum_{n=1}^{N}\sqrt[n]{a_1\cdots a_n} \\ \leqslant\ & \sum_{n=1}^{N}\frac{a_1c_1+\cdots+a_nc_n}{n(n+1)\cdots(n+k)} \\ =\ & a_1c_1\left(\frac{1}{1\cdot 2\cdot\ \cdots\ \cdot(1+k)}+\cdots+\frac{1}{N(N+1)\cdots(N+k)}\right)+ \\ & a_2c_2\left(\frac{1}{2\cdot 3\cdot\ \cdots\ \cdot(2+k)}+\cdots+\frac{1}{N(N+1)\cdots(N+k)}\right)+\cdots+ \\ & a_Nc_N\frac{1}{N(N+1)\cdots(N+k)} \end{aligned}$$

(ii) 对于任何 $l\in\mathbb{N}$

$$\frac{1}{l(l+1)\cdots(l+k)}=\frac{1}{k}\left(\frac{1}{l(l+1)\cdots(l+k-1)}-\frac{1}{(l+1)\cdots(l+k)}\right)$$

所以上面不等式的右边表达式中, a_1c_1 的系数等于

$$\frac{1}{k}\sum_{l=1}^{N}\left(\frac{1}{l(l+1)\cdots(l+k-1)}-\frac{1}{(l+1)\cdots(l+k)}\right)<\frac{1}{k}\cdot\frac{1}{k!}$$

同理，a_1c_1 的系数等于

$$\begin{aligned}
&\frac{1}{k}\sum_{l=2}^{N}\left(\frac{1}{l(l+1)\cdots(l+k-1)}-\frac{1}{(l+1)\cdots(l+k)}\right)\\
<\quad&\frac{1}{k}\cdot\frac{1}{2\cdot 3\cdots(k+1)}
\end{aligned}$$

等等. 应用这些结果可由 (i) 中得到的不等式推出

$$\begin{aligned}
\sum_{n=1}^{N}\sqrt[n]{a_1\cdots a_n} \quad < \quad & \frac{1}{k}\Big(\frac{1}{k!}a_1c_1+\frac{1}{2\cdot 3\cdots(1+k)}a_2c_2+\cdots+\\
&\frac{1}{N(N+1)\cdots(N+k-1)}a_Nc_N\Big)
\end{aligned}$$

(iii) 最后注意，对于任何 $l\in\mathbb{N}$ 有

$$\frac{1}{l(l+1)\cdots(l+k-1)}c_l=\left(\frac{l+k}{l}\right)^l$$

因此由 (ii) 得到

$$\sum_{n=1}^{N}\sqrt[n]{a_1\cdots a_n}<\frac{1}{k}\sum_{l=1}^{N}\left(\frac{l+k}{l}\right)^l a_l$$

在此不等式两边令 $N\to\infty$, 即得所要证的不等式. □

II.95 提示 参见问题 **II.93**. □

II.96 提示 参见问题 **5.8**. 因为 $a>b>0>c$, 所以对于所有 t, $f(0,t,0)>f(0,0,0)=0>f(0,0,t)$, 因而 $(0,0,0)$ 不是极值点. 类似于问题 **5.8**,$(0,\pm1,0)$ 不是极值点. $(\pm1,0,0)$ 和 $(0,0,\pm1)$ 分别是极大和极小值点. □

II.97 提示 *解法 1* 点集 G 是一个椭圆, 引入参数 t, 令 $x=(\cos t)/2, y=\sin t$. 则目标函数

$$\phi(t)=\frac{1}{4}\cos^2 t+\sin^2 t+\frac{3}{4}\cos t+1=-\frac{3}{4}\cos^2 t+\frac{3}{4}\cos t+2$$

由 $\phi'(t)=0$ 得到驻点 $t_1=0, t_2=\pi, t_3=\pi/3, t_4=5\pi/3$. 当 $t\in(0,\pi/3)$ 和 $(\pi,5\pi/3)$ 时 ϕ 单调增加; 当 $t\in(\pi/3,\pi)$ 和 $(5\pi/3,2\pi)$ 时 ϕ 单调减少. 最大值是 $35/16$(当点 $(1/4,\pm\sqrt{3}/2)$); 最小值是 $1/2$(当点 $(-1/,0)$).

解法 2 定义 Lagrange 函数 $F(x,y,\lambda)=f(x,y)-\lambda(4x^2+y^2-1)$. 由 $\partial F/\partial x=0$ 等得到

$$2x+\frac{3}{2}-8\lambda x=0, 2y-2\lambda y=0, 4x^2+y^2=1$$

由第二个方程推出 $\lambda=1$ 或 $y=0$. 若 $\lambda=1$, 则得 $x=1/4, y=\pm\sqrt{3}/2$; 若 $y=0$, 则得 $x=\pm 1/2$. □

II.98 解 由问题的几何意义，最值存在. 定义

$$
\begin{aligned}
F(x,y,z,\lambda,\mu) &= x^2+y^2+z^2+\\
&\quad \lambda\left(\frac{x^2}{4}+\frac{y^2}{5}+\frac{z^2}{25}-1\right)+\mu(z-x-y)
\end{aligned}
$$

由 $\partial G/\partial x=0$ 等等得到

$$
2x+\frac{\lambda}{2}x-\mu=0, 2y+\frac{2\lambda}{5}y-\mu=0, 2z+\frac{2\lambda}{25}z-\mu=0
$$

于是

$$
x=\frac{2\mu}{\lambda+4}, y=\frac{5\mu}{2\lambda+10}, z=-\frac{25\mu}{2\lambda+50}
$$

由第一个约束条件知 $(x,y,z)\neq(0,0,0)$, 所以 $\mu\neq 0$. 由第二个约束条件得到

$$
25(\lambda+4)(2\lambda+10)+2(2\lambda+50)(2\lambda+10)+5(2\lambda+50)(\lambda+4)=0
$$

解得 $\lambda=-10$ 及 $\lambda=-75/17$.

当 $\lambda=-10$ 时，有 $x=-\mu/3, y=-\mu/2, z=-5\mu/6$, 代入第一个约束方程得 $\mu=\pm 6\sqrt{5/19}$, 从而

$$
(x,y,z)=\pm(2\sqrt{5/19}, 3\sqrt{5/19}, 5\sqrt{5/19})
$$

它们都给出距离 $d=10$(由下面可知是最大距离).

当 $\lambda=-75/17$ 时，类似地得到 $\mu=\pm 140/(17\sqrt{646})$, 从而

$$
(x,y,z)=(\pm 40/\sqrt{646}, \mp 35\sqrt{646}, \pm 5\sqrt{646})
$$

它们都给出距离 $d=2\,850/646<10$(所以是最小距离). □

II.99 解 (a) 由 $|f(x,y)|\leqslant x^2+y^2$ 可推出结论.

(b) 在直线 $x=0$ 上，所给函数 f 成为 $\phi(y)=f(0,y)=y^2\cos(2y^2/\pi)$. 于是 $\phi(0)=0$; 且当 $0<|y|<\pi/2$ 时 $\phi(y)>0$. 因此 ϕ 在 $y=0$ 有严格局部极小.

在直线 $y=kx$ 上，函数 f 成为

$$
\psi(x)=\begin{cases} f(x,kx)=x^2(1+k^2)\cos\left(x^2\dfrac{1+k^2}{\arctan k}\right), & \text{当 } k\neq 0 \\ x^2, & \text{当 } k\neq 0 \end{cases}
$$

若 $k\neq 0$, 则 $\psi(0)=0$, 且当 $0<|x|<\left(\pi|\arctan k|/(2+2k^2)\right)^{1/2}$ 时 $\psi(x)>0$. 因此 ψ 在 $x=0$ 有严格局部极小. 若 $k=0$, 则结论显然成立.

(c) 考虑任何一个含有点 $(0,0)$ 的开集 $\{(x,y)\mid x^2+y^2<\delta^2\}$, 其中取定 $0<\delta<\sqrt{\pi}$. 取此集合中的点 (x,y), 其坐标满足

$$x^2=\frac{\delta^2}{4(1+\tan^2\alpha)},y=x\tan\alpha\neq 0$$

其中 $\alpha=\delta^2/(4\pi)$. 那么 $x^2+y^2=\delta^2/4<\delta^2$, 所以点 (x,y) 在上述开集中，并且

$$f(x,y)=\frac{\delta^2}{4}\cos\left(\frac{4^{-1}\delta^2}{(4\pi)^{-1}\delta^2}\right)=-\frac{\delta^2}{4}<0$$

因为 $f(0,0)=0$, 所以 f 在 $(0,0)$ 没有局部极小. □

II.100 解 (a) 注意 $|f(r,\theta)|<r^2$.

(b) 作以原点为中心的球 $|r|<a$, 其中取定 $0<a<1$. 取 $\theta=a/(2\pi)$. 于是点 $(r,\theta)=(a/2,\theta)$ 满足 $|r|<a$ 以及 $r/\theta=\pi$. 即点 (r,θ) 在上述球中. 由 $f(r,\theta)=-a^2/4<0, f(0,0)=0$ 可知 f 在原点不取局部极小.

(c) 在极坐标系中过原点的直线可表示为 $\theta=\alpha$(常数). 若 $\alpha=0$(即 x 轴), 则 $f(r,\theta)=f(r,0)=r^2$, 因而 f 限制在直线 $\theta=0$ 上在 $(0,0)$ 有严格局部极小. 若 $\alpha\neq 0$, 则当 $0<|r|<|\alpha|\pi/2$ 时, $\cos(r/\alpha)>0$, 因而 $f(r,\alpha)>0$, 从而同样的结论也成立. □

II.101 解 我们有

$$F'(x)=\sqrt{x^4+(x-x^2)^2}+\int_0^x\frac{(x-x^2)(1-2x)}{\sqrt{t^4+(x-x^2)^2}}\mathrm{d}t$$

若 $0<x<1/2$, 则 $(x-x^2)(1-2x)>0$, 于是 $F'(x)>0$. 若 $1/2\leqslant x<1$, 则 $2x-1\geqslant 0, x-x^2>0$, 因而

$$\begin{aligned}F'(x)&=\sqrt{x^4+(x-x^2)^2}-\int_0^x\frac{(x-x^2)(2x-1)}{\sqrt{t^4+(x-x^2)^2}}\mathrm{d}t\\&\geqslant\sqrt{x^4+(x-x^2)^2}-(x-x^2)(2x-1)\int_0^x\frac{\mathrm{d}t}{\sqrt{(x-x^2)^2}}\\&=\sqrt{x^4+(x-x^2)^2}-x(2x-1)\end{aligned}$$

因为

$$\left(\sqrt{x^4+(x-x^2)^2}\right)^2-\left(x(2x-1)\right)^2=2x^3(1-x)>0$$

所以 $1/2 \leqslant x < 1$ 时也 $F'(x) > 0$. 因此当 $x \in (0,1)$ 时, $F(x)$ 严格单调增加. 注意函数 $F(x)$ 在 $[0,1]$ 的端点上的值 $F(0)=0, F(1)=1/3$, 我们得知所求的最大值是 $F(1)=1/3$. □

II.102 提示 (i) 为计算 $\max\limits_{\boldsymbol{x}\in G} f(\boldsymbol{x})$, 令 $F(\boldsymbol{x}) = \log f(\boldsymbol{x})$. 由

$$\frac{\partial F}{\partial x_k}(\boldsymbol{x}) = \frac{1}{x_k}\left(r - \frac{x_k}{1-x_k} + (2r+1)\frac{x_1\cdots x_{m+1}}{1-x_1\cdots x_{m+1}}\right) = 0$$
$$(k=1,\cdots,m+1)$$

可知 f 的最大值在正方体 $[0,1]^{m+1}$ 的对角线 $x_1=\cdots=x_{m+1}$ 上达到. 因此, 若令

$$\varphi = (2r+1)^{2r+1}\max_{\boldsymbol{x}\in G} f(\boldsymbol{x})$$

则有

$$\varphi = (2r+1)^{2r+1}\max_{s\in[0,1]}\left(\frac{s^{r(m+1)}(1-s)^{m+1}}{(1-s^{m+1})^{2r+1}}\right)$$

(ii) 为求上式中的最大值, 由

$$\frac{\mathrm{d}}{\mathrm{d}s}\left(\frac{s^{r(m+1)}(1-s)^{m+1}}{(1-s^{m+1})^{2r+1}}\right) = 0$$

可知要求出多项式

$$Q(s) = rs^{m+2} - (r+1)s^{m+1} + (r+1)s - r$$

在 $[0,1]$ 中的零点. 注意当 $s \in [0, r/(r+1)]$ 时, $Q(s) = s^{m+1}(rs-r-1) + \big((r+1)s-r\big) < 0$. 还有

$$Q'(s) = r(m+2)s^{m+1} - (r+1)(m+1)s^m + r + 1$$
$$Q''(s) = (m+1)s^{m-1}\big(r(m+2)s - (r+1)m\big)$$

因此 $Q'(0) = r+1 > 0, Q'(1) = 2r-m < 0, Q''(s) < 0$(当 $s \in [0,1]$). 由此推出 Q 在 $[0,1)$ 中有一个单根 s_0, 且 $s_0 \in \big(r/(r+1), 1\big)$. 容易验证当 $s = s_0$ 时达到最大值.

(iii) 由关系式 $Q(s_0) = rs_0^{m+2} - (r+1)s_0^{m+1} + (r+1)s_0 - r = 0$ 可解出

$$s_0^{m+1} = \frac{(r+1)s_0 - r}{r+1-rs_0}$$

于是

$$\begin{aligned}\varphi &= (2r+1)^{2r+1}\cdot\frac{s_0^{r(m+1)}(1-s_0)^{m+1}}{(1-s_0^{m+1})^{2r+1}}\\ &= \big((r+1)s_0 - r\big)^r(r+1-rs_0)^{r+1}(1-s_0)^{m-2r}\end{aligned}$$

最后，由 $r/(r+1) < s_0 < 1$ 及上式得

$$\begin{aligned}\varphi &< ((r+1)\cdot 1 - r)^r \left(r+1-r\cdot\frac{r}{r+1}\right)^{r+1}\left(1-\frac{r}{r+1}\right)^{m-2r} \\ &= \frac{(2r+1)^{r+1}}{(r+1)^{m-r+1}} < \frac{(2r+2)^{r+1}}{(r+1)^{m-r+1}} < \frac{2^{r+1}}{r^{m-2r}}\end{aligned}$$

□

II.103 提示 类似于问题 8.16 可知

$$\psi(x,y) = g(r) = \iint\limits_{u^2+v^2\leqslant 1} \log\left((u-r)^2+v^2\right)\mathrm{d}u\mathrm{d}v$$

并且用同样的方法可证 $\psi(x,y)\in C^1(\mathbb{R}^2)$ 以及

$$g'(r) = -\int_{-\pi}^{\pi}\cos\theta\log(1-2r\cos\theta+r^2)\mathrm{d}\theta$$

我们算出

$$g'(r) = 4r\int_0^{\pi}\frac{\sin^2\theta\mathrm{d}\theta}{1-2r\cos\theta+r^2}$$

将右边的积分分拆为 $\int_0^{\pi/2}+\int_{\pi/2}^{\pi}$，则得

$$\begin{aligned}g'(r) &= 4r(1+r^2)\int_0^{\pi/2}\frac{\sin^2\theta\mathrm{d}\theta}{(1+r^2)^2-4r^2\cos^2\theta} \\ &= \frac{\pi}{r}(1+r^2-|1-r^2|) = 2\pi\min(r,r^{-1})\end{aligned}$$

因为 (化为极坐标 (θ,ρ))

$$g(0) = \iint\limits_{u^2+v^2\leqslant 1}\log\left(u^2+v^2\right)\mathrm{d}u\mathrm{d}v = 2\pi\int_0^1\rho\log\rho^2\mathrm{d}\rho = -\pi$$

所以在 $g'(r)=2\pi\min(r,r^{-1})$ 两边积分，可知 $g(r)=\pi(r^2-1)$(当 $0\leqslant r\leqslant 1$), 以及 $g(r)=2\pi\log r$(当 $r\geqslant 1$). □

II.104 提示 化为球坐标，算出

$$f(\rho) = 4\pi\int_0^{\rho} r^3 f(r)\mathrm{d}r + \rho^4$$

对 ρ 求导得

$$f'(\rho) = 4\pi f(\rho)\rho^3 + 4\rho^3$$

由此及 $f(0)=0$ 可推出 $f(x)=(\mathrm{e}^{\pi x^4}-1)/\pi$. □

II.105 解 对积分

$$u(x) = \int_0^{\pi}\cos(n\phi - x\sin\phi)\mathrm{d}\phi$$

应用 Leibnitz 公式，我们有

$$u'(x) = \int_0^\pi \sin\phi \sin(n\phi - x\sin\phi)\mathrm{d}\phi$$
$$u''(x) = -\int_0^\pi \sin^2\phi \cos(n\phi - x\sin\phi)\mathrm{d}\phi$$

于是

$$\begin{aligned} & x^2u'' + xu + (x^2 - n^2)u \\ = & \cdots = \int_0^\pi \Big((x^2\cos^2\phi - n^2)\cos(n\phi - x\sin\phi) + \\ & x\sin\phi\sin(n\phi - x\sin\phi)\Big)\mathrm{d}\phi \\ = & -(n + x\cos\phi)\sin(n\phi - x\sin\phi)\Big|_0^\pi = 0 \end{aligned}$$ □

II.106 解 令

$$F(x) = \left(\int_0^x w(t)f(t)\mathrm{d}t\right)^p - p2^{1-p}\int_0^x w(t)f^{2p-1}(t)\mathrm{d}t$$

那么 $F(0) = 0$, 以及

$$F'(x) = pw(x)f(x)\left(\left(\int_0^x w(t)f(t)\mathrm{d}t\right)^{p-1} - 2^{1-p}f^{2(p-1)}(x)\right)$$

还令

$$G(x) = \int_0^x w(t)f(t)\mathrm{d}t - \frac{1}{2}f^2(x)$$

那么

$$G(0) = 0, G'(x) = f(x)\big(w(x) - f'(x)\big)$$

若 $0 \leqslant f'(x) \leqslant w(x)$, 则 $f(x) \geqslant f(0) = 0$, 并且 $G'(x) > 0$. 于是 $G(x) \geqslant G(0) = 0$, 从而 $F'(x) \geqslant 0$. 由此可知 $F(x) \geqslant F(0) = 0$, 即得题中的不等式.

类似地，若 $f'(x) \geqslant w(x) \geqslant 0$, 则可推出 $G'(x) \leqslant 0$. 于是 $G(x) \leqslant G(0) = 0$, 从而 $F'(x) \leqslant 0$. 由此可知 $F(x) \leqslant F(0) = 0$, 即得反向不等式. □

II.107 解 因为 f 是 $[0,1]$ 上的凹函数，且 $f(0) = 1$, 所以当 $0 \leqslant x \leqslant 1$, 对任何 $p > 0$ 有

$$\begin{aligned} xf(x^{1/p}) + 1 - x &= xf(x^{1/p}) + (1-x)\cdot f(0) \\ &\leqslant f\big(x\cdot x^{1/p} + (1-x)\cdot 0\big) = f(x^{1+1/p}) \end{aligned}$$

左右两边乘以 $(1+1/p)x^{1/p}$, 并对 x 在 $[0,1]$ 上积分，可得

$$\begin{aligned} & \left(1 + \frac{1}{p}\right)\int_0^1 x^{1/p}\big(xf(x^{1/p}) + 1 - x\big)\mathrm{d}x \\ \leqslant & \left(1 + \frac{1}{p}\right)\int_0^1 x^{1/p}f(x^{1+1/p})\mathrm{d}x \end{aligned}$$

在左右两边的积分中分别作代换 $x=u^p$ 和 $x=u^{p/(p+1)}$, 我们得到

$$(p+1)\int_0^1 u^{2p}f(u)\mathrm{d}u+\frac{p}{2p+1}\leqslant\int_0^1 f(u)\mathrm{d}u$$

因为对于任何实数 t 有 $-(2t-1)^2\leqslant 0$, 即 $t\leqslant t^2+1/4$, 所以

$$\int_0^1 f(u)\mathrm{d}u\leqslant\left(\int_0^1 f(u)\mathrm{d}u\right)^2+\frac{1}{4}$$

因而

$$(p+1)\int_0^1 u^{2p}f(u)\mathrm{d}u+\frac{p}{2p+1}\leqslant\left(\int_0^1 f(u)\mathrm{d}u\right)^2+\frac{1}{4}$$

也就是

$$(p+1)\int_0^1 u^{2p}f(u)\mathrm{d}u+\frac{p}{2p+1}-\frac{1}{4}\leqslant\left(\int_0^1 f(u)\mathrm{d}u\right)^2$$

于是

$$(p+1)\int_0^1 u^{2p}f(u)\mathrm{d}u+\frac{2p-1}{8p+4}\leqslant\left(\int_0^1 f(u)\mathrm{d}u\right)^2$$

取 $p=1$, 即得所要证的不等式. □

II.108 解 首先注意当 $x>0,y>0,x\neq y$ 时, 对于任何 $r\neq 0, x^r-y^r$ 与 $\log(x^r/y^r)$ 同号, 因此 $L_r(x,y)$ 有定义.

(i) 因为当任何 $r\neq 0$(当然 $x\neq y$, 后同此)

$$\begin{aligned}L_r(x,y)L_{-r}(x,y)&=\left(\frac{x^r-y^r}{r\log\dfrac{x}{y}}\cdot\frac{-r\log\dfrac{x}{y}}{x^{-r}-y^{-r}}\right)^{1/r}\\&=\left(\frac{x^r-y^r}{r\log\dfrac{x}{y}}\cdot\frac{-r\log\dfrac{x}{y}}{(x^{-r}y^{-r})(y^r-x^r)}\right)^{1/r}=xy\end{aligned}$$

所以由算术 - 几何平均不等式立得题中不等式的左半

$$\sqrt{xy}=\sqrt{L_r(x,y)L_{-r}(x,y)}\leqslant\frac{1}{2}\left(L_r(x,y)+L_{-r}(x,y)\right)$$

(ii) 为证右半不等式, 令

$$S_r(x,y)=L_r(x,y)+L_{-r}(x,y)$$

那么我们有下列对称关系

$$S_r(x,y)=S_r(y,x)=S_{-r}(x,y)=S_{-r}(y,x)$$

因此，不失一般性，下面可设 $r>0, x>y>0$, 并简记 $L_r=L_r(x,y)$.

令 $f(t)=t-1-\log t$, $g(t)=1-t+t\log t$, 那么当 $t>1$ 时， $f'(t)=1-1/t>0, g'(t)=\log t>0$, 所以 $f(t)$ 和 $g(t)$ 在 $(1,\infty)$ 上单调递增. 因为 $f(1)=g(1)=0$, 所以当 $t>1$ 时， $f(t)>0, g(t)>0$, 从而

$$1<\frac{t-1}{\log t}<t \quad (t>1)$$

在其中取 $t=(x/y)^r$, 即得

$$y^r<\frac{x^r-y^r}{r\log\dfrac{x}{y}}<x^r$$

因而 $y<L_r<x$, 于是 $(x-L_r)(L_r-y)>0$. 将此式展开得到

$$xL_r-xy-L_r^2+yL_r>0$$

注意 (i) 中已证 $L_rL_{-r}=xy$, 将此代入上式可得

$$xL_r-L_rL_{-r}-L_r^2+yL_r>0$$

也就是

$$L_r(x+y-L_r-L_{-r})>0$$

因此 $x+y-L_r-L_{-r}>0$, 即得右半不等式. □

II.109 解 由题设可知

$$\sum_{i=1}^{\infty}\frac{n_i}{2^i}<\sum_{j=1}^{n}a_j=1, \sum_{i=1}^{\infty}n_i=n$$

于是由 Cauchy-Schwarz 不等式得到

$$\begin{aligned}
\sum_{i=1}^{\infty}\sqrt{\frac{n_i}{2^i}} &= \sum_{i=1}^{[\log_2 n]}\sqrt{\frac{n_i}{2^i}}+\sum_{i=[\log_2 n]+1}^{\infty}\sqrt{\frac{n_i}{2^i}} \\
&\leqslant \left(\sum_{i=1}^{[\log_2 n]}1\right)^{1/2}\left(\sum_{i=1}^{[\log_2 n]}\frac{n_i}{2^i}\right)^{1/2}+ \\
&\quad \left(\sum_{i=[\log_2 n]+1}^{\infty}n_i\right)^{1/2}\left(\sum_{i=[\log_2 n]+1}^{\infty}\frac{1}{2^i}\right)^{1/2} \\
&\leqslant \sqrt{\log_2 n}+\sqrt{n}\cdot 2^{-([\log_2 n]+1)/2}\left(\sum_{i=0}^{\infty}\frac{1}{2^i}\right)^{1/2} \\
&\leqslant \sqrt{\log_2 n}+\sqrt{n}\cdot 2^{-(\log_2 n)/2}\cdot\sqrt{2}=\sqrt{\log_2 n}+\sqrt{2}.
\end{aligned}$$

□

II.110 解 已知当 $x>0$ 时 $\Gamma(x)>0$, 并且

$$\frac{\Gamma'(x)}{\Gamma(x)}=-\gamma-\frac{1}{x}+\sum_{u=1}^{\infty}\left(\frac{1}{u}-\frac{1}{x+u}\right)$$

其中 γ 是 Euler-Mascheroni 常数 (见问题 **8.24**). 于是

$$\left(\frac{\Gamma'(x)}{\Gamma(x)}\right)'=\sum_{u=1}^{\infty}\frac{1}{(x+u)^2}>0$$

因此 $\Gamma'(x)/\Gamma(x)$ 严格单调递增. 另外, 因为 $\Gamma(x+1)=x\Gamma(x)$, 所以

$$\int_x^{x+1}\frac{\Gamma'(t)}{\Gamma(t)}\mathrm{d}t=\log\Gamma(x+1)-\log\Gamma(x)=\log x$$

并且由中值定理, 还有

$$\log x=\int_x^{x+1}\frac{\Gamma'(t)}{\Gamma(t)}\mathrm{d}t=\frac{\Gamma'(\xi)}{\Gamma(\xi)}$$

其中 $x<\xi<x+1$. 于是我们得到

$$\frac{\Gamma'(x+1)}{\Gamma(x+1)}>\frac{\Gamma'(\xi)}{\Gamma(\xi)}=\log x$$ □

II.111 解 令

$$P(x)=\prod_{i=1}^{n}(x-x_i)=\sum_{k=0}^{n}a_kx^k$$

以及

$$\max_{0\leqslant k\leqslant n}|a_k|=|a_m|$$

显然 $|a_m|\geqslant 1$. 于是

$$\begin{aligned}\sum_{k=0}^{n}a_kS_{k-m} &= \sum_{k=0}^{n}\sum_{j=1}^{n}a_kb_jx_j^{k-m}=\sum_{j=1}^{n}b_jx_j^{-m}\sum_{k=0}^{n}a_kx_j^k\\ &= \sum_{j=1}^{n}b_jx_j^{-m}P(x_j)=\sum_{j=1}^{n}b_jx_j^{-m}\cdot 0=0\end{aligned}$$

因此

$$\begin{aligned}|S_0| &= \left|\sum_{0\leqslant k\leqslant n;k\neq m}\left(-\frac{a_k}{a_m}\right)S_{k-m}\right|\\ &\leqslant \sum_{0\leqslant k\leqslant n;k\neq m}|S_{k-m}|\leqslant n\max_{0\leqslant |k|\leqslant n}|S_k|\end{aligned}$$ □

II.112 解 由

$$\begin{aligned}\log(1+t) &= t-\frac{t^2}{2}+\left(\frac{t^3}{3}-\frac{t^4}{4}\right)+\left(\frac{t^5}{5}-\frac{t^6}{6}\right)+\cdots\\ &= t-\left(\frac{t^2}{2}-\frac{t^3}{3}\right)-\left(\frac{t^4}{4}-\frac{t^5}{5}\right)-\cdots\end{aligned}$$

可知 $t-t^2/2<\log(1+t)<t\,(0<t\leqslant 1)$ 于是当 $0<x\leqslant 1$ 时

$$f(x)=\int_0^x\frac{\log(1+t)}{1+t}\mathrm{d}t>\frac{1}{1+x}\int_0^x\left(t-\frac{t^2}{2}\right)\mathrm{d}t\geqslant\frac{1}{3}\cdot\frac{x^2}{1+x}$$

由此可得

$$\begin{aligned}\sum_{n=1}^{\infty}f\left(\frac{1}{n}\right) &> \frac{1}{3}\sum_{n=1}^{\infty}\frac{1/n^2}{1+1/n}=\frac{1}{3}\sum_{n=1}^{\infty}\frac{1}{n(n+1)}\\ &= \frac{1}{3}\sum_{n=1}^{\infty}\left(\frac{1}{n}-\frac{1}{n+1}\right)=\frac{1}{3}\end{aligned}$$

类似地，当 $0<x\leqslant 1$ 时

$$\begin{aligned}f(x) &= \int_0^x\frac{\log(1+t)}{1+t}\mathrm{d}t\\ &< \int_0^x\frac{t}{1+t}\mathrm{d}t=\int_0^x\left(1-\frac{1}{1+t}\right)\mathrm{d}t\\ &= x-\log(1+x)=x-\left(x-\frac{x^2}{2}+\frac{x^3}{3}+\cdots\right)\\ &= \frac{x^2}{2}-\left(\frac{x^3}{3}-\frac{x^4}{4}\right)-\cdots<\frac{x^2}{2}\end{aligned}$$

由此得到

$$\sum_{n=1}^{\infty}f\left(\frac{1}{n}\right)<\frac{1}{2}\sum_{n=1}^{\infty}\frac{1}{n^2}=\frac{\pi^2}{12}$$

□

II.113 提示 (a) 参考问题 **1.11**(b) 的 解法 2. 考虑数列

$$y_n=a_n-\frac{n+1}{cn}\cdot a_{n-1}$$

其中 c 是某个常数.

(b) 在题 (a) 中取 $\lambda=-2, a=1$. □

II.114 提示 参考问题 **1.12**(a) 的 解法 2, 考虑数列

$$z_n = a_{n+1} + \frac{2}{3}a_n \quad (n \geqslant 1)$$

证明它收敛. 记其极限为 z, 则数列 (a_n) 收敛于 $a = 3z/5$. □

II.115 解 因为对于任何固定的 x 函数 $y(t) = 1/(2^t + x)$ 单调递减, 所以

$$\int_0^\infty \frac{\mathrm{d}t}{2^t + x} \leqslant \sum_{n=0}^\infty \frac{1}{2^n + x} \leqslant \frac{1}{1+x} + \int_0^\infty \frac{\mathrm{d}t}{2^t + x}$$

又依据

$$\frac{\mathrm{d}}{\mathrm{d}t}\log(1 + 2^{-t}x) = \frac{(\log 2)2^{-t}x}{1 + 2^t x} = -\frac{(\log 2)x}{2^t + x}$$

算出

$$\int_0^\infty \frac{\mathrm{d}t}{2^t + x} = -\frac{1}{x\log 2}\log(1 + 2^{-t}x))\Big|_0^\infty = \frac{\log(1+x)}{x\log 2}$$

所以

$$\frac{\log(1+x)}{x\log 2} \leqslant \sum_{n=0}^\infty \frac{1}{2^n + x} \leqslant \frac{1}{1+x} + \frac{\log(1+x)}{x\log 2}$$

由此立得 $f(x) \sim \log(1+x)/(x\log 2)\,(x \to \infty)$. □

II.116 解 (a) 由题设可知 $f(0) = 0, f(2x) = f^2(x)$. 由归纳法得 $f(x) = f^2(x/2) = f^{2^2}(x/2^2) = \cdots = f^{2^n}(x/2^n)$. 因此 $f(x) \geqslant 0$, 并且

$$f\left(\frac{x}{2^n}\right) = \sqrt[2^n]{f(x)}$$

如果 $f(x) > 0$, 那么在上式两边令 $n \to \infty$, 依 $f(x)$ 在点 0 处的连续性得到 $0 = 1$. 因此 $f(x)$ 恒等于零.

(b) 令 $x = \tanh u, y = \tanh v$, 那么

$$\frac{x+y}{1+xy} = \frac{\tanh u + \tanh v}{1 + \tanh u \tanh v} = \tanh(u+v)$$

于是题中的方程成为

$$f\big(\tanh(u+v)\big) = f(\tanh u) + f(\tanh v)$$

这表明函数 $g(u) = f(\tanh u)$ 满足 Cauchy 函数方程 $g(u) + g(v) = g(u+v)$. 注意当且仅当 $x \in (-1,1)$ 时 $u \in \mathbb{R}$, 并且当且仅当 $f(x)$ 在 $(-1,1)$ 上连续时 $g(u)$ 在 $\mathbb{R}$ 上连续. 因此依问题 **7.5**(a), $g(u) = au$(其中 a 是常数). 由 $x = \tanh u$ 解出

$$u = \frac{1}{2}\log\frac{1+x}{1-x}$$

我们最终得到

$$f(x)=\frac{1}{2}a\log\frac{1+x}{1-x}\quad(|x|<1)$$

(c) 注意函数 $g(x)=f(x)\mathrm{e}^{-x}$ 满足 Cauchy 函数方程. 答案是 $f(x)=ax\mathrm{e}^{x}$(细节从略).

(d) 在题给函数方程中用 $(x-1)/x$ 代 x, 可得

$$f\left(\frac{x-1}{x}\right)+f\left(\frac{-1}{x-1}\right)=\frac{2x-1}{x}$$

类似地，在原函数方程中用 $-1/(x-1)$ 代 x, 可得

$$f\left(\frac{-1}{x-1}\right)+f(x)=\frac{x-2}{x-1}$$

将原函数方程与此方程相加，然后减前一方程，我们得到

$$2f(x)=1+x+\frac{x-2}{x-1}-\frac{2x-1}{x}$$

因此 $f(x)=(x^3-x^2-1)/\big(2x(x-1)\big)$. □

II.117 解 用反证法. 设结论不成立, 那么存在 $y_0\in\mathbb{R}$ 使得 $|g(y_0)|=a>1$, 令 $M=\sup\{|f(x)|\mid x\in\mathbb{R}\}$. 于是存在 $x_0\in\mathbb{R}$, 使得 $|f(x_0)|>M/a$. 由题中所给函数方程推出

$$\begin{aligned}|f(x_0+y_0)|+|f(x_0-y_0)| &\geqslant |f(x_0+y_0)+f(x_0-y_0)|\\ &= 2|f(x_0)||g(y_0)|>2\frac{M}{a}a\\ &= 2M\end{aligned}$$

因此 $|f(x_0+y_0)|$ 和 $|f(x_0-y_0)|$ 中至少有一个 $>M$, 这与假设矛盾. □

II.118 解 首先考虑常数函数解. 设函数 $f(x)=c$ (其中 c 为常数) 满足函数方程，则有 $c+c=2c\cdot c$, 因此得到两个常数函数解 $f(x)=0$ 和 $f(x)=1$.

下面考虑非常数连续函数解. 在原函数方程

$$f(x+y)+f(x-y)=2f(x)f(y)$$

中令 $y=0$, 并取一个使 $f(x)\neq 0$ 的 x(因为 f 不是常数函数，所以这样的 x 存在), 我们得知 $f(0)=1$. 于是，在上述方程中令 $x=0$, 得到 $f(-y)=f(y)$, 即 f 是偶函数. 又由 f 的连续性及 $f(0)=1$ 可知存在一个区间 $[0,c]$, 使得函数 f 在其上是正的. 我们考虑两种情形： $f(c)\leqslant 1$ 和 $f(c)>1$.

(i) 若 $f(c) \leqslant 1$, 则存在 $\theta \in [0, \pi/2)$, 使得 $f(c) = \cos\theta$. 将原函数方程改写成

$$f(x)f(y) = \frac{1}{2}\big(f(x+y) + f(x-y)\big)$$

在其中令 $x = y = c/2$, 可得 $f^2(c/2) = \big(f(c)+f(0)\big)/2 = (\cos\theta+1)/2 = \cos^2(\theta/2)$. 注意 $c/2 \in [0, c], \theta/2 \in [0, \pi/2)$, 所以 $f(c/2)$ 及 $\cos(\theta/2)$ 是正的，从而 $f(c/2) = \cos(\theta/2)$. 如果 $f(c/2^m) = \cos(\theta/2^m)(m \geqslant 1)$ 已成立，那么在原函数方程的上述改写形式中令 $x = y = c/2^{m+1}$, 则可类似地得到 $f^2(c/2^{m+1}) = \cos^2(\theta/2^{m+1})$, 因而 $f(c/2^{m+1}) = \cos(\theta/2^{m+1})$. 于是我们归纳地证明了

$$f\left(\frac{c}{2^n}\right) = \cos\left(\frac{\theta}{2^n}\right) \quad (n \in \mathbb{N})$$

(ii) 记 $c_1 = c/2^n, \theta_1 = \theta/2^n$, 其中 n 是任意正整数 (但固定), 于是 $f(c_1) = \cos\theta_1$. 将原函数方程改写成

$$f(x+y) = 2f(x)f(y) - f(x-y)$$

在其中取 $x = c_1, y = c_1$, 可得

$$f(2c_1) = 2\cos^2\theta_1 - 1 = \cos 2\theta_1$$

如果 $f(sc_1) = \cos s\theta_1$(其中 $s \geqslant 2$ 是整数) 已成立，那么在刚才给出的原函数方程的改写形式中令

$$x = sc_1, y = c_1$$

即可类似地得到

$$f\big((s+1)c_1\big) = \cos(s+1)\theta_1$$

(细节从略). 于是依数学归纳法，我们证明了

$$f(mc_1) = \cos m\theta \quad (m \in \mathbb{N})$$

注意 c_1, θ_1 的定义，即得

$$f\left(\frac{m}{2^n}c\right) = \cos\left(\frac{m}{2^n}\theta\right) \quad (m, n \in \mathbb{N})$$

(iii) 由此可知对于 $x = m/2^n$, 我们有

$$f(xc) = \cos(x\theta)$$

因为形如 $m/2^n(m, n \in \mathbb{N}_0)$ 的数集在 $\mathbb{R}_+$ 中稠密 (见问题 **7.7** 的 **注**), 所以依 f 的连续性得 $f(cx) = \cos x\theta(x > 0)$. 又因为上面已证 f 是偶函数，所以 $f(cx) =$

$\cos x\theta(x \in \mathbb{R})$. 最后，将 cx 改记为 x, 那么 $x\theta$ 记为 $\theta x/c$. 因此在 $f(c) \leqslant 1$ 的情形 $f(x) = \cos ax$(其中 $a = \theta/c$).

(iv) 若 $f(c) > 1$, 则存在 θ, 使得 $f(c) = \cosh\theta$. 因而可类似地得到 $f(x) = \cosh(ax)$(读者自行补出细节). □

II.119 提示 (i) 先考虑题中第一个不等式. 类似于问题 **7.10**(b), 可得

$$\begin{aligned} & f\left(\frac{y}{2^{n+2}}\right) - f\left(\frac{y}{2^{n+1}}\right) - f\left(\frac{y}{2}\right) + f(y) \\ \leqslant & \left(1 + \frac{1}{2} + \cdots + \frac{1}{2^n}\right)\frac{y}{2} \quad (y > 0, n \in \mathbb{N}) \end{aligned}$$

令 $n \to \infty$ 得到

$$f(y) - f\left(\frac{y}{2}\right) \leqslant y \quad (y > 0)$$

由此又可类似地推出

$$f(y) - f\left(\frac{y}{2^n}\right) \leqslant \left(1 + \frac{1}{2} + \cdots + \frac{1}{2^{n-1}}\right) y \quad (y > 0, n \in \mathbb{N})$$

令 $n \to \infty$ 得到 $f(y) - f(0) \leqslant 2y$, 亦即

$$f(y) \leqslant 2y + f(0) \quad (y > 0)$$

(ii) 考虑题中第二个不等式. 类似地得到

$$f(y) - f\left(\frac{y}{3}\right) \geqslant \frac{3y}{4} \quad (y > 0)$$

由此又可类似地推出 $f(y) - f(0) \geqslant 2y$, 亦即

$$f(y) \geqslant 2y + f(0) \quad (y > 0)$$

(iii) 由 (i) 和 (ii) 中得到的两个不等式立得 $f(y) = 2y + f(0)$, 因此所求函数是 $f(x) = 2x + C$, 其中 C 是任意常数. □

II.120 提示 用问题 **8.19** 的 *解法* 2 中的方法. 我们有

$$F(x) = F(ax) + F(bx) \quad (x > 0)$$

任取 $t_0 < x$, 由不等式

$$f(t) - af(at) - bf(bt) \geqslant (1 - a - b)f(t)$$

给出

$$\int_0^x \big(f(t) - af(at) - bf(bt)\big)\mathrm{d}t \geqslant (1 - a - b)\int_0^x f(t)\mathrm{d}t$$

以及

$$
\begin{aligned}
& \int_0^x \big(f(t)-af(at)-bf(bt)\big)\mathrm{d}t \\
\geqslant\ & (1-a-b)\int_{t_0}^x f(t)\mathrm{d}t \\
\geqslant\ & (1-a-b)(x-t_0)f(t_0)
\end{aligned}
$$

于是类似地推出所要的结论. □

附录3 杂题 III

提要 与杂题 II 一样，本附录的问题多数选自不同类型的国外资料，总计 60 个 (题或题组). 这里所有问题都没有给出解答或提示，其中不少难度较大，甚至个别问题是挑战性的，供感兴趣而又有余力的读者选用.

III.1 证明

$$\lim_{n\to\infty} \sup\{(n+1)^{1/2}\sin^n x\cos x \mid x\in\mathbb{R}\} = \mathrm{e}^{-1/2}$$

III.2 设 $(a_n)_{n\geqslant 1}$ 是一个单调递减的无穷正数列，并且存在一个正整数 μ 使得

$$\overline{\lim_{n\to\infty}} \frac{a_n}{a_{\mu n}} < \mu$$

证明：对于任何 $\varepsilon > 0$, 存在正整数 $N = N(\varepsilon)$ 和 $n_0 = n_0(\varepsilon)$ 使得当 $n > n_0$ 时

$$\sum_{k=1}^{n} a_k \leqslant \sum_{k=1}^{Nn} a_k$$

III.3 判断 (证明或举例否定) 是否存在无穷实数列 $(a_n)_{n\geqslant 1}$ 使得 $a_n a_{n+1} = n$, 并且 $\lim\limits_{n\to\infty} a_{n+1}/a_n = 1$?

III.4 (a) 设 α_0 是满足下列条件的实数 α 最小的值：存在常数 $C>0$ 使得对于所有正整数 n

$$\prod_{k=1}^{n} \frac{2k}{2k-1} \leqslant Cn^{\alpha}$$

证明： $\alpha_0 = 1/2$.

(b) 定义数列 $(a_n)_{n\geqslant 1}$ 为

$$a_n = n^{-\alpha_0}\prod_{k=1}^{n} \frac{2k}{2k-1} \quad (n\geqslant 1)$$

证明这个数列单调减少，并且 $\lim\limits_{n\to\infty} a_n = \sqrt{\pi}$.

III.5 设 $(a_n)_{n\geqslant 1}$ 是一个单调递增的无穷正数列，并且存在一个常数 K 使得

$$\sum_{k=1}^{n-1} a_k^2 < Ka_n^2 \quad (n\geqslant 1)$$

证明：存在一个常数 K' 使得

$$\sum_{k=1}^{n-1} a_k < K' a_n \quad (n \geqslant 1)$$

III.6 设 $f(x)$ 是 $\mathbb{R}$ 上的偶函数，$g(x)$ 是 $(0,+\infty)$ 上的某个函数，并且 $f(x) = g(x^2)\,(x \in \mathbb{R})$. 证明：若 $f(x) \in C^{2k}(\mathbb{R})$(其中 k 是正整数), 则 $g(x) \in C^k(0,+\infty)$. 又若 $f(x)$ 是奇函数，给出 (并证明) 相应的结论.

III.7 若函数 $f \in C[0,\infty)$, 并且对于任何 $\lambda > 0$

$$f(x+\lambda) - f(x) \to 0 \quad (x \to +\infty)$$

则在任何有限区间 $[a,b] \subset [0,\infty)$ 上，上述收敛性对于 $\lambda \in [a,b]$ 是一致的 (因而 f 在 $[0,\infty)$ 上一致连续).

III.8 设函数 f 可微. 证明：如果存在一个常数 M, 使得对于所有 x 和 t

$$|f(x+t) - 2f(x) + f(x-t)| \leqslant Mt^2$$

那么

$$|f'(x+t) - f'(x)| \leqslant M|t|$$

III.9 设 $f(x)$ 是区间 I 上的凸函数，$x_1, \cdots, x_n \in I\,(n \geqslant 2)$. 证明

$$(n-1)\left(\frac{f(x_1)+\cdots+f(x_{n-1})}{n-1} - f\left(\frac{x_1+\cdots+x_{n-1}}{n-1}\right)\right)$$

不可能超过

$$n\left(\frac{f(x_1)+\cdots+f(x_n)}{n} - f\left(\frac{x_1+\cdots+x_n}{n}\right)\right)$$

III.10 若 $f \in C^1(\mathbb{R}_+)$ 是凸函数，$n \geqslant 1$, 则

$$\begin{aligned} 0 &\leqslant \frac{1}{2}f(1) + f(2) + \cdots + f(n-1) + \frac{1}{2}f(n) - \int_0^n f(t)\mathrm{d}t \\ &\leqslant \frac{1}{8}\left(f'(n) - f'(1)\right) \end{aligned}$$

III.11 设实数 $p \geqslant 1$, 正整数 $n \geqslant 1, \phi(x)$ 是一个定义在 $\mathbb{R}_+$ 上的正连续函数. 记 $\boldsymbol{x} = (x_1, \cdots, x_{n+1}) \in \mathbb{R}_+^{n+1}$, 定义 $\mathbb{R}_+^{n+1}$ 上的函数

$$M_n(\boldsymbol{x}) = \left(\frac{\sum\limits_{i=1}^{n} \phi(x_i/x_{i+1}) x_{i+1}^p}{\sum\limits_{i=1}^{n} \phi(x_i/x_{i+1})}\right)^{1/p} \qquad (n \geqslant 1)$$

证明：对于任何 $n \geqslant 1, M_n(\boldsymbol{x})$ 都是 $\mathbb{R}_+^{n+1}$ 上的凸函数，当且仅当 $\phi(x)$ 是一个常数函数.

III.12 如果对于 $\mathbb{R}^2$ 上的函数 $f(x,y)$, 所有偏导数

$$\frac{\partial^{m+n} f}{\partial x^m \partial y^n}$$

都存在，是否 $f(x,y)$ 连续？研究例子

$$f(x,y) = \begin{cases} \exp\left(-\dfrac{x^2}{y^2} - \dfrac{y^2}{x^2}\right), & \text{当 } xy \neq 0 \\ 0, & \text{当 } xy = 0 \end{cases}$$

III.13 判断不连续函数

$$f(x) = \begin{cases} \sin\dfrac{1}{x}, & \text{当 } x \neq 0 \\ 0, & \text{当 } x = 0 \end{cases}$$

在 $\mathbb{R}$ 上有无原函数；若有，求出 (并证明) 其中一个.

III.14 设 $f(x) \in C[a,b]$, 实数 $p_1, \cdots, p_n > 0$. 那么对于任何一组实数 $x_1, \cdots, x_n \in [a,b]$, 存在 $x \in [a,b]$ 使得

$$p_1 \int_x^{x_1} f(x)\mathrm{d}x + \cdots + p_n \int_x^{x_n} f(x)\mathrm{d}x = 0$$

III.15 设函数 $f \in C(\mathbb{R})$, $\varliminf\limits_{|x| \to \infty} f(x) = 0$, 并且对所有 $x \in \mathbb{R}$

$$f(x) = \frac{1}{2} \int_{x-1}^{x+1} f(t)\mathrm{d}t$$

则 f 在 $\mathbb{R}$ 上恒等于零.

III.16 设

$$f_n(t) = \frac{n!}{(t+1)(t+2)\cdots(t+n+1)} \quad (n \geqslant 1)$$

证明

$$\int_0^1 f_n(t)\mathrm{d}t \sim \frac{1}{n\log n} \quad (n \to \infty)$$

III.17 设 $p > 1$, 判断下列积分的收敛性

$$\int_0^\infty \sin(x^p + ax + b)\mathrm{d}x$$

III.18 设函数 $f(x,y)\in C^2(\mathbb{R}^2), a\in\mathbb{R}$. 考察积分

$$I_n(a)=n^a\iint\limits_D(1-x-y)^n f(x,y)\mathrm{d}x\mathrm{d}y$$

的收敛性，其中 $D=\{(x,y)\mid(x,y)\in\mathbb{R}^2, x^2+y^2\leqslant 1, x,y\geqslant 0\}$.

III.19 证明：对于任何 $\varepsilon\in[0,\pi/2]$

$$\int_0^{\pi/2-\varepsilon}\sin^n x\mathrm{d}x\leqslant\exp\left(-\frac{n\varepsilon^2}{2}\right)\int_0^{\pi/2}\sin^n x\mathrm{d}x$$

III.20 设函数 $f\in C^1[a,b], \int_a^b f(x)\mathrm{d}x=0$, 证明

$$\left|\int_a^b xf(x)\mathrm{d}x\right|\leqslant\frac{(b-a)^3}{12}\max_{a\leqslant x\leqslant b}|f'(x)|$$

III.21 设 a,b 是实数，$0\leqslant a\leqslant b$. 证明

$$\int_a^b\arccos\left(\frac{x}{\sqrt{(a+b)x-ab}}\right)\mathrm{d}x=\frac{(b-a)^2\pi}{4(a+b)}$$

III.22 证明

$$\int_0^\infty\frac{\sin^2 x\mathrm{d}x}{\pi^2-x^2}=0$$

III.23 计算

$$\lim_{n\to\infty}\int_0^{\sqrt{n}}\left(1-\frac{x^2}{n}\right)^n\mathrm{d}x$$

III.24 证明：对于任何 $a>0$

$$\lim_{n\to\infty}\int_0^n\left(1-\frac{x}{n}\right)^n x^{a-1}\mathrm{d}x=\int_0^\infty\mathrm{e}^{-x}x^{a-1}\mathrm{d}x$$

III.25 设 $f(x,y)\in C([a,b]\times[-1,1])$, 证明

$$\lim_{t\to\infty}\int_a^b f(x,\sin tx)\mathrm{d}x=\frac{1}{2\pi}\int_a^b\int_0^{2\pi}f(x,\sin y)\mathrm{d}x\mathrm{d}y$$

III.26 设 $f(x,y)\in C([0,1]^2)$. 证明

$$\lim_{n\to\infty}n\left(\int_0^1\int_0^1 f(x,y)\mathrm{d}x\mathrm{d}y-\frac{1}{n^2}\sum_{j=1}^n\sum_{k=1}^n f\left(\frac{j}{n},\frac{k}{n}\right)\right)$$

$$=\frac{1}{2}\int_0^1\big(f(1,y)-f(0,y)\big)\mathrm{d}y+\frac{1}{2}\int_0^1\big(f(x,1,)-f(x,0)\big)\mathrm{d}x$$

III.27 设 $\lambda>0$, 证明

$$\int_0^{+\infty}\left(\int_0^x\left(\mathrm{e}^{-\lambda x^2}-\mathrm{e}^{-\lambda(x+y)^2}\right)(\coth x\coth y-1)\mathrm{d}y\right)\mathrm{d}x=\frac{\pi^2}{12}$$

III.28 设 $f(x)$ 是 $\mathbb{R}$ 上的连续正函数，并且 $\int_{-\infty}^{\infty} f(x)\mathrm{d}x = 1$. 对于给定的 $r > 0$ 计算

$$\lim_{n\to\infty} \underset{\sum\limits_{k=1}^{n} x_k^2 \leqslant r^2}{\int\cdots\int} \prod_{k=1}^{n} f(x_k)\mathrm{d}x_1\cdots\mathrm{d}x_n$$

III.29 设 $p,q,x,y \in \mathbb{R}$, 并且 $p,q > 0$, 讨论下列级数的收敛性

$$\sum_{n=1}^{\infty} \left|\cos\frac{x}{n^p} + \sin\frac{y}{n^{2p}}\right|^{n^q}$$

III.30 设 $f_0(x)$ 是 $[a,b]$ 上的有界可积函数，定义

$$f_n(x) = \int_a^x f_{n-1}(t)\mathrm{d}t \quad (n \geqslant 1)$$

证明

$$\sum_{n=1}^{\infty} f_n(x) = \mathrm{e}^x \int_a^x \mathrm{e}^{-t} f_0(t)\mathrm{d}t$$

III.31 设 $(c_n)_{n\geqslant 1}$ 是一个正数列, 级数 $\sum\limits_{n=1}^{\infty} c_n/n$ 收敛. 证明: 对所有 $x \in \mathbb{R}$, 级数 $\sum\limits_{n=1}^{\infty} c_1\cdots c_n x^n$ 收敛.

III.32 设级数 $\sum\limits_{k=-\infty}^{+\infty} a_k$ 绝对收敛，证明

$$\lim_{n\to\infty} \frac{1}{2n+1} \sum_{k=-\infty}^{+\infty} |a_{k-n} + a_{k-n+1} + \cdots + a_{k+n}| = \left|\sum_{k=-\infty}^{+\infty} a_k\right|$$

III.33 计算

$$\sum_{n=1}^{\infty} n \sum_{k=2^{n-1}}^{2^n-1} \frac{1}{k(2k+1)(2k+2)}$$

III.34 设区间 $I \subset [0,\infty)$, f 是 I 上的单调递增的正函数，a,b,c 是 I 中的任意三点，则

$$f(a)(a-b)(a-c) + f(b)(b-a)(b-c) + f(c)(c-a)(c-b) \geqslant 0$$

III.35 证明：在 13 个互异的实数中，一定存在两个数 x,y 使得

$$0 < \frac{x-y}{1+xy} < 2-\sqrt{3}$$

III.36 证明：当 $x \neq y \in (0,\infty)$

$$\frac{x-y}{\log x - \log y} < \frac{1}{3}\left(2\sqrt{xy} + \frac{x+y}{2}\right)$$

III.37 设 $b > a > 0$, 证明

$$\left(\frac{a}{b}\right)^a > \frac{\mathrm{e}^a}{\mathrm{e}^b} > \left(\frac{a}{b}\right)^b$$

III.38 设 $a, b > 0, a + b = 1, 0 < \varepsilon < b$, 则

$$\left(\frac{a}{a+\varepsilon}\right)^{a+\varepsilon}\left(\frac{b}{b-\varepsilon}\right)^{b-\varepsilon} < \mathrm{e}^{-2\varepsilon^2}$$

III.39 证明：对于所有实数 t, 当 $\alpha \geqslant 2$ 时

$$\mathrm{e}^{\alpha t} + \mathrm{e}^{-\alpha t} - 2 \leqslant (\mathrm{e}^t + e^{-t})^\alpha - 2^\alpha$$

III.40 设 $x, \theta \in \mathbb{R}$, 证明

$$\frac{1}{3}(4-\sqrt{7}) \leqslant \frac{x^2 + x\sin\theta + 1}{x^2 + x\cos\theta + 1} \leqslant \frac{1}{3}(4+\sqrt{7})$$

III.41 证明

$$2\pi(\sqrt{17}-4) \leqslant \iint\limits_{x^2+y^2\leqslant 1} \leqslant \frac{\mathrm{d}x\mathrm{d}y}{\sqrt{16 + \sin^2 x + \sin^2 y}} \leqslant \frac{\pi}{4}$$

III.42 设整数 $r \geqslant 2$, 函数 $f \in C^r(\mathbb{R})$, 并且

$$M_k = \sup_{x\in\mathbb{R}} |f^{(k)}(x)| < \infty \quad (k = 0, 1, \cdots, r)$$

证明

$$M_k \leqslant 2^{k(r-k)/2} M_0^{1-k/r} M_r^{k/r} \quad (k = 0, 1, \cdots, r)$$

III.43 设 A 表示所有三角多项式 $p(x) = c_0 + c_1\cos x + \cdots + c_n\cos nx$(其中系数 $c_0 \geqslant c_1 \geqslant \cdots \geqslant c_n \geqslant 0$) 的集合. 记

$$M_1(p) = \max_{\pi/2\leqslant x\leqslant\pi} |p(x)|, M_2(p) = \max_{0\leqslant x\leqslant\pi} |p(x)|$$

证明

$$1 - \frac{2}{\pi} \leqslant (n+1)\min_{p\in A}\frac{M_1(p)}{M_2(p)} \leqslant \frac{1+\sqrt{2}}{2}$$

III.44 设 $(a_n)_{n\geqslant 0}$ 是一个无穷实数列，令

$$b_n = \frac{a_0 + a_1 + \cdots + a_n}{n+1} \quad (n \geqslant 0)$$

证明

$$\sum_{n=0}^{\infty} b_n^2 \leqslant 4\sum_{n=0}^{\infty} a_n^2$$

并研究何时等式成立.

III.45 设 $n \geqslant 2, D_n$ 是 $\mathbb{R}^n$ 中的 (闭) 单位球, $\boldsymbol{x}=(x_1,x_2,\cdots,x_n)$. 证明

$$\max_{\boldsymbol{x}\in D_n}\left\{\min_{1\leqslant i<j\leqslant n}|x_i-x_j|\right\}=\sqrt{\frac{12}{n(n^2-1)}}$$

III.46 设 $n \geqslant 2, \alpha, \beta > 0$. 用 V_n 表示 $\mathbb{R}^n$ 中所有满足条件

$$0<x_1\leqslant x_2\leqslant\cdots\leqslant x_n, x_1+x_2+\cdots+x_n=\alpha, x_1x_2\cdots x_n=\beta$$

的点 $(x_1,x_2,\cdots,x_n)$ 组成的集合. 设 $\beta\leqslant(\alpha/n)^n$, 并且使 V_n 非空. 令

$$F(x_1,x_2,\cdots,x_n)=x_1^{x_1}x_2^{x_2}\cdots x_n^{x_n}\quad((x_1,x_2,\cdots,x_n)\in V_n)$$

(a) 证明: 函数 F 当且仅当 $x_2=x_3=\cdots=x_n$ 时有极小值, 当且仅当 $x_1=x_2=\cdots=x_{n-1}$ 时有极大值.

(b) 如果 θ 是函数 F 当 $\beta=1$ 时的极小值, 则

$$\theta<\left(\frac{\alpha}{n}\right)^{\alpha}\left(1-\frac{1}{n}\right)^{-\alpha}$$

III.47 设 $(x_n)_{n\geqslant 1}$ 是由下式定义的无穷实数列

$$x_{n+1}x_n-2x_n=3\quad(n\geqslant 0)$$

证明: 对于任何初值 $x_0\in(-\infty,-3/2)\cup(0,+\infty)$, 数列收敛.

III.48 (a) 设 a,b,c 是给定实数, $a\neq 0, a+b+c=1$, 并且二次方程 $at^2+bt+c=0$ 的两个根的绝对值小于 1. 证明: 若 $(x_n)_{n\geqslant 1}$ 是一个无穷实数列, 则

$$\lim_{n\to\infty}x_n=a$$

当且仅当

$$\lim_{n\to\infty}(ax_{n+2}+bx_{n+1}+cx_n)=a$$

(b) 设 a,b,c 是给定实数, $a\neq 0$, 并且二次方程 $at^2+bt+c=0$ 的两个根的绝对值小于 1. 证明: 若 $(x_n)_{n\geqslant 1}$ 是一个无穷实数列, 并且

$$\lim_{n\to\infty}(ax_{n+2}+bx_{n+1}+cx_n)=0$$

则 $\lim\limits_{n\to\infty}x_n=0$.

(c) 设 $(y_n)_{n\geqslant 1}$ 是一个无穷实数列，满足

$$\lim_{n\to\infty}(8y_{n+2}+4y_{n+1}-y_n)=11$$

则 $\lim\limits_{n\to\infty} y_n=1$.

III.49 设实数 $a,b\neq 0,(x_n)_{n\geqslant 1}$ 是由下式定义的无穷实数列

$$x_{n+1}x_n+ax_n+b=0 \quad (n\geqslant 0)$$

证明：$(x_n)_{n\geqslant 0}$ 是周期的，当且仅当只存在唯一的实数 α, 使当 $x_0=\alpha$ 时上述递推关系式不成立.

III.50 设 $(a_n)_{n\geqslant 1}$ 是一个无穷非零实数列，满足

$$a_{n+1}=a_n-a_{n-1}-\frac{1}{a_{n-1}} \quad (n\geqslant 2)$$

则存在下标 $k\geqslant 1$ 使得 a_k,a_{k+1} 和 a_{k+2} 全为正数，或全为负数，并证明

$$\lim_{n\to\infty}|a_n|=+\infty$$

III.51 求出所有函数 $f\in C(\mathbb{R})$, 使每当 $x-y\in\mathbb{Q}$ 时 $f(x)-f(y)$ 也 $\in\mathbb{Q}$.

III.52 证明：存在定义在 $\mathbb{R}$ 上，在 $\mathbb{Q}$ 中取值的函数 f, 满足下列三个条件：

(i) 对任何 $x,y\in\mathbb{R},f(x)+f(y)=f(x+y)$;

(ii) 对任何 $x\in\mathbb{Q},f(x)=x$;

(iii) f 在 $\mathbb{R}$ 上不连续.

III.53 设 $a\neq 0$ 是给定实数. 求出所有满足

$$f(xy)=f(x)f(y),f(x+a)=f(x)+f(a)$$

的不恒等于零的函数 f.

III.54 证明：函数方程

$$f\big(x+yf(x)\big)=f(x)+f(y) \quad (x,y\in\mathbb{R})$$

的所有解是 $f(x)=0$(零函数) 及 $f(x)=x$(恒等函数).

III.55 求出所有满足方程

$$P(2x-x^2)=\big(P(x)\big)^2$$

的多项式 $P(x)$.

III.56 求出所有函数 $f\in C^2(\mathbb{R}^2)$, 使对所有 $x,y,z\in\mathbb{R}$

$$f(x,y)+f(y,z)+f(z,x)=3f\left(\frac{x+y+z}{3},\frac{x+y+z}{3}\right)$$

以及 $f(x,y)=f(y,x)$.

III.57 设 $s\geqslant 1$, 记 $\boldsymbol{x}=(x_1,\cdots,x_s)\in\mathbb{R}^s$. 还设函数 $f\in C(\mathbb{R}^s)$, 并且对于所有 $\boldsymbol{u},\boldsymbol{v}\in\mathbb{R}^s$, 若 $\boldsymbol{u}\perp\boldsymbol{v}$(即它们的内积 $\boldsymbol{u}\cdot\boldsymbol{v}=0$), 则

$$f(\boldsymbol{u}+\boldsymbol{v})=f(\boldsymbol{u})+f(\boldsymbol{v})$$

证明: 存在一个常数 c 和一个常向量 $\boldsymbol{a}_0\in\mathbb{R}^s$, 使得对所有 $\boldsymbol{x}\in\mathbb{R}^s$

$$f(\boldsymbol{x})=c\|\boldsymbol{x}\|^2+\boldsymbol{a}_0\cdot\boldsymbol{x}$$

其中 $\|\boldsymbol{x}\|$ 表示 $\boldsymbol{x}$ 的模.

III.58 求出所有函数 f, 分别满足下列条件:

(a) 在 $\mathbb{R}_+$ 上连续, $f(1)=0$, 并且

$$f(x^2)\leqslant f(x)+\log x, f(x^3)\geqslant f(x)+2\log x\quad(x>0)$$

(b) 在 $x=0$ 时连续, 并且

$$f(2x)-f(x)\leqslant 3x^2+x, f(3x)-f(x)\geqslant 8x^2+2x\quad(x\in\mathbb{R})$$

(c) 在 $\mathbb{R}$ 上连续, $f(0)=0$, 并且

$$f(2x)\geqslant f(x), f(3x)\leqslant 2x+f(x)\quad(x\in\mathbb{R})$$

III.59 设函数 $g\in C(\mathbb{R})$, 并且 $x+g(x)$ 在 $\mathbb{R}$ 上严格单调 (递增或递减). 还设 $u(x)$ 是 $[0,\infty)$ 上的连续有界函数, 使得

$$u(t)+\int_{t-1}^{t}g\big(u(s)\big)\mathrm{d}s$$

在 $[1,\infty)$ 上是常数. 证明: $\lim\limits_{t\to\infty}u(t)$ 存在.

III.60 设 $a(x)$ 和 $r(x)$ 是 $[0,\infty)$ 上的连续正函数，并且

$$\varliminf_{x\to\infty}\big(x-r(x)\big)>0$$

还设 $y(x)$ 是 $\mathbb{R}$ 上的连续函数，在 $[0,\infty)$ 上可微，并且满足

$$y'(x)=a(x)y\big(x-r(x)\big)$$

证明：极限

$$\varliminf_{x\to\infty} y(x)\exp\left(-\int_0^x a(u)\mathrm{d}u\right)$$

存在并且有限.

索 引

贝塔函数 3.25

单调收敛定理 II.33 注

封闭性方程 I.16.5

伽玛函数 3.25

母函数方法 7.1 注

区间套原理 I.10.1 注

数列 $(k/2^n)$ 在 $[0,1]$ 中的稠密性 7.7 注

数列 $(\{n\theta\})$ 在 $[0,1]$ 中的稠密性 8.27 注

算术 - 几何平均不等式 6.3 注

算术平均值数列收敛定理 1.2 注

凸集上的凸函数 2.22

线性递推数列的特征方程 1.12 注

原函数 3.1

圆内整点个数的渐近估计 8.25

Bernoulli 不等式 II.81, 6.5

Carleman 不等式 6.9

Carlson 不等式 6.10

Carlson 不等式的积分形式 6.13

Cauchy 函数方程 7.5

Cauchy 行列式 8.6 注

Euler-Mascheroni 常数 8.24

Fejèr 核 4.16

Fibonacci 数列 7.1

Hardy-Landau 不等式 6.8

Hölder 不等式 6.8

Jesen 函数方程 7.7

Jordan 不等式 6.4, II.54 注

Kronecker 逼近定理 8.28 注

Laguerre 多项式 6.13 注, II.42

Lyapunov 公式 I.16.5

Parseval 公式 I.16.5

Stirling 公式 1.10

Stolz 定理 1.1 注
Toeplitz 定理 1.1
Vandermonde 行列式 8.3
Weierstrass 逼近定理 8.6
Young 不等式 6.6, 6.6 注

编辑手记

2012 年 9 月 29 日病逝的《纽约时报》前出版人阿瑟·奥克斯·苏兹贝格在 1997 年辞任时对报纸的未来发表看法时说:“这个世界不缺新闻,如果你想看新闻,你可以上网找到很多垃圾.但我认为大多数人并没有担任编辑的能力、时间或兴趣.当你买《纽约时报》时,你不是买新闻,而是买判断.”数学界同样也不缺少数学分析题目,用题海形容绝不为过,那么当你买这本书时,你不是买题目,而是买对数学题目的一种鉴赏力和判断力.

奇瑞董事长尹同跃曾说:“我们这一代人可以说对生活质量没有追求,但下一代人全部都要进入品牌社会的区间.”朱尧辰先生是一位老一辈数学工作者.早在 1965 年就与王元先生共同发表了《关于近似分析中的数论方法的几点注记》的论文.还分别与徐广善,王连祥先生撰写了丢番图逼近和超越数论方面的专著.并曾在国际著名的法国庞加莱研究所和德国普朗克研究所从事过合作研究,所以品牌迁移效应是有的.营销大师菲利普·科特勒曾说:“星巴克卖的不是咖啡,是休闲;法拉利卖的不是跑车,是一种近似疯狂的驾驶快感和高贵;劳力士卖的不是表,是奢侈的感觉和自信;希尔顿卖的不是酒店,是舒适与安心;麦肯锡卖的不是数据,是权威与专业.”用科特勒的观点分析,我们工作室卖的也不单纯是数学书和数学题,而且也有它们所包含的数学大师的思想和眼光.朱先生用自己独到的视角从中外大量分析题目中精选出这些题目既有理论价值又有实际训练价值,当然难度都不小.有人说因为我们现在看到的炫目的东西太多,应接不愁,人的接受程度是有限的,因此只能在泛滥的信息中接受局部,是所谓:微.微型小说、微博、微电影、微感动、微旅行……只要人想给自己的惰性找到一个借口,就可以祭出“微”这个法宝.似乎人的某种能力已日渐式微.

现在流行的数学分析题目为了迎合学生和读者不少是一些选择、填空、简答的“微题”. 像朱先生在本书中收集的那些“组题”和杂题已不多见了，做这些题目收益是缓慢的但却是长远的. 经济学家巴曙松曾说：“付出一点想马上有回报的人只适合做钟点工；如能耐心按月得到回报，则适合做工薪族；耐心按年领取回报的是职业经理人；能耐心等待 3 ~ 5 年的是投资家，可以耐心等待 10 ~ 20 年的是企业家；能等待 50 ~ 100 年的是教育家；能等 300 年，那就是伟人；能耐心等待 3 000 年才见效果的，那就是圣人.”做学问、求学别总想着速成，下一点笨工夫在 3 ~ 5 年或 10 ~ 20 年会有回报的. 当然像高斯、希尔伯特那样管用几百年的伟人，像欧几里得、阿基米德千年都不朽的“圣人”是少有的. 日本菲尔兹奖得主广中平泛在与一位台湾数学教授谈话时指出：

“当生活水平提高后，对许多人来说，比别人赚更多的钱，不是一件有趣味的事. 自然，有些人会永远只想赚钱，但是，那是一件乏味的事，更有趣味的是做一些原创性的工作，对一颗年轻的心，原创性的事更有激情.”

本书的读者首先应该是那些对数学有激情的年轻人. 因为朱老先生参与过某些科研单位招考数学专业研究生的数学分析试题的命题工作，所以从这些原创题中进行“描红”是有用的. 哲学家休谟总结说：人类的全部知识的根源就在于从相似的原因推测相似的结果. 所谓“类比”. 据说这一理论还被两位以色列经济学家引入当代的福利经济学理论.

其次是给那些对数学分析感兴趣的中老年读者. 他们往往在年轻的时候做过吉米多维奇 (俄)，克莱鲍尔 (美)，包美尔 (德)，迪多涅 (法) 的分析题目，经历过“火红的 50 年代”或怀念“激荡的 80 年代”，想通过解分析题回忆那时的美好时光，不管是什么动机都是值得肯定和欢迎的.

本书是数学工作室推出的众多习题集中的一本，也算是为高等数学教育事业尽一点力. 2012 年浙江大学光华法学院毕业典礼上，一位名叫高艳东老师的发言中有这样一段：“事实上，浙大绝对不是水校，在各大排行榜中，我们常年排第三．在江湖，人称小三．这种小三精神，也是浙大特有的人生哲学：只做不说，明知没地位，坚信有机会……”浙大的这种“小三精神”也应是我们数学工作室的精神．

刘培杰

2012 年 12 月 1 日

于哈工大

 哈尔滨工业大学出版社刘培杰数学工作室已出版(即将出版)图书目录 

书　　名	出版时间	定　价	编号
新编中学数学解题方法全书(高中版)上卷	2007-09	38.00	7
新编中学数学解题方法全书(高中版)中卷	2007-09	48.00	8
新编中学数学解题方法全书(高中版)下卷(一)	2007-09	42.00	17
新编中学数学解题方法全书(高中版)下卷(二)	2007-09	38.00	18
新编中学数学解题方法全书(高中版)下卷(三)	2010-06	58.00	73
新编中学数学解题方法全书(初中版)上卷	2008-01	28.00	29
新编中学数学解题方法全书(初中版)中卷	2010-07	38.00	75
新编平面解析几何解题方法全书(专题讲座卷)	2010-01	18.00	61
数学眼光透视	2008-01	38.00	24
数学思想领悟	2008-01	38.00	25
数学应用展观	2008-01	38.00	26
数学建模导引	2008-01	28.00	23
数学方法溯源	2008-01	38.00	27
数学史话览胜	2008-01	28.00	28
从毕达哥拉斯到怀尔斯	2007-10	48.00	9
从迪利克雷到维斯卡尔迪	2008-01	48.00	21
从哥德巴赫到陈景润	2008-05	98.00	35
从庞加莱到佩雷尔曼	2011-08	138.00	136
从比勃巴赫到德·布朗斯	即将出版		
数学解题中的物理方法	2011-06	28.00	114
数学解题的特殊方法	2011-06	48.00	115
中学数学计算技巧	2012-01	48.00	116
三角形中的角格点问题	2013-01	88.00	207
中学数学证明方法	2012-01	58.00	117
数学趣题巧解	2012-03	28.00	128
含参数的方程和不等式	2012-09	28.00	213
数学奥林匹克与数学文化(第一辑)	2006-05	48.00	4
数学奥林匹克与数学文化(第二辑)(竞赛卷)	2008-01	48.00	19
数学奥林匹克与数学文化(第二辑)(文化卷)	2008-07	58.00	34
数学奥林匹克与数学文化(第三辑)(竞赛卷)	2010-01	48.00	59
数学奥林匹克与数学文化(第四辑)(竞赛卷)	2011-08	58.00	87

哈尔滨工业大学出版社刘培杰数学工作室已出版(即将出版)图书目录

书　　名	出版时间	定　价	编号
发展空间想象力	2010—01	38.00	57
走向国际数学奥林匹克的平面几何试题诠释(上、下)(第1版)	2007—01	68.00	11,12
走向国际数学奥林匹克的平面几何试题诠释(上、下)(第2版)	2010—02	98.00	63,64
平面几何证明方法全书	2007—08	35.00	1
平面几何证明方法全书习题解答(第1版)	2005—10	18.00	2
平面几何证明方法全书习题解答(第2版)	2006—12	18.00	10
平面几何天天练上卷·基础篇(直线型)	2013—01	58.00	208
平面几何天天练中卷·基础篇(涉及圆)	2013—01	28.00	234
平面几何天天练下卷·提高篇	2013—01	58.00	237
最新世界各国数学奥林匹克中的平面几何试题	2007—09	38.00	14
数学竞赛平面几何典型题及新颖解	2010—07	48.00	74
初等数学复习及研究(平面几何)	2008—09	58.00	38
初等数学复习及研究(立体几何)	2010—06	38.00	71
初等数学复习及研究(平面几何)习题解答	2009—01	48.00	42
世界著名平面几何经典著作钩沉——几何作图专题卷(上)	2009—06	48.00	49
世界著名平面几何经典著作钩沉——几何作图专题卷(下)	2011—01	88.00	80
世界著名平面几何经典著作钩沉(民国平面几何老课本)	2011—03	38.00	113
世界著名数论经典著作钩沉(算术卷)	2012—01	28.00	125
世界著名数学经典著作钩沉——立体几何卷	2011—02	28.00	88
世界著名三角学经典著作钩沉(平面三角卷Ⅰ)	2010—06	28.00	69
世界著名三角学经典著作钩沉(平面三角卷Ⅱ)	2011—01	28.00	78
世界著名初等数论经典著作钩沉(理论和实用算术卷)	2011—07	38.00	126
几何学教程(平面几何卷)	2011—03	68.00	90
几何学教程(立体几何卷)	2011—07	68.00	130
几何变换与几何证题	2010—06	88.00	70
几何瑰宝——平面几何500名题暨1000条定理(上、下)	2010—07	138.00	76,77
三角形的解法与应用	2012—07	18.00	183
近代的三角形几何学	2012—07	48.00	184
一般折线几何学	即将出版	58.00	203
三角形的五心	2009—06	28.00	51
三角形趣谈	2012—08	28.00	212
俄罗斯平面几何问题集	2009—08	88.00	55
俄罗斯平面几何5000题	2011—03	58.00	89
俄罗斯初等数学万题选——三角卷	2012—11	38.00	222
计算方法与几何证题	2011—06	28.00	129

哈尔滨工业大学出版社刘培杰数学工作室已出版(即将出版)图书目录

书　　名	出版时间	定　价	编号
463 个俄罗斯几何老问题	2012－01	28.00	152
近代欧氏几何学	2012－03	48.00	162
罗巴切夫斯基几何学及几何基础概要	2012－07	28.00	188
超越吉米多维奇——数列的极限	2009－11	48.00	58
Barban Davenport Halberstam 均值和	2009－01	40.00	33
初等数论难题集(第一卷)	2009－05	68.00	44
初等数论难题集(第二卷)(上、下)	2011－02	128.00	82,83
谈谈素数	2011－03	18.00	91
平方和	2011－03	18.00	92
数论概貌	2011－03	18.00	93
代数数论	2011－03	48.00	94
初等数论的知识与问题	2011－02	28.00	95
超越数论基础	2011－03	28.00	96
数论初等教程	2011－03	28.00	97
数论基础	2011－03	18.00	98
解析数论基础	2012－08	28.00	216
数论入门	2011－03	38.00	99
数论开篇	2012－07	28.00	194
解析数论引论	2011－03	48.00	100
无穷分析引论(下)	2013－03	98.00	245
数学分析中的一个新方法及其应用	2013－01	38.00	231
数学分析例选:通过范例学技巧	2013－01	88.00	243
三角级数论(上册)	2013－01	38.00	232
三角级数论(下册)	2013－01	48.00	233
基础数论	2011－03	28.00	101
超越数	2011－03	18.00	109
三角和方法	2011－03	18.00	112
谈谈不定方程	2011－05	28.00	119
整数论	2011－05	38.00	120
随机过程(Ⅰ)	2012－12	78.00	224
随机过程(Ⅱ)	2013－01	68.00	235
整数的性质	2012－11	38.00	192
初等数论 100 例	2011－05	18.00	122
初等数论经典例题	2012－07	18.00	204
最新世界各国数学奥林匹克中的初等数论试题(上、下)	2012－01	138.00	144,145
算术探索	2011－12	158.00	148

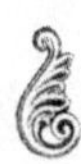

哈尔滨工业大学出版社刘培杰数学工作室已出版(即将出版)图书目录

书　　名	出版时间	定　价	编号
初等数论(Ⅰ)	2012－01	18.00	156
初等数论(Ⅱ)	2012－01	18.00	157
初等数论(Ⅲ)	2012－01	28.00	158
组合数学浅谈	2012－03	28.00	159
同余理论	2012－05	38.00	163
丢番图方程引论	2012－03	48.00	172
平面几何与数论中未解决的新老问题	2013－01	68.00	229
历届 IMO 试题集(1959—2005)	2006－05	58.00	5
历届 CMO 试题集	2008－09	28.00	40
历届加拿大数学奥林匹克试题集	2012－08	38.00	215
历届美国数学奥林匹克试题集:多解推广加强	2012－08	38.00	209
历届国际大学生数学竞赛试题集(1994－2010)	2012－01	28.00	143
全国大学生数学夏令营数学竞赛试题及解答	2007－03	28.00	15
全国大学生数学竞赛辅导教程	2012－07	28.00	189
历届美国大学生数学竞赛试题集	2009－03	88.00	43
前苏联大学生数学奥林匹克竞赛题解(上编)	2012－04	28.00	169
前苏联大学生数学奥林匹克竞赛题解(下编)	2012－04	38.00	170
整函数	2012－08	18.00	161
俄罗斯初等数学问题集	2012－05	38.00	177
俄罗斯函数问题集	2011－03	38.00	103
俄罗斯组合分析问题集	2011－01	48.00	79
博弈论精粹	2008－03	58.00	30
多项式和无理数	2008－01	68.00	22
模糊数据统计学	2008－03	48.00	31
模糊分析学与特殊泛函空间	2013－01	68.00	241
受控理论与解析不等式	2012－05	78.00	165
解析不等式新论	2009－06	68.00	48
反问题的计算方法及应用	2011－11	28.00	147
建立不等式的方法	2011－03	98.00	104
数学奥林匹克不等式研究	2009－08	68.00	56
不等式研究(第二辑)	2012－02	68.00	153
初等数学研究(Ⅰ)	2008－09	68.00	37
初等数学研究(Ⅱ)(上、下)	2009－05	118.00	46,47
中国初等数学研究　2009 卷(第 1 辑)	2009－05	20.00	45
中国初等数学研究　2010 卷(第 2 辑)	2010－05	30.00	68
中国初等数学研究　2011 卷(第 3 辑)	2011－07	60.00	127
中国初等数学研究　2012 卷(第 4 辑)	2012－07	48.00	190

哈尔滨工业大学出版社刘培杰数学工作室
已出版(即将出版)图书目录

书名	出版时间	定价	编号
数阵及其应用	2012-02	28.00	164
绝对值方程—折边与组合图形的解析研究	2012-07	48.00	186
不等式的秘密(第一卷)	2012-02	28.00	154
初等不等式的证明方法	2010-06	38.00	123
数学奥林匹克不等式散论	2010-06	38.00	124
数学奥林匹克不等式欣赏	2011-09	38.00	138
数学奥林匹克超级题库(初中卷上)	2010-01	58.00	66
数学奥林匹克不等式证明方法和技巧(上、下)	2011-08	158.00	134,135
近代拓扑学研究	2013-01	28.00	239
500个最新世界著名数学智力趣题	2008-06	48.00	3
新编640个世界著名数学智力趣题	2013-02	88.00	242
400个最新世界著名数学最值问题	2008-09	48.00	36
500个世界著名数学征解问题	2009-06	48.00	52
400个中国最佳初等数学征解老问题	2010-01	48.00	60
500个俄罗斯数学经典老题	2011-01	28.00	81
1000个国外中学物理好题	2012-04	48.00	174
300个日本高考数学题	2012-05	38.00	142
500个前苏联早期高考数学试题及解答	2012-05	28.00	185

书名	出版时间	定价	编号
数学 我爱你	2008-01	28.00	20
精神的圣徒　别样的人生——60位中国数学家成长的历程	2008-09	48.00	39
数学史概论	2009-06	78.00	50
斐波那契数列	2010-02	28.00	65
数学拼盘和斐波那契魔方	2010-07	38.00	72
斐波那契数列欣赏	2011-01	28.00	160
数学的创造	2011-02	48.00	85
数学中的美	2011-02	38.00	84

书名	出版时间	定价	编号
最新全国及各省市高考数学试卷解法研究及点拨评析	2009-02	38.00	41
高考数学的理论与实践	2009-08	38.00	53
中考数学专题总复习	2007-04	28.00	6
向量法巧解数学高考题	2009-08	28.00	54
新编中学数学解题方法全书(高考复习卷)	2010-01	48.00	67
新编中学数学解题方法全书(高考真题卷)	2010-01	38.00	62
新编中学数学解题方法全书(高考精华卷)	2011-03	68.00	118

哈尔滨工业大学出版社刘培杰数学工作室已出版(即将出版)图书目录

书　名	出版时间	定　价	编号
高考数学核心题型解题方法与技巧	2010－01	28.00	86
数学解题——靠数学思想给力(上)	2011－07	38.00	131
数学解题——靠数学思想给力(中)	2011－07	48.00	132
数学解题——靠数学思想给力(下)	2011－07	38.00	133
我怎样解题	2013－01	48.00	227
2011 年全国及各省市高考数学试题审题要津与解法研究	2011－10	48.00	139
新课标高考数学——五年试题分章详解(2007～2011)(上、下)	2011－10	78.00	140,141
30 分钟拿下高考数学选择题、填空题	2012－01	48.00	146
高考数学压轴题解题诀窍(上)	2012－02	78.00	166
高考数学压轴题解题诀窍(下)	2012－03	28.00	167
格点和面积	2012－07	18.00	191
射影几何趣谈	2012－04	28.00	175
斯潘纳尔引理——从一道加拿大数学奥林匹克试题谈起	2012－12	18.00	228
李普希兹条件——从几道近年高考数学试题谈起	2012－10	18.00	221
拉格朗日中值定理——从一道北京高考试题的解法谈起	2012－10	18.00	197
闵科夫斯基定理——从一道清华大学自主招生试题谈起	2012－10	18.00	198
哈尔测度——从一道冬令营试题的背景谈起	2012－08	28.00	202
切比雪夫逼近问题——从一道中国台北数学奥林匹克试题谈起	2013－01	38.00	238
伯恩斯坦多项式与贝齐尔曲面——从一道全国高中数学联赛试题谈起	2013－03	38.00	236
卡塔兰猜想——从一道普特南竞赛试题谈起	即将出版		
麦卡锡函数和阿克曼函数——从一道前南斯拉夫数学奥林匹克试题谈起	2012－08	18.00	201
贝蒂定理与拉姆贝克莫斯尔定理——从一个拣石子游戏谈起	2012－08	18.00	217
皮亚诺曲线和豪斯道夫分球定理——从无限集谈起	2012－08	18.00	211
平面凸图形与凸多面体	2012－10	28.00	218
斯坦因豪斯问题——从一道二十五省市自治区中学数学竞赛试题谈起	2012－07	18.00	196
纽结理论中的亚历山大多项式与琼斯多项式——从一道北京市高一数学竞赛试题谈起	2012－07	28.00	195
原则与策略——从波利亚“解题表”谈起	即将出版		
转化与化归——从三大尺规作图不能问题谈起	2012－08	28.00	214

哈尔滨工业大学出版社刘培杰数学工作室已出版(即将出版)图书目录

书　名	出版时间	定　价	编号
代数几何中的贝祖定理——从一道IMO试题的解法谈起	2012－07	18.00	193
成功连贯理论与约当块理论——从一道比利时数学竞赛试题谈起	2012－04	18.00	180
磨光变换与范·德·瓦尔登猜想——从一道环球城市竞赛试题谈起	即将出版		
素数判定与大数分解	2012－08	18.00	199
置换多项式及其应用	2012－10	18.00	220
许瓦兹引理——从一道西德1981年数学奥林匹克试题谈起	即将出版		
椭圆函数与模函数——从一道美国加州大学洛杉矶分校(UCLA)博士资格考题谈起	2012－10	38.00	219
差分方程的拉格朗日方法——从一道2011年全国高考理科试题的解法谈起	2012－08	28.00	200
拉姆塞定理——从王诗宬院士的一个问题谈起	即将出版		
力学在几何中的一些应用	2013－01	38.00	240
高斯散度定理、斯托克斯定理和平面格林定理——从一道国际大学生数学竞赛试题谈起	即将出版		
康托洛维奇不等式——从一道全国高中联赛试题谈起	即将出版		
西格尔引理——从一道第18届IMO试题的解法谈起	即将出版		
罗斯定理——从一道前苏联数学竞赛试题谈起	即将出版		
拉克斯定理和阿廷定理——从一道IMO试题的解法谈起	2013－04	58.00	246
毕卡大定理——从一道美国大学数学竞赛试题谈起	即将出版		
贝齐尔曲线——从一道全国高中联赛试题谈起	即将出版		
拉格朗日乘子定理——从一道2005年全国高中联赛试题谈起	即将出版		
雅可比定理——从一道2005年全国高中联赛试题谈起	即将出版		
李天岩－约克定理——从一道波兰数学竞赛试题谈起	即将出版		
整系数多项式因式分解的一般方法——从克朗耐克算法谈起	即将出版		
布劳维不动点定理——从一道美国数学奥林匹克试题谈起	即将出版		
压缩不动点定理——从一道高考数学试题的解法谈起	即将出版		
伯恩赛德定理——从一道英国数学奥林匹克试题谈起	即将出版		
布查特－莫斯特定理——从一道上海市初中竞赛试题谈起	即将出版		
数论中的同余数问题——从一道普特南竞赛试题谈起	即将出版		
范·德蒙行列式——从一道美国数学奥林匹克试题谈起	即将出版		

哈尔滨工业大学出版社刘培杰数学工作室已出版(即将出版)图书目录

书　　名	出版时间	定　价	编号
中国剩余定理——从一道美国数学奥林匹克试题的解法谈起	即将出版		
牛顿程序与方程求根——从一道全国高考试题解法谈起	即将出版		
库默尔定理——从一道 IMO 预选试题谈起	即将出版		
卢丁定理——从一道冬令营试题的解法谈起	即将出版		
沃斯滕霍姆定理——从一道 IMO 预选试题谈起	即将出版		
卡尔松不等式——从一道莫斯科数学奥林匹克试题谈起	即将出版		
信息论中的香农熵——从一道近年高考压轴题谈起	即将出版		
约当不等式——从一道希望杯竞赛试题谈起	即将出版		
拉比诺维奇定理	即将出版		
刘维尔定理——从一道《美国数学月刊》征解问题的解法谈起	即将出版		
卡塔兰恒等式与级数求和——从一道 IMO 试题的解法谈起	即将出版		
勒让德猜想与素数分布——从一道爱尔兰竞赛试题谈起	即将出版		
天平称重与信息论——从一道基辅市数学奥林匹克试题谈起	即将出版		
艾思特曼定理——从一道 CMO 试题的解法谈起	即将出版		
一个爱尔特希问题——从一道西德数学奥林匹克试题谈起	即将出版		
有限群中的爱丁格尔问题——从一道北京市初中二年级数学竞赛试题谈起	即将出版		
贝克码与编码理论——从一道全国高中联赛试题谈起	即将出版		

书　　名	出版时间	定　价	编号
中等数学英语阅读文选	2006－12	38.00	13
统计学专业英语	2007－03	28.00	16
统计学专业英语(第二版)	2012－07	48.00	176
幻方和魔方(第一卷)	2012－05	68.00	173
尘封的经典——初等数学经典文献选读(第一卷)	2012－07	48.00	205
尘封的经典——初等数学经典文献选读(第二卷)	2012－07	38.00	206

书　　名	出版时间	定　价	编号
实变函数论	2012－06	78.00	181
非光滑优化及其变分分析	2013－01	48.00	230
初等微分拓扑学	2012－07	18.00	182
方程式论	2011－03	38.00	105
初级方程式论	2011－03	28.00	106
Galois 理论	2011－03	18.00	107
古典数学难题与伽罗瓦理论	2012－11	58.00	223
代数方程的根式解及伽罗瓦理论	2011－03	28.00	108

哈尔滨工业大学出版社刘培杰数学工作室 已出版(即将出版)图书目录

书　名	出版时间	定　价	编号
线性偏微分方程讲义	2011－03	18.00	110
N 体问题的周期解	2011－03	28.00	111
代数方程式论	2011－05	28.00	121
动力系统的不变量与函数方程	2011－07	48.00	137
基于短语评价的翻译知识获取	2012－02	48.00	168
应用随机过程	2012－04	48.00	187
闵嗣鹤文集	2011－03	98.00	102
吴从炘数学活动三十年(1951～1980)	2010－07	99.00	32

书　名	出版时间	定　价	编号
吴振奎高等数学解题真经(概率统计卷)	2012－01	38.00	149
吴振奎高等数学解题真经(微积分卷)	2012－01	68.00	150
吴振奎高等数学解题真经(线性代数卷)	2012－01	58.00	151
钱昌本教你快乐学数学(上)	2011－12	48.00	155
钱昌本教你快乐学数学(下)	2012－03	58.00	171

联系地址:哈尔滨市南岗区复华四道街 10 号　哈尔滨工业大学出版社刘培杰数学工作室

网　　址:http://lpj.hit.edu.cn/

邮　　编:150006

联系电话:0451－86281378　　13904613167

E-mail:lpj1378@yahoo.com.cn